湖北及邻近地区蚤目志

［长江中、下游一带地区］

主　编　　刘井元
副主编　　蔡顺祥　马立名

科学出版社

北京

内 容 简 介

　　蚤类是重要医学昆虫类群之一，它不仅刺叮吸血，对人、畜造成直接危害，而且其中一些种类是鼠疫、地方性斑疹伤寒等急性传染病的传播媒介和部分寄生虫病的中间宿主。

　　本志分总论和各论两部分，总论部分对蚤目的研究简史、形态构造、生物学和生态学、系统发育和区系分布、与疾病关系、现场调查和标本的制作与保存方法等做了较为详细的介绍。各论部分包括湖北及邻近地区（长江中、下游一带地区）迄今已发现的蚤类9科38属14亚属117种（亚种）的分总科、科、属和种（亚种）检索表，总科、科和属的重要特征，并分别记述了各种蚤的鉴别特征、形态、宿主、地理分布和检视标本信息等。在每种蚤的记述中配有重要形态特征图，总计551幅，以及彩色图版12个，以便读者对照鉴别。书末附有参考文献、区系分布总表、英文摘要和索引等。

　　本志是中国长江中、下游一带地区有史以来第一部蚤类专著，也是对湖北省经过数十年调查的系统总结，可供昆虫分类学、寄生虫学、流行病学、生物多样性等领域的科研与教学人员，及从事畜牧兽医、出入境检疫和媒介疾病预防控制相关工作的专业技术人员参考。

图书在版编目（CIP）数据

　湖北及邻近地区蚤目志：长江中、下游一带地区 / 刘井元主编.
—北京：科学出版社，2018.10
　ISBN 978-7-03-058995-8

　Ⅰ. ①湖… Ⅱ. ①刘… Ⅲ. ①长江中下游－蚤目－昆虫志 Ⅳ. ①Q969.47

　中国版本图书馆 CIP 数据核字（2018）第 227079 号

责任编辑：韩学哲　赵小林 / 责任校对：杨　赛
责任印制：张　伟 / 封面设计：刘新新

科 学 出 版 社 出版
北京东黄城根北街 16 号
邮政编码：100717
http://www.sciencep.com

北京虎彩文化传播有限公司 印刷
科学出版社发行　各地新华书店经销
*

2018 年 10 月第 一 版　　开本：787×1092　1/16
2019 年 1 月第二次印刷　　印张：31 3/4　插页：6
字数：750 000

定价：350.00 元
（如果印装有质量问题，我社负责调换）

The Siphonaptera of Hubei Province and Adjacent Area

[Areas along the middle and lower reaches of the Yangtze River]

Chief Editor：Liu Jingyuan
Vice-chief Editor：Cai Shunxiang and Ma Liming

Science Press

Beijing，China

编写人员分工

刘井元（主　编）总　论　研究简史、形态构造、生物学和生态学、系统发育和区系分布、蚤类调查、标本保存。

各　论　蚤科：长胸蚤属；蠕形蚤科：鬃蚤属；臀蚤科：韧棒蚤属、远棒蚤属；多毛蚤科：多毛蚤属；栉眼蚤科：狭蚤属、新蚤属、新北蚤属、纤蚤属、叉蚤属、古蚤属、栉眼蚤属；柳氏蚤科：柳氏蚤属；蝠蚤科：蝠蚤属；细蚤科：盲鼠蚤属、茸足蚤属、额蚤属、怪蚤属；角叶蚤科：倍蚤属、大锥蚤属、巨胸蚤属、角叶蚤属。参考文献；全书插图绘制。

蔡顺祥（副主编）总　论　蚤类与疾病关系、蚤类防制。

各　论　蚤科：潜蚤属、角头蚤属、栉首蚤属、客蚤属；臀蚤科：微棒蚤属；栉眼蚤科：狭臀蚤属；蝠蚤科：夜蝠蚤属；细蚤科：二刺蚤属、小栉蚤属、端蚤属；角叶蚤科：蓬松蚤属、单蚤属（冯氏单蚤）。附录：学名索引、湖北及邻近地区蚤类区系分布总表。

马立名（副主编）　　　全书插图覆墨。

张　聪　　　各　论　角叶蚤科：病蚤属（具带病蚤、伍氏病蚤雷州亚种、适存病蚤）。附录：湖北及邻近地区蚤类宿主及寄生蚤拉丁学名与中文名名称对照、中名索引、图版Ⅰ～Ⅻ。

李枝金　　　各　论　角叶蚤科：副角蚤属（獾副角蚤扇形亚种、屈褶副角蚤、宽窦副角蚤）。

杜　红　　　各　论　角叶蚤科：单蚤属（不等单蚤）。

王身文　　　各　论　细蚤科：细蚤属（缓慢细蚤）。

周毅德　　　各　论　蚤科：蚤属（人蚤）。

编写单位及人员

主持单位：湖北省预防医学科学院寄生虫病防治研究所
刘井元　蔡顺祥　张　聪

参加单位：吉林省地方病第一防治研究所　马立名
宜昌市疾病预防控制中心　李枝金
五峰土家族自治县疾病预防控制中心　杜　红
利川市疾病预防控制中心　王身文
神农架林区疾病预防控制中心　周毅德

PARTICIPATING INSTITUTES & CONTRIBUTORS

Institute of Parasitic Disease, Hubei Academy of Preventive Medical Sciences, Wuhan.

Liu Jingyuan (Chief Editor): **General account**: Chapter on Brief History, chapter on morphology and anatomy, biology and ecology, phylogenetic development and faunal distribution, relation to disease and methods of fleas survey and of collection and mounting specimens (fleas survey and specimens making). **Systematic account**: Pulicidae (*Pariodontis*), Vermipsylldae (*Chaetopsylla*), Pygiopsyllidae (*Lentistivalius, Aviostivalius*), Hystrichopsyllidae (*Hystrichopsylla*), Ctenophthalmidae (*Stenoponia, Neopsylla, Nearctopsylla, Rhadinopsylla, Doratopsylla, Palaeopsylla, Ctenophthalmus*), Liuopsyllidae (*Liuopsylla*), Ischnopsyllidae (*Ischnopsyllus*), Leptopsyllidae (*Typhlomyopsyllus, Geusibia, Frontopsylla, Paradoxopsyllus*), Ceratophyllidae (*Amphalius, Macrostylophora, Megathoracipsylla, Ceratophyllus*). Reference, Illustration drawing.

Cai Shunxiang (Vice-chief Editor): **General account**: Relationships between disease and fleas; Flea control. **Systematic account**: Pulicidae (*Tunga*，*Echidnophaga, Ctenocephalides, Xenopsylla*), Pygiopsyllidae (*Stivalius*), Ctenophthalmidae (*Stenischia*), Ischnopsyllidae (*Nycteridopsylla*), Leptopsyllidae (*Peromyscopsylla, Minyctenopsyllus, Acropsylla*), Ceratophyllidae (*Dasypsyllus, Monopsyllus fengi*). **Appendix**: Index to scientific names of Siphonaptera, table of zoogeographical distribution of flea in Hubei Province and adjacent area.

First Institute of Endemic Disease Research of Jilin Province, Baicheng.

Ma Liming (Vice-chief Editor): Illustration ink.

Institute of Parasitic Disease, Hubei Academy of Preventive Medical Sciences, Wuhan.

Zhang Cong: **Systematic account**: Ceratophyllidae [*Nosopsyllus (Nosopsyllus) fasciatus, Nosopsyllus (Nosopsyllus) wualis leizhouensis, Nosopsyllus (Nosopsyllus) nicanus*]. **Appendix**: Index to flea hosts in Hubei Province and adjacent area and their fleas, Comparison chart of Latin names and Chinese names of Siphonaptera and their hosts in Hubei Province and adjacent area. Index of Chinese names of Siphonaptera. Picture I～XII.

Yichang City Center for Disease Control and Prevention, Yichang, Hubei.

Li Zhijin: **Systematic account**: Ceratophyllidae (*Paraceras melis flabellum, Paraceras crispus, Paraceras laxisinus*).

Wufeng County Center for Disease Control and Prevention, Wufeng, Hubei.

Du Hong: **Systematic account**: Ceratophyllidae (*Monopsyllus anisus*).

Lichuan City Center for Disease Control and Prevention, Lichuan, Hubei.

Wang Shenwen: **Systematic account**: Leptopsyllidae [*Leptopsylla (Leptopsylla) segnis*].

Shennongjia Forest Region for Disease Control and Prevention, Shennongjia, Hubei.

Zhou Yide: **Systematic account**: Pulicidae (*Pulex irritans*).

序

  蚤目是与人类关系最为密切的重要昆虫类群之一，与疾病预防控制和人群公共卫生密切相关。按动物地理区划，湖北省处于我国古北和东洋两界相连接的中线地区，陕西秦岭南坡至长江中、下游一带，是我国十分独特的一个地理区域，地形多样，蚤类及其宿主动物的种类比较丰富。湖北省又是长江三峡水电站所在的地区，因此是新中国成立后开展蚤类调研较早的区域之一，但限于当时各方面条件，仅于 20 世纪 50 年代末和 80 年代初在沿江两岸及附近开展了有限的标本采集。

  该志主编刘井元主任医师等于 1988 年起深入湖北西北部的神农架和邻近县市，2000 年又转移到长江三峡以南的 10 个县市，以及中部的大洪山脉、桐柏山和湘西北的张家界、桑植一带连续开展了 24 年的调查，取得了一批重要研究成果，发表论文 40 余篇。这些都为编写该志打下了坚实的基础。

  在此期间，他还承担了《中国动物志 昆虫纲 蚤目》（第 2 版）部分章节的编写；并与王敦清教授等合作建立蚤目一新科，命名了 13 个蚤类新种和新亚种并完成了 6 种蚤的配对；通过深入对大巴山东部获得的蚤类数据进行研究，并与秦岭山系蚤类、宿主动物和植被带谱等关系进行对比，提出中国蚤类区系中古北、东洋界中段在秦岭南坡的海拔划线修订为 2600 m。这些学术成就的取得，很显然与他长期深入第一线、扎实严谨的科学作风和坚持不懈的努力及不断关注学科新的发展是分不开的。

  在柳支英教授主编的《中国动物志 昆虫纲 蚤目》（于 1986 年出版）的影响和推动下，截至目前，我国已先后正式出版了新疆、贵州、青藏高原、云南和内蒙古等地方蚤目或蚤类志。《湖北及邻近地区蚤目志》也是继《青藏高原蚤目志》之后出版的又一部区域性蚤类专著。该志内容丰富，绘图精细，不仅包含了湖北省的蚤类，同时还涉及与湖北有密切关系的邻近地区的蚤类，总计 9 科 38 属 14 亚属 117 种（亚种），共有插图 551 幅，图版 12 个。

  该志在总论部分中，首次提出湖北西部蚤类中，很可能是从三条自然地理通道随宿主动物迁移，逐渐扩散和进化而来的科学论点；详细介绍了蚤类玻片标本的制片技术。在各论部分中，澄清了一些同种异名的蚤种；并根据新的资料数据，将过去某些亚种提升为独立的种，讨论了特新蚤种下亚种的分类和部分叉蚤的分类等问题。

  该志的出版，进一步促进和推动了长江中、下游一带地区及中国蚤类研究的发展。在《湖北及邻近地区蚤目志》出版和发行之际，谨向该志编者致以由衷的祝贺。

吴厚永
2017 年 9 月于北京

前　言

蚤类是传播鼠疫、地方性斑疹伤寒等急性传染病的重要媒介昆虫，种类纷繁而多样，地理分布宽广，陆栖哺乳动物有相当一部分都有寄生，并伴随宿主动物遍布全球各个不同地理区域和不同类型的生态环境，在海拔近 4500 m 都可以见到它们的踪迹。全世界约有 250 种（亚种）蚤与上述等重要人类疾病密切相关，而且种类还在不断增加，是严重威胁人类健康和生命安全的传播媒介。因此深入研究这类病媒昆虫，对预防和控制媒介疾病的发生、发展，以及保护人类赖以生存的自然生态环境和物种多样性具有重要的现实意义及基础学科的理论探索意义。

秦岭南坡至湖北、湖南、江西、安徽、江苏、上海、浙江、福建和广东，是一个十分宽阔且呈带形沿长江中、下游走向的地理区域。作者在对湖北西部山地、中部大洪山脉、桐柏山和湖南西北部山区蚤类数十年调查的基础上，结合以往的采集和检视与湖北相邻的上述区域相关单位采集及保存的标本，对上述所辖范围的蚤类进行了系统归类和认真比较研究，这为本志顺利编撰奠定了十分重要的工作基础。

有关本志的编写，作者于 20 世纪 90 年代初就有了一些初步设想，但当时考虑的主要是湖北省自然地理区域，为了实现这一目标，无论是在天寒地冻的冰天雪地里从海拔 600～2980 m 沿雪线交界处逐渐上移和沿雪线逐渐下移布放鼠铗，或下雪鼠铗被大雪掩埋后在雪地里挖取鼠铗，还是在春、夏两季连续雨季每天被雨水全身淋湿或被成千上万只蠓成群围着叮咬的日子里，作者坚持在湖北西部山地、中部大洪山脉、桐柏山和湖南西北部开展调查连续长达 24 年，付出了十分艰辛的努力。尤其是湖北西北部的神农架一带山地，当时的交通极为不便，生活较难保障，作者单枪匹马，在没有其他人员参与的情况下，长期在野外开展布放鼠铗，每年工作达 120～140 天，这在国内、外同行中是十分少见的，何况作者还承担着其他疾病预防控制任务。最终布放鼠铗 128 230 个，捕获各种小型哺乳动物 13 000 余只，获得蚤标本 3 万余个。在本志撰稿之前，基本查清了湖北西部山地蚤类的分布状况，以及沿海拔和各主要生境分布的规律，使湖北蚤类由原记录的 30 种（亚种），增至 79 种（亚种），其中包括 1993 年以来已发表的 13 个新种和新亚种（不包括本志发表的一新种及一个新名）及 6 种蚤的配对和蚤目一新科。

本志分总论和各论两部分。总论部分包括蚤类的研究简史、形态构造、生物学和生态学、系统发育和区系分布、重要蚤类与疾病的关系、蚤类调查和标本制作等部分。各论又分总科、科、属、种检索表；每一蚤种有引证文献、形态记述、鉴别特征、种的特征图、地理分布、重要宿主、检视标本信息。书末附有主要参考文献、英文摘要、中名索引和学名索引、蚤类区系分布总表、蚤类宿主及寄生蚤拉丁学名与中文名名称对照及图版。

《湖北及邻近地区蚤目志》的编研，得到了著名蚤类学家军事医学科学院吴厚永教授的热诚鼓励和指导，并提供了他们在中国秦岭南坡、川西南、浙江、安徽、福建、广东、上海、江苏等地采集和收藏的标本，使作者有幸查看到数量较多的模式标本，收藏的标本中有很多是来自各兄弟单位，这些单位是：军事医学科学院微生物流行病研究所、福建省疾病预防控制中心、浙江省疾病预防控制中心、兰州大学医学院、华中农业大学植物科学技术学院、湛江市疾病预防控制中心、宜昌市疾病预防控制中心、神农架林区疾病预防控制中心、神农架自然博物馆、神农架国家级自然保护区管理局、五峰土家族自治县疾病预防控制中心、五峰后河国家级自然保护区管理局、利川市疾病预防控制中心、利川市星斗山国家级自然保护区管理局、兴山县疾病预防控制中心、随州市疾病预防控制中心、十堰市疾病预防控制中心、广水市疾病预防控制中心、巴东县疾病预防控制中心和湖南省八大公山国家级自然保护区管理局。他们都为本志做出了贡献，在此表示衷心的感谢。

　　作者在长期野外调查和蚤类研究中，很多人或给予协助，或提供及采赠标本，或借给作者珍贵标本，或帮助复印文献，或在调查研究经费上给予多方面支持，他们是：军事医学科学院张映梅、张金桐、鲁亮和郭天宇博士，华中科技大学同济医学院张狄教授，宜昌市疾病预防控制中心李枝金、史良才，荆州市疾病预防控制中心杨清明，神农架自然博物馆胡丛林，神农架林区疾病预防控制中心皮健健、丁百宝，五峰土家族自治县疾病预防控制中心田耕白、刘德宣，应城市疾病预防控制中心李瑞金，武汉市疾病预防控制中心田俊华，湖北省预防医学科学院黄森琪、张绍清、徐博钊、刘家发、詹发先、黄希宝、刘斯、杨连娣、袁方玉、张庆军、黄光全、陈尚全、余品红、张华勋、谭梁飞和湖北省寄生虫病防治研究所寄生虫病预防控制部全体同志，以及作者的老师和引路人福建医科大学王敦清教授，在此谨向他们致以衷心的感谢和崇高的敬意。

　　本志编撰始于 2011 年，工作量大，质量要求高，涉及地理范围广阔，2012～2014 年主要集中全力依据实物标本，绘制完成了蚤类特征图 500 余张（少量种类为仿绘），其间又特邀吉林省地方病第一防治研究所马立名教授，承担全部蚤类插图的覆墨工作。2015 年 1 月作者退休后，继续进行后续的编写，蔡顺祥主任医师等也参与进来。编研中虽然澄清了所涉及地区蚤类分类中的一些问题，但涉及其他地区的蚤类，还有一些问题和个别亚种的分类有待进一步研究及澄清，加上作者水平有限，有些观点仅是一家之言，难免有不足、遗漏之处，期待国内外同行和广大生物多样性研究人员、港口检疫及媒介疾病预防控制专业技术人员阅读后提出宝贵意见。

　　本志的出版得到了湖北省预防医学科学院的鼎力支持；编研中和后期现场补点调查，得到了湖北省自然科学基金（2008CHB4110）的部分资助。

刘井元

2017 年 9 月于武汉

目　　录

总　论

第一章　研究简史

　　蚤类是昆虫纲中高度特化的一个目，成虫体小而侧扁，能爬善跳，具刺吸式口器，有较强的耐饥饿性，主要寄生于哺乳动物的啮齿目 Rodentia、食虫目 Insectivora、食肉目 Carnivora、兔形目 Lagomorpha、偶蹄目 Artiodactyla、有袋目 Marsupialia、翼手目 Chiroptera 和鸟纲中的雀形目 Passeriformes 等，迄今尚有少数蚤种采自鸟、兽同穴或高山草地等，但尚不知以何种动物为主要宿主。不同蚤类对宿主动物具有明显选择或专嗜性，但又不完全随宿主动物的地理分布而分布，部分蚤种对不同海拔、生境和动物地理区系具有高度选择或依赖性。由于蚤类是危害人类健康最为严重的烈性传染病——鼠疫、地方性斑疹伤寒等的传播媒介，因而近百年来世界各国对其鼠疫等的自然疫源地、生态环境和与蚤媒传染病关系、鼠疫菌寄居于宿主动物、带菌蚤侵袭宿主动物及人等进行了一系列较深入和系统的研究。同时也推动了蚤类分类、亲缘关系、地理演化与分布，蚤类与高海拔山脉及纬度，宿主动物迁移与蚤类扩散，蚤类地理隔离与地质环境变迁等的空间分布和大尺度格局研究或探索。可以说蚤类研究不仅可以弄清或阐明蚤类的进化历史和演替规律，而且对掌握蚤媒传染病，阐明其流行规律，保障人群健康都具有十分重要的医学与疾病预防控制意义和基础学科研究的理论意义，同时也可为政府卫生职能部门扑灭突发的重大鼠疫等疫情制定政策性决策提供科学依据。

　　人类对蚤类的认识非常久远，中国古代伟大科学家（晋代）葛洪在 1700 多年前的《抱朴子》中记载，"蚤虱群攻，卧不能安"。东汉许慎在《说文解字》中亦记，"蚤，啮人跳虫"，都比较准确、生动地说明了蚤类的习性，这在当时科学技术水平有限的条件下，已是了不起的贡献。1735 年清代陈元龙在《格致镜原》中引《山堂肆考》文谓，"蚤，啮人虫也，黑色善跳。俗云蚤生积灰。亦有雌雄，雄小雌大。俗呼疙蚤……"。赵学敏于 1765 年在《本草纲目拾遗》中亦有记述，"蚤则因土湿而生，夏时土干，亦不致患"。三月蚤多，五月渐衰，则更进一步阐明了人蚤等繁殖的基本生态习性和规律，尤其是把两性分开来叙述，则在对蚤的形态认识上已经有了较明显的进步与发展。宋代庄季裕于 1133 年在《鸡肋篇》提到，"治蚤则置衣茶焙中，火逼令出，则以熨斗烙杀之"，并说椒叶能辟蚤。陈元龙于 1735 年在《格致镜原》中写道："治蚤者以桃叶煎汤，浇之，蚤尽死"。类似于上述诸多内容叙述，多散见于各类文献，《齐名要术》《梦溪笔谈》《蠕范》《本草纲目》和《闻见录》等，均反映了古代人通过观察或实践，已初步掌握了一些常见蚤类的生态习性和防治方法。虽然这些记录较为简略，但却是人类生存与发展，与自然环境、害虫和疾病做斗争的一部艰辛历史，积累了丰富的防治蚤类的知识及经验，是一份宝贵的文化遗产。

　　近代蚤类的研究，开始于 van Leeuwenhoek，其于 1706 年使用 160 倍的显微镜观察蚤类各部分结构。1758 年，Linnaeus 在《自然谱系》中，首次使用双名法对人蚤（*Pulex irritans*）进行科学的描记，这是对蚤类进行科学分类研究的开端。1880 年，Taschenberg 对蚤类各部分结构，尤其是内部形态解剖结构和变形节的构造进行了一系列研究，进一步促进了蚤类分类向前发展。

　　然而蚤类研究受到较普遍关注和重视始于 19 世纪末 20 世纪初，当时全球先后暴发了两次鼠疫大流行，累计死亡人数达数千万，甚至以亿计，蔓延至亚洲、非洲、欧洲和美洲。在此时期，病原科学家首次发现了鼠疫的病原体为鼠疫杆菌，并确立了鼠疫杆菌是通过媒介蚤叮人吸血而传播，促使各国在逐步弄清鼠疫自然疫源地的同时，对蚤类的地理分布和宿主、人群传染病关系等开展了较广泛的调查和研究。100 多年来，无论是蚤类区系调查、分类及系统发育，还是蚤的内部细微结构、解剖、生理、生化，以及动物地理和蚤与疾病的关系、防制措施与策略及手段方面，都有了前所未有的发展，尤其是在分子水平上，部分学者将其用于近缘种的研究，进一步加速了对蚤类研究认识上的深化与推进，以及促进了亲缘种和不同地理亚种分类水平的进一步提高。

　　迄今全世界蚤类已知有 16 科 239 属（亚属）约 2500 种（亚种），与中国蚤类区系有相同或相近关系的主要有日本、朝鲜、缅甸、巴基斯坦、越南、印度、俄罗斯和东南亚等地区。

　　中国蚤类的研究：20 世纪初 Blanford（1894）在浙江宁波，Dampf（1910）在上海，Rothschild（1912）在西北，Jordan 和 Rothschild（1911）在我国一些其他地区，Jettmar（1927～1928）在东北，Jordan（1932）在云南和四川等地先后采集并报道了上述地区一些蚤类及新种。但中国研究人员涉及这一领域，早期具有代表性的是柳支英（1936，1939）的 2 篇报道。然而从当时调查和所获得蚤种来看，数量零星，采集的地点和涉及地理范围十分有限。因此，中国蚤类研究取得的成就，主要是 1949 年新中国成立后，国家将蚤媒病——鼠疫列为甲类烈性传染病，各省、自治区和直辖市成立了专门的疾病控制及科研机构，全国各地开展了大规模家鼠、野鼠及自然疫源动物和自然疫源地的调查。

　　经过 60 多年的努力，基本查清了我国鼠疫自然疫源地主要的分布情况，控制住了我国人间鼠疫大规模发生与流行，证实了我国有旱獭、黄鼠、沙鼠、黄鼠和家鼠五大类 12 个类型鼠疫疫源地，分布在青海、西藏、新疆、内蒙古、甘肃、黑龙江、吉林、辽宁、河北、陕西、宁夏、四川、云南、贵州、广西、广东、福建、江西、浙江 19 个省（自治区）231 个县，疫源地面积达 140 万 km^2，疫源地动物间鼠疫和人间鼠疫流行从未间断，疫源地的威胁与危害将长期并存，同时还加强了我国鼠疫疫情监测预报网的建设和鼠疫的进一步调查与防治科研，以及疫情预报与预警和局部地区、大型水库和重点疫区等的定时、定点的大规模灭鼠和灭蚤等工作。

　　蚤类分类方面，经过几代人的调查与深入探索，中国蚤类由 1949 年前不足 80 种（亚种）增至 2016 年 640 余种（亚种），分隶于 10 科 74 属，其中由中国科学家发现命名的新种（亚种）达 330 个，约占世界已知种的 1/8，取得了令人瞩目的巨大成就。发现命名亚属以上阶元，有 1 科 9 属 6 亚属，即柳氏蚤科 Liuopsyllidae，原为柳氏蚤亚科（Liuopsyllinae），后提升为科（王敦清和刘井元，1994）；继新蚤属、柳氏蚤属、盲鼠蚤属、小栉蚤属、靴片蚤属、青海蚤属、巨胸蚤属、缩栉蚤属、距蚤属；潜蚤属的短指蚤亚属、新北蚤属的新华蚤亚属、杆突蚤属的无拱蚤亚属、纤蚤属的中华纤蚤亚属、茸足蚤属的额刺亚属、强蚤属的纤细蚤亚属。在属下还建立了若干种团，如在古蚤属建立了钝刺古蚤种团和短额古蚤种团，大锥蚤属和怪蚤属分别划分为 4 个种团和 5 个种团等。通过不断深入研究，部分亚种先后提升为独立的种，有江口大锥蚤、海南大锥蚤、贡山大锥蚤、铁布额蚤、神农架额蚤、川北额蚤、共和双蚤、刘氏叉蚤、湖北叉蚤、陆氏强蚤和贡嘎蠕形蚤，这些都是科学家对种（亚种）有了更深层认识与理解，并重新做出客观判定和深入分析的研究结果。

　　根据世界蚤类分类系统和新科增加（王敦清和刘井元，1994）或变化的同时，柳支英和吴厚永（1979）提出并经过几次修订（吴厚永等，1999）或增补，提出并建立起中国蚤类分类系统关系发育图，初步阐明或揭示了中国蚤类地理分布与其他各界蚤类的相互关系（柳支英等，1986；吴厚永等，2007）。结合中国山系、动物地理、宿主分布、植被带谱、山脉垂直海拔和南、北蚤类互相渗透及交汇等的区系分布特点，提出了一条中国蚤类区系中古北界、东洋界沿山脉和地理走向的分界线（柳支英和吴厚永，1979），其中秦岭南坡蚤类古北、东洋两界分界线的海拔在 2600 m（刘井元等，2007a）。尤其是 2007 年由吴厚永等编著的《中国动物志 昆虫纲 蚤目》（简称《中国蚤目志》）（第 2版）的出版，对我国半个多世纪以来蚤类分类研究进行了系统归类、分析和总结，解决和澄清了历史遗留的若干蚤类分类问题，从而使中国蚤类研究进入了一个重要历史节点和新的发展阶段。

　　湖北及邻近地区（长江中、下游一带地区）蚤类研究，历史上大部分属空白状态，其中湖北最早是伍长耀（1934）在汉口采集有具带病蚤的报道。1959 年我国开始了自然疫源性疾病和自然疫源地的调查，中国预防医学科学院流行病学微生物学研究所、湖北省自然疫源地调查队、湖北医学院等单位的媒介疾病控制研究人员和医学工作者，先后在湖北武汉、咸宁、长江三峡湖北境内、长阳和巴东神农架采集了部分蚤标本，但见于公开报道是20 世纪 80 年代以后，其中徐梅吉（1980）在"湖北蚤类简报"一文中报道了 8 属 9 种。窦桂兰等（1985）在"长江三峡地区鼠类和鸟类体外寄生虫的调查"中报道了 6 属 6 种。柳支英等（1986）在《中国动物志 昆虫纲 蚤目》（第 1 版）中报道了 19 属 23 种，其中包括 1 新种 3 新亚种（纪树立等，1981，1986；陈家贤等，1984，1986）。此后，史良才等（1985）、刘泉等（1998）和李枝金等（2000）又陆续报道了湖北恩施和宜昌增加了几个蚤种及新蚤种。刘井元等（2007a，2007b）和刘井元（2010，2012）在湖北西部山地，经过 24 年（1988～2012 年）的连续深入调查，报道了该地区蚤类共有 9 科 30 属 66 种（亚种），其中包括 1993年以来已发表的 13 个蚤类新种和新亚种。

　　而湖北邻近地区的蚤类，最早见于采自浙江至福建一带的蚤类（Blanford，1894；Jordan，1937；Liu，1936，1939；赵修复，1947），当时 Blanford（1894）曾将盲潜蚤（*Tunga caecigena*）误定为穿皮潜蚤（*T. penetrans*）。新中国成立后，柳支英和吴厚永（1960）及温廷桓等（1962）先后报道了上海狭蚤属一新种和对鼠冠蚤的观察；王敦清（1960，1974）报道了福建蚤类 17属 26 种，其中包括 3 新种，1979 年又在武夷山采集到了洞居盲鼠蚤；樊培方等（1978）报道了安徽蚤类 9 属 10 种；卢苗贵（1996）、石国祥等（2008）报道了浙江蚤类 20 属 28 种，其中有 2 种报道为新亚种（卢苗贵等，1999）。柳支英等（1980，1986）和张金桐等（1989）共报道了秦岭南坡蚤类 5 科 19 属 37 种（含甘肃成县近鬃蚤，但不包括未定种的蚤类和秦岭北坡分布的刷状同痒蚤指名亚种和结实茸足蚤），其中包括 2 新属 11 新种（亚种），加上李贵真等（1981，1996）报道采自湖南郴县的宽窦副角蚤和安徽的绩溪栉眼蚤，张增湖和马立名（1980）报道了采自秦岭南坡甘肃成县的甘肃大锥蚤，张志成和于心（1990，1991）报道了采自陕西安康地区的大巴山狭蚤和陕西多毛蚤，以及刘井元等（2007b）报道了采自湖南西北部的部分蚤种。截至 2016 年，收入本志中的"湖北及邻近地区的蚤类"为 117 种（亚种），分隶于9 科 38 属 14 亚属，其中湖北蚤类为 34 属 79 种（亚种）；而邻近地区的蚤类，直接收入本志中的为 38 种（亚种），另还包括 4 个属：潜蚤属 *Tunga*、角头蚤属 *Echidnophaga*、微棒蚤属 *Stivalius* 和端蚤属 *Acropsylla*。

　　应指出的是，秦岭南坡山势高大宏伟、地形复杂、林深茂密、垂直高差大，相当一部分地段或区域仍处于原始森林状态，人为干扰少，整个秦岭南坡涉及的范围达数十个县，南、北两界宿主动物交汇或交错分布于此区域，古北界宿主动物远多于大巴山东部，而蚤类迄今仅知 41 种（亚种），尚远未达湖北西北部蚤种数的 54 种（亚种），表明秦岭南坡一带随着调查不断深入和采集范围的不断扩大，蚤种还将会有较大幅度的增加。湖北中、东部至江西、安徽、湖南、江苏、浙江、福建、广东地形相对较平缓，山势相对较低矮，南方雨水多湿度大，虽然不利于许多蚤类生存与繁衍，但由于地理范围广阔，尤其是山地多数区域和地段，很少或从未开展过采集与调查，随着调查范围不断扩大和捕获宿主动物种类和数量的不断增加，预计该区域蚤种将会有一定增加，其中湖北的蚤类总数推测应在 90 种（亚种）左右，因东部九宫山、大别山区的天堂寨和西部竹山、竹溪、保康和武当山至郧西一带达 1600～1800 m 及以上的山脉都未开展过采集，即使有个别地点有采集，基本都限于 1100 m 以下，根据本志第一作者多年的采集经验观察，海拔 2300 m 以下的山系，通常在 1600～1800 m 获得蚤种的概率最高，1000 m 以下种类较少，这主要与人为干扰多，以及多数生境为灌木和农田化及单一经济作物，已不适宜众多宿主动物生存，尤其是不适宜树栖类动物和中型体型以上的动物栖息有关。

总之，宿主动物及其体外寄生蚤物种多样性和边缘效应明显，加上不同类群或不同种的蚤类，自身存在独特的地理分布特点，将会极大地促进和吸引人们对中国乃至世界范围蚤媒疾病的预防与控制、流行病学、系统发育、进化与演替的深入思考和探索。蚤类的自然分布和演替、进化与扩散，必然与数百万年以前的远古时代，或更早的地质历史环境变化相关，与山系形成及高山、峡谷和江河湖泊更迭密切相关。蚤类无论是群落，还是分类，或是空间大尺度格局及蚤媒疾病传播、防止扩散、预警、细微结构、分子生物学等，在疾病控制预防医学领域都具有很大的发展空间和广阔的应用前景，随着调研的不断深入和空白点补点增多，以及新技术、新方法的引进和应用，蚤类研究同其他媒介昆虫一样，将会在不断认识，再认识与分析的前提下取得新的更大的或突破性的进展。

第二章　蚤类的形态构造

蚤类同源于长翅目 (Mecoptera)，是从有翅昆虫进化演替而来，属完全变态昆虫，是昆虫纲中高度特化的一个目，它需经卵、幼虫、蛹和成虫 4 个阶段才能完成其发育。成虫具有昆虫纲的共同特征：体被几丁质外骨骼，分头、胸、腹 3 部分。头部有触角、口器和眼等。胸部由前、中、后 3 节构成，各节有足 1 对。腹部由 10 节组成，其中第 7～9 节变形为外生殖器。它与昆虫纲其他目的区别特征是：体小而侧扁，黄棕色或黑褐色，无翅，足发达，能爬善跳，体表光滑而坚韧，外被鬃和刺等衍生物，雌雄成蚤都具刺吸式口器，在恒温动物兽类及鸟类体外营吸血寄生。

一、成蚤的外部形态

蚤类体型大小差异甚大，通常 1～3 mm，但大者如台湾多毛蚤可达到 7～10 mm，通常雌蚤大于雄蚤，尤其是雌蚤有孕卵，腹部特别膨大。体色棕黄至棕褐或棕黑，但有的雌性鬃蚤的头胸虽为棕褐色，但腹部却呈白色或灰白色，如王氏鬃蚤。体表有鬃、刺（spine）、栉刺、棘等衍生物（图 1）。凡具毛窝者，基部能转动者谓之鬃。由于蚤体表这些衍生物大部分都是鬃分化而来，故依其形状可分为以下六大类。①普通鬃（bristle）：又称常鬃，一般细长针形，分布于全身，或细长的端部向内侧、后方弯曲，如大锥蚤、额蚤的雄蚤第 8 背板背缘鬃均有不同程度后弯。有的鬃细而微小，称微鬃。如这些鬃非常细小如毛状则谓之毛（hair）或细毛，多分布于雄蚤后头沟、第 5 跗节的蹠面和臀板，甚至有的分布于后足胫节及第 1 跗节等部位，如茸足蚤属。②刺鬃（spiniform）：特点是保留了毛窝，色泽因种或分布部位不同而异，如在可动突上，多数呈棕褐色，形状多样，粗壮或扭曲或变扁，杆状的端部变钝或略尖，如木鱼大锥蚤雄蚤第 9 腹板后臂前端具 1 柳叶状粗刺鬃。③亚刺鬃（undertint spiniform）：色泽相对较浅，是介于刺鬃与鬃之间的一种过渡类型。④棘（spiculose）：是指体

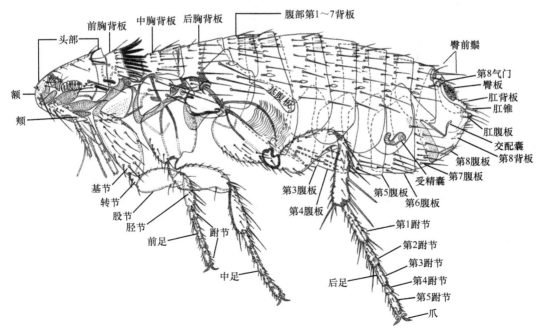

图 1　鹅头形古蚤 *Palaeopsylla anserocepsoides* Zhang, Wu *et* Liu, ♀全图（湖北巴东绿葱坡）

表几丁质的延伸物，一般较小而细，常浓密成丛，如大锥蚤属和角叶蚤属雄蚤第 8 背板内侧棘丛区；也存在于气门窝或覆盖于臀板上及呈毛刷状列于阳茎的内壁等处。⑤假栉（pseudo-comb）：是指排列较整齐而紧密如梳状的鬃，如分布于细蚤属及盲鼠蚤属的蚤类各足胫节及第 1 跗节后缘鬃均呈假栉状，但部分新蚤和臀蚤也具有此特征。⑥栉刺（comb）：特点是成组排列，基部失去毛窝，不能转动，宽扁，末端略钝或尖，如颊栉（genal comb）、前胸栉及腹部栉。另外，刺鬃细长如鬃，且又分布在中胸背板亚后缘内侧者，称假鬃（pseudo-seta）。化为小刺分布在后胸背板后缘和腹部背板后缘者，称端小刺（apical spinelet）。有些蚤种的后胸后侧片下部、基腹板和雄蚤抱器体基腹部表面具片状细纹，称线纹（striarium）。

实际上蚤类体表衍生物，如鬃、刺、亚刺、棘、假栉、栉刺和线纹等的分布、排列、数目、形状和大小都是十分重要的分类特征。

（一）头部

蚤类的头部（图 2～图 4）是摄食及感觉中心。通常长大于宽，少数蚤类头部特短，斜行的触角（antenna）及触角窝将头部分为角前区（pre-antennal area）和角后区（post-antennal area）。角前区由额（frons）、前腹方的唇基（clypeus）和腹方的颊（gena）3 块骨片愈合而成，其边缘分别称额缘、口角和颊缘。角前区有眼、口器、鬃、数量不等的颊栉或口前栉等。口器各部分生于前腹方。角后区又称后头（occipit），上生有鬃或刺、后头沟或叶、突起等；后头与前胸背板相连。

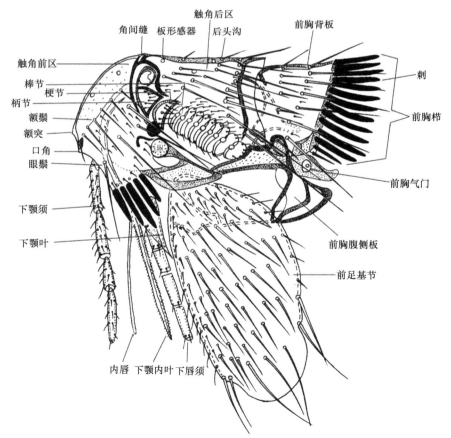

图 2　陕西多毛蚤 *Hystrichopsylla (Hystroceras) shaanxiensis* Zhang *et* Yu，♂头及前胸（湖北巴东绿葱坡）

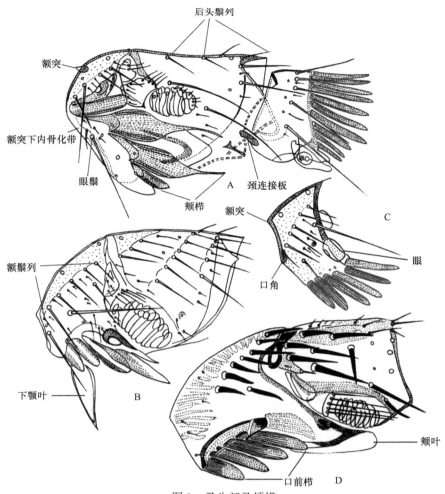

图3　蚤头部及颊栉

A. 鹅头形古蚤 *Palaeopsylla anserocepsoides* Zhang, Wu *et* Liu，♂头及前胸（湖北巴东绿葱坡）；B. 锥形柳氏蚤 *Liuopsylla conica* Zhang, Wu *et* Liu，♀头及颊栉（湖北神农架）；C. 壮纤蚤 *Rhadinopsylla (Actenophthalmus) valenti* Darskaya，♂角前区及颊栉（湖北咸宁）；D. 四刺夜蝠蚤 *Nycteridopsylla quadrispina* Lu *et* Wu，♀头及口前栉（正模）（湖北巴东堆子）（仿鲁亮等，2003）

1.　触角和触角窝

左右触角窝的背方常有 1 角间缝横跨头顶相连，角间缝是否横跨或愈合，不同属、种甚至科的跳蚤形态不一，保留者为裂首型（fracticipit），如柳氏蚤科、蝠蚤科和细蚤科的蚤类。完全愈合者以致额与后头骨片无明显分界，称全首型（integricipit），如蚤科的蚤类。有些蚤类是介于二者之间的，如角叶蚤科的雄蚤虽角间缝愈合，但仍留有痕迹。角间缝和角尖脊合称角间内突。有些蚤属雌、雄存在异态现象，如额蚤和眼蚤属（*Ophthalmopsylla*）的雄蚤，两侧触角窝基部相距很近，角间脊发达；而雌性常为全首型。角叶蚤科的雌性多为全首型。有些蚤的触角窝前缘向后延伸，遮盖住触角的前部；有些蚤的颊部向后延伸与后头腹缘愈合，并将触角窝下端关闭，这样的触角窝，称为"关闭的触角窝"，凡不愈合者称为"敞开的触角窝"。

触角分为 3 节，靠近基部的 1 节，称柄节（scape），能转动、抬升或回收至触角窝内。雄蚤的柄节较长或宽大，多呈弓形。第 2 节称梗节（pedicel），短小，生有成列或成簇的鬃，鬃的长短因种、性别而有很大差异，通常雌蚤较长，雄者较短；但副角蚤雄性有的蚤种触角的第2节特长，可达后胸侧板。棒节（club）即第3节最发达，分9小节，但有些蚤属仅见6～7小节，或分节不完全。小节环绕棒节全周者，称"分节完全"；小沟仅在棒节后侧，其前侧不分成小节，称"分节不完全"。触角棒节有的可达前胸腹侧板上。触角上有许多感器及浓密的覃状小吸盘，是感受环境变化及寻找异性的感觉器官和嗅觉器官。雄蚤的触角具有辅助交尾功能，触角抬起后正好夹住雌蚤基腹板细纹区处，具稳定的作用。其雌蚤的基腹板也正好镶嵌在雄蚤的后头沟处。蚤类触角存在一系列雌、雄异态现象。

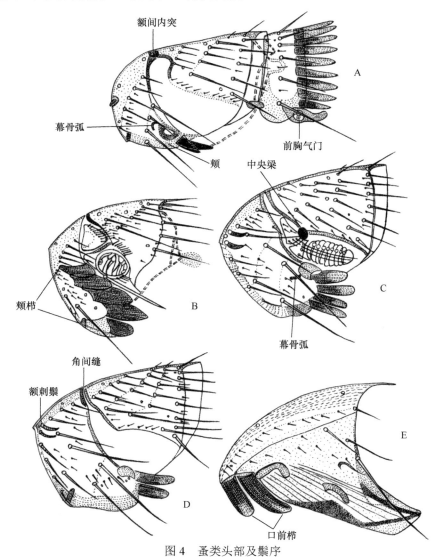

图 4　蚤类头部及鬃序

A. 二毫新蚤 *Neopsylla biseta* Li *et* Hsieh，♂头及前胸背板（湖北五峰）；B. 刺短新北蚤 *Nearctopsylla (Chinopsylla) beklemischevi* Ioff，♂头及触角（湖北神农架）；C. 缓慢细蚤 *Leptopsylla (Leptopsylla) segnis* (Schönherr)，♀头及额刺鬃和中央梁（湖北巴东绿葱坡）；D. 梯形二刺蚤 *Peromyscopsylla scaliforma* Zhang *et* Liu，♀头及颊栉（湖北神农架）；E. 印度蝠蚤 *Ischnopsyllus (Hexactenopsylla) indicus* Jordan，♂头及口前栉（湖北武汉）

2.　角前区

角前区前至上方为额。额的形状、宽窄及额缘的曲度随蚤类群不同有很大差异，有的为圆弧状，或扁窄或突出呈角状。额缘是指"角间缝至口角"的一段，额缘前方有的蚤种具 1 个额突，但发达程度常不一，有的呈小的尖叶或锥状，或角状，或略留有痕迹，或三角形镶嵌在额缘凹槽内。有的额突易于脱落：即"脱落型"，如鬃蚤；反之则为"永久型"。额缘及亚缘有的蚤属、种有明显增厚，称"额内增厚"，或弱的带形骨化，如细蚤属和古蚤属；或在口角背方有棒形增厚，如栉首蚤属。在蝠蚤科额部之后有发达的额皱区（rugulose area of frons），其后有淡色带（pale band）。额前腹方为唇基，腹方为颊。唇基的下段为口角（oral angle）。唇基与其背方的额之间一般没有明显界限，切唇蚤科 Coptopsyllidae 的唇基与额之间具 1 小横沟，将二者分开。口角向后方延伸直到触角窝前缘的腹方，称"颊缘"。触角窝的前缘和颊缘向后方延伸的部分，称"颊突"（genal process）。着生在颊部上的栉刺，称"颊栉"。颊栉的多少、形态、宽窄、长度及排列方式随种类不同有很大差别。颊栉垂直排列者，自腹方起为第 1 刺，如古蚤属；水平排列者，自前端为第 1 刺，如栉首蚤属。蝠蚤科的颊栉位于口前角腹缘，故称"口前栉"（preoral comb）。

　　有些蚤类，如长胸蚤属和角头蚤属，在颊突的前下方有 1 伸向后方或腹方的突起，称"颊叶"（genal lobe）。蚤类的眼，左右各一，位于触角窝的前缘腹方。眼的发达程度，随种、属变化差异很大，发达、退化、留有痕迹和完全消失，形状呈正圆形、梨形，或空泡状腹缘具凹窦等。眼的色素有的较深，有的则很浅。眼的前方有眼鬃 1～4 根，在眼鬃前方有额鬃 1 列或多列，发育完善者第 1 列额鬃有 5～8 根或更多，如茸足蚤属；退化者仅 1～2 根，或完全消失，如巨胸蚤属、长胸蚤属和黄鼠蚤属 Citellophilus。有的种类额鬃变形为刺鬃或亚刺鬃，或加厚为深色额鬃，或变弯变钝，如微棒蚤属和细蚤属等。有的种类在额鬃与眼鬃之间的触角窝前缘另生出 1 根长鬃，如额蚤属。

3. 角后区

　　角后区是指触角窝与角间缝之后的部分，又称后头。其是头部面积较大的一部分，其上有鬃 1～3 列，最后 1 列又称缘鬃列，有的种在端缘列下后方另具 1 根亚刺鬃或长鬃。有的种在触角窝背缘具数根小刺鬃，如长胸蚤属；有的为小鬃或完全缺如。雄蚤有的种后头亚背缘具 1 骨化较深、纵行的沟，称后头沟（occipital groove），其上有十分短小的细毛或细鬃。有的种类在后缘有发育程度不同的后头叶，如角头蚤属。

　　另外，头部的表面有许多板形感器，呈圆形小凹，似鬃脱落的毛窝，细看有一小板覆盖，其分布的数目及范围有一定规律性。在头内有内骨骼与头壳相连，主要有幕骨和中央梁，其中幕骨的后桥位于头的后腹角；侧臂位于触角窝腹侧，后端与后桥相连，前臂位于眼的前方，呈拱形，故又称幕骨弧（tentorial arch），在柳氏蚤科和细蚤科明显可见到。但在有些种类如角叶蚤科则不多见，多为其他结构所遮盖，或是消失。中央梁（central tuber）是 1 横行的圆杆，与左右两触角窝底相连接，侧面观为 1 较大圆形深棕色或黄色结构，或为 1 具有边缘的环形，多位于触角窝前缘。

4. 口器

　　蚤类为刺吸式口器，又称喙。由下颚、内唇、下唇、舌和上唇及其上述附属物组成。在分类上用得较多的是下颚须和下唇须。

　　下颚（maxilla）　　包括下颚须（maxillary palp）1 对，通常具 4 节，位于最前方，具有感觉功能。下颚叶 2 片，位于口器其他部分两侧，多为三角形，末端稍尖或甚尖，但蝠蚤科多呈截状。下颚内叶（maxillary lacinia）1 对，是 1 对细长的口器，外侧下段及后缘具 3～4 纵列倒生锯齿样小齿、晶状透明，内侧有 1 细的沟槽，两片内叶合拢后，形成吸入宿主血液的通道。在内叶的后侧另有 1 条更细的沟槽，当两侧片合拢向中央锁合时便形成唾道，唾腺分泌的唾液由此导入宿主的皮肤，以防止宿主血液凝固。

　　内唇（epipharynx）　位于前方中央，是 1 根不成对单独长片、端钝，基部与上唇相连，并连于咽的背壁。内唇的两侧为内叶所包，吸血时 3 片内唇共同形成食物道，刺入宿主皮肤。吸血时口器其他部分虽不刺入吸血，但有固着和定位的作用。

　　上唇（labrum）　位于内唇基部的前方，为 1 小骨片。

　　下唇（labium）　位于口器的最后方中央，为 1 短骨片。附生下唇须 1 对。左右下唇须向中间合拢时呈鞘状，将下颚内叶和内唇包绕其间，合称为喙（proboscis）。吸血时下唇须分列于口器两侧。下唇须多见于 3～5 节，退化者如狭蚤属 *Stenoponia*，仅见 1～2 节；发达者如长喙蚤属 *Dorcadia*，可达约 20 节，或更长一些，达 30 节左右。

　　舌（togue）　短小，缩于咽内，与唾管相通。

（二）胸部

　　蚤类的胸部（图 5）由前胸（prothorax）、中胸（mesothorax）和后胸（metathorax）3 节组成，每节有足 1 对，对称排列。前胸由颈膜与头部相连，后胸与腹部相连。胸部具有结构紧密、强度骨化的外骨骼，并支持内骨骼承受着强大肌肉牵引力和爆发力。因此胸部是蚤类的运动中心。

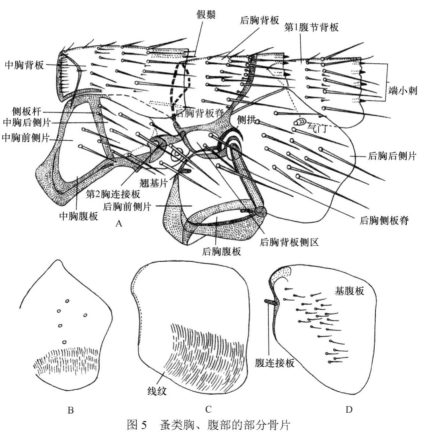

图 5　蚤类胸、腹部的部分骨片

A. 梯形二刺蚤 *Peromyscopsylla scaliforma* Zhang et Liu，♀中、后胸背板和第 1 腹节背板（湖北神农架）；B. 双凹纤蚤 *Rhadinopsylla* (*Actenophthalmus*) *biconcava* Chen, Ji et Wu，♂基腹板，示线纹（湖北神农架）；C. 五角巨胸蚤 *Megathoracipsylla pentagonia* Liu, Liu et Zhang，♀基腹板，示线纹（湖北神农架）；D. 滇西韧棒蚤 *Lentistivalius occidentayunnanus* Li, Xie et Gong，♀基腹板，示其前缘连接板及腹板外侧鬃（湖北利川）

　　每一胸节由 1 块背板、2 块侧板和 1 块腹板组成，3 块背板分别称前胸背板、中胸背板和后胸背板。背板的长度随种、属不同，有的差别很大，其上着生的鬃列也各不相同。多数蚤种前胸背板后缘具发达刺，称前胸栉（pronotal comb）。前胸栉的数目差别较大，有的排列紧密，达 30 根以上，如多毛蚤科和角叶蚤属；有的仅残留几根，排列稀疏或退化呈短的锯齿状。有的中胸背板颈片内侧具假鬃，但后胸背板后缘是否具端小刺，随类群不同有很大差别，是科的重要分类特征之一。各胸节的侧板均位于两侧，前胸前侧片、后侧片和腹板三者愈合成一块，称前胸腹侧板（prosternosome）。愈合的缝已消失，仅在部分种能见到厚化的内脊。前侧片位于背方，其边缘多有容纳颈连接板的小凹，颈连接板为小短棒状。后侧片位于后方，向后突出呈弧形。腹板位于腹侧，向前腹方延伸，接近颊部，与前足基节相关节。中胸 3 块板愈合情况与前胸相似，合称中胸腹侧板；但在中胸前侧片与后侧片之间，有 1 自上而下发育程度不同的骨化侧板杆（pleural rod），此构造客蚤属很发达，蚤属则较狭窄。腹板位于前腹方，与前侧片之间相愈合，愈合之处仅留有 1 斜行内脊为合缝的痕迹。

　　后胸各板结构较为复杂，在不同种、属均存在一定变化。后胸背板向腹方延伸形成背板侧区（lateral metanotal area），该区与背板间常具骨化脊相隔，但合板蚤属 Synosternus 已完全融合。后胸前侧片与后侧片在多数情况下完全分离，其间有 1 骨化程度不同的粗纵侧脊（pleural ridge-fold），该结构在客蚤属和臀蚤科等的一些种类较发达，而在蚤属中则缺乏。背方的囊状结构，称侧拱（pleural arch），蚤类跳跃的能量即源于侧拱内一种透明弹性节肢蛋白。侧拱的发达程度和所存弹性蛋白多数与蚤的跳跃能力成正比，如杆突蚤属 Wagnerina 的无拱蚤亚属 Anarcuata 则无此结构，说明该亚属的种类跳跃能力是非常弱的。后胸后侧片与腹板愈合成一块，在后胸前侧片的前缘或上前角常有 1 个结状骨化构造，称翅基片（squamulum），有肌肉或腱与中胸腹侧板内侧的叉骨相连。后侧片位于前侧片的后方，是蚤体较大的 1 块骨板，向背方和后方延伸，蚤体未完全伸展时，后延的部分较易遮盖腹节第 1 背板下延部分，或第 2 背板腹方的一部分；其上有一定的鬃序，少数种近腹方有细纹分布，如狭臀蚤属、纤蚤属和新北蚤属。有的蚤种后侧片与背板或前侧片部分愈合。

　　各胸节之间连接及胸节与头部连接，主要靠 3 对骨片，即连接板和节间膜来连接、连接头部与前胸者为颈连接板（cervical link-plate），连接前胸与中胸为第 1 胸连接板（1st thoracic link-plate）；在中胸后侧片和后胸背板侧区之间有第 2 胸连接板（2nd thoracic link-plate）。臀蚤科在后胸后侧片下方与基腹板相接处有腹连接板。前胸和中胸各具 1 对气门，第 1 胸气门镶嵌于第 1 胸连接板之中，第 2 气门位于第 2 连接板的腹方。

（三）足

　　足（图 1，图 6）3 对，成对排列，着生在 3 个胸节上，按足的顺序，分别称为前足、中足和后足，以后足最发达，上有一些特殊的鬃序及茸毛。各足结构自上而下为基节（coxa）、转节（trochanter）、股节（femur）、胫节（tibia）和跗节（tarsus）。基节发达宽扁，其外侧或内侧前缘或亚前缘具一定的鬃序；中、后足基节均有外侧内脊和内侧内杆支撑。有些蚤在后足基节内侧有成列或成簇小刺鬃或亚刺鬃，或后缘近中部处具 1 角状突起，下有深弧凹，如狭臀蚤属。转节短而窄。股节的背缘、腹缘和内、外侧均有大小不等、疏密不等的缘鬃、小鬃或成列的鬃及端鬃。胫节（图 7）较窄而长，后缘常有粗壮发达的鬃着生于切刻内，成对或成丛排列；切刻数不同属和科有一定变化，如长喙蚤属后缘缺刻仅 3～4 个，栉眼蚤科 7～8 个；有的蚤种后缘具梳状整齐排列的假栉，如盲鼠蚤属、二刺蚤属和细蚤属。胫节的切刻是指凹陷内生有 2 根以上鬃者。计算切刻数目时不计算末端切刻。胫节末端形状多呈圆形或截状，但有的具端齿，如角叶蚤总科后足胫节外侧有端齿且常尖锐。

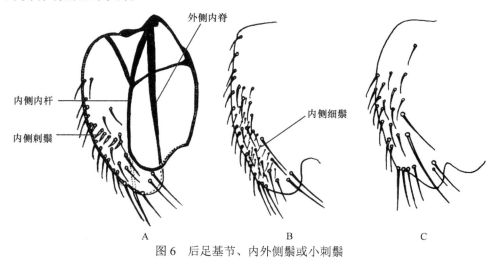

图 6　后足基节、内外侧鬃或小刺鬃

A. 印鼠客蚤 *Xenopsylla cheopis* (Rothschild)，♀示内侧小刺鬃及内侧内杆和外侧内脊（湖北武汉）；B. 李氏茸足蚤 *Geusibia (Geusibia) liae* Wang *et* Liu，♀示内侧细鬃（湖北神农架）；C. 巴山盲鼠蚤 *Typhlomyopsyllus bashanensis* Liu *et* Wang，♂示外侧鬃（湖北神农架）

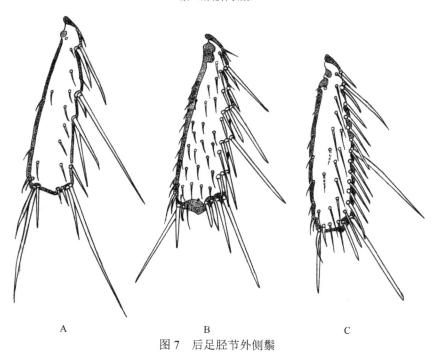

图 7　后足胫节外侧鬃

A. 豪猪长胸蚤小孔亚种 *Pariodontis riggenbachi wernecki* Costa Lima，♂示后足切刻（湖北宜昌莲蓬）；B. 近端远棒蚤二刺亚种 *Aviostivalius klossi bispiniformis* (Li *et* Wang)，♂示端切刻具 4 根粗鬃（福建古田）；C. 梯形二刺蚤 *Peromyscopsylla scaliforma* Zhang *et* Liu，♂示后缘假栉（湖北神农架）

　　跗节分为 5 个小节，第 1 跗节最长，依次渐次，第 1 跗节和第 2 跗节上有的具特殊茸毛，如茸足蚤属；有的种后缘具 1 排特殊粗长鬃，如粗鬃客蚤 *Xenopsylla hirtipes*；

有的蚤种在第 2～4 跗节上具纤样长鬃，如副角蚤属；有的还有横列的鬃。第 2、3 跗节端长鬃的长度因种、属不同而异。第 5 跗节较长，侧蹠鬃（lateral plantar bristle）对称排列（图 8），通常具 4～5 对，有的只有 1～2 对，有的第 1、3 对略向中移，或第 1 对下移至第 2 对之间，或第 2 对排列明显不对称，如不齐蠕形蚤 *Vermipsylla asmmetrica*。各足第 5 跗节侧蹠鬃排列顺序也并不完全一致，有的分别为 5 对，有的则为 5、5、4 对。第 5 跗节腹面生有若干细毛，如潜蚤属和蠕形蚤属。末端具爪 1 对，其近基部有分出附叶的称"复杂的爪"，如角叶蚤科；不分附叶者称"简单的爪"，如角头蚤属。第 5 跗节亚末端，靠近爪基部常有 1 对或数个亚端蹠鬃（pre-apical lateral bristle），或不对称。有的第 1 跗节中段弯曲，如中间鬃蚤 *Chaetopsylla (C.) media* 等。

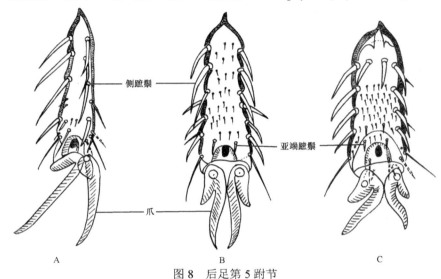

图 8　后足第 5 跗节

A. 豪猪长胸蚤小孔亚种 *Pariodontis riggenbachi wernecki* Costa Lima，♂示具 4 对侧蹠鬃（湖北宜昌莲蓬）；B. 近端远棒蚤二刺亚种 *Aviostivalius klossi bispiniformis* (Li *et* Wang)，♂示具 6 对侧蹠鬃（福建古田）；C. 大巴山狭蚤 *Stenoponia dabashanensis* Zhang *et* Yu，♂示第 1 对侧蹠鬃位置中移（湖北神农架）

（四）腹部

腹部（图 1）分为 10 节，是营养、排泄和生殖中心。前 7 节无特殊变化，称生殖前节（pregenital segment）。雄蚤 8、9 两节和雌蚤 7～9 节为生殖节，又称变形节（modified segment）；结构十分复杂，形态多样。第 10 节为生殖后节，称肛节（anal segment）。

1. 生殖前节

每节由 1 块拱形背板和 1 块倒拱形腹板组成。少数种的腹板在中线分离为左右两块，如长喙蚤属。第 1 腹节仅有背板，腹板退化或消失，或呈膜质而被后胸后侧片所覆盖。因此常见到的是第 2 腹板，称基腹板（basal abdominal sternite）。一些种类在基腹板的前缘有 1 小棒状腹连接板。每节的背板和腹板边缘均在侧面相接。第 3～6 背板覆盖相应的腹板背缘，但第 2 节和雌蚤的第 7 节相反，是腹板的背缘覆盖住背板的腹缘。每节背板的后缘盖住后一节背板的前缘，似覆瓦状结构。各节间均有节间膜相连。某些蚤类的雌性在孕卵期间腹板极为膨大，节间膜伸展，各节板块分离，但各背板及腹板仍保持原来的形状和大小，如鬃蚤属和潜蚤属。

各节背板及腹板均有 1 至数列鬃，后列为粗长鬃，称主鬃列。其前方可有 1 至数列副鬃列，或不完全或缺如。多数蚤类前几背板后缘具端小刺，但粗度和数量随种不同有一定变化，如壮纤蚤；蝠蚤科和狭蚤属一些种则有成列的长刺，称腹栉。第 7 背板后上方常有臀前鬃（antepygidial bristle）1～3 根，多者 9～10 根，或分成 2 个支突着生，但也有成假栉者，或完全退化。

臀前鬃数目雌、雄有别，或雌有臀前鬃，而雄则缺如。大锥蚤属多数种的雄蚤，在两臀前鬃之间有一个发育情况不同的臀前突（antepygidial procecc）；或雌蚤有一个后伸的刺突，如狭臀蚤属。有的雄蚤后背角向后延伸呈指状突起，臀前鬃则生于突起之端部，如杆突蚤属 *Wagnerina*；或后延的三角形突起，如同形客蚤种团 *conformis*-group。第 1～8 背板各有气门 1 对，位于主鬃列下位的略上或下方。第 1～7 腹节气门较小，但气门后端形状有一定变化，有的种气门端甚尖，有的种气门端呈圆形。但有的种同 1 个标本，前几个腹节气门端是尖的，后几个气门端是略圆的，如绒鼠栉眼蚤。第 8 腹节气门和气门窝随属、种不同有一定差异，有的十分发达，形状各异，有的似倒烟斗状、弯弧形、T 形、Y 形、长筒形、圆形、梅花瓣形等。

臀板（pygidium），实为一感觉器官，位于第 7 背板后方，在第 9 背板的臀板载板之上，由第 10 背板部分分化而来。臀板表面覆盖有一些细棘和小杯陷，每一杯陷有 1 根丝状长毛，有感受空气震动的功能，借以感知宿主到来和周围环境的变化。臀板凸出或平直，杯陷的数目和形状，在不同科、属和种均有较大不同。有的在臀板后缘雄蚤具 1 透明颈片，如柳氏蚤科；有的生 1 刺鬃，如副新蚤属 *Paraneopsylla* 和继新蚤属 *Genoneopsylla*。

2. 生殖节

（1）雄性生殖节和阳茎体（图 9～图 11）

雄蚤第 8 和第 9 腹节在长期进化过程中，为适应环境的变化，已变形为生殖节，与阳茎体（phallosome）合称外生殖器（genitalia）。第 8 背板和腹板位于尾端两侧，但发育情况不一，可分为以下几类：①形态无特殊变化，与前几个腹节基本相同，如蠕形蚤科；②背板、腹板都向后，或者向后上方延伸，如额蚤属和茸足蚤属；③背板退化，腹板发达向后方延伸，如盲鼠蚤属、栉眼蚤科和臀蚤科的一些种类；④背板发达并向后、向下扩展到亚腹缘，其背缘

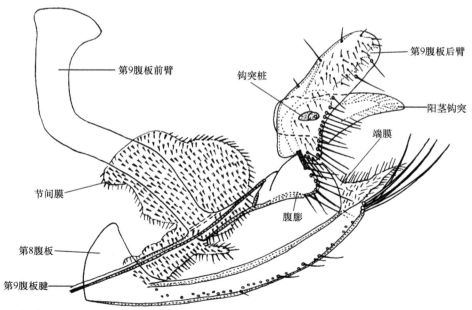

图 9　吴氏角叶蚤 *Ceratophyllus wui* Wang *et* Liu，♂第 8 腹板及第 9 腹板前、后臂和节间膜（湖北神农架）

及亚背缘具片状或带形棘丛区并有发达的缘鬃、亚缘鬃和侧鬃，如角叶蚤科许多属；⑤腹板退化，有的完全消失或仅留残迹，如角叶蚤属、倍蚤属和单蚤属退化成细棒状，或在腹板的末端常生 1 至数根端鬃，末端背、腹缘有膜状附属物，有的分裂成穗状或羽状，如大锥蚤属和黄鼠蚤属 *Citellophilus*；⑥发达的第 8 背板常在中线处左右分离；⑦第 8 腹板有的在末端分离，有的从基部分离，从而形成狭窄的左右两臂，如多毛蚤属；有的第 8 腹板高度特化，内侧或外侧生有细密的鬃，如尖指双蚤和巴山盲鼠蚤；有的具粗纵杆形骨化，如茸足蚤属；有的鬃高度扁化和具较多刺鬃或亚刺鬃，如棕形额蚤种团和扁鬃纤蚤 *Rhadinopsylla (Micropsylloides) flattispina*。

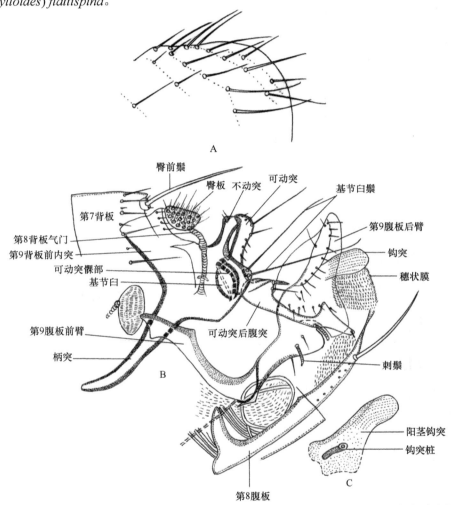

图 10　卷带倍蚤巴东亚种 *Amphalius spirataenius badongensis* Ji, Chen *et* Wang（湖北神农架）

A. ♂第 8 背板；B. ♂变形节；C. 阳茎钩突

第 9 背板、腹板分别称为上抱器（upper clasper）和下抱器（lower clasper），交配时有扣抱雌蚤的作用。上抱器包括前内突（apodeme of t. IX）、抱器体、不动突、可动突和柄突。第 9 背板向前方延伸的背板内突为前内突，其形态变化较大，发达者为长三角形，如大锥蚤属；小者仅残留有 1 狭带，如客蚤；或略有 1 小的突起，如长胸蚤属；但也有不前伸的，如杆突蚤属 *Wagnerina*。前内突如前伸则与前下方生出的柄突形成或深或浅的锐角凹、圆凹和广凹。前内突的两侧在背方愈合。在第 9 背板前内突与柄突之间柳氏蚤科 Liuopsyllidae

伸出一个抱器体前端突（anterior projection of clasper）（图 12）。第 9 背板主要部分为抱器体（clasper）。从抱器体向前腹方伸出的为柄突（manubrium），柄突的形状、大小和端部是否上翘或膨大因属、种不同而异。向背方伸出的是抱器不动突（immovable process），又称抱器突，有些蚤类不动突被背方 1～2 个凹陷分为 2～3 个小叶，分别称为前叶（L^1）、后叶（L^2）或第 3 小叶（L^3），如栉眼蚤属和客蚤属。抱器体后方有可动突（movable process），多数种具 1 个可动突，但蚤科某些种具前、后 2 个可动突，分别依序称第 1 突起（P^1）、第 2 突起（P^2）或第 3 突起（P^3），也有 P^2 缺如，如冰武蚤 Hoplopsyllus (Euhoplopsyllus) glacialis profugus，P^3 退化仅留有残迹者。可动突的形状、大小常随属、种不同有较大差异，其上是否着生有刺鬃、特殊的长鬃、感器和它们着生的位置，以及刺的形状、数目都是十分重要的分类依据。可动突基部，与抱器体相接处为髁部，它的关节在抱器体的基节臼（acetabulum）中。基节臼附近常具 1～2 根或多根基节臼鬃（acetabulum bristle）。抱器体在可动突的后腹角有时有不同程度的突起，形成腹突或特殊后腹突，如倍蚤属和大锥蚤属。

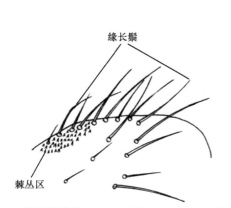 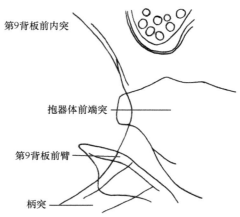

图 11 吴氏角叶蚤 Ceratophyllus wui Wang et Liu，♂第 8 背板（湖北神农架）

图 12 锥形柳氏蚤 Liuopsylla conica Zhang, Wu et Liu，♂变形节（部分）（湖北神农架）

第 9 腹板即下抱器，一般为弓形，但有的似"V"字形和"U"字形。以基部曲折处前伸的部分称前臂，向后上方伸出的部分称后臂；前、后臂相接处又称肘部，有的科在肘部腹缘具向前腹方伸出的腱，称第 9 腹板腱（tendon of st. IX），成为分科的重要特征或标志。前臂形状多样，亦有退化者，一般不生有鬃和刺。后臂左右基部愈合，远端分为左右 2 支，其上有鬃或刺、亚刺和特殊的鬃序，如刺短新北蚤；有的属、种后缘近中部处有圆膨；有的后臂近肘部有向后伸的腹小臂，或有的后臂中部后缘有 1～2 个附生支，或分为前后两叶，如副新蚤属 Paraneopsylla。第 8、9 腹板之间的节间膜发达者可形成节间叶，有的分为上、下两叶，并常有浓密成丛的小棘。在角叶蚤科中此结构由第 8 腹板基部向背方延伸而成。

阳茎体　在左右抱器之间及前方，端部向后方伸出，结构甚为复杂，由阳茎端、阳茎内突和内阳茎 3 部分构成（图 13，图 14）。

阳茎端（aedeagus）　由第 9 和第 10 腹节基部的膜发展而来，其端部向内陷形成向后腹方开口的一个大端室。端室周边有一系列结构及骨片，位于背方为阳茎端中背叶（median dorsal lobe），略下方一块是端中骨片（apicomedian sclerite），位于端室的两侧是侧叶（lateral lobe），是阳茎端面积相对较大的一个区域。侧叶有的骨化较深，有的则较浅。侧叶的内壁具 1 对可活动的阳茎钩突（crochet），钩突多位于腹侧，其基部有 1 骨化较深的木桩形骨片，称钩突桩（paxillus）。其在古蚤属、角叶蚤科和蝠蚤科多见，但在细蚤科少见。钩突的形状、大小、有无凹口和分叶是重要的分类依据。阳茎端腹小叶是从侧叶分出的 1 对小叶，向腹方延伸，其表面常有棘。在端室的纵轴中央处有骨化内管（sclerotic inner tube），是内阳茎向后延伸，有插入雌蚤生殖器官的功能。骨化内管结构较为复杂，形态多样，在内管的外面常生有发达骨片或刺突等，称装甲。内管基部向背方延伸成泵囊（capsule），背方被新月片（lunular sclerite）遮盖，后方有附骨片。内管的端段有的有膜质褶，并可伸出 1 外部构造，称内管端管（fistula）。内突柱（fulcrum）支持内管的基段，内突柱前起自阳茎内突的中片，后端分中叶、侧腹叶、背中突和内突柱沿等。其中高度骨化的 Y-骨片也在侧腹叶相关联，好像内突柱的一部分。

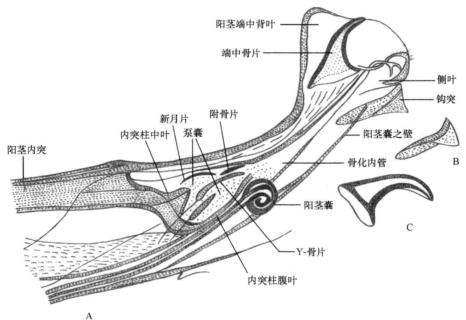

图 13　人蚤 *Pulex irritans* Linnaeus，♂（湖北武汉）

A. 阳茎端；B. 阳茎钩突变异；C. 阳茎端中骨片变异

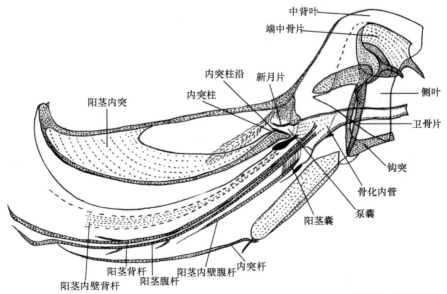

图 14　滇西韧棒蚤 *Lentistivalius occidentayunnanus* Li, Xie *et* Gong，♂阳茎（湖北利川）

阳茎内突（apodeme of aedeagus）　由阳茎端基部的背壁（中片）和侧壁（两侧片）向体腔延伸而成，占阳茎体背方大部分；三者的界限由于互相重叠，不易分清，整个结构侧面观为 1 长阔的板，后端连于内突柱各叶的基部。阳茎内突在不同属存在一些差异，有的宽大如袋状，如盲鼠蚤属（图 15）。有些蚤种在阳茎内突的前端，有不同程度延长可卷曲数圈，称阳茎内突"端附器"（apical appendage）。

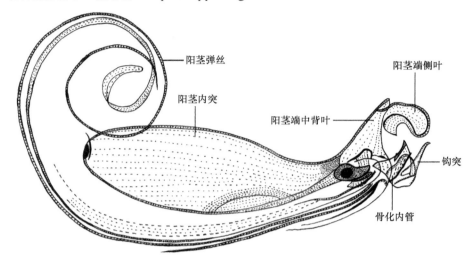

图 15　无窦盲鼠蚤 *Typhlomyopsyllus esinus* Liu, Shi *et* Liu，♂阳茎（湖北五峰）

内阳茎与内管壁基段相连，阳茎包绕其中。阳茎末端有一个很小的生殖孔；在内阳茎中，阳茎腹方有阳茎背杆（dorsal penis rod）和阳茎腹杆（ventral penis rod），即阳茎弹丝；两者前端可向前背方卷曲成半圈或至数圈，起弹簧的作用，在交尾时，其后段通过雌蚤的交配囊孔进行囊内导精。另外，内阳茎的壁内有杆状增厚，位于背方的为阳茎内壁背杆，腹方者为阳茎内壁腹杆。前者起自 Y-骨片，后者起自内管基部腹方的阳茎囊（vesicle）。

（2）雌性生殖节和外生殖器（图 16，图 17）

雌蚤第 7～9 腹节为生殖节，即变形节。第 7 腹板较发达，其背缘遮盖第 6～8 背板的腹缘，其后缘直，或后凸或被 1～2 个内凹分成背叶、中叶和腹叶，或第 7 腹板后缘内凹的前方有骨化加深。第 7 腹板后缘的形状、有无深色骨化和外侧的鬃序是分类的重要特征。

然而需指出的是，雌蚤第 7 腹板后缘形态在有些蚤种是比较稳定的，而在另一些蚤种则有相当大的变异，或有的种与种之间完全没有差异（如无值大锥蚤种团 *euteles*-group 的部分种类）。这就要求在雌蚤鉴定时，一定要识别同一蚤种的变异幅度，即在一定限度内的连续差别。当形态的差异超过一定限度时，亦即产生了间断时，那就是另外一个蚤种了。同时也要求在对有些雌蚤形态很相近的种类鉴定时，一定要采到同种的雄蚤才能做出准确的鉴定。

所以掌握好变异的幅度，既可避免将变异者误鉴为不同种，又可避免把不同的种间差异误认为是种内变异。如定新种，不能仅凭单个或几个雌蚤就下定论，或应谨慎对待。第 8 背板一般较发达，在近前部，即相当于第 7 腹板后缘附近，有的蚤类具骨化褶，称钩形骨化（unciform sclerite），如栉眼蚤属。外侧和后缘有鬃，内侧亚后缘有几根亚刺鬃或短鬃，称生殖鬃（genital bristle）。第 8 腹板位于第 8 背板的腹方，大部分与后者重叠或遮盖，多狭长或近杆形、色淡，有的具浅细纹，或仅在基部或背缘略骨化，末端有小鬃或细毛。第 9 背板在各科发育情况不一，一般较小，位于臀板的前方、下方或后方，臀板位于其上，故又称臀板载板。在蚤科和角叶蚤科常退化，甚至不易识别。第 9 腹板即阴道瓣，位于第 8 腹板的背方，为淡色薄膜，边缘不易辨认。阴道瓣与第 8 腹板之间形成阴道。

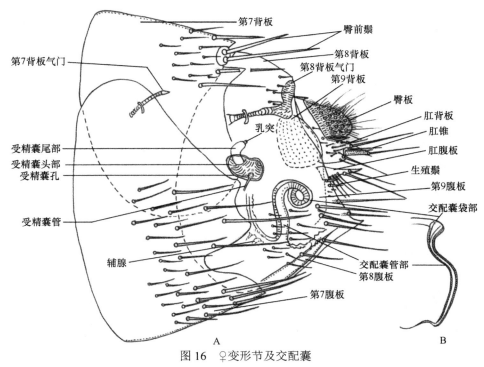

图 16　♀变形节及交配囊

A. 无孔微棒蚤 *Stivalius aporus* Jordan *et* Rothschild（广东湛江）；B. 梯形二刺蚤 *Peromyscopsylla scaliforma* Zhang *et* Liu
（湖北神农架）

外生殖器　包括阴道和与阴道相通的交配囊、受精囊等。阴道外端最宽大的部分为生殖腔，向内为阴道外口，称生殖口，卵由此产出。阴道的内口为生殖孔，由此通达输卵管。阴道长短不一，具一系列构造，由外向内有：夹持器、阴道腺开口、交配囊孔、阴道支管、阴道辅助腺和阴道夹等。其中阴道夹将阴道分为基段和端段两部分，阴道夹的作用在于使发育正常的卵通过，保证卵通过交配囊管口时进行受精。交配囊（bursa copulatrix）分为管部（duct of bursa copulatrix）和袋部（perula of bursa copulatrix），其中前者随蚤种的不同，其弯曲度和骨化程度均存在一定的差异；后者多数较小，但有的发达且形状十分特异，如巫峡盲鼠蚤。袋部连接两条小管，一条为受精管，通往受精囊头部，另一条为较短小的盲管（blind duct），末端封闭。有的盲管不是直接连接交配囊袋部，而是经过一段受精囊管才分出，这段则称共管。

受精囊（spermatheca）分为头部（膨部）（bulga）和尾部（丘部）（billa），多数蚤种为一个受精囊，少数为 2 个受精囊。2 个受精囊者，具有 2 条受精囊管，代表着原始现象，如多毛蚤科和切唇蚤科。应具一个受精囊的种类，偶出现 2 个受精囊，称返祖现象（秦岭分布的卷带倍蚤指名亚种见到 1 例）。受精囊头部较宽大，常呈圆形、椭圆形或袋状，内有刷状条纹，其中贮存受精囊腺的分泌物。尾部较狭小，长短不一，有的蚤末端具骨化乳突。受精囊头与尾之间有隔膜，其间的小孔可容纳精子通过，进入尾部中贮存。有的蚤类缺少隔膜。有的蚤种受精囊的头、尾呈过渡状态，或完全无分界，呈等宽均匀圆筒形，如茸足蚤属、额蚤属、倍蚤属和刘氏盲鼠蚤等。头部与受精囊管相连处为受精囊孔，孔的周围有许多细孔，腺细胞的分泌物由此通入头部，此处称筛区，或筛形区（cribriform area）。受精囊孔位置不一，有的在后方或后腹方，或近背方，有的着生在一个锥突上。受精囊的头、尾骨化程度随属、种不同亦存在差异，通常角叶蚤属多数种类壁较厚。

3. 生殖后节或肛节

第 10 腹节为生殖后节，称肛节（图 1）。由肛背叶和肛腹叶组成，两者之间为肛门。在这两个叶上有较浓密的鬃，尤其是肛腹叶的腹缘有骨化边缘，常有较发达鬃，或有的具深色刺鬃和多根亚刺鬃。有些雄蚤肛背叶和肛腹叶已高度特化，尤其是雄蚤，如大锥蚤属，多数向后方伸出可达第 8 背板后缘；有的在肛背板具叉状小鬃，如斯氏蚤属 *Smitipsylla*。绝大多数蚤类的雌性在肛背叶上具 1 对小棒结构，称肛锥（stylet），具 1 根、数根端鬃、亚端鬃或侧鬃。有的在端鬃近旁具 1 特殊的骨化角突，如豪猪长胸蚤小孔亚种。肛锥的形状，端、侧鬃的数目，鬃的长、短或是否有骨化角突是重要的分类特征。

二、成蚤的内部结构

蚤类内部结构同其他昆虫一样，有消化、呼吸、排泄、循环、骨骼、肌肉、神经和感器、生殖等多个系统，其中前 7 个是生命器官，生殖系统是种群维系的繁衍器官。现择其重要系统作如下简略介绍。

（一）消化系统

蚤类消化道是一条从口到肛门纵贯体腔中央的管状器官（图 17～图 19），由前肠、中肠和后肠组成。前肠主要担负摄食的功能，中肠主要是担负消化与吸收的功能，后肠有排出粪便和吸收水分的功能。

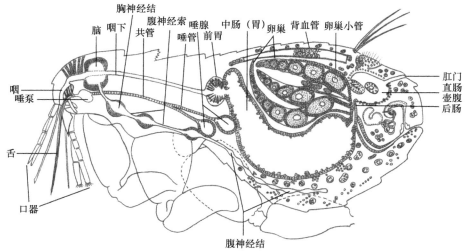

图 17　跳蚤内部解剖原位示意图（仿 Fox, 1926）

前肠　包括口、咽、食道和前胃。口位于食道的上端与咽相连处。咽为 1 细长的管，弯弧形，位于眼和触角的背方。咽部由背、腹两块几丁质组成，背片与内唇相连，腹片与舌相接。背、腹两片之间有强韧的膜上下相连。咽部的收缩与扩张由肌肉管制，肌肉束一端着生在头部的内壁，另一端连于咽部背、腹骨片上。咽之后为食道（图 18B～D），是 1 细长薄管，其上无肌肉。食道之后为漏斗形的前胃，位于后胸或第 1 腹节之内。前胃几丁质内壁上生有许多紧密排列的骨化小刺，六角形，末端尖细，朝后伸向前胃壁后内方，成多列，在透明标本中似菊花状。

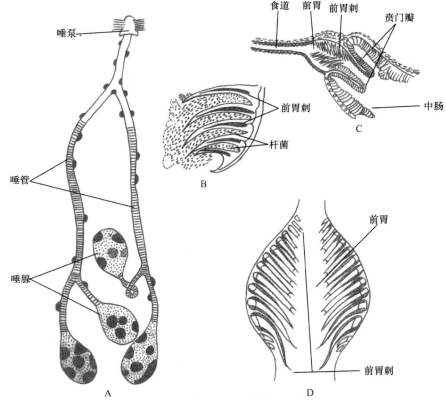

图 18　蚤的唾腺、前胃及中肠

A. 不等单蚤 *Monopsyllus anisus* (Rothschild)，唾腺及管（仿 Patton & Evana，自黄贵萍等，1986）；B. 前胃及中肠前端的纵切面，示前胃刺及贲门瓣（仿 Faasch，自黄贵萍等，1986）；C. 前胃刺放大，示刺间的鼠疫菌（仿 Faasch，自黄贵萍等，1986）；D. 缓慢细蚤 *Leptopsylla* (*Leptopsylla*) *segnis* (Schönherr) 的前胃刺示意图（仿漆一鸣，1989）

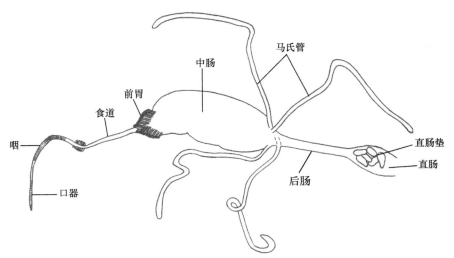

图 19　印鼠客蚤 *Xenopsylla cheopis* (Rothschild) 的消化及排泄系统示意图
（仿 Pattton & Evans，1929，自黄贵萍等，1986）

前胃壁有环肌纤维，当跳蚤吸血时，咽部膨胀，前胃环肌收缩，胃内各刺受压而互相靠拢，形成塞瓣，塞瓣形成后会防止中肠存在的血液向食道和咽部倒流。当蚤吸入带有鼠疫菌的血液并在适宜环境下，细菌在前胃刺间繁殖，最后形成菌栓并堵塞前胃。因此，鼠疫的传播主要是通过适宜的蚤，在胃形成栓塞的情况下，再通过二次叮咬而引起的。前胃刺还有破碎吸入宿主血液细胞进行机械消化的作用。一般蚤都具有前胃刺，这是蚤目的独有特征，其数目、大小、形状等在不同科、属、种和性别上均有很大差异。特别是 Traub（Rothschschild，1975）提到有两种潜蚤完全没有前胃刺，这可能与生态习性有关。

中肠　似袋状，连接于前胃后方，是消化道最宽大的部分。中肠内贮存有刚吸食或已进行了消化的不同程度的血液。中肠内壁覆盖有一层柱状上皮细胞，其排列及形态随蚤种不同有很大差异。肠腔内有上皮细胞分泌的围食膜，该膜随食物残渣经肛门排出体外。

后肠　比中肠细短，略弯曲，前段与中肠连接处稍膨大，排泄器官——马氏管通入肠腔开口于此处。后肠末端膨大呈梨形，称直肠壶腹，其内壁有直肠垫，多数蚤类为 6 个，少数为 2 个或更少，有吸收粪便水分保持体内含水量的作用。最末段为肛门，开口于肛背叶与肛腹叶之间。

唾腺（图 18A）　位于第 1 腹节内，由两对圆形或椭圆形腺体组成。腺体外被一层腺细胞，分泌的唾液贮存在中间的腔内。唾管分为几部分：先有 1 短管导出，每侧的两管合成 1 根共管，向前经胸部达头内，再与另侧的共管合为 1 总管，经过咽部下方正中进入唾泵。唾泵是 1 小的锥形腔，背方为几丁质片，有肌肉附着。唾管经舌进入下颚内叶。唾液含有抗凝体，注入宿主皮下能阻断血液凝固，以便吸血。在血液未进入蚤体内之前，唾液已进行了部分消化，这一过程称肠外消化。

蚤类吸血，通常是吸毛细血管的血快于吸较宽大血池的血；雌蚤较雄蚤吸食更多的血液；消化正常宿主的血快于消化偶然宿主的血。在自然环境下，许多蚤类尤其是蚤科的蚤类有吸食过多血液的习性，它们排出的粪便中，总是带有剩余未消化的血，谓之血粪，血粪黏附在宿主毛发上，或脱落在巢窝的尘埃中，这些血粪分散成小颗粒，成为蚤幼虫的主要食物来源，这些幼虫在一定程度上是间接地靠宿主的血而生活。

（二）呼吸系统

蚤类的呼吸系统即气管系统（图 20），由气管、支气管和深入各组织及组织之间的微支气管及通向体外的开口气门组成。

气管　内壁相当于体壁的表皮层，以内褶的方式形成骨化螺旋丝，即管的内脊。环状内脊支撑气管，免于血液的压力压缩，气管在体内分为几条纵干和支干，并由此到达消化道、肌肉和血管等处，最后再分成若干微气管通达各组织和组织间，内壁很薄，有渗透作用可直接输送气体。

气门　是气管在体壁上的开口。蚤类气门不直接通往体外，是经气管口进入气门窝，再从气门窝的口通往体外。胸节有 2 对气门，腹节有 8 对气门。胸节的气门，其管口与体表同高或略高，不内陷。腹节的各气门的管口都开口于气门窝的底部，深陷于表皮之下。第 8 腹节的气门大而深，内有浓密小棘。第 2～7 腹节气门后端尖或圆，特别是第 8 腹节气门形状和大小等是分类常用的特征。

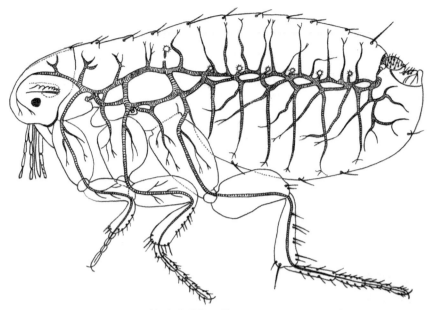

图 20　跳蚤的呼吸系统（仿 Wigglesworth，1972）

（三）排泄系统

蚤类的排泄器官是马氏管，为 4 条细长的盲管（图 19），各管在中段处折叠，游离在体腔内。基部开口于后肠前段膨大处。马氏管从体腔血液中收集代谢产物——尿，输入后肠以后与来自中肠的食物残渣一起排出体外，其水分则由直肠垫吸收。除马氏管外，蚤类体腔内的脂肪体和肾细胞都有排泄作用。这些结构在蚤类不同阶元间具有差异性。

（四）循环系统

循环系统的主要功能是把消化后的营养物质运输到各组织，并把代谢产物输送到马氏管；输送部分气体供气体交换；并把内分泌腺分泌的激素运送到相关器官。

昆虫的血液循环属于开放式，血液在体腔内各器官组织间按一定方向流动，即各内部器官是浸浴在充满血液的体腔内。循环器官很简单，在背中线的下方有一条背血管，为血液流动的搏动器官。背血管的后段是心脏，可分为一系列膨大的部分即心室。心室后端封闭，每一心室都有心门，血液可由此流入。背血管的前段是动脉，血液流动是从心室经动脉进入头腔，由此向两侧和后方回流，经体腔又从心门进入心脏。蚤类是否如此，尚无专题报道。

（五）神经系统和感觉器官

蚤类的神经系统是由外胚层分化而来，包括脑和腹神经索两部分。脑位于咽的背面，又称咽上神经节。腹神经索位于消化道腹方，为左右并列的两条。最前端是咽下神经节，位于咽的腹方，由 3 对神经节合并而成（图 18），并由 2 条围咽神经索从左右两侧连于脑。从这里发出的主要神经通往口器各部分、唾液腺和肌肉。胸部有 3 对神经节，分别分布于前、中和后胸 3 个胸节。每 1 对神经又有 1 对通到该节足肌的神经和 1 对通到体壁的神经。腹部神经节一般为 8 对，分别隶属于 1～8 腹节。最后一个是腹合神经节，至少由 3 对神经节愈合而成。这一神经节的神经，除分布于本节外，还分布到生殖器官、后肠和肛锥等处。蚤类神经节的排列与蚤类体形有关，如蚤科的体形粗短，神经节的排列则比较紧密，一对连着一对；纤长的蝙蚤，神经节排列也较稀疏，各节之间存在一定间隔。

蚤类的体壁有很多特化感觉器，它们与感觉神经相联系。头部的触角除了有触觉功能以外，棒节上的小窝还是嗅觉器官。口器特别是下颚须有味觉功能。雄蚤还可以感受到雌蚤表皮分泌的外激素；如果是没有眼的蚤类，只能借助感觉来探知周围环境变化，寻找适宜宿主和配偶进行繁衍生存。头部表皮上的板形感器，下与神经末梢相连。臀板表面的小棘和陷窝伸出细长的毛，有感受气流震动和感触作用。尤其是足，第 5 跗节上的细毛也是一种感觉器官。

（六）生殖系统

蚤的外生殖器，包括变形节和由这些腹节发育而来的雌雄交尾器等已在前面做了叙述。在此，仅阐述两性内生殖器。内生殖器包括雄性的睾丸和输精管，雌性的卵巢和输卵管，是从中胚层发育而来，还有一些从外胚层形成的管道，如雄蚤射精管和雌蚤的阴道及其两性附腺等。

1. 雄性内生殖器

睾丸 1 对，呈椭圆形，分列两列，其中的睾丸泡是精子生成处。每一睾丸有 1 条细长输精管，管的前段曲折盘绕，形成帽状的附睾，位于睾丸的基部，输精管后段较直。左右两管在中央相遇，但不融合，并各自通往贮精囊，贮精囊是一个几丁质形状不定的小袋，外有肌纤维包绕，有泵压作用，可将精子压出。贮精囊后方为射精管，长短不一，包于内阳茎中，其后连接阳茎。内阳茎中有阳茎背杆、阳茎腹杆、阳茎内壁背杆和阳茎内壁腹杆。内阳茎背方有骨化强的阳茎内突，腹方有内突杆（图 21A）。

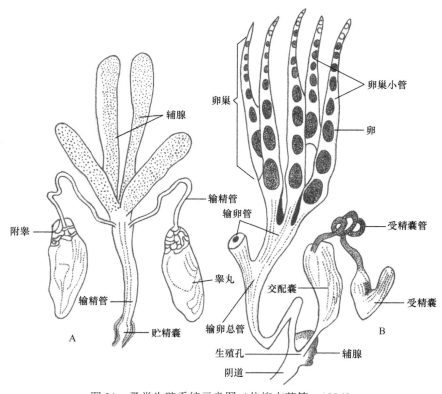

图 21　蚤类生殖系统示意图（仿柳支英等，1986）

A. ♂；B. ♀

雄蚤成熟过程中，精子先是一束一束，并经过睾丸内同步摆动，才分散开来，一个一个出睾丸，进入附睾，经输精管进入贮精囊。精子束的形状、数目、长短和摆动的周期在不同属、种间各不相同。

2. 雌性生殖器官

卵巢 1 对（图 21B），位于中肠背方两侧，每一卵巢有卵巢小管 4~6 条，各小管自前向后有一系列成熟阶段不同的卵。最前端是卵发生的地方，管较细，向后逐渐变宽，卵亦接近成熟。左右两卵巢各有输卵管 1 条，两管在中央汇合，成为输卵总管，向后直通阴道。其通口即雌性生殖孔。受精囊分头、尾两部分，形态各异，位于直肠腹方。头部有一条长短不一、曲度和骨化程度不同的受精囊管直通交配囊，最后通达阴道；交配囊管有的头端具有特殊骨化和环形构造。蚤类生殖系统一般缺少黏腺构造，它们产的卵常是散开的，不成堆，不黏附到其他物体上，但也有个别例外。

第三章　蚤类的生物学和生态学

蚤类的生物学包括变态发育、生活习性和生理生态等。迄今人们对于绝大多数蚤类的生物学仍了解甚少。生态学是阐明生物与其周围环境之间相互关系的一门科学。在传统生态学上一般是从个体、种群、群落和生态系统的角度去研究生物存活、地理分布和繁衍的基本规律。蚤类的研究目的主要有 4 个方面：①掌握一些重要蚤类的发生、发展、地理分布和季节消长的基本规律；②了解和阐明它们与宿主、环境和人群之间的重要关系及规律；③找出它们在生态上、生物多样性上与传播鼠疫、地方性斑疹伤寒等烈性传染病的内在联系和因素；④为政府部门开展综合防治、预警、阻断和消除蚤媒等烈性传染病提供决策科学依据。

一、蚤类的变态发育

蚤类属于完全变态昆虫，全部生活史包括卵、幼虫、蛹和成虫 4 个阶段。各阶段的形态和一般生活习性简述如下。

卵（图 22A）　通常呈卵圆形或椭圆形，白色或淡黄色，卵壳表面光滑，偶具刻纹，其大小往往同蚤种成虫个体大小有关，通常长径为 0.4～2.0 mm。卵刚产出时常附有一层胶质，但很快干燥，大部分产于宿主动物的栖居地，也可散于宿主的洞穴及其他逗留活动场所。因此，一般多产于适合幼虫未来生长发育的环境中。在适应温、湿度条件下，卵经 2～12 天（平均 5 天）即可孵化出幼虫。

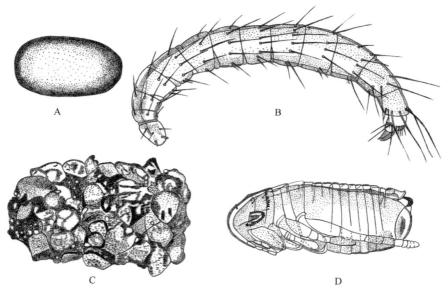

图22　方形黄鼠蚤松江亚种 *Citellophilus tesquorum sungaris* (Jordan) 的生活史（仿刘泉等，1986）

A. 卵；B. 幼虫；C. 茧；D. 蛹

幼虫（图 22B）　蛆状，黄白色，无眼无足，一般分为 3 龄，即脱 3 次皮后化蛹。1 龄幼虫头部背板有 1 个破卵器（egg burster），其尖角部分向上隆起，且骨化较强，是孵化时用于刺破或割破卵壳的构造，当第 1 次蜕皮时破卵器随之消失，即进入 2 龄期幼虫。3 龄后期成蛹。成熟的 3 龄幼虫体长 4～6 mm。身体分为头、胸、腹 3 部分。头的前腹方为口器，由大颚、上唇、下唇、下颚须、内颚叶、外颚叶和下颚基片等结构组成。大颚 1 对，上有 3～8 个齿（图 23C）。头的前背方有触角 1 对，呈柱状，其触角的基部外围有数个小突起。在触角的前方常有毛（preantennal setae）1～2 对，两触角间有毛 1 对，称触角间毛（intra-antennal setae，IA）（图 23A）。后背方有毛 2 列，其中前列触角外侧 1 根，称前头外侧毛（frontal outer side setae，EF），制片后可位于腹侧缘或腹面；触角后方的 1 根毛，称前头亚中毛（frontal sub-middle setae，SF），略后方靠稍内侧的 1 根毛，称前头中央毛（frontal middle setae，CF），后列的 3 对，由外向内分别称后头外侧毛（occipital outer side setae，EO）、后头亚中毛（occipital sub-middle setae，SO）和后头中央毛（occipital middle setae，CO）。胸部 3 节，腹部 10 节，其中胸部气门 2 对，腹部气门 8 对；各节有排列稀疏的长、短鬃 1～2 列。腹部末节上有 1 对肛柱，其基部有肛梳；背面有肛背孔 1 对，肛柱的基部有 1 腹小孔。1 龄幼虫的孵化刺（破卵器）（图 23D），3 龄幼虫头部后头毛的排列、位置、数目、长短和各节的鬃序及肛梳（图 23B）常用于分类。

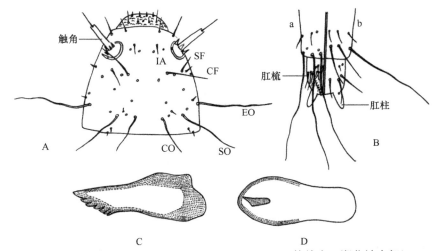

图 23　吴氏角叶蚤 Ceratophyllus wui Wang et Liu 的幼虫（湖北神农架）

A. 3 龄幼虫头部背面；B. 3 龄幼虫第 9、10 腹节（a. 背面，b. 腹面）；C. 3 龄幼虫大颚；D. 1 龄幼虫破卵器

　　幼虫的口器为咀嚼式，摄食环境中的有机物，如宿主巢窝中杂物、草屑、腐殖质和成蚤未消化的血粪颗粒和宿主脱落的皮屑。各种蚤幼虫对食物要求不一定相同，对大多数蚤幼虫而言，成蚤排除的血粪是最重要的食物；成蚤贪食和边吃边排便的习性，一方面满足了成蚤发育繁衍，另一方面也为幼虫提供了充足的营养来源。有些幼虫本身就是捕食者，它们可以捕食其他弱小的节肢动物或幼虫。有一些幼虫可直接寄生宿主体表或钻入皮下寄生，成为间性寄生。幼虫的饲养一般采用鼠、羊、兔和猪的全血粉和酵母粉混合饲料，用干烤或高压消毒的细锯末作基质，有的仅靠谷粉就可以完成幼虫的生长发育，如人蚤和猫栉首蚤等。蚤幼虫研究，目前我国已记录有 50 余种，但基本都是通过饲养获得定种，野外首先是不太容易采挖鼠巢窝获得幼虫，其次获得后也不一定能定到种。不过吴氏角叶蚤幼虫是经过多年观察并确认没有其他蚤类寄生，成为野外直接获得蚤幼虫并能定种的少数个案（刘井元等，2003）。

　　在适宜条件下，幼虫 2～3 周发育成熟，然后吐丝作茧，变为静伏茧中的前蛹。

　　蛹（图 22）　茧质薄，灰白色，茧外黏附着尘土碎屑等物，具有保护作用。前蛹在茧内呈对折状，在适宜温、湿度条件下，经 2～4 天蜕皮成蛹。蛹体分为头、胸、腹 3 部分，具有成虫的雏形。3 对足大部分游离，称离蛹。随逐渐发育，蛹色由白变黄以至棕黄，形态渐近成虫。有的蚤类的蛹在胸部可见到翅痕，如禽角头蚤 *Echidnophaga gallinacea*。蛹期的长短一般取决于周围环境的温、湿度，不同蚤种有一定差异，一般为 1～3 周，与一般昆虫不同的是雄蚤的蛹期常较雌蚤为长，雄蚤的羽化时间晚于雌蚤。最后，茧内的蛹蜕皮变为成虫时需要一个刺激，如动物的骚动——导致空气震动——茧内压力增高，蚤破茧而出，否则可以长期静伏于茧内。这也可以解释为什么人或动物进入一个长期无人居住的房内，或狗及鼠栖的洞穴，会被大量蚤类袭击。茧暴露于干燥环境下，很少能完成其全部发育。因此，茧内含水量是蛹正常羽化的一个关键因素。茧密度过大和天敌的侵袭，较易造成成虫头部和阳茎钩突等的畸形。1995 年 10 月作者在湖北神农架燕子垭海拔 2000 m 的一个岩松鼠巢穴内采集刚羽化的木鱼大锥蚤时，因数十只蛹及成蚤混合堆积在一起，可见到较多上述畸形，蚤体十分透明，且尚无初次吸血迹象，不过这些畸形个体随着时间的推移，多数还未发育到成虫交尾阶段就被自然淘汰了。

　　成虫（图 1）　　出茧后不久，即寻找宿主吸血以维持生命和繁殖后代。常见的人蚤在充分吸血的情况下，往往连续产卵 3～6 个月，每日产卵 2～10 枚，平均 3～5 枚，每次吸血后，可连续产卵 3 天，一只雌蚤一生可产 300～450 枚卵。猫栉首蚤平均每日产卵 4 枚，一生约产 1000 枚卵。一些固定或半固定的蚤类产卵更多。蚤类产卵的场所，通常是宿主栖息的巢窝、洞穴、鸟巢、山洞粪便（蝙蝠的寄生蚤）。但成蚤随宿主移动和人类的经济活动，有的个体可以被带到很远的地方，这也可以解释为什么有的区域偶尔可以采到其他动物地理区系的蚤类。成虫往往有较强的耐饥饿性，但随蚤种不同有较大差异，如吴氏角叶蚤，在宿主（短嘴金丝燕四川亚种）上一年 11 月 20 日以前离开巢窝飞往更远的南方，在次年未返回的 3 月中、下旬，在其巢穴中可以采集到部分骨化较深、腹节透明的成蚤。于实验室内将巢窝中的成蚤放置在小玻璃瓶内，在一小段植物上只给少量水的情况下，部分成蚤成活可达 100 天以上也间接佐证了这一结果。有文献报道成蚤在饥饿状态下可存活 120～130 天，摄食情况下可存活 500 余天，生活史最长记录达 966 天，这使它们在原宿主死亡时或离开废弃巢窝时，或长期等待宿主返回巢窝时留有充裕时间寻找宿主。偶然宿主只能延续维持生命，适宜宿主才能正常繁衍下一代。

二、蚤类与宿主的关系

　　寻找宿主的行为　　成虫羽化后需寻找宿主吸血，这对栖息在宿主洞巢内的蚤类无较大问题，对那些栖息无定所、流动性较大的动物则有一定的问题，如宿主临时巢窝、废弃洞、候鸟迁徙后留下的空巢，或某些动物被捕杀后的场所。啮齿类巢窝型的蚤类有的待在近洞口的转弯处，或经常有宿主出没的洞干或洞口，宿主动物的来临而造成空气和地面的震动，蚤类则急速跳跃，直抓宿主动物毛发，并迅速穿梭于毛发之间。有的蚤类在等待宿主过程中还可作短途追踪，如臀突客蚤 *Xenopsylla minax* 追踪可达 5 m（于心等，1990）；候鸟的角叶蚤在春季出茧后，可聚集洞口或峭壁上爬行 30 余米等待候鸟的来临，如遇宿主则急速跳跃，不利于跳跃则退回巢窝，这反映了在漫长地质历史进程中蚤类与宿主之间的平行进化或适应进化的基本规则，即适者生存发展，反之则被淘汰或消亡。蚤类的嗅觉十分灵敏，宿主散发的特殊气味和温度，也是成蚤急速弹跳抓攀不可忽视的一个重要综合因素，在置于鼠尸的白方盘内检集蚤类，光线或人为的刺激，成蚤往往是跳上死鼠。但随自然环境中宿主死亡时间的延长，体温的下降，蚤类最终还是要寻找活宿主。野外调查表明，在冰雪状态下捕获的宿主，在宿主没有冻成冰之前，相当一部分宿主仍带有数量不等的蚤类（刘井元等，2007a）。

　　蚤类的跳跃能力随蚤种有很大差异，一般人蚤、猫蚤跳跃能力较强，这与前者多寄生于大型动物和广适应性有关。啮齿类和食虫类体外寄生蚤，多数种类跳跃能力则相对有限，但若与蚤类个体相比，其跳跃力则是其宿主或其他大型动物难以匹敌的。寄生于蝙蝠和鸟类体外的蚤类一般没有跳跃力或跳跃力十分弱，这显然与宿主的生活习性有关。

　　宿主的选择性　　在全球已记录的蚤类中，约有 5%寄生于鸟类，主要是燕科和各种海鸟；有 94%左右的蚤类寄生于哺乳动物，其中大多数是啮齿类、食虫类和兔形类等动物，这与啮齿等动物个体小、易于隐蔽和栖息的巢窝小生态环境较为稳定或复杂有关，加上啮齿等小型动物无论从种类，还是从数量上都远远多于大型动物。因此，它们贮存和传播鼠疫、地方性斑疹伤寒等烈性传染病的方式也就甚为独特，具有重要流行病学意义。

　　蚤类对宿主选择大致可分为 3 种类型。①广宿主型（又称多宿主型）：即寄生的宿主范围广泛，如人蚤的主要宿主是犬和猪等动物，但它所涉及的宿主达 130 余种；禽角叶蚤在75 种以上鸟类采到过，禽角头蚤 *Echidnophaga gallinacea* 有 70 种以上的宿主，遍及鸟、兽和家畜、家禽。不过任何一种蚤类都有主要宿主和次要宿主，只是说这种类型的蚤类的适应性特别强，可随宿主的变化而改变宿主，或更替宿主，如局限分布于中国西部的旱獭，它的体外世代繁衍栖息着人蚤，并贮存着被人类视为头号杀手的鼠疫菌，并在鼠与鼠之间，鼠与人之间传播并引起流行。②寡宿主型：此型蚤类较为常见，一般是指在一个特定的生境或范围内，可寄生于几种或更多宿主体外或巢窝，其主要和次要宿主有的种类几乎难以辨别或分清。这种类型的蚤类除受生态环境因素影响外，在山地有些种类还受海拔的明显制约，如分布于湖北西北部的梯形二刺蚤，常寄生于洮州绒鼠、中华姬鼠、藏鼠兔、黑腹绒鼠和四川短尾鼩，分布的海拔也主要在 2300 m 以上，尤其是 2600 m 以上十分常见，但低海拔却没有发现它的踪迹。③单宿主型：可引伸出两个概念。第一，严格限定在同一种宿主，或可在该宿主活动生境的其他宿主体外偶然采到；此型的蚤类相对较少，如巴山盲鼠蚤、无窦盲鼠蚤、巫峡盲鼠蚤、刘氏盲鼠蚤和洞居盲鼠蚤寄生于猪尾鼠，刺短新北蚤寄生于岩松鼠，吴氏角叶蚤寄生于短嘴金丝燕，偏远古蚤寄生于四川短尾鼩。不过偶然寄生也与蚤类个体量和宿主量有很大关系，如获得的该蚤宿主数和蚤数都处于优势或较高优势，该种蚤类的宿主通过其他小型兽类的洞干和从体外散落该蚤的机会就多，从而其他宿主偶然携带的频率和数量也将会相应增加，其中四川短尾鼩及其体外散落的偏远古蚤具有这方面很强的代表性，因二者都是优势种，在武陵山东部的在冬、春二季，常可在一只四川短尾鼩体外检获 20～40 只偏远古蚤，其寄生量之大，在同一地区中无其他宿主可比。第二，一种蚤或同一个属的蚤，寄生一种或同一个属的宿主，如茸足蚤属，已记录的 10 余种都寄生于鼠兔属，但在不同地区上，有的寄生一种鼠兔，如在湖北西北部李茸足蚤寄生于藏鼠兔，但在青海一种茸足蚤可寄生多种鼠兔，而在云南贡山一种鼠兔寄生有两种茸足蚤，当然这与不同区域和同一生境分布有多种茸足蚤有关；另三角小栉蚤和无规新蚤仅寄生于鼢鼠属。

　　在漫长的历史进程中，蚤类为不断适应宿主进化而不断向更高级演化或发展，有的蚤类通过演化、延伸和扩散发展成适应多宿主寄生，这反而更有利于部分蚤类的不断发展、繁衍和生存；如是向单一宿主演化，那么适应该宿主生存的自然环境消失了，也必将会导致宿主在一定范围的丧失，随之仅分布于这一地区，它的体外特有寄生蚤也就将会在地球上彻底消亡。因此，单宿主型的有些蚤类显得尤为珍贵，如巫狭盲鼠蚤，目前仅知局限分布在一十分狭窄地带上。

寄生方式　根据不同蚤类依附宿主的时间长短、吸血的频繁程度和寄生的方式，大体上可分为 3 种类型。

1）**游离型**：两性蚤类均能在宿主体外和巢窝内自由活动，可随时多次吸血，此类型蚤类占绝大多数。有的学者将此类型蚤类又分为毛蚤型和巢窝型，前者以较多时间在宿主体表毛发间活动，耐饥饿力较差，跳跃力强，要不时在宿主体上吸取血液，如印鼠客蚤和人蚤。后者即巢窝型蚤类，仅在需要吸血时才到宿主体外，其余的时间都栖息在宿主巢窝内，能适应较低温度，跳跃力较差，但有较强的耐饥饿力，如狭蚤、多毛蚤和部分纤蚤。不过有的蚤类并无明显界限，二者无法区分主、次，即兼于二者之间的一个类型。

2）**半固定型**：雌蚤成虫 1～2 周或更长时间将口器固定于宿主皮肤下吸血，雄蚤则仍保持游离活动和吸血交尾，口器甚发达，额部常成角，胸部大为减缩，足退化，可以更换宿主，直到产卵完后生命的终结，如角头蚤属 *Echidnophaga*、蠕形蚤属 *Vermipsylla* 和长喙蚤属 *Dorcadia*。

3）**潜入寄生型**：又称固定型，雌蚤将整个身体钻入宿主皮下，营永久寄生直至生命结束，钻入皮下处留有 1 孔，借以呼吸、排出代谢产物和产卵。但雄蚤仍游离生活，待雌蚤钻入皮下后才与之交尾。雌蚤在皮下产卵时，腹部极为膨大，可从钻入前的 1 mm 增至 5～8 mm，但仅见于潜蚤属。

游离型蚤类较为原始，半固定型较为进化，潜入寄生型向更高级演化，并已出现了一系列高度特化特征，如体形。这反映了蚤类由腐食性昆虫，逐步演化为游离吸血昆虫，随漫长寄生生活和为适应环境、气候或宿主的变化，由半固定和完全向宿主体内寄生方向发展演替的基本进化历程。

寄生部位　蚤类有较强的游离性质，在气温较高或日光直接照射时，蚤类穿梭于宿主毛发间爬行速度非常快，尤其是游离型的蚤类，自然环境中捕打后的死宿主体外蚤类的分布，能否代替活宿主蚤类的分布尚有一定的疑问。从多年的现场采集看，鼠铗捕打的死亡宿主背部的蚤明显多于腹部，颈后侧较颈腹侧为多，头部很少或完全没有，在宿主带蚤的高峰季节或宿主体外蚤类又处于优势地位的蚤种这一现象尤为明显，如寄生于四川短尾鼩的偏远古蚤和台湾多毛蚤秦岭亚种。作者在刚捕打几分钟的黑线姬鼠体外可见到有较多的跳蚤在背侧跳跃，藏鼠兔寄生蚤多见于背侧。固定型和潜入寄生型具有较明显的寄生部位，如蠕形蚤多寄生宿主臀部、颈腹侧、前足基部内侧和股内侧；花蠕形蚤 *Vermipsylla alakurt* 在新疆民丰县偏寄生于绵羊尾部，在青海主要寄生于牦牛、黄牛的颈背侧，臀部次之。盲潜蚤一般寄生于家鼠类耳翼边缘，这主要与它们特定的寄生习性有关。不同的宿主有不同清蚤能力，一般啮齿类较强，尤其北社鼠、白腹鼠和白腹巨鼠的体外蚤类数量一般不多，食虫类则较弱。实验表明（马立名，1988），蚤在宿主体表的分布，决定于蚤本身的活动能力，同时又与环境温度有密切关系，蚤喜欢钻入宿主较厚的毛层中，当温度增高时蚤活动加强，多由前部或腹部向后部及背部集中，温度降低则活动减弱，当宿主体表蚤数较少时，背部与腹部、前部与后部蚤数差别明显，但体表蚤数过多时，各部位蚤数则差异不明显。在固定小白鼠的情况下，小白鼠已失去清蚤能力，但宿主体后部和背部蚤通常多于前部及腹侧，这一现象暗示宿主在自然环境中的清蚤能力可能只是发挥次要作用。

三、交换、迁徙和播散

交换　同一生境中宿主体外寄生蚤频繁发生交换，这对多宿主寄生或适应性较强的蚤类是一种十分正常的现象或习性，但对宿主有高度选择的蚤类，即使在同一生境栖息，这种交换频率也非常低或不发生交互，如海拔 2200 m 的湖北神农架针阔叶混交林同一生境中，除栖息有较多数量猪尾鼠外，尚分布有大量藏鼠兔，前者体外寄生的巴山盲鼠蚤和后者寄生的李氏茸足蚤及卷带倍蚤巴东亚种，多年的现场调查均没有观察到这两种体外寄生蚤有交换或更替现象，这一现象说明并不是所有宿主体外寄生蚤在同一生境中都有较高的交换频率。但在海拔 2600 m 的亚高山暗针叶林带同一生境中，无论是藏鼠兔，还是洮州绒鼠和四川短尾鼩，每种宿主体外寄生蚤都多达 7 种，且出现了较高交换频率，这显然与蚤类的不同生态习性和对宿主有较强适应性有关；同时也与大部分宿主都喜栖息在较温暖的山脊、树洞和沿有水源或植被较茂密的一侧的沟、坎有关。在湖北西北部四川短尾鼩和北社鼠是密度较高的两个物种，在气温较高情况下，台湾多毛蚤秦岭亚种几乎不可能从北社鼠体外采获，一是该动物具有很强的清蚤能力，它的体外一般除较多神农架额蚤和特新蚤指名亚种寄生外，一般很少有其他蚤类寄生，然而在冰雪状态下，还是可以从其体外偶然采到台湾多毛蚤秦岭亚种，很显然是它经四川短尾鼩洞道或巢窝而发生了交换。

迁徙和播散　蚤类自身迁徙能力十分有限，但可以随宿主、媒介器物（如麻袋、粮食等物品）或通过长途运输，如汽车、火车，甚至飞机被动携带散布到很远的距离。如将未消毒的活动物，如北方的犬、绵羊和野生动物等携带或运输到南、北相交接或一个从未放过牧、生态环境又比较相似的条件下栖息放养，则有可能造成一些蚤类的扩散。例如，新疆 1985 年从湖北运进了一批草包，经溴氰菊酯灭杀并经多次清扫后，尚在约 1 m^2 水泥地面及缝隙和墙角中检得残存猫栉首蚤指名亚种 107 只（于心等，1990）。具带病蚤早期是通过港口国际贸易传入我国，虽武汉、宜昌早年也有记录，但经上百年变迁，该种已在我国北方许多城市港口或地区，如辽宁大连、黑龙江哈尔滨和内蒙古等地区，扎根寄生繁衍于当地小家鼠和褐家鼠体外就是一个很典型案例。例如，20 世纪从湖北洪湖捕获的候鸟体外采到人蚤，虽然不能说明该蚤是从外地带来，但候鸟也可以把这些蚤类带到新的栖息地。例如，新疆在有隔离屏障的荒漠或山地 60～600 km 间距一侧，采到了属于另一侧天山山地长尾黄鼠的方形黄鼠蚤，这些实属大型猛禽或食肉动物捕食小型动物而染蚤携带所致。在湖北豪猪体外有时可采到猪獾体外寄生蚤，很显然这与猪獾猎食或进入豪猪洞穴巢窝有关。

作者（刘井元）在野外调查中，一个采集点捕获较多啮齿类等小型动物后，只要不换新点，而在原采集点继续采集，仍可捕获到较多啮齿类等小型动物。如果经数月后再到原采集点采集，除捕获率明显下降外，一些原可见到较密集的鼠洞、鼠爬痕均已不复存在，啮齿类等小型动物大多数已明显迁移他处。但如经过数年后，有些地点啮齿动物又基本恢复到原来最初状态，而随着宿主动物的迁移，蚤类也随宿主相应迁移他处。总之，蚤类迁移与扩散应该说是随宿主迁移而扩散到新的栖息地。蚤类在宿主间转移通常是在下列情况发生的：①由于边缘效应的作用，啮齿、食虫等动物都喜欢栖息在沿山体纵线走向一侧的山脚或溪边，尤其是有苔藓植物或腐殖质较多的地方、公路沿线有较高坎的一侧，茶园的周边，各种各样的宿主动物不可避免地发生接触，或交配期间发生乱窜，蚤类也极易发生转移或互换；②栖息地为同一生境，鼠洞洞道星罗棋布，纵横交错，多有互相贯通；③有些啮齿动物喜欢群居性生活，或鸟兽同穴；④家栖、半家栖和野栖在山地城镇共栖一个生态系统或生境，即野鼠进入室内或菜地寻找食物，或完全进入室内地板下和菜地周边栖息，如四川短尾鼩和白腹巨鼠。家栖、半家栖栖息的房舍虽与野外林带或农田有一定距离，但暖季时迁往田野及林地，寒季时则迁回村屯越冬；⑤猛禽和食肉动物捕食小型啮齿类等动物；⑥宿主体外寄生蚤出现了饱和状态，一部分蚤为寻找血液或食物而分散到其他非正常宿主；⑦宿主死亡后，蚤类被迫迁移；⑧大型水库储水前灭鼠、灭蚤不彻底，或低洼地带灭鼠、灭蚤留有一定盲区及死角区域，水位上涨后造成大量啮齿类等小型动物集聚，引起媒介蚤互换，导致重大疫情发生，如贵州天生桥水库人间腺鼠疫（陈春贵和邹志霆，2003，2005，2010）。

　　一般认为，蚤在活的宿主体上不易离开，鼠死亡后由于温度的逐渐降低，蚤则很快离开宿主。有的学者（马立名，1994）认为这实际上是一种错觉，常见的死鼠多在地面上，蚤离开鼠尸后无新的感染蚤补充，蚤则很快消失。而活宿主体外的蚤吸食血液后虽也像死鼠一样蚤很快离开鼠体，但它可以随时进入洞中，一些需要吸血的蚤则相应补充进来，因此宿主体表蚤数相对稳定，人们则看不到蚤数减少。

　　蚤类的迁徙或离开鼠体与温度有很大关系，温度高，蚤类离体快，温度低则蚤类离体慢，这正是为什么夏季在低山或平原地区采的蚤种、数量都比较少，但到了寒冷季节，蚤种、蚤数都有明显增加。如陕西多毛蚤在夏季，通常只在海拔 1800 m 以上才能采集到，但到了冬季下雪或结冰前后，在海拔 600 m 以上各个梯度都可以采到它，说明适度的寒冷，蚤类更不愿离开温暖的宿主体表（刘井元等，2007a）。不过有些蚤类离体迁徙比较缓慢，往往可达数天，如卷带倍蚤巴东亚种。调查表明，用鼠铗捕打藏鼠兔，通常不是鼠兔吃诱饵，而是有相当一部分鼠铗被鼠兔直接踩踏而被捕获，48 h 或更长一些时间将鼠兔带回室内检蚤，依然可以从其体外采集到一些卷带倍蚤巴东亚种，说明该蚤即使 6～9 月在温度较高的季节离体也非常慢。如果是离体比较慢的蚤类，猛禽或食肉动物则更容易带到比较远的距离。马立名（1994）在青海、甘肃也观察到旱獭体外寄生蚤离体速度比较慢这一现象。

　　蚤类迁徙与播散，一是可以使原有种群成分发生改变，再则如果是媒介种类大规模的改变，尤其是像大型水库建设后期的储水，如清库消毒不彻底则极易导致宿主与蚤类的双重聚集或播散，较易引起媒介传染病的发生与流行，故应特别注意或加以防范。有些蚤类迁徙已成为主要扩散方式之一，如禽角叶蚤可离开巢窝达 30 余米。国外有学者用布旗在植被上拖拉采集，常可采到花鼠单蚤 *Monopsyllus indages* (Slonov, 1965)。我国学者马立名（1980）观察死后的黄鼠一刻钟，发现有 7.7%方形黄鼠蚤 *Citellophilus tesquorum* 离开鼠体，6 h 达高峰 97.7%，21 h 全部离体；在我国青海、吉林和甘肃 6～8 月，在 15～28℃无强光环境下，对 9 种宿主体外的 26 种（亚种）蚤类离体时间做了观察，结果大部分蚤种在 12 h 离开了死宿主，仅斧形盖蚤 *Callopsylla* (*C.*) *dolabris* 和谢氏山蚤 *Oropsylla silantiewi* 离尸较慢，分别为 72 h 和 120 h 才全部离开死尸。

四、吸 血 繁 殖

　　吸血对两性蚤类的正常发育、繁衍生殖和存续都有决定性意义，一般有良好正常频率吸血的蚤，其寿命也相对较长，反之则较短。在疾病传播上能否成功叮人吸血在流行病学上也具有重要的流行病学意义。廖灏蓉等（1993）用小白鼠观察印鼠客蚤和缓慢细蚤，在雌雄混养充分吸血 24 h 后缓慢细蚤即可交配，第 3 天出现产卵，宿主死亡后，产卵量减少，若让停止产卵的雌蚤在活宿主上再吸血后产卵量又逐渐增加，吸血 24 h 后产卵量恢复宿主死亡之前的数量。缓慢细蚤吸血频率较高，几乎不游离，耐饥饿力极差，停止吸血 2～3 天后 99% 的成蚤死亡，部分蚤饥饿时亦能叮人。印鼠客蚤和缓慢细蚤刚羽化吸血交配后，雄蚤 10 天内死亡的占 91%、缓慢细蚤占 60%，雌蚤于 20 天内死亡的印鼠客蚤占 93%、缓慢细蚤占 87%。马立名（1987）用喜马拉雅旱獭体外寄生的蚤斧形盖蚤进行实验，结果 76% 蚤类个体叮人吸血，一只蚤可以连续叮咬几个部位。于心等（1990）实验证实，猫栉首蚤、近代新蚤、距细蚤、方形黄鼠蚤和似升额蚤等均能叮人吸血。国外学者用臀突客蚤和同形客蚤在人体上观察吸血率，分别达 59% 和 73%。吴氏蚤叶蚤在实验室游离状态下能主动叮人吸血（刘井元等，2003）。Ioff（1941）曾用寄生哺乳类和鸟类的 71 种跳蚤，在实验状态下研究叮人情况，结果有 35 种蚤类能叮人吸血，包括蚤科（蚤属、栉首蚤属、客蚤属、昔蚤属）、角叶蚤科（黄鼠蚤属、病蚤属、山蚤属、单蚤属、巨槽蚤属、同痒蚤属、副角蚤属）、细蚤科（中蚤属、眼蚤属、额蚤属）和栉眼蚤科（新蚤属）。Marapulet 和 Cherchenkp（1970）对寄生普通田鼠的 6 种蚤进行实验，结果证明 3 种可以叮人吸血，其中里海盖蚤和似同病蚤是鼠疫菌栓塞蚤种。作者（刘井元）推测在自然环境中，蚤类离开宿主后与人接触时，大部分蚤类在饥饿状态下会主动攻击人并吸血。

蚤类的吸血一般都有特定的宿主，只有这样才能正常发育繁衍，临时性宿主只能解决短时间生存，这为蚤类寻找正常宿主赢得了时间，这对蚤类是有利的。也是蚤类与宿主在漫长历史进化演替中相适应的结果，即适者生存发展，反之走向衰亡，这是所有生物进化和发展的基本规律或必然结果。例如，鸟类的寄生蚤幼虫出现正是幼鸟刚出壳之时，蝙蝠科的卵是产在蝙蝠粪便中，蝙蝠产幼仔，蚤卵孵出，蚤幼顺着岩石爬向蝙蝠集聚栖息处，此时温、湿度适宜，蚤类可以吸食刚出生雏鸟或蝙蝠幼仔血液、体液或宿主的代谢产物。

蚤类吸血频率随蚤种、性别、宿主和温度有较大不同，通常雌蚤的吸血频率高于雄蚤、毛蚤高于巢蚤，固定型雌蚤不间断吸血，干热环境下吸血频率显著增加，多次吸血者较 1 次吸血寿命较长。蚤类 1 次吸血为 2～10 min，毛蚤吸血多达 10 min 以上，有的可达 15～25 min（刘俊和石杲，2009）。印鼠客蚤第 1 次吸血：雌蚤 2～7 min，雄蚤 4～10 min。方形黄鼠蚤、簇鬃客蚤和同形客蚤 1 次吸血率分别为 78.1%、77.9% 和 77.4%。簇鬃客蚤叮人吸血率达 48.3%（黎唯等，2010），臀突客蚤和同形客蚤叮人吸血率分别为 59% 和 73%（汪赞强等，1982）。在实验环境下，方形黄鼠蚤松江亚种吸血率随蚤龄增加而增加，吸血 1 h，1 日龄为 54.09%，5 日龄为 85.66%，在豚鼠和褐家鼠体外吸血为最佳，分别达 90.59% 和 89.42%，黄鼠和长爪沙鼠次之，分别为 75.82% 和 63.87%，小白鼠体外吸血率最低，在人的前臂雌雄蚤叮人吸血率分别达 87.1% 和 74.4%（张洪杰等，1986），表明该蚤在鼠疫分布区具有重要的流行病学意义。秃病蚤、光亮额蚤、原双蚤和近代双蚤都可叮人吸血，但吸血率都不高，吸血率最高的秃病蚤也只有 4.3%；然而用容器固定手臂上，蚤对人的叮吸比自由叮吸要强，秃病蚤吸血率 92.31%～96.36%，方形黄鼠蚤 74.40%～87.10%，光亮额蚤 59.26%～66.07%，实验表明雌蚤吸血率均高于雄蚤（刘俊和石杲，2009），仅原双蚤和近代双蚤叮吸率较低，为 3.30%～4.84%。

蚤吸血后根据血液消化和胃上皮细胞的变化，将消化过程大致分为 3 个期：第 1 期 3～3.5 h，蚤饱食血液至大多数血细胞破坏，胃部膨大并充满腹腔；第 2 期胃内容物消化为均匀颗粒状，消化物被上皮细胞吸收，胃缩小；第 3 期开始于吸血后 8～10 h，随个体不同有的可持续数天，胃更小，消化后的血液变成正铁血红素。在 22～24℃雌蚤吸血 1 次，消化需要 9～10 h，一般不超过 12 h（于心等，1990）。雌蚤孕卵期间需多次少量吸血，成熟的卵充满腹腔，至卵成熟胃内又有刚吸食的新鲜血液和血液变黑的孕蚤出现。

交尾行为　　蚤通常是吸血后进行交尾、受精、卵巢发育直至产卵繁育新一代。鸟蚤多在蚤出茧后不久，只要温度适宜，即可交尾（图24，图25）。吴氏角叶蚤无论是否吸食宿主血液，只要集聚在一起，即可出现交尾；禽角叶蚤欧亚亚种未吸食血液前，也能进行交尾。

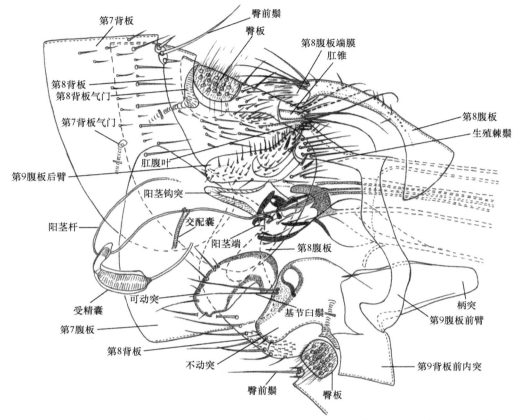

图 24　吴氏角叶蚤 *Ceratophyllus wui* Wang *et* Liu，在交尾时♂和♀蚤生殖器之关系（湖北神农架）
示♂可动突和不动突与♀第 7 腹板后缘及阳茎杆经过交配囊袋部等的情况

吴氏角叶蚤交尾基本过程是：雌蚤奔跑向前，雄蚤奔爬竖起两触角，并碰撞雌蚤，钻至雌蚤腹部下用两触角夹持基腹板或稍后方腹板，雄腹部各背板节与节之间相互挤压，尾部从臀板处向上向前方弯曲与雌蚤进行交尾；雌蚤后两足伸开骑跨在雄蚤头及中、后胸背板两侧，雄蚤头部两触角上举，内侧吸盘和针形感器夹持在雌蚤腹部基腹板或稍后方腹板上，交尾中雄蚤第 9 腹板后臂伸入雌蚤第 8 腹板内侧，阳茎端伸至雌蚤阴道及生殖腔。此时，雄不动突位于雌蚤第 7 腹板后缘背叶后凸略下方凹陷处外侧，可动突则插入雌第 7 腹板内侧，插入的深度恰位于抱器体后缘 2 根臼鬃处。而雄蚤第 9 腹板前臂交尾时是可以前后伸展的，这与适应雌雄交尾变形节扣抱中牵拉屈伸有一定关系（刘井元等，2014）；后臂腹膨处的位置恰与雌蚤肛腹板腹缘的 3（4）根亚刺鬃相对应，同时雌蚤第 8 腹板上内侧有 5（6）根生殖棘鬃，交尾中其中有 2 根生殖棘鬃是镶嵌在雄蚤第 9 腹板腹膨前缘的小狭凹处（图24），另有 2 根生殖棘鬃是位于雄蚤第 9 腹板腹膨处前、后狭凹处稍上方的侧面，在第 9 腹板腹膨处后缘狭凹处略上方，根据鬃窝还有 1 根生殖棘鬃，这样 5（6）根生殖棘鬃就固定住第 9 腹板前后缘及侧面，加上第 9 腹板后臂腹膨及腹膨鬃和雌蚤肛腹板腹缘的 3（4）根亚刺鬃的相互作用，就把整个雌雄变形节稳定固定不致移位而可自由交尾。

　　根据吴氏角叶蚤雌雄交尾未完全分离标本观察，阳茎杆是从雌蚤第 8 腹板端后缘进入生殖腔。同时从单个雄蚤标本中可以看出阳茎杆从骨化内管端伸出时，被阳茎端下方一细线形骨化及下方膜状结构托起，线形骨化结构与骨化内管背方和端背叶略相连，交尾时"线形骨化结构"在阳茎端背叶和略前方凹陷前的背拱作用下可上、下活动，以调节引导阳茎杆进入雌蚤阴道。而阳茎端下方的膜状结构在交尾中可延伸很远，几乎延伸到了交配囊管袋部，这可能与阳茎杆继续向前延伸牵拉有一定关联，阳茎杆进入生殖腔后，继续向前延伸并经交配囊袋部，交配囊袋部中央有一小凹口（图 24），小凹口对阳茎杆有明显固定作用，经过小凹口后再向前延伸至受精囊尾部处弯曲向后方延伸，然而需指出的是经过交配囊袋部小凹口后，再进入受精囊管之前这一段无规律可循，是可向多个方向弯曲，阳茎杆末端一段很细，呈微波状，但它最后是如何进入受精囊管的，由于受精囊管呈膜质而很难辨认，因此这一部分走向及形态结构还有待进一步研究。然而根据相邻各气门管分支能清晰识别的情况来看，说明受精囊管大部分比气门支更加膜质化，因而不易看清与识别。

　　另外，吴氏角叶蚤雄第 8 腹板末端穗状膜丝在未完全交尾时，阳茎钩突端部位于三角形穗状膜丝中，穗状膜丝犹如海绵垫，未交尾或交尾结束后位于其中，以避免阳茎钩突受意外伤害，同时也具有一定缓冲作用，具有保护阳茎钩突的作用。交尾时穗状膜和第 8 腹板端 5～6 根粗长鬃的末端与雌蚤肛背板及臀板发生接触并抖动，二者应是交尾发生时相互间的一种感觉器官作用。

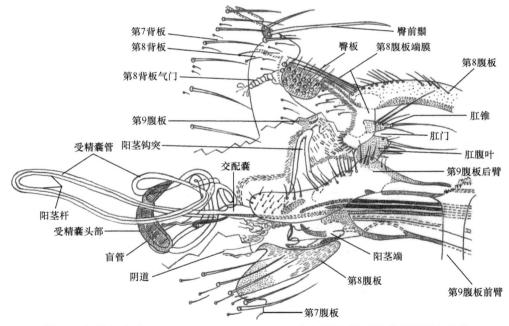

图 25　特异角叶蚤 Ceratophylus idius (J. et R.)，在交尾时♂和♀蚤外生殖器之关系

示阳茎杆插入受精囊的情况（仿 Holland，1955，自李贵真，1986）

　　总的来讲，蚤的两性生殖及交尾是一个复杂过程，尤其是雄蚤一些特殊的形态结构，被公认为动物界中最为复杂的精细构造，使一些种在一起生活又混而不杂，构成了钥匙与锁的复杂关系，整个交尾过程是在严格的两性激素作用和配合下完成的，并掌控着这些生物进化信息的密码或未来。

其他习性　蚤类对温、湿度有一定的要求，尤其是幼虫及蛹对环境温、湿度变化甚为敏感，因而对其生存或发育具有决定性影响，温度越高，发育速度越快，生命周期及寿命则缩短，湿度过高或过低均易导致幼虫死亡。方形黄鼠蚤在湿度 75% 左右、温度 11～29℃，卵孵化幼虫率达 90% 以上，在 10℃ 和 30℃ 时，孵化率则较低，但随温度升高孵化天数逐渐缩短；结茧化蛹率 20℃ 最为适宜，超过 30℃ 则不能羽化；秃病蚤在 35℃ 时从卵开始就不能发育；光亮额蚤在 11～26℃ 时能完成从卵到成蚤全过程发育，但在 11℃ 时发育速度明显变慢，整个生活史要 188.4 天，各虫态期随温度升高逐渐缩短（刘俊和石杲，2009）。经常吸血的成蚤，在低湿条件下死亡时，体节皱缩，高湿条件下，体节光滑湿润，二齿新蚤和方形黄鼠蚤松江亚种的适宜温度在 5℃ 左右时寿命最长，而适宜湿度前者为 90% 左右，后者为 70% 左右；低温实验证明两种蚤在 −5℃ 条件下休眠 1 h，一般可立刻复苏，自动恢复跳跃能力，温度过低或休眠时间过长，复苏将变慢；但最终实验表明，该两种蚤在 −5℃ 以下将很难以休眠形式越冬，且大部分蚤休眠到第 2 年春天将不能复苏，即使有少数复苏也处于濒死状态（马立名，1992）。黄鼠寄生蚤可耐 −25℃ 低温，耐饥饿可长达 19 个月（Golov & Ioff，1925～1926 年）；人蚤耐饥饿达 19 个月，印鼠客蚤为 10 个月，犬栉首蚤可达到 18 个月（Bacot，1914；于心等，1990）。印鼠客蚤当宿主染鼠疫菌时，宿主患病并致过高的体温或死亡都将导致蚤类离体另寻新宿主，通过叮咬传播，就造成鼠疫在动物与动物间传播与流行，当人接触这些动物时尤其是有染鼠疫菌的跳蚤或宿主时，则造成了鼠疫在动物与人之间传播和暴发流行。有学者（Humphries，1967）报道蚤类能喝水，见于寄生鸟兽的 7 种蚤，如为普通习性，则对蚤类在饥饿状态下通过吸水（自然界的潮湿土壤、露水和降水）、寻找过渡宿主或新宿主，延缓死亡时间或寿命具有特殊意义。

五、蚤类的种群数量和季节消长

不同蚤类的发生、发展和数量变化具有不同季节规律性变化，高峰的来临意味前一时期繁殖滋生条件的存在。一种与鼠疫、地方性斑疹伤寒传播有关的媒介蚤类总是处于流行区域整个种群优势地位，并与该疾病流行起伏密切相关。不同地区有着不同的蚤类组成和宿主动物，但外来物种如有较强适应能力则会冲击本地区蚤类构成，亦或取代另一重要媒介蚤类，如具带病蚤是典型传入种，在我国北方许多地区已扎根并融于当地种群中，外来物种的传入一是取决于它对新环境的适应能力，但最主要还是取决于它本身的竞争能力。如分布于印度南部的某些鼠疫疫源地，亚洲客蚤可被印鼠客蚤所取代；且巴西客蚤一度是重要媒介，迨后趋于消失（Renapurkar & Sant，1974）。从流行病学看，鼠疫流行与鼠蚤季节消长相吻合，然而得出确切的具有流行病学意义的蚤指数的指标较少，同形客蚤指数相当于 1 或多年超过 1 的水平，通常是确定该区域动物流行病的重要标志。Hirst 在科伦坡研究鼠疫流行时指出，印鼠客蚤指数相当于 1 或大于 1 的情况下鼠疫在家鼠中间才能造成流行，我国贵州天生桥水电站 2000～2003 年的鼠间鼠疫流行和人间腺鼠疫的暴发（陈春贵等，2003，2005），在一定程度上亦直接反映或佐证了这一结论。但也存在着媒介蚤指数与鼠疫病例数并不符合的事实，或蚤指数高而无鼠疫，或恰恰相反，这种情况曾发生于美国旧金山、日本、印度南部、中国（华中、华南和西北）和越南的西贡等地（纪树立，1988）。

蚤类的调查，一般应先对调查区域的自然环境有一个初步了解，如海拔、山脉的大体走向、植被的垂直分带、地形、地貌，以及河流、经度、纬度、年降水量，已记录的宿主动物和当地居民的分布，然后再根据调查的内容进行设点，但有些内容也可以边调查边收集这些基础资料，因为山地环境较为复杂，在交通不便的山区不可能一开始就考虑得十分周全。蚤类在自然环境中，往往分布不均匀，有的呈点状或带形分布，有的仅分布在高山地带，或有的蚤类仅寄生于某一种鸟巢和一些特定的动物，有些种类仅分布于一非常狭小的范围区域内，调查时应尽可能兼顾这些有代表性的生境和不同植被带，以便获得较多的蚤种和数量。

蚤媒的数量统计，通常是采用成蚤指数，即从宿主体外所获得的蚤类，按月统计某一宿主所携带蚤类的平均数，或某一宿主所携带某种蚤的平均数。前者称总蚤指数，后者称某种蚤的指数，以便通过调查来弄清某种蚤在一年中不同月的数量变化或规律，即自然消长曲线。此调查通常是从1月开始，以后每月按时进行，至12月结束。布放鼠铗（或鼠笼）应统一调查方法，如每月进行几次，每次布放多少鼠铗，间距多少，用什么诱饵，捕获的宿主动物数要大于要求数，调查人员不得随意更换，以免出现较大误差，并在实施中按要求规范操作，才能达到对某一疾病监测的目的。

但需要注意的是，自然环境中宿主体蚤、洞干洞口蚤和巢窝蚤要分门别类来进行统计。对昼夜活动的啮齿、食虫等动物，晚放晨收后要连同鼠铗，立即轻轻装入白塑料袋内或小布袋内，扎紧带口，然后再置入大白布袋内，并做到每鼠一个小塑料袋或小布袋，尤其在鼠疫和鼠源性斑疹伤寒流行区，要严防蚤类逃逸和叮咬袭人。鼠笼捕获的宿主，直接置入布袋后要先用乙醚杀死，然后再置于方盘内检蚤，也可以将宿主体外其他寄生虫一并检获。同时也要注意收集精确的采集地点、温度、湿度、降水量和不同季节的气候与天气变化，因一些稀有蚤种尤巢蚤型蚤类多是降雪前后出现，温度低，它们往往不愿意离开宿主，加上冰雪天气采集异常艰难，这些资料数据就更显得尤为珍稀，鉴定的宿主、蚤类也要力求准确及可靠，不能鉴定的宿主制作成标本后，要带回请专门从事啮齿类等动物的专家协助鉴定；单个稀少宿主也可置入70%乙醇内浸泡带回。对于鼠、鸟等巢窝，标本检集后巢窝要放置于布袋内半月后再进行检集，在多次检集、置放、再检集确认巢窝内没有跳蚤后才能丢弃。

室内蚤类的调查一般是使用粘蚤纸，每次调查不少于150张，每个房间布放5张，置于室内四角和中央隐蔽处，晚放晨收，蚤经检取鉴定后，再分别统计平均获蚤数（总蚤指数）和某种蚤的平均数（指数）。

粘蚤纸的制作：将1 kg松香碾磨成粉状、过筛和去杂质后，然后将0.5 kg植物油和0.5 kg蓖麻油加热至沸腾，再加入松香至溶解，用纱布过滤刷于牛皮纸或厚白纸上即成，纸大小为16开，涂刷后，再用蜡在纸的两端刷一蜡边，约10 mm即可，然后对折保存，使用时撕开布放。

根据蚤类种群季节消长可分为4个类型：①夏季型，具有暖热的季节高峰，如印鼠客蚤在云南盈江（高子厚等，2008）和贵州天生桥高峰季节均在6～7月。我国北方多数野生啮齿动物的蚤类常以夏季为高峰，如吉林的黑线仓鼠的二齿新蚤，草原鼢鼠的凶双蚤和青海的乌尔鼠兔的无棘鬃额蚤（马立名，1995）。②秋季型，其高峰季节见于9月或稍后一段时间，在春季也可见一个小高峰，如阿巴盖新蚤、五侧纤蚤指名亚种、鼢鼠新北蚤、方形黄鼠蚤松江亚种（柳支英等，1986）、谢氏山蚤和方形黄鼠蚤蒙古亚种以9月为高峰（于心等，1990），同时它们在春季4月也具一个小高峰。③春季型，高峰季节多见于4～5月，如新疆的臀突客蚤，5月前出现一高峰后，6月下降后未见再回升，分布于湖北西南部的二毫新蚤高峰均在3～5月。人蚤在新疆分为野栖型和家栖型，前者主要寄生于天山灰旱獭，高峰季节在4～5月，6月后逐渐下降；后者分布于新疆南部及和田平原地区，宿主主要是家犬，高峰季节在 7～9 月，10 月开始下降。④冬季型，发生于晚秋至早春，如分布于湖北西北部的大巴山狭蚤、绒鼠纤蚤、梯形二刺蚤和巴山盲鼠蚤，以及广布于我国南方、湖北西南部及三峡地区的缓慢细蚤和青海高原的花蠕形蚤均属此类型。另外，分布于湖北西部的台湾多毛蚤秦岭亚种和偏远古蚤基本都是寒凉季节的蚤类。

虽然有些蚤类并不是鼠疫、鼠源性斑疹伤寒等最重要的媒介蚤类，但弄清它们的季节消长和数量分布，以及与其他蚤类、宿主和当地居民的关系仍显得十分重要，因有些蚤类在疾病流行时仍可携带和贮存鼠疫菌、立克次氏体等。

六、生 存 期 限

蚤类成虫的生存期限在流行病学上具有重要意义，蚤类生存期限越长、种群数量越大，作为有效媒介的可能性越大。尤其是感染、蛰伏、菌栓形成及游离后的寿命，在疾病发生后，采取何种方式控制或阻断其流行、预报疫情及预警，以及采取何种综合预防关键措施等密切相关。

蚤吸血将鼠疫菌吸入消化道后，在前胃中形成菌栓，菌栓蚤要能够存活足够长的时间，才能将鼠疫菌传播给另一宿主动物或人，其次媒介蚤体内的生理环境具备能使鼠疫菌生存并保持毒力的条件。例如，寄生于黄胸鼠和褐家鼠的印鼠客蚤于 7～10℃条件下，在保证吸血状态下可存活376天；寄生于黄鼠的方形黄鼠蚤和毛额蚤在自然界可存活350～390天，它们是世界公认鼠疫菌的传播和贮存媒介，尤其是前 2 种。与此相反，寄生于沙鼠的同形客蚤和沙鼠客蚤寿命较短，在 1～2 月中旬，在一个种群中残留不多于 3/1000，尽管它们是鼠疫菌的携带者，在长期贮存鼠疫菌方面由于有上述 2 个综合因素，而处于不重要或次要地位。

不过决定蚤类生存期限或寿命的因素较复杂，它是由一系列综合条件所决定的，如蚤类本身的因素、环境因素，尤其是成虫吸血，温、湿度和幼虫发育阶段中诸多因素。成蚤中的不同种的问题，在实验同等条件下，红尾沙鼠体外寄生的秃病蚤较同形客蚤寿命为短，而纳氏客蚤 Xenopsylla nuttalli 比簇鬃客蚤死亡早。其次是性别的因素，总体来看，平均寿命雌蚤总是长于雄蚤，一次交配的精子可供雌蚤终身产卵之用，雌蚤的长寿与耐饥饿可增加它们寻找宿主动物的机会。在生存温域内，蚤类随温度增高而寿命变短，饥饿蚤寿命最短，周期吸血者最长，强光刺激使蚤寿命缩短，酷热暴晒会加快死亡速度，越冬蚤寿命较非越冬者长；人蚤的饥饿和周期吸血者的寿命依次为 125 天和 513 天。已知感染鼠疫菌的蚤类，尤其是野鼠的疫蚤，可以存活较久，俄罗斯小黄鼠的几种寄生蚤在相当于越冬的低温中可存活206～396 天，而在 150～206 天时仍具传染性。美国黄鼠的山穿首蚤 Diamanus montanus 可保菌 4 个月仍具传染力，印鼠客蚤和具带病蚤在适宜气候条件下，可携带具有毒力的鼠疫菌30～45 天或更久，染鼠疫菌的蚤寿命较未染疫菌的蚤为短。新疆天山山地长尾黄鼠的方形黄鼠蚤七河亚种感染鼠疫菌后，在相当于越冬的鼠巢窝中可存活 249 天，并可从其体内分离出鼠疫菌。

另外，自然环境中有的蚤类个体生存期限也常受天敌影响，如某些甲虫及蚁类以巢窝中蚤幼虫或成蚤为食，有的寄生蜂可寄生于蚤蛹。在实验室的蚤类养殖中，螨类滋生和大量繁殖吸食蚤幼虫，并影响成蚤吸血与活动，可导致蚤数量急剧下降。某些蠕虫、线虫寄生也可导致部分蚤的寿命缩减，如分布于湖北西南部巴东绿葱坡和广东垭的支英古蚤、偏远古蚤体内有的可见到有大量线虫寄生，蚤体腔和足部均有寄生，寄生较多的蚤类个体色泽略变浅、变薄，严重的呈灰白色，体薄如纸，轻压即破，腹部膨大，微细而小的线虫达数百条至上千条。蔡理芸等（1982）对青海喜马拉雅旱獭体外寄生蚤，在全年不同月份均可见到蚤体腔有处于不同发育阶段的线虫，有线虫寄生的雌蚤卵巢退化，肠壁破损后消化道血液已渗入蚤体腔内，其中受害最严重的是腹窦纤蚤，斧形盖蚤次之，谢氏山蚤为最轻。黄功敏（1984）对新疆的长尾黄鼠的体外寄生蚤线虫危害程度进行了统计，其中方形黄鼠蚤七河亚种约占2.7%、似升额蚤指名亚种占12.9%、腹窦纤蚤深广亚种占10.9%、宽新蚤占16.1%。于心等（1990）从新疆伊犁捕获的大沙鼠体外检获到27只叶状切唇蚤突高亚种，其中雄蚤有33%被线虫寄生，雌蚤有50%被寄生，并已造成雄阉割、雌卵巢发育不全或消失现象。国外学者对蚤类线虫寄生也有报道（Linardi et al.，1981）。蚤类雄蚤阉割屡见不鲜，多见于阳茎内突、阳茎腱、柄突和上、下抱器，如分布于湖北西北部的短额古蚤，我国北方一些新蚤和角尖眼蚤有的也可见到，雌蚤多见于受精囊，但阉割是否都是线虫引起的，尚待进一步调查研究。偶尔10月可在湖北西北部海拔1800 m松鼠巢窝内见到较多初羽化未吸血木鱼大锥蚤阳茎畸形，尤其是钩突，不过这些蚤由于冬节的来临，加上蚤结构不正常，多数一般很难长期存活，如分布于云南的景东大锥蚤正模阳茎钩突就是典型的畸形。蚤的头部内凹畸形，多由茧蛹期的蛹与蛹互相挤压所致，1996年10月在神农架海拔1800 m松鼠巢窝中，作者曾见到正在羽化未吸血木鱼大锥蚤头与头相互挤压内凹的实例；成蚤仅在武汉见到猫栉首蚤指名亚种头凹1例，该标本现保存在华中农业大学植物科学技术学院昆虫标本馆。实验养殖中缓慢细蚤畸形发生率较高，为15.6%，印鼠客蚤发生率较低，为0.3%；自然环境中适存病蚤和喜山二刺蚤中华亚种发生率较高，分别为5.1%和3.7%（周淑姮等，2002）；在湖北神农架海拔1600 m采集到神农架额蚤雄可动突完全畸形1例。然而蚤类线虫寄生一般是在寄生较多情况下才引起注意，线虫幼期个体非常小，寄生几条或十几条有时并不容易发现，实际感染一般高于常规观察记录数，当然专门调研除外。不过天敌的危害只是对少量蚤类个体寿命有缩减，但对整个蚤类种群没有直接影响。

第四章　蚤类的系统发育和区系分布

一、蚤类的系统发育

1948 年，Jordan 在《重要医学昆虫鉴别手册》一书中以分类检索表和重要形态鉴别特征图等形式，发表了第一个较完整的旧大陆蚤目分类系统，包括 2 总科（蚤总科和角叶蚤总科）18 科 31 亚科。1953～1971 年，由 Hopkins 和 Rothschild 编著的五卷巨著《世界蚤目志》先后在英国出版，书中首次发表了第一个世界蚤目分类系统发育关系图，同时概括了当时已发现的世界大多数蚤类。1957 年，Johnson 在《南美洲蚤目志》一书中，将棒角蚤科 Rhopalopsyllidae 和柔蚤科 Malacopsyllidae 从角叶蚤总科中划出，创建了第 3 个总科——柔蚤总科 Malacopsylloidea（部分引自吴厚永等，1999）。1962年，Holland 在综合上述材料的基础上，提出了一个具有质的飞跃的重要分类依据，即包含 3 总科 16 科的世界蚤目分类系统，然而几乎是在同一时间，Smit (1962) 在命名发表 *Neotunga* 时，发现这个属是介于角头蚤属 *Echidnophaga* 和潜蚤属 *Tunga* 之间的，因此将潜蚤科 Tungidae 降为潜蚤亚科 Tunginae，并归并在蚤科 Pulicidae 之内。1982 年，Smit 从蚤目中将较庞大的角叶蚤总科又分出了蠕形蚤总科 Vermipsylloidea 和多毛蚤总科 Hystrichopsylloidea，后相继被 Adanms 和 Lewis（1995）及吴厚永等（1999，2007）引用。1994 年，王敦清和刘井元对采自湖北西北部神农架一批柳氏蚤标本深入研究后，认为柳氏蚤具有不同于现有已知各近缘科的独特形态，随即将张金桐等（1985）提出并分布于中国陕西秦岭至湖北大巴山到云南高黎贡山的柳氏蚤亚科 Liuopsyllinae 提升为独立的科，即柳氏蚤科 Liuopsyllidae，后 Beaucournu 和 Sountsov (1998) 在越南，以及白学礼等（2016）在中国的宁夏也采到它。吴厚永等（2007）在综合前人和上述材料基础上，在《中国动物志 昆虫纲 蚤目》（第 2 版）提出了一个目前世界蚤目初步分类系统发育关系图，并将近年新增加的柳氏蚤科排在栉眼蚤科 Ctenopthalmidae 与奇蚤科 Chinmacropsyllidae 之间。然而从其形态及亲缘关系和地理分布上，柳氏蚤科与分布于非洲南部的奇蚤科关系仍较远，而与栉眼蚤科、细蚤科和蝠蚤科关系更为密切。至此，世界蚤目已形成了一个相对较为完善或稳定并被广泛应用和公认的 5 总科 16 科的基本格局。与此同时，吴厚永还根据世界蚤目分类系统的变化，在结合柳支英等（1979，1986）的工作基础上，对中国蚤目系统发育关系图做了进一步补充和修订，并提出了由于钩鬃蚤科 Ancistropsyllidae 在越南、泰国、巴基斯坦、印度和尼泊尔有分布，通过进一步对云南、广西和西藏等地的深入调查，不排除西南边境省份有该科分布的可能。增补修订后的中国蚤目分类系统，现共有 4 总科 10 科 15 亚科（图 26）。

二、湖北及邻近地区蚤类的区系分布

迄今为止，湖北及邻近地区已发现蚤类 117 种（亚种），分隶于 4 总科 9 科 13 亚科 38 属 14 亚属，其中湖北蚤类为 79 种（亚种），分隶于 12 亚科 34 属。这些蚤类除新疆等地分布的切唇蚤科 Coptopsyllidae、栉眼蚤科 Ctenophthalmidae 的少毛蚤亚科 Anomiopsyllinae，以及云南、贵州等地分布的潜蚤亚科 Tunginae 和怪蝠蚤亚科 Thaumapsyllinae 在湖北没有分布外，其余在中国有分布的科和亚科湖北均有分布，但与湖北相邻地区的福建、浙江至上海一带区域有潜蚤亚科 Tunginae 的分布。上述各科、属和种与中国及世界蚤类所占比例见表 1。

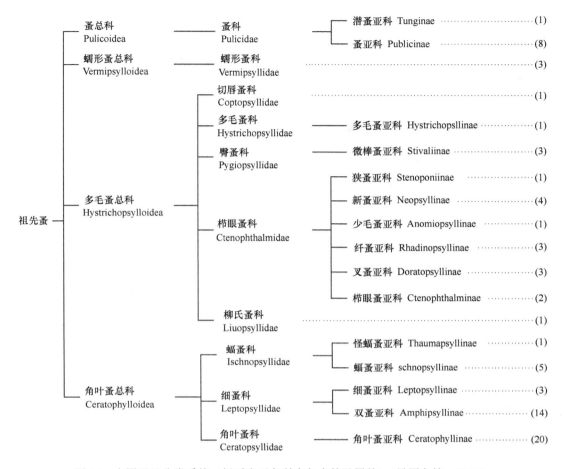

图 26　中国蚤目分类系统（括弧表示各科中包含的蚤属数）（吴厚永等，2007）

表 1　湖北及邻近地区与中国及世界各科蚤属、种（亚种）数量的比较

| 科别 | 湖北及邻近地区 | | 湖北 | | 中国 | | 世界 | | 湖北及邻近地区 | | | | 湖北 | | | |
| | | | | | | | | | 与中国蚤属、种所占百分比/% | | 与世界蚤属、种所占百分比/% | | 与中国蚤属、种所占百分比/% | | 与世界蚤属、种所占百分比/% | |
	属	种	属	种	属	种	属	种	属	种	属	种	属	种	属	种
蚤科	6	8	4	4	9	23	26	205	66.67	34.78	23.08	3.90	44.44	17.39	15.38	1.95
蠕形蚤科	1	5	1	3	3	33	3	45	33.33	15.15	33.33	11.11	33.33	9.09	33.33	6.67
臀蚤科	3	4	2	2	3	9	37	183	100	44.44	8.11	2.19	66.67	22.22	5.41	1.09
切唇蚤科	0	0	0	0	1	4	1	26	0	0	0	0	0	0	0	0
多毛蚤科	1	4	1	3	1	14	6	57	100	28.57	16.67	7.02	100	21.43	16.67	5.26
栉眼蚤科	8	39	8	31	14	200	40	764	57.14	19.50	20	5.10	57.14	15.50	20	4.06
柳氏蚤科	1	1	1	1	1	3	1	4	100	33.33	100	25	100	33.33	100	25
蝠蚤科	2	8	2	4	6	30	20	124	33.33	26.67	10	6.45	33.33	13.33	10	3.23
细蚤科	8	21	7	14	17	182	30	341	47.06	11.54	26.67	6.16	41.18	7.69	23.33	4.11
角叶蚤科	8	27	8	17	20	155	44	530	40	17.42	18.18	5.09	40	10.97	18.18	3.21
其余 6 科	0	0	0	0	0	0	31	235	0	0	0	0	0	0	0	0
合计	38	117	34	79	75	653	239	2514	50.67	17.92	15.90	4.65	45.33	12.10	14.23	3.14

从表 1 可以看出，虽然湖北及邻近地区所占世界蚤种仅为 4.65%和占中国蚤种仅为 17.92%，然而长江中、下游这一地理区域，仍是研究中国和世界蚤类地理分布、历史地质变化与演替及更迭和宿主动物迁移及蚤类沿自然地理扩散不可缺少的一个重要组成部分。而属级阶元无论是湖北，还是湖北与邻近地区的蚤类所占中国及世界比例约达 50%，表明长江中、下游一带地区的蚤类，尤其是属一级阶元，与世界及中国其他地区的蚤类，仍具较密切的地理分布关系；至于蚤种数所占比例较小，一方面是随秦岭、大巴山和武陵山向中国东部地势逐渐降低及变矮，人口村落密布，广袤的农田与发达的大、小河流及湖泊溪流呈网状纵横交错，南方雨水多和湿度大，这种环境不利于许多蚤种生存，加上中国南方蚤种本身就少于北方。另一方面是中国东部，尤其是山区多数地段尚未开展过蚤类调查，或与采集不充分有关，这在一定程度上也影响了对这一地区蚤种所占比例的客观判定。

另外，在蚤类区系上，从湖北及邻近地区获得的 117 种（亚种）蚤类中，有 59 种为东洋界种类，占 50.43%，9 种为广布种，占 7.69%，虽有 49 种为古北界种类（见附录 1），占 41.88%，但大多数古北界种类，都集中分布于长江三峡以北的大巴山东部至秦岭太白主峰以南一带区域，即主要分布在山地高海拔 1500～3200 m，而长江三峡以南的武陵山东部，仅有 3 种古北界种类从大巴山东段跨越长江继续延伸至鄂西南、湘西北和重庆东南部一带，而宜昌以东广大地区，除弯鬃蝠蚤、曲鬃怪蚤、禽角叶蚤欧亚亚种和燕角叶蚤端凸亚种 4 种为古北界种类，分布至江苏、福建和浙江一带区域外，其余全部属于东洋界种类，表明宜昌和武陵山以东广大地区，尤其是沿长江中、下游以南一带区域，均属于典型的东洋界地理区系性质。

三、湖北及其邻近地区蚤类的动物地理学特征

湖北省位于长江中游，北纬 29°01′～33°16′，东经 108°21′～110°07′，东西长约 740 km，南北宽约 470 km，总面积 18.59 万 km²。属北亚热带季风气候，具有从亚热带向暖温带过渡的特征。东邻安徽，南临江西和湖南，西靠重庆，西北与陕西相交接，北与河南相毗邻。地形是西部高，逐渐向南和向东倾斜，由大巴山、武陵山、巫山、武当山、桐柏山和大别山等山系所环绕，著名长江三峡贯穿其中，为中国第二级阶梯向第三级阶梯过渡的典型地带。地貌类型多样，由高山、半高山、丘陵、岗地和平原交错组成，中部平原向周围山地逐级上升，呈向南敞开马蹄形不完整盆地。西北部的神农架，高山深谷，超过 3000 m 以上山峰有 6 座，最高峰神农顶 3105.4 m，有华中屋脊之称，整个山势气势宏伟，峰峦叠嶂，南、北动物交错分布，是中国中部古北界、东洋界动植物和蚤类交汇及过渡区。自此向西至陕西秦岭太白山主峰以南，由于无明显的天然屏障，海拔和植被带谱亦接近，在动植物和蚤类区系上有较明显相同或相似成分，如海拔 2600 m 以上为暗针叶林带，2000～2300 m 为针阔叶混交林带。

位于长江三峡以南的武陵山东部，整个山系北部高，逐渐向南、向东倾斜，多数地段相对较平缓，最高海拔未超过 2300 m，在动植物和蚤类区系上，以东洋界区系成分占主导地位，而古北界物种所占比例甚少。从宜昌向东到湖北东北部的最高峰天堂寨 1729.13 m 和最东南的九宫山 1656.6 m，平原、丘陵、岗地、农田和城镇等镶嵌其间、水网密布，人口居住较为密集，因而宿主动物和蚤类远不及湖北西部山地丰富。从湖北东部接壤的安徽、江西，经浙江达福建、广东沿海岸线，以及沿长江两岸经江苏达上海，地形异常复杂，波浪起伏，水网交替，平原和丘陵占了相当一部分，其间虽有庐山、罗霄山脉、黄山、天目

山和武夷山系等点缀，但从空间跨度上，整个地势趋于平缓，纬度也更加偏东、偏南，降水量多、湿度大，闷热湿润气候不利于多数蚤类繁衍和栖息，从现有调查数据和趋势上看，蚤类物种丰富度则远不及中国西部和北部降水量较少地区，如甘肃、宁夏、新疆、河北和青海等地区。

　　湖北及其邻近地区属于东洋界、中印亚界、华中区西部山地高原和东部丘陵平原两个亚区（马世骏，1959；张荣祖和赵肯堂，1978；张荣祖，1999；柳支英等，1986；吴厚永等，2007），按现有宿主动物资料和蚤类分布数据，依据地形、宿主动物和蚤类分布地理相近关系，本志将长江中、下游的陕西秦岭太白山主峰以南至湖北、湖南、江西、安徽、江苏、上海、浙江、福建和广东一带划分为 6 个动物地理小区，其中湖北为 3 个：①鄂西北山地动物地理小区；②鄂西南山地动物地理小区；③鄂中东部平原丘陵动物地理小区。与湖北相邻为 3 个：①秦岭南坡与安康盆地之间划分为 1 个动物地理小区；②浙江至福建及广东划分为 1 个动物地理小区；③湖南、江西至安徽经江苏达上海划分为 1 个动物地理小区。各小区虽有许多蚤类相同或相似成分，但各自又有其独特地理成分。从宜昌往东走，由于海拔低，仅有少数山地镶嵌在丘陵和平原之间，因而蚤类明显较长江三峡以西贫乏，这种状况一是与地理环境和气候密切有关，二是与山地存在较多蚤类空白点有一定关联。由于蚤类和宿主动物在没有天然屏障隔离条件下，相同成分，尤以物种成分共有者居多，从现有资料看，陕西安康盆地以南与湖北神农架，无论是宿主动物，还是蚤类，基本没有不同性质的种类分布，但安康盆地以北，则出现了一定独特成分。从湖北东部和南部接壤的湖南、安徽、江西沿长江经江苏达上海，与靠近沿海岸线的浙江、福建和广东一带，蚤类分布则有较大不同，尤其是浙、闽、粤分布有病蚤属的种类，这是其他几个动物地理小区所不具有的。各动物地理小区介绍如下。

1. 秦岭南坡至安康盆地山地动物地理小区

　　位于陕西秦岭太白山主峰（3767.2 m）以南至安康盆地以北，包括凤县、太白县南部，汉中地区的略阳、留坝、佛坪和宁强、勉县、城固、洋县的北部，甘肃陇南的文县、康县和成县，以及安康地区的宁陕和石泉、汉阴北部，商洛地区的镇安、柞水、洛南和商县、山阳西部地区。南部大致以海拔 1000 m 等高线与秦岭南坡低山丘陵区为分界。本区平均海拔在 1200 m 以上，主分水岭部分海拔超过 2000 m，不少山峰在海拔 2500 m 以上，相对切割深度 500～1000 m，山高坡陡，山岭与河谷相间排列"V"形谷发育，光头山一带有古冰川作用形成的槽谷、冰斗、角峰、刃脊，河谷地带有小型盆地发育。海拔 1800 m 以上亚高山和高山地带，山高谷深，气候温凉，人烟稀少，森林茂密。年均气温 8～10℃，年降水量 900～2000 mm。啮齿类等小型哺乳动物尤为丰富，代表种有藏鼠兔、黄河鼠兔、花鼠、甘肃鼢鼠、秦岭鼢鼠、根田鼠、罗氏鼢鼠、大林姬鼠、中华姬鼠、高山姬鼠、北社鼠、岢岚绒鼠、洮州绒鼠、猪尾鼠、长吻鼹、甘肃鼹、鼩鼱和四川短尾鼩等。蚤类代表种有近鬃蚤、王氏鬃蚤、多刺多毛蚤、田鼠多毛蚤、刺短新北蚤、绒毛新蚤、无规新蚤、长指古蚤、五侧纤蚤指名亚种、甘肃栉眼蚤、纯栉眼蚤指名亚种、巨凹额蚤、微突茸足蚤、屈褶副角蚤、卷带倍蚤巴东亚种、鼩鼱大锥蚤和河北大锥蚤等。本动物地理小区是文县鬃蚤、台湾多毛蚤秦岭亚种、绒毛新蚤、鹅头形古蚤、短额古蚤、台湾栉眼蚤大陆亚种、锥形柳氏蚤、喜山二刺蚤陕南亚种、梯形二刺蚤、窄板额蚤华北亚种、长尾茸足蚤、微突茸足蚤宁陕亚种、履行怪蚤、五角巨胸蚤和甘肃大锥蚤等的模式产地。该小区暗针叶林 2600 m 以上地带古北界蚤类及宿主占主导地位，1500～2300 m 为东洋界与古北界过渡交错区，1500 m 以下东洋界蚤类占绝对优势。不过从总体上讲，该小区由于生境复杂，垂直差异大、地理范围宽广，加上又处在古北、东洋界交界线上，因而蚤类调查尚不充分，空白点较多，尤其陕南与陇南山地一带是青藏高原岷山山脉与秦岭山脉及大巴山脉西段东延交错过渡区，随着今后调研的不断深入，推测该动物地理小区将会有一批蚤类被发现。

2. 鄂西北山地动物地理小区

属亚热带季风气候向温带气候过渡区，南侧以长江三峡为天然分界线，与武陵山东部隔河相望，山地面积占80%以上，秦岭山系延伸至本小区北部，武当山位于中部，大巴山东部的神农架横列于小区南部，地势高耸，由多级台地夷平面构成，为长江与汉水两大流域的分水岭。植被带谱由常绿阔叶林、常绿落叶阔叶混交林、落叶阔叶林、针叶阔叶混交林和暗针叶林构成，有栎、桦木、松和巴山冷杉等，中心地带的神农架生长有2700多种高等维管植物，是世界中纬度植被保存最完整的地区之一，为欧亚大陆从亚热带到寒温带主要植被类型的缩影，是我国地势第二级阶梯向中部平原第三级阶梯过渡的典型地带。年均气温7℃左右，由低山向高山逐渐递减，年降水量900～2500 mm，自西向东逐渐增多；海拔1000 m以下，无霜期长达245天，而2000 m以上，不超过150天。啮齿类等小型哺乳动物十分丰富，代表种有藏鼠兔、罗氏鼢鼠、大林姬鼠、高山姬鼠、岢岚绒鼠、洮州绒鼠、黑腹绒鼠、北社鼠、白腹鼠、白腹巨鼠、复齿鼯鼠、珀氏长吻松鼠、隐纹花松鼠、大长尾鼩、甘肃鼹、多齿鼩鼱和背纹鼩鼱等。蚤类代表种有陕西多毛蚤、多刺多毛蚤、大巴山狭蚤、双凹纤蚤、台湾多毛蚤秦岭亚种、无规新蚤、棒形新蚤、特新蚤指名亚种、刺短新北蚤、低地狭臀蚤、尼泊尔叉蚤、长指古蚤、支英古蚤、锥形柳氏蚤、南蝠夜蝙蚤、梯形二刺蚤、巨凹额蚤、三角小角蚤、履形怪蚤、五角巨胸蚤、屈褶副角蚤、獾副角蚤扇形亚种、微突大锥蚤、河北大锥蚤、冯氏单蚤、粗毛角叶蚤、禽蓬松蚤指名亚种、宽圆角叶蚤天山亚种和冯氏单蚤等，本动物地理小区是王氏纩蚤、马氏纩蚤、台湾栉眼蚤大陆亚种、双凹纤蚤、绒鼠纤蚤、湖北叉蚤、巫山古蚤、马氏古蚤、鄂西栉眼蚤、四刺夜蝙蚤、巴山盲鼠蚤、神农架额蚤、李氏茸足蚤、卷带倍蚤巴东亚种、木鱼大锥蚤、吴氏角叶蚤、郧西巨胸蚤和无端栓远棒蚤等的模式产地。该小区海拔2600 m以上，无论数量，还是物种都以古北界蚤类占主导地位，2300 m以下属于东洋界。

3. 鄂西南山地动物地理小区

为云贵高原呈阶梯逐渐降低向东伸延的一部分，北纬28°52′～31°09′，东经107°04′～110°61′，主要包括鄂西南10个县市。地质结构以石灰岩为主，间有板页岩、板页沙岩和水成岩，局部尚有发育完好的大片石英砂岩峰林、石柱林立，镶嵌在武陵山东段的南部，喀斯特地貌各地可见，类型多样，如溶洞、褶皱或断裂，在一些深谷地带，因流水侵蚀作用，岩层崩塌，形成悬崖峭壁，极为壮观。土壤以黄棕壤占大部分。整个山系北部高，多平缓，逐渐向东、向南倾斜，南部山峰挺拔，海拔多在1000～1700 m，位于鄂西南与湘西北，两省交界处的独岭至壶瓶山一带，武陵山东段的最高峰为2252.2 m。植被除恩施星斗山国家级自然保护区、鹤峰木林子、来凤七姊妹山，以及鄂西南与湘西北两省交界处（后河、壶瓶山和八大公山国家级自然保护区）尚保存有一定范围的珍稀植物群落和原始生态群落（如水杉、珙桐等）外，大部分地区植被片断化或破碎化明显，相当一部分地区天然林次生化后，已被更替为大片的人工林，主要有落叶松、油松、柳杉、柏树、杨树和马尾松等，局部地区尚有长势良好的华山松和巴山松林。另外北坡在巴东绿葱坡一带，尚夹杂有一定的针叶林及茂密的低矮竹林，所占比例较小，且华山松多为20世纪70年代飞机播种。植被垂直带明显，1200 m以下为常绿阔叶林，1300～1500 m为落叶常绿阔叶混交林，1600～1800 m为落叶阔叶林，1800 m以上被砍伐及垦荒后，被次生小灌木或草丛所取代。

气候属中亚热带向北亚热带过渡气候区，四季分明，年降水量 1000～1800 mm，年均气温 14～18℃，由北向南递增，无霜期为 150～230 天。啮齿动物较丰富，代表种有高山姬鼠、黑线姬鼠、大林姬鼠、白腹巨鼠、白腹鼠、北社鼠、猪尾鼠、洮州绒鼠、黑腹绒鼠、岩松鼠、赤颊长吻松鼠、红白鼯鼠、四川短尾鼩、灰麝鼩、喜马拉雅水麝鼩、大长尾鼩、多齿鼩鼹和甘肃鼹等。蚤类代表种有豪猪长胸蚤小孔亚种、滇西韧棒蚤、无端栓韧棒蚤、台湾多毛蚤秦岭亚种、陕西多毛蚤、上海狭蚤、二毫新蚤、棒形新蚤、不同新蚤福建亚种、特新蚤贵州亚种、雷氏纤蚤、低地狭臀蚤、支英古蚤、鹅头形古蚤、湘北古蚤、怒山古蚤、短突栉眼蚤指名亚种、绒鼠栉眼蚤、锥形柳氏蚤、神农架额蚤、金沙江怪蚤指名亚种、獾副角蚤扇形亚种、木鱼大锥蚤、禽角叶蚤欧亚亚种等，本动物地理小区是巫峡盲鼠蚤、刘氏盲鼠蚤、无窦盲鼠蚤、叉形大锥蚤和湘北古蚤的模式产地。

4. 鄂中东部平原丘陵动物地理小区

湖北中部的大洪山和东部山地分别隶属于淮阳山地，大别山和幕阜山的一部分，除鄂东北的大别山天堂寨海拔高达 1729.13 m 和东南部主峰九宫山达 1656.6 m 外，大部都在 500～1200 m，而中部的大洪山海拔则更低，除主峰达 1055 m 外，外围一般都未超过 450 m，由丘陵、岗地组成。山地主要由石灰岩和页岩等组成，植被是暖温带向北亚热带的过渡性类型，主要有栓皮栎、茅栗、槲栎、黄檀、紫茎、黄山栎、银杏、香果树、凹叶厚朴、米心水青、天目杜鹃和黄山松等。年均气温 15～16℃，年降水量 900～1100 mm。但在大洪山的南部，沿长江由西向东，为华中地区最大冲积平原，即江汉平原，河流湖泊星罗棋布，土地辽阔平坦肥沃，年降水量 1100～1400 mm。因而整个动物地理小区约 60%为农业耕作区，啮齿动物为亚热带农田动物群，以黑线姬鼠为优势种，城镇区域以黄胸鼠、褐家鼠居多。在大洪山至桐柏山一带，社鼠、黑线姬鼠、灰麝鼩常处于优势地位，与其共栖的还有仓鼠、小家鼠和岩松鼠等；是我国中部啮齿动物和蚤类向西部过渡的一个较典型区域，其中蚤类与我国东部沿海的福建至上海一带地区蚤类关系极为密切，基本是东洋界物种，迄今该小区未发现有特有种。蚤类代表种有上海狭蚤、壮纤蚤、喜山二刺蚤中华亚种、低地狭臀蚤、特新蚤闽北亚种、缓慢细蚤、猫栉首蚤指名亚种、印度蝠蚤、长鬃蝠蚤和印鼠客蚤。早期伍长耀（1934）曾在汉口获得过少量具带病蚤，显然是随外轮港口货物暂时输入。目前该小区除江汉平原 20 世纪 80 年代在除害灭病时进行过一些调查外，山地基本没有开展过较大范围调研，尚有进一步补点采集的必要。

5. 湘赣皖苏沪动物地理小区

除江西东、南、西三面环山和安徽的南部为山地类型外，其余大部分都属丘陵、岗地和平原地区类型，越往东地势越平坦，形成了宽阔平原，仅偶有山丘点缀，长江沿江两岸这一趋势非常明显。其中位于江西三清山的玉京峰海拔 1819.9 m 和安徽黄山的天都峰 1810 m 为本小区最高峰，外围海拔一般在 1000～1500 m，深切的山谷，多形成大小不等的盆地，河流贯流其间，形成冲积平原，但在湘赣两省交界之间，也有个别山峰达 2000 m 以上。属亚热带湿润季风气候区，四季分明，在东部长江三角洲一带地区，受亚热带和低纬度季风带天气影响，暴雨和台风频发，湿度大，雨水多，多不利于蚤类繁衍。啮齿动物代表种有东方田鼠、黑线仓鼠、黑线姬鼠、猪尾鼠、黄胸鼠、褐家鼠、小家鼠、黑腹绒鼠、白腹巨鼠、青毛鼠、隐纹花松鼠、中华姬鼠、褐家鼠和大足鼠等。蚤类代表种有壮纤蚤、小夜蝠蚤、长鬃蝠蚤、印度蝠蚤、弯鬃蝠蚤、特新蚤闽北亚种、犬栉首蚤、人蚤、缓慢细蚤、猫栉首蚤指名亚种、燕角叶蚤端凸亚种、盲潜蚤、曲鬃怪蚤和禽角叶蚤欧亚亚种。另上海有具带病蚤（伍长耀，1934）和鼠角头蚤（温延桓等，1962）随外轮输入港口的报道。本动物地理小区是上海狭蚤、绩溪栉眼蚤、弯鬃蝠蚤和小夜蝠蚤的模式产地。该地理小区湘、赣、皖山地尚有较多空白点，是有待补点调研地区之一。

6. 浙闽粤沿海动物地理小区

属中低纬度地区，是我国内陆沿海低山及丘陵地区之一，山地约占70%，北纬24°27′～30°01′，东经118°50′～122°21′，与台湾西海岸隔海相望，西、中及东段由著名的武夷山、杉岭山和天目山等山系构成本小区地形骨架，超过1800 m的山峰有36座，武夷山的主峰黄岗山是本小区最高峰，为2158 m。总的地形趋势是，偏南的福建及广东一带是西北高、东南低，而靠东的浙江是由西南向东北呈阶梯形倾斜，沿海为丘陵、台地和平原交错。山间盆地和河谷有红色砂岩和石灰岩分布，构成了瑰丽丹霞地貌和独特的喀斯特地貌，曲折的海岸线形成了众多港湾。属典型的亚热带湿润气候区，季风交替显著，四季分明，水网密布，农田、城镇密布而镶嵌其间，是我国东部地貌组合区。山地植被1000 m以下为常绿阔叶林，1100～1200 m为常绿阔叶混交林，1300 m以上是落叶阔叶林。年均气温15～22℃，年降水量在1200～3103 mm，是我国降水量最丰富的地区之一，无霜期240～330天。啮齿动物代表种有黑线姬鼠、北社鼠、东方田鼠、卡氏小鼠、白腹巨鼠、针毛鼠、青毛鼠、花松鼠、长吻松鼠、隐纹花松鼠、中华姬鼠、猪尾鼠、臭鼩鼱。蚤类代表种有适存病蚤、盲潜蚤、不同新蚤福建亚种、特新蚤闽北亚种、燕角叶蚤端凸亚种、禽角叶蚤欧亚亚种、缓慢细蚤、东洋栉首蚤、猫栉首蚤指名亚种、穗缘端蚤中缅亚种、曲鬃怪蚤、豪猪长胸蚤小孔亚种、印鼠客蚤、缓慢细蚤、洞居盲鼠蚤、长鬃蝠蚤、印度蝠蚤和李氏蝠蚤等，本动物地理小区是杭州鬃蚤、盲潜蚤、狭窦新蚤、双裸夜蝠蚤、李氏大锥蚤、崔氏大锥蚤、三刺大锥蚤、适存病蚤、短突栉眼蚤永嘉亚种、台湾栉眼蚤浙江亚种、不同新蚤福建亚种、喜山二刺蚤中华亚种、近端远棒蚤二刺亚种和伍氏病蚤雷州亚种的模式产地。

上述6个动物地理小区，其中有5个均有新种及新亚种的模式产地，现将它们的主要宿主和模式采集地列于表2。

表2　湖北及邻近地区1910年以来发现的蚤类新种及新亚种（长江中、下游一带地区）

种及亚种名称*	宿主	模式产地
1.小夜蝠蚤 *Nycteridopsylla galba* Dampf, 1910	蝙蝠	上海
2.盲潜蚤 *Tunga (Brevidigita) caecigena* Jordan et Rothschild, 1921	褐家鼠	浙江宁波
3.弯鬃蝠蚤 *Ischnopsyllus (Ischnopsyllus) needhami* Hsü, 1935	蝙蝠	江苏苏州
4.适存病蚤 *Nosopsyllus (Nosopsyllus) nicanus* Jordan, 1937	褐家鼠	福建龙岩
5.杭州鬃蚤 *Chaetopsylla (Chaetopsylla) hangchowensis* Liu, 1939	黄鼬	浙江杭州
6.三刺大锥蚤 *Macrostylophora trispinosa* (Liu, 1939)	赤腹松鼠	浙江天目山
7.不同新蚤福建亚种 *Neopsylla dispar fukienensis* Chao, 1947	青毛巨鼠	福建邵武
8.李氏大锥蚤 *Macrostylophora liae* Wang, 1957	隐纹花松鼠	福建顺昌
9.近端远棒蚤二刺亚种 *Aviostivalius klossi bispiniformis* (Li et Wang, 1958)	黄胸鼠、针毛鼠	福建顺昌、邵武
10.双髁夜蝠蚤 *Nycteridopsylla dicondylata* Wang, 1959	蝙蝠	福建建阳
11.喜山二刺蚤中华亚种 *Peromyscopsylla himalaica sinica* Li et Wang, 1959	鼠	福建
12.上海狭蚤 *Stenoponia shanghaiensis* Liu et Wu, 1960	黑线姬鼠	上海
13.崔氏大锥蚤 *Macrostylophora cuii* Liu, Wu et Yu, 1964	黑白飞鼠	浙江庆元
14.狭窦新蚤 *Neopsylla stenosinuata* Wang, 1974	白腹巨鼠	福建建瓯

续表

种及亚种名称*	宿主	模式产地
15.文县鬃蚤Chaetopsylla (Chaetopsylla) wenxianensis Wang, Liu et Liu, 1979	黄鼬、褐家鼠	甘肃文县
16.五角巨胸蚤Megathoracipsylla pentagonia Liu, Liu et Zhang, 1980	珀氏长吻松鼠	陕西宁陕
17.卷带倍蚤巴东亚种Amphalius spirataenius badongensis Ji, Chen et Wang, 1981	藏鼠兔、间颅鼠兔	湖北神农架、四川南坪
18.绒毛新蚤Neopsylla villa Wang, Wu et Liu, 1982	岩松鼠	甘肃文县
19.甘肃大锥蚤Macrostylophora gansuensis Zhang et Ma, 1982	花鼠	甘肃成县
20.双凹纤蚤Rhadinopsylla (Actenophthalmus) biconcava Chen, Ji et Wu, 1984	藏鼠兔	湖北神农架
21.长尾茸足蚤Geusibia (Geusibia) longihilla Zhang et Liu, 1984	藏鼠兔	陕西柞水
22.台湾多毛蚤秦岭亚种Hystrichopsylla (Hystroceras) weida qinlingensis Zhang, Wu et Liu，1984	四川短尾鼩	陕西佛坪
23.微突茸足蚤指名亚种Geusibia (Geusibia) minutiprominula minutiprominula Zhang et Liu, 1984	藏鼠兔	陕西太白
24.微突茸足蚤宁陕亚种Geusibia (Geusibia) minutiprominula ningshanen sis Zhang et Liu, 1984	藏鼠兔	陕西佛坪
25.短额古蚤Palaeopsylla brevifrontata Zhang, Wu et Liu, 1984	鼩鼱，多齿鼩鼱及甘肃鼹	陕西佛坪
26.鹅头形古蚤Palaeopsylla anserocepsoides Zhang, Wu et Liu, 1984	鼩鼱，多齿鼩鼱	陕西佛坪
27.锥形柳氏蚤Liuopsylla conica Zhang, Wu et Liu, 1985	四川短尾鼩	陕西佛坪
28.无窦盲鼠蚤Typhlomyopsyllus esinus Liu, Shi et Liu, 1985	猪尾鼠	湖北来凤
29.梯形二刺蚤Peromyscopsylla scaliforma Zhang et Liu, 1985	北社鼠、绒鼠	陕西佛坪
30.喜山二刺蚤陕南亚种Peromyscopsylla himalaica australishaanxia Zhang et Liu, 1985	四川短尾鼩、大林姬鼠	陕西佛坪
31.履形怪蚤Paradoxopsyllus calceiforma Zhang et Liu, 1985	北社鼠、白腹鼠和白腹巨鼠	陕西佛坪
32.叉形大锥蚤Macrostylophora furcata Shi，Liu et Wu, 1985	赤颊长吻松鼠	湖北恩施
33.台湾栉眼蚤大陆亚种Ctenophthalmus (Sinoctenophthalmus) taiwanus terrestus Chen, Ji et Wu, 1986	黑腹绒鼠	湖北神农架
34.神农架额蚤Frontopsylla (Frontopsylla) shennongjiaensis Ji, Chen et Liu, 1986	大林姬鼠、北社鼠	湖北神农架
35.窄板额蚤华北亚种Frontopsylla (Frontopsylla) nakagawai borealosinica Liu, Wu et Chang, 1986	大林姬鼠、藏鼠兔	陕西柞水
36.伍氏病蚤雷州亚种Nosopsyllus (Nosopsyllus) wualis leizhouensis Li, Huang et Liu, 1986	针毛鼠、黄毛鼠	广东湛江
37.陕西多毛蚤Hystrichopsylla (Hystroceras) shaanxiensis Zhang et Yu, 1990	大林姬鼠、岢岚绒鼠	陕西大巴山
38.大巴山狭蚤Stenoponia dabashanensis Zhang et Yu, 1990	黑腹绒鼠	陕西大巴山
39.鄂西栉眼蚤Ctenophthalmus (Sinoctenophthalmus) exiensis Wang et Liu, 1993	褐家鼠	湖北神农架
40.湖北叉蚤Doratopsylla hubeiensis Liu, Wang et Yang, 1994	背纹鼩鼱	湖北神农架
41.巫山古蚤Palaeopsylla wushanensis Liu et Wang, 1994	四川短尾鼩	湖北神农架
42.木鱼大锥蚤Macrostylophora muyuensis Liu et Wang, 1994	棕足鼯鼠、岩松鼠	湖北神农架
43.巴山盲鼠蚤Typhlomyopsyllus bashanensis Liu et Wang, 1995	猪尾鼠	湖北神农架
44.李氏茸足蚤Geusibia (Geusibia) liae Wang et Liu, 1995	藏鼠兔	湖北神农架
45.绒鼠纤蚤Rhadinopsylla (Actenophthalmus) eothenomus Wang et Liu, 1996	黑腹绒鼠、岢岚绒鼠	湖北神农架
46.绩溪栉眼蚤Ctenophthalmus (Sinoctenophthalmus) jixiensis Li et Zeng, 1996	黑腹绒鼠、中华姬鼠	安徽绩溪
47.吴氏角叶蚤Ceratophyllus wui Wang et Liu，1996	短嘴金丝燕四川亚种	湖北神农架

续表

种及亚种名称*	宿主	模式产地
48.王氏鬃蚤 Chaetopsylla (Chaetopsylla) wangi Liu, 1997	赤狐、猪獾	湖北神农架
49.无端栓远棒蚤 Aviostivalius apapillus Liu, Li et Shi, 1998	高山姬鼠	湖北宜昌大老岭
50.台湾栉眼蚤浙江亚种 Ctenophthalmus (Sinoctenophthalmus) taiwanus zhejiangensis Lu et Qiu, 1999	褐家鼠、黄毛鼠	浙江景宁、松阳
51.短突栉眼蚤永嘉亚种 Ctenophthalmus (Sinoctenophthalmus) breviprojiciens yongjiaensis Lu, Zhang et Li, 1999	黑线姬鼠	浙江永嘉
52.刘氏盲鼠蚤 Typhlomyopsyllus liui Wu et Liu, 2002	猪尾鼠	湖北五峰 湖南石门
53.四刺夜蝠蚤 Nycteridopsylla quadrispina Lu et Wu, 2003	南蝠	湖北巴东堆子
54.马氏古蚤 Palaeopsylla mai Liu et Chen, 2005	四川短尾鼩	湖北神农架
55.巫峡盲鼠蚤 Typhlomyopsyllus wuxiaensis Liu, 2010	猪尾鼠	湖北巴东绿葱坡
56.马氏鬃蚤 Chaetopsylla (Chaetopsylla) malimingi Liu, 2012	花面狸	湖北兴山
57.湘北古蚤，新种 Palaeopsylla xiangxibeiensis Liu, sp. nov.	大长尾鼩等	鄂西南、湘西北
58.郧西巨胸蚤，新名 Megathoracipsylla yunxiensis Liu, Zhang et Liu, nom. nov.	赤腹松鼠	湖北郧西

* 特新蚤闽北亚种的分类地位有待进一步研究，未列入表内

四、湖北西部山地蚤类的分布特点及相关问题探讨

（一）蚤类沿自然地理扩散的探讨

　　山地蚤类由于受海拔、纬度和南北山系、坡向、植被类型、自然地质结构及天然屏障等综合因素的影响，以及不同蚤类在数百万年或更早地质历史进化与演替中，并随宿主动物沿自然地理扩散先后顺序不同，不同山系蚤类的构成则呈现出很大差异，这是由蚤类沿自然地理通道随宿主动物扩散先后顺序不同和扩散速度所决定的。当蚤类随宿主动物沿自然地理扩散，受气候、荒漠和温、湿度及大江大河或长年冰封雪山等天然屏障等重要环境因素影响与制约时，一部分蚤类则被限制分布在某一特定地理区域或范围，这也与不同蚤种自身生理特性及适应性等有关。从作者调查所获得的蚤类资料和数据并结合现今地理环境综合分析看，湖北西部山地蚤类大致是沿 3 个自然地理通道或路径，至少是先后分 2 个批次以上扩散到这里的，第一条通道是由云南西北部经贵州到达武陵山东部；第二条通道是从青藏高原经岷山山脉沿秦岭及大巴山西段逐步扩散到大巴山东部；第三条通道可能有少量蚤类是从我国东南部方向逐步蔓延过渡扩散而来。因武陵山与大巴山东段两大山系较多宿主动物和蚤类均有较大不同，而与云南和青藏高原的岷山山脉及秦岭蚤类与宿主动物很相似，从湖北西南部武陵山东部获得的 34 种蚤类中，有下列蚤类与云南共有（跨越长江的蚤类和广布种不计），如滇西韧棒蚤、二毫新蚤、短突栉眼蚤指名亚种、绒鼠栉眼蚤、雷氏纤蚤、怒山古蚤、豪猪长胸蚤小孔亚种、金沙江怪蚤指名亚种，而大巴山东段与青藏高原岷山山脉及秦岭山系相同或相似蚤类和宿主动物则更多或更丰富，其中宿主动物具有代表性的如藏鼠兔、罗氏鼢鼠；蚤类有多刺多毛蚤、陕西多毛蚤、刺短新北蚤、无规新蚤、绒鼠纤蚤、双凹纤蚤、短额古蚤、梯形二刺蚤、三角小栉蚤、巨凹额蚤、李氏茸足蚤、履行怪蚤、卷带倍蚤巴东亚种、冯氏单蚤、五角巨胸蚤、王氏鬃蚤、文县鬃蚤、河北大锥蚤、微突大锥蚤、大巴山狭蚤。上述两大山系这些蚤类的共同特点是：都未越过长江这条天然分界线，应是在长江形成之后，才分别从云南经贵州，以及青藏高原经岷山山脉至秦岭及大巴山西段作为第 2 或更后批次的蚤类随宿主动物，分别扩散到武陵山和大巴山东部。而

作为第 1 批次或更前批次,沿上述地区扩散到湖北西部的蚤类有:陕西多毛蚤、台湾多毛蚤秦岭亚种、棒形新蚤、鹅头形古蚤、支英古蚤、锥形柳氏蚤、神农架额蚤和吴氏角叶蚤,其理论根据是长江三峡南、北两大山系都有分布,它们已跨越了长江这条天然分界线,应是在长江未形成之前就已分别扩散到这里。第三条通道有少量蚤类可能是从中国东南部扩散而来,它们的共同特点是:具典型的东洋界地理区域性质,如上海狭蚤、喜山二刺蚤、不同新蚤福建亚种、洞居盲鼠蚤(湖北虽无该种分布,但分布福建至贵州一带);有的已演化成为不同种,如巫峡盲鼠蚤、刘氏盲鼠蚤、无窦盲鼠蚤、巴山盲鼠蚤(盲鼠蚤属的起源及其演化等问题还有待进一步研究,因还有一些盲鼠蚤待发现,如我国陕西秦岭、甘肃陇南、重庆东南部、云南、广西,以及越南北部都有猪尾鼠的分布)。同时从扩散种类和速度看,从青藏高原经岷山山脉至秦岭及大巴山西段,扩散种类及速度都大于从云南经贵州到武陵山东部的种类和速度,因为从大巴山东段跨越长江种类明显较多,而从云南经贵州扩散种类亦较少,跨越长江的种类也较少,这在一定程度上亦间接反映了较早地质年代蚤类扩散速度可能并不完全一致的现象,当然蚤种丰富程度与扩散速度是由地理环境、山脉海拔和宿主动物等几方面综合因素所决定的,因现生宿主动物及其体外寄生蚤的丰富程度,只不过是集中代表反映了较早地质年代的一个间接侧面缩影,说明长江三峡以北的自然生态环境,在较早地质年代可能本身就优于贵州至武陵山东部一带的自然地理生态环境。

(二)湖北西部山地蚤类的分布特点

长江三峡以南的武陵山东部,地理范围较宽广,大多山峰都不高,仅少数达 2200 m 左右。根据 2000～2004 年的调查结果(刘井元等,2007b),蚤类沿山脉分布是从长江南岸的最低处三斗坪 60 m 为起点,蚤类向上由 4 种、16 种逐步增加到 17～24 种,虽在本志中蚤种有一定的增加,由原来 30 种增加到 34 种,但蚤种沿山脉由少到多的趋势仍没有改变,有 80%蚤种分布在海拔 1600 m 以上;而获得的蚤类个体数约占整个山脉总获个体数的 1/2。但随山体高度的下降,到 1300～1500 m,此地带所获得的蚤种,仅占整个山脉蚤总数的 56.67%,而个体数,仅为蚤总获个体数的 1/4,当海拔继续下降到 900～1200 m 和 700～800 m 这 2 个地带,其所获得的蚤种,分别仅占整个山脉蚤总数的 53.33%和 30%,而个体数仅占总获个体数的 19.93%和 2.38%。因此武陵山东部蚤类的分布是随海拔下降而逐渐降低。将武陵山东部划分成 7 个样地,除蚤种随海拔升高而逐渐增多外,地理分布有由北向南呈逐渐减少的分布趋势。在区系成分上,1100 m 以下没有古北界种类分布,1200 m 以上有少数古北界种类分布,并随海拔升高,古北界种类略有增加,因此武陵山东部属于典型的东洋界自然地理区系属性。

长江三峡以北的大巴山东部,山势高耸,最高海拔达 3105.4 m,垂直最大差别达 2685.2 m。根据 1989～1999 年的调查结果(刘井元等,2007a),蚤类沿山脉分布是从长江北岸巴东的堆子或兴山的湘坪 400 m 为起点,蚤类向上由 5 种、22 种逐渐增加到 34～39 种,以中山地带 1600 m 落叶阔叶林蚤种为最多,然后从针、阔叶混交林 2000 m 左右处随海拔继续攀升,蚤种由 29 种逐步下降到 20 种。区系成分和数量变化的趋势是,1500 m 以下,东洋界蚤类占绝对优势;从落叶阔叶林 1600～1800 m 发生变化,此林带获蚤类 39 种,以古北界(22 种)成分占明显优势 56.41%,但数量上却以东洋界蚤类更显突出,为 58.83%;随海拔上升到针、阔叶混交林 2000～2300 m,古北界蚤类,尤数量(60.16%)比例进一步增大,具有东洋界特有指示性质的巴山盲鼠蚤、喜山二刺蚤陕南亚种(0.09%)和台湾栉眼蚤大陆亚种(0.63%)仍分布到这一地带;当海拔继续攀升到暗针叶林 2600 m,虽然此地带仍以东洋界的偏远古蚤（32.70%）占优势，但古北界蚤类，区系成分在该林带已稳定在55.00%并明显大于东洋界的45.00%，大量具有古北界区系性质的蚤类如卷带倍蚤巴东亚种、绒鼠纤蚤、双凹纤蚤、巨凹额蚤、大巴山狭蚤、陕西多毛蚤、多刺多毛蚤、李氏茸足蚤、梯形二刺蚤、神农架额蚤和三角小栉蚤等在此林带已占主导地位，具有东洋界特有指示性质的巴山盲鼠蚤和它的寄主猪尾鼠已不见踪迹；当海拔继续上升到2800～2980 m，古北界蚤类和数量分布已分别占65.00%及89.51%，东洋界蚤类和数量分布已下降到从属次要地位。因此大巴山东段的蚤类：1500 m以下为典型东洋界，1600～2300 m为东洋界与古北界蚤类交错过渡分布区，2600 m以上无论蚤类物种，还是数量都属于典型的古北界自然地理区系性质。

第五章　蚤类与疾病关系

蚤类对人及家畜的危害，主要是两个方面：一是刺叮吸血，导致人和家畜烦躁不安，引起过敏、叮咬症和贫血，潜蚤潜入皮下寄生，可使患者严重不适和局部溃疡及感染；二是在传播疾病方面，它们是多种病原体——细菌、立克次氏体、病毒和绦虫等重要传染病的传播媒介和保菌宿主，以及部分寄生虫病的中间宿主，其中鼠疫是危害人类最为严重的烈性传染病，历来受各国政府和卫生及疾病预防控制部门高度关注，因此是传染病预防、控制和预警中的重中之重。

一、直接刺叮吸血

（一）蚤类叮咬症

蚤类叮咬症在 20 世纪 90 年代以前较多见，这与当时经济水平和生活环境有关，多数是寄生在家畜体外的跳蚤，通过墙壁缝隙进入人居卧室，或接触猪、家犬和某些野生动物，包括新修水利采挖到鼠巢窝被叮咬，近年饲养宠物居民增多，猫、犬体外寄生蚤游离叮咬人也常有发生，尤其在城市多见。蚤类在人体皮肤上爬行并不断叮咬，引起瘙痒感以致失眠，影响工作和休息。在我国最常见叮咬人的跳蚤，主要有人蚤和猫栉首蚤指名亚种，其次是某些家栖和野栖鼠类体外寄生的蚤种，如印鼠客蚤、不等单蚤和特新蚤等，或野外从宿主体外检蚤，捕获旱獭剥取皮毛等常可发生不同蚤种叮咬袭击人。蚤类叮人时，将口器插入皮肤，唾液、抗血凝固酶和过敏源等因子一并注入皮下，不同人对蚤叮咬后出现的反应有很大差异，轻者局部可出现小丘红疹或红斑，微痒，但也可连接成片，大部分患者及时处理后 1～3 天消退，少数尤其婴幼儿可出现严重过敏反应，呈现全身性荨麻疹，局部搔抓破损后可造成感染溃烂。

（二）潜蚤寄生症

潜蚤属蚤类的雌蚤钻入宿主皮下寄生。潜蚤全世界已记录有 9 种，中国有 2 种，盲潜蚤 *Tunga*（*Brevidigita*）*caecigena* 和俊潜蚤 *T.*（*B.*）*callida*，主要寄生于家鼠、野鼠类，前者分布于浙江、福建、江苏和四川，后者分布于云南和贵州。宫玉香等（1995）报道山东 1 例由潜蚤寄生引起人体潜蚤皮肤病，但属何种潜蚤未能确定。寄生于人体皮肤能确认的只有穿皮潜蚤 *T. penetrans*，分布于加勒比海、南美洲和非洲。该蚤最初只分布在拉丁美洲和加勒比海一带，1872 年随运沙船由巴西传入安哥拉，后随贸易和军队远征传入非洲和大洋洲（Hesse，1899；Henning，1904），亚洲也有病例报道。该病与贫穷和恶劣的生活环境有关，蚤卵在干燥沙土中孵化出幼虫，结茧后 7～14 天发育羽化为成虫，呈红褐色，长约 1 mm，雌蚤钻入皮下，与雄蚤交配后腹部膨大可达 1 cm，2～3 周后产卵数百枚，排卵后成蚤最终死亡从表皮脱落。该蚤钻入皮肤多发生于旱季，人群最高感染达 50% 以上，儿童发病高于成人，多见于 5～10 岁，男孩高于女孩，这可能与日常生活习惯和儿童皮下角质层较薄有关。感染的部位以足趾间，趾甲沟周围、趾甲下、足底和足后跟处为主，但也可发生于身体任何部位，如手、足、颈、臀和外生殖器等部位。感染严重者可影响行走和日常生活，痛痒剧烈，如处理不当或取出不完整，继发感染后危害更大，尤其继发破伤风导致死亡。一些动物普遍易感，如大象、猴、狗、羊、猪和啮齿动物等，狗的感染达 67%，猫达 50%（王君平等，2009），母猪乳头大量寄生后，乳腺管被压断，致乳猪和小猪死亡

（Verhulst，1976）。治疗主要是外科手术取出完整虫体，抗感染及局部用消炎软膏和加注破伤风。文献报道一次性口服伊维菌素 0.2mg/kg 和噻苯达唑 25 mg/kg 等也有一定效果。

（三）家畜贫血症

家畜大量蚤类寄生可致贫血症，主要是蠕形蚤属和长喙蚤属的蚤类，偶见于人蚤。中国分布区为新疆昆仑山脉、天山山脉、阿尔金山脉和青海（刚察、化隆、果洛、祁连和玉树等）、内蒙古（大青沟）、甘肃、宁夏和西藏，是中国西北地区畜牧业一大害虫，主要寄生于绵羊，其次为山羊、牛、牦牛、马和马鹿，其中花蠕形蚤多发生于冬、春两季的高山牧场，10 月中旬在羊体开始出现，蚤大小为 2～4 mm，头部深褐色，腹部黄白色，12 月虫体有孕卵后可增至 6～8 mm，危害最严重的有绵羊、牦牛、马，也可侵袭山羊，每只绵羊体外可寄生蠕形蚤 15～143 只，群感染率可达 61.12%～72%及以上，雌、雄蚤交配后，雄蚤死亡，雌蚤吸食血液排出的血粪堆积在羊毛根部间，约 10 天在血粪中产卵，卵 8～12 天孵出幼虫，幼虫经数次蜕皮后结茧成蛹后，再经 12～25 天发育为成蚤，4 月下旬至 5 月气温升高，草长出，雨季来临，蠕形蚤离开家畜，栖息在较温暖的帐房窝边，牛粪或较隐蔽的地方，到每年 3～4 月出现在草场上（李志文等，2003；许正文，2009）。寄生部位以颈部两侧和股内侧多见，被寄生的家畜轻者烦躁不安，皮肤出血，食欲不振，重者消瘦、毛粗糙而无光泽、腹泻，可引起水肿、贫血、母畜流产或衰竭死亡。羊长喙蚤 11～12 月在青海祁连的绵羊特别是山羊寄生甚多，多见于前肢基部附近，后肢基部内侧和山羊的臀部，雌蚤膨大如花生米。袍长喙蚤生活史为年生一代，可寄生鹿群，在内蒙古赤峰一带地区牛群带蚤率最高可达 85%（张世富，1985；刘俊和石杲，2009），雄雌比约为 1：4，寄生部位以后肢内侧、会阴和乳房为主，大量寄生时并伴有气候骤降，可致大批牛死亡。

二、传播疾病

（一）鼠疫

鼠疫（plague）是一种传染力极强的烈性传染病，分布范围具有一定区域或地方性，其病原体鼠疫杆菌（*Yersinia pestis*）贮存于啮齿类等小型哺乳动物，可长期保存在疫源地内，在一定条件下，通过媒介蚤类叮咬吸血并在鼠与鼠之间、鼠与人之间传播和流行。由于鼠疫从鼠间传播到人后，又可从人传播到更大范围的人群，因此该病对人群生命健康和国民经济建设安全都构成严重危害或威胁，在中国被列为法定甲类烈性传染病，是一种典型的自然疫源性疾病。鉴于鼠疫之危害远非其他传染病和一般疾病可比，它在国际检疫中被列为第一号法规传染病。

有关鼠疫的起源，伍连德（1936）认为鼠疫在太古时代就已存在中亚细亚，并认为是鼠疫起源地。但从具有文献记载（Sticker，1908）至少可追溯到公元 3 世纪末，在古埃及等地区曾有腺鼠疫的流行，说明鼠疫是一种十分古老的疾病。但随着自然科学的发展和自然疫源性疾病学说的确立，鼠疫的发生、发展和传播与流行的解释或阐明进入了一个崭新的时代，即人类最先发生鼠疫感染与流行的地区，亦即存在着鼠疫自然疫源地。作为自然疫源性疾病的鼠疫，在地球上不但早就存在，而且分布很广，只是随着不同地理区域的人类文明、自然资源开发和经济贸易交往不同，以及接触鼠疫自然疫源地的先后时间不同，发生鼠疫的时间先后次序也就不同，所以文字记载鼠疫最早发生与流行的地方，不一定是真正最早鼠疫流行与传播的地方，这就较好地解决和科学地解释了鼠疫起源这一重大学术问题。

　　鼠疫在全球范围有 3 次大流行，第一次发生于 6 世纪，最初仅局限分布于埃及的西奈半岛，后经巴勒斯坦传至整个欧洲的所有国家，前后持续 40 余年，死亡 1 亿人，并直接导致了罗马帝国的衰亡。第 2 次发生于公元 14 世纪，流行一直延续到 17 世纪，前后持续长达 300 余年，导致 3800 万人死亡。此次流行从最初西亚的美索布达米亚平原开始，到后来波及整个欧、亚两大洲和非洲的北海岸，死亡人数仅欧洲就有 2500 万，约占欧洲当时总人口的 1/4，从而以著名的"中世纪黑死病"载入史册。第 3 次发生于 19 世纪末，至 20 世纪 30 年代达高峰，一直延续到 20 世纪 60 年代才平息，波及欧、亚、非、美四大洲和 60 多个国家和地区，传播速度之快远超过前两次大流行，死亡人数达 1500 万。此次流行是人类首次从鼠疫死亡者尸体和鼠尸（中国香港）分别分离出鼠疫病原菌 (Yersinia pestis)，绪方（1897）和 Simond (1898) 首次发现蚤类是鼠疫的传播媒介，这两大科学上的重要新发现，为人类进一步深入认识并解决或阐明鼠疫是通过媒介蚤类传播，摸清和掌握其流行规律等问题，开创了一个新的纪元，成为一个重要的里程碑。

　　鼠疫在中国流行非常久远，有文字记载可追溯到公元前 5～6 世纪春秋战国时期，在《黄帝内经》中就有鼠疫的记载。隋代巢元方《诸病源候论》（公元 610 年）和孙思邈《千金方》（公元 652 年）都述及此病，其中前者据考证是腺鼠疫。公元 14 世纪第 2 次鼠疫大流行中国死于鼠疫的达 1300 万人。公元 1793 年云南赵州诗人师道南的著名诗篇《鼠死行》记载"东死鼠，西死鼠，人见死鼠如见虎。死鼠不几日，人死如拆堵，昼死人，莫问"。这一历史叙述就生动描述了当年鼠疫在云南流行导致人间悲惨的凄凉景象，也真实反映了鼠间鼠疫和人间鼠疫流行的传播关系。据不完全统计，仅 1644～1899 年，中国南方及北方有 13 省 202 个县，患鼠疫 144 万人，死亡 137 万人。1900～1949 年，中国鼠疫流行达到高峰，20 个省 501 个县发生鼠疫流行，发病 115.5 万余人，死亡 102.8 万余人。新中国成立以来至 1999 年 50 年间发生人间鼠疫 7.9 万人，死亡 2.7 万人，其中大部分病例发生在新中国成立初期。20 世纪 90 年代以来中国鼠疫同世界总的形势一样，呈明显上升趋势（唐家琪等，2004），1990～1999 年鼠疫发病（371 例）是前 10 年的 3.7 倍（102 例），尤其是 2000～2004 年贵州天生桥水电站建坝储水后，原这一地区在历史上从来都没有发生过鼠疫，低洼地段感染鼠疫菌的啮齿动物和疫蚤随水位上升而上移，至染疫鼠大量集聚，导致了鼠间鼠疫和人间腺鼠疫（137 例）局部暴发与流行（邹志霆等，2005），波及 2 个县和 7 个乡镇，从而加剧了中国鼠疫疫情的上升态势。因此，对鼠疫的监控不能掉以轻心，必须保持高度警惕，充分认识鼠疫控制和彻底消除的艰巨性与复杂性和长期性。

　　鼠疫自然疫源地中国截至 2011 年已发现有旱獭、黄鼠、沙鼠、田鼠和家鼠五大类、12 个类型自然疫源地，主要分布在新疆、青海、西藏、内蒙古、宁夏、陕西、甘肃、黑龙江、吉林、辽宁、四川、云南、河北、广西、贵州、广东、福建、浙江和江西 19 个省区 231 个县，总面积达 140 万 km²。疫源内动物与人间鼠疫流行从未间断，疫源地的危险与危害将长期并存。以旱獭为主的自然疫源地有 4 个，它们分别是青藏高原、天山山地、帕米尔高原和呼伦贝尔高原，其中前 2 个是活跃频度很高、危险程度最为严重的自然疫源地，尤其是第 1 个疫源地人间鼠疫频繁，这 2 个疫源地都处在一级鼠疫防控等级中。以黄鼠、沙鼠和田鼠为主的疫源地都各有 2 个，其中黄鼠疫源地是松辽平原和甘宁黄土高原，沙鼠疫源地是内蒙古高原和新疆的准噶尔盆地，田鼠疫源地是内蒙古的锡林郭勒高原和青藏高原，这 6 个疫源地目前都处在活跃或较活跃时期，除后 3 个疫源地现阶段无病例报道外，前 3 个都处在人间鼠疫频繁或偶发状态中，是对人群危害较严重的鼠疫自然疫源地，均处在一、二级防控等级中。滇西纵谷姬鼠-绒鼠疫源地和云贵高原东南沿海家鼠疫源地，目前处在十分活跃或较活跃时期，人间鼠疫频繁或偶发，尤其是家属疫源地与旱獭疫源地感染鼠疫方式不同，前一类型是人群被动遭到疫蚤叮咬而感染鼠疫，近20年来，云贵高原的人间鼠疫皆由此方式感染（王振华，2009），动物间鼠疫愈猛烈，染疫蚤数量愈多，对人群的威胁程度愈高。在不同性质和不同区域的疫源地中，鼠疫菌的形状、宿主和传播媒介可完全不相同，疫源地活动的强度取决于病原体的毒力与数量，同时也取决于宿主的抗体高低。有的疫源地可出现2次长短不一的间歇期（解宝琦和曾静凡，2000），在疫源地出现鼠间鼠疫流行时，其周边人群接触患病宿主或遭受疫蚤攻击后都可引起发病与流行。

　　在中国能自然感染鼠疫菌的媒介蚤类有6科23属54种（亚种），它们分别是：人蚤、印鼠客蚤、同形客蚤指名亚种、簇鬃客蚤、臀突客蚤、长吻角头蚤、叶状切唇蚤突高亚种、野韧棒蚤、无孔微棒蚤、阿巴盖新蚤、二齿新蚤、红羊新蚤、宽新蚤、近代新蚤东方亚种、特新蚤、盔状新蚤、短吻纤蚤、不常纤蚤、弱纤蚤、五侧纤蚤邻近亚种、宽圆纤蚤、腹窦纤蚤深广亚种、低地狭臀蚤、锐额狭臀蚤、方叶栉眼蚤、升额蚤波蒂斯亚种、似升额蚤指名亚种、光亮额蚤、棕形额蚤、圆指额蚤（指名亚种、上位亚种）、缓慢细蚤、多刺细蚤、迟钝中蚤指名亚种、长突眼蚤、角尖眼蚤、短跗鬃眼蚤、绒鼠怪蚤、喉瘪怪蚤、原双蚤（指名亚种、田野亚种）、直缘双蚤指名亚种、巨钩靴片蚤、斧形盖蚤、细钩盖蚤、方形黄鼠蚤（松江亚种、七河亚种、蒙古亚种）、适存病蚤、似同病蚤、秃病蚤（蒙冀亚种、田鼠亚种）、谢氏山蚤、不等单蚤（纪树立，1988；吴厚永等，1990；吴克梅等，2009）。以上种类湖北及邻近地区分布有8种。

　　实际上有些蚤类在我国并没有分离出鼠疫菌，但国外有分离到鼠疫菌的报道，故仍不能忽视，如伏河眼蚤、前额蚤贝湖亚种、异额蚤、四鬃病蚤、土库曼病蚤指名亚种、具带病蚤、齐缘怪蚤和矩凹黄鼠蚤等。迄今全球能感染鼠疫菌的蚤类有近250种（亚种），分隶于12科79属（亚属），在亚洲至少有12个属（李贵真，1994）与鼠疫关系甚为密切，而且种类还在不断增加。

　　有些蚤类暂时没有分离出鼠疫菌并不能说明它不能携带或没有贮存鼠疫菌。作为一个媒介，蚤类必须是高效媒介，才能在鼠疫发生与流行中起决定性作用，它们的季节消长与动物间鼠疫和人间鼠疫流行应相一致，因一个媒介蚤类必须是一个优势种和有足够长的生存时间，才能在鼠疫发生与传播上具有重要的流行病学意义。

　　我国已知传播鼠疫的高效媒介蚤类有近20种（亚种），它们广布于西北、西南和内蒙古广大地区，其中印鼠客蚤和特新蚤广布于我国南方、中部及西部，是滇南山地和闽广沿海居民区鼠疫自然疫源地重要媒介。人蚤虽然在多数鼠疫自然疫源地中不是主要媒介，但由于该蚤游离快、跳跃力强、宿主动物广泛，尤其是家犬、家猪（尤其巢窝）等寄生数量大，一些半家栖和野生动物如啮齿目、偶蹄目（野猪、麝、鹿等）、奇蹄目（马、骡等）、食肉目（狼、猪獾、狐狸等）、食虫目和鸟（鸡、鹰、燕、天鹅）等动物都可充当宿主。特别是1931～1952年日本和美国用人工感染鼠疫菌的人蚤和带鼠菌的田鼠（包括炸毁细菌武器工厂放出染有鼠疫的鼠及蚤），先后在中国的湖南、浙江、江西、黑龙江等省和朝鲜作为生物战剂多次撒布，进行罪恶的细菌战（科学通报：反细菌战特刊，1952），并造成东北鼠疫的流行。因此人蚤仍是传播鼠疫的一种高效媒介，在鼠疫控制和蚤媒监测中应高度关注。

　　尽管鼠疫是人类很古老的一种疾病，直到1894年鼠疫杆菌的发现，后经若干科学家不断研究，试验证实，并加以总结和发展，后由 Bacot 和 Martin（1914）确立了印鼠客蚤的传播机制，从而奠定了蚤类在腺鼠疫中独特的地位。

蚤类传播鼠疫是通过前胃形成菌栓（图27）的栓塞，当菌栓蚤再次叮咬健康宿主吸血时，由于菌栓的阻塞，吸入的血液不能进入中肠，而止于食道前胃即菌栓处，此时跳蚤停止吸血，被吸入食道血液被含有鼠疫菌的菌栓污染而反流进入宿主微血管内，从而使被叮咬的宿主动物获得感染。菌栓蚤的前胃因被菌栓阻塞，始终处于饥饿状态，因而要不断地叮咬宿主与吸血，这就使鼠疫菌不断在媒介蚤与宿主间循环，从而导致了鼠疫菌在自然疫源地世代存续。鼠疫菌在蚤体内发育一般要经过4个阶段。

1. 鼠疫菌随蚤类吸血侵入蚤消化道

主要取决于两个重要因素，一是宿主动物菌血症的强度，二是吸血量。吸入血量越多，则进入消化道鼠疫菌数量就越多。因此，鼠疫的传播与流行与宿主动物菌血症强度密切相关。一般来讲，蚤类对其正常宿主或特异性宿主吸血量要多于非正常宿主，否则吸血量则会较差，然而蚤类在饥不择食状态下，为保证生存，吸血量则无较大差异。有学者曾在感染鼠疫的死亡12 h的黄鼠和豚鼠体上，使饥饿蚤感染鼠疫菌。

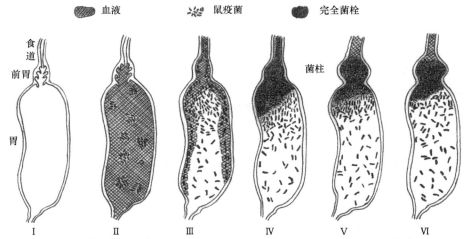

图27　蚤消化道栓塞形成过程示意图（仿 БибикоВа и Классовский，自纪树立，1988）
Ⅰ. 饥饿蚤胃；Ⅱ. 吸入含有鼠疫菌血液的蚤胃；Ⅲ. 部分栓塞；Ⅳ～Ⅵ. 完全栓塞

2. 鼠疫菌在蚤类消化道生存适应阶段

鼠疫菌进入蚤体内后主要是在前胃和中肠，其中一部分鼠疫菌进入消化道后，可被蚤类的多种杀菌物质溶菌酶杀灭，未被消亡的鼠疫菌一般在蚤消化道适应期不超过24～36 h。

3. 鼠疫菌增殖期或积累与保存阶段

在短暂适应期之后，未被杀灭和排出体外的鼠疫菌在蚤体内增殖，使其数量达到一定程度。在一定条件下，蚤类具有长期保存鼠疫菌的能力。实验证明，短栉眼蚤 Ctenophthalmus breviatus 在 0～15℃潮湿沙土中保存鼠疫菌达 396 天，谢氏山蚤 358 天，方形黄鼠蚤 275 天，毛新蚤 180 天，但随时间延长蚤类种群感染鼠疫菌逐渐降低。蚤类种群感染的降低，使一部分蚤类清除鼠疫菌而摆脱感染，而染疫蚤则有更高的死亡率。鼠疫菌在蚤体内增殖最适宜温度与该蚤生存最适宜温度相一致，如鼠疫菌在臀突客蚤体内繁殖适宜温度为18～22℃，在谢氏山蚤为8～10℃，在印鼠客蚤为24℃。

4. 鼠疫菌在感染蚤胃内形成菌栓

栓塞蚤吸食宿主血液通过反流将鼠疫菌传染给其他未感染鼠疫的宿主动物及人，称栓塞阶段。鼠疫菌在胃内形成菌栓使其蚤胃堵塞有一个渐变过程，分裂的鼠疫菌在胃集聚，起初形成小堆，后逐渐增大，使其胃由不完全阻塞发展到完全阻塞。因此，根据栓塞蚤中肠的血液多少或有无血液，可用来判断鼠疫栓塞的程度。不同的蚤类栓塞的部位有一定不同，印鼠客蚤、谢氏山蚤是菌栓时间较短的蚤类，栓塞初发部位多见于食道后部。形成栓塞频率随蚤种有不同，印鼠客蚤形成菌栓频率达 80% 以上，缓慢细蚤只有 1.1%。有人认为，自然环境下检出的疫蚤，实验环境下个体数形成菌栓能力不超过 50%。

　　鼠疫菌在蚤类消化道繁殖形成菌栓是一个较复杂过程，增殖与反增殖，这包括吸入鼠疫菌的数量、毒力、毒株和蚤消化道等的保护机制和杀菌力，以及蚤类种群吸血的频率，宿主是否有特异性，个体差异和自然环境的温、湿度等一系列综合因素。在实验环境下，原双蚤、近代新蚤和光亮额蚤在温度为 4～6℃，湿度在 87% 停止喂血，菌栓蚤的存活与带菌时间相同，最短存活超过 14 天，最长分别达 42 天、84 天及 35 天，而近代新蚤在停止喂血 276 天后仍能培养出鼠疫菌（高志一等，1993；刘俊和石杲，2009）；印鼠客蚤在温度 20～22℃菌栓率最高，可达 70%～100%，当温度上升至 30℃时，则菌栓率下降到 40% 以下（纪树立，1988），可见温度及湿度对菌栓的形成有重要影响。

　　由于蚤胃形态结构特殊，Douglas 等（1943）和 Hirst（1953）认为，鼠疫菌在蚤胃形成栓塞这可能与蚤胃结构有一定关系，因不同的蚤类前胃刺数量有明显不同，但 Munshi（1960）认为，前胃刺少的蚤种并不一定比前胃刺多的蚤种形成菌栓少，这一现象说明菌栓的形成与媒介蚤体内多种因素有关。

　　然而并不是所有蚤类都适合鼠疫菌在其前胃形成菌栓，影响蚤类前胃菌栓形成一般认为与下列因素有关。①种的特异性：能形成菌栓的蚤类，随种不同则往往有很大差异，这是不同蚤种自身较易感的生物特性所决定的，客蚤属、病蚤属和细蚤属是公认鼠疫携带传播者，多数客蚤形成菌栓都比较高，如印鼠客蚤 82%，簇鬃客蚤和同形客蚤在 54%～65%，但臀突客蚤则比较低，仅达 18%；具带病蚤和似同病蚤分别只达 13% 及 1.6%，缓慢细蚤 1.1%。②温度：环境温度是影响鼠疫杆菌在蚤体内繁殖的重要因素之一，适宜的温度是鼠疫菌在蚤体内繁殖形成菌栓的重要条件，实际上蚤类最适宜生存的温度就是鼠疫菌最佳生存条件，这使鼠疫自然疫源地在自然界得到不断循环和长期保存下去。通常在实验条件下，鼠疫菌以 28℃为宜，然而在蚤体内则受蚤种不同及一些综合因素如生理、环境、生态、湿度等不同，对菌栓形成有一定差异。文献报道，旱獭及沙鼠体外寄生蚤菌栓率最高，不是鼠疫菌最适宜的生长温度，而是寄生蚤种所要求的固有温度，谢氏山蚤和腹窦纤蚤深广亚种较高菌栓率多发生在 10℃，同形客蚤、簇鬃客蚤和秃病蚤是 20～22℃，印鼠客蚤和具带病蚤则为 19℃，这是鼠疫菌与蚤类、宿主动物、地理环境相适应在数十万年平行进化、演替自然形成的结果。③吸血频率：吸血频率高能提高菌栓率，这为不断补充新鲜血液，并为鼠疫菌大量繁殖创造了有利条件。有人将旱獭蚤和沙鼠蚤的菌栓形成与吸血频率的关系分组进行了实验，结果每天喂血 1 次组比 7～8 天喂血 1 次组，菌栓出现时间比后者出现时间约提前 13 天，前者菌栓率高达 23.30%，后者仅达 10.07%。频繁吸血为鼠疫菌带来丰富的营养，从而有利于鼠疫菌的繁殖和菌栓形成。④宿主血源：鼠疫菌为异营养型微生物，主要能源是葡萄糖。实验表明，当蚤的鼠疫菌感染为 100% 时，用血糖含量 750 mg/L 的小白鼠供血，菌栓率可达 74.3%，用血糖含量在 24 mg/L 的小白鼠供血，菌栓率仅达 40.5%。自然环境中不同宿主动物血糖亦存在有较大差异，菌栓的形成必然会受到各种不同因素影响，如灰旱獭，随季节、性别和年龄而呈现一定的规律性变化，其血糖含量波动范围在 104～235 mg/L（纪树立，1988）。⑤蚤在感染鼠疫菌时吸入菌量：在菌栓形成过程中，蚤吸入的菌数，与蚤本身或不同蚤种均存在着一个比较适宜的数量关系，如吸入的菌数低于或高于这个比例，平衡将会被打破，菌栓率和细菌的存活率都会受到较明显的影响而相应降低。⑥菌株特性：鼠疫菌具有复杂抗原结构，在其决定毒力的许多因素中，经过实验表明色素（P）因子与菌栓关系最为密切，P^+变异株的菌栓率不仅较 P^- 者为高，而且形成的菌块也较充实。鼠疫菌是需氧菌，但也能在厌氧环境下生长，只是厌氧生长时发育缓慢且常变形（柳支英等，1986）。不同的鼠疫菌株，其毒力不完全一样，一般根据其毒力不同，可划分为强毒株、弱毒株和无毒株 3 类。鼠疫菌株毒力强弱，通常与该菌株代谢特点、保存条件、传代次数、传代动物的敏感性等有关（纪树立，1988）。

除菌栓蚤能传播鼠疫外，无菌栓疫蚤通过反吐也可传播鼠疫，不过蚤类反吐不是疫蚤的一种特有现象。有人认为带有鼠疫菌蚤类的粪便，或被染疫的宿主动物抓伤和污染伤口都有传播鼠疫风险的可能，这在传播鼠疫的流行病学上一般认为是次要因素。然而在新疆、青海鼠疫自然疫源地剥食染疫的旱獭，则是一种风险极高的传染源，在有传统狩猎剥皮活动疫区，增加了人与染疫蚤和染疫动物接触机会，是不可忽视的一个问题。

如上所述，综合评价蚤类在传播鼠疫的媒介效能，主要有 3 种潜能：①感染潜能，包括蚤类感染或人工感染鼠疫菌的百分率；②媒介潜能，即感染蚤内能传播鼠疫的媒介蚤百分率；③传疫潜能，即感染蚤的平均传疫次数（＝传疫次数/感染蚤数）。这 3 种潜能相乘所得的积就是蚤种的媒介效能，蚤类媒介效能愈高，在传播鼠疫上愈重要。

印鼠客蚤是世界公认的媒介效能最高、对人危害最大的鼠疫媒介，能在没有宿主家栖鼠时也能叮人吸血，说明印鼠客蚤在家栖鼠间鼠疫和人间鼠疫的传播方面占有十分重要的地位。2000 年 7 月发生在贵州天生桥水电站的腺鼠疫，后经调查印鼠客蚤占获蚤总数89.86%，就是一个十分典型的例证。

（二）鼠源性斑疹伤寒

鼠源性斑疹伤寒（murine typhus）病原体为莫氏立克次氏体（*Rickettsia mooseri*），印鼠客蚤是最重要的传播媒介。本病广布于全世界，但主要在热带和温带较温暖的地区，多为散发或地方性，故又称地方性斑疹伤寒，但突然大面积流行并不少见。地理分布有美国东南部、南美洲、印度西部、欧洲和亚洲。在亚洲，主要是菲律宾、泰国、越南和中国等，在热带终年发生，暖温带多见于夏季和晚秋。1949 年以前中国南、北均有分布，1938 年的上海，在鼠间及人间均有流行。1960 年以后经病原学检验为阳性的地区有上海、北京、河北、河南、辽宁、甘肃、四川、云南和湖北等地，1980～1986 年陕西有一定数量的病例发生，1990 年前后河南、辽宁和云南等地区局部暴发流行。湖北长江中、上游地区曾发生过小流行，其中宜昌市所辖的宜都、长阳、秭归和宜昌均有病例发生，1960～1983 年据不完全统计，有报告得病 45 例，死亡 2 例，1985 年经病原学和血清学调查证实该地区是鼠源性斑疹伤寒自然疫源地，其中人群感染率为 22.87%，野鼠感染率为 12.39%。在云南经调查有 20 余县是本病流行区，主要宿主是黄胸鼠，染带抗体阳性率为 51.5%，带菌率为8.77%～9.98%，褐家鼠染带抗体阳性率 36.4%，带菌率为 6.67%～10.98%，印鼠客蚤带菌率 2.23%～4.50%。小家鼠、猫、犬、兔、大嗅鼩和板齿鼠等都可充当贮存宿主。现已发现自然获得莫氏立克次氏体感染的有人蚤、不等单蚤、猫栉首蚤、犬栉首蚤、亚洲客蚤、巴西客蚤、缓慢细蚤、禽角头蚤和具带病蚤。但多种啮齿动物的寄生蚤，如特新蚤、低地狭臀蚤等都可成为立克次氏体病原体的携带或传播者。当蚤类吸入带有病原体的宿主动物血液后，莫氏立克次氏体在胃上皮细胞内大量增殖，在 3 日之内增殖 16 倍，且终身携带。在正常情况下不进入体腔和唾腺内，而是随血粪排出。当带有病原体的蚤叮人吸血时，粪便污染伤口，病原体则进入人体而获感染。应注意的是带病原体的蚤粪干燥后产生的气溶胶可经呼吸道传播，眼结膜是另外一种传播途径。人食入如被鼠尿、粪污染的食物亦可感染。

Farhang-Azad 等（1985）通过对印鼠客蚤的实验观察，莫氏立克次氏体可以经卵传递，其中子代具有媒介能力，即可将病原体传给其他动物，从而说明了印鼠客蚤在自然界鼠间保持地方性斑疹伤寒的重要作用。

在生态学方面，有关学者曾于 20 世纪 40 年代在华北的暴发流行中做了从患者住宿内家栖鼠、蚤类、体虱分离出病原体的报告。

（三）野兔热

野兔热（tularaemia）属自然疫源性疾病，病原体为土拉伦斯菌（*Francisella tularensis*），分为欧洲和美洲两个变种，在俄罗斯有 55 种动物有自然感染，主要贮存宿主有普通田鼠、野兔、仓鼠和小家鼠等。45 种吸血节肢动物有自然感染，包括蜱、革螨、蚤、蚊、虻等，其中蜱既是媒介，又是贮存宿主，感染的蚤类虽有 4 种，但较次要。据 Hpla（1980）报道，美国阿拉斯加州有 5 种蚤能自然感染土拉伦斯菌，其中一种寄生田鼠的刷状同瘴蚤（*Amalararaeu penicilliger dissimilis*），人工感染阳性。土拉伦斯菌在消化道只能存活几天，不能繁殖，蚤类媒介作用主要是机械传播。不过感染途径多种多样，有虫媒、接触、食物和呼吸 4 类感染途径，病型有 6 种之多，比较复杂。

此病广布于北半球，俄罗斯及邻近国家和美国均有此病存在。在我国的黑龙江、内蒙古、青海、新疆和海南岛均有此病的自然疫源地存在。此病的病情近似鼠疫，但症状较轻。

（四）兔黏液瘤

兔黏液瘤（myxomatosis）此病原发南美乌拉圭，后相继传入美国、西欧和大洋洲。病原体是一种病毒，可经多种吸血节肢动物（蜱、螨、蚤、虱、蚊和蚋等）传给动物，尤其是兔类，引起多黏液性肿瘤，进而侵入机体组织使病兽 1～2 周死亡。欧兔蚤（*Spilopsyllus cuniculi*）在英国可能是主要传播媒介。

（五）绦虫病

1. 犬双殖孔绦虫

犬双殖孔绦虫（*Dipylidium caninum*）为犬、猫及一些野生食肉动物常见肠道寄生虫，偶尔也寄生于人，寄生的患儿，与家庭内饲养猫、犬和频繁接触该类动物有关。犬、猫为终宿主。成虫寄生于犬、猫小肠内，孕节单节或数节相连的链节脱落，自动逸出宿主肛门或随粪便排出并在地面蠕动。节片破裂后卵散出，如被蚤幼虫食入，则在其肠内孵出六钩蚴，六钩蚴钻过肠壁，进入血腔内发育。蚤幼虫成蛹羽化为成蚤时，六钩蚴在血腔内发育成似囊尾蚴。蚤在犬、猫体表活动，似囊尾蚴则在蚤体内进一步发育。一只成蚤体内的似囊尾蚴可达 50 余个，受染的蚤活动迟缓，甚至很快死亡。当终宿主猫、犬舔毛时病蚤中似囊尾蚴则进入，然后在消化酶的作用下在小肠内释出，经 2～3 周发育为成虫。人体感染常与猫、犬接触误食病蚤有关。猫栉首蚤、犬栉首蚤、不等单蚤和人蚤是最重要的中间宿主。

2. 微小膜壳绦虫

印鼠客蚤、犬栉首蚤、猫栉首蚤和人蚤为中间宿主。人若吞食了带有似囊尾蚴的中间宿主亦可被感染。成虫除寄生于人体外，尚可寄生其他啮齿动物如旱獭、松鼠等。曾有报告在家犬粪便中发现过微小膜壳绦虫（*Hymenolepis nana*）。

3. 缩小膜壳绦虫

缩小膜壳绦虫（*Hymenolepis diminuta*）是鼠类等啮齿动物常见寄生虫，偶寄生于人体，虫体较微小膜壳绦虫大，节片达 800～1000 节，头节发育不良，藏在头顶凹中，不易伸出，上无小钩。缓慢细蚤、具带病蚤、犬栉首蚤和人蚤为中间宿主。国内报道病例有 100 余例，在我国分布范围达 25 个省市，多数为散发儿童病例，无自体内重复感染，寄生的虫数一般较少。本虫除蚤类是中间宿主外，尚见有混杂在粮食仓库中的昆虫可充当中间宿主。人主要是误食了蚤类等中间宿主而被感染。

（六）其他疾病

某些蚤类经调查证实和试验证明可自然感染多种病毒，如蜱媒脑炎、淋巴球性脉络丛脑膜炎病毒、Q 热立克次氏体、假结核菌、布鲁氏菌、金黄色葡萄球菌、巴氏立克次氏体、鼻疽杆菌和罗氏锥虫和寄生虫等。但自然感染和人工感染并不一定具有重要流行病学意义。因此，蚤类在这些病原体引起的疾病具体作用和是否经常感染这些病毒，以及引起疾病时是否与媒介高峰和地理分布一致等问题，尤其是在我国都尚待进一步深入调查研究。

第六章　蚤类调查、标本保存和蚤类防制

一、蚤类的调查

蚤类调查是一项基础性很强的工作，它要求疾病媒介控制研究人员和生物多样性工作者，深入现场了解和掌握第一手信息资料，如调查捕获的宿主、所处的地理环境、海拔、坡向、植被带和温度、湿度等方面的一些重要信息，以便将所获的蚤类标本、宿主数据和资料进行深入比较分析，并对制作出的标本加以准确标记和保存。同时对重大疫情相关蚤类媒介优势种、季节消长和与宿主、当地人群或居民的关系弄清楚，并提出有效的科学防控、预警方案和杀灭与减蚤措施。

（一）蚤类分布的调查

蚤类同其他类群昆虫一样，除少数为广布种外，大多数随种类不同而具有不同的分布区域，有的地理分布范围较广，而有的则仅局限分布于某一特定区域，它一方面随宿主动物的分布而分布，另一方面由于受地理条件和自然环境影响及制约，又不完全随宿主动物的分布而分布。调查中除要充分考虑所处的地区纬度和生态环境外，对不同的海拔、生境（包括居民区室内外）、林带、坡向、不同季节布放鼠铗，或鼠笼及布铗数，要充分考虑具有一定代表性，其中山地蚤类采集，每次调查布放鼠铗的时间，在 2~3 人情况下，一般不应少于 22 天，布放总铗数通常应多于 4500 个，获得的宿主应保持在 420 只以上，因捕获的宿主动物愈多，获得的蚤种会愈丰富，个体数也会增加，一些稀有物种获得的概率也会相应提高。

通常而言，每个点的采集，以每日布铗 200~300 个为宜，一般布铗 3~4 天就要转移到下一个新点采集，偶个别特殊点可延长 1~2 天，每日布铗数过多或过少，都不利于野外调查工作持续开展和质量控制。一些较难采获的蚤种配对，应在同一季节和相同气候到原采集地采集。无论宿主，还是蚤类，自然环境中分布均存在一定不均匀性，有的呈点状、带状或沿山体走向分布，或仅局限分布在某一山脊及沟谷环境和狭窄地带中。古北界山地岛屿中的蚤类，有的仅分布于暗针叶林，或针阔叶混交林以上地带，调查中应尽量点、面结合，多点采集，兼顾不同类型生境、植被带和海拔，尤其要注意不同季节的采集，有的蚤类 6~9 月仅见于高海拔，冰雪期间和寒凉季节，可从海拔数千米的高山下延至低山数百米。总之，寒凉的冬、春二季蚤类的物种多样性一般比 6~9 月丰富，这显然与气温较低，蚤类不愿离开温暖的宿主体表有关，如加强冬、春二季的采集，往往可达到事倍功半的效果。而 10~12 月更是分布调查的一个黄金时段，山地林带大部分已落叶和草本植物多数已枯萎，除视线无遮挡外，雨水和阴雨连绵天气甚少，蛇类已入洞穴进入冬眠状态，很少有其他昆虫骚扰（主要是蠓，其次为苍蝇等），这给布铗和置放鼠笼带来许多便利。

鼠铗或鼠笼通常依地形呈线形置放，用铗日法捕获啮齿和食虫等动物，铗距 4 m 左右，晚放晨收（山地 5~8 月下午 4 时开始布铗，冬季及阴雨天 3 时开始布铗），放铗时于树干或灌木枝条上和地面置铗处，上、下分别用 2 根红色毛线作标记，以便次日清晨沿红色标记收铗（以防过多鼠铗遗失，收回鼠铗时红色毛线要一并收回，以便反复使用），捕获的啮齿类等动物，连同鼠铗一起单只放入小白塑料袋内扎口，再装入白布袋内带回，然后再单只逐袋倒入白色小方瓷盘内（白色大方瓷盘套小方瓷盘，大盘装水防蚤逃逸），用小弯眼科镊在盘中、鼠体表和袋中检蚤及其他寄生虫（蜱和革、恙螨及吸虱），每只鼠体表检集的寄生虫置放在盛

有 70%乙醇的小指管内，并同时放入用铅笔写有采集地点、宿主、海拔、编号和日期的硫酸纸小标签，用棉球塞堵管口，再放置到装有乙醇的大塑料瓶或壶内带回实验室分类鉴定、计数。

在鼠疫流行区调查，除要特别注意个人防护外，捕获的鼠则应放入紧口布袋内（大、小两种白色布袋），如有活体则应置入密闭的容器内，用乙醚或氯仿麻醉致死，再倒入白色方瓷盘中检蚤。如需做病原学检查，则应将蚤单只，或分组装入消毒后的试管或小瓶内当日送达实验室，或置入 1/20 万氯化钠龙胆紫乙醇保存液（1 g 龙胆紫溶于 10 ml 纯乙醇中，然后取该溶液 1 ml 加入 99 ml 2%的氯化钠溶液中，再取此液 0.5 ml 加入 99.5 ml 2%的氯化钠溶液中即可制成）内。一般在室温下，30 天以内可在蚤体内检出鼠疫菌，置于低温保存时间则更长。

蚤类虽以啮齿和食虫等动物体外最丰富，但调查中还应注意对树栖等动物体外寄生蚤的采集，如松鼠、鼯鼠、翼手目及鸟巢窝，尤其是雨燕目和小型兽类巢窝等。有的树栖动物体外寄生蚤离体很快，被采获往往带有一定偶然性，或这类蚤属巢窝型蚤类，较少在宿主体表停留，采集时应特别注意。在我国西北高原和草原地区，由于无或很少有高大乔木，雨水较少，坡地及地面鼠、鸟同穴是一种较常见现象，角叶蚤属、蓬松蚤属和鸟额蚤亚属的蚤类，常可从这些巢窝采到，调查中应加以留意。有些鸟巢窝及树栖动物巢窝首次采集后，无论有、无蚤类，均需用布袋将巢窝装好带回，置于实验室阴暗角落放置一段时间，等未羽化的蚤蛹完成羽化，再进行第 2 次检集，或再置放，并多次进行检集，置 1 个月后确认无蚤才能弃去。

大型动物体外寄生蚤采集，如猪獾、赤狐、花面狸、豪猪、鼯鼠和家犬等直接用小弯眼科镊从体外检集。我国西北地区及广大草原地区，尤其是青藏高原和相邻的一些地区，是蠕形蚤科长喙蚤属和蠕形蚤属最丰富的地区，宿主有绵羊、牦牛、马、黄牛和马鹿等，除了体外可采集到，上述宿主停留的地面、畜圈、粪堆附近等也可采集到。寒冷季节捕获的动物遗去的毛发，3～5 天偶也可从中检集到用约 80℃水温烫死后遗留的寄生蚤。雌性潜蚤主要寄生在家鼠耳翼边缘、后腿和肛门附近，在分布地区也要加以留意。

不同的蚤类对宿主具有明显专嗜性，它是蚤类分布调查重要内容之一。有些蚤类根据宿主动物分布的轨迹，可以探索蚤类与宿主动物之间平行演化和分布的规律，以及与自然环境的相互关系和地质剧烈变迁，蚤类扩散、随宿主迁移演变的基本规律，如分布于大巴山东部的藏鼠兔、罗氏鼢鼠及其体外的卷带倍蚤巴东亚种、李氏茸足蚤、三角小栉蚤、无规新蚤，经过多年调查证实并未越过长江三峡这条天然分界线。据此可以推测藏鼠兔和罗氏鼢鼠及它们体外的寄生蚤，应是在长江形成之后，才从青藏高原逐步迁移、扩散到秦岭至大巴山一带。

（二）室内游离蚤的调查

有些蚤类与疾病关系较为密切，尤其在疫病流行区和城市宠物猫、犬增多的地区，游离蚤调查是疫病防治、环境治理和区系分布调查不可缺少的一部分。常见的游离蚤主要有人蚤、猫栉首蚤、不等单蚤、印鼠客蚤和缓慢细蚤等，调查前除要对相关动物作体外寄生蚤采集外，室内地面游离蚤多采用粘胶纸法（粘胶纸制作方法见"蚤类的种群数量和季节消长"）。粘胶纸的使用方法一般每个房间放置 5 张，房四角各 1 张，中间 1 张，下午 3～5 时布放，次晨收回，每次调查不宜少于 150 张，检下的蚤分类鉴定，登记，再统计蚤指数。公式如下：

$$蚤指数 = \frac{粘取蚤数}{粘蚤纸张数}$$

该方法 1 次不得少于 50 个房间，疫区检取的活蚤要及时送检做病原学研究，非疫区按常规保存并登记。

（三）季节消长的调查

一些重要媒介蚤类不同季节的消长，如印鼠客蚤、人蚤、病蚤、黄鼠蚤、不等单蚤、山蚤、特新蚤和缓慢细蚤等，是鼠疫等媒介控制与消除和大型水库工程建设及建成后监测、预防鼠疫发生的很重要的一项基础性工作，它有助于确定一个疫区，或疫区主要媒介和次要媒介，以及疫情发生、发展的重要流行病学意义。选择最有效的科学手段，提出有针对性减蚤和扑灭重大疫情、预警和开展有效防治等综合措施。

不同季节蚤类调查的具体方法是：在确定一个地区的重要媒介蚤之后，每月或每旬捕获一定数量的啮齿动物，或检查一定数量啮齿动物巢窝，将蚤进行鉴定。按月或旬统计出这种蚤在其主要宿主或巢窝内的主要指数，然后将全年分月或旬得出的指数绘制成图，便可清楚显示出该种蚤，或次要蚤种不同季节变化的趋势及消长曲线，但分析时应尽可能与上一年同期或历年掌握的数据做对比。调查时力求前、后方法一致，人员要相对固定，捕获的宿主每旬通常不应少于 10 只，最好用笼捕法，尽可能捕得活鼠，鉴定的蚤种及宿主要准确。对调查点的环境和温度、湿度、降水量、种植的农作物和周围居民情况等都要有详细记录。蚤指数（平均蚤指数）公式如下：

$$宿主体外蚤指数 = \frac{×× 蚤数}{检查宿主或巢窝数}$$

蚤指数除了用于疫区和大型水库蚤媒监测外，也常用于一个地区蚤类调查，只不过前者反映的是某一主要媒介疫蚤在某一区域或疫点全年季节消长（月或旬）的动态变化，而后者反映的是某一地区各蚤种（平均蚤指数）之间所占比例。为说明某一地区或山系某一小型宿主动物蚤指数，捕获的宿主动物不应少于 100 只，捕获时间通常不应超过一个月，将带蚤和不带蚤宿主动物分别登记，以统计染蚤率。染蚤率的公式如下：

$$宿主体外染蚤率 = \frac{染蚤宿主数}{检查宿主或巢窝数} × 100\%$$

（四）蚤类多样性的调查

蚤类的群落分布与环境密切相关，森林过度砍伐或植被荒漠化都将严重影响蚤类和宿主动物的多样性，一个生态环境较好的地区，物种丰富度、群落多样性和均匀度明显较高，蚤类群落稳定性程度就越高，其自然疫源性等急性传染病发生率就会越低，因各物种种群之间、种群与环境、蚤类与宿主之间相互作用、相互影响所决定的时空结构。蚤类调查后，一般较常用的统计分析，可采用群落水平指标测定。公式如下：

用 Shannon-Wiener 指数公式 $H' = -\sum_{i=1}^{s} P_i \ln P_i$ 分别计算各主要生态环境蚤类群落多样性指数（H' 为多样性指数、P_i 为第 i 种的个体比例）；以 Pielou 公式 $J = H' / \ln S$ 计算群落均匀度指数（J 为均匀度、S 为物种数）；以 Simpson 公式 $C = \sum_{i=1}^{s} (N_i / N)^2$ 计算各群落的生态优势度（C 为生态优势度、N_i 为第 i 种的个体数、N=总个体数）（赵志模和郭依泉，1990）。

二、蚤类的标本制作与保存

蚤类标本保存分为用 70%乙醇溶液浸泡标本保存或加拿大树胶永久玻片标本保存或改良贝氏液玻片标本保存，前两种主要适用于成蚤，后种多适用于蚤幼虫，但也可用于自然雌、雄交尾成蚤的标本制作。

70%乙醇溶液浸泡标本保存：此种方法主要用于现场标本采集，但因乙醇容易挥发，如用于室内长期保存，则必须将装有蚤标本的玻璃小指管保存在塑料瓶或塑料壶中，即小玻璃指管和塑料瓶（或塑料壶）都装有 70%乙醇，乙醇挥发后应注意及时添加，以保证标本始终被乙醇溶液覆盖而不致标本损坏。

加拿大树胶永久玻片标本：在蚤类分类、蚤媒疾病控制和生态区系多样性研究中，永久玻片标本的制作是蚤类调查和研究工作的基础，因此永久标本制作是从事蚤类形态分类研究及蚤媒疾病控制专业技术人员必须掌握的技术，同时在对一些从未采集过的地区，稀见蚤种和新分类阶元标本的制作，更应特别细心，认真做到把握好每一个环节及工序，既做到制作出的标本清洁、美观、腐蚀适中，又有完整准确的记录，以利于在显微镜观察、拍摄照片、绘制实物标本图和长期保存。永久标本制作方法和步骤如下。

1. 腐蚀

将保存于 70%乙醇中的蚤类标本用洁净水清洗 1~2 次，然后移置于 5%或 10%氢氧化钾或氢氧化钠溶液内，消化腐蚀 1~3 天，其中体型较大和几丁质较浓重或蚤体腹腔血液残迹较多的标本，要在腐蚀 24~48 h 后，用解剖针从腹部的基腹板后缘与第 3 腹节之间间隙插入，刺破腹间膜，并用弯眼科镊或是解剖针轻压蚤体腹部使腐蚀消化后的腹腔内容物，能顺利从腹间膜间隙开口处排出，增加其透明度，如狭蚤、多毛蚤和鬃蚤等。在腐蚀 24 h 后，应经常观察蚤体，至蚤体和栉刺的大部分呈黄色、棕黄色，或头部为棕黑色，而尾器为棕黄色即可，如多毛蚤冬季一般要 4~6 天，夏天则时间短一些。由于蚤体从现场检取过程中，往往体表带有不同程度的一些腐质物或尘土，在消化腐蚀过程中，1~2 天应更换 1~2 次氢氧化钾，以便使蚤体表的腐质物或尘土随腐蚀液更换、冲洗而脱落。夏天南方气温较高，有些标本骨化较弱，体内又有较多的残留物，无论从时间上，还是标本腐蚀程度都不易掌握，此种情况可以先将标本在自然环境下腐蚀 24~72 h，然后移入普通冰箱内过夜，因温度降低、腐蚀放慢，体内残留物 24~48 h 后已液化，而体壁又不至过度腐蚀，所以可以达到理想的效果。

跳蚤阳茎端是分类的重要特征之一，有些小型种类的跳蚤在腐蚀中，只要轻压尾部，阳茎端即可伸出体外，而体型较大的多毛蚤和鬃蚤等，其阳茎端往往蜷缩在两可动突之间，不易观察其形态，在消化腐蚀后期，如有较多标本，可选用 1~3 只雄蚤，一只手用小弯眼科镊或是解剖针在解剖镜下轻压蚤体腹部，另一只手持解剖针轻轻从左右两个可动突后方之间伸入阳茎端的背方，然后下压，使阳茎端半部（约在新月片的位置），从左右可动突之间或后缘压出，此时阳茎端已完全暴露于体后方，但阳茎端仍可自动回复到体内，因此操作可重复多次，如多次下压仍回缩于体内，此时可将压出的阳茎端背缘偏向抱器体腹缘一侧，固定在抱器体腹缘上，使其不易回缩到体内，然后再用水洗、中和及脱水。

2. 酸性中和

对腐蚀适中的跳蚤，应及时移入蒸馏水中清洗 1~2 遍，然后移入 5%乙醇中浸泡 30 min，再移入蒸馏水浸泡 1 h 后即可脱水。

3. 脱水

同一批标本所用不同浓度的乙醇最好用刚洗洁净 100 ml 小玻璃瓶来配制，以免瓶口灰尘污染处理过的跳蚤。脱水过程是由低浓度逐渐向高浓度乙醇延伸（40%、50%、70%、80%、90%、95%、100%），每一级脱水以不短于半小时为宜。每一批跳蚤脱水，在进入 70%乙醇时应整理一下各足肢，使其自然伸展，同时如发现脱水中的玻璃皿内乙醇，或蚤体表带有杂质要在进入 80%乙醇前用解剖针清除或重新更换及清洗玻璃皿。在 100%乙醇中脱水，一般以放置一昼夜为宜，然后更换一次 100%乙醇，再用丁香油或冬青油透明 60～120 min 即可用加拿大树胶封片及压片。但需注意的是，蚤标本既使用丁香油或冬青油透明，也不宜放置时间过长，尤其是不能放置到第 2 天才进行封片，因透明超过一个夜晚后，蚤体变脆，在后续工序中，有的种鬃、毛极易脱落，压片中蚤体也易开裂或破损。如用二甲苯透明，时间则应更短，一般以不超过 20～30 min 为宜，封片后，标本烘烤中树胶中的二甲苯还会继续透明。

4. 封片及压片

取加拿大树胶 2～3 滴，滴在洁净透明的医用载玻片（长 76 mm，宽 25 mm，厚 1.2～1.5 mm）4 个对角线的中央，然后用弯眼科镊把单个跳蚤置于树胶中，头朝前、足朝下，在解剖镜下用昆虫针调整好蚤姿势，以及让各足自然向后下方伸展与分开，并选用大小适中的盖玻片从树胶的一侧盖下，同时将封好的蚤标本倒置过来（头朝后、足朝上），然后移到已报废的显微镜载物台上，用一废弃的 40 倍物镜对准蚤体尾部，缓慢旋转显微镜螺旋适度进行蚤体平压，使标本适当变薄，平压中要随时注意在显微镜下观察，头部以不开裂或后头缘仅有单个较小开裂，雌蚤第 7 腹板后缘基本在一个平面为适宜。个体较大的标本，如台湾多毛蚤，需在烘烤的第 2～4 天或 7 天内分别再进行第 2 次或多次适度平压，平压后的标本，如树胶过少可以从盖玻片边缘添加。然后贴上合格的标签，标签分为左右 2 张，但其内容必须有完整的科学记录才有使用价值，标签的制作一般采用碳素墨水笔和专门的标签书写，也可在计算机 Excel 文档下进行，但打印的标签缺陷是字体较易脱落，标签的内容主要包括：采集的详细地点、宿主名称、海拔、生境、编号、日期、种名（包括拉丁名）、性别和采集人，其中前 6 项贴于左，种名、性别和采集人贴于右（图 28）。最后再将标本置于 60℃温箱内烘烤 5～7 天或更长一些时间，直至树胶完全干固，烘烤后盖玻片周围如有溢出干固树胶，可用手术刀片沿盖玻片四周稍加清除，如此一张蚤标本就完成了全部工序。

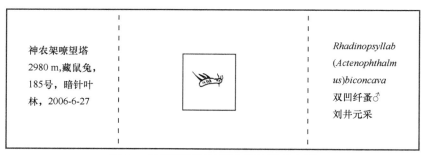

图 28　蚤类透明封片标本及标签示意图

但是，标本制作中和压片时要特别注意以下几个问题：①在标本较少的情况下，尤其是稀有标本或本地区从来没有采到过的单个标本，在没有取得压片经验前，一般不要压片，否则标本损坏后将会造成无法挽回的损失。②压片通常是在标本有较多的情况下，适当选择一部分雄、雌标本适度平压，另一部分则不平压，以对比压片及未压片两者的差异，如果制作或压片中万一导致标本有较大的开裂，也不要废弃，只要能看清标本结构，仍能定种。③个体较大的多毛蚤、狭蚤等封片时，盖玻片四周无需垫小玻片，以利于变形节自然充分平伸和平压，使抱器、阳茎端和第 8、9 腹板及雌蚤第 7 腹板后缘等结构在显微镜下能清晰突显出来；垫小玻片后厚度增加，更不利于结构平伸，反而使一些结构模糊不清，厚度增加后极易使标本片接触到显微镜镜头，导致部分标本不能观察或看不清。④以头部尤其以额缘为主要分类依据的蚤类，在标本较少的情况下，一般轻压即可，因过度平压致使头部变形或开裂后，会直接影响种类的准确鉴定与判断，如角头蚤属和栉首蚤属的犬栉首蚤和东洋栉首蚤，因头部额缘、亚缘形态和骨化突起更能反映该两属种类的自然分类鉴别的特异属性。⑤压片的主要目的是使雄蚤变形节，雌蚤第 7 腹板后缘，第 8 腹板和一些分类结构能清晰展现出来。

蚤类幼虫和雌雄交尾标本的制作可采用加碘改良贝氏液进行封片，这样既可避免蚤类幼虫在乙醇中脱水引起收缩，又能防止雌、雄交尾标本在制作过程中，因过多的操作而引起雌、雄交尾标本的分离。不过需注意的是，雌、雄交尾标本因蚤体几丁质较浓重，骨化很深，标本制作后在 45℃温箱烤干后，需置于不透明的柜内平放数月至 1～2 年，才能完全透明及退去蚤体深棕色骨化，比较清晰地观察到蚤体雌、雄交尾原有状态，而用腐蚀、脱水和加拿大树胶封片的雌、雄交尾标本，往往或多或少都有不同程度分离，而且标本制作出来的成功率非常低。雌雄交尾标本制作后以不平压为宜，以尽可能使交尾保持原有状态。加碘改良贝氏液配方如下：

蒸馏水	50 ml	阿拉伯树胶	50 g
水合氯醛	200 g	碘化钾	1 g
甘油	20 g	碘	2 g

先将透明较好的块状阿拉伯树胶置于 60℃温箱中烘烤 3～5 天，然后在碾钵内碾碎细磨，过筛，并取筛后细粉状阿拉伯树胶粉和蒸馏水一起放入烧杯里，在 50℃水浴中加热，使阿拉伯树胶完全溶解。等混合液冷却后加入水合氯醛，待其溶解后加入甘油（我国南方湿度较大的地区应适当减少甘油的剂量）和碘化钾，并用力搅拌，用几层纱布过滤，或用布氏漏斗过滤，最后加入结晶碘，置于瓶内继续在 50℃水浴中加热 24～36 h 备用。该配方也可用于革、恙螨封片，效果颇佳。

三、蚤类防制

蚤类是人畜重要害虫，它不仅叮人吸血，引起人、畜烦躁不安，致过敏性皮炎，家畜贫血症，以及潜蚤大量寄生脚趾间和跟腱处等部位，寄生较多者疼痛难忍，继发较严重感染，甚至导致死亡，而且是鼠疫、地方性斑疹伤寒等多种急性传染病的传播媒介，加上又是微小壳膜绦虫等的中间宿主。因此，开展蚤类的防治是保证人畜健康、免遭蚤类骚扰和控制与消灭蚤媒疾病流行的重要措施之一。

（一）居民区灭蚤

在确定对象和了解情况的基础上，在蚤类的繁殖季节，结合环境治理，阻塞鼠洞、灭鼠，在清理猫、犬体表寄生蚤和滋生场所及打扫卫生前提下，进行地面和相关场所，如猫、犬、猪的巢窝和室内地面采用药物灭蚤。对偶然跳入人体上的蚤类，多采用热水洗澡并清洗衣物，即可达到灭蚤的效果。宠物临时停留的地面发现有蚤，用超市购买的喷雾杀虫剂喷洒地面即可将蚤清除。家养猫、犬宠物要定期清洗体表，窝巢要定期进行卫生清理，以防有猫栉首蚤和人蚤寄生。地毯上用吸尘器可清除 90% 以上蚤类，厨房、宾馆外围环境和天花板、阁楼等不易处理隐蔽处可用粘胶纸。总之，居民区灭蚤，要因地制宜，结合宿主动物分布等综合情况，标本兼治，有针对性的治理即可达到效果。

（二）鼠疫疫区灭蚤

疫情发生后，除按甲类传染病法定程序启动紧急预案，划定隔离范围，封锁疫区，隔离患者，追查接触者，严禁疫区内人员离开疫区外出和无关人员不得进入疫区外，要严格消毒。疾控人员到达现场必须穿戴五紧服，防蚤袜和防蚤帽，防治蚤接触人体，并在最短时间内，用药物速杀室内外地面蚤，然后查明滋生场所及来源，进行卫生整顿及开展综合防制。并在先灭蚤、后灭鼠的基础上，同时管好猫、犬，灭蚤的顺序是先室内、再室外，先居民区、再外围环境的原则。对已发现的死鼠要及时焚烧和消毒处理后深埋，以防疫情扩散和蚤游离叮咬健康人。在鼠疫自然疫源地不得随意捕杀野生动物，尤其是接触旱獭等动物，加强预防卫生宣教，严防蚤叮咬，疫点发生后，应以疫点为中心，半径 1 km 范围内彻底消毒及灭蚤。

灭蚤药物较多，选择原则是高效、低毒，对人畜安全或危害极少及生态环境污染较少的杀虫剂，但因针对处理对象不同，用药和方法又有一定选择。

1. 家畜体灭蚤

对宠物猫、犬和圈养的猪等，用粉剂 1%除虫菊酯或长效拟虫菊酯、2%～5%西维因、5%马拉硫磷、2%双硫磷 10～20 g，或将溴氰菊酯配成 0.025%～0.05%粉剂，装入纱布袋内，逆毛擦涂，重点是颈、腹、胸和毛丛较浓密之处。而 2.5%敌百虫涂粉（10 g/猫、30 g/猪、30 g/犬）的用量略有区别，方法同上。另也可用 0.1%马拉硫磷、害虫灵或 0.5%西维因药液置于水池中，驱使猪、犬、羊从水池中通过浸透全身体毛；或将灭害灵配制成 0.01%～0.1%溶液、0.0025%溴氰菊酯药液喷洒至体毛微湿或湿透。

2. 鼠洞灭蚤

主要是往鼠洞投杀虫粉剂，对洞口残留的蚤类效果较好，残效可达 2～3 个月；如用鼓风机把药物吹到洞干，灭蚤可达 90%以上，残效可达 1 年左右（于心等，1990；刘俊和石杲，2009）。此方法多用于鼠疫流行区，但也可用于居住区，粉剂有 6%六六六（10～12 g/每洞），2.5%敌百虫粉剂、2%倍硫磷可湿性粉剂（20～30 g/每洞），溴氰菊酯粉剂配成 0.01%（15～30 g/每洞），喷、投药后用泥土堵洞砸实。

3. 地面灭蚤

2.5%溴氰菊酯或可湿性粉剂配成 0.025%～0.05%水悬液，或用 10%氯氰菊酯乳油配成 3/万溶液，以 100～200 ml/m² 喷洒；5%奋斗呐可湿性粉剂，10～20 mg/m²；或 0.03%水悬液，50～100 ml/m² 喷洒，0.01%二氯苯醚菊酯乳剂，或 0.4%复方气雾剂喷洒，常用于室内灭蚤。这 3 种药物的特点是高效、低毒、对环境污染少，残效期通常保持在 7～15 天及以上，室内可长达数月。也可选用 1.25%灭害灵气雾剂和 0.5%溶液，该药特点是高效、低毒、对人畜安全，但由于成本高，一般只用于小环境或衣物、宠物体外灭蚤；不过该药有易燃的缺点，喷药后需远离热源。不过菊酯类杀虫剂喷药后，无论人，还是宠物接触后，皮肤都有烧灼样感觉，一般要 3～4 h 才能恢复正常，喷洒时人要尽量做好防护，减少与皮肤接触，尤其要防止儿童接触。

除上述杀虫剂外，也可选用有机磷类杀虫剂用于地面灭蚤。如 2%马拉硫磷乳剂，150～200 ml/m²、5%粉剂 20～30 g/m²；2%倍硫磷可湿性粉剂，15～20 g/m²；1%～2%敌百虫水溶液 200～300 ml/m²、2.5%～5%粉剂 20～30 g/m²；1%害虫灵乳剂 150～200 ml/m²、2%粉剂 20～30 g/m² 等。

各　论

蚤目 Siphonaptera Latreille, 1825

秦岭为世界动物地理位于中国中段古北界、东洋界的分界线，也是中国南、北气候及暖、寒流的天然屏障或分野。作者在研究湖北已知蚤类地理分布的同时，还涉及与湖北地理分布关系极为密切的湖南、安徽、江西、江苏、上海、浙江、福建、广东和秦岭南坡（含秦岭主峰太白山）现有已知蚤类。包括湖北蚤类在内，共有 117 种（亚种），分隶于 9 科 13 亚科 38 属 14 亚属，涉及范围覆盖了长江中、下游一带地理区域，涉及的海拔为 60～3200 m。秦岭和大巴山东段为青藏高原岷山山脉及大巴山西段东延的最高峰，两大区域蚤类在这里交汇和纵横交错，古北界蚤类是如何从数千米高山逐渐向数百米低山延伸，而东洋界蚤类又是如何逐步从广阔东部沿海丘陵平原及低山沟谷，跨越数千公里的空间大尺度格局，随宿主动物向西部山地蔓延，或向高海拔延伸与扩散，这一区域为世界和中国科学家深入研究及探索这一重要问题，提供了翔实可信的实物标本和信息资料数据。

本志沿用了世界著名蚤类分类学家，吴厚永教授（2007）主编的《中国动物志 昆虫纲 蚤目》（第 2 版）这一重要巨著的分类系统，另还参考了 Ioff（1954，1965）、Hopkins 和 Rothschild（1953～1971）、Mardon（1981）、Traub 等（1983）、柳支英等（1986）、Lewis（1990）的分类系统及相关章节和于心等（1990）、蔡理芸等（1997）、李贵真（1980，1981，1982，1991）、王敦清和刘井元（1994）、解宝琦和曾静凡（2000）、吴厚永等（1999，2003）等有关重要分类或著作，增补了近年在湖北西部发现的 5 种蚤类。根据新的数据资料和研究结果，分别在本志中将分布于中国的棕形额蚤神农架亚种、棕形额蚤川北亚种和不齐蠕形蚤贡嘎亚种提升为独立的种。

湖北大巴山至武陵山东部到陕西秦岭南坡一带区域，为中国第二级阶梯向东部第三级阶梯过渡的典型地带，是中国内陆 12 个生物多样性地区之一，世界著名的长江三峡贯穿其中，沿江两岸高耸广袤的山系，适应众多温血哺乳动物繁衍与栖息及蚤类在其体外吸血寄生，随着今后调查的继续深入和空白范围补点不断增多，推测该区域内还将会有一些蚤类被发现，这无疑对世界蚤类地理的分布，以及系统发育和中国蚤类动物地理区系的认识与深化，提供一些有价值的线索并进一步丰富其内涵。

湖北及邻近地区蚤目分总科、科检索表

1. 第 2～7 腹节背板各具 1 列鬃；第 1 腹节气门远高于后胸前侧片上缘（图 34）；后足胫节外侧无端齿（图 45B）；臀板每侧杯陷不多于 14 个 ………………………… **蚤总科 Pulicoidea、蚤科 Pulicidae**
   第 2～7 腹节背板各具 2 列以上的鬃（图 1）；第 1 腹节气门不高于或仅稍高于后胸前侧片上缘（图 62）；后足胫节外侧具端齿（图 7B）；臀板每侧杯陷 16 个以上 …………………………………………… 2
2. 头、胸及腹部无栉；胸、腹部各背板后缘无端小刺（图 62）；无臀前鬃；臀部横位；♀无肛锥（图 64）
   ……………………………………… **蠕形蚤总科 Vermipsylloidea、蠕形蚤科 Vermipsyllidae**
   不具备上述综合特征 ………………………………………………………………………………………… 3

3. 后胸背板后缘无端小刺（柳氏蚤科例外）；臀板（尤♀）向背方凸出（柳氏蚤科例外）；♂第9腹板后臂
　　肘处无前伸阳茎腱···多毛蚤总科 Hystrichopsylloidea······4
　　后胸背板后缘具端小刺（图5A）；臀板通常不向背方凸出；♂第9腹板后臂肘处具向前方延伸阳茎腱
　　（图9）··角叶蚤总科 Ceratophylloidea······7
4. 基腹板前缘与后胸后侧片之间具1棒形骨化小杆相连（图5D，图84B）；无颊栉；臀板向背方明显凸
　　出（图16）··臀蚤科 Pygiopsyllidae
　　基腹板前缘与后胸后侧片之间常无棒形骨化小杆（栉眼蚤科的新蚤亚科有的蚤种具骨化小杆，但也具
　　颊栉）；具颊栉；臀板通常微外凸或平直··5
5. 后胸背板后缘具端小刺；颊栉4根刺分为前、后两组（图3B，图290）；♂具抱器体前端突（图12，
　　图296）；♀臀板背缘平直··柳氏蚤科 Liuopsyllidae
　　后胸背板后缘无端小刺；如有颊栉则不分成前、后两组；♂抱器体无前端突；♀臀板背缘微凸 ······6
6. ♂触角棒节长达前胸腹侧板（图2）；♀具2个受精囊（图120）··············多毛蚤科 Hystrichopsyllidae
　　♂触角棒节不达前胸腹侧板（图276）；♀具1个受精囊（图279）··············栉眼蚤科 Ctenophthalmidae
7. 具2根栉刺组成的口前栉（图4E），个别为3根（图300）或4根（图3D）；寄生于翼手目·············
　　···蝠蚤科 Ischnopsyllidae
　　无口前栉；寄主为啮齿目、兔形目、食肉目和鸟类等动物，而非翼手目··8
8. 眼前具幕骨弧（图4C，图401）；眼鬃高于眼上缘，位于或靠近触角窝前缘；眼发达（常有窦）或退化；
　　常具角间缝；有或无颊栉；♂第8腹板通常发达··细蚤科 Leptopsyllidae
　　眼前常无幕骨弧；眼鬃位于眼前方，多数低于眼上缘并远离触角窝前缘（图439）；眼发达；无角间缝；
　　无颊栉；♂第8腹板狭窄（图440），或小及退化··································角叶蚤科 Ceratophyllidae

蚤总科 Pulicoidea Billberg, 1820

中足基节外侧无骨化内脊；后足胫节外侧无端齿；第2～7腹板背板各具1列鬃；第1
腹节气门远高于后胸前侧片上缘；臀板每侧不多于14个杯陷。

一、蚤科 Pulicidae Billberg, 1820

Pulicidae Stephens, 1820, *Syst. Cat. Brit. Ins.*, **2**: 328. (n. s.); Liu, 1939, *Philipp. J. Sci.*, **70**: 99; Hopkins *et* Rothschild, 1953, *III. Cat. Roths. Colln. Fleas Br. Mus.*, **1**: 68; Li, 1956, *An Introduction to Fleas*, p. 22; Liu *et al.*, 1986, *Fauna Sinica Insecta Siphonaptera*, First Edition, p. 136; Yu, Ye *et* Xie, 1990, *The Flea Fauna of Xinjiang*, p. 71; Chin *et* Li, 1991, *The Anoplura and Siphonaptera of Guizhou*, p. 193; Cai *et al.*, 1997, *The Flea Fauna of Qinghai-Xizang Plateau*, p. 10; Wu *et* Liu (in Zheng *et* Gui), 1999, *Insect Classi Fication*, p. 777; Xie *et* Zeng, 2000, *The Siphonaptera of Yunnan*, p. 48; Wu *et al.*, 2007, *Fauna Sinica Insecta Siphonaptera*, Second Edition, p. 135; Liu *et* Shi, 2009, *The Siphonaptera of Neimenggu*, p. 106.

鉴别特征　中足基节无外侧内脊，中胸背板后缘颈片内侧无假鬃，后胸后侧片向背方
延伸；第1腹节背板的气门亦移向背方，接近后胸后侧片的背缘。后胸背板及腹节各背板
无端小刺，各气门圆形。腹部第2～7背板仅具1列鬃，第8腹节气门背方无鬃，臀板每侧
具8或14个杯陷，后足胫节末端外侧无齿形突。

蚤科包含2个亚科，潜蚤亚科 Tunginae 和蚤亚科 Pulicinae，中国已知9属23种（亚
种），长江中、下游地区分布有6属8种（亚种），湖北记录有4属4种（亚种）。由于该2

个亚科有许多属和种类与人、啮齿小型兽类及大型食肉目动物关系密切，加上又是鼠疫等烈性传染病和人、畜自然疫源性疾病及寄生虫病等的重要传播媒介和中间宿主，因而历来受到各国政府、卫生行政与疾病控制部门和蚤类研究人员的高度关注与重视。

亚科、族、属检索表

1. 后足基节内侧无刺鬃（图 30）；臀板每侧具 8 个杯陷，无臀前鬃；♀无肛锥（图 33）··················
··潜蚤亚科 **Tunginae**、潜蚤族 **Tungini**、潜蚤属 *Tunga*

后足基节内侧有刺鬃（图 6A，图 58）；臀板每侧具 14 个杯陷；♂、♀都至少有 1（2）根臀前鬃；♀有肛锥（图 37）···蚤亚科 **Pulicinae**······2

2. 中胸侧板没有垂直棍形侧板杆（图 34）····································蚤族 **Pulicini**······3
中胸侧板有垂直棒形侧板杆（图 58）···4

3. 额前缘光圆，不突出成角或额突（图 34）；眼鬃位于眼的下方；后胸背板约等于或长于第 1 腹节背板；下唇须坚韧，下颚内叶不特别发达，不适宜固着寄生·····················蚤属 *Pulex*

额前缘突出成角（图 38）；眼鬃位于眼的前方；后胸背板显然短于腹部第 1 背板；后足基节前下端突出，呈宽齿形；下唇须膜质，下颚内叶特别发达齿状，适于固着寄生·······角头蚤属 *Echidnophaga*

4. 具角间缝，骨化强；具颊栉及前胸栉（图 40）·····昔蚤族 **Archaeopsyllini**、栉首蚤属 *Ctenocephalides*
无角间缝，或骨化弱；无颊栉及前胸栉·····················客蚤族 **Xenopsyllini**······5

5. 颊叶三角形，呈钩状向后方延伸（图 55），超出前胸腹侧板前缘；前胸背板显然长于中胸背板；第 8 背板气门筛区宽大（图 56，图 57）·····························长胸蚤属 *Pariodontis*

颊叶钝短，无向后延伸部分（图 58）；前胸背板较中胸背板为短；第 8 背板气门筛区甚窄（59A，图 61）
···客蚤属 *Xenopsylla*

（一）潜蚤亚科 Tunginae Taschenberg, 1880

Sarcopsyllidae Taschenberg, 1880, *Die Flohe*, p. 43 (n. s.).

Tungidae Fox, 1925, *Ins. Dis. Man*, p. 130; Hopkins *et* Rothschild, 1953, *Ⅲ. Cat. Roths. Colln. Fleas Br. Mus.*, **1**: 38.

Tungidae Fox. Hopkins *et* Rothschild, 1971, *Ⅲ. Cat. Roths. Colln. Fleas Br. Mus.*, **5**: 7; Liu *et al.*, 1986, *Fauna Sinica Insecta Siphonaptera*, First Edition, p. 137; Chin *et* Li, 1991, *The Anoplura and Siphonaptera of Guizhou*, p. 194; Xie *et* Zeng, 2000, *The Siphonaptera of Yunnan*, p. 49; Wu *et al.*, 2007, *Fauna Sinica Insecta Siphonaptera*, Second Edition, p. 137.

鉴别特征　具眼或无眼。如有眼则有内凹陷；触角棒节椭圆形；♂、♀无颊栉及前胸栉；第 2 气门被围在第 2 连接板中，位于远离中胸侧板腹缘之上的后胸凹处内；后足基节内侧仅具细毛而无刺鬃；臀板每侧具 8 个杯陷；无臀前鬃，♀无肛锥。♀为固定型寄生。

潜蚤族 Tungini Taschenberg, 1880

Tungiini Fox, 1925, *Ins. Dis. Manual*. p. 130 (n. s.); Liu *et al.*, 1986, *Fauna Sinica Insecta Siphonaptera*, First Edition, p. 137; Chin *et* Li, 1991, *The Anoplura and Siphonaptera of Guizhou*, p. 194; Xie *et* Zeng, 2000, *The Siphonaptera of Yunnan*, p. 49; Wu *et al.*, 2007, *Fauna Sinica Insecta Siphonaptera*, Second Edition, p. 137.

鉴别特征　后足基节前端角向下突起似 1 宽齿，后足股节基部无齿；♂阳茎体较狭长，中部分节呈肘状；抱器突似 1 对狭窄蟹螯；♀第 2～4 腹节气门细小，甚至仅可见痕迹，第 5～8 腹节气门很大，包括边缘骨化痕迹在内，几与触角棒节等大。

1. 潜蚤属 *Tunga* Jarocki, 1838

Tunga Jarocki, 1838, *Zoologiia Czyli Zweirzepoyismo Ogolne, Podlug Naynowszego Systematu, Warsaw*, **6**: 50. **Type species**: *Pulex penetrans* Linnaeus, 1758 (n. s.); Liu, 1939, *Philipp. J. Sci.*, **70** (1): 106; Hopkins *et* Rothschild, 1953, *Ill. Cat. Roths. Colln. Fleas Br. Mus.*, **1**: 38; Liu *et al.*, 1986, *Fauna Sinica Insecta Siphonaptera*, First Edition, p. 138; Chin *et* Li, 1991, *The Anoplura and Siphonaptera of Guizhou*, p. 195; Xie *et* Zeng, 2000, *The Siphonaptera of Yunnan*, p. 49; Wu *et al.*, 2007, *Fauna Sinica Insecta Siphonaptera*, Second Edition, p. 137.

鉴别特征　除具亚科特征外，后足基节前端角向下突起似 1 宽齿，后足股节基部无齿；♂阳茎体十分狭长，中部分节呈肘状；抱器突似 1 对狭窄蟹螯；♀第 2～4 腹节气门细小，仅留痕迹，第 5～8 腹节气门较宽大，呈圆形。

本属全世界已记录 9 种，隶属于 2 个亚属，中国分布有 2 种，隶属短指蚤亚属。对人群危害较为严重的主要是穿皮潜蚤 *Tunga penetrans*，该种原发地是加勒比海和南美洲，后传入非洲和大洋洲，亚洲及中国均有输入病例报道。宫玉香等（1995）报道山东 1 例由潜蚤寄生引起的人体潜蚤皮肤病，但属何种潜蚤未能定种。

1）短指蚤亚属 *Brevidigita* Wang, 1976

Brevidigita Wang, 1976, *Acta Ent. Sin.*, **19** (1): 117. **Type species**: *Tunga* (*Brevidigita*) *callida* Li *et* Chin, 1957; Liu *et al.*, 1986, *Fauna Sinica Insecta Siphonaptera*, First Edition, p. 138; Chin *et* Li, 1991, *The Anoplura and Siphonaptera of Guizhou*, p. 105; Xie *et* Zeng, 2000, *The Siphonaptera of Yunnan*, p. 49; Wu *et al.*, 2007, *Fauna Sinica Insecta Siphonaptera*, Second Edition, p. 138.

鉴别特征　无眼；第 5 跗节具 3 对短刺状侧鬃，蹠面密被细毛；♂抱器不动突、可动突及柄突都较粗短，不动突末端具亚端齿。

中国长江下游的福建、江苏至浙江杭州一带地区分布有 1 种。

（1）盲潜蚤 *Tunga* (*Brevidigita*) *caecigena* Jordan *et* Rothschild, 1921（图 29～图 33）

Tunga caecigena Jordan *et* Rothschild, 1921, *Ectoparasites*, **1**: 132, fig. 105 (Ningbo, Zhejiang, China, from ear of *Rattus norvegicus*); Wu, 1930, *Ling. Sci. J.*, **9** (1, 2): 51; Liu, 1939, *Philipp. J. Sci.*, **70**: 106, fig. 132; Hopkins *et* Rothschild, 1953, *Ill. Cat. Roths. Colln. Fleas Brit. Mus.*, **1**: 49, fig. 36; Yang, 1953, *Acta Ent. Sin.*, **5**: 287; Li, 1957, *Acta Ent. Sin.*, **7**: 116; Chen *et* Ku, 1958, *Acta Ent. Sin.*, **8**: 179-182; Liu *et al.*, 1986, *Fauna Sinica Insecta Siphonaptera*, First Edition, p. 141, figs. 55A, 58B, 59A, 60-62; Wu *et al.*, 2007, *Fauna Sinica Insecta Siphonaptera*, Second Edition, p. 142, figs. 54A, 57B, 58A, 59-61.

鉴别特征　后头鬃 8 根以上；下颚内叶与下颚须约同长；♂抱器柄突与抱器突近等长；第 9 腹板前臂较细长；♀第 7 腹板后缘斜坡形（图 33）。多寄生在宿主耳翼边缘，♀乙醇浸泡标本呈灰白色，膨胀的腹节较厚而坚韧。

种的形态　头　额突角状，尖锐而显向前突（图 29A，图 30），其上、下方略内凹，近额突及周边具深色骨化和有细小鬃 5～7 根。眼鬃 1～3 根，多为 2 根，位于触角沟前方。

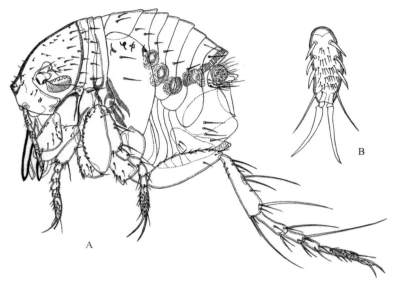

图 29 盲潜蚤 *Tunga* (*Brevidigita*) *caecigena* Jordan *et* Rothschild（仿王敦清等，1986）

A. ♀全图（福建福州）；B. ♂后足第 5 跗节（浙江杭州）

颊突向后延伸而遮盖大部分触角沟，♀颊下缘有 1 后延圆形小突起。♂触角较♀稍发达；触角柄节和梗节上各具小鬃 1 根。下颚内叶与下颚须近等长，或仅稍长于下颚须，前者边缘密布小齿。下颚须第 4 节最长，♀约为第 2 节长的 2 倍，♂仅稍长于第 2 节，第 4 节末端渐细而成钝尖；下颚须上生有细鬃。下唇须 5 节，约达下颚内叶长的 4/5。后头鬃♂约 8 根或 9 根，♀8～14 根，略成 3 列；另在♀后头鬃前方及上方有更小微鬃约 13 根。**胸** 各节狭窄，前胸及中胸背板各具鬃 4～6 根，后胸背板上无鬃。后胸后侧片具鬃 2 根或 3 根；中胸侧板与后胸侧板各具 1 根鬃。前足基节外侧有鬃 10 余根，后足基节外侧具鬃 4～6 根，内侧具鬃 10～13 根，内侧鬃靠近基节的前缘而向上排列；后足胫节后缘具 2 根长鬃，上位 1 根长鬃位于中部，下位 1 根位于近端，该鬃长♀可达第 3 跗节的下缘，♂可达第 3 跗节中部。后足第 2 跗节下端鬃♀可达爪尖处，♂可达爪基处，爪简短，无齿及突起。各足第 5 跗节均粗短（侧面观略扁），具 3 对粗刺状侧鬃，蹠底具浓密细毛状（图 29B）的跗节基鬃。**腹** ♀第 1 背板具鬃 2 根，第 2～7 背板每侧具鬃 1 根，鬃的长度超过第 5～7 腹节气门直径。♂第 1 腹节背板（正模）左侧具鬃 2 根，右侧 1 根，其余同♀。♂各腹节气门无退化或增大，大小相同；♀第 2～4 腹节气门小，第 5～7 腹节气门甚发达，显较前几节宽大，呈圆形。♀孕卵期间前 4 个腹节强度膨大，呈透明膜质状向前方延伸成 4 个囊状隆起，致使头、胸和足镶嵌在中央。**变形节** ♂抱器似蟹钳状（图 31A～C），末端有 2 个亚端齿，与该突顶端略呈三分叉状，后内凹亚缘至背端具小鬃 10～15 根。可动突窄而中段略向后弯拱，前缘具浅弧凹，近端有细鬃 6～8 根；

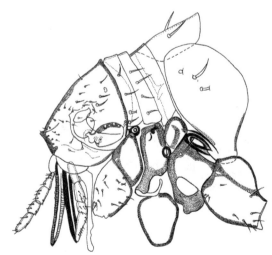

图 30 盲潜蚤 *Tunga* (*Brevidigita*) *caecigena* Jordan *et* Rothschild，♂头、胸及第 1 腹节背板（浙江杭州）（仿王敦清等，1986）

柄突粗钝，与抱器和可动突约同长。第9腹板前臂细长，后臂宽而较长，前角稍突，后端圆钝，具侧微小鬃 15 根左右。阳茎体发达而巨大（图 32），长而狭，射精管居中而最长；阳茎侧突侧叶在射精管之旁，末端尖锐；阳茎侧突背叶较长，与腹叶分在两侧，末端均较尖锐。♀第 7 腹板长大于横宽，后缘斜坡形（图 33），中段稍凹。受精囊形状模糊不清。第 8 背板后缘中段略凹，后下角较圆钝，外侧中段有鬃 1 列 4（3）根；内侧生殖鬃 4 根，微鬃 3 根。第 8 腹板三角形，上有明显褶皱。臀板杯陷似梅花状；臀板外侧具长鬃 2 根，小鬃约 5 根。

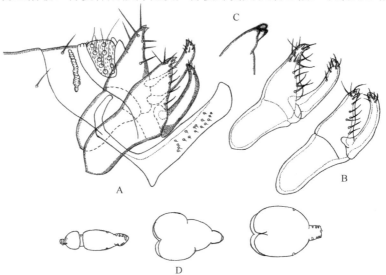

图 31　盲潜蚤 *Tunga (Brevidigita) caecigena* Jordan *et* Rothschild，♂变形节及♀妊娠外形
A.♂变形节（浙江杭州）（仿王敦清等，1986）；B.♂抱器变异（仿陈健行和顾宏达，1958）；C.♂可动突亚端齿（仿王敦清等，1976）；D.♀妊娠外形（福建福州）（仿杨新史，1955）

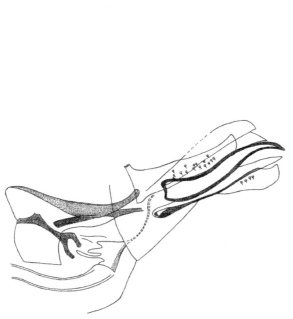

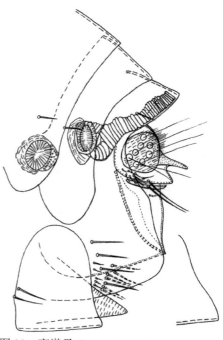

图 32　盲潜蚤 *Tunga (Brevidigita) caecigena* Jordan *et* Rothschild，♂阳茎及第 9 腹板后臂（浙江杭州）（仿王敦清等，1986）

图 33　盲潜蚤 *Tunga (Brevidigita) caecigena* Jordan *et* Rothschild，♀变形节及第 7 腹板后缘变异（福建福州）

观察标本　共 9♀♀，其中 5♀♀于 1952 年采自福建福州褐家鼠和家鼠；1♀，1953 年 11 月采自江苏苏州；3♀♀，1955 年采自四川成都，自家鼠，标本存军事医学科学院微生物流行病研究所（简称军医科院微流所）。文献记录（陈健行等，1955）1♂，1952 年采自浙江杭州家鼠体上鼠耳朵周围毛中。标本存浙江省医学科学院。

宿主　褐家鼠、黄胸鼠、小家鼠、黄毛鼠、田小鼠、臭鼩鼱。

地理分布　福建（福州）、江苏（苏州）、浙江（杭州）、上海、四川（成都）；国外分布于日本（兵库县、神户）。按我国动物地理区系，属华中区东部丘陵平原亚区和西部山地高原亚区。

生物学资料　寄主为家栖类啮齿动物，以褐家鼠、黄胸鼠为主，野栖类啮齿动物偶有寄生。滋生地是室内家属活动场所（王敦清，1955），雌蚤交尾后钻入耳翼皮肤内营寄生生活，一只啮齿动物耳可寄生 15 只以上的雌蚤，偶可寄生后足皮肤和尾的基部。该蚤的繁殖季节主要出现的季节高峰为 1～2 月，3 月明显下降，7 月后消失，11 月后家栖鼠类耳翼上再次出现（杨新史，1955），很显然本种是一种寒季蚤，该蚤在福建一年可能只有一个繁殖世代。妊娠雌蚤长达 9 mm，宽可达 6 mm，妊娠时体形（图 31D）呈椭圆形或卵圆形，前端大，后端渐小，背面和腹面突出同大。

（二）蚤亚科 Pulicinae Billberg, 1820

Pulicinae Tiraboschi, 1904, *Arch. Paras.*, **8**: 242, 243 (n. s.); Hopkins et Rothschild, 1953, *Ill. Cat. Roths. Colln. Fleas Br. Mus.*, 1: 70; Liu et al., 1986, *Fauna Sinica Insecta Siphonaptera*, First Edition, p. 144; Yu, Ye et Xie, 1990, *The Flea Fauna of Xinjiang*, p. 10; Chin et Li, 1991, *The Anoplura and Siphonaptera of Guizhou*, p. 201; Cai et al., 1997, *The Flea Fauna of Qinghai-Xizang Plateau*, p. 12; Xie et Zeng, 2000, *The Siphonaptera of Yunnan*, p. 52; Wu et al., 2007, *Fauna Sinica Insecta Siphonaptera*, Second Edition, p. 145; Liu et Shi, 2009, *The Siphonaptera of Neimenggu*, p. 106.

鉴别特征　眼无内凹陷。后胸后侧片上的气门，比腹部各背板上的气门为大。后足基节内侧具 1 列或 1 丛小刺鬃。臀板每侧具 14 个杯陷。♀、♂至少具 1 根臀前鬃。♀具肛锥。中国分布有 4 个蚤族，长江中、下游地区分布有蚤族、昔蚤族和客蚤 3 个族。

蚤族 Pulicini Billberg, 1820

Pulicini Billberg: Lewis, 1972, *J. Med. Ent.*, 9: 512, 514; Liu et al., 1986, *Fauna Sinica Insecta Siphonaptera*, First Edition, p. 148; Chin et Li, 1991, *The Anoplura and Siphonaptera of Guizhou*, p. 201; Cai et al., 1997, *The Flea Fauna of Qinghai-Xizang Plateau*, p. 12; Xie et Zeng, 2000, *The Siphonaptera of Yunnan*, p. 52; Wu et al., 2007, *Fauna Sinica Insecta Siphonaptera*, Second Edition, p. 149.

鉴别特征　与蚤亚科中其他各族的区别在于中胸侧板无垂直骨化杆。

2. 蚤属 *Pulex* Linnaeus, 1758

Pulex Linnaeus, 1758, *Syst. Nat.*, 10th ed., 1: 614. **Type species**: *Pulex irritans* Linnaeus, 1758 (n. s.); Liu, 1939, *Philipp. J. Sci.*, **70**: 103; Hopkins et Rothschild, 1953, *Ill. Cat. Roths. Colln. Fleas Br. Mus.*, 1: 104; Liu et al., 1986, *Fauna Sinica Insecta Siphonaptera*, First Edition, p. 148; Yu, Ye et Xie, 1990, *The*

Flea Fauna of Xinjiang, p. 83; Chin *et* Li, 1991, *The Anoplura and Siphonaptera of Guizhou*, p. 201; Cai *et al.*, 1997, *The Flea Fauna of Qinghai-Xizang Plateau*, p. 12; Xie *et* Zeng, 2000, *The Siphonaptera of Yunnan*, p. 52; Wu *et al.*, 2007, *Fauna Sinica Insecta Siphonaptera*, Second Edition, p. 150; Liu *et* Shi, 2009, *The Siphonaptera of Neimenggu*, p. 106.

鉴别特征　额前缘光圆，无额突或额角，额高大于额长。具有大而色深的眼，眼鬃 1 根，位于眼的下方。颊叶发达，颊栉消失或退化，或仅残留 1 小栉刺。有角间缝，无后头沟。触角窝下端关闭，触角窝的前缘向后方延伸，遮盖触角的前半。触角棒节短而圆，仅后侧分小节。后头鬃仅 1 根，位于亚后缘腹侧。下唇须 4 节，前缘骨化强，其端达前足基节之半或 3/4 处，下颚内叶宽短，小齿发达。前胸背板仅具 1 列鬃，无前胸栉，后胸背板短于第 1 腹节背板，或大致同长。后胸背板侧区与背板间的骨化脊常不发达，侧区腹缘与后胸前侧片相连，其间的骨化内脊仅后段明显。

本属除人蚤为世界广布种外，其余 5 种仅分布于新热带界及新北界的南部地区。在中国人蚤随家犬、狼、狐和旱獭等动物的分布，可高达 3000 m 以上的高寒地区，而 1000 m 以下随家犬、猪和啮齿等动物分布则更广泛，部分鸟类偶可携带。

（2）人蚤 *Pulex irritans* Linnaeus, 1758（图 13，图 34～图 37）

Pulex irritans Linnaeus, 1758, *Syst. Neat.*, 10 th ed., **1**: 614 (in Europa, America) (n. s.); Liu, 1939, *Philipp. Jour. Sci.*, **70**: 104, figs. 127-129; Hopkins *et* Rothschild, 1953, *Ill. Cat. Roths. Colln. Fleas Br. Mus.*, **1**: 105, figs. 124, 125; Li, 1956, *An Introduction to Fleas*, p. 22, fig. 8; Smit (in Kenneth *et* Smith), 1973, *Insects and Other Arthropods of Medical Importance*, p. 341, figs. 155A-C, 156A; Liu *et al.*, 1986, *Fauna Sinica Insecta Siphonaptera*, First Edition, p. 149, figs. 21, 28, 30, 67-69; Yu, Ye *et* Xie, 1990, *The Flea Fauna of Xinjiang*, p. 83, figs. 47-50; Chin *et* Li, 1991, *The Anoplura and Siphonaptera of Guizhou*, p. 202, figs. 22, 23; Cai *et al.*, 1997, *The Flea Fauna of Qinghai-Xizang Plateau*, p. 12, figs. 13-16; Xie *et* Zeng, 2000, *The Siphonaptera of Yunnan*, p. 53, figs. 8, 28-30; Wu *et al.*, 2007, *Fauna Sinica Insecta Siphonaptera*, Second Edition, p. 151, figs. 20, 27, 29, 66-68; Liu *et* Shi, 2009, *The Siphonaptera of Neimenggu*, p. 106, figs. 9, 32-33.

鉴别特征　眼大，几乎与触角窝等大，圆而色深；下颚内叶宽短，锯齿发达，分布从基部到末端；无颊栉及前胸栉；中胸侧板狭窄；各足发达，后足尤甚；♂抱器第 1 突起遮盖第 2～3 突起，宽大而半环状，高于臀板，边缘密生细鬃；♀第 7 腹板后缘三角形内凹前至下缘有近等宽骨化加深；受精囊头部圆形，较小，尾部较头部细长。

种的形态　**头**　额前缘稍圆凸（图 34），无额突，额缘下内无骨化增厚。无额鬃；眼鬃 2 根，呈上、下位排列。眼大，中央色素稍淡。后头仅残留 1 根鬃；触角窝背缘及后端缘具小鬃约 12 根；触角第 2 节长鬃有 6（7）根超过棒节末端。下唇须较短，其端近达前足基节中点略下方；下颚内叶与下唇须约同长，其上密布锯齿状小尖齿。**胸**　前胸与中胸约等长，其上各具鬃 1 列 6 或 7 根，后胸背板较中胸及前胸背板略长。中胸腹侧板具鬃 2 根，斜向排列。后胸后侧片具鬃 2 列，前列 9 根，后列 10～12 根，其中前列上位 1 根紧贴气门下方。前足基节外侧具大、小侧鬃 30～38 根。前足股节外侧具短鬃 11～13 根，成 3 列排列，另后亚腹缘具长鬃 1 根，内侧具鬃 2 根。后足基节内侧下方具小棘鬃 7～17 个；股节内侧亚腹缘具 1 列发达中长鬃 9～12 根；后足胫节由端向基渐变窄，外侧具鬃 2 列 8～10 根，其中前列为 2～4 根，后列 6 根，另内侧近端具 1 单鬃。后足第 1 跗节端长鬃约等于第 2 跗节的长度，第 2 跗节端长鬃近达第 5 跗节的 2/3～4/5 处。各足第 5 跗节均有 4 对侧蹠鬃，其中第 3 对与第 4 对间距较宽，其间距宽约为第 1 对与第 2 对之间距离宽之倍。

腹 第 1 背板具鬃 2 列，第 2～7 背板具鬃 1 列，下位 1 根♂第 3～7 背板位于气门上方。

变形节 ♂第 8 背板小，成 1 狭条，其气门长于臀板。第 8 腹板甚发达，近三角形，后端缘略内凹，具侧鬃 10～15 根，成 3～4 列排列，第 9 背板前内突仅略向前突出，柄突基部较宽大，端段约略同宽，末端粗钝。抱器不动突的第 1 突起 P^1 背缘高耸，近卵圆形（图 35），遮盖住第 2 突起（P^2）和第 3 突起（P^3），其上内、外两侧的边缘及背方均密生细鬃 40 根左右；抱器 P^2 与 P^3 合并呈钳状，其中 P^2 前下缘略凸，上前缘较内凹；P^3 较长，基宽倍宽于近端，前上缘具较深弯弧凹，末端尖而伸向前上方，后缘上中部圆凸，其上具缘和亚缘小鬃约 7 根。第 9 腹板前、后臂约等长，前臂末端略膨大，后臂近端有缘及亚缘小鬃

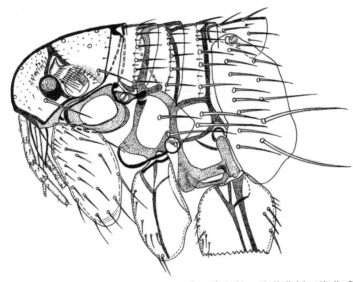

图 34 人蚤 *Pulex irritans* Linnaeus，♀头、胸及第 1 腹节背板（湖北武汉）

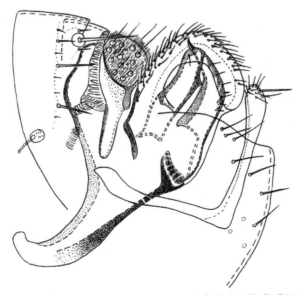

图 35 人蚤 *Pulex irritans* Linnaeus，♂变形节（湖北武汉）

11～15 根。阳茎端中骨片前段较宽，中段以后较窄长而端部略弯向腹方（图 36）；阳茎钩突长三角形，端平截，或稍凹。杆囊（vesicle）发达，骨化亦较深，阳茎内突呈刀形，端段的背部和中部的腹侧有鳍膜（fin）。阳茎杆卷曲 1～2 圈。♀第 7 腹板后缘上段具 1 较窄的锐角凹（图 37），上叶窄而短钝，下叶宽而略圆凸或近直，外侧具侧鬃 7～14 根，该腹板尤其是凹窦的前方及上、下方具较深骨化色素带。第 8 背板外侧中部以下有鬃 10～12 根，后近亚缘有短鬃约 6 根，内侧有纵行排列成簇亚刺鬃或鬃 26 根，似假栉状。肛背板和肛腹板上具密集成簇短鬃，其中腹板上鬃数约 20 根，背板上鬃较多，约 30 根。肛锥粗短，长为基部 2.0～2.3 倍，具端鬃 1 根和侧鬃 2～4 根。受精囊头部小，近圆形，尾细长并长于头部。

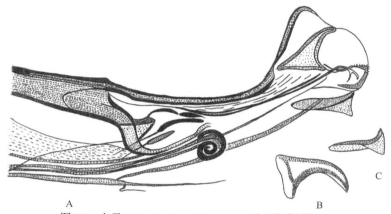

图 36　人蚤 *Pulex irritans* Linnaeus，♂（湖北武汉）

A. 阳茎端；B. 中骨片变异；C. 钩突变异

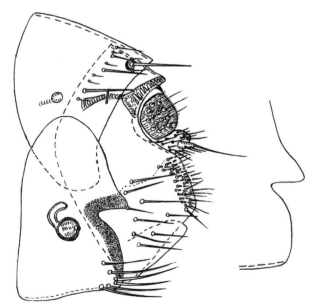

图 37　人蚤 *Pulex irritans* Linnaeus，♀变形节及第 7 腹板后缘变异（湖北武汉）

观察标本　共 32♂♂、55♀♀，其中 2♂、3♀♀分别于 1989 年 8 月 23 日和 1991 年 7 月 17 日采自湖北神农架松柏镇，宿主家犬；1♂、1♀，1991 年 9 月 14 日采自神农架宋郎山，宿主赤狐；2♀♀，1985 年 7 月 2 日采自湖北西南部的利川，宿主褐家鼠；14♂♂、23♀♀于 1960

采自湖北武汉；15♂♂、23♀♀，1983年4月4～22日采自宜昌莲沱；3♀♀，1997年采自兴山高阳镇，宿主均为家犬。标本分别存放于湖北省预防医学科学院传染病防治研究所（简称湖北医科院传染病所）、宜昌市疾病预防控制中心（简称宜昌疾控中心）和兴山县疾病预防控制中心。

宿主　家犬、猪、猫、褐家鼠、黄胸鼠、狼、赤狐、花面狸、天鹅、人；湖北省外有豺、貉、貂、青鼬、鼬獾、刺猬、马、灰旱獭、喜马拉雅旱獭、赤鹿、骆驼、野猪、草兔、灰尾兔、鸡、獾、灰尾兔、猞猁、兔、阿拉善黄鼠、艾鼬、黄鼬、熊、达乌尔黄鼠、五趾跳鼠、子午沙鼠、大沙鼠、田鼠、中华姬鼠、北社鼠、小家鼠、黑家鼠、松鼠、黄鸭、豪猪、鹿、騄、卡氏小鼠、藏鼠兔、小熊猫、山羊、绵羊、大臭鼩。

地理分布　湖北（神农架、利川、宜昌、来风、宜都、五峰、武汉、咸宁、京山、钟祥、兴山、应城、巴东、丹江口、恩施、鹤峰、咸宁）、福建、广东、浙江、台湾、上海、江苏、吉林、内蒙古、新疆、山东、重庆、四川、贵州、云南、黑龙江、河北和西藏等。国外地理分布广泛，为世界广布种。

为广宿主型蚤类，人是最重要的宿主。据《世界蚤目志》(Hopkins & Rothschild, 1953)统计，寄生的宿主有130种；中国寄主动物据不完全统计，超过50种，其中有些是《世界蚤目志》所没有记载的，从东部沿海岛屿至海拔数十米平原及丘陵到西部3000 m以上的高山都有分布，反映了该蚤对宿主动物、自然生态环境、不同海拔有很强的适应性和地理分布的广泛性。然而，并不是所有3000 m以上的高山都有人蚤分布，人蚤的自然分布本身就存在不均匀性。虽然在我国寄生的宿主多以家犬、猪为主，但在80年以前，由于农村人居的住宿，有相当一部分为土坯房泥砖房，猪圈内的人蚤常通过墙壁缝隙进入人居住的卧室，因而刺吸人血也就较为常见。加上有些地区犬、猫常与人伴随在一起，刺叮后引起皮炎时有报道。在新疆天山宿主主要是旱獭，反映了人蚤随地区和宿主动物分布不同，对寄主仍有一定选择性。人蚤高峰季节在新疆旱獭主要集中在4～5月，6月下降，7月后达最低峰值（于心等，1990），家犬在3～4月为最低，5月上升，7月最高，8月下降后未见再上升（黄功敏等，1983），但从南到北情况有一定差异，如广东雷州半岛1～2月达高峰，云南在6～7月，湖北在6月前后，这主要与调查地点和对象等不同有关，也与各地不同温、湿度，出现的高峰季节则呈现出一定的差异。有关游离蚤的问题，周际川等（1982）曾在成昆铁路等对普通列车和车站用粘胶纸进行游离蚤调查，获蚤类2353只，其中人蚤占99.45%，彭何碧（2001）在云南25个县用粘胶纸对地面游离蚤进行调查，获蚤类1772只，人蚤占58.69%；周树武等（2007）在广西合浦9年中用粘胶纸在室内地面获蚤类1742只，人蚤占93.39%，很显然人蚤随宿主自然游离是一种较普遍现象。

人蚤的卵期2.8～5天，幼虫期6.8～14.8天，蛹期7.8～16天，从卵发育到成虫19.2～34天，但不同月各发育阶段有差异；人蚤产卵一次3～5枚，喂一次血可产卵3天（黄功敏等，1983）。

医学重要性

传播鼠疫　人蚤传播鼠疫是一种公认的媒介蚤，虽然它的效能不如印鼠客蚤，但因数量大、游离快、跳跃力高和喜欢攻击人等特点，从而补偿了媒介效能的不足。Blanc和Baltazard (1941)在非洲摩洛哥鼠疫死亡病例的衣物上和室内采集到人蚤后，研磨成悬液接种豚鼠和家鼠，一周内接种的啮齿动物相继死亡，并从人蚤体内分离出鼠疫菌。Baltazad等（1960）在中东伊朗的一次鼠疫流行中将采获的人蚤，研磨成悬液接种小白鼠，证实了其其具有感染性。有学者研究后指出，人蚤受鼠疫感染后，11.5%～32.5%个体在 6～26 天形成菌栓；饥饿的蚤鼠疫菌在其体内可存活 1 天，饲养蚤可保存 45 天。有学者用形成菌栓的蚤分别叮咬 45 只 3 种不同实验动物（豚鼠、小白鼠和小黄鼠），全部感染鼠疫菌而死亡（刘俊和石杲，2009）。20 世纪 50～90 年代末，中国先后在广东、青海、新疆和云南 4 地人蚤中分离出鼠疫菌，其中新疆、青海宿主均为旱獭，而旱獭体外人蚤染蚤率高达 51%～88%，不过旱獭体外也有一些其他蚤类感染鼠疫菌，如斧形盖蚤、谢氏山蚤。在新疆和云南等地当人间鼠疫发生时，可从患者住房或疫点地面采到大量人蚤，说明人蚤在鼠与鼠之间、鼠与人之间传播或隐藏是一种重要高效媒介。许多研究表明，在发生动物鼠疫流行时，地面游离蚤指数达 0.25 且全为人蚤时，即可发生人间腺鼠疫继发败血症的人间病例，继而可发生血凝阳性隐性感染者（彭何碧等，1999）。内蒙古一次腺鼠疫暴发将疫点人蚤接种豚鼠获得阳性结果（Wu & Pollitzer, 1928）。可以肯定地说，人蚤在鼠疫暴发流行中，扮演了十分重要的媒介传播角色，起到了推波助澜或其他蚤类不可替代的作用。

生物战剂 日本和美帝国主义于 1931～1952 年，在侵华、侵朝战争中多次撒布带鼠疫菌人蚤，受到了全世界爱好和平的人民的谴责与声讨（科学通报，1952）。其中日本军国主义为了取得活力强的鼠疫菌，采获感染鼠疫的蚤类后进行培养，并用活人做实验，受试者有中国人、朝鲜人和俄罗斯人，受试者无一人生还。在实战中，他们将染有鼠疫菌的人蚤和啮齿动物一起用飞机投放到人口密集区，有的细菌部队还将鼠疫菌注射入人体后，运输到指定战略地点再释放"鼠疫人"，最后导致鼠疫在人与人之间、鼠与人之间暴发和大范围流行（胡介堂，2001）。

绦虫寄生虫病 人蚤是犬复殖绦虫、微小膜壳绦虫和缩小膜壳绦虫的中间宿主。绦虫卵被蚤幼虫吞食后，在蚤的体腔内发育为似囊尾蚴，如被人畜吞食则可在宿主肠中发育为成虫。

3. 角头蚤属 *Echidnophaga* Olliff, 1886

Echidnophaga Olliff, 1886, *Proc. Linn. Soc. N. S. W.* (2), **1**: 171. **Type species**: *Echidnophaga ambulans* Olliff, 1886 (n. s.); Liu, 1939, *Philipp. J. Sci.*, **70**: 105; Hopkins *et* Rothschild, 1953, *Ill. Cat. Roths. Colln. Fleas Br. Mus.*, **1**: 71; Liu *et al.*, 1986, *Fauna Sinica Insecta Siphonaptera*, First Edition, p. 163; Yu, Ye *et* Xie, 1990, *The Flea Fauna of Xinjiang*, p. 71; Cai *et al.*, 1997, *The Flea Fauna of Qinghai-Xizang Plateau*, p. 14; Xie *et* Zeng, 2000, *The Siphonaptera of Yunnan*, p. 56; Wu *et al.*, 2007, *Fauna Sinica Insecta Siphonaptera*, Second Edition, p. 155; Liu *et* Shi, 2009, *The Siphonaptera of Neimenggu*, p.113.

鉴别特征 触角棒节分节不完整。额前缘骨化比较强，并形成程度不等的额角；后头部通常有粗长鬃 2 根；后足基节前缘下角骨化成宽齿，无端鬃。

属的记述 小型种。眼常小，但色素较深。触角窝前缘向后延伸，遮盖触角腹侧大半部。具颊叶，多向腹方突出。♀常具发育程度不同的颊突伸向后方。下颚内叶小齿发达，自末端分布到基部。下唇须为柔软的膜质，不分节。胸及腹部各节背板鬃都很少。胸部 3 节背板都很短，3 节之和短于第 1 腹节背板。后足基节内侧具成排刺鬃。多数种爪长而直，基突退化。♂抱器不动突大而明显，具 2 个可动突，常较小，约为不动突之半。♀受精囊特别大，头孔大而位于受精囊顶端。

世界约知 21 种，地理分布范围较广，中国分布有 5 种，长江下游地区仅记录 1 种。

（3）鼠角头蚤 *Echidnophaga murina* **(Tiraboschi, 1903)**（图 38，图 39）

Sarcopsylla gallinacea var. *murina* Tiraboschi, 1903, *Arch. Parasit. Parti*, **1**: 124〔Italy, from *Mus* (*Rattus alexandrinus*)〕(n. s.).

Echidnophaga murina (Tiraboshi): Hopkins *et* Rothschild, 1953, *Ill. Cat. Roths. Colln. Fleas Br. Mus.*, **1**: 97, figs. 115, 116, pls. 16D, 16C; Wen, Hsu *et* Li, 1962, *Acta Ent. Sin.*, **11**: 127, figs. 1-6; Liu *et al.*, 1986, *Fauna Sinica Insecta Siphonaptera*, First Edition, p. 160, figs. 83, 86-89; Wu *et al.*, 2007, *Fauna Sinica Insecta Siphonaptera*, Second Edition, p. 164, figs. 83, 86-89.

鉴别特征 为传入种，在形态上依其额内增厚细而长，在本属中除与埃塞俄比亚的 *E. aethiops* Jordan *et* Rothschild, 1906 不能区分外，可与其他各种相区别。本种额角特别突出，角突之下至口角间几呈斜截状，♀后头部共有长短鬃 3 根，后头叶虽小，但较明显，易与 *E. aethiops* 相区别。

种的形态 **头** 额前缘角极为明显，口角发达，在额前缘角与口角之间几近斜截状（图 38）。额内增厚为 2 个内突，较细而长。眼鬃 2 根，斜向排列，上位 1 根位于眼的前方，但不高于眼上缘；在眼前方与额亚缘之间约具 15 根微鬃，散在排列。眼中等大，中央色素稍淡。颊叶小而伸向后下方，在颊叶背方具较深三角形内凹。后头鬃♀通常具 2 根粗长鬃外，另有较短鬃 1 根。♀后头叶较小，但较明显。下颚须第 2 节显然长于第 3 节，下颚内叶接近或稍超过前足转节之端。**胸** 前胸侧腹板突起末端较尖。后足基节内侧前下部具成簇 18～24 根小棘鬃，外侧约有 5 根细鬃，另前下缘、近端和后亚缘也有数根细鬃。各足（图 39A、B）第 5 跗节有 4 对侧蹠鬃，第 1 对与第 2 对之间较其他各对间距稍大，第 4 对较细小；亚端蹠鬃各足多数为 1 根，经温延桓等（1962）统计：前足亚端蹠鬃 1 根为 64%，中足为 91%、后足 77%，少数 2 根。**腹** ♀第 2～7 背板各具 1 列鬃；各腹节气门小而端呈圆形；臀前鬃 1 根。**变形节** ♂抱器与禽头蚤无明显区别。♀第 7 腹板后缘上段具 1 较浅内凹（图 39C、D），下部中段略凸，靠腹缘近截状，外侧具鬃约 9 根，第 8 背板近腹缘具鬃 8 根左右，近旁下方内侧有数根微细鬃。第 8 腹板大致呈三角形，背缘稍上凸，末端尖，约有小侧鬃 3 根。受精囊比禽角叶蚤略宽，尾较短。

标本记录 共 144♀♀（未检视），分别于 1957 年 6 月、8 月及 12 月采自上海港埠仓库的黑家鼠。标本存于复旦大学上海医学院和上海出入境检验检疫局。

宿主 黑家鼠。

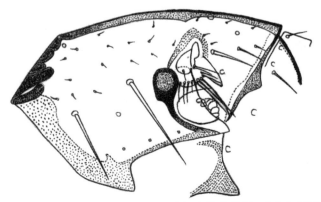

图 38 鼠角头蚤 *Echidnophaga murina* (Tiraboschi)，♀头部及前胸背板（上海）（仿解宝琦和龚正达，1986）

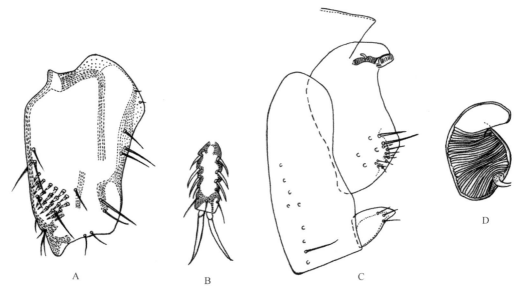

图 39　鼠角头蚤 *Echidnophaga murina* (Tiraboschi)，♀（上海）（仿解宝琦和龚正达，1986）

A. 后足基节；B. 后足第 5 跗节；C. 变形节；D. 受精囊

地理分布　上海、香港；国外分布于土耳其、意大利、摩洛哥、希腊、格鲁吉亚、埃及。

生物学资料　1953 年在上海首次发现，1957 年 6 月、8 月和 12 月又多次发现，寄生最多的一只鼠达 135 只，一般寄生于耳基部和下颏，仅采到♀。本种原产地为地中海及其周围一些地区，在我国是随商船往来传入上海（温延桓等，1962）及香港 (Lewis, 1972)，根据当时调查所获的蚤数量，很显然一段时间内在上海局部地点得到了繁衍，但由于从上海首次获得该种已过去半个多世纪，是否能长期繁殖扎根和扩散开来尚无报道，因此这一问题尚有待进一步调研。

昔蚤族 Archaeopsyllini Oudemans, 1909

Archaeopsyllini Oudemans, 1909, *Eet. Ber.*, **2**: 323 (n. s.); Lewis, 1972, *J. Med. Ent.*, **9**: 512, 513; Liu *et al.*, 1986, *Fauna Sinica Insecta Siphonaptera*, First Edition, p. 161; Chin *et* Li, 1991, *The Anoplura and Siphonaptera of Guizhou*, p. 207; Xie *et* Zeng, 2000, *The Siphonaptera of Yunnan*, p. 58; Wu *et al.*, 2007, *Fauna Sinica Insecta Siphonaptera*, Second Edition, p. 168.

鉴别特征　触角棒节前半部与后半部不对称，前部几小节呈叶片状且向后倾斜。中胸侧板具垂直侧板杆。角间强度骨化。具颊栉及前胸栉，但因属、种不同而发达程度不一，有的发达或欠发达，或仅留有痕迹。

4. 栉首蚤属 *Ctenocephalides* Stiles *et* Collins, 1930

Ctenocephalus Kolenati, 1957 (*nec* Hawle *et* Corda, 1847), *Wien. Ent. Mschr.*, **1**: 65. **Type species**: *Pulex canis* (Curtis) (n. s.).

Ctenocephalides Stiles *et* Collins, 1930, *Publ. Hlth Rep., Wash.*, **45**: 1308. (**Type specie**s: *Pulex canis* Curtis) (n. s.); Liu, 1939, *Philipp. Jour., Sci.*, **70**: 99; Hopkins *et* Rothschild, 1953, *Ill. Cat. Roths. Colln. Fleas Br. Mus.*, **1**: 136; Liu *et al.*, 1986, *Fauna Sinica Insecta Siphonaptera*, First Edition, p. 163; Yu, Ye *et* Xie, 1990, *The Flea Fauna of Xinjiang*, p. 101; Chin *et* Li, 1991, *The Anoplura and Siphonaptera of Guizhou*, p. 207; Xie *et* Zeng, 2000, *The Siphonaptera of Yunnan*, p. 58; Wu *et al.*, 2007, *Fauna Sinica Insecta Siphonaptera*, Second Edition, p. 170; Liu *et* Shi, 2009, *The Siphonaptera of Neimenggu*, p. 119.

鉴别特征　额缘无额突，在口角背方具棒形骨化增厚。颊栉粗壮而端尖，横列组成，前起自上内唇前方，沿颊部腹缘向后至眼后腹方；如颊栉退化，则残留近口角处 1～3 根。眼发达。触角窝的前缘向后方延伸，遮盖着触角的前部。颊突末端有 1 个小而尖的刺。下唇须 5 节。前胸栉发达，两侧栉刺数一般不少于 16 根，背刺约与该背板等长，后胸背板与第 1 腹节背板约等长。

属的记述　额缘或高而圆，或低而斜。无额突。眼大而色深，眼鬃 2 根，上方 1 根位于眼的前方，另 1 根位于近口角。后胸前侧片与腹板分离。后足基节内侧有不规则 1 列小刺鬃，后足胫节背缘具 5 个切刻，在末 1 切刻的下方有 1 个或 2 个浅切刻，并着生有鬃或是细毛。臀板每侧 14 个杯陷。♂抱器 P^1 变形，大致呈宽弧形向后方延伸，可动突近三角形，在 P^1 下方。♀、♂仅具 1 根臀前鬃。

本属蚤类全球已记录有 13 种（亚种），主要寄生于野生或家养食肉类动物，少数寄生啮齿等动物或树栖松鼠类，偶也可寄生于偶蹄目，甚至猛禽，可吸人血。中国分布有 3 个种（亚种），其中 1 种为广布种，另 2 种地理分布范围十分局限，对环境适应能力也较弱。

种、亚种检索表

1. 长头型，额部前缘甚倾斜（图40B），♀者尤为明显（图40A），与颊部的腹缘成较尖的锐角；颊栉第 1 刺略短于第 2 根刺，至少达第 2 根刺的 2/3 或 4/5 左右 ················ **猫栉首蚤指名亚种 *C. felis felis***

    短头型，额部前缘圆形，与颊部的腹缘几乎垂直；颊栉第 1 刺远短于第 2 刺，至多达第 2 刺的 1/2 处或略强（图44，图49）·· 2

2. 后足胫节后缘中段最后深切刻以下，有 2～3 个浅切刻且各有 1 根粗短鬃（图51），或是第 1 个浅切刻之后下方 1 个浅切刻具 2 根粗鬃；后胸背板侧区常具 3 根鬃（图50）；♂抱器柄突末端显较膨大（图52）；不动突第 1 突起（P^1）外侧鬃常较多，可达 10～14 根；♀触角窝背方无刺鬃，或仅偶然有少数细鬃；受精囊头部无后背角（图54D）················ **犬栉首蚤 *C. canis***

    后足胫节中段最后深切刻以下，一般有 1 个浅切刻，具 1 根短鬃，或另有 1 细鬃（图45B）；后胸背板侧区一般有 2 根鬃（图45A）；♂抱器柄突末端虽有膨大，但一般不如前者之甚（图46）；不动突第 1 突起（P^1）外侧鬃较少，5～9 根；♀触角窝背方概有短小刺鬃，一般为 2～5 根；受精囊头部有后背角，偶略圆（图48）················ **东洋栉首蚤 *C. orientis***

（4）猫栉首蚤指名亚种 *Ctenocephalides felis felis* (Bouche, 1835)（图40～图43）

Pulex felis Bouche, 1835, *Nova Acta Leop-Carol.*, **17**, 505 (Germany, from Hauskatze) (n. s.).

Ctenocephalides felis felis (Bouche): Hopkins *et* Rothschild, 1953, *III. Cat. Roths. Colln. Fleas Br. Mus.*, **1**: 145, figs. 14, 152, 155, 157, 161, 162; Li, 1956, *An Introduction to Fleas*, p. 23, figs. 12, 13; Li, 1963, *Acta Acad. Med. Guiyang*, p. 52, 56, figs. 4, 8, 11, 14; Smit (in Kenneth *et* Smith), 1973, *Insects and Other Arthropods of Medical Importance*, p. 350, figs. 151D, 160C-D, H-J; Liu *et al.*, 1986, *Fauna Sinica Insecta Siphonaptera*, First Edition, p. 168, figs. 5, 20, 99-102; Yu, Ye *et* Xie, 1990, *The Flea Fauna of Xinjiang*, p. 104, figs. 69-72; Chin *et* Li, 1991, *The Anoplura and Siphonaptera of Guizhou*, p. 209, figs. 24-26; Xie *et* Zeng, 2000, *The Siphonaptera of Yunnan*, p. 58, figs. 35-38; Wu *et al.*, 2007, *Fauna Sinica Insecta Siphonaptera*, Second Edition, p. 175, figs. 5, 19, 103-106; Liu *et* Shi, 2009, *The Siphonaptera of Neimenggu*,

p. 123, figs. 3, 45, 46.

鉴别特征　长头型；额缘倾斜而低，♀尤甚，完全没有圆弧形或与颊缘相垂直的迹象；颊栉具8（7）根刺，第1根略短，长至少达第2刺的2/3或4/5左右；第5刺长度等于或略小于额缘至第5刺基线间距离；♂抱器柄突末端无膨大，或仅略为膨大；♀触角窝背方无小鬃。

种的形态　**头**　额缘♂略呈稍斜弯弧凸（图40B）；♀甚倾斜而低（图40A），与颊栉腹缘成较尖锐角。额缘下具较窄等宽骨化带，口角上方具1棒形深棕色骨化。眼鬃2（偶3）根，斜向排列，上位1根位于眼的前稍偏下方，下位1根接近口角。眼大而色黑、圆形；眼的直径♀显然大于眼前缘至额缘的距离。颊栉具8（7）根刺，端尖，各刺略呈弯弧形向后方排列；颊栉第1刺略短，长至少达第2刺2/3或4/5左右，第5或第6刺等于或稍长于前4或5根刺，第7～8刺较窄短，除第1与第2刺之间外，各刺间具清晰间隙；前5根颊栉基线上方有较宽厚化带。颊角上具1根刺小而尖的刺，其端未超过后头缘。后头鬃3列，依序为1、1、5或6根；触角窝背缘♂具2列小短鬃17根。触角第2节长鬃不超过棒节之端。下唇须长达前足基节7/10处。**胸**　前胸栉16（15）根，除背方3根刺外，下方各栉刺背、腹缘稍向下方弧凸；♂背刺略长于该背板，♀与该背板近等长。中胸背板具鬃1或2列，其前列之前近亚前缘处尚有小鬃16～21根。中胸腹侧板鬃2列5根，其下位2根粗短，似亚刺状。背板侧区具2或3根鬃。后胸后侧片鬃2列10～14根。前足基节外侧鬃约40根，其鬃的末端大部分不达或仅稍超过次位鬃的鬃基。后足基节内侧具1列粗短棘鬃10～13根；后足股节内侧亚腹缘具鬃1列7或8根；后足胫节外侧鬃2列，11～13根，另内侧近端有小鬃2根。后足（图40C）第1跗节约等于第2、3跗节之和，第2跗节端长鬃超过第5跗节中部。**腹**　第1背板具鬃2列，第2～7背板具鬃1列，气门下具1根鬃。基腹板前缘中部具1略骨化加厚区。第8背板气门腔♂、♀均发达，与臀板约等长。**变形节**　♂第8腹板前背缘具较明显弯弧凸，背缘高耸，后缘斜波形，中段略凸，或下段略内凹，后腹角略钝而斜向后方，外侧有鬃1列3（2）根。第9背板前内突近方形，前背角通常较尖突；柄突窄长，前、后缘近平行或末端稍膨大。抱器第1突起P^1较宽短（图41），中部显宽于基部，近基腹缘略凹，前背缘较弧凸，具侧鬃4～7根，前背缘具密集成丛的鬃8～11根，后缘及近端

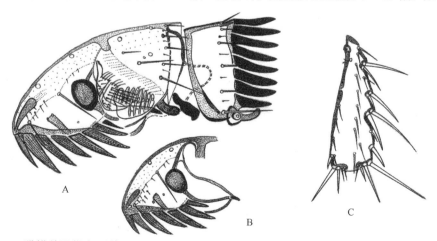

图40　猫栉首蚤指名亚种 *Ctenocephalides felis felis* (Bouche)，头及后足胫节（湖北武汉）

A. ♀头及前胸背板；B. ♂头及颊栉；C. ♀后足胫节

具缘鬃 7～9 根。可动突甚小，略呈三角形，端及前缘略凹，位于第 1 突起 P¹ 后下方，其上后缘及近端后角处具鬃 10 根，其中有 2～4 根为较长鬃。第 9 腹板前臂较宽，稍呈弯弧形，后臂较短，后缘略凸，其上具鬃及亚端鬃约 7 根。阳茎端背叶窄细，端尖而向背前方弯曲，侧叶腹端略圆钝（图 42）。♀ 第 7 腹板后缘中部具 1 浅广凹（图 43），下缘向后延伸成角，外侧近腹缘具鬃 2 根。第 8 背板外侧近腹缘有侧鬃 3 或 4 根，后亚缘具 1 列纵行弯弧侧鬃 6～9 根，似假栉状，内侧具生殖棘鬃 1 列 5 根，中长鬃 2 根。受精囊头部背缘较宽凸，腹缘略直，近尾端渐狭，尾部长于头部。肛锥长为基宽的 3.0 倍，具端长鬃 1 根及侧鬃 2 或 3 根。

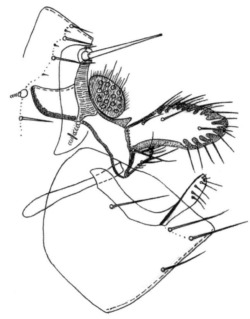

图 41　猫栉首蚤指名亚种 *Ctenocephalides felis felis* (Bouche)，♂变形节（湖北武汉）

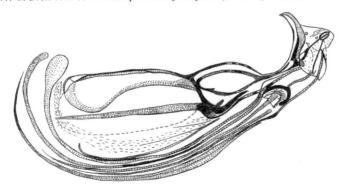

图 42　猫栉首蚤指名亚种 *Ctenocephalides felis felis* (Bouche)，♂阳茎（湖北武汉）

　　观察标本　10♂♂、62♀♀，其中 10♂♂、60♀♀，1960～1965 年采自湖北武汉，宿主为家猫，2♀♀，1960 年 4 月采自当阳，宿主为黄胸鼠，标本存湖北医科院传染病所。另尚检视了近年采自湖北武汉和远安家猫体外 3♂♂、8♀♀，以及华中农业大学植物科学技术学院昆虫标本馆保存的大量采自湖北武汉的标本和宜昌疾控中心的采自宜昌城郊的标本，宿主均为家猫。

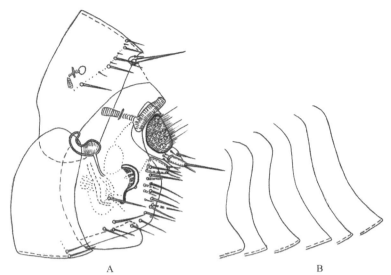

图 43　猫栉首蚤指名亚种 *Ctenocephalides felis felis* (Bouche)，♀（湖北武汉）

A. 变形节；B. 第 7 腹板后缘变异

宿主　家猫、黄胸鼠、黄鼬、黄毛鼠、豹猫、仓鼠；湖北省外有家犬、大灵猫、野猫、椰子猫、家兔、野兔、貉、树鼩和人等。

地理分布　湖北（武汉、当阳、宜昌、远安、兴山、神农架、钟祥）、新疆、福建、台湾、浙江、安徽、广东、贵州、云南、吉林、北京、内蒙古、辽宁、黑龙江、江西、山东、广西、河南、四川、陕西、甘肃。世界性分布。

医学重要性及生物学资料　为犬复殖绦虫的中间宿主。是与人类关系最为密切的蚤类之一，它原分布于古北界，后随人和宿主迁移，散布于世界各地，由于适应力强，成为世界公认的广布种。它的直接危害是叮人吸血，并引入过敏性反应和急性皮炎，如猫、犬大量寄生除引起宿主自身皮炎外，还可导致缺铁性贫血等疾病。在疾病传播上，它是汉赛巴尔通体 (*Bartonella henselae*) 和克氏巴氏通体 (*B. clar-redgeia*) 的传播媒介，实验表明它能够自然感染巴氏通体（刘小闪等，2006）；同时猫栉首蚤是立克次氏体 (*Rickettsia*)（发疹伤寒病原体）的带菌者，20 世纪 90 年代以后有 20 多个国家或地区报道猫犬有感染，如美国、巴西等，这就增加了对人群健康的威胁。Kun-Hsien Tsai (2008) 报道在我国台湾从猫栉首蚤检测出了立克次氏体。现有资料表明猫栉首蚤还传播斑点热，其广泛分布于世界五大洲，病原主要是通过宿主皮肤或黏膜的伤口污染了带有病原的蚤粪或被挤压及咬碎的感染蚤体。近十年，非洲乌干达暴发的鼠疫中，家庭环境内主要是猫栉首蚤，专家怀疑在流行的鼠疫中其处于主要地位。国外实验表明，猫栉首蚤可能成为鼠疫的媒介，是乌干达鼠疫的潜在带菌者，能在早期阶段传播鼠疫杆菌，但效能较低，是次要传播媒介。

猫栉首蚤因具有很强的跳跃能力，通过空气和地面震动能判知宿主来临，迅速起跳抓攀宿主毛发而游离其间，并利用适宜温度大量繁殖。雌性成蚤吸血频率较高，每日吸血可达 12 次。在温度为 23℃ 的条件下，雌性成蚤约经 2 周开始产卵；卵期为 2～4 天，幼虫期 8～14 天，蛹期 7～14 天，从卵发育到成蚤为 18～29 天，成蚤寿命为 120～255 天，饥饿状态下平均可存活 18 天（麦海等，2006）。

（5）东洋栉首蚤 *Ctenocephalides orientis* (Jordan, 1925)（图44～图48）

Ctenocephalus felis orientis Jordan, 1925, *Novit. Zool.*, **32**: 99 (Peradeniya, Ceylon, form *Loris gracilis*) (n. s.).

Ctenocephalides felis orientis (Jordan): Hopkins *et* Rothschild, 1953, *Ill. Cat. Roths. Colln. Fleas Br. Mus.*, **1**: 162, fig. 153.

Ctenocephalides canis (Curtis): Li, 1957, *Acta Zool. Sin.*, **9**: 27.

Ctenocephalides orientis (Jordan): Li, 1963, *Acta Acad. Med. Guiyang*, p. 52, 55, figs. 2, 6, 10, 13; Liu *et al.*, 1986, *Fauna Sinica Insecta Siphonaptera*, First Edition, p. 170, figs. 103-109; Xie *et* Zeng, 2000, *The Siphonaptera of Yunnan*, p. 61, figs. 39-42; Wu *et al.*, 2007, *Fauna Sinica Insecta Siphonaptera*, Second Edition, p. 178, figs. 107-113.

鉴别特征　东洋栉首蚤属短头型，♂、♀额前缘较高而略圆，但均不及犬栉首蚤为甚；颊栉第1刺长仅为第2刺的2/3或1/2，大多数标本略长于后者；后足基节后缘最后切刻以下，一般有1个浅切刻，具1根短鬃，或上方与深切刻之间另有1根细鬃；后胸背板侧区常具2根粗鬃（图45A）；♂抱器柄突虽然膨大，但一般不如后者之甚；不动突第1突起（P^1）外侧鬃较少，5～9根；♀触角窝背方具短小刺鬃，一般为3～4根，变异幅度1～8根；受精囊头部大致呈斜方形，后背角一般成明显的角。

种的形态　**头**　短头型。额前上缘呈稍低的圆弧形（图44A），额缘中点以下尤近口角处略直；额亚缘具较窄等宽厚化带。眼大，眼的长径略大于宽度。眼鬃2根发达，下方1根稍短，其间及前方和上方有微鬃数根。颊栉1列7～9根，第1刺长约达第2刺之半或2/3处，第2刺稍短于第3刺及第4刺，第7刺及第8刺显短于邻刺；刺端尖而斜向排列伸向后下方；颊后延部分发达，呈半透明遮盖触角棒节之半，末端具1根小刺。后头鬃3列，为1、1或2、5～7根。触角窝背方♀有小刺鬃，一般1～3根，少数4～6根。触角第2节长鬃达到棒节末端。**胸**　前胸背板具栉刺16～18根。前、中、后胸背板各有鬃1列5～7根。后胸背板侧区常具2根粗鬃（图45A）；后胸后侧片鬃2列11～18根。后足基节内侧有小刺鬃8～14根，偶19根。后足胫节外侧具鬃1列，约7根，后背缘最后1个深切刻之下与端切刻之间有1浅切刻（图45B），并具1短鬃，或浅切刻上方与深切刻之间另有1根细鬃。**腹**　第2～7背板各有鬃1列5或6根。**变形节**　♂抱器第1突起P^{1}较长（图46），基段窄于端段，背缘中段弧凸，腹缘偏前方略内凹，约有缘鬃及亚缘鬃20根，亚缘有较浅色素带，侧鬃5～9根，位于中横线及下方。抱器第3突起P^{3}较小，大致呈菱形，前部中央突出处上、下方，各有1个浅弧凹，后缘弧凸，具缘及亚缘鬃6～12根。第9背板前内突发达，较宽，向前突出略呈圆拱状，柄突末端略膨大。第9腹板前臂窄长，后臂近端有簇鬃约5根。阳茎（图47）。♀第7腹板后缘内凹较宽，浅弧形（图48），外侧近腹缘具鬃2根。第8背板具侧鬃3或4根，具等长亚后缘及亚腹缘鬃1列8～11根，略呈弯弧形排列，内侧有鬃1～3根。肛锥长为最宽处的1.7～2.5倍，具端长鬃1根和侧鬃2（3）根。受精囊头部大致呈斜方形，尾部显长于头部。

观察标本　共6♂♂、5♀♀，其中1♂于1934年10月4日由柳支英采自浙江杭州，自家猫；2♂♂、2♀♀，1957年采自广西；3♂♂、3♀♀，1957年8月采自云南车里，自家犬，标本存于军医科院微流所。文献记录（李贵真，1986；王敦清，2007）5♂♂、36♀♀采自广东湛江和广州，自家犬，标本存于湛江市疾病预防控制中心（简称湛江疾控中心）和贵州医科大学。

宿主　家犬、家猫、山羊、鹛。

地理分布　浙江（杭州）、广东（湛江、广州）、广西（合浦）、云南（弥渡、祥云、芒市、勐海、金平、勐腊、风仪、下关、瑞丽、陇川、盈江、畹町、沾益）。国外从印度到大洋洲，以及非洲均有分布。按我国动物地理区系，属华中区东部丘陵平原亚区和西南区西南山地亚区。

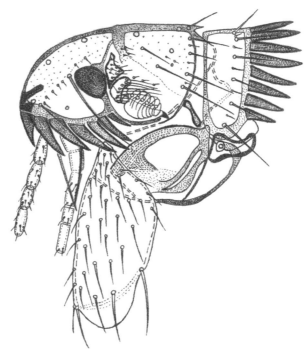

图 44　东洋栉首蚤 *Ctenocephalides orientis* (Jordan)，♀头及前胸（云南车里）

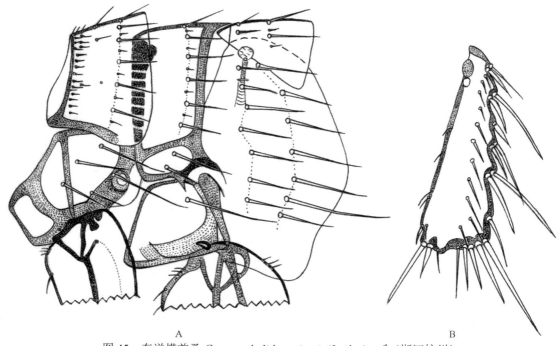

A　　　　　　　　　　　　　　　B

图 45　东洋栉首蚤 *Ctenocephalides orientis* (Jordan)，♂（浙江杭州）

A. 中、后胸及第 1 腹节背板；B. 后足胫节

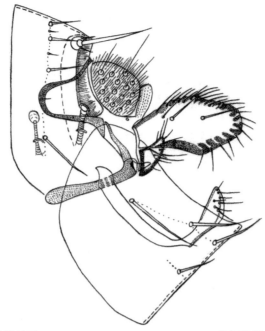

图 46 东洋栉首蚤 *Ctenocephalides orientis* (Jordan)，♂变形节（浙江杭州）

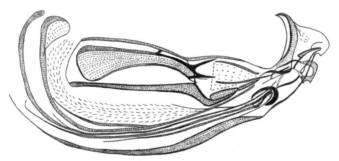

图 47 东洋栉首蚤 *Ctenocephalides orientis* (Jordan)，♂阳茎（浙江杭州）

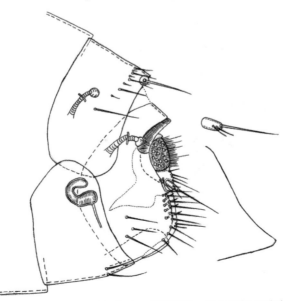

图 48 东洋栉首蚤 *Ctenocephalides orientis* (Jordan)，♀变形节、第 7 腹板后缘变异及肛锥（云南车里）

（6）犬栉首蚤 *Ctenocephalides canis* (Curtis, 1826)（图 49～图 54）

Pulex canis Curtis, 1826, *Brit. Ent.*, **3**: 114, figs. A-E, 8 (n. s.).

Ctenocephalides canis (Curtis): Hopkins *et* Rothschild, 1953, *Ill. Cat. Roths. Colln. Fleas Br. Mus.*, **1**: 164, figs. 74A, 154, 156, 158-160; Liu, 1939, *Philipp. Jour, Sci.*, **70**: 100, figs. 118, 119; Li, 1956, *An Introduction to Fleas*, p. 24, figs. 12, 13; Li, 1963, *Acta Acad. Med. Guiyang*, p. 52, 55, figs. 1, 5, 9, 12; Smit (in Kenneth *et* Smith), 1973, *Insects and Other Arthropods of Medical Importance*, p. 350, fig. 160A, E-G; Liu *et al.*, 1986, *Fauna Sinica Insecta Siphonaptera*, First Edition, p. 165, figs. 17A, 94-98; Yu, Ye *et* Xie, 1990, *The Flea Fauna of Xinjiang*, p. 102, figs. 66-68, 72a. Wu *et al.*, 2007, *Fauna Sinica Insecta Siphonaptera*, Second Edition, p. 172, figs. 98-101; Liu *et* Shi, 2009, *The Siphonaptera of Neimenggu*, p. 120, figs. 42-45.

鉴别特征　犬栉首蚤与东洋栉首蚤的区别是：头部额前缘从背方至颊栉第 1 刺近基部的额缘更圆，额缘中点以下略呈弧形弯向后下方；后胸背板侧区一般具 3 根粗鬃（图 50）；后足基节后缘中段最后深切刻以下，有 2～3 个浅切刻且各有 1 根粗短鬃，或是第 1 个浅切刻之后下方的浅切刻具 2 根粗鬃；♂抱器柄突末端明显膨大；不动突第 1 突起（P^1）外侧鬃可分布至中段以下，数量较多，达 9～14 根；♀触角窝后方无刺鬃，仅偶尔有少数细鬃；受精囊头部无后背角。

种的形态　头　额缘圆（图 49），额缘中点略下方具 1 棒形增厚，其长径明显短于该增厚末端至眼前缘距离。眼鬃 2 根，斜向排列，上位 1 根位于眼的略前方。眼发达，中央色素稍淡，眼的直径小于眼背缘至额前背缘距离。颊部具 8（7）根栉刺，似锯盘状排列，

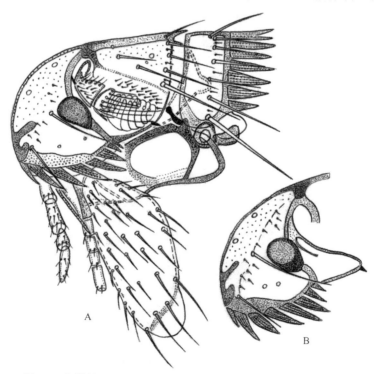

图 49　犬栉首蚤 *Ctenocephalides canis* (Curtis)（采于 1934 年）

A. ♂头及前胸；B. ♀头及颊栉

端尖而伸向后腹方，第 1 刺等于第 2 刺的 1/2 或略强，第 3～5 刺长于并宽于第 7 根及第 8 根刺；颊栉基线明显内凹。后头鬃 3 列，分别为 1、1（2）、5 或 6 根。♂后头沟中深，触角窝背方有 2 列小鬃 18 根，♀未见小鬃或刺鬃。触角第 2 节长鬃达到棒节末端；棒节粗短。下唇须 5 节，长约达前足基节 3/4 或略超出。**胸** 前胸栉 15～17 根，栉刺端尖，背缘刺约与该背板近等长，除背缘 3 根刺外，刺与刺之间有较宽间隙。中、后胸背板各有 1 列鬃，数分别为 7 根及 7 根。背板侧区具粗鬃 3 根（图 50）。后胸后侧片有鬃 2～3 列，22～26 根。后足基节内侧具小刺鬃 8～12 根。后足胫节（图 51B）外侧中纵线有完整鬃 1 列 10（11）根，后背缘中段最后深切刻以下，有 2～3 个浅切刻，且各有 1 根粗短鬃，或是第 1 个浅切刻下方的 1 个浅切刻具 2 根粗鬃，或在两浅切刻之间近旁可具 1 根鬃。后足第 2 跗节略短于第 3、4 跗节之和，其端长鬃达到第 5 跗节中部；各足第 5 跗节有 4 对侧蹠鬃和 1 对亚端蹠鬃。**腹** 第 1 背板具鬃 2 列，第 2～7 背板具鬃 1 列，中间背板 8 根鬃；气门中等大，呈圆形。臀前鬃♂、♀均为 1 根。**变形节** ♂第 8 腹板长略大于横宽，后缘略凹，侧鬃 2 列 7 根。抱器 P¹ 长而较宽，前背缘中段弧凸，腹缘除近基略凹外，大部略直，端及背缘有缘鬃约 18 根，侧鬃较多，14 根，P³ 较小，大致呈菱形，位于 P¹ 之下方，有缘及亚缘侧鬃 9 根。柄突较长，末端显较膨大（图 52），略长于第 9 背板前内突。第 9 腹板前臂端部有较锐的前腹角，后臂显短于前臂，端后缘略斜，具缘及亚缘鬃 9 根。阳茎及内突见图 53。♀第 7 腹板后缘背凸较高（图 54），下有浅而宽的广凹，靠下缘处又具较尖的后腹角。第 8 背板中部具不规则纵行鬃 1 列 5（4）根，后及腹缘具 1 列鬃 15 根，略呈弯弧形排列，生殖棘鬃 5 根，位于亚缘鬃稍前方。肛锥长约为基宽 2.0 倍，上具 1 根长端鬃和 1 根近旁粗侧鬃及 1 根亚端鬃。受精囊头部背缘略凸，后缘为圆形，腹缘直，尾至少约为头部长 1.2 倍。

观察标本 共 1♂、2♀♀，其中 1♂、1♀由武汉大学昆虫研究室于 1934 年 7 月 10 日采自家犬，标本存于湖北省预防医学科学院寄生虫病防治研究所（简称湖北医科院寄生虫病所）；1♀采于 1935 年，宿主同，标本存于军医科院微流所。文献记录 3♂♂、3♀♀，1951 年 3 月采自南京（李贵真，1986），宿主为家犬。标本存于贵州医科大学。

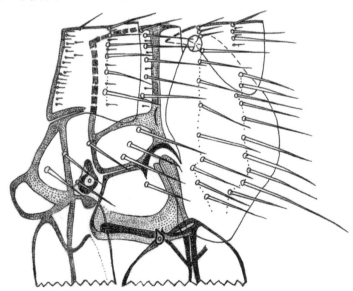

图 50 犬栉首蚤 *Ctenocephalides canis* (Curtis)，♂中、后胸及第 1 腹节背板（采于 1934 年）

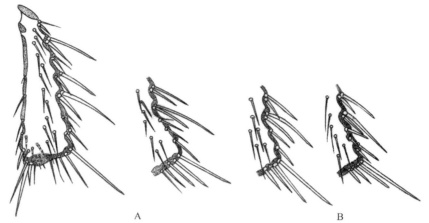

图51　犬栉首蚤 *Ctenocephalides canis* (Curtis)，后足胫节（采于 1934 年）

A. ♀后足胫节；B. ♂后足胫节

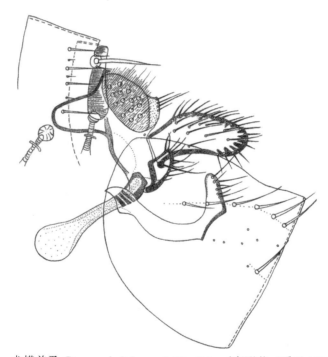

图52　犬栉首蚤 *Ctenocephalides canis* (Curtis)，♂变形节（采于 1934 年）

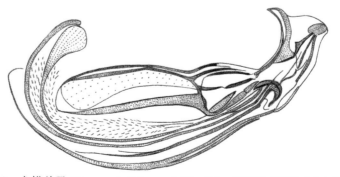

图53　犬栉首蚤 *Ctenocephalides canis* (Curtis)，♂阳茎（采于 1934 年）

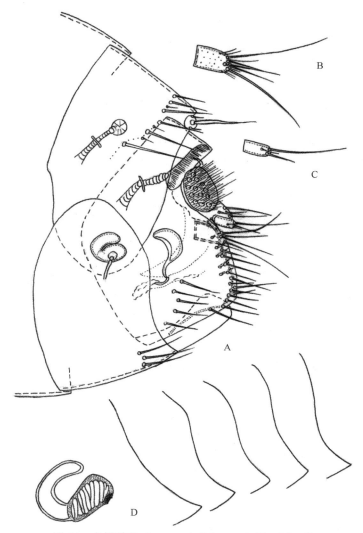

图 54　犬栉首蚤 *Ctenocephalides canis* (Curtis)，♀

A. 变形节（采于 1934 年）；B. 肛腹板；C. 肛锥；D. 第 7 腹板后缘变异及受精囊（新疆）（仿李贵真，1986）

宿主　家犬、赤狐、猫、兔狲、蒙古兔。

地理分布　江苏（南京）、台湾、内蒙古（巴彦淖尔市）、新疆（乌鲁木齐、伊犁、伊宁、奇台）、辽宁（大连）、黑龙江（哈尔滨）、吉林。国外分布于巴勒斯坦、伊朗、土耳其、印度、斯里兰卡、日本等国家及地区。伍长耀（1931）曾报道在上海、广州和厦门等采到过少量标本，后在福建（厦门）、浙江、上海、广东（广州）都报道记录有本种。由于本种属传入种，李贵真（1963，1986）认为，一是早年从港口传入，由于适应能力弱，没有定居下来，仅暂时存在；二是上述地区有东洋栉首蚤分布，有可能是误鉴。

医学重要性　与猫栉首蚤、人蚤和不等单蚤一样，为犬复殖绦虫的中间宿主。

分类讨论　在检视的标本中，后足胫节后缘中段最后深切刻之下均存在一定变异，即浅切刻雄、雌各有一胫节分别为 1、1 和 1、1、1 个，并各有 1 根粗短鬃，另侧第 1 个浅切刻下方的切刻具 2 根粗鬃，或在上、下两切刻之间近旁有一侧具 1 根粗鬃，不过即使有这样的变异，仍可用于区别东洋栉首蚤。

另外，从本次检视的标本及绘制附图和相关文献看，中国分布的 3 种栉首蚤，其中猫栉首蚤指名亚种额缘甚倾斜，犬栉首蚤头部额前缘从背方至颊栉第 1 刺近基部的额缘较东洋栉首蚤更圆，额缘中点以下两性略呈弧形弯向后下方，而东洋栉首蚤虽属短头型，但额缘仍稍有倾斜，那么从相近形态关系看，似更接近于前者。

客蚤族 Xenopsyllini Glinkiewicz, 1907

Xenopsyllini Glinkiewicz, 1907, *Sitzber. Ak. Wiss. Wiss. Wien.*, **116**: 381 (n. s.); Lewis, 1972, *J. med. Eet.*, **9**: 516; Liu *et al.*, 1986, *Fauna Sinica Insecta Siphonaptera*, First Edition, p. 173; Chin *et* Li, 1991, *The Anoplura and Siphonaptera of Guizhou*, p. 212; Cai *et al.*, 1997, *The Flea Fauna of Qinghai-Xizang Plateau*, p. 17; Xie *et* Zeng, 2000, *The Siphonaptera of Yunnan*, p. 63; Wu *et al.*, 2007, *Fauna Sinica Insecta Siphonaptera*, Second Edition, p. 182.

鉴别特征　触角棒节不对称，前 2 或 3 个小节叶状，倒向后方，♂内侧小吸盘发达。角间缝和内脊缺如或弱骨化。具中央梁。在有眼的情况下部分被眼遮盖。缺少额前缘的内增厚。无颊栉和前胸栉。具中胸侧杆。♂抱器具两个较小突起（P^1 和 P^2），但不呈钳状；P^2 更小些，与抱器体和柄突之间没有分界的缝。♀臀前鬃与第 7 背板的边缘相分离。

中国长江中、下游地区已知分布有 3 属。

5. 长胸蚤属 *Pariodontis* Jordan *et* Rothschild, 1908

Pariodontis Jordan *et* Rothschild, 1908, *Parasitology*, **1**: 13. **Type species**: *Pariodontis riggenbachi* Rothschild, 1904 (n. s.); Hopkins *et* Rothschild, 1953, *III. Cat. Roths. Colln. Fleas Br. Mus.*, **1**: 232; Liu *et al.*, 1986, *Fauna Sinica Insecta Siphonaptera*, First Edition, p. 173; Chin *et* Li, 1991, *The Anoplura and Siphonaptera of Guizhou*, p. 213; Xie *et* Zeng, 2000, *The Siphonaptera of Yunnan*, p. 63; Wu *et al.*, 2007, *Fauna Sinica Insecta Siphonaptera*, Second Edition, p. 182.

鉴别特征　颊叶三角形，特尖而长，呈钩状向后方延伸，超出前胸腹侧板前缘。前胸背板显长于中胸背板，而与第 1 腹节背板几等长，这是区别于蚤科已知属的独特特征。

属的记述　头部具角间内突，但不甚明显；中央梁稍小于眼，骨化较强。眼大、色深，但中央具浅色区。触角棒节不达前胸腹侧板上，仅外侧及后侧分小节；棒节有 2 列各 3 根小刺鬃。眼鬃 0～2 根，下方 1 根甚小。胸、腹鬃较短，各气门均较蚤亚科各属者大。第 8 背板气门向背方延伸，明显高出臀板背缘。♂抱器具 3 个突起，P^1 和 P^2 大致呈棒状。♀受精囊特小，不符合一般比例。头部宽度略大于长度，尾部显然长于头部，其基部稍细缩。

长胸蚤属是寄生于豪猪属（*Hystrix*）的稀见蚤属，全球已发现 5 种，中国分布有 2 亚种：豪猪长胸蚤小孔亚种和云南亚种，指名亚种分布于非洲，长江中、下游地区分布有 1 亚种。中国两亚种与指名亚种的区别是：①下唇须的末节长度约为邻节之倍；②腹节第 1～7 背板气门较小；③后足第 1 跗节长度约为第 5 跗节之倍；④后头鬃前列 1 根鬃较细小，尤♂几难窥见。

（7）豪猪长胸蚤小孔亚种 *Pariodontis riggenbachi wernecki* Costa Lima, 1940（图 7，图 8，图 55～图 57，图版Ⅰ）

Pariodontis riggenbachi 'Roths': Jordan, 1929, *Proc. 3rd. Int. Congr. Ent.*, **2**: 602, 603 (*Partim, nec* Rothschild, 1904；specimens from India) (n. s.).

Pariodnetis riggenbachi (Rothschild): Sharit, 1930, *Rec. Ind. Mus.*, **32**: 40, fig. 4 (n. s.).

Pariodontis riggenbachi wernecki Costa Lima, 1940, *Ann. Acad. Bras. Sci.*, 12: 88. figs. 1, 2 (Agra, India, from *Hystrix bengalensis*) (n. s.).

Pariodontis riggenbachi wernecki Costa Lima: Hopkins *et* Rothschild, 1953, *Ill. Cat. Roths. Colln. Fleas Br. Mus.*, **1**: 236, fig. 241；Liu *et al.*, 1986, *Fauna Sinica Insecta Siphonaptera*, First Edition, p. 174, figs. 111, 112, 116；Chin *et* Li, 1991, *The Anoplura and Siphonaptera of Guizhou*, p. 214, figs. 27, 28；Xie *et* Zeng, 2000, *The Siphonaptera of Yunnan*, p. 64, 44, 46, 47；Wu *et al.*, 2007, *Fauna Sinica Insecta Siphonaptera*, Second Edition, p. 183, figs. 115, 116, 120.

鉴别特征 该亚种与云南亚种的区别是：①♂抱器第 1 突起 P^1 从基部到末端大致同宽，第 2 突起 P^2 腹缘较直，第 3 突起 P^3 较长，超过第 2 突起之半；②第 8 背板气门窝较窄，无论♂及♀前缘通常弯弧形；③♂后头沟较窄，最宽处在中段。

亚种形态 头 额缘圆，额突最凸处位于额缘中点略下方（图 55）。眼鬃 2 根短小，上方 1 根紧贴眼的前下方，未见额鬃。眼大而色黑，中色素稍淡。颊叶渐窄尖，其腹缘平伸或斜伸体后方；颊叶背方具近 "V" 形较深内凹。♂后头沟发达，中部最宽，其上具小毛 7 根左右。后头鬃前列 1 或 2 根，后列 3～5 根，另在前列之前具 1 根甚小微鬃，几难窥见。触角窝背缘♂具 1 列 11～14 根短刺鬃，♀4 或 5 根，稍近刺状。触角第 1 节，♂者较长，其上具鬃 11～14 根；♀为短三角形，后缘鬃 2 或 3 根。触角第 2 节长鬃♀达或超过棒节末端，其上具后缘鬃 7 根左右。棒节横椭圆形，分节不完全，腹缘具小棘鬃 3 根。下颚须与下唇须等长，其上粗齿密布；下唇须末节的长度约为邻节之倍，♂可达前足基节的 4/5，♀稍短。各节末节均有 2 根略长鬃，第 1、2 节者可超过下一节的末端，第 3 节可达末节约 2/3 处。

胸 前胸较中胸为长，其内侧背缘具较宽厚化带；中胸背板背缘略凸，其上具侧长鬃 1 列 6 根，其间各夹杂 1 根微鬃。中胸腹侧板鬃具 2 列 5 或 6 根，后列 3（4）根粗而近亚刺状。后胸背板侧区和后胸前侧片各具鬃 1 根；后胸后侧片具 2 列 11～12 根鬃，成 2 纵行排列；该节气门较大，近花瓣状。前足基节外侧具细鬃 23（24）根，长缘鬃 6 根，端鬃 1 根。后足基节内侧具较粗壮刺鬃 1 列 10（11）根；后足股节内、外两侧近腹缘各有 1 列鬃 4～6 根，后足胫节外侧具鬃 10（11）根，成 2 列排列，前列 2 根，后列 8 根，后背缘具 4 个深切刻和 2 个浅切刻，其中浅切刻近基后缘 1 个，第 3 深切刻与端切刻之间具 1 个；另在第 1 与第 2 深切刻之间具 1 根细鬃。前、中足第 1 跗节短于第 2 跗节，后足胫节和第 1、2 跗节端长鬃都长：胫节端长鬃♂近达第 2 跗节末端，♀超过第 1 跗节末端。第 1 跗节端长鬃♂达第 2 跗节约 2/5 处，另有缘鬃 1 横列，约 9 根；♀可超出第 2 跗节末端，横列缘鬃 3～6 根。第 2 跗节端长鬃约达第 5 跗节 4/5 处。各足第 5 跗节有 4 对侧蹠鬃，第 3、4 对之间距离较大，每侧各有细鬃 1 根，亚端鬃 2 根，其中 1 根呈粗短刺状。腹 第 1 背板♂具鬃 2 列（前列仅 1 根），第 2～7 背板气门下方鬃，♂只有 1 根，♀2 根；上方主鬃列♀3、♂5 根；气门小而端圆。臀前鬃♂、♀都只有 1 根，约略同长。第 8 背板气门窝为窄长带形，♂等宽，前缘弯弧形或微凸。变性节 ♂第 8 腹板大，向背方包，末端略尖，侧鬃 2 列：2、1 根。第 9 背板前内突很小，仅呈小乳突状。抱器体无基节白鬃，后腹缘略弧凸。柄突基部腹缘具 1 钝形隆起，柄突较窄细，末端略钝。抱器突 P^1 狭长，从基部至末端，大致同宽（图 56），其上具长鬃 2 根、亚长或短鬃 3 鬃；P^2 与 P^1 约同宽，具短鬃 5 或 6 根，近基有小感器 3（4）个；P^3 为三角形，其末端约达 P^2 之半，末端至后缘有细鬃 1 列 8 根，前亚缘具侧鬃 1 根。第 9 腹板基部似钩状，前臂短小，后臂狭长，基段略宽，中段偏上方稍细窄，端部略膨大，但有变异，具近端鬃 8 根，后亚缘小鬃 4 根。阳茎内突宽而长，背缘直。♀第 7 腹板后缘上

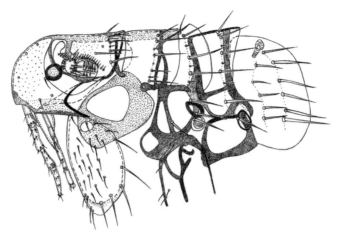

图 55　豪猪长胸蚤小孔亚种 *Pariodontis riggenbachi wernecki* Costa Lima，♂头、胸部（宜昌莲棚）

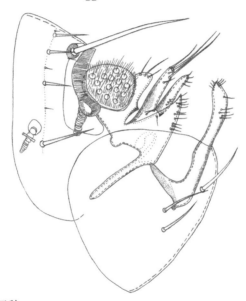

图 56　豪猪长胸蚤小孔亚种 *Pariodontis riggenbachi wernecki* Costa Lima，♂变形节（宜昌莲棚）

段略凸，下段陡斜或稍凹，近腹角较圆钝（图 57），具侧鬃 1 列 4 或 5 根，成上、下 2 组，上组为 3（2）根，下组 2 根近腹缘。第 8 背板大，后端略凸或近直，外侧中部具长鬃 1（2）根，后亚缘及近腹缘具弧形排列鬃 1 列，16~19 根，近旁具小鬃 3~5 根，内侧具鬃 6（7）根。第 8 腹板较宽短。肛锥圆柱状，具端长鬃 1 根和侧鬃 3 根，另在端鬃近旁具 1 骨化角突。肛背板背缘具粗长鬃 1 根，中、短鬃约 5 根，腹缘至后端具密集成簇中长鬃。肛腹板较狭窄，近端具鬃约 8 根。臀板前背方呈明显弯尖角状。交配囊管微弯，受精囊头部较小，近扁圆形，宽度稍大于长度（图版Ⅰ），尾部较细而长，骨化弱；受精囊筛区略平。受精囊管在一清晰标本中甚为细长，绕头部 1 圈后向后斜下直达阴道。

　　观察标本　共 8♂♂、7♀♀，1988 年 4 月 9 日采自湖北长江三峡以南的宜昌莲棚豪猪。标本存于宜昌疾控中心、湖北医科院传染病所和军医科院微流所。文献记录（李贵真，1986，1991）1♀，广东阳山，1958 年 10 月；1♂、2♀♀，云南勐海，1964 年 3 月；2♀♀，黔东南（镇远），1956 年 6 月，宿主均为豪猪。标本存于贵州医科大学。

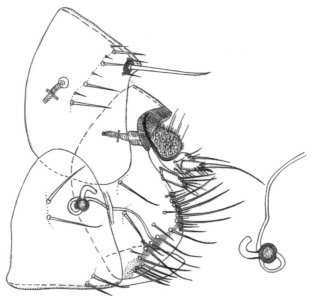

图 57　豪猪长胸蚤小孔亚种 *Pariodontis riggenbachi wernecki* Costa Lima，♀变形节及受精囊（宜昌莲棚）

宿主　冠豪猪、豪猪、豹。

地理分布　湖北宜昌（莲棚）、广东（阳山）、贵州（镇远、黔东南）、云南（勐海）；国外分布于印度。按我国动物地理区系，属华中区西部山地高原亚区和东部丘陵平原亚区、华南区闽广沿海亚区和西南区西南山地亚区。

分类讨论　小孔亚种除以上鉴别中所提到的 3 个特征，尤其是♂抱器与云南亚种有明显差异外，其余如颊叶、♂第 9 腹板后臂、♀第 7 腹板后缘和受精囊管孔与云南亚种似看不出差异，尤其第 9 腹板后臂形状有一定变异；受精囊头部形状，经反复观察，认为与是否处于正位有关，不能用于鉴别。

6. 客蚤属 *Xenopsylla* Glinkiewicz, 1907

Xenopsylla Glinkiewicz, 1907, *S. B. Acad. Wiss. Wien. Abt.*, **1**. 116, 385. **Type species**: *X. pachyuromyidis* Glink. (= *cheopis* Roths.) (n. s.); Liu, 1939, *Philipp. J. Sci.*, **70**: 99, 102; Hopkins *et* Rothschild, 1953, *Ill. Cat. Roths. Colln. Fleas Br. Mus.*, **1**: 238; Liu *et al.*, 1986, *Fauna Sinica Insecta Siphonaptera*, First Edition, p. 181; Yu, Ye *et* Xie, 1990, *The Flea Fauna of Xinjiang*, p. 87; Chin *et* Li, 1991, *The Anoplura and Siphonaptera of Guizhou*, p. 216; Cai *et al.*, 1997, *The Flea Fauna of Qinghai-Xizang Plateau*, p. 17; Xie *et* Zeng, 2000, *The Siphonaptera of Yunnan*, p. 67; Wu *et al.*, 2007, *Fauna Sinica Insecta Siphonaptera*, Second Edition, p. 192; Liu *et* Shi 2009, *The Siphonaptera of Neimenggu*, p. 125.

鉴别特征　体形粗短，体鬃较细而色淡，具眼。颊叶短钝，无颊栉及前胸栉。前胸背板较中胸背板为短，中胸背板比第 1 腹节背板为短。中胸侧板很宽，被垂直侧板杆分为前、后两叶。

属的记述　头部宽圆，无额突。额鬃较少，一般只有 2 根，上鬃位于眼的前方，下鬃位于近亚颊缘，垂直排列。后头鬃前列 1 根鬃。触角短，棒节在角窝内前腹侧不分小节。后足基节后缘在中段以下突然狭窄而形成 1 个明显的后角。下唇须 4 节，不达前足基节之端。后胸前侧片与后胸腹板之间有明显的缝，或仅具 1 横行内脊。♂抱器突伸向后方，骨化很弱，端部具亚缘鬃和侧鬃多根；可动突由抱器突的腹面而生出。第 9 背板前内突不发达，第 9 腹板后臂和柄突二者狭长。第 8 腹板大。♀受精囊头及颈部具深色骨化加厚。

客蚤属全球已记录有 86 种，隶属于 8 个种团，多数种类分布于埃塞俄比亚界和古北界的温带地区，少数分布于东洋界及澳洲界，主要寄生于啮齿动物，少数演化发展成为鸟类寄生蚤。属内成员是腺鼠疫重要传播媒介，在流行病学上具有重要医学意义，是疾病预防控制职能部门高度关注的一个类群。中国分布有 7 种，隶属于 2 个种团 (*cheopis*-group 及 *conformis*-group)，其中大部分分布于西北部的新疆及宁夏至甘肃以西等地区，长江中、下游一带地区分布有 1 种。

（8）印鼠客蚤 *Xenopsylla cheopis* (Rothschild, 1903)（图 6，图 58～图 61）

Pulex cheopis Rothschild, 1903, *Ent. Mon. Mag.*, **39**: 85, pl. 1, figs. 3, 9; pl. 2, figs. 12, 19 (Near Shendi, Sudan, from *Acomys witherbyi*) (n. s.).

Xenopsylla cheopis (Rothschild): Liu, 1939, *Philipp. J. Sci.*, **70**: 102, figs. 124, 125.

Xenopsylla cheopis (Rothschild): Hopkins et Rothschild, 1953, *III. Cat. Roths. Colln. Fleas Br. Mus.*, **1**: 248, figs. 20A, 76, 199, 220, 246, 255, 259, 266, 286, 305-308, 310, 391; pls. 2, 22D-F, 39A, 40E; Smit (in Kenneth et Smith), 1973, *Insects and Other Arthropods of Medical Importance*, p. 339, fig. 153A, F-G; Liu et al., 1986, *Fauna Sinica Insecta Siphonaptera*, First Edition, p. 183, figs. 16A, 121-123, 126; Chin et Li, 1991, *The Anoplura and Siphonaptera of Guizhou*, p. 217, figs. 29, 30; Cai et al., 1997, *The Flea Fauna of Qinghai-Xizang Plateau*, p. 17, figs. 24-26; Xie et Zeng, 2000, *The Siphonaptera of Yunnan*, p. 67, figs. 1, 13, 20, 50-53; Wu et al., 2007, *Fauna Sinica Insecta Siphonaptera*, Second Edition, p. 194, figs. 15A, 34, 125-127, 130; Liu et Shi, 2009, *The Siphonaptera of Neimenggu*, p.126, figs. 47-50.

鉴别特征 后头鬃具 3 列鬃；前足第 5 跗节具 3 根刺形亚端腹鬃；♂抱器具 2 个发达的突起，前突起宽短，后突起窄长，并远高于前突起；第 9 腹板后臂骨化均匀；♀受精囊尾基部与头部等宽或前部微宽，其骨化色素加深超过全长之半。

种的形态 头（图 58） 额缘♂均匀圆凸，♀额上缘稍有倾斜。眼鬃 2 根，上位眼鬃位于眼的前缘中央或稍上、下方。眼大而色黑，圆形。后头鬃 3 列，依序为 1、1、6 或 7 根，偶单侧在前列之前多生出 1 粗鬃，变异成 4 列。♂具发达后头沟；♂触角窝背缘具 1 列粗短鬃，11 或 12 根。触角第 2 节细长鬃，♂约达之半，♀有 4～7 根达棒节 2/3 或超过末端。下唇须较长，长约达前足基节 4/5 或至末端。**胸** 中胸背板较前胸和后胸为长，其上各背板上具鬃 1 列，前胸背板两侧具鬃 13～15 根；中胸背板两侧具鬃 15 或 16 根；后胸背板两侧具鬃 12～14 根。中胸腹侧板具 2 列 3 根鬃；后胸背板侧区具 1 根粗鬃。后胸后侧片具 2 列 11～13 根鬃，其前列中间几根较短小，上、下方 1 或 2 根及后列较粗长，其上位 1 根位于气门下略后方。前足基节外侧鬃 39～44 根。前足股节外侧约有 19 根小鬃，成 4 列。后足基节内侧具 1 列 5～7 根粗短棘鬃。后足胫节内侧无鬃，外侧有鬃 17 根，后背缘具 3 深切刻，上、下方各有 1 个浅切刻，后端鬃 2（3）根粗壮。后足第 1 跗节端长鬃达到第 2 跗节末端，第 2 跗节端长鬃近达第 5 跗节 1/4 或中部处。前足及中足第 5 跗节具 3 根刺形亚端腹鬃；后足第 5 跗节具 2 根亚端腹鬃，其中 1 根较长。**腹** 第 1 背板具鬃 2 列，第 2～7 背板具鬃 1 列，中间背板 8 根鬃，♂1 根、♀1 或 2 根位于气门下方。♀基腹板近腹缘处具密集线纹区；臀前鬃♂、♀均为 1 根，着生在 1 略骨化小隆起上。**变形节** ♂第 8 腹板近腹缘每侧有鬃 6～9 根，其中 2 或 3 根为长鬃。抱器不动突第 1 突起 P^1 粗短（图 59），长为宽的 2.0～2.2 倍，前缘弧凸，具侧鬃 7～10 根。抱器第 2 突起 P^2 狭长，端半部稍宽，近端

图 58 印鼠客蚤 *Xenopsylla cheopis* (Rothschild)，♂头、胸及第 1 腹节背板（湖北武汉）

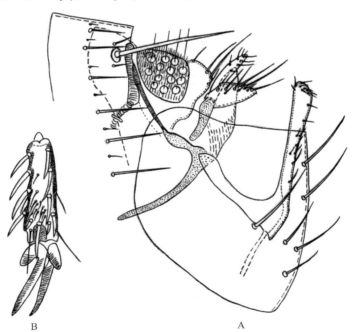

B   A

图 59 印鼠客蚤 *Xenopsylla cheopis* (Rothschild)，♂（湖北武汉）
A. 变形节；B. 前足第 5 跗节，示具 3 根亚端腹鬃

及后缘具一些微鬃 8～19 根。柄突窄长，显长于抱器第 2 突起 P²。第 9 腹板前臂骨化甚弱，仅略见痕迹，后臂从基向端渐增宽，后端角圆弧形，近端及后侧缘具纵行小鬃 18～21 根。阳茎端侧叶较宽，端缘弧凸或略平，背角具 1 细狭伸出（图 60）；阳茎内突窄长，腹端均匀弧凸，似刀状；阳茎杆粗壮。♀第 7 腹板后缘下段略凸，外侧近腹缘具 1 列 4 或 5 根长鬃，其前有附加鬃 0～2 根。第 8 背板后端圆凸，外侧具长、短鬃 21～25 根，其中后列 9～12 根为中长鬃，呈弯弧形排列；另亚缘内侧具 1 列亚刺鬃 7～10 根。第 8 腹板较宽大，末端圆钝。

肛锥瓶形，长为基部宽的 1.5～2.0 倍，上具长端鬃及侧鬃各 1 根。肛背板与肛腹板约等长，上具较多中长鬃，但未见刺鬃或亚刺鬃。受精囊 "U" 形，尾基部略粗于头部宽度，头部近圆形，尾部长，深色骨化部分约占尾部大部分（图 61）。交配囊发达，但大部分膜质化。

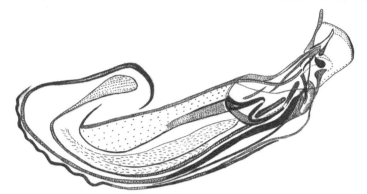

图 60　印鼠客蚤 *Xenopsylla cheopis* (Rothschild)，♂阳茎（湖北武汉）

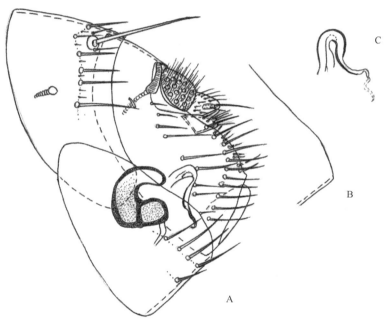

图 61　印鼠客蚤 *Xenopsylla cheopis* (Rothschild)，♀（湖北武汉）
A. 变形节；B. 第 7 腹板后缘变异；C. 交配囊

观察标本　共 22♂♂、28♀♀，其中 2♂♂、3♀♀于 1960 年 4 月 14 日采自湖北当阳；20♂♂、25♀♀，1960 年采自湖北武汉，宿主为黄胸鼠和褐家鼠。标本存于湖北医科院传染病所。

宿主　褐家鼠、黄胸鼠、小家鼠等。省外有达乌尔黄鼠、黑线仓鼠、黑线姬鼠、田小鼠、针毛鼠、黄毛鼠、北社鼠、斯氏家鼠、臭鼩、大足鼠、大绒鼠、赤腹松鼠、树鼩、高山姬鼠、犬、黄鼬、家鼠云南亚种、家猫和家兔等。

地理分布　湖北武汉、咸宁、宜昌三斗坪、当阳、恩施、来凤、京山、应城等；江西、浙江、福建、广东、辽宁、河北、贵州、云南和内蒙古等。国外广泛分布，为世界广布种。

生物学资料及医学重要性　寄生于家栖类啮齿动物，以黄胸鼠、褐家鼠为主要宿主，是亚洲、非洲和南美洲鼠疫疫源地的主要媒介。印鼠客蚤能自然感染和实验感染鼠疫菌，由于媒介效能高，受到了国内、外高度关注。Jordan 和 Rothschild 认为原产地可能是中东尼罗河区域，后随人类经济交往，而逐步扩散到世界各地。在中国除西藏没有该种分布外，其余各地均有分布，只是东、西部地理环境、山脉的海拔、气候和温度、湿度不同，在数量及指数上存在一定的差异，这一现象同一地区不同地点也存在，如湖北长江三峡地区仅偶尔才能采到少数个体，而在江汉平原、大洪山脉以东则是十分常见的蚤种，这主要与生态环境和地质结构不同有关。然而在我国鼠疫自然疫源地，则呈现较高的数量，如贵州天生桥 2000 年采获的 5004 只蚤类，其中啮齿动物体外印鼠客蚤占 65.00%，地面游离蚤占 52.69%，季节高峰为 6～10 月（陈春贵等，2005，2010）。在福建泉州啮齿动物体外印鼠客蚤占 87.61%（李峰平等，2011），在云南家鼠鼠疫自然疫源地，1982 年在陇川、瑞丽多点复燃暴发鼠疫至 2002 年间，先后有 46 个县发生流行，其中 29 个县发生人间鼠疫，经调查，印鼠客蚤占 67.04%（张丽云等，2003），这反映了印鼠客蚤在我国南方一些自然疫源地仍占主导地位。印鼠客蚤在家鼠自然疫源地传播鼠疫是最活跃的媒介，其分布、繁殖、季节消长与人间及鼠间鼠疫发生关系极为密切，它系该类型疫源地检菌媒介最高的种类，为 92.65%（高子厚等，2008）。印鼠客蚤全年均可繁殖，是造成鼠疫长年发生的重要原因。因此，深入研究印鼠客蚤的发生、发展及空间格局分布规律，仍是今后相当一段长时间内媒介监测重要任务和仍需继续深入研究的工作。

印鼠客蚤的卵期为 6～8 天，幼虫为 12～15 天，茧期为 16～25 天，由卵发育为成蚤为 32～44 天。成蚤产卵通常为 100 天，最长 377 天，产卵高峰为 30～40 天（胡晓玲等，2002）。

蠕形蚤总科 Vermipsylloidea Wagner, 1889

头、胸及腹部均无栉，胸、腹部背板后缘无端小刺；后足基节内侧无小刺形鬃；第 1 和第 2 腹节背板至少具 2 列鬃；臀板横位；无臀前鬃；♀蚤无肛锥。蠕形蚤总科仅蠕形蚤 1 个科。

蠕形蚤科原隶属于角叶蚤总科 Ceratophylloidea，Smit 于 1982 年将其独立出来并提升为总科。

二、蠕形蚤科 Vermipsyllidae Wagner, 1889

Vermipsyllidea Wagner, 1889, *Hor. Soc. Ent. Ross.*, **23**: 205 (n. s.); Hopkins *et* Rothschild, 1956, *III. Cat. Roths. Colln. Fleas Br. Mus.*, **2**: 67; Liu *et al.*, 1986, *Fauna Sinica Insecta Siphonaptera*, First Edition, p. 197; Yu, Ye *et* Xie, 1990, *The Flea Fauna of Xinjiang*, p. 115; Cai *et al.*, 1997, *The Flea Fauna of Qinghai-Xizang Plateau*, p. 20; Wu *et* Liu (in Zheng *et* Gui), 1999, *Insect Classi Fication*, p. 777; Xie *et* Zeng, 2000, *The Siphonaptera of Yunnan*, p. 71; Wu *et al.*, 2007, *Fauna Sinica Insecta Siphonaptera*, Second Edition, p. 209; Liu *et* Shi, 2009, *The Siphonaptera of Neimenggu*, p. 136.

鉴别特征 头、胸、腹无栉刺及无端小刺。两性均无臀前鬃。♀无肛锥。后胸后侧片具长鬃列，其气门位于近背缘。臀板横位。♀蚤腹部两侧腹板在中腹线上部分或完全分离。

科的记述 头无角间缝，触角窝远不达头顶，无中央梁，棒节全环状，圆至长椭圆形，由 7～9 节组成。额突少数呈永久型，多数为脱落型；眼大而具内窦；幕骨弧位于眼前；下唇须 5 节以上，多至 20～30 节时有许多节缝不全。后胸侧拱和侧杆发达。臀板杯陷 16 个以上，个别蚤种臀板杯陷 11 个左右。

全球已知 3 属 49 种（亚种），广布于古北界，少数鬃蚤属的种类分布于新北界和东洋界，本科是食肉目、奇蹄目和偶蹄目的寄生蚤。中国长江中、下游一带地区分布有 1 属。

　　本科是近年来种类增加比较快的一个科，但有的并非为亚种，而是独立的近缘种，如蠕形蚤属 *Vermipsylla* Sckimkewitsch, 1885 中的不齐蠕形蚤贡嘎亚种 *V. asymmetrica gonggaensis* Bai et Lu, 2016，它有以下几个特征是相当独特的，未见于属内其他种（亚种）：①♂不动突具宽圆的背凸，最突出处位于背缘的中点，即在抱器体中纵线上，并向后方呈弧形逐渐缓慢斜下；②可动突基腹缘位于抱器体中横线处，端背缘与后下缘之间具更宽且圆的后凸，几呈半圆形；③抱器体弧凸的后腹缘，显长于后缘角突之上方的后缘。由于这些差异发生在♂抱器变形节的硬质结构上，宿主为青麂 (*Muntiacus* sp.)，与指名亚种 *V. a. asymmetrica* Liu, Wu et Wu, 1986 和新月亚种 *V. a. lunata* Liu, Tsai et Wu, 1974 的宿主为麝 (*Moschus* sp.) 有很大不同。大型有蹄类是移动或迁徙性极强的动物，在没有宽阔的大江大河和高耸冰封雪山天然屏障历经数百万年或更长地质历史阻隔，一般难于形成独立分布区，如用亚种的地理分布一般较难解释或理解，尤其是与新月亚种的地理分布关系。基于以上两方面的认识和形态学证据，在本书中将其提升为独立种，即贡嘎蠕形蚤 *V. gonggaensis* Bai et Lu, 2016。

7. 鬃蚤属 *Chaetopsylla* Kohaut, 1903

Chaetopsylla Kohaut, 1903, *Alattani Közlem, Enyek* (Budapest), **2**: 37. **Type species** by subsequent selection (de Cunha, 1914, p. 105): *C. rothschildi* Koh. (n. s.); Liu, 1939, *Philipp. J. Sci.*, **70**: 94; Hopkins et Rothschild, 1956, *III. Cat. Roths. Colln. Fleas Br. Mus.*, **2**: 68: 70; Liu et al., 1986, *Fauna Sinica Insecta Siphonaptera*, First Edition, p. 198; Yu, Ye et Xie, 1990, *The Flea Fauna of Xinjiang*, p. 129; Cai et al., 1997, *The Flea Fauna of Qinghai-Xizang Plateau*, p. 20; Xie et Zeng, 2000, *The Siphonaptera of Yunnan*, p. 71; Wu et al., 2007, *Fauna Sinica Insecta Siphonaptera*, Second Edition, p. 209; Liu et Shi, 2009, *The Siphonaptera of Neimenggu*, p. 136.

　　鉴别特征　触角棒节 9 节，椭圆形，长远大于横宽，可见 9 小节；下唇须较短，5～10 节，不长于或稍超过前足基节之端；♀蚤腹部两侧腹板在腹中线不完全分离；寄主为食肉目动物，仅细簿鬃蚤 *C. (C.) grdcilis* Lewis, 1971、中间鬃蚤 *C. (C.) media* Wu, Wu et Tsai, 1979 寄生于兔形目 Lagomorpha 和偶蹄目 Artiodactyla 属例外。

　　属的记述　额突较大，多数为脱落型，少数为永久型，♂高、♀低；眼鬃列 4 根鬃，眼下颊叶有或无鬃；触角梗节长鬃♀通常超过棒节之端；♂后头沟及鬃发达；前、中、后中胸背板通常具 1、2、2 列鬃；中胸背板具假鬃；各足胫节后缘具 6 个切刻；后足第 1 跗节通常具 4 个切刻，中段以后除中间鬃蚤 *C. (C.) media* Wu, Wu et Tsai, 1979 外均不折曲；阳茎端形态构造特异和多样；中间背板主鬃列♂气门下有鬃，♀第 4 背板起一般无鬃；基腹板后部有许多纤细弯条纹；♀孕卵腹部仅中度膨大，受精囊尾基部插入头内，尾端有的蚤种具发达乳突。

　　本属部分种类分种一般比较困难，在种间♂有的仅个别特征十分突出和独特，而其他特征差异相对较小，鉴定中尤其要特别注意♂阳茎端的构造，可动突的形状，抱器体的宽窄，基节臼下缘的位置，基节臼下外侧及前、上方是否光裸或有鬃，以及下内侧鬃数目，排列的形状，或是否成簇靠近臼下缘而略呈"L"形弯向后方，或垂直排列向腹方，上述特征有的种与种之间呈现明显镶嵌组合分布状态。♀第 7 腹板后缘和交配囊管，虽然在分类中有重要价值，但有的仍有变异，在个体数量较少时很容易误判，尤其在首次获得鬃蚤的地区，一般要伴有♂才能做出比较准确的判定，宿主有的蚤种十分特异，尤其在仅获得雌蚤的地区，宿主的准确鉴定仍具有较重要的参考意义或价值。

　　鬃蚤属主要分布于古北界，少数分布东洋界及新北界，其中有相当一部分为中国特有，宿主主要是食肉目动物。全球已记录 29 种，中国已报道 17 种，长江中、下游一带地区分布有 5 种，湖北现知有 3 种。本属也是近 20 年数量增加比较快的一个蚤属，尤其是在亚洲，随着调查的深入，推测该属种类还会有所发现或进一步增加。

２）鬃蚤亚属 *Chaetopsylla* Kohaut, 1903

Chaetopsylla Kohaut: Hopkins *et* Rothschild, 1956, *Ill. Cat. Roths. Colln. Fleas Br. Mus.*, **2**: 78, fig. 119; Liu *et al.*, 1986, *Fauna Sinica Insecta Siphonaptera*, First Edition, p. 202; Cai *et al.*, 1997, *The Flea Fauna of Qinghai-Xizang Plateau*, p. 22; Xie *et* Zeng, 2000, *The Siphonaptera of Yunnan*, p. 72; Wu *et al.*, 2007, *Fauna Sinica Insecta Siphonaptera*, Second Edition, p. 219.

鉴别特征　该亚属区别于熊鬃蚤亚属 *Arctopsylla* 的特征是额突为脱落型。另外，♂抱器体相对较宽广；臼下缘位置通常较低，大多接近抱器体中横线附近或稍上方；可动突一般较细长，但中间鬃蚤 *C. (C.) media* Wu, Wu *et* Tsai, 1979 属例外。

种 检 索 表

1. 眼下颊叶具 1 根鬃 ·· 2
   眼下颊叶无鬃 ·· 3
2. ♂阳茎端侧叶基部远宽于端段，呈尖锥形（图 63C）；可动突前缘较直（图 63A）；♀第 7 腹板后缘中部具 1 较窄小凹或偶直，交配囊管呈较粗的宽 "C" 形（图 64）··············· **王氏鬃蚤 *C. (C.)wangi***
   ♂阳茎端侧叶呈长舌形（图 67），背、腹缘近平行，末端圆；可动突前缘较凹（图 66）；♀第 7 腹板后缘微凸或微凹；交配囊管呈较细的窄 "C" 形（图 68）··············· **近鬃蚤 *C. (C.)appropinquans***
3. ♂阳茎端背叶近宽三角形，末端尖，端缘微凹，腹叶梭形（图 78）；可动突基半部远宽于端半部；基节臼下内侧具鬃 20 根（图 77）；♀第 7 腹板后缘中部内凹稍浅，交配囊管见图 79 ···············
   ·· **杭州鬃蚤 *C. (C.) hangchowensis***
   ♂阳茎端背叶背、腹缘平行或末端圆，腹叶三角形（图 70）；可动突基半部仅略宽于端半部或端半部显向前弯；基节臼下内侧具鬃 24～40 根；♀第 7 腹板后缘中部内凹较深 ···············4
4. ♂可动突棒状，前、后缘近直或微弯（图 69），末端较宽仅稍低于不动突；第 8 背板气门下具 2 根长鬃；不动突前缘及内侧亚前缘到顶端具鬃 24～28 根；第 9 腹板前臂端段呈弓形向上拱，背隆起不发达而近弧形；♀第 7 腹板及交配囊管见图 71 ··············· **文县鬃蚤 *C. (C.) wenxianensis***
   ♂可动突端半部显向前弯（图 74），前缘甚凹，后缘弯弧形，最凸处位于中点稍下方，末端窄并显低于不动突；第 8 背板气门下具 3 根粗长鬃和 1（0）根中长鬃；不动突前背缘及内侧亚前缘至顶端具稠密簇鬃约 40 根；第 9 腹板前臂直而不呈弓形显向上拱和背缘具发达的峰状背突；♀未发现···············
   ·· **马氏鬃蚤 *C. (C.) malimingi***

（９）王氏鬃蚤 *Chaetopsylla (Chaetopsylla) wangi* Liu, 1997（图 62～图 64，图版Ⅰ）

Chaetopsylla (Chaetopsylla) wangi Liu 1997, *Acta Ent. Sin.*, **40**: 82, figs. 1-4 (male only, Shennongjia, Hubei, China, from *Canis vulpes*); Liu, Hu *et* Ma 1999, *Acta Ent. Sin.*, **42**: 108, figs. 1-3 (report female); Wu *et al.*, 2007, *Fauna Sinica Insecta Siphonaptera*, Second Edition, p. 242, figs. 184-186.

鉴别特征　王氏鬃蚤依其眼下颊叶具 1 根鬃，可动突基腹缘高于抱器中横线，较近后端角，阳茎端侧叶呈尖锥形与圆头鬃蚤接近，但♂抱器体较宽，后缘明显后凸，基节臼下外侧及前、上方光裸无鬃（图 63A、B），下内侧有 4～15 根鬃较靠近臼下缘，并略呈 "L" 形排列弯向后方；可动突前缘较直；阳茎端背叶钝圆而不向前突；♀第 7 腹板后缘具 1 较窄小凹或偶直可与圆头鬃蚤区别。此外，大熊猫鬃蚤♀交配囊管呈窄"C"形，受精囊尾端具发达乳突；第7腹板后缘内凹略较深，背叶通常长于腹叶，外侧小鬃较多（约5根）而可与本种加以区别。

种的形态　**头**　额突为脱落型，♂约位于额缘中点稍下（图62），♀下1/3处。额鬃1列1～4根，其中♀者细小。眼鬃4根粗长。眼大而色深，腹缘具凹窦。眼下颊叶具1根鬃。后头鬃分别为1～3、2～4和5～9根。♂后头沟中深，其上有小毛或鬃约10根。触角窝背缘有小短鬃7～13根；触角梗节长鬃♂、♀均有5～7根超过棒节之端。眼下颊叶具1根鬃。下唇须5节，其长度接近前足基节之端。**胸**　前胸背板具长鬃1列7～12根，近背缘处♂在主鬃列前方尚有2～4根鬃。中胸背板鬃2列，颈片内侧具1列完整假鬃，两侧16～19根。中胸腹侧板鬃3列11（10）根；背板侧区具鬃6或7根。后胸后侧片有鬃2列，7～12根。前足基节有较宽的裸区，具缘鬃及侧鬃25～28根。前足股节外侧具鬃2列、中、后足股节亚腹缘内外两侧各有1列鬃。各足胫节后缘具切刻6个，外侧有鬃1列，6～8根。后足第2跗节端长鬃稍超过第4跗节末端，第4跗节端长鬃达到次节之端。**腹**　第1背板背缘具鬃1列4根，第2～7背板各具2列鬃，气门下鬃数♂依次为5、4（5）、4、3、2（3）、3（2）根，♀第4～7背板气门下基本无鬃。基腹板亚后缘具直线条细纹区。**变形节**　♂第8背板在气门上具小鬃6～8根，气门下具2根粗长鬃（青海久治1♂单侧变异为3根）。抱器体较宽（图63A、B），前背缘向后上方弧凸，内侧亚前缘至顶端具鬃11～22根，后缘上段略凹，下段圆凸，后缘具长鬃6～8根，短鬃11～15根，相间排列。基节臼下外侧和前、上方光裸无鬃（包括前近背缘和近顶端）（图版Ⅰ），下内侧4～15根鬃较靠近臼下缘，并略呈"L"形排列弯向后方。可动突前缘较直，顶端略平，具1前角；可动突与不动突近等高。第9腹板前臂较长，后臂显短于前臂，末端具3（4）根小鬃。阳茎端背叶钝圆，侧叶尖锥形，腹叶上突尖，下突甚短，尖朝上（图63C）。阳茎内突宽大如袋状，在内突柱前下方内侧有细微小簇鬃约14根；阳茎腱稍粗。♀第7腹板后缘中段具1较窄小凹（图64B），或个别偶直（图64A），外侧近腹缘有长鬃3～6根，短鬃0～2根。第8背板后端略内凹至较平截，外侧在气门下有5～11根鬃成列，下部至后端有10～16根长短不一的侧鬃或亚端鬃，内侧有密集成簇的小鬃17～25根。第8腹板较宽，端部圆钝（原描述有误），有缘小鬃1列8根。肛背板与肛腹板近等长。臀板杯陷数17～25个。交配囊管宽"C"形。受精囊背缘弧凸，腹缘较平，尾细长，末端仅有很小的骨化帽。

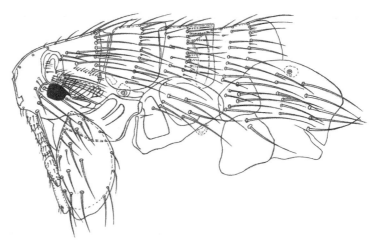

图62　王氏鬃蚤 *Chaetopsylla (Chaetopsylla) wangi* Liu，♂头、胸部（正模）（湖北神农架）

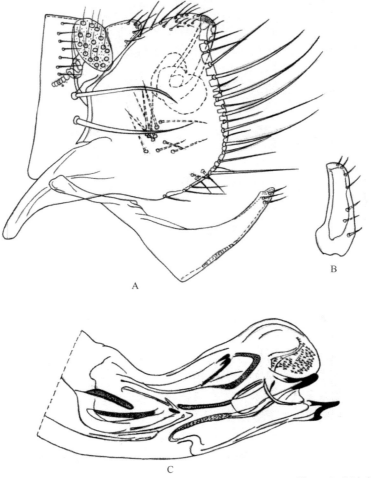

图 63　王氏鬃蚤 *Chaetopsylla* (*Chaetopsylla*) *wangi* Liu，♂（正模）（湖北神农架）

A. 变形节；B. 可动突；C. 阳茎端

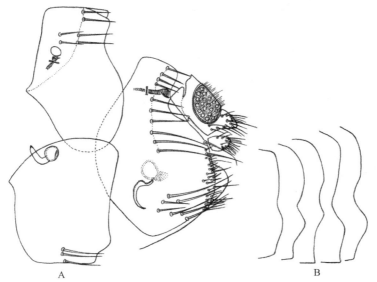

图 64　王氏鬃蚤 *Chaetopsylla* (*Chaetopsylla*) *wangi* Liu，♀（湖北神农架）

A. 变形节；B. 第 7 腹板后缘变异

观察标本　共22♂♂、28♀♀，其中正模♂于1992年3月6日采集湖北神农架宋郎山的赤狐；17♂♂、23♀♀采自神农架次界坪猪獾，海拔1400～1700 m，生境为常绿落叶阔叶混交林和落叶阔叶林；1♂、2♀♀，1981年11月12日采自陕西佛坪大古坪，自猪獾，海拔1400 m；2♂♂、1♀，四川康定，自猪獾；1♂、2♀♀，1964年9月采自青海久治，自喜马拉雅旱獭。标本存于湖北医科院传染病所和军医科院微流所（正模）。

宿主　猪獾、赤狐、喜马拉雅旱獭。

地理分布　湖北西北部（神农架）、陕西秦岭南坡（佛坪）、四川西南部（康定）、青海（久治）。按我国动物地理区系，属华中区西部山地高原亚区和青藏区青海藏南亚区。本种是中国特有种。

分类讨论　经检视军医科院微流所昆虫标本馆保存的标本，证实采于青海久治、四川康定和陕西秦岭南坡（佛坪）的标本是本种，而分布于内蒙古四子王旗的7♂♂、8♀♀和新疆天山山地的 1♀（于心等，1990）与圆头鬃蚤原描述（Taschenberg，1880；Hopkins & Rothschild，1956）和俄罗斯等国家及地区标本形态相符，这是圆头鬃蚤在我国有确切记录的分布地点，而其余地点记录有待进一步复核，但按其地理相近关系及分布走向看，多数地点采集报道的标本恐系本种。圆头鬃蚤的特点是：♂抱器体明显较窄，基节臼下外侧及前、上方有7～16根鬃，其中4～6根散布于基节臼外侧下缘附近，下内侧有10～17根鬃垂直排列向腹方；可动突前缘较凹；阳茎端背叶钝而向前突；♀第7腹板后缘具宽广圆凹。

在观察上述标本中，采自四川康定1♀第7腹板后缘偏下方内凹稍宽而较深，与分布于湖北神农架、陕西佛坪和青海久治的王氏鬃蚤有一定差异，是不同地区变异，还是同一地区及宿主体外混杂寄生有其他鬃蚤，尚有待在康定获得更多标本后做进一步研究。

生物学资料　从神农架共采获4批鬃蚤属的蚤类标本，其中有2♂♂、28♀♀文县鬃蚤是采自花面狸南方亚种，有17♂♂、23♀♀王氏鬃蚤是在猪獾南方亚种被捕获后，用约80℃水温脱毛3天（阴天）后才从其遗物毛发中检获，标本检集时雌蚤腹部膨大呈圆形，白色或黄白色，头胸和雄蚤同为黑色。带回室内制片，跳蚤背、腹部和足关节已缺乏应有的弹性，接触易脆，一部分标本已有不同程度损坏，仅1雌蚤腹中有1卵。从目前在湖北神农架所获鬃蚤主要宿主记录来看，在神农架林区文县鬃蚤的主要寄主可能是花面狸，王氏鬃蚤的寄主可能是獾。

（10）近鬃蚤 *Chaetopsylla (Chaetopsylla) appropinquans* (Wagner, 1930)（图65～图68，图版Ⅱ）

Trichopsylla appropinquans Wagner, 1930, *Annu, Mus. Zool. Acad. Sci. U. R. S. S.*, 1929, p. 545 (Chernigovka village, Ussuri district, from *Mustela flarigula*) (n. s.).

Chaetopsylla appropinquans Wagner: Ioff *et* Tiflov, 1934, *Z. Parasitenk.*, 7: 385-391, figs. 27, 29C, 33C.

Chaetopsylla (Chaetopsylla) appropinquans (Wagner): Hopkins *et* Rothschild, 1953, *Ill. Cat. Roths. Colln. Fleas Br. Mus.*, **2**: 91, figs. 154, 158, 167; Liu *et al.*, 1986, *Fauna Sinica Insecta Siphonaptera*, First Edition, p. 211, figs. 158-161; Cai *et al.*, 1997, *The Flea Fauna of Qinghai-Xizang Plateau*, p. 23, figs. 39, 40; Wu *et al.*, 2007, *Fauna Sinica Insecta Siphonaptera*, Second Edition, p. 235, figs. 176-179; Liu *et* Shi, 2009, *The Siphonaptera of Neimenggu*, p. 139, figs. 62-64.

鉴别特征　本种依其颊叶具 1 根粗鬃和♂阳茎端等的形态，与王氏鬃蚤、宁夏鬃蚤、圆头鬃蚤和大熊猫鬃蚤接近，但♂阳茎端侧叶呈长舌形（图67），背、腹缘近平行，末端圆；♀第7腹板后缘近直或微凸；交配囊管呈较细的窄"C"形可与后4种鬃蚤区别。

种的形态 头 额突♂位近额缘中点
（图 65），♀在中点下方；额鬃♀者微小，
♂发达，1 列 2～4 根；眼中等大，腹缘具
凹窦，眼亚缘色素较深。眼鬃 1 列 4 根，
偶 3 根；眼下颊叶具 1 根鬃，偶单侧 0。
后头鬃发达，前 2 列稍短小，末列显粗长，
依序为 2～4、2 或 3、6～9 根；触角第 2
节长鬃超过棒节之端。♂后头沟中深，其
上有稀疏小毛数根，后段背缘另有中长鬃
2 根。下唇须长约达前足基节的 2/3 或超
过其端。胸 前胸背板具 1 列长鬃 8～10
根；中胸背板具鬃 2 列，颈片内侧具 1 列
细长假鬃（单侧）5～6 根，中胸腹侧板鬃
9～13 根。后胸背板♂具鬃 2～3 列；背板
侧区具鬃 2 列 5～8 根，后列尤下方几根较
粗长；后胸后侧片上具 2 列纵行鬃，前列
3～10 根，后列 4～6 根，偶在前列稍前或
在第 1 列与第 2 列之间，间插 1 根鬃。前
足基节外侧一般有 9～23 根鬃，其中基部
下方或后下缘♂有 5，在纵中线后方有较宽

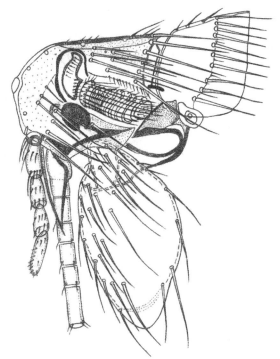

图 65 近鬃蚤 Chaetopsylla (Chaetopsylla)
appropinquans (Wagner)，♂头及前胸（甘肃文县）

的裸区。后足股节内、外侧鬃数，分别为 11～22 根和 7～21 根；后足胫节外侧具鬃 1 列，
6～10 根，第 1 跗节端长鬃超过第 2 跗节之端，第 2 跗节端长鬃近、达第 4 跗节末端，第 3、
4 跗节者，近、达、超第 5 跗节之半。腹 第 2～4 背板气门下♂具鬃 3～6 根，♀第 4～7
背板气门下无鬃；各气门呈圆形。变形节 ♂第 8 背板在气门上具鬃 7 根，气门下具 2 根
粗长鬃，偶（单侧）具 3 根粗长鬃。抱器突小（图 66A），后下缘甚圆凸，上段略内凹，后
缘具鬃 25～30 根，其中有 6～7 根为长弯粗鬃。可动突粗细稍有变异（图 66B），似象牙状，
前缘较凹，末端稍低于不动突；可动突基腹缘着生位置有变异，约等于或高于抱器中横线。
基节臼外侧中部有纤细纹呈放射状向前下方和下方延伸；下内侧具簇小鬃 8～11 根向后方
排列；臼的后缘离抱器后缘距离较远，但有变异。第 9 腹板前臂窄长，前臂稍向上拱，
端段窄细，背隆起小而较低平，后臂末端有小鬃 3 或 4 根。阳茎端背叶钝圆，侧叶长舌
形（图 67），背、腹缘近平行（图版Ⅱ），末端圆；腹叶上突尖，下突显较短；骨化内管
由基向端渐窄；阳茎内突宽大如袋状。♀（图 68）第 7 腹板后缘基本微凸，偶上、下段
近直或微凹，外侧具侧长鬃 4～7 根，其前有附加小鬃 0～3 根。第 8 背板气门上具鬃 3～
7 根，气门下有 5～13 根鬃成列，偶有 1 或 2 根鬃在前或后，鬃多时与近腹方的鬃群（5～
16 根成几列）相连接。受精囊头部较小，椭圆形，尾端偶见明显乳突，交配囊管呈较细
的窄"C"形。

观察标本 共 6♂♂、12♀♀，其中 1♂，2♀♀，自猪獾，1964 年 4 月 21 日采自秦岭南
坡的甘肃文县（范坝）；1♂，自黄鼬，1964 年 3 月 26 日，地点同；2♂♂，3♀♀，甘肃（会
宁），1960 年 6 月 4 日，宿主为獾；2♂♂，7♀♀，吉林（前郭旗），自猪獾。标本存于军医
科院微流所。

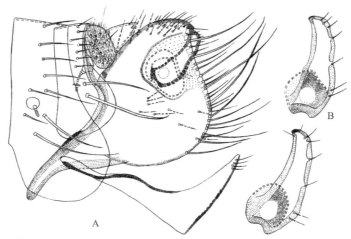

图 66　近鬃蚤 *Chaetopsylla* (*Chaetopsylla*) *appropinquans* (Wagner)，♂（甘肃文县）
A. 变形节；B. 可动突变异

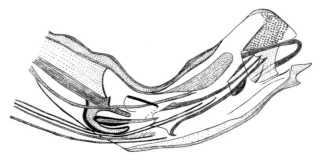

图 67　近鬃蚤 *Chaetopsylla* (*Chaetopsylla*) *appropinquans* (Wagner)，♂阳茎端（甘肃文县）

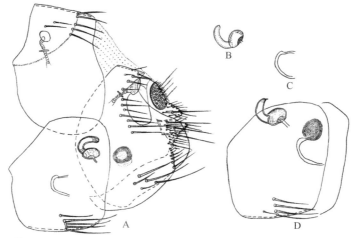

图 68　近鬃蚤 *Chaetopsylla* (*Chaetopsylla*) *appropinquans* (Wagner)，♀（甘肃文县）
A. 变形节；B～D. 受精囊、第 7 腹板后缘及交配囊管变异

　　宿主　猪獾、赤狐、沙狐、豺、黄鼬、艾鼬、喜马拉雅旱獭。

　　地理分布　秦岭南坡的甘肃文县、陕西（眉县、风县、府谷、神木）、甘肃以北（会宁、子午岭、明乐、尕海）、内蒙古（锡林郭勒盟、呼伦贝尔）、吉林（双辽、前郭旗、安农）、黑龙江（泰来）、青海（久治、兴海）、西藏（仲巴）。国外分布于俄罗斯的西伯利亚东部和外贝加尔。按我国动物地理区系，属华中区西部山地高原亚区、青藏区青海藏南亚区、蒙新区西部荒漠亚区、华北区黄土高原亚区和东北区松辽平原亚区。

分类讨论　详细观察了♂可动突基部着生位置，其下缘随地理分布有逐渐上移现象，即黑龙江和吉林一带地区位置较低，位于抱器体中横线或偏下方，陕西秦岭一带则较高，高于抱器体中横线，因而本种可动突下缘和基节臼下缘均不适用于与近缘种的鉴别。♀受精囊个别尾端具明显乳突，此点与大熊猫鬃蚤很相似，但本种交配囊管呈较细的窄"C"形（大熊猫鬃蚤呈较粗的窄"C"形），第7腹板后缘微凸或略直无窦，形态独特而与后者又有明显不同。

（11）文县鬃蚤 *Chaetopsylla (Chaetopsylla) wenxianensis* Wang, Liu *et* Liu, 1979（图69～图72）

Chaetopsylla (Chaetopsylla) wenxianensis Wang, Liu *et* Liu, 1979, *Acta Ent. Sin.*, **22**: 473. figs. 1-3 (Wenxian, Gansu, China, from *Mustela sibirca* and *Rattus norvegicus*); Liu *et al.*, 1986, *Fauna Sinica Insecta Siphonaptera*, First Edition, p. 205, figs. 146-149; Wu *et al.*, 2007, *Fauna Sinica Insecta Siphonaptera*, Second Edition, p. 222, figs. 156-159; Liu, 2012, *Acta Zootaxonom. Sin.*, **37**: 837, figs. 4, 5.

鉴别特征　该种依其眼下颊叶无鬃，后胸后侧片具2列鬃，与郑氏鬃蚤和杭州鬃蚤相近，但♂抱器后缘上段具浅凹，后缘长鬃末端向内侧弯曲呈钩状；♀第7腹板后缘下段具较明显后凸可与前者区别。♂阳茎端腹叶三角形，侧叶舌形和背叶末端较圆；抱器可动突基段仅略宽于端段，前、后缘近直；♀第7腹板后缘中段内凹通常较深，交配囊管弯度较小，近似"L"或"C"形可与后者区别。

种的形态　**头**　额突♂位于额缘近中点，♀更下方。眼鬃♂2～4根，下位1根较小，♀1或2根。眼鬃列4根鬃。眼大，中央色素稍淡，腹缘具凹窦。后头鬃3列，依序为2或3、3或4、9或10根；♂后头沟中深，上及亚缘具小毛8～27根；触角窝背缘♂有小鬃9～13根，♀为前、后分开，共3～5根。触角第2节长鬃近达棒节4/5或达到末端。下唇须5节，长约达前足基节的2/3。**胸**　前胸背板♂具鬃2列，前列仅1或2根，♀具鬃1列。中胸背板鬃2列，颈片内侧假鬃两侧2～8根。中胸腹侧板具鬃3列10～13根。背板侧区具2列7或8根鬃，其中后列4根粗长，可达后胸后侧片鬃后列的前方。后胸后侧片鬃前列5～13根，后列5～7根，在前列之前或稍后偶具1或2根鬃。前足基节外侧具较宽的裸区，具侧鬃35～40根，其中前半部具完整鬃，多为3列，♀偶2列。后足基节下半部有鬃约22根，上短下稍长。后足股节近腹缘内、外两侧各有1列鬃。后足胫节外侧具鬃1列8～11根。后足第1跗节长端鬃♂略短于第2跗节长度，第2和第3跗节端长鬃♀远超过次节之端。**腹**　第1～7背板具鬃2列，♀第4～7背板，♂第5～7背板前列仅1根鬃；♂第2～3背板气门下主鬃列前方附加鬃多为4或5根，♀偶为3或6根。各气门圆形。基腹板后半部具纵行细纹区。**变形节**　♂抱器不动突前背缘弧凸（图69A），前及内侧亚前缘具鬃24～28根，后缘上段稍具浅广凹，下段圆凸而弯向前腹方，亚缘有较窄弱骨化带，具末端向内侧弯曲的钩状粗长缘鬃8或9根，短及中长鬃23～27根。可动突前、后缘近平行，窄长，但随平面不同有变异，或前缘稍内凹，或端段微向后弯；可动突稍低于不动突，长为下段宽的3.8～5.5倍。基节臼外侧及前、上方有3～5根较长鬃，下内侧至后端具鬃24～28根，近后亚缘的成簇。抱器体腹端略钝，前与柄突腹缘间略凹，或呈较深倒"V"形内凹。第9腹板前臂窄长，端段背、腹缘向上拱，背隆起欠发达而近弧形，后臂三角形，后缘有很窄的骨化带，近端具小鬃2～4根。阳茎端背叶呈窄汤勺状（图70），末端较圆，其下、后方有宽窄不等的穗状膜质叶覆盖；侧叶舌形，腹叶三角形、背浅凹。阳茎内突较宽大，前端圆钝；骨化内管由基向端渐变窄。♀第 7 腹板后缘中段略凹（图 71），下段具较窄后凸（图 72），少数较宽而圆，具侧鬃 1 列 3～5 根。第 8 背板后缘下段斜直，外侧在气门下有长鬃 1 列，8～10 根，近腹缘具长鬃 3～6 根，后亚缘有 4 或 5 根鬃成列，内侧有片状成簇小鬃 15（16）根，另近中部处有 1 近圆形浅骨化。交配囊管略呈 "L" 或 "C" 形。受精囊头椭圆而骨化，尾色淡而长于头部。

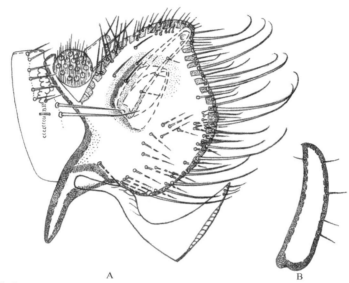

图 69　文县鬃蚤 *Chaetopsylla (Chaetopsylla) wenxianensis* Wang, Liu *et* Liu，♂（湖北神农架）

A. 变形节；B. 可动突变异

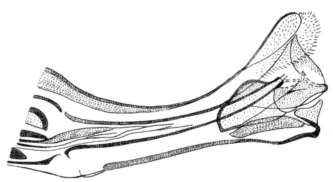

图 70　文县鬃蚤 *Chaetopsylla (Chaetopsylla) wenxianensis* Wang, Liu *et* Liu，♂阳茎端（湖北神农架）

观察标本　共 3♂♂、28♀♀，其中 2♂♂，28♀♀分别于 1992 年 3 月，1993 年 9 月，1997 年 6 月和 1998 年 8 月采自湖北西北部神农架宋郎山至高桥一带的花面狸，海拔 1400～1600 m，生境为落叶阔叶林。标本存于湖北医科院传染病所和军医科院微流所。另 1♂于 1985 年采自宜昌长江三峡以北地区，宿主记录不详。标本存于宜昌疾控中心。

宿主　花面狸、褐家鼠、黄鼬。

地理分布　湖北西北部（神农架、宜昌）、甘肃（文县）、重庆（东北部）、陕西（秦岭以南地区）。隶属华中区西部山地高原亚区。本种是中国特有种。

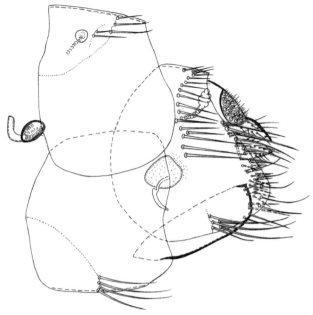

图 71 文县鬃蚤 *Chaetopsylla (Chaetopsylla) wenxianensis* Wang, Liu *et* Liu，♀变形节（湖北神农架）

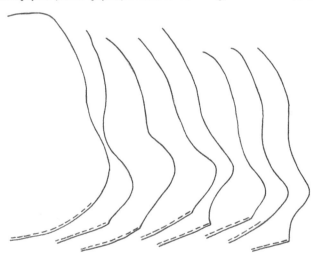

图 72 文县鬃蚤 *Chaetopsylla (Chaetopsylla) wenxianensis* Wang, Liu *et* Liu，
♀第 7 腹板后缘变异（湖北神农架）

分类讨论 经对 3♂♂标本观察，认为有 3 点需要注意：①♂抱器可动突基段宽，有 1 只是较明显宽于端段（图 69B），且上半段稍向前弯，表明该种♂可动突存在一定幅度变异；②阳茎端腹叶有 2 只未伸展，其卷缩外观与杭州鬃蚤和合欢鬃蚤 *C. (C.) hohuana* 结构类似，这一现象暗示后 2 种鬃蚤阳茎端腹叶是否属未伸展，还有待获得更多标本做进一步研究；③合欢鬃蚤后胸后侧片鬃认为是 2 列，而非 3 列，其中最后 1 列是合欢鬃蚤的原作者误将腹部第 2 背板气门下主鬃列前方 1 列附加鬃描画在了后胸后侧片上。在鬃蚤标本制作时，蚤体腹部节与节之间如未完全伸展或略有收缩，其腹部第 2 背板气门下前列附加鬃往往是被后胸后侧片遮盖，如将此鬃描画在后胸后侧片上，则出现了第 3 列；合欢鬃蚤第 2 背板前列 6 根附加鬃从上向下呈弧形延伸正好显示下方有 3 根鬃被绘制。

（12）马氏鬃蚤 *Chaetopsylla* (*Chaetopsylla*) *malimingi* Liu, 2012（图73～图75，图版II）

Chaetopsylla (*Chaetopsylla*) *malimingi* Liu, 2012, *Acta Zootaxonom. Sin.*, 37: 837, figs. 1-3 (male only, border region between Shennongjia and Xingshan County, Hubei, China, from *Paguma larvata*).

鉴别特征 仅知♂性。该种依其眼下颊叶无鬃，♂抱器近椭圆形，基节臼位于抱器体中部和阳茎端等形态，与圆钩鬃蚤、文县鬃蚤、郑氏鬃蚤、杭州鬃蚤和合欢鬃蚤相近，但♂抱器后缘上段内凹较浅；基节臼下内侧具较多小鬃31根和阳茎端构造不同可与圆钩鬃蚤区别。♂可动突端半部显向前弯，前缘甚凹，后缘弯弧形，最凸处位于中段稍下方，末端窄并显低于不动突；不动突前背缘及内侧亚前缘至顶端具稠密的短簇鬃约40根；第8背板气门下具3根粗长鬃和1（0）根中长鬃；第9腹板前臂直而不呈弓形显向上拱和背缘具发达的峰状背突可与后4种鬃蚤区别。此外，♂抱器后缘长鬃末端向内侧弯曲呈钩状也不同于郑氏鬃蚤。

种的形态 **头** 额缘圆，最凸处约位于额缘中点；额突发达，为脱落型（图73）。额鬃1列4根，上位2根甚小，眼鬃4根粗长。眼中等大，中央色素较淡；眼下颊叶无鬃。后头鬃3列，依序为3、3、7根。后头缘具发达后头沟，其上具小毛和微鬃10余根；触角窝背方有小鬃9根。触角第2节长鬃有4根达到棒节末端。下唇须5节，其端近达前足基节4/5处。**胸** 前胸背板具1列10（11）根长鬃，其下方几根鬃间距较密，中胸背板鬃2列，前列为小鬃而仅有3（4）根；颈片内具1列完整假鬃5（4）根。中胸腹侧板鬃3列12（9）根；背板侧区具2列7根鬃，其中前列较短小，后列较粗长。后胸背板具鬃3（2）列；后胸前侧片上具2根约同长粗鬃。后胸后侧片上具2列纵行鬃13根，另侧为11根。前足基节外侧有较宽的裸区，裸区的前方和上、下方具鬃32根，裸区后有缘鬃1列6根，另近端具鬃3根。前足股节外侧具小鬃14根，后亚腹缘具鬃1列3根，内侧前下部有小鬃1根。后足股节亚腹缘内、外两侧各有1列鬃，10～12根，背缘具鬃1列9根。前、中、后足胫节外侧具鬃1列7～10根，后背缘具6个深切刻，除近基1个切刻2根鬃，其中1根较细外，各切刻具1长1短粗鬃。后足第3跗节

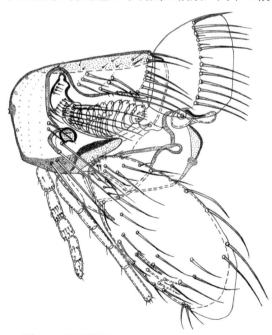

图73 马氏鬃蚤 *Chaetopsylla* (*Chaetopsylla*) *malimingi* Liu，♂头及前胸（正模，湖北兴山）

端长鬃达到第4跗节中部，第4跗节端长鬃近达第5跗节之端。各足第5跗节具4对侧蹠鬃，第3对与第4对之间间距较大，蹠面近端密被细鬃。**腹** 第1背板具鬃3列，第2～4背板具鬃2列，第5～7背板具鬃1列，中间背板主鬃列8（7）根鬃。气门中等大，圆形。气门下鬃数：第2背板7（4）根，第3背板3根，第4背板1根，第5背板以后为0。无臀前鬃。**变性节** ♂第8背板气门上具小鬃1列7根，气门下具3根粗长鬃和1（0）根中长鬃（图74A）。第8腹板长度大于横宽，前缘中部略凸，后缘下段具浅弧凹。抱器长大于宽，外侧在基节臼中线以上具短鬃4（6）根，下内侧具较多小鬃31根，近后方的成簇，亚后缘有较窄弱骨化带。不动突前背缘向后上方弧凸，前及内侧亚前缘至顶端具稠密的短簇鬃约40根，后缘上段略凹，下段至腹方圆凸，后缘具向内侧弯曲

钩状长鬃 10 根，其间及下缘有短鬃 20 根。基节臼较宽大，前缘离不动突前背缘距离较近。可动突上半部显向前弯（图 74B），前缘甚凹，后缘弯弧形，最凸处位于中段稍下方，末端窄并显低于不动突（图版 II）。第 9 腹板前臂直，端部稍膨大，背缘具发达的峰状突起，后臂显短于前臂，近端渐窄尖，其上具 3（2）根小鬃。阳茎端背叶背、腹缘近平行，末端斜尖；腹叶较小，近三角形（图 75），背及侧缘略凹；侧叶舌形，背缘弧凸，腹缘稍凹，末端圆。阳茎内突较宽阔，腹缘弧凸均匀；骨化内管从基向端逐渐细窄。阳茎腱稍粗，但不卷曲成圈。

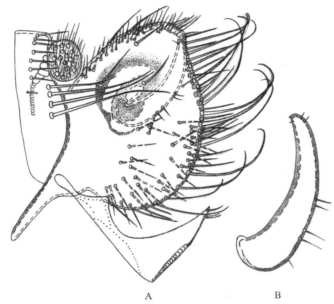

图 74 马氏鬃蚤 Chaetopsylla (Chaetopsylla) malimingi Liu，♂（正模，湖北兴山）
A. 变形节；B. 可动突（放大）

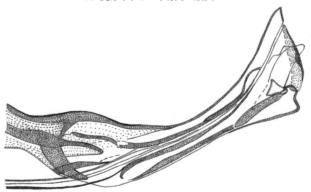

图 75 马氏鬃蚤 Chaetopsylla (Chaetopsylla) malimingi Liu，♂阳茎端（正模，湖北兴山）

观察标本 仅 1♂（正模），2006 年 9 月 7 日采自湖北神农架木鱼与兴山交界捕获的花面狸体上，海拔 1400 m，生境为常绿落叶阔叶混交林。标本存于军医科院微流所。

宿主 花面狸。

地理分布 湖北西部。按我国动物地理区系，属华中区西部山地高原亚区。本种是中国特有种。

（13）杭州鬃蚤 *Chaetopsylla (Chaetopsylla) hangchowensis* Liu, 1939（图 76～图 79）

Chaetopsylla hangchowensis Liu, 1939, *Philipp. J. Sci.*, **70**: 94, figs. 115-117 (Hangzhou, Zhejiang, China, from *Mustela sibirica*).

Chaetopsylla (*Chaetopsylla*) *hangchowensis* Liu: Hopkins *et* Rothschild, 1953, *Ⅲ. Cat. Roths. Colln. Fleas Br. Mus*., **2**: 82, figs. 146-148; Liu *et al*., 1986, *Fauna Sinica Insecta Siphonaptera*, First Edition, p. 207, figs. 150-154; Wu *et al*., 2007, *Fauna Sinica Insecta Siphonaptera*, Second Edition, p. 224, figs. 160-164.

鉴别特征　　杭州鬃蚤依其眼下颊叶无鬃,基节臼下内侧鬃较少等形态与合欢鬃蚤相近,但♂阳茎端背叶近宽三角状,末端尖,稍下略内凹;腹叶梭形;可动突基半部显宽于端半部;不动突后缘顶端垂直线以下后凸宽度较窄;♀第 7 腹板后缘上段微凸,下段窄的后凸上、下方较内凹可与后者区别。

种的形态　　头　　额突♂约位于额缘中点,♀略下方(图 76)。额鬃 1 列 2~4 根,其中♀2 根微小,♂下方 2 根较长。眼的稍前下方,具 1 列 4 根粗长眼鬃。眼中等大,圆形,中央色素稍淡。后头鬃 3 列,分别为 3 或 4、3、10 根。触角梗节♀约有 3 根稍超过棒节之末。

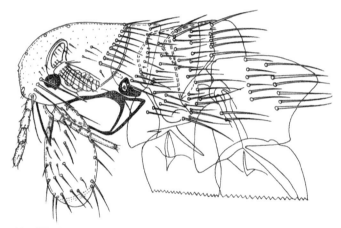

图 76　杭州鬃蚤 *Chaetopsylla* (*Chaetopsylla*) *hangchowensis* Liu,♀头、胸部
(副模,浙江杭州)(仿任琦玉,1986)

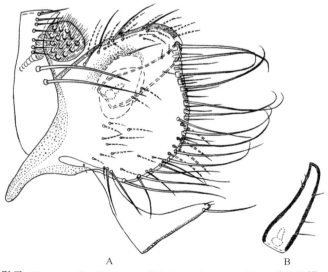

图 77　杭州鬃蚤 *Chaetopsylla* (*Chaetopsylla*) *hangchowensis* Liu,♂(正模,浙江杭州)
A. 变形节;B. 可动突

下唇须 5 节，长不达前足基节末端。**胸**　前胸背板具 1 列约 10 根长鬃,除下方几根鬃外,鬃与鬃之间各间插 1 根小鬃。中胸背板具鬃 2 列，颈片内侧具 1 列完整假鬃。中胸腹侧板具鬃约 11 根，成 3 列。后胸背板侧区具鬃约 6 根；后胸前侧片具 2 根约同长粗鬃，后胸后侧片上具鬃 2 列，前列的鬃较短，6~9 根，后列较粗长，5~6 根。前足基节外侧具鬃约 20 根；后足股节内、外两侧一般都有 10 余根鬃。后足胫节外侧具鬃 1 列，8 或 9 根；后足第 2 跗节端长鬃超过第 3 跗节之端，第 3、4 跗节端长鬃可达或超过第 5

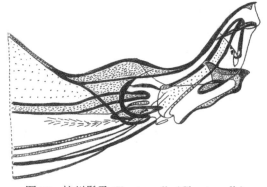

图 78　杭州鬃蚤 *Chaetopsylla* (*Chaetopsylla*) *hangchowensis* Liu，♂阳茎端（正模，浙江杭州）（仿刘泉，1986）

跗节之半，但远不达末端。**腹**　中间背板各具鬃 2 列（第 5~7 背板前列鬃不完整），♂中间背板气门下均有鬃（前多后少），♀第 5 背板以后气门下无鬃。**变形节**　♂第 8 背板气门上具短鬃 1 列 7 根，气门下具 2 根粗长鬃。抱器近椭圆形，前背缘向上、后方圆凸，前背内侧面至顶端具鬃 28 根，后缘上段略凹，下段圆凸，具大、小缘鬃 36 根，其中有 10 根长鬃向内侧弯曲成钩状。基节臼裸区小，上外侧有鬃 5 根，下内侧具小鬃 13 根，另有 4 根中长鬃位于亚后缘，成列。可动突基段显宽于端段（图 77），前缘略内凹，末端低于不动突（依正模重画）。不动突顶端垂直线以下后凸宽度较窄。第 9 腹板前臂背、腹缘向背方弯拱，后臂显短于前臂，末端具小鬃 3 根。阳茎端（图 78）背叶末端尖，稍下略内凹，腹叶似梭形；骨化内管由基向端逐渐细窄。♀第 7 腹板后缘有较圆或略窄的后凸（图 79），外侧近腹缘着生长鬃 1 列，3~5 根。第 8 背板气门上有短鬃 4~6 根，气门下具长鬃 6~12 根，端缘具鬃 1 列 7 根，弯弧形排列，内侧具密集成簇小鬃 13（14）根。受精囊头部较小，尾约为头长 1.5 倍。

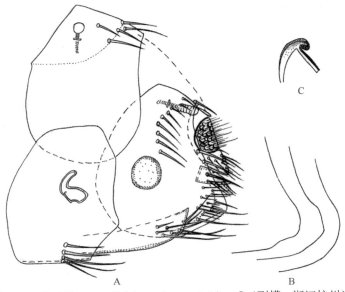

图 79　杭州鬃蚤 *Chaetopsylla* (*Chaetopsylla*) *hangchowensis* Liu，♀（副模，浙江杭州）（仿任琦玉，1986）

A. 变形节；B. 第 7 腹板后缘变异；C. 交配囊管

观察标本　共1♂、4♀♀（系原描述正模和副模），于1935年采自浙江杭州，宿主为黄鼬，标本存于军医科院微流所。

宿主　黄鼬。

地理分布　浙江（杭州）。按我国动物地理区系，属华中区东部丘陵平原亚区。本种是中国特有种。

多毛蚤总科 Hystrichopsylloidea Tiraboshi, 1904

Hystrichopsylloidea Tiraboshi: Smit in Parke ed., 1982, Siphonaptera. *Synopsis and Classification of Living Organisms*, **2**: 558 (n. s.); Wu *et* Liu (in Zheng *et* Gui), 1999, *Insect Classi Fication*, p. 778; Wu *et al*., 2007, *Fauna Sinica Insecta Siphonaptera*, Second Edition, p. 313.

鉴别特征　中胸背板颈片处常具假鬃；后胸背板后缘常无端小刺；后胸后侧片常有线纹；中足基节外侧具内脊；后足胫节外侧具端齿；第2～7腹节背板通常具2列鬃；♂臀板凸出或具后颈片，第9背板内突发达，第9腹板肘部无前伸阳茎腱；♀臀板拱出（柳氏蚤科例外）；肛背板常具肛锥。

该总科下有7科105属1250余种（亚种），我国已知有5科20属230种（亚种），长江中、下游一带地区分布有4科13属48种（亚种）；湖北有4科12属34种（亚种），大部分寄生啮齿类，部分寄生食虫类，个别寄生于鸟或其巢窝。在澳大利亚，臀蚤科主要寄生于有袋类动物。

三、臀蚤科 Pygiopsyllidae Wagner, 1939

Pygiopsyllidae Wagner: Holland, 1969, *Mem. Ent. Soc. Canada*, **61**: 13 (n. s.); Lewis, 1974, *J. Med. Ent*., **11**: 404; Mardon, 1981, *III. Cat. Roths. Colln. Fleas Br. Mus*., **6**: 9; Liu *et al*., 1986, *Fauna Sinica Insecta Siphonaptera*, First Edition, p. 254; Chin *et* Li, 1991, *The Anoplura and Siphonaptera of Guizhou*, p. 220; Wu *et* Liu (in Zheng *et* Gui), 1999, *Insect Classi Fication*, p. 778; Xie *et* Zeng, 2000, *The Siphonaptera of Yunnan*, p. 80; Wu *et al*., 2007, *Fauna Sinica Insecta Siphonaptera*, Second Edition, p. 313.

鉴别特征　额缘无额突，一般无颊栉，眼较小，其前腹缘具凹陷，眼的前方常具幕骨弧。触角窝下段关闭。具前胸栉。个别在腹部有不完全的背板栉。前胸前侧片上的前缘无镶嵌颈连接片的凹窦。后胸腹板腹缘的叉骨不形成向侧板内脊腹端伸出的狭长尖突。后胸后侧片和基腹板之间具腹连接板 (fourth link-plate)，为短棒状。后足基节内侧无成列或成簇小刺鬃。臀板特别凸出。♂抱器可动突多呈狭长后弯棒形，柄突宽大；第8背板退化，第8腹板发达。♂、♀都具2根臀前鬃。♀具1个受精囊。

臀蚤科已知3亚科37属180余种。主要分布于南半球，以澳大利亚、新几内亚、非洲和东南亚为中心，有90%以上种类分布于澳大利亚、新几内亚地区。其祖先寄生于有袋类，后随地球板块漂移、变迁和环境气候等变化，并随其他寄主向外扩散、适应，逐渐发展演化，继发寄生于其他兽类，尤其是树栖松鼠类及一些鸟类。中国分布有3属9种（亚种），长江中、下游一带地区分布有4种，其中湖北报道有2种。

（三）微棒蚤亚科 Stivaliinae Mardon, 1978

Pygioppsyllinae Wagner: Lewis, 1974, *J. Med. Ent.*, **11**: 404; Liu *et al.*, 1986, *Fauna Sinica Insecta Siphonaptera*, First Edition, p. 255; Chin *et* Li, 1991, *The Anoplura and Siphonaptera of Guizhou*, p. 221; Xie *et* Zeng, 2000, *The Siphonaptera of Yunnan*, p. 80; Wu *et al.*, 2007, *Fauna Sinica Insecta Siphonaptera*, Second Edition, p. 314.

Stivaliinae Mardon, 1981, *III. Cat. Roths. Colln. Fleas Br. Mus*, **6**: 135. **Type genus**: *Stivalius* Jodan *et* Rothschild.

鉴别特征 触角棒节对称。后胸背板后缘具端小刺。腹节背板有端小刺以至真正的栉。♀具肛锥。

分 属 检 索 表

1. 前列额鬃接近或达到额缘（图80），下位几根近亚刺形，前胸栉前方具1列鬃或在其前方另有数根；♂骨化内管中度长（图84），无装甲和棘；♀第7背板在臀前鬃下方的端腹叶不特别尖长（图85）…… …………………………………………………………………………… 韧棒蚤属 *Lentistivalius*

   前列额鬃不接近额缘（图86），亦不呈亚刺形；前胸栉前方至少有1.5列鬃；♂骨化内管或特别长（图90），或有装甲或小棘（图95）；♀第7背板在臀前鬃下方的端腹叶显然长于并尖于端背叶（图91）；臀前鬃的背方和腹方另有变形鬃…………………………………………………………… 2

2. 后足胫节亚后缘在切刻以外有粗壮变形鬃，顺列，在下2/3段内形成胫假栉（图91B）；♂骨化内管特长（图90）；♀受精囊头部后端最宽，有明显端背峰；交配囊袋部卷曲成螺旋（图91A）………… …………………………………………………………… 微棒蚤属（狭义）*Stivalius* str.

   后足胫节亚后缘在切刻以外有或无变形鬃，如有则与切刻内并列，不形成胫假栉（图99）；♂骨化内管不特长（图95），有明显装甲或小棘；♀受精囊头部背端渐窄，背峰小或不明显；交配囊袋部不卷曲成螺旋（图96，图105）………………………………………… 远棒蚤属 *Aviostivalius*

8. 韧棒蚤属 *Lentistivalius* Traub, 1972

Lentistivalius Traub, 1972, *Bull. Brit. Mus. Zool.*, **23**: 269-272. **Type specie**s: *L. vomerus* Traub, 1972, *Bull Zool.*, **23**: 272, figs. 140-144, 147-153, 156-161 (n. s.); Lewis, 1974, *J. Med. Ent.*, **11**: 405; Mardon, 1981, *III. Cat. Roths. Colln. Fleas Br. Mus*, **6**: 248; Liu *et al.*, 1986, *Fauna Sinica Insecta Siphonaptera*, First Edition, p. 255; Chin *et* Li, 1991, *The Anoplura and Siphonaptera of Guizhou*, p. 221; Xie *et* Zeng, 2000, *The Siphonaptera of Yunnan*, p. 87; Wu *et al.*, 2007, *Fauna Sinica Insecta Siphonaptera*, Second Edition, p. 321.

鉴别特征 前列额鬃接近或达到额缘，下位几根变形成亚刺鬃；前胸栉前方只有1列鬃或在其前方另有数根鬃；后足胫节每一切凹具2根鬃，偶为1根，亚背缘无变形鬃；♂骨化内管中度长，无装甲和棘；♀第7背板在臀前鬃下方的端腹叶较短而钝。

属的记述 前胸栉的刺拱凸向腹侧，刺端较圆钝。后足胫节背缘各切刻内有2（1）根鬃，亚背缘无变形鬃。♂抱器可动突狭长，端棒发达，第9腹板后臂末端有膨大成圆形的端后叶，后缘具1列刺鬃。阳茎端中骨片的甲片发达，末端常尖，中段近"M"形，钩突体中段纤细，后臂向后方伸出，呈棒状，卫骨片纤细。骨化内管中等长，无特殊的装甲、背刺或小棘。♀第 7 背板后背角的端背叶短，端腹叶短而钝。臀前鬃的背、腹方均无变形鬃。第 8 背板的偏中生殖脊 (mesal genital ridge) 和副生殖脊盔 (paragenital morion) 退化或不明显。受精囊头部没有明显后背峰。

本属全球已记录 7 种（亚种），中国报道 3 种，湖北仅分布 1 种，主要寄生于食虫目的鼩鼱类和小型啮齿动物，个别寄生于鸟类。

（14）滇西韧棒蚤 *Lentistivalius occidentayunnanus* Li, Xie *et* Gong, 1981（图 5D，图 14，图 80～图 85，图 100，图版 II）

Lentistivalius occidentayunnanus Li, Xie *et* Gong, 1981, *Acta Zootaxonom. Sin.*, **6**: 402, 407, figs. 1, 2, 6a (Lianghe and Bijiang, Yunnan, China, from *Anourosorex squamipes, Corocidura attenuata*); Liu *et al.*, 1986, *Fauna Sinica Insecta Siphonaptera*, First Edition, p. 259, figs. 243, 244, 263; Xie *et* Zeng, 2000, *The Siphonaptera of Yunnan*, p. 84, figs. 73, 77-82; Wu *et al.*, 2007, *Fauna Sinica Insecta Siphonaptera*, Second Edition, p. 329, figs. 304, 305, 328.

Lentistivalius affinis Li, 1986, *Entomotaxonomia*, **8**: 9, figs. 1-3 (synonym); Wu *et al.*, 2007, *Fauna Sinica Insecta Siphonaptera*, Second Edition, p. 331, figs. 306, 307, 309-311; Chin *et* Li, 1991, *The Anoplura and Siphonaptera of Guizhou*, p. 224, figs. 32, 33; Wu *et al.*, 2007, *Fauna Sinica Insecta Siphonaptera*, Second Edition, p. 331, figs. 306, 307, 309-311.

鉴别特征　本种依其前胸栉数较少和♂不动突后缘较凸出与野韧棒蚤相近，但据以下几点可资区分：①♂抱器可动突背、腹缘直而不弯，近端约 1/3 段无细缩，端棒较狭长，腹缘 4～6 根穗状长鬃排列较稀疏，且上位 1 根达端棒腹缘；②第 9 腹板后臂近端后凸部分较短，前、后 2 列鬃短小而排列较稀疏；③阳茎钩突似 "乙" 字形，端中骨片中突尖长；④♀第 7 腹板后缘下叶较宽，中叶尖长，约等于或略长于上、下两叶。

种的形态　头（图 80）额缘均匀弧凸，无额突。额鬃 1 列 7 根，其中下方♂3 根、♀2 根亚刺状。颊鬃列 3 根鬃，在颊鬃列与额鬃列之间尚有 3 列 8～11 根鬃，其间间插 14～19 根小鬃或微鬃。眼大，腹缘具凹窦。后头鬃 3 列，依序为 4～6、6 或 7、5 或 6 根，端缘列下后方另具 1（2）根粗长鬃。触角窝背缘有小鬃 9～18 根。下唇须 5 节，♂长达前足基节的 2/3，♀达 7/10。胸　前胸背板短，其上♂具鬃 2 列，♀3 列，前 1～2 列 3～7 根为短鬃，末列 6 或 7 根为长鬃；前胸栉 18（17～19）根，偶 21 根，其背刺长约为该背板长的 2 倍（图 81），除下方 1 或 2 根刺端略尖外，其余刺端均较圆，中间的 3 或 4 根刺中段背、腹缘略向腹方弧拱。中胸背板鬃 4 列，颈片内侧近背缘处具 4 根假鬃。后胸后侧片鬃 3 或 4 列 7～13 根，其间夹杂 1～7 根小鬃。前足基节具缘鬃 14～26 根，侧鬃 54～72 根。前、中、后足胫节外侧鬃纤细而浓密，后背缘具深切刻 5 个（不包括端切刻）（图 100）。

图 80　滇西韧棒蚤 *Lentistivalius occidentayunnanus* Li, Xie *et* Gong，♂头及前胸（湖北利川）

后足第 1 跗节约等于第 3～5 跗节之和，第 2 跗节端长鬃约达第 3 跗节之中部。后足第 5 跗节具 6 对侧蹠鬃，第 1～3 对较粗，第 3 对略向中移，第 4～6 对较纤细。亚端蹠鬃♂、♀异态：♂前、中足各具 4 根为亚刺形，后足和♀各足均为 2 根。**腹**　第 1～6 背板具鬃 3～4 列（如为 4 列，则前列仅具 1 根鬃），第 7 背板♀在臀前鬃上、下方的端背叶和端腹叶均成角，并略突出。各背板气门下♂具 1 根鬃；♀多为 2 根；气门小而端尖。第 2～5 背板仅具 2 根端小刺。基腹板♀具片状短鬃区 11～14 根（图 5D，图 84B），♂偶具 1 根；略下方及其他各节近腹缘具蜂窝状网纹。臀前鬃 2 根，上方 1 根较短。

变性节　♂第 8 背板退化。第 8 腹板发达（图 83），舌形，遮盖抱器下半部，后背缘弧凸，具侧长鬃 4～9 根，略短鬃 12～19 根，约成 3 纵列。可动突除端部外，前、后缘近平行（图 82），或下段略增宽，具背峰感器小刺鬃 3（4）个，端背缘微弧形或前 2/3 段较平直；后缘中部以上有穗状长鬃 4～6 根（图版Ⅱ），短鬃 2～4 根，上位 1 根长鬃达端棒腹缘，另后缘中部略下方有 1 簇小鬃 7～18 根。不动突后缘圆弧形，或背缘略直而几近方角，上有长、短鬃各 1 根；不动突前方有较窄锥形突。抱器体腹缘中部略凹，柄突宽大。第 9 腹板前臂大部分很宽，后臂近前缘的侧叶具 1 粗纵骨化，且一直延伸至近肘处，末端偶可见 1 桃形浅骨化；端后叶膨大后缘弧凸，末端较平，具缘鬃 9～11 根，其中有 5（6）根为亚刺鬃；侧叶后方具 1 列斜行鬃 2～5 根。阳茎端中背叶的端背缘呈圆弧形（图 14，图 84A）；端中骨片中叶细长而稍弯向腹方，上叶齿形，中叶前下方从侧面有 1 齿突可明显伸出或不伸出中骨片下前缘；钩突体部近"乙"字形。

♀（图 85）第 7 腹板后缘中叶以上有较大变异，微凹或至浅宽圆凹，下凹较窄而深，中叶宽三角形至略隆起到近圆或窄的锥形，长约等于或略长于背叶，下叶略圆凸或近斜截。外侧主鬃 1 列 4 根，其前有 8～20 根附加鬃。第 8 背板下部至后端有 12～17 根鬃，其中靠后方的 2～5 根较粗长。生殖棘鬃 2 或 3 根。肛锥长为基宽的 3.5～4.8 倍，具端长鬃 1 根和 2 根甚小亚端侧鬃。受精囊头部较宽短，尾部约有 1/2 插入头腔中，末端具骨化乳突。

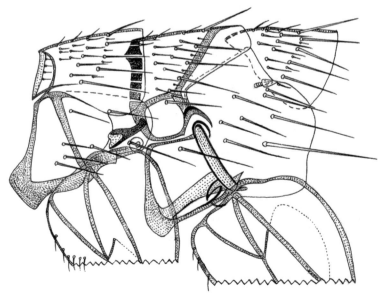

图 81　滇西韧棒蚤 *Lentistivalius occidentayunnanus* Li, Xie *et* Gong，♂中、后胸及第 1 腹节背板（湖北利川）

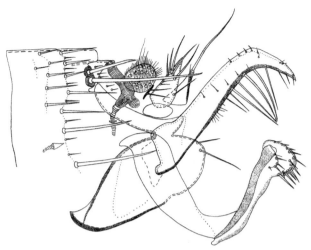

图 82　滇西韧棒蚤 *Lentistivalius occidentayunnanus* Li, Xie *et* Gong，♂变形节（湖北利川）

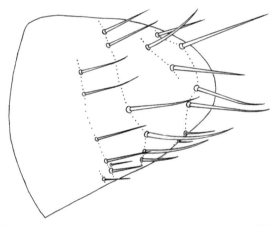

图 83　滇西韧棒蚤 *Lentistivalius occidentayunnanus* Li, Xie *et* Gong，♂第 8 腹板（湖北利川）

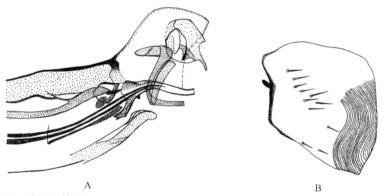

A　　　　　　　　　　　　　　　　　　　　B

图 84　滇西韧棒蚤 *Lentistivalius occidentayunnanus* Li, Xie *et* Gong（湖北利川）

A.♂阳茎端；B.♀腹节基腹板

　　观察标本　共 10♂♂、20♀♀，其中 2♂♂、6♀♀自灰麝鼩，2003 年 4 月 11 日采自湖北
西南部的利川星斗山；2♀♀自未定种鼩鼱，1984 年 12 月 2 日采自湖北利川沙巴溪；4♂♂、
5♀♀自灰麝鼩，2♀♀自洮州绒鼠，2♀♀自黑腹绒鼠，2001 年 4 月 23～26 日采自湖北西南
部与湖南西北部两省交界处的鹤峰太坪、桑植五道水和天坪山，海拔 800～1200 m，生境

为常绿阔叶林。标本存于湖北省医科院传染病所。1♂、1♀100%乙醇浸泡（用于分子生物学检测，潭梁飞采），2017 年 3 月采自五峰千丈岩一带，自北社鼠。另 3♂♂、2♀♀（系原记述邻近韧棒蚤 *L. affinis* Li，1986 的正、副模），1986 年，1980～1981 年 1～6 月采自贵州都匀和雷山，自臭鼩、锡金小鼠和灰麝鼩。标本存于军医科院微流所。

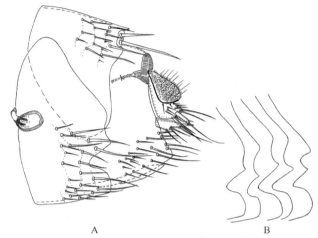

图 85 滇西韧棒蚤 *Lentistivalius occidentayunnanus* Li, Xie *et* Gong，♀（湖北利川）

A. 变形节；B. 第 7 腹板后缘变异

宿主 灰麝鼩、洮州绒鼠、黑腹绒鼠、黄胸鼠、四川短尾鼩、臭鼩、鼩猬、褐鼩鼱、鼩鼱、锡金小鼠、北社鼠。

地理分布 湖北西南部利川（都亭、星斗山）、鹤峰（太坪）、五峰（千丈岩），湖南西北部桑植（五道水、天坪山、八大公山）、石门（壶瓶山），重庆东南部，贵州（都匀、雷山），云南（梁河、陇川、碧江、永平）。按我国动物地理区系，属华中区西部高原亚区和西南区西南山地亚区。本种是中国特有种。

分类讨论 产于湖北西南部和湘西北的♂抱器不动突后缘圆弧形，或背缘略直而后凸几呈方角，表明这一形态构造存在一定变异，而其他特征无论是第 9 腹板后臂侧叶骨化杆近端具桃形浅骨化，还是阳茎端中骨片的上、下齿突和♀第 7 腹板后缘与产于云南的滇西韧棒蚤和贵州邻近韧棒蚤几无本质上差异，虽♂第 9 腹板后臂端缘略平和♀第 7 腹板后缘下凹稍窄（李贵真等，1981），与滇西韧棒蚤原模式标本附图有轻微差异，但据现有资料和数据，尚远未达到种或亚种这一阶元水平，实为不同地区同种个体变异许可范围，加上采自贵州都匀和雷山的标本与湖北西南部和湘西北地理又如此靠近，只能是同物，在此将邻近韧棒蚤按滇西韧棒蚤同物异名处理。根据现有分布资料，分布于长江三峡以南的滇西韧棒蚤应是在漫长地质历史或进化中，随宿主动物从云南，经贵州逐步扩散而来，虽两地区从动物地理区系上，已跨越了一定的空间尺度，但从形态上看，尚未发生根本变化，尤其是解宝琦和曾静凡（2000）编著出版的《云南蚤类志》第 86 页图 80 ♂阳茎端中骨片和图 82～图 83 ♀第 7 腹板后缘补充附图，以及重新绘制的♂正模图 77 的第 9 腹板后臂端部并非为匀称圆弧形，亦进一步说明了贵州标本仍在滇西韧棒蚤变异范围之内。

9. 微棒蚤属 *Stivalius* Jordan *et* Rothschild, 1922

Stivalius Jordan *et* Rothschild, 1922, *Ectoparasites*, I: 231, 249. **Type species**: *Stivalius ahalae* (Rothschild, 1904), India, from *Epimys rattus* (n. s.); Li *et* Wang, 1958, *Acta Ent. Sin.*, **8**: 67; Lewis, 1974, *J. Med. Ent.*, **11**: 409; Mardon, 1981, *III. Cat. Roths. Colln. Fleas Br. Mus*, 6: 231; Liu *et al.*, 1986, *Fauna Sinica Insecta Siphonaptera*, First Edition, p. 261; Xie *et* Zeng, 2000, *The Siphonaptera of Yunnan*, p. 82; Wu *et al.*, 2007, *Fauna Sinica Insecta Siphonaptera*, Second Edition, p. 315.

鉴别特征　　前列额鬃不接近额缘，亦不呈亚刺形。下唇须 5 节。前胸背板与前胸栉大致等长；前胸栉 22～24 根，其前方至少有 1.5 列鬃。后足胫节亚背缘有粗壮鬃，与切刻内者顺列，在末 2/3 段内形成假栉（图 91B）。♂抱器不动突前方锥形突较宽，可动突狭长，端棒发达，可动突腹缘有穗状长鬃 6 根或 7 根，分布接近端棒末端。第 9 腹板后臂的端叶短，具缘鬃多根，端后叶膨大，有缘鬃和刺鬃多根。阳茎端骨化内管特长，后半端略弯拱或形成拱形，管的基部有明显骨片。端中骨片明显大于邻近骨片，末端渐窄并形成向腹方伸出的 1～2 齿突。钩突只有体部，缺少后突。♀交配囊袋部宽而长，卷曲成螺旋，受精囊头部最宽处在基部，有明显背峰，尾部部分插入头腔内，末端具乳突。

　　本属种类较少，已发现 9 种（亚种），中国报道有 2 种，其中长江下游地区分布有 1 种。

（15）无孔微棒蚤 *Stivalius aporus* Jordan *et* Rothschild, 1922（图 86～图 91）

Stivalius aporus Jordan *et* Rothschild, 1922, *Ectoparasites*, **1**: 254, fig. 246 (Coonoor, India, from field rat) (n. s.); Mardon, 1981, *III. Cat. Roths. Colln. Fleas Br. Mus*, 6: 234, figs. 600, 603, 607, 608, 613, 615; Xie *et* Zeng, 2000, *The Siphonaptera of Yunnan*, p. 88, figs. 84-89; Wu *et al.*, 2007, *Fauna Sinica Insecta Siphonaptera*, Second Edition, p. 316, figs. 282-285.

Stivalius rectodigitus Li *et* Wang, 1958, *Acta Ent. Sin.*, **8**: 70, figs. 3, 6, 9, 10, 11, 14.

Stivalius aporus rectodigitus Li *et* Wang: Liu *et al.*, 1986, *Fauna Sinica Insecta Siphonaptera*, First Edition, p. 262, figs. 245-253.

Stivalius aporus yenpinensis Lin *et* Chung, 1994, *Annual of the Taiwan Mus.*, **37**: 23. figs.1-8.

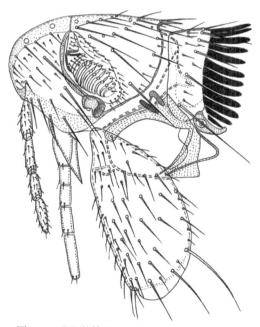

图 86　无孔微棒蚤 *Stivalius aporus* Jordan *et* Rothschild，♀头及前胸（广东湛江）

鉴别特征　　与分布于印度和非洲东南等地的厌弃微棒蚤 *S. ahalae*（Rothschild，1904）接近，但据以下几点可资区别：①♂抱器可动突背、腹缘甚较平直，几乎呈直棒状；②第 9 腹板后臂端叶较宽；③阳茎端中骨片末端被 1 小圆凹间隔为前、后两个尖齿突，骨化内管仅在后1/3 段后弯，末端超出端中骨片部分明显较短；④♀第 7 腹板后缘中叶不短于腹叶。与宽叶微棒蚤 *S. laxilobulus* 的区别在于后者受精囊头部后端宽于前部，有明显后背峰；交配囊袋部和管部都发达，管部较宽，具明显的骨化脊；第 7 腹板后缘中叶较粗钝，下凹窦底部较宽，下叶短于中叶，末端截状而有别于无孔微棒蚤。

　　种的形态　头　额缘呈均匀圆弧形（图 86），角前区鬃 17～19 根，前列额鬃 1 列 6 根，后列额鬃 3（4）根，另后方具眼鬃、颊鬃、间鬃和微鬃。眼中等大，大部分色较淡，腹缘有窦。

角后区具 3 列完整鬃，在第 2 列与第 3 列鬃之间触角的背缘另有 1 根粗长鬃；触角窝背缘有小鬃 15～24 根，♂无发达后头沟。下唇须长达前足基节 4/5 处。**胸**　前胸栉 24 根，中段的栉刺微向腹方弯拱，栉的基线由下段呈弧形往后下方弯曲；前胸背板具鬃 2 列，前列为小鬃而不完整。中胸背板近背缘处具假鬃 2 根。后胸背板无端小刺（图 87）。后胸后侧片鬃 3～4 列。后足基节内侧下约 1/4 段有细鬃 6 或 7 根。各足第 5 跗节都有 6 对侧蹠鬃，前、中足第 1 对和第 3 对移向腹面，余均为侧位。亚端蹠鬃♂、♀异态：♂前、中足各具 4 根，为亚刺形，后足和♀各足为 2 根（图 91C）。**腹**　第 1～7 背板具鬃 3～4 列，主鬃列下位♂1 根、♀2 根位于气门下方；第 2～5 背板各具 2 根端小刺。♀基腹板近中部处具小鬃约 6 根。第 7 背板在臀前鬃背方有端背叶，腹方有端腹叶，♀者发达，尖而长；♀在臀前鬃上、下方有变形鬃共 3 根，上 1、下 2 根，♂者无。**变形节**　♂第 8 腹板呈宽阔的舌形（图 89），遮盖抱器下半部分，背缘略直，腹缘微凸，具侧鬃和亚缘鬃 37 根。可动突中段背、腹缘直而平行，几呈直棒状（图 88），端棒足底微凸，背峰弯曲处几成直角，具有等长感器 3 根；可动突长约为宽的 7 倍，后缘具穗状长鬃 7 根，分布中段以后至端棒腹缘，另近端有等距离渐短小鬃 3 根。抱器突较小，末端圆钝，其上有长、短鬃各 1 根。抱器突前方的锥形突长三角形，前、后缘稍凹。柄突基部较宽，腹缘弧凸，端部微向上翘。第 9 腹板略呈"V"形，前臂较宽，后臂略狭并显长于前臂，端前叶末端圆或略截平，有缘长、短鬃 6（7）根，端

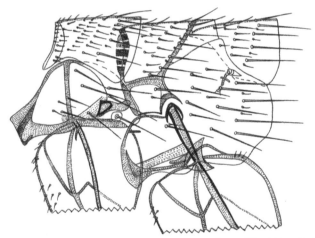

图 87　无孔微棒蚤 *Stivalius aporus* Jordan *et* Rothschild，♀中、后胸及第 1 腹节背板（广东湛江）

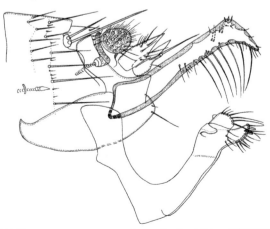

图 88　无孔微棒蚤 *Stivalius aporus* Jordan *et* Rothschild，♂变形节（广东湛江）

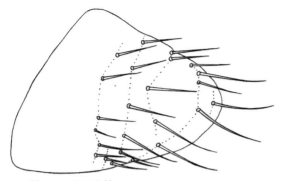

图 89　无孔微棒蚤 *Stivalius aporus* Jordan *et* Rothschild，♂第 8 腹板（广东湛江）

图 90　无孔微棒蚤 *Stivalius aporus* Jordan *et* Rothschild，♂阳茎（广东湛江）

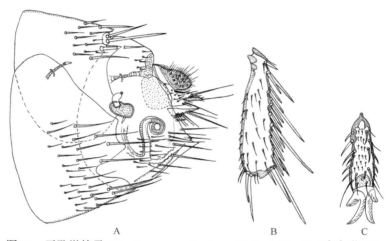

图 91　无孔微棒蚤 *Stivalius aporus* Jordan *et* Rothschild，♀（广东湛江）
A. 变形节；B. 后足胫节；C. 后足第 5 跗节

后叶斜三角形，后缘有刺鬃及常鬃 11（12）根，其中近端部鬃与刺鬃之间有 2～3 根圆钝。阳茎内管发达，端部约 1/3 段弯曲，形成拱形；阳茎端中骨片末端被 1 小圆凹间隔为前、后两个尖齿突（图 90）；阳茎杆细丝状；阳茎内突中等宽，骨化不深。♀（图 91A）第 7 腹板后缘具 2 个内凹，下凹深而大致呈三角形，上凹浅，凹底都呈圆形，上叶短锥形，中叶略等或稍长于上叶，下叶末端略斜截或至稍圆凸，侧鬃 27～30 根，成不整齐约 4 列，最后 1 列分成 2 组着生在腹叶和中叶上。第 8 背板后缘下段略凹，有较尖的后腹角，生殖棘鬃 6 根。交配囊袋部卷曲呈螺旋，管部直，有较清晰浅色骨化管横棘纹。受精囊头部大致呈橄榄形，端宽于基部，背近端稍向上翘，尾部约有 1/3 插入头腔内。肛腹板腹缘近基 1 组鬃约 4 根，近端 1 组长鬃 2 根。

　　观察标本　共 1♂、1♀，1972 年采集广东湛江，自黄毛鼠。标本存于湖北医科院寄生虫病所。文献记录（李贵真，1986；吴厚永等，2007），17♂♂、14♀♀，采自广东西部及雷州半岛各县，宿主为青毛鼠等宿主。标本存于贵州医科大学和湛江疾控中心。

　　宿主　黄毛鼠、青毛鼠、板齿鼠、小泡巨鼠、白腹鼠、锡金小鼠、卡氏小鼠。

　　地理分布　广东、海南、台湾（延平）、广西（凭祥、龙舟、大新）、云南（思茅、弥渡、勐海、勐腊、江城、文山、砚山、普洱、沧源、耿马、祥云、陇川、盈江、泸水、龙陵）。国外分布于印度、缅甸、泰国、尼泊尔。

医学重要性 在中国云南鼠疫自然疫源地自其体内分离到鼠疫菌,应是鼠间鼠疫家鼠、野鼠的重要贮存及传播媒介蚤之一。

10. 远棒蚤属 *Aviostivalius* Traub, 1980

Aviostivalius Traub (in Traub *et* Starcke), 1980, *Fleas. Proc. Inter. Conf. Fleas.*, 1977: 23, figs. 58-63. **Type species**: *Stivalius klossi* Jordan *et* Rothschild, 1922 (n. s.); Li, Xie *et* Gong, 1981, *Acta Zootaxonom. Sin.*, 6: 405; Liu *et al.*, 1986, *Fauna Sinica Insecta Siphonaptera*, First Edition, p. 267; Chin *et* Li, 1991, *The Anopluraand Siphonaptera of Guizhou*, p. 227; Xie *et* Zeng, 2000, *The Siphonaptera of Yunnan*, p. 92; Wu *et al.*, 2007, *Fauna Sinica Insecta Siphonaptera*, Second Edition, p. 334.

鉴别特征 远棒蚤属与微棒蚤属近缘,本属与该属的主要区别特征是:前列额鬃不接近额缘,概不变形为刺鬃或亚刺鬃;♂抱器可动突基部为截形或亚截形（图102）,其后腹突甚小,长仅为内突骨片的1/3左右,阳茎端骨化内管中度长,具装甲及小棘,有端管;♀（图105）第7背板后背角在臀前鬃下方形成的端腹叶甚发达,长而尖,在臀前鬃的背、腹方各有1或2根类似臀前鬃的变形鬃;第7腹板后缘内凹甚深,向前达主鬃列的前方;受精囊头部中段最宽,两端较窄,如有背峰亦不高,尾部伸入头腔甚多。

属的记述 下唇须可达前足基节之端。前胸栉20~22根,前方之背板等于或短于背方栉刺的长度。栉前方具鬃2或3列,前列常不完全。后足胫节亚背缘在第4~6个切刻处无或有变形鬃,如有则与切刻内者并列,但不顺列成假栉状（图7B,图99,图101）。♂抱器可动突的杆甚长,腹缘具穗状长鬃5~7或8根,分布可达端棒的腹方或端棒前限。不动突为宽短的锥形,前方的锥形突狭长多少为指形。第9腹板后臂端后叶圆弧形,具或浓密或稀疏的缘鬃或刺鬃1列。端侧叶常骨化,末端有侧鬃1列。阳茎端中骨片的后突分为2个或3个小叶,下叶大多短而钝。阳茎钩突具发达后突。♀交配囊袋部和管部都较短而膨大。受精囊管的基段连接交配囊袋部处亦膨大。副生殖盉骨化较强,清晰可见。

全球已记录8种（亚种）,中国分布有4种（亚种）,长江中、下游有2种（亚种）,湖北仅知1种。

种、亚种检索表

♂第9腹板后臂端前缘具1喙状骨化角突（图92）,后叶后缘呈不规则弓形弯曲,在后缘粗鬃上方几呈斜切状;可动突后缘具2~4根长鬃,上位1根长鬃不达端棒腹缘;阳茎端中骨片近后缘具月形近等宽深色骨化,其下后缘有2个角状尖齿（图95）,钩突后突无背刺;♀第7腹板后缘下凹较浅（图96）,受精囊尾部无端栓·· 无端栓远棒蚤 *A. apapillus*

♂第9腹板后臂端前缘无喙状角突,后叶后缘圆弧形（图102）;可动突后缘具5~7根长鬃,上位1根达端棒腹缘;阳茎端中骨片中叶末端分叉或向下后方斜行（图104）,钩突后突背刺长而尖削;♀第7腹板后缘下凹甚深（图105）,受精囊尾部具端栓·············· 近端远棒蚤二刺亚种 *A. klossi bispiniformis*

（16）无端栓远棒蚤 *Aviostivalius apapillus* Liu, Li *et* Shi, 1998（图92~图96,图101,图版Ⅱ）

Aviostivalius apapillus Liu, Li *et* Shi, 1998, *Acta Zootaxonom. Sin.*, **23**: 428, figs. 1-6 (Dalaoling, Yichang,

Hubei, China, from *Apodemus chevrieri*); Wu *et al.*, 2007, *Fauna Sinica Insecta Siphonaptera*, Second Edition, p. 345, figs. 331-336.

鉴别特征 本种与异远棒蚤 *A. Aestivalius* (Jameson *et* Sakaguti, 1954) 相近，主要区别是：①♂抱器可动突端棒的足端呈后翘状，前端角钝圆，不形成明显的足状。②第 9 腹板后臂端后叶呈不规则弓形弯曲，在后缘粗钝刺鬃位置之上几呈斜截形，而该鬃之下段呈圆凸状，其后缘刺鬃数较少，仅 7～9 根。后臂前侧叶端后缘为斜截状，其边缘鬃较少，通常具 4 根，个别为 5 根。③♀第 7 腹板后缘腹叶较窄；受精囊尾部无端栓。

种的形态 头 额缘最凸处位于中点，额鬃 1 列 7 根，颊鬃列 3 根鬃，在颊鬃列与额鬃列之间尚有 3 列 9～11 根鬃，其中有 2 根较粗长，前方 1 根可长达颊鬃列基部略后方，后方 1 根近达后头缘稍前方，在上述各鬃之间尚有小鬃、微鬃 19～25 根。触角窝前缘及后缘具带形深棕色骨化，其中前缘的较宽，后缘的较细狭。后头鬃前 2 列分别为 5～7 及 6 或 7 根，端缘列下后方另有 1 根粗长鬃。触角窝背缘有小鬃 8～11 根。下唇须 5 节，其端略短于或达到前足基节末端。胸 前胸背板具鬃 2 列，两侧具栉刺 19～21 根，刺端尖，背缘刺与该背板约同长。中胸背板鬃包括前缘小鬃在内，大致成 5 列，颈片内侧具假鬃 4 根；中胸腹侧板鬃 3 列约 10 根。后胸后侧片鬃 4 列，依序为 3 或 4、3 或 4、2 或 3、1 或 2 根，在第 3～4 列尚间插 2～5 根小鬃。前足基节具缘鬃 13～22 根，侧鬃浓密，40～54 根。后足基节下半部有大、小侧鬃约 40 根，上短下较长。前足股节内侧具鬃 3 根，外侧不包括背缘鬃在内，具鬃 3 列 16～19 根，另靠近后亚腹缘具鬃 1（2）根；中、后足股节后亚腹缘各有粗鬃 1 列 2～4 根。后足胫节（图 101）外侧鬃排列杂乱，27～33 根。后足第 1 跗节约等于第 3～5 跗节之和。各足第 5 跗节有 6 对侧蹠鬃，第 4 对与第 3 对之间距离较近，后 3 对略纤细；亚端蹠鬃♂前、中足具 2 对，后足仅具 1 对。腹 第 1 背板♂具鬃 4 列，第 2～7 背板具鬃 3 列（前列排列不规则），气门下♂具粗鬃 1 或 2 根；气门端尖。第 2～5 背板♂端小刺数（两侧）：2 或 3、1 或 2、2 或 0、0 根。基腹板背缘弧凸，前缘略凹，近中部♂具小鬃 1 根。♀第 7 背板臀前鬃上、下各有三角形后突，下位者较宽钝。臀前鬃♂、♀皆为 2 根，♂下位者约为上位长的 2 倍。变形节 ♂第 8 腹板宽大呈舌状（图 94），前背缘稍凹，外侧具鬃 19～22 根，其中 5～6 根为粗长鬃。抱器不动突端部转折处几近直角，或后下缘圆弧形，有额亚背缘有较窄弱骨化带，近端具长、短鬃各 1 根。抱器体近柄基处略凹，柄

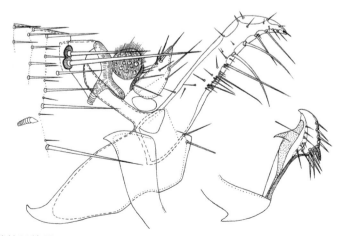

图 92 无端栓远棒蚤 *Aviostivalius apapillus* Liu, Li *et* Shi，♂变形节（湖北巴东绿葱坡）

突宽大，前背缘稍弧凸，末端略向上翘。可动突（图92，图93）中段微或显向前方弧凸，上、下段约略同宽，或下半段稍宽于上半段，前缘至顶端有较窄弱骨化带，后缘具穗状长鬃或中长鬃6根（上方1或2根和下方1根稍细而略短或显较短），上位1根近或达端棒腹缘，中段亚后缘具小鬃16～19根；端棒较短，背缘后翘状（图版Ⅱ），具背峰感器2个。第9腹板前臂较宽，腹缘弯弧形，有突出的前下角，后臂基段窄细，端后缘最凸处上方近斜截状，下段较圆凸，具刺鬃1列9根，其中1根较粗钝，侧叶后缘有鬃4根，其间或近旁有3根微鬃，在前缘喙突之下内侧有3（2）根微鬃。阳茎端中背叶的端缘略平直，骨化弱；端中骨片具较窄弯弧形骨化，下后缘有伸向腹方及后方尖齿各1个（图95），其中伸向腹方1个位于内侧；钩突上段宽于中段，后段及前刺为膜质，尤其后缘与第9腹板后臂重叠而界限不清晰；骨化内管中等度发达。♀（图96）第7腹板后缘背叶较粗钝，腹叶稍宽，中叶尖窄而稍短于背叶，上凹浅宽，下凹较深而略窄。腹板上有侧鬃15根左右，其中后方的鬃较长。受精囊头部较宽短，形状别致，为不规则圆筒形，背缘略凹，尾插入头部部分较浅，尾部末端无端栓。

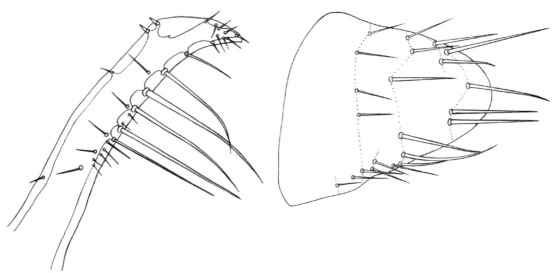

图93 无端栓远棒蚤 *Aviostivalius apapillus* Liu, Li *et* Shi，♂可动突变异（湖北巴东绿葱坡）

图94 无端栓远棒蚤 *Aviostivalius apapillus* Liu, Li *et* Shi，♂第8腹板（湖北巴东绿葱坡）

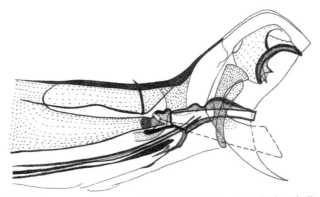

图95 无端栓远棒蚤 *Aviostivalius apapillus* Liu, Li *et* Shi，♂阳茎端（湖北巴东绿葱坡）

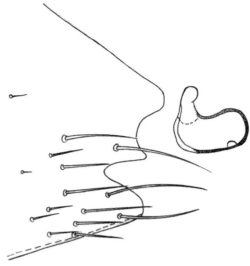

图 96　无端栓远棒蚤 *Aviostivalius apapillus* Liu, Li *et* Shi，♀第 7 腹板后缘及受精囊
（副模，湖北宜昌大老岭）（仿刘泉等，1998）

观察标本　共 5♂♂、3♀♀，其中 2♂♂于 2003 年 4～5 月采自湖北长江三峡以南的巴东绿葱坡（野花坪），宿主为中华姬鼠和多齿鼩鼱，海拔约 1450 m，生境为常绿落叶阔叶混交林。标本存于湖北医科院传染病所。另 3♂♂、3♀♀系原描述正模和副模，于 1991 年 8 月 11 日采自长江三峡以北的宜昌大老岭，宿主为高山姬鼠。标本存于军医科院微流所和宜昌疾控中心。

宿主　高山姬鼠、中华姬鼠和多齿鼩鼱。

地理分布　湖北巴东（绿葱坡）、宜昌（大老岭）。隶属华中区西部山地高原亚区。本种是中国特有种。

（17）近端远棒蚤二刺亚种 *Aviostivalius klossi bispiniformis* (Li *et* Wang, 1958)（图 7B，图 8B，图 97～图 105）

Stivalius klossi bispiniformis Li *et* Wang, 1958, *Acta Ent. Sin.*, **8**: 69, pls., 1, 2, 5, 8, pl., II, figs., 12, 16, 18 (Shunwu, Fujian, China, from *Rattus flavipectus*); Lewis, 1974, *J. Med. Ent.*, **11**: 409.

Lentistivalius klossi klossi bispiniformis (Li *et* Wang): Mardon, 1981, *III. Cat. Roths. Colln. Fleas Br. Mus*, **6**: 258.

Aviostivalius klossi bispiniformis (Li *et* Wang): Traub (in Traub *et* Starcke), 1980, Fleas *Proc. Inter. Conf. Fleas*, 23, 24, 58-63; Liu *et al.*, 1986, *Fauna Sinica Insecta Siphonaptera*, First Edition, p. 267, figs. 16C, 17B, 18B, 255-257; Chin *et* Li, 1991, *The Anopluraand Siphonaptera of Guizhou*, p. 228, figs. 34-36; Xie *et* Zeng, 2000, *The Siphonaptera of Yunnan*, p. 93, 95, figs. 75, 95-98; Wu *et al.*, 2007, *Fauna Sinica Insecta Siphonaptera*, Second Edition, p. 336, figs. 15C, 16B, 17B, 312-317.

鉴别特征　本种与毛猬远棒蚤区别在于：①前胸背板较长，且与背缘栉刺约等长；②后足胫节亚背缘有变形粗鬃且与切刻内鬃同粗壮，并与之并列；③♂第 9 腹板后臂端侧叶末端平而较窄，后叶后缘刺鬃较多，达 8～10 根；④阳茎端中骨片的中叶末端有内凹，且中叶与背叶及腹叶之间有清晰分界，阳茎钩突后突的背刺长而尖；⑤♀第 7 腹板后缘的中叶与背、腹叶约等长。与指名亚种的区别在于：①后足胫节端后缘具 4 根变形粗壮刺鬃，指名亚种者虽为 4 根，但靠内侧第 1 根较细；②♂可动突前背感器多为 2 根；③阳茎端中骨片中叶末端略凹并向后下方斜行，阳茎钩突后突背刺和阳茎端囊背刺大都长而尖削；④♀交配囊袋部为长袋形，副生殖盔发达，骨化强，多为斜方形或宽短菱形。

　　亚种形态　体鬃多而发达，体色骨化偏深。**头**（图97）额缘圆。额鬃17～20根，成不规则4～5列排列，分布于角前区，其间有大小不等的间鬃7～9根；♂额鬃粗壮发达，前列额鬃♂、♀均不变形，亦不分布到额前缘。眼鬃和颊鬃各3根。后头鬃3列，依序为6（7）、6、6根；另在触角窝背方，在第2列与第3列之间间插1根粗鬃，缘鬃列有小间鬃。下唇须5节，其端近达或略超过前足基节末端。**胸**　前胸栉21（22）根，背刺与该背板近等长；前胸背板上具鬃2～3列。中胸背板鬃♂大致具3列，♀2列，其前列之前尚有约10根杂乱小鬃，颈片内侧近背缘处具深色假鬃2或3根。后胸背板鬃5列，后列较前几列显粗长。后胸背板侧区具鬃3（2）根；后胸后侧片鬃13～17根，有间鬃（图98）。前足基节外侧鬃浓重，40～50根。后足基节内侧下1/4段有细鬃7～9根，成不规则2～3列。后足胫节外侧具鬃30根左右，大致成3列，后背缘具7个切刻（图7B），端切刻4根鬃靠外3根粗而渐长于靠内1根鬃，内侧第1根为粗鬃（图99），仅偶变异较细。各足跗节端长鬃短，均不达下一跗节之半；第5跗节都有6对侧蹠鬃，前、中足第1、3对显向中移，呈腹位，后足为侧位。亚端蹠鬃♂前、中足具4根亚刺鬃，后足和♀各足仅有2根（图8B）。**腹**　第2～7背板具鬃4列（前列不完整），气门下鬃数：♂者1根鬃，♀者2根。第2～6背板端小刺依序为2、2、2、2、2（0）根，基腹板♀有小鬃4～10根，♂者无。♀臀前鬃上方具1根，下方具2根变形鬃；在第7背板臀前鬃的上、下方具发达背突和腹突，腹突尖而长，并显长于背突。第8背板气门窝发达，长于臀板。**变形节**　♂第8腹板较宽大（图103），具侧鬃16～19根和腹缘鬃5～8根，另背缘具鬃3或4根。抱器

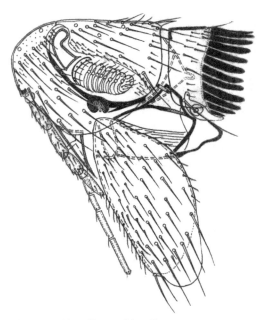

图97　近端远棒蚤二刺亚种 *Aviostivalius klossi bispiniformis* (Li et Wang)，♂头及前胸（广东隆京）

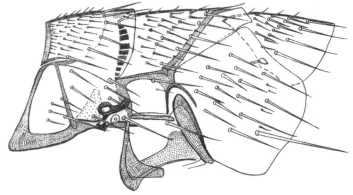

图98　近端远棒蚤二刺亚种 *Aviostivalius klossi bispiniformis* (Li et Wang)，♂中、后胸及第1腹节背板（广东隆京）

不动突前方具 1 较窄而尖的锥突；抱器体后缘弧凸稍下方与柄突分界处具 1 小腹凹，柄基宽大，末端狭翘。可动突窄长，长为中段宽的 6～7 倍，端棒下方略细缩，有背峰感器 2 根（偶 3 根）（图 102），后缘具穗状长鬃 4～7 根，分布于可动突后 1/3 至近中段，上位 1 根长鬃达端棒腹缘。第 9 腹板前臂端前腹角较突出，后臂端侧叶多呈斜截形，具端鬃 5（4）根，后下缘近旁具小侧鬃约 5 根，端后叶基本呈匀称圆弧形，从背缘到后缘有刺鬃和亚刺鬃 8～10 根，其中后缘中段有 3 根略钝，后近下缘 2 或 3 根较尖而长。阳茎端骨化内管不特别长，显然短于端中背叶，背方具小齿突 1 个；端中骨片发达，背缘弧拱，后缘常形成 3 个小叶，各小叶均有不同程度骨化，下叶略短，末端尖，宽窄有变异，其中背叶中部处有 1 密集片状小棘区，中叶末端为略凹的斜截形或分叉（图 104），在骨化内管背上方外侧有 1 细纹区。阳茎钩突体部略近"乙"字形，有向后方伸出的后突，背刺长而尖突。卫骨片发达，垂直棒形，与阳茎钩突体部略重叠，阳茎内突形状与柄突略相似，末端渐狭并略上翘，无端突。♀第 7 腹板后缘具甚深而狭的下凹（图 105），腹叶似指形，末端圆钝，上凹浅宽，其腹叶可略长于背叶及中叶，外侧主鬃 1 列 4（5）根，分布在凹窦的上、下叶上，其前有约 20 根附加鬃，成不整齐 2～3 纵行排列。第 8 腹板近前缘偏中生殖脊清晰可见，该腹板后腹角向后方突出，近腹缘具侧鬃 12～15 根，其中有 6 根显粗长，生殖棘鬃 2 根。第 8 腹板末端狭窄，具端鬃和亚端鬃 4（5）根。受精囊大致呈橄榄形，受精囊尾部大部分插入头腔内，尾端具乳突。交配囊袋部和管部均短，管部具骨化棘，受精囊管基部膨大，有骨化环纹，远段细长。肛锥长约为基宽的 5.0 倍，具端长鬃及侧鬃各 1 根。

　　观察标本　共 22♂♂、27♀♀，其中正模♂，副模 1♂、2♀♀，1955 年 8 月采自福建顺昌和邵武，宿主为黄胸鼠、针毛鼠、白腹巨鼠；福建古田，建屏，5♂♂、5♀♀；广东隆京 5♂♂、5♀♀，1965 年 7 月；海南 5♂♂、11♀♀，1965～1967 年；云南 5♂♂、4♀♀，1959 年 8 月至 1983 年 6 月，宿主为黄胸鼠、大足鼠、针毛鼠和北社鼠等。标本存于军医科院微流所。

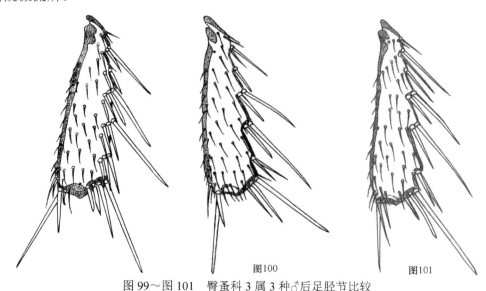

图 99～图 101　臀蚤科 3 属 3 种♂后足胫节比较

图 99　近端远棒蚤二刺亚种 *Aviostivalius klossi bispiniformis* (Li *et* Wang)（广东隆京）

图 100　滇西韧棒蚤 *Lentistivalius occidentayunnanus* Li, Xie *et* Gong（湖北利川）

图 101　无端栓远棒蚤 *Aviostivalius apapillus* Liu, Li *et* Shi（湖北巴东绿葱坡）

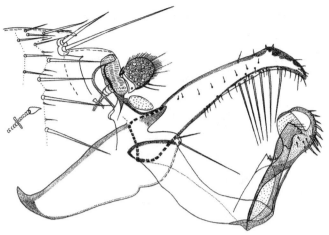

图 102 近端远棒蚤二刺亚种 *Aviostivalius klossi bispiniformis* (Li *et* Wang)，♂变形节（广东隆京）

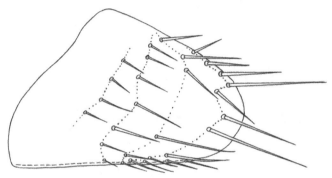

图 103 近端远棒蚤二刺亚种 *Aviostivalius klossi bispiniformis* (Li *et* Wang)，♂第 8 腹板（广东隆京）

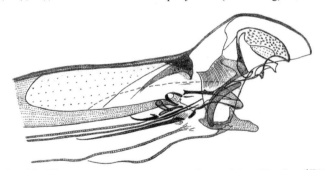

图 104 近端远棒蚤二刺亚种 *Aviostivalius klossi bispiniformis* (Li *et* Wang)，♂阳茎端（广东隆京）

宿主 黄胸鼠、针毛鼠、白腹巨鼠、大足鼠、褐家鼠、卡氏小鼠、锡金小鼠、珀氏长吻松鼠、黑家鼠、黑线姬鼠、北社鼠、花鼠、四川短尾鼩、毛猬、树鼩鼱、板齿鼠、家兔。偶自人体。

地理分布 福建（邵武、顺昌、古田、建屏、屏南、柘荣等）、广东（连平、曲江、普宁、英德、阳山、东方、九连山）、海南（吊罗、北海）、浙江（龙泉、文成、庆元）、广西（桂平紫金山、兴安）、贵州（雷山、黔东南、榕江）、云南（连山、盈江、陇川、梁河、勐腊、勐海、元江、楚雄、临沧、大理、孟连、贡山、绥江、福贡、泸水、瑞丽、永平、祥云、云县、马关、通海、峨山、思茅等）、西藏（墨脱）。按我国动物地理区系，属华中区东部丘陵平原亚区、华南区闽广沿海亚区及海南岛亚区、西南区西南山地亚区和喜马拉雅亚区。本种是上述区域特有亚种。

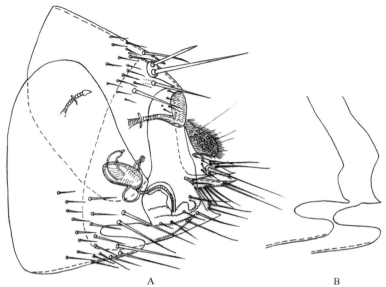

图 105　近端远棒蚤二刺亚种 *Aviostivalius klossi bispiniformis* (Li *et* Wang)，♀（广东隆京）

A. 变形节；B. 第 7 腹板后缘变异

四、多毛蚤科 Hystrichopsyllidae Tiraboschi, 1904

Hystrichopsyllidae Tiraboschi, 1904, *Arch. Parasit.*, Paris, **8**: 242, 296 (n. s.); Hopkins *et* Rothschild, 1962, *III. Cat. Roths. Colln. Fleas Br. Mus.*, **3**: 41; Liu *et al.*, 1986, *Fauna Sinica Insecta Siphonaptera*, First Edition, p. 279; Yu, Ye *et* Xie, 1990, *The Flea Fauna of Xinjiang*, p. 136; Chin *et* Li, 1991, *The Anoplura and Siphonaptera of Guizhou*, p. 232; Cai *et al.*, 1997, *The Flea Fauna of Qinghai-Xizang Plateau*, p. 44; Wu *et* Liu (in Zheng *et* Gui), 1999, *Insect Classi Fication*, p.778; Xie *et* Zeng, 2000, *The Siphonaptera of Yunnan*, p. 98; Wu *et al.*, 2007, *Fauna Sinica Insecta Siphonaptera*, Second Edition, p. 358; Liu, Shi *et al.*, 2009, *The Siphonaptera of Neimenggu*, p. 155.

鉴别特征　体型较大；通常具颊栉和前胸栉；前胸背板至少有 2 列鬃；部分腹节背板有端小刺或栉；♂触角棒节达前胸腹侧板。♀具 2 个受精囊。

多毛蚤科下有 2 个亚科，即巨蚤亚科（Macropsyllinae）和多毛蚤亚科，前者有 2 属 2 种，后者有 4 属 55 种，主要分布于全北界及南美，部分分布于大洋洲，因而是一个相对较小的科。中国仅有多毛蚤亚科及多毛蚤属共 14 种（亚种），主要分布于山地及高海拔山脉和北方地区，湖北西部至秦岭以南一带分布有 4 种（亚种）。

（四）多毛蚤亚科 Hystrichopsyllinae Tiraboschi, 1904

Hystrichopsyllinae Tiraboschi, 1904, *Arch. Parasit.*, Paris, **8**: 242, 296 (n. s.); Hopkins *et* Rothschild, 1962, *III. Cat. Roths. Colln. Fleas Br. Mus.*, **3**: 41; Liu *et al.*, 1986, *Fauna Sinica Insecta Siphonaptera*, First Edition, p. 285; Yu, Ye *et* Xie, 1990, *The Flea Fauna of Xinjiang*, p. 137; Cai *et al.*, 1997, *The Flea of Qinghai-Xizang Plateau*, p. 45; Xie *et* Zeng, 2000, *The Siphonaptera of Yunnan*, p. 99; Wu *et al.*, 2007, *Fauna Sinica Insecta Siphonaptera*, Second Edition, p. 358.

鉴别特征　前胸腹侧板接纳第 1 连接板之凹陷的前叶明显低于后叶，前胸背板至少有 2 列鬃，后胸气门端尖。前、中、后足第 5 跗节均有 5 对侧蹠鬃。臀前鬃不少于 2 根。♂触角棒节达前胸腹侧板上。♀具 2 个受精囊。

多毛蚤族 Hystrichopsyllini Tiraboschi, 1904

Hystrichopsyllini Tiraboschi, 1904, *Arch. Parasit., Paris*, **8**: 242, 296 (n. s.); Hopkins *et* Rothschild, 1962, *Ill. Cat. Roths. Colln. Fleas Br. Mus.*, **3**: 43; Liu *et al.*, 1986, *Fauna Sinica Insecta Siphonaptera*, First Edition, p. 285; Cai *et al.*, 1997, *The Flea of Qinghai-Xizang Plateau*, p. 46; Xie *et* Zeng, 2000, *The Siphonaptera of Yunnan*, p. 99; Wu *et al.*, 2007, *Fauna Sinica Insecta Siphonaptera*, Second Edition, p. 359.

鉴别特征　颊栉第 1 刺远离口角。具中央梁。如有腹栉，除第 2 腹节背板外，均位于背板侧面。♀肛锥位于肛背板之侧面。

11. 多毛蚤属 *Hystrichopsylla* Taschenberg, 1880

Hystrichopsylla Taschenberg, 1880, *Die Flohe*, p. 63, 83. **Type species**: *Pulex obtusiceps* Ritsema (n. s.); Hopkins *et* Rothschild, 1962, *Ill. Cat. Roths. Colln. Fleas Br. Mus.*, **3**: 43; Liu *et al.*, 1986, *Fauna Sinica Insecta Siphonaptera*, First Edition, p. 285; Cai *et al.*, 1997, *The Flea fauna of Qinghai-Xizang Plateau*, p. 46; Xie *et* Zeng, 2000, *The Siphonaptera of Yunnan*, p. 100; Wu *et al.*, 2007, *Fauna Sinica Insecta Siphonaptera*, Second Edition, p. 359; Liu, Shi *et al.*, 2009, *The Siphonaptera of Neimenggu*, p. 156.

鉴别特征　大型蚤。眼通常退化，无额突，有中央梁，颊栉多于 5 根，较狭长，第 1 刺远离口角。下唇须 5 节。具前胸栉。有或无腹节背板栉刺。胫节及后足第 1 跗节长端鬃呈刺状，或亚刺状。前足胫节后缘鬃呈假栉状。臀前鬃♂3 根，♀3 或 4 根。♂第 8 背板退化，第 9 腹板后臂端部左右融合，后缘具多根刺形鬃。♀肛锥位于肛背板侧面。

迄今全球已记录有 34 种（亚种），主要分布于古北界和新北界，多数蚤种无明显的宿主特异性，该属分为 2 个亚属，多毛蚤亚属 *Hystrichopsylla* 和无腹栉蚤亚属，陕西秦岭主峰以南至湖北西部一带地区仅分布有无腹栉蚤亚属，但台湾多毛蚤是否分布于长江下游一带地区，目前还存在一定疑问，有待调研。

3）无腹栉蚤亚属 *Hystroceras* Ioff *et* Scalon, 1950

Hystrichopsylla subgenus *Hystroceras* Ioff *et* Scalon, 1950 (in Ioff *et al.*), *Med Parasitol. Moscow*, **19** (3): 273. **Type species**: *H. Satunini* Wagner (n. s.); Hopkins *et* Rothschild, 1962, *Ill. Cat. Roths. Colln. Fleas Br. Mus.*, **3**: 43; Liu *et al.*, 1986, *Fauna Sinica Insecta Siphonaptera*, First Edition, p. 290; Xie *et* Zeng, 2000, *The Siphonaptera of Yunnan*, p. 100; Wu *et al.*, 2007, *Fauna Sinica Insecta Siphonaptera*, Second Edition, p. 364.

鉴别特征　该亚属与多毛蚤亚属的主要区别在于：无腹节；腹节背板之端小刺短而排列稀疏，且不呈栉刺状。

中国已发现 14 种（亚种），陕西秦岭至大巴山一带记录有 4 种（亚种），其中湖北分布有 3 种（亚种），是较典型的古北界蚤种，虽也有个别蚤种分布于东洋界，但主要分布在海拔 1400～3000 m 的高山地带。

种、亚种检索表

1. 颊栉及前胸栉数较多，分别在 9～14 根及 50～70 根（图 109）······················· 2

　　颊栉及前胸栉数较少，分别在 4～6 根和 30 根左右（图 2，图 116）··············· 3

2. ♂可动突前缘角突位于中点以下（图 106）；第 8 腹板后臂窄长，从基到端逐渐窄细而尖削，前缘直而无明显凸出；第 9 腹板后臂端后缘具 5～7 根深色刺鬃；阳茎端中背叶端缘弧凸较窄（图 107）；♀第 7 腹板后缘内凹较深，腹叶粗钝而呈拇指状（图 108）·····························
··································· **台湾多毛蚤秦岭亚种 _H._ (_H._) _weida qinlingensis_**

　　♂可动突前缘角突位于中点以上（图 110）；第 8 腹板后臂粗短，端部膨大而呈斜截形；第 9 腹板后臂端后缘具 8～11 根深色刺鬃；阳茎端中背叶的前背缘弧凸较宽（图 111）；♀第 7 腹板后缘内凹较浅，腹叶近角状（图 112）·················· **多刺多毛蚤 _H._ (_H._)_multidentata_**

3. ♂阳茎端骨片下延部分呈粗而长、深色 "C" 形（图 119），背端骨片细窄，末端呈对称均匀圆形；第 9 腹板后臂末端膨大三角形（图 118）；♀第 7 腹板后缘背叶略向后凸，下具浅内凹（图 120）·············
····································· **陕西多毛蚤 _H._ (_H._) _shaanxiensis_**

　　♂阳茎端骨片下延骨片短宽（图 114），背端骨片显较宽，末端斜向前下方；第 9 腹板后臂末端膨大处前缘较宽而圆（图 113）；♀第 7 腹板后缘基本近直或微波形，无明显背叶或内凹（图 115）·········
·······································**田鼠多毛蚤 _H._ (_H._) _microti_**

（18）台湾多毛蚤秦岭亚种 _Hystrichopsylla_ (_Hystroceras_) _weida qinlingensis_ Zhang, Wu _et_ Liu, 1984（图 106～图 108）

Hystrichopsylla (_Hystroceras_) _weida qinlingensis_ Zhang, Wu _et_ Liu, 1984, _Acta Zool. Sin._, **9**: 301, figs. 1-4 (Foping, Shaanxi, China, from _Anourosorex squamipes_); Wu _et al._, 2007, _Fauna Sinica Insecta Siphonaptera_, Second Edition, p. 391, figs. 387-389.

鉴别特征　♂第 8 腹板后臂从基到端逐渐窄细而尖削，前缘直而无明显凸出；♀第 7 腹板后缘内凹较深，腹叶窄钝，拇指形，易与台湾多毛蚤指名亚种、云南亚种和其他已知多毛蚤相区别。

亚种形态　**头**　额突略突出，位置低，位于口角上方。额鬃 1 列 5（6）根，较小；眼鬃 4 根，偶 5 根；在眼鬃列与额鬃列之间触角窝前缘另有 1 根粗长鬃。颊栉具 11～14 根刺，略呈 "V" 状扇形排列，各刺直而端略尖，以第 2、3、4 根刺为最长，第 1 刺基与口角间具圆弧形内凹。颊角发达，末端宽平或稍凸。后头鬃 3 列，依序为 2、5～7、1 或 2 根。触角窝背缘具小鬃 8～20 根；触角棒节不达前胸腹侧板上。下唇须 5 节，长约达前足基节 2/3 处。**胸**　前胸具 64～69 根栉刺，前胸栉基线直，且刺与刺之间具清晰间隙，其背刺约为该背板长的 1/3。前胸背板具鬃 4 列。中胸背板除 3 或 4 列完整鬃外，其前列之前尚具细密成簇排列不规则杂乱鬃，颈片内侧近背缘具假鬃 4～7 根。中胸腹侧板鬃后 2 列弯弧形排列，数分别为 6～9 及 6～8 根。后胸后侧片鬃大致成 3 列，20～27 根，其气门长度大于宽度。前足基节、股节及中、后足股节外侧鬃多而密。前足胫节端长鬃略短于或超过第 1 跗节末端；后足胫节后缘具 7 个深切刻，近基为 1 个浅切刻，除倒数第 3 切刻偶为 2 根鬃外，其余全为 3 或 4 根粗鬃。后足第 2 跗节长端鬃远不达第 3 跗节之端。各足第 5 跗节侧蹠鬃 5 对；亚端蹠鬃前、中足 2 对，后足 1～2 对，或偶单侧缺 1 根。**腹**　第 1～7 背板具鬃 3 或 4 列，中间背板气门下具 2～4 根粗鬃，小鬃 0～4 根。第 2～5 背板端小刺（单侧）：依序为 7～9、5～9、4～8 根和 0～2 根；偶第 1 背板具 1 根端小刺。臀前鬃♂3 根，♀4 根。**变**

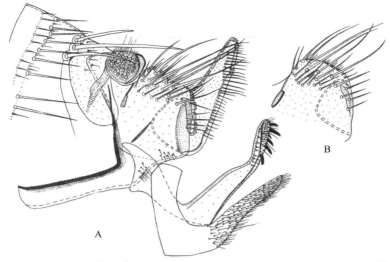

图 106　台湾多毛蚤秦岭亚种 *Hystrichopsylla* (*Hystroceras*) *weida qinlingensis* Zhang,
Wu *et* Liu，♂（湖北巴东）
A. 变形节；B. 不动突变异

形节　♂第 8 腹板前臂较宽，后臂从基到端逐渐窄细而尖削（图 106），前缘直而无明显凸出，外侧下段小鬃密布，端侧稍稀，端后缘鬃细密成簇。不动突短宽，端缘略凹或平直至略圆隆，有侧鬃 22～29 根，其中 4～8 根为粗长鬃；抱器体腹缘与柄基间具 1 内凹，后腹端略钝。柄突大部分约略等宽，或近端略膨阔，柄基后缘有 1 圆形隆起，上具小鬃 15～23 根。可动突显高于不动突，长为最宽处的 3.8～4.5 倍，前缘角突位于前缘中点以下，角突之上至顶端呈斜截状，后缘近中略凹或稍后凸，后亚缘具纵行鬃 1 列 13～28 根，亚后缘具较窄弱骨化带。第 9 腹板前臂端腹隆起发达，三角形，后臂基端较宽，端段较狭，前缘中段略上方具 1 浅弧凹，端后缘具深色刺鬃 5～7 根，其中 1 根较小，外侧中部以下有纵行不规则粗条纹。阳茎端中背叶的前背角略钝，后延部分包绕端缘，弯拱而细长（图 107）；骨化内管大部分呈深棕色骨化，内突不宽。♀第 7 腹板后缘具 1 较深圆窦（图 108），腹叶窄钝，拇指形，等于或略长于背叶，主鬃 1 列 6～8 根，其间或前方具附加鬃 21～24 根。第 8 背板后缘具 1 较宽的浅凹，背叶圆钝，外侧在气门下具鬃 5～7 根，空档以下至后端有短鬃 26～28 根，粗长鬃 7～9 根，其间内侧有小鬃 12（13）根。第 8 腹板末端斜钝，具微鬃约 10 根。交配囊管细长，管部中段后弯。受精囊头部稍近桶形，略长于尾部。

观察标本　共 11♂♂、8♀♀，其中 5♂♂、2♀♀自大林姬鼠，1♂、1♀自四川短尾鼩，1990 年 4 月及 12 月分别采自湖北西北部的神农架红花朵和小龙潭，海拔 1800～2100 m，生境为落叶阔叶林和针阔叶混交林。另 5♂♂、4♀♀自四川短尾鼩，1♂自洮州绒鼠，2000 年 5 月和 2010 年 11 月采自鄂西南的巴东绿葱坡、广东垭，五峰的牛庄和湖北与湖南两省交界处的独岭，海拔 1400～1700 m。标本存于湖北医科院传染病所和军医科院微流所。

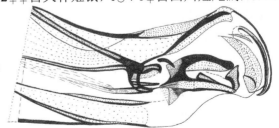

图 107　台湾多毛蚤秦岭亚种 *Hystrichopsylla*
(*Hystroceras*) *weida qinlingensis* Zhang, Wu *et* Liu，
♂阳茎端（湖北巴东）

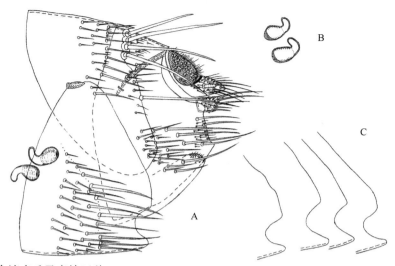

图 108　台湾多毛蚤秦岭亚种 *Hystrichopsylla* (*Hystroceras*) *weida qinlingensis* Zhang, Wu *et* Liu，
♀（湖北巴东）

A. 变形节；B. 受精囊；C.第 7 腹板后缘

宿主　四川短尾鼩、大林姬鼠、北社鼠、多齿鼩鼹、中华姬鼠、黑腹绒鼠、洮州绒鼠、藏鼠兔和川鼩。其中四川短尾鼩为主要宿主，主要出现在较寒冷，尤其有冰、雪的春、冬二季，一只宿主最多可寄生 4 只，并可从大林姬鼠、北社鼠、多齿鼩鼹、藏鼠兔、川鼩等体上偶有检获。另外，从湖北西北部所采获的 3 种多毛蚤数量看，虽陕西多毛蚤的寄主与本亚种寄主有明显不同，但 11 年中调查两者获得的数量大体相当，而多刺多毛蚤采获的数量少，分布的海拔高，主要分布在高山针叶林以上地带，这在一定程度上反映了前两种多毛蚤对栖息环境和海拔具较强的可塑性。

地理分布　湖北神农架（瞭望塔、木鱼、刘家屋场、红花朵、红坪、燕子垭、坪阡、徐家庄、野马河、大九湖、鱼儿沟、杉树坪、次界坪、麂子沟、酒壶坪、桥通沟、小龙潭、大龙潭、猴子石、巴东垭、板仓）、房县、巴东（广东垭、绿葱坡）、五峰（牛庄、黄梁坪、独岭）、鹤峰（中营）、恩施（太山庙、双河）；湖南西北部（壶瓶山）、重庆东北部（巫山）、陕西秦岭南坡（佛坪）、四川西南部（康定）。按我国动物地理区系，属华中区西部山地高原亚区，本种是该亚区的特有亚种。

分类讨论　♂抱器不动突背缘在湖北西部，是明显内凹、略凹至较平直到略圆凸，如鄂西南 6♂♂标本，其中 2♂♂略圆隆，1♂平直，1♂稍凹，而鄂西北的标本基本也在上述变异范围内，表明该特征存在较宽幅度变异，但♂第 8 腹板后臂从基到端逐渐窄细而尖削，前缘直而无明显凸出；♀第 7 腹板后缘内凹较深，腹叶窄钝，拇指形甚为稳定可靠，这是反复对比观察得出的结论。

（19）多刺多毛蚤 *Hystrichopsylla* (*Hystroceras*) *multidentata* **Ma** *et* **Wang, 1966**（图 109～图 112）

Hystrichopsylla multidentata Ma *et* Wang, 1966, *Acta Zootaxonom. Sin.*, **3**: 151, figs. 1-3 (Maqu, Gansu, China, from *Microtus* sp.).

Hystrichopsylla (*Hystroceras*) *multidentata* Ma *et* Wang: Liu *et al.*, 1986, *Fauna Sinica Insecta Siphonaptera*, First Edition, p. 297, figs. 314-316; Cai *et al.*, 1997, *The Flea Fauna of Qinghai-Xizang Plateau*, p. 48, figs. 101-104; Wu *et al.*, 2007, *Fauna Sinica Insecta Siphonaptera*, Second Edition, p. 379, figs. 371-375.

鉴别特征　多刺多毛蚤依其颊栉较多（11～13 根），与台湾多毛蚤和圆凹多毛蚤相近，但♂第 8 腹板后臂粗短而端部显较膨大，末端斜截状；可动突前缘角突位于中点上方；阳茎端中背叶前背缘呈均匀宽弧凸；♀第 7 腹板后缘腹叶尖窄可与台湾多毛蚤相区别。♂抱器不动突较短且后缘无深凹；第 9 腹板后臂较狭窄；♀第 7 腹板后缘背叶较宽并短于腹叶，且背叶之上方无浅凹可与圆凹多毛蚤区别。

种的形态　**头**　额突较近口角，位于额缘下 1/6 处（图 109）。额突至口角距约等于口角至颊栉第 1 刺基距。额鬃 1 列 6 或 7 根，上位第 1 根位于触角窝前缘；眼鬃 4（偶 5）根粗长，在眼鬃与额鬃之间触角窝前缘另具 1 根粗长鬃。眼留有痕迹，腹缘具凹窦。颊栉具 11～13 根刺，以下位第 4、5 根为最长。颊栉排列略似 "V" 形扇面。颊角末端宽而微斜圆。后头鬃 3 列，依序为 2 或 3、5 或 6、5～8 根。♂后头沟中深。下唇须长达前足基节 2/3 处。**胸**　前胸背板鬃 4 列，两侧具栉刺 56～69 根，其背刺约为该背板背缘长的 1/3，各刺直而端稍钝。中胸背板颈片具假鬃 4～6 根。后胸后侧片鬃 3 或 4 列，16～23 根。前足基节近基部外侧有成簇短鬃区，略下方至近端的鬃较长而次密集，多数鬃末端略超过下位鬃基。前足股节外侧有鬃 36～59 根，中、后足股节后半部分别具鬃 20～52 根及 16～30 根，另前下方具鬃 6～11 根。后足胫节外侧鬃多而排列杂乱，后背缘具 8 个切刻。后足第 2 跗节端长鬃达第 3 跗节的 4/5 或近达末端。各足第 5 跗节分别具 5 对侧蹠鬃和 1 对亚端蹠鬃。**腹**　第 1～7 背板具鬃 4 列，中间背板主鬃列 11（12）根，气门下具鬃 1～4 根，偶 5 根；气门小而端尖。第 1～5

图 109　多刺多毛蚤 *Hystrichopsylla*
(Hystroceras) multidentata Ma *et* Wang，♂头及
前胸（湖北神农架）

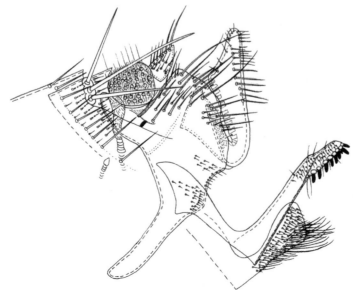

图 110　多刺多毛蚤 *Hystrichopsylla (Hystroceras) multidentata* Ma *et* Wang，♂变形节（湖北神农架）

背板端小刺（单侧）：为3～6、8～10、4～7、3～6、0～2根。臀前鬃♂3根，♀者4根约同长。

变形节　♂第8腹板略呈"L"形，前臂较宽，在一清晰标本中略长于后臂，末端略呈三角形，后臂端部显著膨大，端缘斜截或稍凹（图110），亚后缘有较宽成束粗鬃区22～40根，其中12～20根为长鬃，外侧小鬃密布48～61根。抱器不动突宽短，端后缘常略凹，外侧有7（8）根粗长鬃和26～33根中短鬃，内侧亚背缘有12～16根小鬃。抱器体近腹缘具小鬃40～46根，柄突端段稍窄。可动突前缘角位于中点上方，后缘略凹，外侧中线偏后方具纵行鬃1列9～11根，端部有亚缘小鬃8～15根；可动突显高于不动突，长为最宽处的4～5倍。第9腹板后臂显长

于前臂，狭长，后缘有刺鬃8～10根，其间及外侧具小鬃43～69根。阳茎端背叶前背缘呈均匀宽弧凸（图111），端中骨片似菱形，骨化内管骨片发达，内突较窄。♀第7腹板后缘内凹略较深（图112A、C），背叶较宽而稍后凸，腹叶窄仅稍长于背叶。外侧主鬃列6～10根，其前有16～29根附加鬃。第8背板后缘圆凸，外侧气门下至腹缘有鬃28～47根，其中7～12根为粗长鬃。生殖棘鬃13～16根。第8腹板后缘较宽钝，有缘或亚缘鬃7～15根。肛锥粗短，长为宽的1.6～2.0倍，具长端鬃1根和1～2根侧鬃。1雌蚤体内具1深棕色椭圆形卵（图112B）。受精囊头部略近桶形，尾等于或明显长于头部。

图111　多刺多毛蚤 *Hystrichopsylla (Hystroceras) multidentata* Ma et Wang，♂阳茎端（湖北神农架）

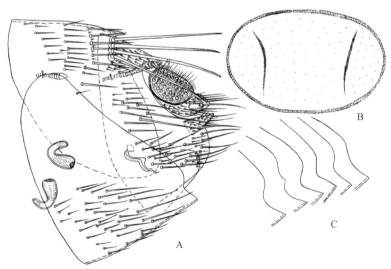

图112　多刺多毛蚤 *Hystrichopsylla (Hystroceras) multidentata* Ma et Wang，♀（湖北神农架）
A. 变形节；B. 卵；C. 第7腹板后缘变异

观察标本　共7♂♂、11♀♀，其中5♂♂、11♀♀自藏鼠兔，1♂自大林姬鼠，1♂自中华姬鼠，分别于1989～1991年6月和9～10月采自湖北西北部的神农架木鱼，海拔2800～2980 m，生境为生长大片竹林的高山针叶林。另该地区酒壶坪亦采到少量标本，海拔1880 m，自藏鼠兔。标本存于湖北医科院传染病所和军医科院微流所。

　　宿主　藏鼠兔、大林姬鼠、中华姬鼠；湖北省外有齐氏姬鼠、高原鼠兔、间颅鼠兔、根田鼠和长尾仓鼠。

　　地理分布　湖北西北部（神农架）、陕西秦岭（眉县、太白、舟曲）、甘肃（朵海）、四川（唐克、若尔盖）、青海（海晏、共和、祁连、玉树、班玛）、宁夏（六盘山）。按我国动物地理区系，隶属于华中区西部山地高原亚区、青藏区青海藏南亚区和华北区黄土高原亚区。本种是中国特有种。

（20）田鼠多毛蚤 *Hystrichopsylla (Hystroceras) micrti* Scalon, 1950（图 113～图 115）

> *Hystrichopsylla micrti* Scalon, 1950, *Ektoparazity*, **2**: 83, figs. 12, 13 (Alexandrov plant. Transbaikalia, from nest of *Microtus ungurensis*) (n. s.).
>
> *Hystrichopsylla*（*Hystroceras*）*micrti* Scalon (in loff *et al.*), 1950 (n. s.); Hopkins *et* Rothschild, 1953, *III. Cat. Roths. Colln. Fleas Br. Mus.*, **3**: 55, 58, figs. 83, 92, 93; Liu *et al.*, 1986, *Fauna Sinica Insecta Siphonaptera*, First Edition, p. 288, 290, figs. 298-300; Wu *et al.*, 2007, *Fauna Sinica Insecta Siphonaptera*, Second Edition, p. 365, figs. 353-355; Liu, Shi *et al.*, 2009, *The Siphonaptera of Neimenggu*, p.156, figs. 80-82.

　　鉴别特征　本种依其颊栉较少，仅 4～6 根可与颊栉较多的多刺多毛蚤、台湾多毛蚤和圆凹多毛蚤区别。同狭板多毛蚤的区别是前胸栉较少，27～33 根；♂第 8 腹板后臂中段明显膨大。同陕西多毛蚤的区别是♂阳茎端骨片下延部分的端中骨片短宽，背端骨片较宽，末端斜向前下方；第 9 腹板后臂端部膨大处前缘略呈圆弧形；♀第 7 腹板后缘近直或微波状，无明显背叶或内凹。

　　种的形态　**头**　颊栉具 4～6 根刺。额鬃列 6 或 7 根，眼鬃 1 列 3 根，在眼鬃列与额鬃列之间触角窝前缘另有 1 根粗长鬃。后头鬃 3 列。依序为 2～5、5～9 和 5～9 根。触角窝背缘具成丛密集小鬃 16～26 根。触角第 2 节长鬃较短，约达棒节的 1/2 处；♂后头沟中深。下唇须长达前足基节的 2/3～4/5 处。**胸**　前胸栉 27～33 根，其背方栉刺略超过前方之背板长的 1/2；前胸背板具 2 列纵行鬃，后列有间鬃。中胸背板近背缘具假鬃 1 或 2 根。后足胫节外侧具鬃 25～40 根，后背缘具 9 或 10 个切刻；后足第 2 跗节端长鬃约达第 3 跗节 2/3 处。各足第 5 跗节具 5 对侧蹠鬃；亚端蹠鬃通常♂前、中足 2 对（偶 3 根），后足及♀均为 1 对。**腹**　第 1～6 背板具鬃 3～4 列，♂第 7 背板可具鬃 2 列；仅 2～4 背板具端小刺，分别为 4～6、2～5 和 1～3 根。臀前鬃 3 根，中位者最长，下位者次之。**变形节**　♂第 8 腹板后臂近基窄细，中段以上膨大略近菱形（图 113A、C），外侧小鬃密布，后缘及近端具许多细长鬃。不动突呈丘状，外侧具长、短鬃 20 根左右。抱器体后上缘微凸，后腹缘钝，亚腹缘内侧有小鬃 10 余根。可动突前上缘斜截形，斜截下方中段近直，或变异略弧凸而至中段变宽，后缘大部分近直，下段微凸，亚后缘具纵行鬃 1 列 13～16 根；可动突仅略高于不动突。第 9 腹板后臂基段宽，中段逐渐变窄，端部膨大前缘稍宽而略圆（图 113B），后缘具 6（5）根深色刺鬃，中间 2 根常小于上、下位的 2（1）根刺鬃。阳茎端骨片下延部分的端中骨片短宽（图 114），背端骨片较宽，末端斜向前下方，骨化内管端似蛇头伸向后方。♀第 7 腹板后缘基本近直，微波形（图 115），无明显背叶或内凹，外侧具长鬃 6～11 根，其前有附加鬃，约 20（21）根。第 8 背板气门呈条索状，背板之后端圆钝；气门前具小鬃约 17 根，气门下具粗长鬃 2（1）根和短鬃 7～9 根，另下方至后端具长鬃 8（9）根和短鬃 20（21）根；生殖棘鬃 6 根。肛锥长约为基宽的 4.0 倍，长端鬃约为肛锥长的 2.0 倍。受精囊头部背、腹缘略平行，头部宽于尾部，尾约与头近等长。

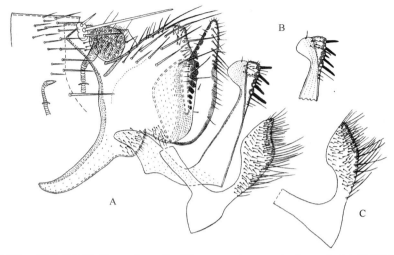

图 113　田鼠多毛蚤 *Hystrichopsylla* (*Hystroceras*) *micrti* Scalon，♂（吉林漫江）

A. 变形节；B. 第 9 腹板后臂端段变异；C. 第 8 腹板变异

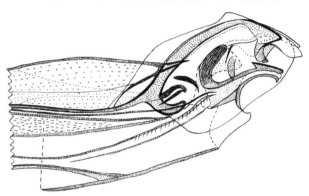

图 114　田鼠多毛蚤 *Hystrichopsylla* (*Hystroceras*) *micrti* Scalon，♂阳茎端（吉林漫江）

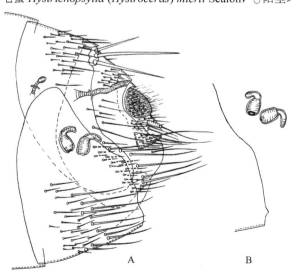

图 115　田鼠多毛蚤 *Hystrichopsylla* (*Hystroceras*) *micrti* Scalon，♀（吉林漫江）

A. 变形节；B. 第 7 腹板后缘变异及受精囊

观察标本　共 5♂♂、5♀♀，但未检视秦岭南坡标本。文献记录（张荣广等，1990；张金桐等，1989；王世明等，2011）秦岭南、北坡均有分布。形态和附图参考吉林（漫江、安图、敦化、汪清）和黑龙江（柴河、伊图里河）5♂♂、5♀♀描述及绘制，宿主为棕背䶄和红背䶄等。标本存于军医科院微流所。

宿主 大林姬鼠、花鼠、棕背䶄、红背䶄、高山鼠兔、蒙古田鼠、猫头鹰。

地理分布 宁夏（六盘山）、内蒙古（通辽、兴安盟、锡林郭勒盟）、黑龙江（柴河、伊图里河）、吉林（漫江、安图、敦化、汪清）、北京、陕西秦岭（南、北坡）及甘肃成县。

分类讨论 本种陕西秦岭南、北坡多个地点及相邻地区记录有分布，但宜加上问号为妥，主要原因是陕西多毛蚤♂变形节与本种很相似，二者形态构造主要差异是在阳茎端，加上作者观察到2♀♀（秦岭1♀和四川康定1♀）经重新平压后都不是田鼠多毛蚤，也与近缘的陕西多毛蚤第7腹板后缘内凹略深而稍有不同，考虑到此次并未检视到以往陕西秦岭所有地点已记录的标本，尤其是没有检视到♂标本，为谨慎起见，仍将本种收入本志中，以便今后其他研究人员采集到或检视♂标本后做进一步研究及澄清。然而有一点可以明确的是，本种分布于宁夏以西、内蒙古至吉林到黑龙江，因这一带区域有着相同或相近生境，气候条件也类似。国外分布于俄罗斯的西伯利亚外贝加尔以东的滨海一带地区的林区，朝鲜、日本北海道和附近岛屿的林区。

（21）陕西多毛蚤 *Hystrichopsylla* (*Hystroceras*) *shaanxiensis* Zhang *et* Yu, 1990（图2，图116～图120）

> *Hystrichopsylla* (*Hystroceras*) *shaanxiensis* Zhang *et* Yu, 1990, *Acta Zootaxonom. Sin.*, **15**: 115, figs. 1-3 (male only, Dabashan, shaanxi, China, from *Apodemus speciosus*); Liu *et* Wang, 1994, *Acta Zootaxonom. Sin.*, **19**: 500, figs. 1-3 (report female); Wu *et al.*, 2007, *Fauna Sinica Insecta Siphonaptera*, Second Edition, p. 367, figs. 356-358.

鉴别特征 陕西多毛蚤依其颊栉数和前胸栉数较少，♂骨化内管端似蛇头伸向后方，与田鼠多毛蚤和三角多毛蚤 *H.* (*H.*) *ozeana* Nakagawa *et* Sakaguti, 1959相近，但♂阳茎端骨片下延部分的端中骨片呈粗而长深色"C"形，背端骨片显较细窄，末端呈对称均匀圆形；第9腹板后臂末端膨大处呈三角形；♀第7腹板后缘背叶略向后凸，其下具较浅内凹可与田鼠多毛蚤区别。♂抱器不动突较宽短，可动突明显高于不动突；♀第7腹板后下缘呈钝突出，板上侧鬃较多，主鬃列5～8根，其前有12～19根附加鬃可与三角多毛蚤区别。

种的形态 头 额突较近口角（图2，图116）。额鬃1列6～8根，眼鬃3根，在眼鬃列与额鬃列触角窝前缘具1根长鬃。眼退化，仅留有痕迹。颊栉由5根组成，以第2、3根最长，颊角色深而发达。后头鬃3列，分别为5～7、6～8、7～11根。端缘列下后方另有1根粗长鬃。触角窝背缘有较多小鬃，21～24根。♂具中等度发达后头沟。下唇须5节，长约达前足基节的2/3处。**胸** 前胸背板♂具鬃2列，♀3列；两侧具29～32根栉刺，背刺显短于该背板。中胸背板颈片内侧近背缘处两侧具假鬃2～4根。后胸后侧片鬃3～4列（图117），12～21根，另气门下间插1小鬃。前足基节外侧鬃约70根（不包括缘鬃及基部小鬃）。前足股节外侧鬃大致成3列，22～25根。后足股节前下部具鬃31～40根，由上向下渐长。后足胫节外侧具鬃3列，后背缘具8个切刻。后足第1跗节约等于第3～5跗节之和，第2跗节长端鬃略超过第3跗节2/3处。

亚端蹠鬃：♂前、中足具 2 对，后足和♀各足均具 1 对。腹　第 1～7 背板具鬃 3 列（第 4～7 背板前列鬃不完整），气门下具 1～3 根鬃。仅 2～4 背板具端小刺（单侧）：依序为 4～6、2～4、1 或 2 根。臀前鬃 3 根，中位 1 根最长。**变性节**　♂第 8 腹板后臂膨大呈菱形（图 118），末端钝，后缘常具 2 组鬃，下组位近圆膨，由 7～15 根粗长鬃构成，上组位于近端 14～25 根，鬃细而稠密，但可变异与下组鬃连接，外侧小鬃密布，53～67 根。抱器不动突端部较圆，前背缘稍弧凸，外侧具粗长鬃 7～10 根，短鬃 3～8 根，内侧亚缘有小鬃约 17 根；另后下基节臼亚缘着生细鬃 7 或 8 根。抱器体腹缘与柄突间具 1 狭凹，后腹缘较圆钝，柄突除基段外约略同宽，末端稍上翘，柄基后缘略隆起，其上具小鬃 17～27 根。可动突略或显高于不动突，前缘中段弧凸或近直，前上缘斜截，下方无明显角突，后缘中段近直，亚后缘具纵行鬃 1 列 13～15 根。第 9 腹板后臂显长于前臂，基段宽而向上渐细窄，端部膨大呈三角形，其纵长有变异，近中具 1 斜行深色骨化，后缘具 5（偶 6）根刺鬃。阳茎端骨片下延部分的端中骨片呈粗而长的深色 "C" 形（图 119），背端骨片较窄细，末端呈对称均匀圆形，骨化内管端骨片似

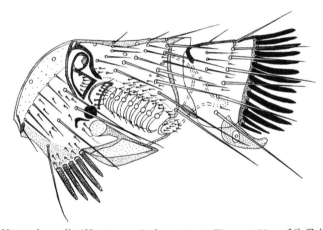

图 116　陕西多毛蚤 *Hystrichopsylla (Hystroceras) shaanxiensis* Zhang *et* Yu，♂头及前胸背板（湖北巴东）

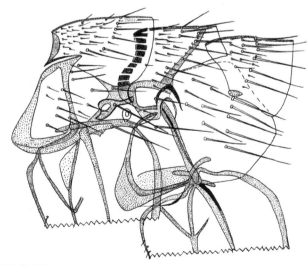

图 117　陕西多毛蚤 *Hystrichopsylla (Hystroceras) shaanxiensis* Zhang *et* Yu，♂中、
后胸第 1 腹节背板（湖北巴东）

蛇头伸向后方。♀第 7 腹板后缘背叶略向后凸（图 120），其下具浅广凹，靠后下缘处

具钝突起（偶缺），主鬃列 5～9 根，其前有 12～19 根附加鬃。第 8 背板气门条索状，该背板气门下至腹方有大小不等的侧鬃 12～24 根，后腹缘有一片略呈刺形短鬃 6～10根。肛锥长为基宽的 3.5～4.0 倍，长端鬃长约为肛锥长的 3.1 倍。受精囊头部略呈桶形，靠近受精囊孔处略呈斜截状。

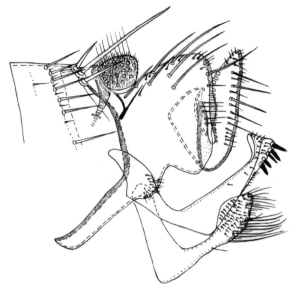

图 118 陕西多毛蚤 *Hystrichopsylla* (*Hystroceras*) *shaanxiensis* Zhang *et* Yu，♂变形节（湖北鹤峰）

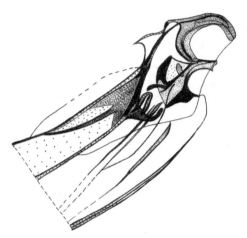

图 119 陕西多毛蚤 *Hystrichopsylla* (*Hystroceras*) *shaanxiensis* Zhang *et* Yu，♂阳茎端（湖北巴东）

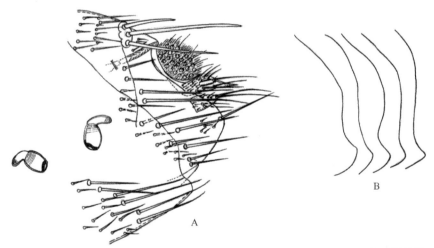

图 120 陕西多毛蚤 *Hystrichopsylla* (*Hystroceras*) *shaanxiensis* Zhang *et* Yu，♀（湖北神农架）
A. 变形节；B. 第 7 腹板后缘变异

观察标本 共 19♂♂、14♀♀，其中 8♂♂、7♀♀自大林姬鼠，3♀♀自洮州绒鼠，3♂♂自四川短尾鼩，1♂、2♀♀自中华姬鼠，1♂自黑腹绒鼠，1♂自北社鼠，分别于 1990 年 6 月至 1999 年 11 月采自湖北西北部神农架木鱼，武当山柳树垭、房县土城，海拔 600～2980 m，生境为常绿阔叶林至高山针叶林。另 5♂♂、2♀♀分别于 2009 年 11 月至 2010 年 11 月采自湖北西南部的巴东绿葱坡、广东垭，五峰牛庄和鹤峰中营，宿主为大林姬鼠和四川短尾鼩。

标本分别存于湖北医科院传染病所和军医科院微流所。

宿主 大林姬鼠、中华姬鼠、四川短尾鼩、洮州绒鼠、黑腹绒鼠、北社鼠、白腹鼠、藏鼠兔、川鼩、多齿鼩鼱。

地理分布 湖北神农架（小龙潭、猴子石、酒壶坪、麂子沟、次界坪、刘家屋场、红花朵、温水河、野马河、九龙池、巴东垭、宋郎山、猴子石）、武当山（柳树垭）、房县（土城）、巴东（绿葱坡、广东垭）、建始、五峰（牛庄、黄梁坪、独岭）、鹤峰（中营）、恩施（双河、太山庙）；湖南石门（壶瓶山）、陕西安康（千家坪）、重庆东北部（巫山）。按我国动物地理区系，隶属华中区西部山地高原亚区。本种是中国特有种。

分类讨论 从现有资料数据看，陕西多毛蚤、田鼠多毛蚤和孟达多毛蚤 *H.* (*H.*) *mengdaensis* Cai et Wu, 1994 三者有较近的形态或亲缘关系，它们之间♂可靠区别特征主要是阳茎端骨片下延部分的端中骨片和背端骨片形态构造截然不同，而其余部分如♂抱器、第 9 腹板、第 8 腹板则相对差异较小，其中第 8 腹板后臂、第 9 腹板后臂端部在没有平压状态下，则很难判定其准确变异，如陕西多毛蚤♂第 8 腹板后臂在没有平压状态下，有的与孟达多毛蚤一样，略呈"S"形，基部显较窄细，很显然这是没有充分平伸而侧偏位引起的，而田鼠多毛蚤在本次检视的♂亦存在类似问题，多数没有平压，或薄压不充分，因而该种这两部分尚不能说已充分掌握了变异幅度。至于第 8 腹板前臂因骨化很弱，几乎呈膜质状，尤其端部与第 9 腹板前臂和柄突重叠后完全看不清，有的腹缘虽没有重叠，但也是模糊不清，至少难于用于陕西多毛蚤与田鼠多毛蚤二者的鉴别。

五、栉眼蚤科 Ctenophthalmidae Rothschild, 1915

Ctenophthalmidae Rothschild: Smit, 1982, *Siphonaptera.* in Parke ed. *Synopsis and Classification of Living Organisms*, **2**: 559 (n. s.); Wu et Liu (in Zheng et Gui), 1999, *Insect Classification*, p. 779; Wu et al., 2007, *Fauna Sinica Insecta Siphonaptera*, Second Edition, p. 393; Liu, Shi et al., 2009, *The Siphonaptera of Neimenggu*, p. 160.

鉴别特征 通常具颊栉及前胸栉；触角窝在腹侧开放，触角棒节不达前胸腹侧板；后胸背板后缘无端小刺，但部分腹节背板后缘具端小刺；后足胫节外侧具端齿；♂臀板凸出或具后颈片；♀臀板常明显凸出。

栉眼蚤科下分 8 个亚科，共 40 属约 750 余种（亚种），其中有 2 个亚科分布于非洲，即铲蚤亚科（Listropsyllinae）和强蚤亚科（Doratopsyllinae），其余 6 个亚科在中国均有分布，达 14 个属近 200 种（亚种），长江中、下游一带地区有 5 亚科 7 属 38 种（亚种），湖北分布有 31 种（亚种）。主要寄生于啮齿类等小型动物，部分蚤种是中国烈性传染病鼠疫和地方性斑疹伤寒的传播媒介及带菌者，长期以来是自然疫源性疾病研究与媒介控制高度关注的一个类群，如新蚤属、栉眼蚤属和纤蚤属等的有些种类都曾在它们体内多次分离到鼠疫杆菌。

亚科、属检索表

1. 下唇须最多 2 节（图 121），第 1 腹节具发达的背板栉（图 122）··
··· 狭蚤亚科 Stenoponiinae，狭蚤属 *Stenoponia*
　下唇须不少于 4 节，第 1 腹节无背板栉··2

2. 触角棒节的小节与小节之间部分或完全融合，仅能见到 7～8 节（图 173，图 188）；后胸侧嵴短而不完
全或无（图 169，图 198）·· 纤蚤亚科 **Rhadinopsyllinae**······3
　　触角棒节清晰地分为 9 节；后胸侧嵴完整 ··· 5
3. 颊栉 5 根刺全部或部分移位于触角窝前缘，并与颊缘形成锐角，颊栉全部或部分变形（图 168）······
··· 新北蚤属 *Nearctopsylla*
　　颊栉不一定为 5 根刺，位于颊缘而不移位于触角窝前缘，颊栉与颊缘几平行·························· 4
4. 后胸及腹节各背、腹板具较宽深色骨化带（图 176，图 178）····················· 狭臀蚤属 *Stenischia*
　　后胸及腹节各背、腹板无特殊骨化现象·· 纤蚤属 *Rhadinopsylla*
5. 颊栉为 2 根交互的刺（图 138），其外侧明显短于内侧刺 ····· 新蚤亚科 **Neopsyllinae**，新蚤属 *Neopsylla*
　　颊栉至少为 3 根刺，其排列不如上述 ·· 6
6. 颊栉具 4 根刺，第 3 刺端部不呈细针状（图 214），臀板不超过 26 个杯陷 ··································
··· 叉蚤亚科 **Doratopsyllinae**，叉蚤属 *Doratopsylla*
　　颊栉具 3 根或 4 根刺，如为 4 根则第 3 刺呈细长的针形，臀板不少于 26 个杯陷 ··············
··· 栉眼蚤亚科 **Ctenophthalminae**······7
7. 颊栉仅 3 根刺且位于颊缘处（图 276）··· 栉眼蚤属 *Ctenophthalmus*
　　颊栉具 4 根刺并移位于触角窝前缘（图 249）····································· 古蚤属 *Palaeopsylla*

（五）狭蚤亚科 Stenoponiinae Cunha, 1914

Stenoponiinae Cunha, 1914, *Contrib. Estudo Sifonapteros* Brasil, p. 93 (n. s.); Hopkins *et* Rothschild, 1962, *III. Cat. Roths. Colln. Fleas Br. Mus.*, **3**: 115; Liu *et al.*, 1986, *Fauna Sinica Insecta Siphonaptera*, First Edition, p. 301; Cai *et al.*, 1997, *The flea fauna of Qinghai-Xizang Plateau*, p. 52; Wu *et al.*, 2007, *Fauna Sinica Insecta Siphonaptera*, Second Edition, p. 395.

鉴别特征　　体型较大；裂首，无额突，口角处向内伸出 1 棒形骨化小杆。具发达颊栉，下唇须 1～2 节，较短。前胸背板至少具 2 列鬃，前胸腹侧板接纳第 1 连接板处具内凹。前胸及第 1 腹节背板具发达栉刺。各足第 5 跗节各有 5 对侧蹠鬃，第 1 对位于第 2 对之间。♂第 8 腹板发达变形较小，♀具 1 个受精囊。

12. 狭蚤属 *Stenoponia* Jordan *et* Rothschild, 1911

Stenoponia Jordan *et* Rothschild, 1911, *Proc.Zool. Soc. Lond.*, 1911, p. 391. **Type species**: *tripectinata* Tiraboschi (1902) described as *Hystrichopsylla* (n. s.); Liu, 1939, *Philipp. J. Sci.*, **70**: 99; Li, 1956, *An Introduction to Fleas*, p. 36; Hopkins *et* Rothschild, 1962, *III. Cat. Roths. Colln. Fleas Br. Mus.*, **3**: 116; Liu *et al.*, 1986, *Fauna Sinica Insecta Siphonaptera*, First Edition, p. 302; Yu, Ye *et* Xie, 1990, *The Flea Fauna of Xinjiang*, p. 140; Cai *et al.*, 1997, *The Flea Fauna of Qinghai-Xizang Plateau*, p. 52; Wu *et al.*, 2007, *Fauna Sinica Insecta Siphonaptera*, Second Edition, p. 395; Liu, Shi *et al.*, 2009, *The Siphonaptera of Neimenggu*, p. 161.

鉴别特征　　下唇须 1 或 2 节，颊栉通常多于 10 根，触角棒节♂、♀长稍大于宽，较短。前胸及第 1 腹节背板栉刺均多于 30 根。多数腹节背板具端小刺，具 4 根以上等长臀前鬃，仅♂少数为 3 根。♀第 7 背板后背缘处常形成臀前突。♂第 9 腹板后臂棍或棒形。

　　本属已发现 27 种，多分布于古北界，属巢窝型蚤类，宿主常见于多种啮齿类等动物，成蚤多见于冬、春两季，尤其是冬季，是较典型的寒季蚤类。中国已报道有 13 种，湖北分布有 2 种。

种 检 索 表

♂不动突较窄，后缘近直而无明显后凸（图123）；抱器体腹缘与柄突间倒"V"形内凹狭窄；可动突较长，长为宽的5.2～6.8倍，端缘向前下方倾斜；第9腹板后臂端部具2～4根刺形鬃；阳茎端侧叶宽大（图124），似鸟头状，钩突较大；♀第7腹板后缘内凹较深（图125）；受精囊头端较拱出 …………………………………………………………………………………………… 上海狭蚤 *S. shanghaiensis*

♂不动突较宽，后缘下段显较后凸（图127）；抱器体腹缘与柄突间倒"V"形内凹宽广；可动突较短，长为宽的3.8～4.3倍，末端圆弧形；第9腹板后臂端部无刺鬃；阳茎端侧叶末端呈细指形（图128），钩突显较小；♀第7腹板后缘内凹甚浅（图129）；受精囊头端略平 ……… **大巴山狭蚤 *S. dabashanensis***

（22）上海狭蚤 *Stenoponia shanghaiensis* Liu *et* Wu, 1960（图121～图125）

Stenoponia 'sidimi Marikovsky' Liu *et* Chu, 1957, *J. Chin. P. L. A. Milit. Acad. Med. Sci.*, **1**: 66, figs. 6-37.

Stenoponia shanghaiensis Liu *et* Wu, 1960, *Acta Ent. Sin.*, **10**: 174. (Shanghai, China, from *Apodemus agrarius*); Hopkins *et* Rothschild, 1962, *Ill. Cat. Roths. Colln. Fleas Br. Mus.*, **3**: 129; Liu *et al.*, 1986, *Fauna Sinica Insecta Siphonaptera*, First Edition, p. 310, figs. 338-341; Wu *et al.*, 2007, *Fauna Sinica Insecta Siphonaptera*, Second Edition, p. 407, figs. 407-410.

鉴别特征 本种依其颊栉数等的形态与兰狭蚤、大巴山狭蚤、短距狭蚤和分布于日本的 *S. tokudai* Sakaguti *et* Jameson, 1959 相近，与兰狭蚤的区别是♀第7腹板后缘之内凹远不如兰狭蚤宽而深。与大巴山狭蚤和短距狭蚤的区别是♂抱器不动突较窄；抱器体腹缘与柄突间倒"V"形内凹较窄而深；可动突较长，长为宽的5.2～6.8倍，端缘向前下方倾斜；阳茎端侧叶较宽大，下部三角形；♀第7腹板后缘内凹较深。与 *S. tokudai* Sakaguti *et* Jameson, 1959 的区别是颊栉及前胸栉数均较少；♂第9腹板后臂端部有2～4根刺形鬃；♀第7腹板后缘下段呈截状，腹缘无凹窦；受精囊头部较短。

种的形态 头 额缘略倾斜（图121），无额突。口角至颊栉第1刺基距略短于颊栉中最长1根栉刺。额鬃1列7或8根，眼鬃列3根鬃，在眼鬃列与额鬃列之间触角窝前缘另有2根鬃，个别3根。眼退化，仅留有痕迹。颊栉9根，偶10根，以第1根为最短，第3及第4根和第8及第9根为最长。后头鬃3列，分别为5～7、8～10、11或12根。后头缘♂具发达后头沟，其上小鬃密布。触角第2节长鬃♂达棒节的2/3，♀达末端。下唇须仅1节，长约达前足基节的1/2处。**胸** 前胸背板具鬃3列，偶在第1与第2列之间，间插1或2根鬃或前列单侧缺如；前胸栉具28～39根刺，背方栉刺长度♀约等于前方之背板

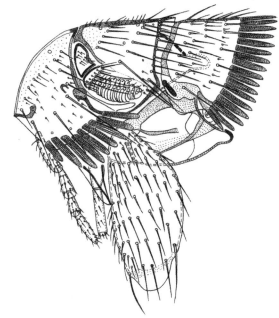

图121 上海狭蚤 *Stenoponia shanghaiensis* Liu *et* Wu,♂头及前胸（湖北武汉）

的 1/2，♂超过之半。中胸背板鬃 3 列，其前列之前鬃多而排列杂乱，颈片内侧近背缘具假鬃 3 或 4 根。后胸后侧片鬃大致成 4 列，22～28 根，偶在后列之后具 1 根鬃。前足基节不包括缘鬃和基部小鬃在内，具鬃 58～85 根；后足基节下半部有鬃约 33 根，上短下渐长。前、中、后足胫节外侧鬃数分别为 12 或 13、13～24 及 24～35 根，排列均不规则；中、后足胫节后背缘具 8 个切刻，除 1～3 切刻和第 7 切刻为 1 或 2 根鬃外，其余各切刻均为 3 或 4 根粗鬃。后足第 2 跗节略长于第 3、4 跗节之和，其端长鬃近达第 3 跗节 4/5 或超过末端。各足第 5 跗节有 5 对侧蹠鬃，第 1 对为腹位，在第 2 对之间。各足均具 2 对近爪鬃。**腹**第 1 背板栉 27～35 根（图 122），除下缘 1 根和背方 2 或 3 根外，其余各栉中段均略向腹方弧凸。第 3～7 背板具鬃 2 或 3 列，气门下♂具鬃 1 或 2 根，♀2～5 根；气门端尖略似毛笔状。第 2～6 背板端小刺（单侧）依序为 6～11、8 或 9、6～9、3～6、0～2 根。臀前鬃♂3、♀4 根，约略等长。**变形节**　♂第 8 腹板后端圆钝或稍平直，具侧长鬃 1 列 3～6 根，短鬃 12～22 根。抱器不动突前缘下段略凹，端部钝圆，后缘平直，外侧具骨化较深长、短鬃 8～14 根，前及内侧亚前缘至顶端有小鬃 8～13 根，略下内侧中部另有小鬃 7 或 8 根。可动突上半部略宽于下半部，或少数几等宽，并略向前弯，末端向前下方稍倾斜，后缘有鬃 14～21 根，其中上段 4～6 根较细长；可动突略高于不动突，长为宽的 5.2～6.8 倍。抱器体腹缘与柄基间具较深窄凹（图 123），后腹缘略钝。柄突较短，末端稍向上翘。第 9 腹板前臂较窄，后臂大部分几等宽，后缘中段稍后凸，端钝圆并有成簇的长鬃和短鬃，内面近端后缘处具 2～4 根刺形鬃。阳茎端侧叶似短喙之鸟头（图 124），内管之端骨片发达略似锚状；阳茎钩突略呈"Y"形，前、后两部分骨化均匀，背深凹。♀（图 125）第 7 腹板后缘具较深内凹，下段近截形，或稍凹或腹角略向后伸，具侧长鬃列 1 列 6 或 7 根，短鬃 13～15 根。第 8 背板气门狭长，气门下空档之前有粗长鬃 1 纵列 3～5 根，中、短鬃 29～38 根，空档之后有长、短鬃 9 根；生殖棘鬃 4～6 根，该背板后近腹缘具 1 狭窦。肛锥长为基宽的 3.2～4.6 倍，端长鬃及近旁侧鬃各 1 根，略下尚有 2 根更小的鬃。受精囊头部较短，长稍大于宽，尾近香肠形并显长于头部。

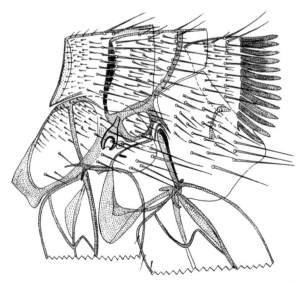

图 122　上海狭蚤 *Stenoponia shanghaiensis* Liu *et* Wu，♂中、后胸及第 1 腹节背板（湖北武汉）

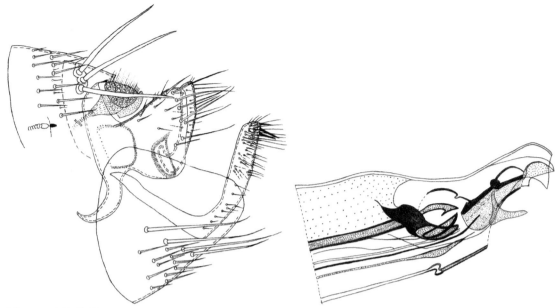

图 123　上海狭蚤 *Stenoponia shanghaiensis* Liu *et* Wu，　　图 124　上海狭蚤 *Stenoponia shanghaiensis* Liu *et*
　　　　♂变形节（湖北武汉）　　　　　　　　　　　　　　　　Wu，♂阳茎端（湖北武汉）

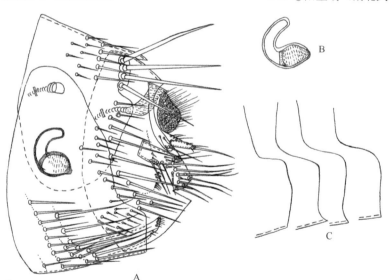

图 125　上海狭蚤 *Stenoponia shanghaiensis* Liu *et* Wu，♀（湖北武汉）
A. 变形节；B. 受精囊；C. 第 7 腹板后缘变异

观察标本　共 10♂♂、12♀♀，其中 7♂♂、8♀♀，1962 年 11 月采自湖北武汉，宿主为黑线姬鼠；1♂、1♀，1984 年 12 月采自湖北孝感应城，自黑线姬鼠巢窝；2♂♂、3♀♀，1984年 11 月采自湖北西南部的利川都亭，宿主同，海拔 850 m，生境为常绿阔叶林；另恩施利川的齐岳山和宜昌的城郊均采到标本。标本存于湖北医科院传染病所和宜昌疾控中心。

宿主　黑线姬鼠。湖北省外还有黄毛鼠、褐家鼠、黄胸鼠、臭鼩鼱。

地理分布　湖北（武汉）、孝感（应城）、宜昌（城郊）、恩施（利川）；重庆东南部、浙江（义乌、衢州、兰溪）、上海、安徽（蚌埠）、江西、陕西（汉中、长安、兴平、周至）。按我国动物地理区系，属华中区西部高原亚区及东部丘陵平原亚区。本种是中国特有种。

（23）大巴山狭蚤 *Stenoponia dabashanensis* Zhang *et* Yu, 1991（图 8C，图 126～图 129，
图版Ⅲ）

Stenoponia dabashanensis Zhang *et* Yu, 1991, *Acta Ent. Sin.*, **34**: 96, figs. 1-4 (Dabashan, Shaanxi, China,
from *Eothenomys melanogaster*); Wu et al., 2007, *Fauna Sinica Insecta Siphonaptera*, Second Edition,
p. 410, figs. 411-414.

鉴别特征　该种依其颊栉数及下唇须仅 1 节，与短距狭蚤、上海狭蚤和兰狭蚤相近，但
♂抱器体后缘下段较后凸；可动突最宽处位于上段；第 9 腹板后臂端后角不向后突，外侧有 2～
4 根间距相等的长鬃；♀第 7 腹板后缘有浅凹可与短距狭蚤区别。♂不动突较宽；抱器体腹缘
与柄突间倒 "V" 形内凹显较宽广；可动突较短，长为宽的 3.8～4.3 倍，末端弧拱状；阳茎
端侧叶末端呈细指形，钩突显较小；♀第 7 腹板后缘凹陷较浅可与上海狭蚤和兰狭蚤区别。

种的形态　头（图 126A）　额缘最突出，较近口角。额鬃 1 列 6 或 7 根，眼鬃列 3 根
鬃，在眼鬃列与额鬃列之间触角窝前缘另有 2 根鬃。颊栉 9 或 10 根，第 1 颊栉短于其基部
至口角的距离，颊栉基线长度为口角至第 1 颊栉基部的 2.0～2.5 倍；颊栉刺与刺之间具清
晰间隙，末端钝圆或略尖。后头鬃 3 列，依序为 5 或 6、7～9、11～15 根，偶在第 2 列与
第 3 列之间触角背方单侧间插 2 根鬃。后头沟中深，上有小鬃 9～19 根；触角窝背缘后段
有小鬃 7～9 根。触角第 2 节长鬃近达棒节中部或超过末端。下唇须仅 1 节，末端约达前足
基节的 1/2 处或稍下方。胸　前胸栉 33～37 根，背刺长稍短于该背板背缘长的 2 倍；前胸
背板约与后胸背板等长（不含前胸背刺），其上具鬃 3 列（前列不完整或单侧缺如）。中胸
背板颈片近背缘处具假鬃 2～5 根，中胸腹侧板鬃 28～34 根，其中后列下位 2 根粗长。后
胸后侧片具鬃 16～20 根。前足基节包括缘鬃及基部小鬃在内，具鬃 106～130 根，其中后
背缘及基部小鬃成簇。后足胫节内侧具鬃 2～4 根，外侧鬃多而排列杂乱，后背缘具 8 个切
刻，最末 1 切刻长端鬃近达或远超过第 1 跗节长度，而可达第 2 跗节 2/5 处。第 2 跗节端
长鬃超过第 4 跗节中部。腹　第 1 背板栉♂27～31 根（图 126B），♀33～35 根，其下方几
根刺背、腹缘向下方弧拱。第 3～7 背板具鬃 2 或 3 列，气门下♂具 1 或 2 根鬃。第 3～7 背
板端小刺数依序为 8 或 9、6～8、4～7、2～5 及 0 根。♀第 7 背板后背缘处具 1 臀前突，与
臀前鬃下方该背板后延部分约同长。臀前鬃♂3 根，♀4 根，其长度约等长。**变形节**　♂第 8
腹板较宽大，背缘中段略凹，后端圆钝或较平直，近腹缘具侧长鬃 1 列 3～5 根，短鬃 3～6
根。抱器不动突较宽，前缘略凹，亚后缘有较宽弱骨化带，具长、短侧鬃 8～14 根，缘鬃
6～10 根，内侧有小鬃 4～7 根。抱器体后缘较后凸，腹缘宽凸或稍平直，且与柄突间具较
宽倒 "V" 形内凹（图 127A），柄突端段约略同宽。可动突较短，上半段略宽于下半段，
末端均匀圆弧（图版Ⅲ）且高于不动突，长为宽的 3.8～4.3 倍（图 127B）；前缘上 1/4 处
偶具 1 角突，后上缘稍凸，后缘及亚缘有鬃 9～12 根，其中上段 3 根较长。第 9 腹板后臂
略短于前臂，外侧近端有鬃 19～27 根，其中 2～4 根较长，呈等距离排列，内侧有鬃 11～
23 根，其中 2～11 根稍粗而色较深，后缘中部以下有鬃 9～11 根。阳茎端侧叶末端呈细指
形（图 128）；钩突较小，略似 "Y" 形，前 1/2 为膜质，其难辨认或不清，后延部分骨化
均匀，末端尖。♀第 7 腹板后缘有较浅内凹（图 129），凹陷以下后突部分近截状，或靠腹
角稍向后突，具侧长鬃 1 列 5 或 6 根，短鬃 10 或 11 根。第 8 背板气门呈掃状，气门下有
粗长鬃 3（4）根，短鬃 20～24 根，另后亚端有长、短鬃 8 根，生殖棘鬃 3 或 4 根；该腹
板后缘具 1 狭凹。肛锥长为基部宽的 3.6～4.1 倍，具 1 根长端鬃和 2 根较长侧鬃。受精囊
头部长略大于宽，尾部骨化弱并长于头部。

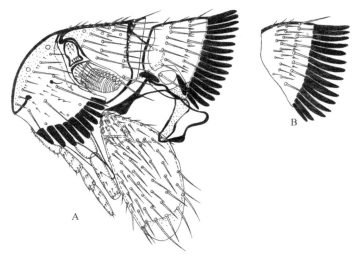

图 126　大巴山狭蚤 *Stenoponia dabashanensis* Zhang *et* Yu，♂（湖北神农架）

A. 头及前胸；B. 第 1 腹节背板

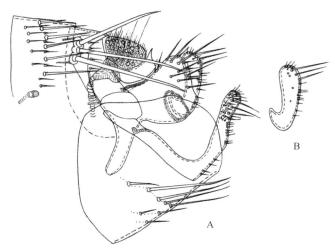

图 127　大巴山狭蚤 *Stenoponia dabashanensis* Zhang *et* Yu，♂（湖北神农架）

A. 变形节；B. 可动突变异

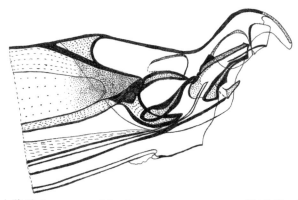

图 128　大巴山狭蚤 *Stenoponia dabashanensis* Zhang *et* Yu，♂阳茎端（湖北神农架）

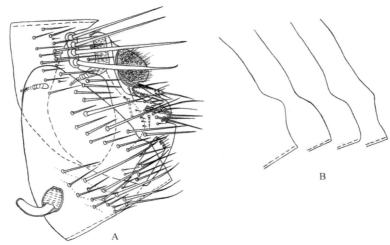

图 129　大巴山狭蚤 *Stenoponia dabashanensis* Zhang *et* Yu，♀（湖北神农架）

A. 变形节；B. 第 7 腹板后缘变异

观察标本　共 8♂♂、5♀♀，其中 2♂♂、1♀ 自洮州绒鼠，3♂♂ 自四川短尾鼩，1♂、1♀ 自中华姬鼠，1♂ 自北社鼠，1♂ 自多齿鼩鼱，3♀♀ 自黑腹绒鼠，分别于 1990～1994 年 9～10 月采自湖北神农架木鱼，海拔 2100～2980 m，生境为针阔叶混交林和生长有大片竹林及冷杉的高山针叶林。标本分存于湖北医科院传染病所和军医科院微流所。

宿主　洮州绒鼠、四川短尾鼩、黑腹绒鼠、中华姬鼠、北社鼠、多齿鼩鼱和大林姬鼠，前 2 种为主要宿主，后 3 种为偶然寄生。

地理分布　湖北神农架（木鱼）、陕西安康（千家坪）。按我国动物地理区系，属华中区西部山地高原亚区。本种是中国特有种。

（六）新蚤亚科 Neopsyllinae Oudemans, 1909

Neopsyllidae Oudemans, 1909, *Ent. Ber., Amst.*, **2**: 323 (n. s.); Hopkins *et* Rothschild, 1953, *Ill. Cat. Roths. Colln. Fleas Br. Mus.*, **3**: 159; Liu *et al.*, 1986, *Fauna Sinica Insecta Siphonaptera*, First Edition, p. 327; Yu, Ye *et* Xie, 1990, *The Flea Fauna of Xinjiang*, p. 163; Chin *et* Li, 1991, *The Anoplura and Siphonaptera of Guizhou*, p. 233; Cai *et al.*, 1997, *The Flea Fauna of Qinghai-Xizang Plateau*, p. 57; Xie *et* Zeng, 2000, *The Siphonaptera of Yunnan*, p. 107; Wu *et al.*, 2007, *Fauna Sinica Insecta Siphonaptera*, Second Edition, p. 434.

鉴别特征　触角棒节分 9 节，颊栉由 2 根基部重叠端部交叉的刺组成（如新蚤属），或无颊栉（如无栉蚤属等），下唇须 5 节。具前胸栉，后胸侧板内脊不退化并有发达侧拱，基腹板通常具发达线纹区。后足基节内面下部近前缘具一片小鬃丛区或小刺鬃。臀前鬃♂、♀至少各为 2 根。

新蚤亚科有 3 族，即新蚤族、副新蚤族 Paraneopsyllini Hopkins, 1958 和秃蚤族 Phalacropsyllini Wagner, 1939。湖北及长江中、下游一带地区仅分布有新蚤族。

新蚤族 Neopsyllini Oudemans, 1909

Neopsyllidae Oudemans, 1909, *Ent. Ber, Amst.*, **2**: 323 (n. s.) Neopsyllini Oudemans. Hopkins *et* Rothschild,

1953, *III. Cat. Roths. Colln. Fleas Br. Mus.*, **3**: 161; Liu *et al.*, 1986, *Fauna Sinica Insecta Siphonaptera*, First Edition, p. 327; Yu, Ye *et* Xie, 1990, *The Flea Fauna of Xinjiang*, p. 167; Cai *et al.*, 1997, *The Flea Fauna of Qinghai-Xizang Plateau*, p. 57; Xie *et* Zeng, 2000, *The Siphonaptera of Yunnan*, p. 107; Wu *et al.*, 2007, *Fauna Sinica Insecta Siphonaptera*, Second Edition, p. 435.

鉴别特征　具颊栉，前胸腹侧板在第 1 连接板处无内凹，具第 4 连接板（即基腹板前缘处小支）。前、中足第 5 跗节通常各有 5 对（个别种 4 对）侧蹠鬃，后足第 5 跗节有 4 对（少数种类 3 或 5 对）侧蹠鬃，各足第 5 跗节第 1 对侧蹠鬃不移至第 2 对之间。♂、♀均有 3 根臀前鬃。

13. 新蚤属 *Neopsylla* Wanger, 1903

Neopsylla Wanger, 1903, *Hor. Ent. Ross.*, **36**: 138, 140. **Type species**: *Typhlopsylla bidentatiformis* Wagner, 1983 (n. s.); Liu, 1939, *Philipp. J. Sci.*, **70**: 80; Li, 1956, *An Introduction to Fleas*, p. 28; Hopkins *et* Rothschild, 1953, *III. Cat. Roths. Colln. Fleas Br. Mus.*, **3**: 161; Liu *et al.*, 1986, *Fauna Sinica Insecta Siphonaptera*, First Edition, p. 327; Li, Hsieh *et* Wang, 1964, *Acta Ent. Sin.*, **13**: 212; Liu *et al.*, 1986, *Fauna Sinica Insecta Siphonaptera*, First Edition, p. 327; Yu, Ye *et* Xie, 1990, *The Flea Fauna of Xinjiang*, p. 167; Chin *et* Li, 1991, *The Anoplura and Siphonaptera of Guizhou*, p. 233; Cai *et al.*, 1997, *The Flea Fauna of Qinghai-Xizang Plateau*, p. 58; Xie *et* Zeng, 2000, *The Siphonaptera of Yunnan*, p. 108; Wu *et al.*, 2007, *Fauna Sinica Insecta Siphonaptera*, Second Edition, p. 435; Liu, Shi *et al.*, 2009, *The Siphonaptera of Neimenggu*, p. 161.

鉴别特征　该属区别新蚤族其他属的特征是：基腹板上具发达线纹区，且腹区无成片的细毛（中国仅有新蚤属）。另外，颊栉外侧刺宽短，呈齿状并显然短于内侧栉刺，内侧刺较窄而长，并向后方斜行而与外侧栉刺交叉。前胸背板栉刺常多于 16 根；♂不动突通常分为前、后两叶；♀受精囊较宽，头尾分界不很明显。

属的记述　额鬃列及后头鬃均较发达，眼鬃通常 3 根、少数为 4 根，下唇须常不达前足基节末端；中胸背板颈片内侧具假鬃；腹板多数背板有端小刺；♂第 8 腹板变形较小，第 9 腹板后部常具刺鬃。♀交配囊管发达，骨化稍强。

新蚤属已记录有 60 余种（亚种），大部分分布于我国及其相邻的国家或地区，属巢窝型蚤类，部分种类在鼠疫传播上具有重要流行病学意义。长江中、下游一带地区分布有 9 种（亚种），湖北分布有 7 种（亚种），分隶于 3 个种团：毛新蚤种团 (*setosa*-group)、无规新蚤种团 (*anoma*-group) 和斯氏新蚤种团 (*stevensi*-group)。

种团、种及亚种检索表

1. 后足胫节后缘外侧鬃通常不多于 7 根，排列稀疏、不呈栉状；后足基节内侧下部近前缘仅有成片不成刺形的小鬃 ··· 毛新蚤种团 *setosa*-group
　　♂第 9 腹板后臂肘部具向后伸出的腹小臂，从基到端逐渐膨大形如棒状（图 164A）；♀主鬃列前方附加鬃较少，通常不多于 10 根（图 167）······················ 棒形新蚤 *N. clavelia*
　　后足胫节后缘外侧鬃不少于 8 根，排列较密呈栉状；后足基节内侧下部近前缘有成片小刺鬃或不成刺形小鬃（二毫新蚤的小鬃不成明显的刺状）························· 2
2. 第 2～7 背板气门较大且端部圆形；♂第 9 腹板后臂端部无刺形鬃（图 130）·· 无规新蚤种团 *anoma*-group ········3

第 2~7 背板气门较小且端部尖突；♂第 9 腹板后臂端部有刺形鬃（图 148，图 152）……………………
……………………………………………………… 斯氏新蚤种团 stevensi-group………4

3. ♂抱器不动突背缘不分叶（图 130）；可动突显较宽，端部略钝；第 9 腹板似 "U" 形，后臂狭细后缘仅
　　具几根稀疏短鬃；♀第 7 腹板后缘具较短角状背叶（图 133）；寄主为鼢鼠……… 无规新蚤 N. anoma
　　♂抱器不动突分为前、后叶两叶（图 134）；可动突较窄，端部甚尖；第 9 腹板近 "V" 形，后臂较宽、
　　后腹缘具 6~8 根长鬃；♀第 7 腹板后缘具较长角状背叶（图 137）；寄主为其他啮齿类…………………
……………………………………………………… 不同新蚤福建亚种 N. dispar fukienensis

4. 前胸背板具 2 列鬃；♂第 8 腹板略近方形，后缘斜直而无特长鬃（图 149）；可动突显较狭窄（图 148），
　　后缘仅略后凸；不动突后叶显高于前叶；♀第 7 腹板后缘背叶的腹缘无齿切或与腹叶之间无锐角凹
　　（图 151）…………………………………………………… 狭窦新蚤 N. stenosinuata
　　前胸背板具 1 列鬃；♂第 8 腹板不如上述或具 2~5 根特别长的鬃（图 141，图 145）；可动突较宽
　　（图 152），后缘弧凸较大或最凸出处位于下段；不动突后叶稍高于前叶或约略等高；♀第 7 腹板后
　　缘背叶的腹缘可有小齿切或背叶分叉或与腹叶之间具锐角凹…………………………………… 5

5. ♂第 8 腹板端亚后缘具 5（6）根特别长且末端向内侧弯曲的鬃（图 145）；可动突内侧密生绒毛状的小
　　鬃约 60 根（图 146）；♀未发现………………………………………… 绒毛新蚤 N. villa
　　♂第 8 腹板鬃不如上述或仅后缘中段具 2 根特别长的鬃；可动突内侧小鬃较少，约 30 根…………… 6

6. ♂第 8 腹板亚后缘近中部具 2 根特长鬃（图 141）；第 9 腹板后臂端腹缘具宽大膜质叶（图 140）；可动
　　突近三角形，最宽处在下段，阳茎背叶末端尖而较直（图 142）；♀第 7 腹板后缘背叶略呈对称的
　　角状，或变异圆凸（图 143），或云南标本背叶腹缘有小齿切；腹叶下段后伸较短……………………
……………………………………………………… 二毫新蚤 N. biseta
　　♂第 8 腹板无 2 根特长鬃；第 9 腹板后臂无膜质叶；可动突后缘圆弧形，最宽处约在中段；阳茎端背
　　叶似鸟头状；♀第 7 腹板后缘背叶与上述形状略有不同或末端分叉；腹叶下段后伸较长……………
……………………………………………………… 特新蚤 N. specialis………7

7. ♂第 8 腹板后背缘内凹较深，端背缘显向上翘，外侧具 4 根等长长鬃（图 153，图 157），弯弧形排列；
　　第 9 腹板后臂端部通常仅具 3~4 根亚刺鬃；钩突末端不分叉（图 159）；♀第 7 腹板后缘背叶较长（图
　　160），末端叉状，下突长于上突，其下与腹叶交界处具锐角深凹（分布于长江三峡以南的巴东、五
　　峰、长阳至贵州、重庆东南部和湘西北一带）……………… 特新蚤贵州亚种 N. specialis kweichowensis
　　♂第 8 腹板后背缘内凹较浅（图 154），端背缘稍向上翘或略平直，外侧 3 根以下等长长鬃，近直线
　　排列；第 9 腹板后臂端部具 5~6 根亚刺鬃；钩突末端分叉；♀第 7 腹板后叶背叶较短，末端不分叉，
　　其下与腹叶交界处内凹浅而不呈锐角………………………………………………… 8

8. ♂第 9 腹板后臂端部后侧具 5~6 根亚刺鬃排列较密（图 152）；♀（图 156）第 7 腹板后叶背叶较长（分
　　布于长江三峡以北至陕西秦岭以南及云南的部分等地区）…… 特新蚤指名亚种 N. specialis specialis
　　♂第 9 腹板后臂端部后侧具 5~6 根亚刺鬃，尤近基部 2~4 根刺鬃排列较稀疏（图 161）；♀（图 163）
　　第 7 腹板后叶背叶通常略短（分布于湖北中部大洪山以东至安徽、浙江和福建一带地区）…………
……………………………………………………… 特新蚤闽北亚种 N. specialis minpiensis

无规新蚤种团 anoma-group of Neopsylla

Neopsylla anoma-group Wu (in Liu *et al.*), 1986, *Fauna Sinica Insecta Siphonaptera*, Second Edition,
p. 328, 405; Cai *et al.*, 1997, *The Flea Fauna of Qinghai-Xizang Plateau*, p. 58, 75; Xie *et* Zeng, 2000,
The Siphonaptera of Yunnan, p. 108, 133; Wu *et al.*, 2007, *Fauna Sinica Insecta Siphonaptera*, Second
Edition, p. 436, 440.

鉴别特征　腹部第 2～7 背板气门较大且端部呈圆形。前胸背板仅具 1 列鬃；后足基节内侧下部近前缘处成片短鬃至少有部分呈较粗的小刺鬃。后足胫节后缘除端部外有 9（8）根外侧鬃，并彼此排列较紧密而呈梳状；胫节外侧仅具 1 列鬃。♂第 9 腹板后臂端部无刺鬃；♀受精囊头部较小略呈卵圆形。

（24）无规新蚤 *Neopsylla anoma* Rothschild, 1912（图 130～图 133）

Neopsylla anoma Rothschild, 1912 (in Clark *et* Sowerby, Through Shen-Kan, London), p. 198, figs. 3, 4 (Yulin, Shaanxi, China, from *Myospalax fontanieri*); Liu, 1939, *Philipp. J. Sci.*, **70**: 80, 82, figs. 95, 96; Li, 1956, *An Introduction to Fleas*, p. 31, fig. 27; Hopkins *et* Rothschild, 1962, *Ill. Cat. Roths. Colln. Fleas Br. Mus.*, **3**: 212, figs. 370, 371; Li, Hsieh *et* Wang, 1964, *Acta Ent. Sin.*, **13**: 214; Liu *et al.*, 1986, *Fauna Sinica Insecta Siphonaptera*, First Edition, p. 408, figs. 274, 281, 507-511; Cai *et al.*, 1997, *The Flea Fauna of Qinghai-Xizang Plateau*, p. 75, figs. 168-171; Wu *et al.*, 2007, *Fauna Sinica Insecta Siphonaptera*, Second Edition, p. 440, figs. 444-448, 566.

鉴别特征　该种与副规新蚤和鞍新蚤相近，但眼鬃列为 4 根；♂抱器可动突较短，几与第 9 腹板后臂等长，且端部在基节臼中横线以上明显较窄，端角靠后而不是近前缘或中线可与后两种区别。此外，鞍新蚤♂不动突背缘较宽凸，第 8 腹板马鞍状且后腹缘具深凹而不同于无规新蚤。无规新蚤后足第 5 跗节具 3 对侧蹠鬃，♀第 7 腹板后缘具 1 角状背突，其下具小圆凹或后凸也不同于副规新蚤（具 4 对侧蹠鬃和♀第 7 腹板后缘斜波形或近直）（表 3）。

表 3　无规新蚤与副规新蚤及鞍新蚤形态特征的比较

特征	无规新蚤 *N. anoma*	副规新蚤 *N. paranoma*	鞍新蚤 *N.sellaris*
眼鬃列根数	4 根	3 根	3 根
♂可动突	较短，几与第 9 腹板后臂等长	较长，为第 9 腹板后臂长的 1.2～1.4 倍	较长，可动突腹端显超过抱器体腹缘
♂可动突端部	端角靠后	端角位中	端角靠前
♂不动突端背缘	窄钝	窄钝	显宽凸
♂第 8 腹板	后缘圆凸	后缘中部均匀圆凸	马鞍形，后腹缘明显内凹
♂阳茎端背叶	略呈角状	似鸟头状	近拇指状
后足第 5 跗节侧蹠鬃	3 对	4 对	3 对
♀第 7 腹板后缘	背突角状，下具小圆凹或后凸	斜波形	背突圆钝，且与腹叶近等长

种的形态　头　额突微小，仅有很小的齿突。额鬃 1 列♂者 8～10 根，♀者 6～9 根，眼鬃列 4 根鬃，上位第 2 根较小。后头鬃 3 列，分别为 2～4、5～7、6～9 根，其中后列下位 1 根粗长，可达前胸栉 1/2 段略前、后方。触角窝背缘有小鬃 6～14 根。触角第 2 节长鬃♂不达棒节之半，♀超过末端。下唇须长达前足基节 2/3 处。胸　前胸栉 16（15）根，下位第 2 根宽于其他各栉，除背方 3 根外，栉与栉之间具清晰间隙，背缘栉显长于该背板；前胸背板鬃 1 列 7 根。中胸与后胸背板近等长，其上各具鬃 2 列。中胸腹侧板鬃 3 列 9 根，背板侧区具 2 根鬃。后胸后侧片鬃通常为 4（3～5）、5、2 根，少数为 7、5、2 根或 6、7、2 根，且各列之间呈等距离排列。前足基节外侧鬃 56～71 根，其中下部有 4 列呈弯弧形或斜向排列，前上方有少数鬃着生较零乱。前足股节外侧有小鬃 5～10 根，后亚腹缘具长鬃 1 或 2 根，内侧前下方具小鬃 1（2）根。后足基节内侧下方具小棘鬃 6～

9 根，成 1 列，外侧有长、短鬃约 30 根，另下段亚后缘具 3 根垂直排列的等长鬃。前、中、后足胫节外侧分别具鬃 1 列 4～6 根，后背缘具梳状整齐排列鬃，分别为 7、8 或 9、9 或 10 根；前、中、后足第 1 跗节梳状整齐排列鬃，为 3、5、7（6）根。后足第 2 跗节端长鬃较短，仅达第 3 跗节 1/3 处。前、中、后足第 5 跗节分别具 4、4、3 对侧蹠鬃，蹠面细鬃少，仅 1～8 根。**腹**　第 1～7 背板具鬃 2 列（♂第 4～7 背板前列鬃不完整），气门下具 1 根鬃；气门端圆形。第 1～4 背板（单侧）各具 1 根端小刺（偶第 4 背板缺如）。臀前鬃 3 根，其♂上、下位者长度约相等，♀下位 1 根仅稍长于最上方 1 根。**变形节**　♂第 8 腹板背缘较平直或略凹，后缘圆凸（图 131），外侧亚后缘具粗长鬃 1 列 4～8 根，前及近腹缘具中长鬃或小鬃 9～12 根。不动突长小于宽，末端窄钝，前背缘稍凸，具较窄弱骨化带，其上至顶端具长鬃 2 根和小鬃 9～13 根，近端内侧具小鬃 4～7 根。基节臼小而位置高，位于抱器后缘中点略上方。抱器体后缘中段略凹，下部具较明显后凸，腹缘与柄突间具较浅的广凹，柄突狭长，中部略膨大，末端微向上翘，并长于第 9 背板前内突。可动突略高于不动突，端部在基节臼中横线以上较窄（图 130），端角靠后，略钝，后缘上段近直，下段略后凸，后腹缘弯弧形，亚缘具较宽弱骨化带，其上至末端有小鬃约 15 根，腹缘仅略高于抱器体腹缘，前下缘与抱器重叠界限不清。第 9 腹板似"U"形，前臂端部膨大，端后角略圆钝，中段亚背缘有略深的带形骨化，后臂窄长呈棒状，后缘近基有 1（2）根细长鬃和 2 根小鬃，近端具鬃 5 或 6 根。阳茎端背叶稍呈角状；钩突较小（图 132），端缘略凹。♀第 7 腹板后背突角状（图 133A、B），下有小圆凹或后凸，外侧主鬃 1 列 7～9 根长鬃，其前有附加鬃 3～9 根短鬃。第 8 背板气门小，后背突角状，近腹缘有粗长鬃 8～12 根，短鬃 3～8 根，内侧有小鬃 9～11 根。肛锥长为基部宽的 3.4～3.8 倍，具端长鬃 1 根和 2 根甚小侧鬃。受精囊头部较小（图 133C），卵圆形，尾显长于头部。

观察标本　共 29♂♂、42♀♀。24♂♂、29♀♀，1989 年 5 月 2 日至 1994 年 11 月 4 日采自湖北西北部神农架百草坪、红花朵、酒壶坪、燕子垭和大龙潭；5♂♂、13♀♀，1952 年 4 月 23 日采自长江三峡北岸的巴东神农架大干河，除 1♂自多齿鼩鼹，其余均自罗氏鼢鼠或巢窝，海拔 1400～2100 m，生境为落叶阔叶林带至针阔叶混交林带。标本存于湖北医科院传染病所。

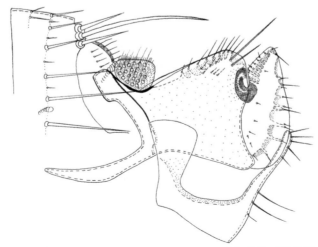

图 130　无规新蚤 *Neopsylla anoma* Rothschild，♂变形节（湖北神农架）

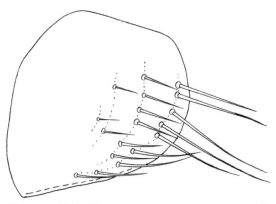

图 131　无规新蚤 *Neopsylla anoma* Rothschild，♂第8腹板（湖北神农架）

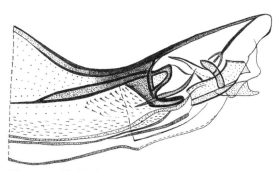

图 132　无规新蚤 *Neopsylla anoma* Rothschild，♂阳茎端（湖北神农架）

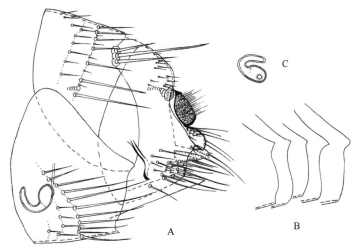

图 133　无规新蚤 *Neopsylla anoma* Rothschild，♀（湖北神农架）

A. 变形节；B. 第7腹板后缘；C. 受精囊

　　宿主　罗氏鼢鼠、四川短尾鼩、中华姬鼠、北社鼠、多齿鼩鼱、黑腹绒鼠；湖北省外有甘肃鼢鼠、中华鼢鼠、喜马拉雅旱獭、长爪沙鼠、大仓鼠。

　　地理分布　湖北神农架（百草坪、红花朵、大龙潭、酒壶坪、次界坪、杉树坪、巴东垭、燕子垭、刘家屋场、猴子石、大九湖、九龙池、小龙潭、巴东大干河）、兴山（龙门河）、房县、十堰（五条岭）、武当山；重庆东北部（巫山）、陕西（佛坪、眉县、黄龙、周至、定边、靖边）、宁夏（六盘山）、甘肃（华亭、会宁、天祝、正宁）、青海（湟中、化隆）。按我国动物地理区系，属华中区西部山地高原亚区、青藏区青海藏南亚区和华北区黄土高原亚区。本种是中国特有种。

（25）不同新蚤福建亚种 *Neopsylla dispar fukienensis* Chao, 1947（图 134～图 137）

Neopsylla fukienensis Chao, 1947, *Biol. Bull. Fukien Univ.*, **6**: 100, fig. 3 (Male only, Dazulan, Shaowu, Fujian, China, from *Berylmys bowersi*); Wang, 1957, *Acta Ent. Sin.*, **7**: 223, figs. 1-4; Hopkins *et* Rothschild, 1962, *Ill. Cat. Roths. Colln. Fleas Br. Mus.*, **3**: 203, 357-359; Li, Hsieh *et* Wang, 1964, *Acta Ent. Sin.*, **13**: 215. fig. 2.

Neopsylla dispar fukienensis Chao: Liu *et al.*, 1986, *Fauna Sinica Insecta Siphonaptera*, First Edition, p. 417, figs. 524-527: Chin *et* Li, 1991, *The Anopluraand Siphonaptera of Guizhou*, p. 235, fig. 37 (1) - (5); Wu *et al.*, 2007, *Fauna Sinica Insecta Siphonaptera*, Second Edition, p. 457, figs. 466-469.

鉴别特征　不同新蚤福建亚种的特征在于：①腹部第 1～7 背板各气门端圆形可与新蚤属大多数种类相区别。②♂抱器不动突分为前、后两叶，其间具较深窄凹；柄突显较狭长；♀第 7 腹板后缘具发达而明显的角状背突，以及前、中、后足第 5 跗节具 5、5、4 对侧蹠鬃可与无规新蚤种团 *anoma*-group 已知种相区别。③♂第 8 腹板亚后缘 3 根长粗鬃之下较短的粗鬃与其相距较远；不动突前、后叶之间内凹较浅，前叶较短，长为后叶的 1/4～1/3；第 9 腹板前臂端后角较长；♀第 7 腹板后缘背叶较短，其长度约等于腹叶后缘长度的 1/2 可与不同新蚤指名亚种区别。

亚种形态　头　额突小，♂近额缘中点，♀略下方。额鬃 1 列 7～12 根，较密，其中♀额鬃较小。眼鬃列 4 根鬃，上位 1 根位于触角窝前缘；颊栉内侧刺显然宽于并短于外侧刺。后头鬃 3 列，依序为 5～9、7～9、6～8 根。触角窝背缘有小鬃 9～15 根。下唇须较短，其端近达前足基节的 4/5 处。胸　前胸栉 19～21 根，栉刺直，刺与刺之间仅部分有很小的缝隙，背刺显长于该背板。中胸背板鬃♀者 3 列，♂者 2 列，其前列之前尚有排列不规则小鬃 10～15 根；颈片两侧具假鬃 2～4 根。中胸腹侧板鬃 2（3）列 6 或 7 根。后胸后侧片鬃为 4 或 5、4、1 根，偶 7、4、2 根。前足基节外侧鬃多，48～62 根，其中近端下、后方 1 列弧形排列鬃较粗长，色稍深。后足基节内侧下段具小棘鬃 1 列 4～7 根。前、中、后足胫节外侧具纵行鬃 2 列，前列 2～5 根，后列 5～8 根，后背缘具梳状整齐排列鬃，分别为 6 或 7、7～9、8 根，跗节为 2、4～6、6 根。后足第 2 跗节端长鬃不达次节之端，第 3 跗节略超过第 4 跗节末端。腹　第 1～7 背板具鬃 2 列，但♂第 3～7 背板前列鬃不完整，中间背板主鬃列 7 或 8 根鬃；气门下具 1 根鬃，气门小而端圆形。第 1～5 背板端小刺（两侧）依序为 2～4、3（2）、2、2、0～2 根。臀前鬃 3 根，其♂上、下位者长度约相等。**变性节**　♂第 8 腹板前背缘圆拱，端后缘斜向前下方，外侧亚后缘 3 根粗长鬃之下较短的粗鬃与其上、下位鬃相距较远（图 135），其前及近腹缘有长、短鬃 8～11 根。不动突前、后叶之间具 1 较浅切凹，前叶短小，长为后叶的 1/4～1/3，其上具端长鬃 1（2）根，前下方有缘鬃 5～7 根和侧鬃 1～4 根；后叶宽凸，具弧形排列鬃 10～14 根，其中有 5～8 根位于内侧亚前缘处。基节臼椭圆形，较大。抱器体腹缘与柄突间具较浅的广凹，后腹角略钝，柄突均匀向腹缘弯拱，狭长，末端上翘并显长于第 9 背板前内突（图 134）。可动突窄长，端尖并高于不动

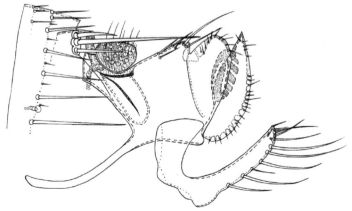

图 134　不同新蚤福建亚种 *Neopsylla dispar fukienensis* Chao，♂变形节（湖北五峰）

突，前缘上约 1/4 处具 1 小的角突，角突之下稍内凹，后缘弧凸，亚缘有较弱的骨化带，上段具略长的鬃 3 根，其间及下方尚有一些甚细的微鬃；可动突长约为最宽处的 3.1 倍。第 9 腹板尤背凹略似 "V" 形，前臂端部较膨扩，后臂中部以下大部分约同宽，近端渐窄，后缘有长鬃 6（7）根和短鬃 2 或 3 根，另内侧顶端有 1～3 根短鬃，下部及中部也有 5～10 根小鬃或微鬃。阳茎端背角有 1 小的骨化突起（图 136）；钩突端缘圆，骨化浅。阳茎内突腹缘均匀弧凸，背、腹缘有较窄的带形骨化。♀（图 137）第 7 腹板后缘背叶较发达，腹叶后缘斜行部分略等于背叶腹缘长度的 1/2，外侧具长鬃 1 列 6（7）根，短鬃 5～7 根。第 8 背板近腹缘有 7 或 8 根长鬃和 0～2 根短鬃，内侧有 10～13 根短鬃。肛锥长为基部宽的 3.6～4.7 倍；肛背板上具 1 根细长弯鬃。交配囊袋部圆形，近膜质，管部中段直，受精囊头部较小，椭圆形，尾部长为头部的 1.5～2.0 倍。

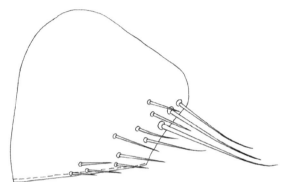

图 135　不同新蚤福建亚种 *Neopsylla dispar fukienensis* Chao，♂第 8 腹板（湖北五峰）

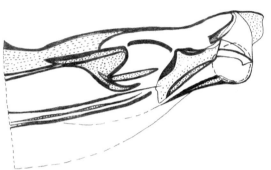

图 136　不同新蚤福建亚种 *Neopsylla dispar fukienensis* Chao，♂阳茎端（湖北五峰）

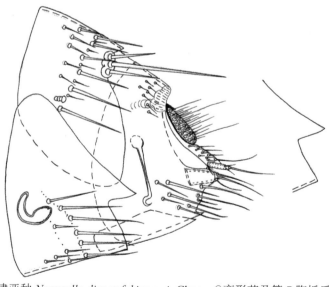

图 137　不同新蚤福建亚种 *Neopsylla dispar fukienensis* Chao，♀变形节及第 7 腹板后缘变异（湖北五峰）

观察标本　共 7♂♂、2♀♀，其中 5♂♂、2♀♀自黄胸鼠，1♂自灰麝鼩，1♂自岩松鼠，分别于 2000 年 10 月 18 日和 11 月 19 日采自湖北西南部的五峰龚家垭和牛庄，海拔 1200～1700 m，生境为常绿落叶阔叶混交林和落叶阔叶林。标本存于湖北医科院传染病所和军医科院微流所。

宿主　黄胸鼠、岩松鼠、灰麝鼩。湖北省外有针毛鼠、青毛巨鼠、小泡巨鼠。

地理分布　湖北西南部五峰（龚家垭、牛庄）、鹤峰、巴东（广东垭）；湖南西北部桑植、贵州（罗甸）、福建（邵武、建阳、建瓯、南雅）、广东（湛江）、广西、安徽（祁门）、浙江（天目山、隆宫、庆元、龙泉、文成）。按我国动物地理区系，属华中区西部山地高原亚区和东部丘陵平原亚区。本种是该区域的特有亚种。

分类讨论　从湖北西南部获得 7♂♂、2♀♀标本，与不同新蚤福建亚种 *N. dispar fukienensis* 原描记和附图基本相符，归为本亚种应无疑问，尤其是♂第 8 腹板亚后缘 3 根长粗鬃之下较短的粗鬃与其相距较远，这一特征甚为稳定，但需值得注意的是：①3 根长粗鬃上位 1 根部分标本是较细的中长鬃，不一定是粗长鬃；②不动突前叶长约为后叶的 1/4，经测定有一部分标本是 1/3，但另有一只雄蚤的前叶显示约为后叶长的 1/2，由于该标本平压有些过度，加上标本制作得也有些偏位。因此是平压过度造成的前叶拉长变形引起的长度失真，还是不动突前、后叶长度比本身就存在一定变异，还有待获得更多♂做进一步研究。

斯氏新蚤种团 stevensi-group of *Neopsylla*

Neopsylla stevensi-group: Hopkins *et* Rothschild, 1962, *Ill. Cat. Roths. Colln. Fleas Br. Mus.*, **3**: 159; Li, Hsieh *et* Wang, 1964, *Acta Ent. Sin.*, **13**: 212; Liu *et al.*, 1986, *Fauna Sinica Insecta Siphonaptera*, First Edition, p. 328, 371; Cai *et al.*, 1997, *The Flea Fauna of Qinghai-Xizang Plateau*, p. 58, 73; Xie *et* Zeng, 2000, *The Siphonaptera of Yunnan*, p. 108, 110; Wu *et al.*, 2007, *Fauna Sinica Insecta Siphonaptera*, Second Edition, p. 436, 460.

鉴别特征　腹部第 2~7 背板气门较小且端均尖。前胸背板常具 1 列鬃（仅狭窦新蚤具 1.5 列）。后足基节内侧下部近前缘处通常有成簇小刺鬃（二毫新蚤和绒毛新蚤该处小鬃不呈明显刺状），后足胫节外侧仅 1 列鬃，后缘外侧常不少于 9 根鬃，且彼此着生紧密明显呈梳状排列。前、中、后足第 5 跗节侧蹠鬃 5、4、4 对。♂不动突分为前、后两叶，第 9 腹板后臂端部通常具刺形鬃或亚刺形鬃。

（26）二毫新蚤 *Neopsylla biseta* Li *et* Hsieh, 1964（图 4A，图 138~图 143）

Neopsylla biseta Li *et* Hsieh, 1964, *Acta Ent. Sin.*, **13**: 222, fig. 8 (male only, Zhongdian, Yunnan, China, from *Apodemus agrarius*); Xie, Hu *et* Li, 1979, *Entomotaxonomia*, **1**: 107, figs. 1-6; Liu *et al.*, 1986, *Fauna Sinica Insecta Siphonaptera*, First Edition, p. 385, figs. 456-459; Wu *et al.*, 2007, *Fauna Sinica Insecta Siphonaptera*, Second Edition, p. 479, figs. 492-496.

Neopsylla eleusina Li, 1980, *Entomotaxonomia*, **2**: 180, figs. 5a, 5b (report female); Liu *et al.*, 1986, *Fauna Sinica Insecta Siphonaptera*, First Edition, p. 387, fig. 460.

Neopsylla biseta biseta Li *et* Hsieh: Xie *et al.*, 1991, *Acta Zootaxonom. Sin.*, **16**: 234, figs. 1-5; Xie *et* Zeng, 2000, *The Siphonaptera of Yunnan*, p. 117, figs. 131-133.

Neopsylla biseta eleusina (Li): Xie *et al.*, 1991, *Acta Zootaxonom. Sin.*, **16**: 234, figs. 6-11; Xie *et* Zeng, 2000, *The Siphonaptera of Yunnan*, p. 119, figs. 134-136.

Neopsylla biseta bijiangensis Xie *et al.*, 1991, *Acta Zootaxonom. Sin.*, **16**: 234, figs. 12-16; Xie *et* Zeng, 2000, *The Siphonaptera of Yunnan*, p. 121, figs. 137-139.

鉴别特征　二毫新蚤依其♂抱器不动突分为前、后两叶，第 9 腹板后臂端部后缘具 5（6）根小刺鬃及♀交配囊管较长等形态，与特新蚤较相近似，但据以下几个特征可资区别：①♂第 8 腹板亚后缘具 2 根并列特长鬃，其下该腹板后延部分很短；②可动突大致呈三角形，后缘大部分较直，最宽处约位于下 1/3 处，端角靠后；③不动突后叶较窄，端缘圆凸；④第 9 腹板后臂具宽大膜质突，阳茎端中背叶末端尖长；⑤♀第 7 腹板后缘有较大变异，背叶角状或钝圆。

种的形态 头（图 138） 额突尖锐，约位于额缘中点略下方。额鬃 1 列 5～7 根，上方 1 根稍小。眼鬃 1 列 4 根，其中 3 根较粗长；在颊栉略前方具 2 或 3 根小鬃。眼退化，仅留有空泡样痕迹。后头鬃 3 列，依序为 3～5、4 或 5、6 或 7 根；触角窝背缘有小鬃 9～15 根。触角第 2 节长约达棒节中部。下唇须较短，长约达前足基节的 2/3。胸 前胸背板具 1 列 6 (5) 根长鬃，两侧具栉刺 17～19 根，其下方第 2～4 刺较其他各刺基段宽，除下段第 1 与第 2 刺间和背方几根刺之间未见明显间隙外，其他各刺间均有清晰间隙，下段 4 根刺稍近弯弧形。中胸背板鬃 3 列，前列鬃小而不完整，颈片内侧具假鬃 2 (1) 根。后胸背板与中胸背板约等长（图 139），其上具鬃 3 列。后胸后侧片鬃 3 列 8～11 根，其中前列呈弯弧形排列。前足基节外侧鬃均向后下方排列，多而密集，包括缘鬃及小鬃在内有 64～74 根。前足股节后半部外侧具鬃 2 列 6 或 7 根，近后亚腹缘内、外两侧各有 1 (2) 根鬃。前、中、后足胫节外侧各具鬃 1 列 6～8 根，后背缘具 7～9 个切刻。后足第 1 跗节长度略短于第 3、4 跗节之和，第 2 跗节端长鬃达不到第 3 跗节端部。腹 第 1～7 背板具鬃 3 列（前列鬃多数不完整），气门下除第 7 背板外，具鬃 1 根；气门小而端甚尖。第 2～5 背板各具 1 根端小刺，仅♂第 1 背板个别具 2 根端小刺。基腹板上外侧具片状纵细纹。臀前鬃 3 根，中位者最长，下位者次之。**变形节** ♂（图 141）第 8 腹板后下缘略圆凸，亚后缘具 2 根并列特长鬃，其下有 3 根色较淡渐短鬃，其前具 14～17 根附加鬃。抱器不动突前、后叶之间具 1 深窄缝，前叶斜锥形，其上具侧长鬃 3 (2) 根，短鬃 5～7 根，内侧具小鬃约 7 根；后叶较窄并显高于前叶，末端圆钝，内侧亚前缘至外侧顶端有鬃 9～11 根，后中、下缘外侧具小鬃 8 (7) 根，亚后缘有很弱的骨化带。可动突大致呈三角形（图 140），前缘上段斜而稍凹，端角靠后，最宽处约位于下 1/3 处，后缘最突出有小鬃 14～18 根，前下缘向前凸。柄突窄长并远长于第 9 背板前内突，但中段宽度有一定变异，与端段约同宽或显窄于端段宽。第 9 腹板前臂略近契形，近端显扩大，后臂较长并明显长于前臂，端段后缘有刺鬃 5 根，偶单侧 6 根，略下方具纵行小鬃约 8 根，中段有宽大膜质叶，在膜质叶亚前缘具淡色纤细小鬃 3 根。阳茎端背叶尖长（图 142）。♀第 7 腹板后缘有一定变异，背叶角状或钝圆（图 143），下具或浅或深弧形凹，或近三角形宽凹，外侧主鬃 1 列 5 根，其前有附加鬃 8～11 根。第 8 背板气门较小，该腹板后背突角状，外侧近腹缘有长鬃 6 (7) 根，短鬃 2 根，内侧亚后缘成簇小鬃 8～11 根。肛锥近基较宽，中部稍细窄，长约为基部宽的 4.5 倍，长端鬃约为肛锥长的 1.5 倍。受精囊头部较短，尾较长，交配囊管与受精囊约同长。

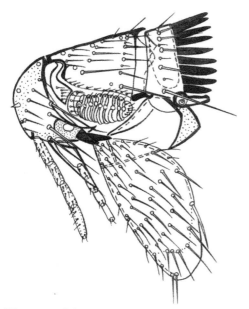

图138　二毫新蚤 *Neopsylla biseta* Li et Hsieh，♂头及前胸（湖北五峰）

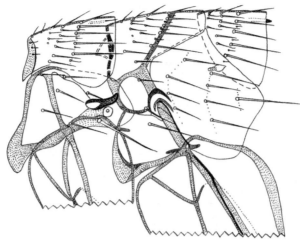

图 139　二亳新蚤 *Neopsylla biseta* Li *et* Hsieh，♂中、后胸及第 1 腹节背板（湖北五峰）

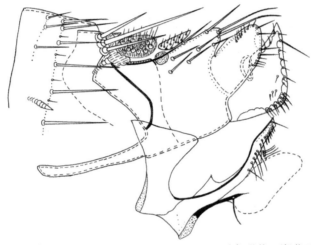

图 140　二亳新蚤 *Neopsylla biseta* Li *et* Hsieh，♂变形节（湖北五峰）

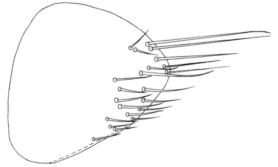

图 141　二亳新蚤 *Neopsylla biseta* Li *et* Hsieh，♂第 8 腹板（湖北五峰）

观察标本　共 5♂♂、7♀♀，其中 5♂♂、5♀♀于 2000 年 4 月 27 日至 5 月 5 日采自湖北西南部的五峰独岭、牛庄及湖南石门壶瓶山，1♀于 2001 年 4 月 22 日采自湖南桑植的天坪山，另 1♀于 2010 年 12 月 28 日采自长江三峡以南的巴东绿葱坡，宿主分别为中华姬鼠、洮州绒鼠和大长尾鼩。海拔 1400～1800 m，生境为落叶常绿阔叶混交林和落叶阔叶林。标本存于湖北医科院寄生虫病所。

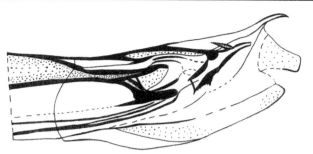

图 142　二毫新蚤 *Neopsylla biseta* Li *et* Hsieh，♂阳茎端（湖北五峰）

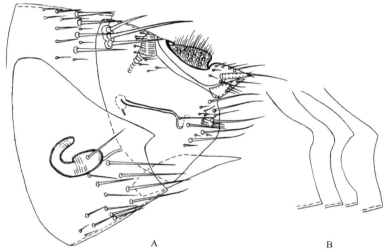

图 143　二毫新蚤 *Neopsylla biseta* Li *et* Hsieh，♀（湖北五峰）

A. 变形节；B. 第 7 腹板后缘变异

宿主　中华姬鼠、洮州绒鼠、大林姬鼠、大长尾鼩、猪尾鼠、四川短尾鼩、黑线姬鼠、北社鼠、白腹鼠、白腹巨鼠、黄胸鼠、褐家鼠、灰麝鼩；湖北省外尚有滇绒鼠、西南绒鼠和背纹鼩鼱。

地理分布　湖北西南部巴东（绿葱坡、广东垭）、五峰（牛庄、独岭）、鹤峰（中营、太山庙）、恩施（双河）；湖南西北部石门（壶瓶山）、桑植（八大公山、天坪山），云南高黎贡山（剑川、大理、碧江、香格里拉），四川西南部（海螺沟）。按我国动物地理区系属华中区西部山地高原亚区、西南区西南山地亚区。本种是中国特有种。在武陵山东部，本种主要见于春季，12 月仅偶然可采获个别标本。

分类讨论　二毫新蚤♂抱器柄突中部与端部等宽，或明显细窄于端部，以及可动突和♀第 7 腹板后缘、交配囊管均存在一定变异，基本都在原描述变异范围之内。据此赞同吴厚永等（2007）的建议，接受一个物种在不同地区形态有限的变异。

（27）绒毛新蚤 *Neopsylla villa* **Wang, Wu** *et* **Liu, 1982**（图 144～图 147）

Neopsylla villa Wang, Wu *et* Liu, 1982, *Zool. Res.*, **3** (Suppl.): 125, figs.1-4 (male only, Wenxian, Gansu, China, from *Sciurotamias davidianus*); Liu *et al.*, 1986, *Fauna Sinica Insecta Siphonaptera*, First Edition, p. 389, figs. 463-464; Wu *et al.*, 2007, *Fauna Sinica Insecta Siphonaptera*, Second Edition, p. 483, figs. 479-500.

鉴别特征　仅知♂性。在斯氏新蚤种团 *steevensi*-group 中同特新蚤较相近，但♂第 8 腹板亚后缘具 5～6 根特别长且末端向内侧弯曲的鬃，其长度超过该腹板之半；抱器柄突较宽而略长；可动突内侧中、下部近后缘处密生绒毛状小鬃易与特新蚤及其他新蚤相区别。

　　种的形态 **头**　额突位于额缘中点（图 144）。额鬃 1 列 6 或 7 根鬃，眼鬃列 4 根鬃，上位第 2 根较小。后头鬃 3 列，依序为 2～4、4 或 5、6 根，具明显后头沟。触角梗节端鬃很短；触角窝背缘具小鬃 11 根。下颚叶较长，其端近达或略超过前足基节的 1/2。下唇须 5 节，长达前足基节的 3/4。**胸**　前胸具 22 根栉刺，背缘刺略长于该背板；前胸背板具 1 列 6 根长鬃。中胸背板颈片具假鬃 3 根；中胸腹侧板鬃具 3 列 7 根，其中后下位 1 根较粗长。后胸后侧片具鬃 8 或 9 根，成 3 列。前足基节外侧具鬃约 50 根，靠后下缘 1 列 5 根粗长。后足基节内侧下部近前缘处，具 7～10 根小粗鬃，似亚刺状。后足第 2 跗节端长鬃稍不及第 3 跗节之端。**腹**　第 1～7 背板具鬃 2 列，第 2～7 背板主鬃列下位 1 根位于气门下方。第 1～5 背板端小刺数，分别为 2 或 3、2 或 3、1 或 2、1、1 根，臀前鬃 3 根，中位 1 根约为上、下位者长的 2 倍余。**变形节**　♂第 8 腹板前背缘较圆钝，后下缘有较深内凹，后腹缘具较宽带形膜质区，外侧具侧鬃 15～19 根，其中后列 5～6 根特别长且末端向内侧弯曲的鬃（图 145），其长度超过该腹板长度的一半。抱器不动突前、后叶之间有较窄内凹，前叶顶端具粗长鬃 1 根，下方具小鬃约 8 根，其中靠后方的 3 根成列；后叶近桃状，背缘稍凸，有弧形排列鬃 13～18 根。抱器体后缘上段显较后伸，下段内凹，后下角钝。柄突较宽而略长，腹缘中段弧凸，末端较向上翘，并显长于第 9 背板前内突。可动突后缘中段显较后凸（正模）（图 146A），或中段以下弯曲弧凸不明显（图 146B），内侧中、下部密生 60 余根绒毛状小鬃。基节臼近椭圆形。第 9 腹板前臂略短于后臂，前臂较宽，后臂末端圆钝，后缘具 1 列 5（6）根小刺鬃，中段侧缘和后缘有小鬃约 7 根。阳茎端背叶似鸟头状（图 147），钩突小且仅有很浅骨化色素，内突端附器杆形部分较长，其长大致等于内突最宽处宽度。

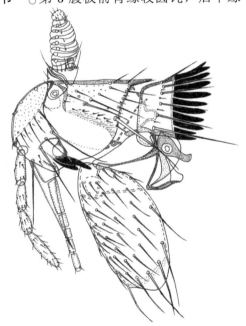

图 144　绒毛新蚤 *Neopsylla villa* Wang, Wu *et* Liu，♂头及前胸（陕西镇坪）

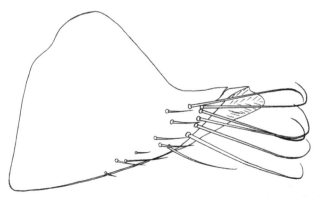

图 145　绒毛新蚤 *Neopsylla villa* Wang, Wu *et* Liu，♂第 8 腹板（陕西镇坪）

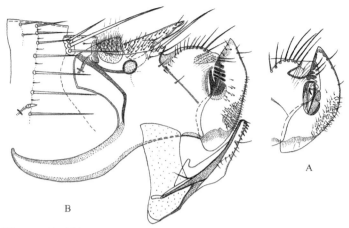

图 146　绒毛新蚤 *Neopsylla villa* Wang, Wu *et* Liu，♂（秦岭南坡）
A. 不动突及可动突（正模，甘肃文县，仿刘泉，1982）；B. 变形节（陕西镇坪）

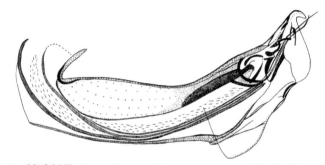

图 147　绒毛新蚤 *Neopsylla villa* Wang, Wu *et* Liu，♂阳茎（陕西镇坪）

观察标本　共2♂♂，其中1♂（正模）于 1964 年 3 月 27 日采自甘肃文县，宿主为岩松鼠；另1♂于 1981 年 8 月 7 日采自陕西秦岭南坡的镇坪，宿主同。标本存于军医科院微流所。

宿主　岩松鼠。

地理分布　中国秦岭南坡（陕西镇坪、甘肃文县）。按我国动物地理区系，属华中区西部山地高原亚区。本种是中国特有种。

分类讨论　经反复观察和比较，其中采自陕西镇坪1♂抱器可动突后缘略直，与原正模后缘中部显向后凸，再渐向前下方呈弧形内收有一定不同，然而单从绒毛新蚤♂变形节与特新蚤关系看，除♂第 8 腹板亚后缘具 5～6 根特别长且末端向内侧弯曲的鬃，其长度超过该腹板之半甚为独特外，其余特征总体来看，差异相对较小，如可动突下约 1/3 或 1/4 段，与特新蚤一样呈透明膜质，两个标本其中采集甘肃文县的1♂可动突后缘弧凸弯曲度较大，很像特新蚤川藏亚种，而陕西镇坪1♂可动突后缘中段略平而较直，与特新蚤其余亚种略相似，阳茎端也近似，采集的地点又同为秦岭南坡，分析两个标本形态不一致原因，一是与甘肃文县的正模♂可动突可能没有充分平伸有关，其次也与该种可动突本身存在一定变异有关，据此认为应是同种不同地点的个体正常形态变异。

（28）狭窦新蚤 *Neopsylla stenosinuata* **Wang, 1974**（图 148～图 151）

Neopsylla stenosinuata Wang, 1974, *Acta Ent. Sin.*, **17**: 117. figs. 1-3 (Jianou, Fujian, China, from *Niviverter coxingi*); Liu *et al.*, 1986, *Fauna Sinica Insecta Siphonaptera*, First Edition, p. 382, figs. 448-450; Wu *et al.*, 2007, *Fauna Sinica Insecta Siphonaptera*, Second Edition, p. 473, figs. 484-487.

鉴别特征 该种依其两性变形节的形态，与 *N. avida* Jordan，1931、*N. tricata* Jordan，1931 和不同新蚤接近，但♂第 8 腹板后缘斜平，背缘与腹缘交界处都呈直角可与 *N. avida* 和 *N. tricata* 区别。♂第 9 腹板后缘有刺形鬃而无粗长鬃和♀第 7 腹板后缘背叶较短可与不同新蚤区别。此外，前胸背部具 2 列鬃不同于 *N. avida*（仅具 1 列鬃）。

种的形态 **头** 额突约位于额缘之 2/5 处。额鬃 1 列 6～8 根；眼鬃列 4 根鬃，其中 1 根较小。后头鬃 3 列，分别为 4 或 5、5 或 6 及 6（5）根。触角梗节端鬃♂接近棒节末端，♀稍超过棒节末端。下唇须末端约达前足基节的 3/5 处。**胸** 前胸具 20～22 根栉刺，背方栉刺约与其前之背板等长；前胸背板具鬃 2 列，其中前列仅 3 或 4 根且分布于上半部。后胸后侧片具鬃 10～15 根。后足基节内侧下部近前缘处约有 12 根小刺鬃；胫节外侧约有 6 根鬃。**腹** 第 1～7 背板具鬃 2 列，第 2～7 背板气门下♂有 1 根鬃，♀第 7 背板气门下无鬃；气门较大且端尖。第 1～5 背板端小刺数，依序为 2（1）、1、1、1（0）、0（1）根。臀前鬃 3 根，♂上、下位者长度约相等。**变形节** ♂（图 149）第 8 腹板略近梯形，其上有鬃约 15 根，其中亚缘有 2 根较长。可动突较窄（图 148），后缘略呈弧形，顶端尖并略高于不动突；可动突长约为宽的 4 倍。不动突前、后叶之间内凹较深，后叶较前叶高而宽，无浅色区，且近中部处及后缘具 1 列背缘相连弯弧形排列鬃，约 13 根。第 9 背板前内突与柄突之间具很深的圆凹，柄突细长并弯向背侧。第 9 腹板前臂宽大，端缘稍弧凸，后端角钝，后臂窄而较长且端尖，端段有 13～15 根短鬃，其中 6 根稍长，近端部具 2 根较粗亚刺状。阳茎端见图 150，钩突较窄。♀（图 151）第 7 腹板后缘背叶呈短角状，其下之内凹宽而浅，后腹角显向后伸，略长于背叶，腹板上有长鬃 6（7）根和短鬃 5 或 6 根。第 8 腹板气门扩大不明显，后背角呈角状。肛锥长约为宽的 4.0 倍，长端鬃约为肛锥长的 2.0 倍。受精囊头部较短而窄，仅稍宽于尾部。交配囊管较细长。

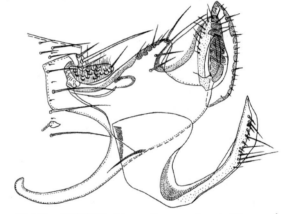

图 148 狭窦新蚤 *Neopsylla stenosinuata* Wang，♂变形节（福建建瓯）（正模，仿刘泉，1986）

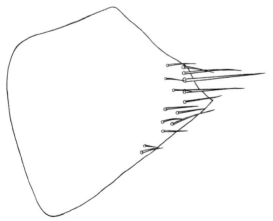

图 149 狭窦新蚤 *Neopsylla stenosinuata* Wang，♂第 8 腹板（福建建瓯）（正模，仿刘泉，1986）

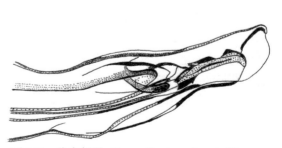

图 150 狭窦新蚤 *Neopsylla stenosinuata* Wang，♂阳茎端（福建建瓯）（正模，仿刘泉，1986）

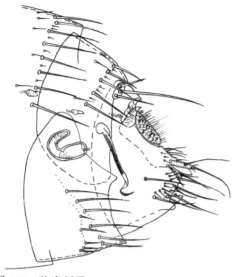

图 151　狭窦新蚤 Neopsylla stenosinuata Wang，
♀变形节（福建建瓯）（副模，仿刘泉，1986）

标本记录　共 2♂♂、1♀（未检视），系原描述的正模和副模，1966 年 3 月采自福建建瓯（东游），宿主为白腹巨鼠。标本存于中国科学院动物研究所（简称中科院动物所）。

宿主　白腹巨鼠。

地理分布　福建。按我国动物地理区系，属华中区东部丘陵平原亚区。本种是中国特有种。

分类讨论　根据狭窦新蚤的腹部气门较大且端尖，♀受精囊头部短小等特征似介于无规新蚤种团 *anoma*-group 和斯氏新蚤种团 *stevensi*-group 的中间型（吴厚永等，2007）。

（29）特新蚤指名亚种 *Neopsylla specialis specialis* Jordan, 1932（图 152～图 156）

Neopsylla specialis Jordan, 1932, *Novit. Zool.*, **38**: 284, fig. 42 (Nguluko, Yunnan, China, from *Apodemus agrarius*); Liu, 1939, *Philipp. J. Sci.*, **70**: 85, fig. 102; Li, 1951, *Peking Ned. Hist. Bull.*, **19**: p. 263, figs. 1-4; Li, 1956, *An Introduction to Fleas*, p. 30. fig. 22; Hopkins *et* Rothschild, 1962, *Ill. Cat. Roths. Colln. Fleas Br. Mus.*, **3**: 209, figs. 366, 367.

Neopsylla specialis specialis Jordan: Li, Hsieh *et* Wang, 1964, *Acta Ent. Sin.*, **13**: 223, figs. 9 (1-3), 10 (1-4), 11 (1), 12 (1), 13 (1-6); Liu *et al.*, 1986, *Fauna Sinica Insecta Siphonaptera*, First Edition, p. 391, figs. 4, 465-469; Chin *et* Li, 1991, *The Anoplura and Siphonaptera of Guizhou*, p. 239, figs. 39, 40; Xie *et* Zeng, 2000, *The Siphonaptera of Yunnan*, p. 111, figs. 114, 117, 120-112; Wu *et al.*, 2007, *Fauna Sinica Insecta Siphonaptera*, Second Edition, p. 486, figs. 4, 501-505.

Neopsylla specialis kweiyangensis Li: Li, Hsieh *et* Wang, 1964, *Acta Ent. Sin.*, **13**: 225, figs. 9 (4-6), 10 (5-8), 11 (5-8), 12 (2), 13 (7-16).

鉴别特征　特新蚤与绒毛新蚤和二毫新蚤相近，与前者的区别是：①♂第 8 腹板侧鬃后列无 5～6 根特别长且端部向内侧弯曲的鬃；②抱器可动突内侧下部近后缘处小鬃数较少，仅及后者数量的 1/2。与后者的区别是：①♂第 9 腹部后臂无翼状膜；②第 8 腹板后缘无 2 根特长鬃，且该腹板后延部分较长；③♀第 7 腹板后缘背叶为不对称的角状或有浅凹及分叉。与特新蚤各亚种的区别见表 4。

种的形态　头　额突位于额缘中点稍下方。额鬃 1 列 7 或 8 根，较小；眼鬃 4 根，其中 3 根粗长；在颊栉前下方有 2 根更小鬃。后头鬃 3 列，依序为 5～8、6～8 和 7～8 根。♂后头沟中深，其上有小毛 6～10 根。触角窝背缘有小鬃 9～16 根。触角梗节长鬃♂超过棒节的 2/3，♀达末端。下颚内叶与下唇须近等长，其上小齿密布；下唇须长约达前足基节的 2/3。胸　前胸背板具 17～20 根栉刺，除背缘 2 根刺外，由下向上渐长；下段第 3～5 根刺稍向腹方弧拱，背缘刺显长于该背板。中胸背板鬃 3 列，前列为小鬃而不完整，颈片内侧近背缘具假鬃 3（2）根；中胸腹侧板鬃 7 根，成 3 列。后胸后侧片

表4　特新蚤 *Neopsylla specialis* 6 亚种形态特征的比较鉴别

特征	指名亚种 N. s. specialis	德钦亚种 N. s. dechingensis	闽北亚种 N. s. minpiensis	贵州亚种 N. s. kweichowensis	川藏亚种 N. s. sichuanxizangensis	裂亚种 N. s. schismatosa
♂第9腹板后臂端部	渐窄, 具 5~6 根刺鬃	宽刀形、末端斜截状*, 具 5~6 根刺鬃	渐窄, 具 5~6 根刺鬃, 排列较稀疏	渐窄, 具 3~4 根刺鬃	渐尖, 3 根刺鬃	渐尖, 5 根刺鬃
♂可动突	较宽	较宽	较宽	较宽	较宽, 下部向前下方延伸, 后缘弯弧凸较大	较窄
♂第8腹板后背缘内凹	较深, 端背缘平或稍向上翘	较深, 端背缘较平或稍向上翘	较深, 端背缘平或略向上翘	内凹较窄而显深, 端背缘显向上翘	稍凹	稍凹
♂第8腹板3根以下等长长鬃数	3 根以下	3 根以下	3 根（偶 4 根）以下	4 根等长长鬃, 弯弧形排列		2 根
♂阳茎钩突	分叉	分叉	分叉	不分叉	分叉	分叉
♀第7腹板后缘背叶	较短, 不分叉	较短, 无或至有小分叉	短, 不分叉	显较长, 锐角凹, 腹突长于背突	锐角凹, 背突常长于腹突	较长, 锐角凹, 背突等于或长于腹突
地理分布	湖北西北部、云南、贵州、山东、陕西、河北、甘肃、重庆东北部及四川等省	云南德钦、香格里拉	湖北中部以东、江苏、安徽、浙江、福建	湖北西南部、湖南西北部至重庆东南部到贵州西部	四川西部, 西藏东部	云南贡山

*仅此特征与指名亚种有差异，余与指名亚种形态一致

鬃依序为 4（3）、4、1 根或 5、5、1 根, 偶在第 1 列与第 2 列之间间插 1 根长鬃或小鬃。前足基节外侧亚后缘有较窄带形裸区, 裸区下方具 1 列弧形排列鬃 6 或 7 根, 前及上方具侧鬃 55~72 根, 端鬃 2 根。前足股节外侧小鬃 10~12 根, 内侧小鬃 1 根。后足基节下段具约 8 个小棘鬃。前、中、后足胫节外侧具鬃 2 列, 前列较小, 2~6 根, 后列稍长, 5~8 根; 后背缘具梳状整齐排列鬃, 依序为 7、7~9、9 或 10 根, 跗节为 3、5~7、6 或 7 根。后足第 1 跗节短于第 2、3 跗节之和, 第 2 跗节端长鬃不达第 3 跗节末端。

腹　第 1~7 背板具鬃 3 列, 偶 2 列; 气门下♂具 1 根鬃, 气门小而端尖。第 1~6 背板端小刺（两侧）: ♂依序为 3~6、4~7、2~5、2~5、0~2、0 或 1 根, ♀为 2~6、2~6、2~5、2 或 3、2、0 根。基腹板近后缘具弧形线纹区。臀前鬃 3 根, 中位 1 根最长。

变形节　♂（图 154）第 8 腹板略近三角形, 前部最宽, 后背缘具广弧凹, 略后方有 1 狭缝, 端缘圆钝或斜截, 腹缘稍弧凸, 具侧鬃 13~21 根, 其中后列 2 或 3 根为粗长鬃。不动突前叶较窄, 上具侧鬃 6~10 根, 其中近端 1 根为粗长鬃; 后叶较宽, 与前叶约略同高, 背缘中段略凹, 后缘弧凸, 其上有缘鬃及侧鬃 11~15 根, 其中 4 根左右位于内侧。抱器体后腹角近三角或锥状, 略上方后缘具浅弧凹; 基节臼椭圆形。柄突长于第 9 背板前内突之倍, 背、腹缘具带形骨化, 中部约等宽或稍膨大, 末端微向上翘。可动突（图 152）前缘在基节臼以上具较宽弱骨化带, 后缘弧凸均匀, 其上方具稍长鬃 1 根, 下后方有 1 短鬃区, 19~35 根, 腹端圆; 可动突略高于不动突, 长为上前角处宽的 3~3.5 倍。第 9 腹板前臂较宽大, 近斧状, 端后缘略斜, 前下角尖而突向前下方, 后臂较窄, 末端钝, 端后外侧有 1 列 5~6（偶 4）根亚刺鬃, 其间及略上、下方有鬃 6~11 根。阳茎端背叶似鸟头状, 端腹缘具较深的内凹; 钩突小而末端有小分叉（图 155）。

♀（图 156）第 7 腹板后缘之背叶角状, 背叶之下内凹呈直角, 下缘具浅弧凹, 侧长鬃 1 列 4~6 根, 短鬃 7~15 根。第 8 背板端背突角状, 具侧长鬃 5~8 根, 短鬃 1 或 2 根, 内侧亚后缘有短鬃 10 根。第 8 腹板较宽, 末端斜尖。肛锥较长, 长约为基部宽的 4.0

倍，端长鬃约为肛锥长 2 倍。交配囊管较长，中部直。受精囊背缘略平，腹缘稍凸，尾约为头部长的 2 倍。

观察标本　共 12♂♂、14♀♀，其中 10♂♂、13♀♀于 1988 年 6 月 16 日至 1995 年 11 月 20 日采自湖北西北部兴山（湘坪、榛子）、神农架（木鱼、酒壶坪、红花朵、刘家屋场、大龙潭、百草坪、松柏镇），自黄胸鼠、北社鼠、中华姬鼠、大林姬鼠和背纹駒鼱；2♂♂、1♀于 1965 月 10 日采自长江三峡以北巴东神农架（大干河），自中华姬鼠和北社鼠，海拔 400～2200 m，生境为常绿阔叶林带至针阔叶混交林带。另 75%乙醇中保存 400 余只标本。标本存于湖北医科院传染病所和军医科院微流所。

宿主　北社鼠、中华姬鼠、黑线姬鼠、大林姬鼠、小家鼠、大足鼠、褐家鼠、黄胸鼠、黑腹绒鼠、猪尾鼠、洮州绒鼠、藏鼠兔、四川短尾駒、大长尾駒、川駒、灰麝駒、多齿駒鼹、针毛鼠、长吻鼹。湖北省外有高山姬鼠、大耳姬鼠、西南绒鼠、滇绒鼠、大绒鼠、斯氏家鼠、白腹鼠、锡金小鼠、隐纹花鼠、普通树駒、白尾鼹、卡氏小鼠、丛林鼠、田小鼠、云南攀鼠、駒猬。

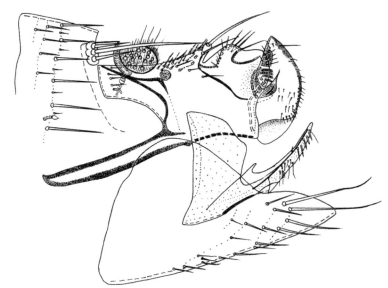

图 152　特新蚤指名亚种 *Neopsylla specialis specialis* Jordan，♂变形节（湖北神农架）

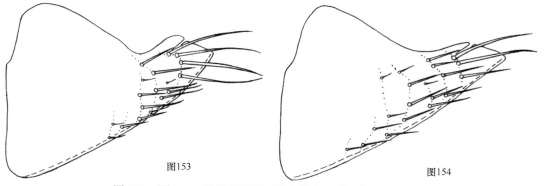

图153　　　　　　　　　　　　　　图154

图 153～图 154　特新蚤贵州亚种与指名亚种♂第 8 腹板比较

图 153　特新蚤贵州亚种 *Neopsylla specialis kweichowensis* Liao（湖北巴东绿葱坡）

图 154　特新蚤指名亚种 *Neopsylla specialis specialis* Jordan（湖北神农架）

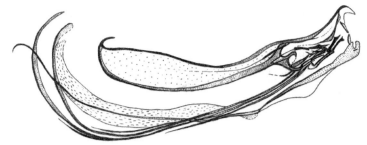

图 155 特新蚤指名亚种 *Neopsylla specialis specialis* Jordan，♂阳茎（湖北神农架）

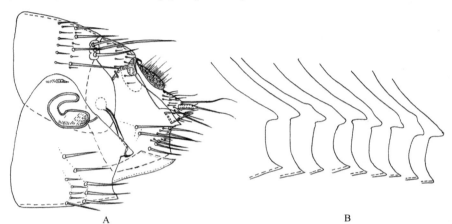

图 156 特新蚤指名亚种 *Neopsylla specialis specialis* Jordan，♀（湖北神农架）

A. 变形节；B. 第 7 腹板后缘变异

地理分布 湖北西北部（宜昌、保康、兴山、神农架、房县、十堰、长江三峡北岸巴东）、陕西秦岭以南、重庆东北部（巫山、巫溪）、河南、云南（剑川、大理、昆明、玉溪、保山、下关、景东、丽江等）、贵州（贵阳、威宁、都匀、安顺、毕节、水域）、宁夏（泾源）、甘肃、四川东北部。

（30）特新蚤贵州亚种 *Neopsylla specialis kweichowensis* Liao, 1974（图 153，图 157～图 160）

Neopsylla kweichowensis Liao, 1974, *Acta Ent. Sin.*, **17**: 495, figs. 1-3 (Zunyi, Guizhou, China, from *Rattus norvegicus*).

Neopsylla specialis kweichowensis Liao: Liu *et al*., 1986, *Fauna Sinica Insecta Siphonaptera*, First Edition, p. 397, figs. 478-481; Chin *et* Li, 1991, *The Anoplura and Siphonaptera of Guizhou*, p. 243, figs. 41-43; Wu *et al*., 2007, *Fauna Sinica Insecta Siphonaptera*, Second Edition, p. 495, 514-517.

鉴别特征 特新蚤贵州亚种与指名亚种、闽北亚种和德钦亚种相近，但据以下特征可资区别：①♂第 8 腹板后背缘内凹较深，端背缘显向上翘，外侧具 4 根等长长鬃，弯弧形排列；②第 9 腹板后臂端部亚刺鬃数较少，通常仅具 3～4 根；③阳茎端钩突末端不分叉；④♀第 7 腹板后缘背叶较长，末端分叉较深，腹突显长于背突，其下与腹叶交界处具锐角深凹。此外，德钦亚种♂第 9 腹板后臂中段以后较宽也不同于本亚种。

亚种形态 头 额突发达，尖锐，位于额缘近中点。额鬃 1 列 6～9 根，上位 1 根较小；眼鬃列 4 根鬃。后头鬃依序为 5～7、6～9、6（7）根，其中腹方有 2 根显较粗长。触角窝背缘具小短鬃 11～15 根；♂触角棒节达前胸腹侧板上，其上密布感器。下唇须 5 节，长约达前足基节 6/10 处。胸 前胸背板具 1 列 6（7）根长鬃，两侧具 19～21 根栉刺，栉刺密，背刺显长于该背板。中胸背板颈片两侧具假鬃4（3）根；中胸腹侧板鬃依序为3、2、1根。后胸后侧片鬃7～10根，成3列。前足基节外侧鬃多而密，68～78根，其中前上方近前缘和后亚背缘的为小鬃。后足基节内侧具小棘鬃8根，稍下具3或4根略长鬃。前、中、后足胫节和第1附节后背缘具梳状整齐排列鬃，胫节为7、9（8）、10（9）根，附节为3、6（7）、7（6）根。后足第1～4附节端长鬃短，均不达下节之端。**腹**　第1～5背板具鬃3列（第2～5背板前列鬃不完整），第6～7背板具鬃2列，各背板主鬃列的鬃长度均短，♀远不达下一腹节背板主鬃列鬃的基部，♂少数可达。气门小而端甚尖；气门下除♀第7背板外，余具1根鬃。第1～5背板端小刺（两侧）依序为3～5、2～4、2～4、2或3、0～2根。**变性节**　♂（图157）第8腹板后背缘具深内凹，显深于其他亚种，端背缘显向上翘，近端具1切凹，后下方较圆钝或略斜截成角，外侧具4根等长长鬃，弯弧形着生，其前具短鬃11～14根。不动突前、后叶之间具1较深窄凹，前叶斜锥状，其上具鬃3列5～8根，端部1根为粗长鬃；后叶显宽于前叶，前、后缘略凸，端缘略凹，其前亚缘及端后亚缘具较宽透明区，上具2个鬃区，前鬃区13（14）根，弯弧形排列，后鬃区4（3）根，着生于后缘，其中前鬃区有8根位于内侧。抱器体后下缘略凹，后下角钝。第9背板前内突略宽于柄突，具有明显前下角，腹缘具浅弧凹，柄突长大，背、腹缘稍向下拱，中部偶略膨大；基节臼椭圆形。可动突稍窄，略高于不动突，端角位中，前缘上段斜而稍凹，后缘凸，下部膜质区略上后方具1短鬃区，约30根，腹缘钝圆，并低于抱器体的后下角。第9腹板前臂宽大，略短于后臂，后臂端部斜截状，后缘外侧具3～4根亚刺鬃（偶5）（图158），其上方有小鬃1（2）根，近旁及下方5～7根。阳茎端背叶后下角较长，腹缘具深凹；钩突末端不分叉（图159）。骨化内管中等发达，阳茎内突端附器细短。♀（图160）第7腹板后缘背叶较长，端部分叉，腹突长于背突，其下与腹叶交界处具锐角较深内凹，近腹缘的后下角尖而突向后方，其上具浅弧凹，外侧具长鬃1列5（4）根，其前有4～14根附加鬃。第8背板近腹缘具长鬃6（5）根和小鬃0～2根，亚内侧具7～11根短鬃。第8腹板较长，末端尖。臀板在一平展标本上可见30个；肛锥略弯，在两肛锥之间的前方具31根小鬃，略后方或之间具2对并列的鬃，分别着生在1小隆起上，略后外侧另具1长1短鬃，对称排列。交配囊管发达，中段略直。

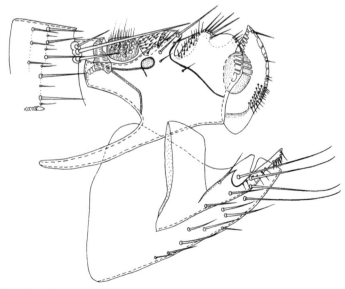

图157　特新蚤贵州亚种 *Neopsylla specialis kweichowensis* Liao，♂变形节（湖北巴东绿葱坡）

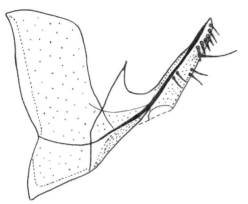
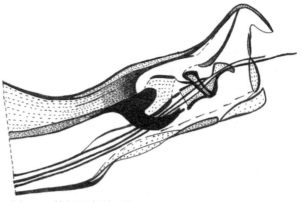

图158　特新蚤贵州亚种 *Neopsylla specialis kweichowensis* Liao，♂第9腹板（湖北巴东绿葱坡）

图159　特新蚤贵州亚种 *Neopsylla specialis kweichowensis* Liao，♂阳茎端（湖北巴东绿葱坡）

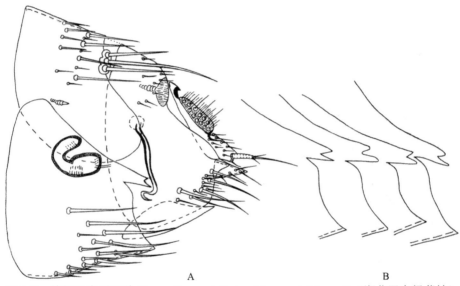

A　　　　　　　　　　　B

图160　特新蚤贵州亚种 *Neopsylla specialis kweichowensis* Liao，♀（湖北巴东绿葱坡）

A. 变形节；B. 第7腹板后缘变异

观察标本　共20♂♂、16♀♀，其中11♂♂、9♀♀，于2000年4月24日至2003年4月29日采自湖北长江三峡以南的巴东（绿葱坡、野三关）、恩施（双河）、五峰（牛庄、茅坪、长坡），宿主分别为北社鼠、四川短尾鼩、白腹巨鼠、黑线姬鼠、猪尾鼠；9♂♂、7♀♀，于1984年7月8日至1985年2月13日采自利川（都亭），宿主为褐家鼠、黑线姬鼠和未定种的鼩鼱，海拔1000～1800 m，生境为常绿阔叶林带至落叶阔叶林带。标本存于湖北医科院传染病所。

宿主　北社鼠、白腹巨鼠、四川短尾鼩、中华姬鼠、高山姬鼠、褐家鼠、黑线姬鼠、洮州绒鼠、猪尾鼠、针毛鼠和未定种的鼩鼱。

地理分布　湖北长江三峡以南的五峰（牛庄、毛坪、龚家垭、长坡、湾谭）、鹤峰（中营）、恩施（双河）、建始、长阳、巴东（广东垭、绿葱坡）、利川（都亭）；湖南西北部石门（壶瓶山）、桑植（八大公山），贵州（桐辛、绥阳、遵义）。按我国动物地理区系，属华中区西部山地高原亚区。本种是武陵山一带地区特有亚种。

（31）特新蚤闽北亚种 *Neopsylla specialis minpiensis* Li *et* Wang, 1964（图 161～图 163）

Neopsylla specialis minpiensis Li *et* Wang, 1964, *Acta Ent. Sin.*, **13**: 227, figs. 9 (7-9), 10 (9-12), 11 (9-12), 12 (3), 13 (7-26) (Shaowu, Fujian, China, from *Apodemus agrarius*); Liu *et al.*, 1986, *Fauna Sinica Insecta Siphonaptera*, First Edition, p. 396, figs. 474-477; Wu *et al.*, 2007, *Fauna Sinica Insecta Siphonaptera*, Second Edition, p. 492, figs. 510-513.

鉴别特征　特新蚤闽北亚种依其♂可动突稍较宽，前缘下段略直，以及♀第 7 腹板后缘背叶不分成上、下两突与指名亚种和德钦亚种接近，但♂第 9 腹板后臂端部 5～6 根亚刺鬃排列较稀疏，尤靠近基部的 2～3 或 4 根亚刺鬃之间较明显；♀第 7 腹板后缘背叶通常略较短。

亚种形态　头　额缘圆，具额突。额鬃列 7（8）根鬃，上位 1 根位于触角窝前缘，较小；眼鬃列 4 根，在眼鬃与额鬃之间具 6～8 根小鬃。后头鬃♀依序为 8（7）、8（7）、8（7）根，♂为 6（7）、5～8、7 根。触角第 2 节长鬃达棒节的 2/3；♂具较发达后头沟。下唇须端节长于邻节，其上各节具小鬃 2～4 根。胸　前胸背板具栉刺 17～21 根，栉刺端尖，其背刺长于该背板；前胸栉基线直，其前方未见骨化增厚深色带。中胸与后胸背板近等长，其上具鬃 3 列；中胸背板内侧具假鬃两侧 2～4 根。后胸背板无端小刺；后胸后侧片鬃依序为 4（3）、5（4）、1 根，其气门宽度小于长度。前足基节外侧具长、短鬃 67～81 根。后足基节内侧具小棘鬃 10 或 11 根。前、中、后足胫节后背缘具梳状整齐排列鬃，依序为 7、9、10 根，跗节为 3、5、6（7）根。后足第 1 跗节端长鬃近达次节的 2/3，第 2 跗节端长鬃较短，远不达第 3 跗节末端。腹　第 1～7 背板具鬃 2 列，中间背板 7 根鬃，气门下具 1 根鬃。第 1～6 背板端小刺数（两侧）：♂分别为 4（3）、5（4）、4、2（3）、2～4、1（0）根，♀为 2～4、4（3）、4（3）、2、2、0 根。变形节　♂（图 161）第 8 腹板后背缘具浅宽的内凹，端背缘平或微向上翘，外侧具 2 或 3 根等长长鬃，偶 4 根，前方具短鬃 16～19 根。不动突前叶长小于基宽，具端长粗鬃 1 根和侧鬃 2 列 6（7）根；后叶变异较大，等于或略高于前叶，透明区长度大于宽度，两个鬃区，前鬃区 9～14 根，后鬃区 3（2）根。抱器体后下角略钝，后腹缘近直。第 9 背板前内突端缘平或稍凸，柄突端段略膨扩。可动突后缘最凸处约位于中部，端角靠前或近中线，腹缘具较宽的浅色区，呈膜质。第 9 腹板后臂端部较窄，

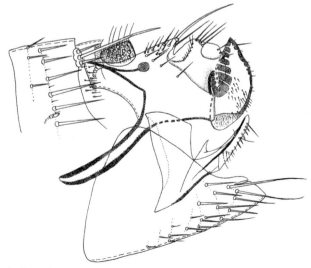

图 161　特新蚤闽北亚种 *Neopsylla specialis minpiensis* Li *et* Wang，♂变形节（湖北咸宁）

后侧具 5～6 根排列较稀疏的亚刺鬃，偶 4 根（10 个标本中，仅 1 个 4 根，另有 1 个体单侧 4 根）。肛背板背面具小鬃 35 根左右，肛腹板具长端鬃 1 根。阳茎端背叶的后下角略尖，钩突末端分叉（图 162）。♀（图 163）第 7 腹板后缘背叶不同地点采集的标本形态变异较大，如湖北东部（咸宁）背叶呈较小的角状，而中部（随州）的则较宽短，端钝而无内凹，其下与腹叶交界处近直角，外侧具长鬃 1 列 5 或 6 根，其前有附加鬃 9～13 根。第 8 背板后段具粗长鬃 7（6）根，小鬃 0～2 根，内侧亚缘具小鬃 10 根；肛背板和肛腹板各具 1 根长弯鬃。交配囊管头端呈膜质，中部直，显长于受精囊。

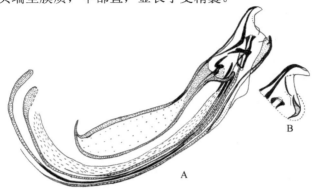

图 162 特新蚤闽北亚种 *Neopsylla specialis minpiensis* Li *et* Wang，♂（湖北随州）

A. 阳茎，示钩突分叉；B. 端背叶变异

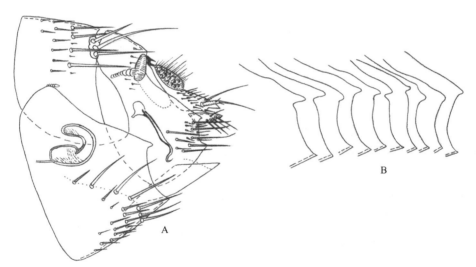

图 163 特新蚤闽北亚种 *Neopsylla specialis minpiensis* Li *et* Wang，♀（湖北随州）

A. 变形节；B. 第 7 腹板后缘变异

观察标本 共 34♂♂、45♀♀，其中 8♂♂、19♀♀，2001 年 3 月 26 日至 4 月 1 日采自湖北随州大洪山脉（长岗、洪山），宿主为北社鼠、白腹鼠、黑线姬鼠、大仓鼠、黄胸鼠和灰麝鼩；2♂♂、2♀♀，2012 年 3 月分别采自咸宁和黄冈的英山，宿主为黑线姬鼠，标本存于湖北医科院传染病所。2♂♂、2♀♀，1962 年采自福建邵武，自黑线姬鼠，标本存于军医科院微流所。另 22♂♂、22♀♀为指名亚种与闽北亚种过渡类型（尤其是更接近于后者），1987 年 1 月 21 日至 2 月 27 采自长江三峡三斗坪，宿主为拟家鼠和褐家鼠，标本存于宜昌疾控中心。

宿主 北社鼠、黑线姬鼠、大仓鼠、黄胸鼠、灰麝鼩、针毛鼠、褐家鼠、白腹鼠、白腹巨鼠。

地理分布　湖北（随州、京山、钟祥、咸宁、英山）、安徽、浙江、江苏、福建（邵武、闽北山区）、江西（上饶）、湖南（张家界）。

分类讨论　特新蚤已知有 6 亚种，即指名亚种、德钦亚种、闽北亚种、贵州亚种、川藏亚种和裂亚种，它们在一般形态上十分相似，但在不同地区中又呈现出一定的差异，有些特征又存在交叉或变异，有的如不参照地区分布，往往很难鉴定。作者在编写本志中，对分布于湖北的 3 个亚种进行研究并结合文献提出以下看法：①以往我国在特新蚤的种下分类研究中，各作者大都是依据自己所在地区少量标本命名而发表的，由于受当时条件的限制和认识上的差异及理解上不一致，所提出的区别特征中有的往往混杂了一些非可用特征，有些是稳定可用特征，然而又没有明确加以准确叙述，有些仅是有较小变异，却没有说出具体变异标本数目，这就给后来准确应用及标本鉴定带来较大困难。②从湖北已获得 3 个不同地区亚种标本形态变异看，至少♂抱器不动突及基节臼用于特新蚤的亚种分类是不适宜的，因不动突后叶高度变异较大，同一亚种可低于、等于或高于前叶，其变异范围基本都在指名亚种许可范围内。同时基节臼用于特新蚤亚种分类形态概念过于模糊，因特新蚤基节臼骨化随标本骨化程度不同而往往呈现出一定差异，即使描画出来也会或多或少带有一定人为因素，由于其骨化的边缘是渐进过渡，向周边扩散有时并不一定清晰，在刚羽化的成蚤中，往往很难找出准确分界线，这是众所周知的。至于可动突最宽处位置也呈现出一定变异，尤其是标本平压后，这个特征有明显不稳定现象。③♂第 9 腹板后臂亚刺鬃，建议加上标本的变异数目，在较多标本情况下，亚种允许 25%交叉或少量变异。④经对分布于长江三峡以南巴东、五峰、鹤峰、利川，湖南石门、桑植的标本观察，认为贵州亚种是一个有效亚种，形态组合特征独特、稳定，所检视的 20♂♂第 8 腹板后背缘具较深内凹，端背缘显向上翘，外侧亚后缘具 4 根等长长鬃，而其他亚种全为 3 根以下等长长鬃，如有 4 根，至少下位 1 根通常要短于上位 3 根，而以往其他亚种提到 3 根或 4 根长鬃，通常是把最下方 1 根中长鬃或次长鬃按等长长鬃处理了；17♀♀第 7 腹板后缘背叶除分布于湖北利川有 1 个标本的背突略短，其余均与贵州亚种模式标本相符，地理分布也较明确，长江三峡以南的巴东绿葱坡、长阳、五峰、恩施、利川、鹤峰 10 个县，以及重庆东南部至贵州的桐辛、绥阳和遵义一带地区为贵州亚种，长江以北为指名亚种。但需指出的是从湖南张家界获得的雌蚤是闽北亚种，而非贵州亚种，但由于未获得雄蚤，这一问题还需进一步调研。⑤关于闽北亚种形态，观察了采自湖北大洪山 8♂♂、20♀♀，湖北东部除♂第 8 腹板后背缘内凹比指名亚种常稍较浅相对稳定外，第 9 腹板后臂端部刺鬃较稀疏，但在变异为 4 根以下时仍可呈较密状态。⑥至于德钦亚种与其他亚种的主要区别是♂第 9 腹板后臂端部较宽，但这种较宽是一种稳定特征，还是只有少数标本具备这一特征，目前是一大疑问。作者曾详细比较了德钦亚种与贵州亚种后臂端部附图，其中前者只比后者稍宽一些，因贵州亚种原描述后臂端部附图也是相对较宽的，然而作者曾详细观察了湖北分布的 3 亚种标本，却并未发现贵州亚种有增宽现象，很显然这是绘图或标本偏位和变异出现的正常差异，所以德钦亚种♂第 9 腹板后臂端部宽度问题，也留有较多疑问，尚待澄清。

此外，根据现有数据资料尚难解释的现象是，虽然分布于长江三峡以南上述地区为贵州亚种，但详查了宜昌疾控中心 20 世纪 80 年代，采自长江三峡三斗坪海拔 100～400 m 的标本（共观察 22♂♂、22♀♀），全是指名亚种与闽北亚种的过渡类型，尤其是♂第 8 腹板后缘内凹浅而端背缘平或稍向上翘，第 9 腹板后臂刺鬃有的也是较稀疏，然而这两个特征是闽北亚种的典型特征，为什么长江三峡以南低海拔沿长江边缘分布的是闽北亚种，而不是贵州亚种，也不完全像长江以北的指名亚种，因此贵州亚种与特新蚤其他亚种的地理分布关系问题尚有待进一步探讨。

亚种的形成与高大山脉、大江大河等天然屏障隔离及同一物种地区间基因不能交流有关，但在同一地区中，山系未超过 2300 m 为何会出现上述这种情况呢？由此看来，生态环境的差异和温、湿度不同，在某些蚤类中，可能也是形成亚种条件之一，否则仅用天然屏障来解释所有亚种形成，将会给实际运用带来很多困惑或不解。作者认为，亚种形成或进化应是多歧的，不同亚种形成自然选择的路线不一定完全相同，地理隔离只是某些亚种形成的客观条件，但生态环境隔离及其他一些综合因素等，可能也是导致某些亚种形成的另外一种路径。

综上所述，我国特新蚤在局部地区确实存在少量不同地区有效亚种，但大部分地区分布的应是指名亚种，但有的亚种间差异较小或甚微，或仅 1～2 个特征有差异，且还不是很稳定，或有的还处在剧烈变异或过渡特征中，尤其是闽北亚种和德钦亚种，像这样一类亚种仅靠个别特征，是否达到亚种这一阶元水平或有效，尚有较多疑问，因此很有必要在更广泛的地理范围内调查，以及获得更多标本后做进一步深入探索或研究。同时，对于有些争议比较大的亚种，如闽北亚种、德钦亚种与指名亚种的关系，建议增加分子生物学等检测方法来进一步理清它们之间的关系，如确有差异则承认其有效性，没有差异则应将其视为同物异名或按无效亚种处理。

毛新蚤种团 *setosa*-group of *Neopsylla*

Neopsylla setosa-group: Hopkins et Rothschild, 1962, *III. Cat. Roths. Colln. Fleas Br. Mus.*, **3**: 162, 163, 177; Liu *et al.*, 1986, *Fauna Sinica Insecta Siphonaptera, First Edition*, p. 328, 356; Cai *et al.*, 1997, *The Flea Fauna of Qinghai-Xizang Plateau*, p. 58, 66; Xie et Zeng, 2000, *The Siphonaptera of Yunnan*, p. 108, 135; Wu *et al.*, 2007, *Fauna Sinica Insecta Siphonaptera*, Second Edition, p. 436, 505.

鉴别特征 ♂第 9 腹板后臂近肘处向后伸出 1 腹小臂，或是略上方生出许多细长且端部卷曲缨状鬃，或是后臂端后缘具刺形鬃多于 8 根，仅个别 5～7 根。无论♂♀，前胸背板在主鬃列前方都有 1 列短鬃；后足基节内侧前缘下部通常只有成片小鬃；后足胫节后缘外侧鬃通常仅 7 根，且着生较稀疏，不成明显梳状排列。前、中、后足第 5 跗节分别为 5、5、4 对侧蹠鬃。各腹节气门小而端尖；♀第 7 腹节主鬃列气门下多数具 1 根鬃。主要分布于古北界。

（32）棒形新蚤 *Neopsylla clavelia* Li *et* Wei, 1977（图 164～图 167，图版Ⅲ）

Neopsylla clavelia Li et Wei, 1977, *Acta Ent. Sin.*, **20**: 457, figs. 3-5 (3) (Heishui, Sichuan, China, from *Apodemus agrarius*); Liu *et al.*, 1986, *Fauna Sinica Insecta Siphonaptera, First Edition*, p. figs. 418-421; Cai *et al.*, 1997, *The Flea Fauna of Qinghai-Xizang Plateau*, p. 69, figs. 151-155; Wu *et al.*, 2007, *Fauna Sinica Insecta Siphonaptera*, Second Edition, p. 515, figs. 550-553.

鉴别特征 棒形新蚤依其♂第 8 腹板有较多簇长鬃，抱器不动突分为前、后两叶，柄突窄长和阳茎端等的形状与长鬃新蚤近似，但♂第 9 腹板后臂腹小臂从基到端逐渐膨大，形如棒状；可动突端部略高于不动突；第 8 腹板长度显小于横宽；♀第 7 腹板主鬃列前方的短侧鬃较少，通常不多于 10 根，且受精囊头部稍大可与后者区别。

　　种的形态　**头**　额突位于额缘中点略下。额鬃 1 列 6（7）根，较小；眼鬃 4 根，上位 1 根位于触角窝亚前缘。眼退化，留有痕迹。颊部具 2 根栉刺，外侧窄于并显长于内侧刺；颊角尖突。后头鬃 3 列，依序为 5、5～7、5～7 根；触角窝背缘具稀疏小鬃 7～9 根。触角梗节长鬃超过棒节的 1/2。下唇须达前足基节的 1/2～7/10 处。**胸**　前胸栉两侧共 16（15）根刺，下方 3 根均宽于其他各栉刺，中部刺背、腹缘稍向下方弧凸，刺与刺间多数具清晰间隙，背刺略长于前方之背板；前胸背板具 1 列 6 根长鬃，其下位 1 根长达中胸腹侧板近中纵线略前、后方。中胸背板与后胸背板近等长，其上具鬃 3 列，前列为小鬃而不完整，颈片内侧具假鬃 2 根。中胸腹侧板具鬃 3 列 6 或 7 根，其中后方 1 根粗长；背板侧区具鬃 2 根。后胸后侧片鬃为 3～6、3 或 4、1 根，偶在第 2 列与第 3 列之间夹杂 1 根鬃。前足基节外侧具鬃 56～73 根。前足股节外侧有小鬃 7～16 根，后亚腹缘另有 1 根中长鬃。后足基节内侧具 12～16 根小棘鬃。前、中、后足胫节外侧具鬃 2 列，前亚缘 1 列 2～6 根，后列 4～8 根，内侧无鬃，后背缘各具 7 或 8 个切刻，端切刻具 3 粗鬃。后足第 1 跗节端长鬃近或达第 2 跗节之端，第 2 跗节端长鬃不达第 3 跗节末端。前、中、后足第 5 跗节具 5、5、4 对侧蹠鬃，

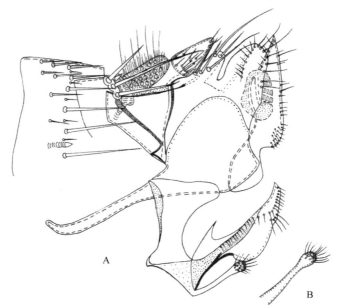

图 164　棒形新蚤 *Neopsylla clavelia* Li *et* Wei，♂（湖北神农架）

A. 变形节；B. 第 9 腹板腹小臂偶变异

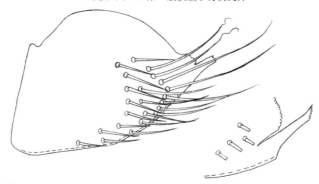

图 165　棒形新蚤 *Neopsylla clavelia* Li *et* Wei，♂第 8 腹板及后缘变异（湖北神农架）

蹠面密生约 20 根细鬃。**腹**　第 1～7 背板具鬃 3 列（第 2～7 背板前列不完整），除第 1 背板和♀第 7 背板外，气门下具 1 根鬃；气门端尖。第 1～5 背板端小刺（两侧）依序为 3（2）、4（3）、3（4）、2（3）、1（2）根。臀前鬃♂、♀皆为 3 根，上位 1 根较下方 2 根者短。**变形节**　♂（图 165）第 8 腹板略近梯形，长显小于横宽，前缘上端具 1 突起，背侧均匀弧拱，后缘近腹角具 1 带状膜质突出部，外侧后半部具簇长鬃 5（6）根，中长鬃或短鬃 13～23 根。不动突分为

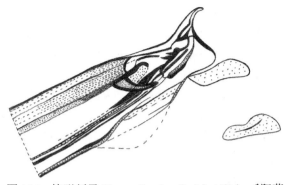

图 166　棒形新蚤 *Neopsylla clavelia* Li *et* Wei，♂阳茎
端及钩突变异（湖北神农架）

前、后两叶，其间具 1 较窄深狭凹，末端约达后叶的 1/2，其上具长鬃 1（2）根和短鬃 4 根；后叶显宽于前叶，形似舌状，前背缘弧凸，后亚缘具较弱骨化带，其上近中及后缘具弯弧形排列纵行鬃 18～20 根。抱器体后缘中段略下方具浅弧凹，下段较后凸，柄突窄长，末端狭翘。可动突较窄而长，后缘上 2/3 段微凸或近直，后下约 1/3 处具 1 小凹，小凹上方内侧有成簇小棘鬃 15 根左右，下部膜质状，顶端尖并略高于不动突，前缘上段斜，下段膜质段前凸；臼以上亚缘具较宽弱骨化带。第 9 腹板前臂略似 "T" 形，后角圆并显向后伸，后臂端有尖形背突，中段膨大之近亚后缘处具 5～9 根亚刺鬃，其前下方有小侧鬃约 15 根，后腹缘处有细长鬃 4 根。后臂近基段之前方有 1 突起，其端部略似衣领反折，末端呈尖角状；于前、后臂相连之肘部腹侧向后伸出 1 窄长之棒状腹小臂（图 164A），腹小臂端部逐渐膨大（图版Ⅲ，其上有端及亚端鬃 15 根左右；但有 1 标本腹小臂从第 9 腹板后臂脱落到近旁，是到近端后才膨大，属偶变异个体（图 164B）。阳茎端背叶骨化部分较细窄（图 166），微弯；钩突较宽，端缘微凸；阳茎内突较窄长，不呈袋状。♀第 7 腹板后缘背叶角状（图 167A），但有变异（图 167B）；腹叶宽，中段略向后凸或近直，外侧有长鬃 1 列 4 或 5 根，其前及上方有短鬃 6～10 根。第 8 背板后背突角状，气门稍扩大，略呈杯状，外侧近腹缘有长、短鬃 8～11 根，亚后缘内侧有簇短鬃 10 根。肛锥长为基宽的 3.0～6.0 倍，具端长鬃 1 根和 2 根较小侧鬃。受精囊头部略显饱满，腹缘微凸，尾略长于头部。

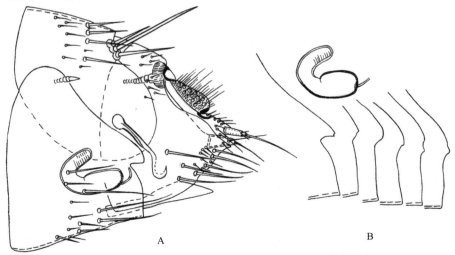

A　　　　　　　　　　　　　　　　　　B

图 167　棒形新蚤 *Neopsylla clavelia* Li *et* Wei，♀（湖北神农架）
A. 变形节；B. 第 7 腹板后缘变异及受精囊

观察标本　共 19♂♂、16♀♀，其中 12♂♂、10♀♀，1989 年 4 月至 1994 年 10 月采自湖北神农架（百草坪、巴东垭、小龙潭、刘家屋场、红花朵和次界坪）；1♂，1999 年 11 月 18 日采自房县（柳树垭）；1♂，2004 年 3 月 28 日采自宜昌（大老岭）；2♀♀，1960 年 4 月采自长江三峡以北巴东神农架（大干河）；5♂♂、4♀♀，2000 年 10 月 30 日采自长江三峡以南巴东（绿葱坡），宿主分别为中华姬鼠、大林姬鼠、洮州绒鼠、四川短尾鼩和背纹鼩鼱；另 70%乙醇中尚保存有 300 余个标本，自神农架，海拔 1000～2980 m，生境为落叶阔叶林带至高山针叶林带。标本存于湖北医科院传染病所和军医科院微流所。

宿主　大林姬鼠、中华姬鼠、高山姬鼠、北社鼠、四川短尾鼩、黑线姬鼠、洮州绒鼠、多齿鼩鼱、黑腹绒鼠、藏鼠兔、猪尾鼠、背纹鼩鼱、白腹巨鼠；湖北省外尚有林跳鼠、蹶鼠。

地理分布　湖北神农架（松柏镇、刘家屋场、次界坪、燕子垭、九龙池、坪阡、徐家庄、小龙潭、百草坪、野马河、温水河、红花朵、三岔路、土地垭、大九湖、麂子沟、桂竹园、天门垭、猴子石、巴东垭、九冲、大干河）、房县（五条岭、柳树垭）、武当山、巴东（绿葱坡）、宜昌（大老岭）；四川（黑水、马尔康、南坪）、甘肃（陇南）、重庆东北部（巫山）、青海（循化）、宁夏（六盘山）。按我国动物地理区系，属华中区西部山地高原亚区、青藏区青海藏南亚区和华北区黄土高原亚区。本种是中国特有种。

（七）纤蚤亚科 Rhadinopsyllinae Wagner, 1930

Rhadinopsyllinae Wagner, 1930, *Katalog der Palaearktischen Aphanipteren*, p. 32 (n. s.); Hopkins *et* Rothschild, 1962, *III. Cat. Roths. Colln. Fleas Br. Mus*., **3**: 406; Liu *et al*., 1986, *Fauna Sinica Insecta Siphonaptera*, First Edition, p. 460; Yu, Ye *et* Xie, 1990, *The Flea Fauna of Xinjiang*, p. 139; Cai *et al*., 1997, *The Flea Fauna of Qinghai-Xizang Plateau*, p. 93; Xie *et* Zeng, 2000, *The Siphonaptera of Yunnan*, p. 146; Wu *et al*., 2007, *Fauna Sinica Insecta Siphonaptera*, Second Edition, p. 632.

鉴别特征　触角棒节部分小节融合，常仅能见到 7 或 8 小节。后胸侧板侧嵴退化而不完整或缺如。后足基节内侧外嵴通常较短，达不到后缘之亚端凹。如有线纹区，则仅位于后胸后侧片上。

盔蚤族 Corypsyllini Beier, 1937

Corypsyllini Beier, 1937, Kukenthal *et* Krumbach, *Handbuch der Zoologie*, **4**: 2036 (n. s.); Hopkins *et* Rothschild, 1962, *III. Cat. Roths. Colln. Fleas Br. Mus*., **3**: 407; Liu *et al*., 1986, *Fauna Sinica Insecta Siphonaptera*, First Edition, p. 460; Cai *et al*., 1997, *The Flea Fauna of Qinghai-Xizang Plateau*, p. 93; Wu *et al*., 2007, *Fauna Sinica Insecta Siphonaptera*, Second Edition, p. 632.

鉴别特征　裂首。颊栉移位于触角窝前缘，眼退化并紧靠颊栉的背方栉刺。下唇须 5 节。后胸后侧上无线纹区。各腹节背板气门端近圆形。♂有或无臀前鬃，♀具 2 或 3 根臀前鬃。

全球已记录有 2 属，新北蚤属和盔蚤属 *Corypsylla* C. Fox, 1908，后者分布于北美。

14. 新北蚤属 *Nearctopsylla* Rothschild, 1915

Nearctopsylla Rothschild, 1915, *Novit. Zool.*, **22**: 307, **Type species**: *N. brooki* Roths (1904, as *Ctenopsyllus*); Hopkins et Rothschild, 1962, *Ill. Cat. Roths. Colln. Fleas Br. Mus.*, **3**: 414; Wu, Wang et Liu, 1965, *Acta Zootaxonom. Sin.*, **2**: 201; Liu *et al.*, 1986, *Fauna Sinica Insecta Siphonaptera*, First Edition, p. 460; Cai *et al.*, 1997, *The Flea Fauna of Qinghai-Xizang Plateau*, p. 93; Wu *et al.*, 2007, *Fauna Sinica Insecta Siphonaptera*, Second Edition, p. 633.

鉴别特征　颊部具 5 根栉刺，且部分栉刺移至触角窝前缘，颊栉同腹缘形成的角度小于直角；颊栉全部或部分变形；腹节背板无带形深色骨化带。

属的记述　裂首。前头较短，颊栉多少呈铲状，较宽，眼退化。具发达前胸栉，中胸侧板有发达侧杆，中部腹节气门端圆形，腹节部分背板仅具 1 列鬃。

迄今已发现 4 亚属 19 种，中国分布有 3 亚属，其中新华蚤亚属 *Neochinopsylla* 和中华蚤亚属为中国特有，湖北分布有 1 种，在动物地理区系分布和宿主动物上都具较明显特异性。

4）中华蚤亚属 *Chinopsylla* Ioff, 1950

Nearctopsylla subgenus *Chinopsylla* Ioff (in Ioff *et al.*), 1950, *Med. Parasitol., Moscow*, **19**: 272, **Type species**: *N. beklemischevi* Ioff; Hopkins et Rothschild, 1962, *Ill. Cat. Roths. Colln. Fleas Br. Mus.*, **3**: 435; Wu, Wang et Liu, 1965, *Acta Zootaxonom. Sin.*, **2**: 201; Liu *et al.*, 1986, *Fauna Sinica Insecta Siphonaptera*, First Edition, p. 463; Wu *et al.*, 2007, *Fauna Sinica Insecta Siphonaptera*, Second Edition, p. 636.

鉴别特征　具微小的额突。颊栉宽短，第 2 根最长；触角梗节膨大呈杯状，并于腹缘处有 2 根长鬃，前 1 根尤为粗长；棒节位于膨大梗节中。前胸背板仅具 1 列鬃；前胸栉基线略向前弧拱，中、后胸背板各具 2 列鬃；后胸前侧片的侧板脊处具 1 根钝形粗短鬃。后足基节内侧仅具单个小粗鬃。各足第 5 跗节仅具 4 对侧蹠鬃。♂臀前鬃无、♀3（4）根。

（33）刺短新北蚤 *Nearctopsylla (Chinopsylla) beklemischevi* Ioff, 1950（图 4B，图 168～图 172，图版Ⅲ，图版Ⅳ）

Nearctopsylla (Chinopsylla) beklemischevi Ioff (in Ioff *et al.*) 1950, *Med. Parasitol., Moscow*, **19**: 272 (female only, Xi'an Shaanxi, China, from squirrel); Hopkins et Rothschild, 1962, *Ill. Cat. Roths. Colln. Fleas Br. Mus.*, **3**: 435, figs. 799, 800; Wang, 1964, *Acta Ent. Sin.*, **13**: 624, figs. 1-5 (report male); Liu *et al.*, 1986, *Fauna Sinica Insecta Siphonaptera*, First Edition, p. 464, figs. 601-603; Wu *et al.*, 2007, *Fauna Sinica Insecta Siphonaptera*, Second Edition, p. 637, figs. 708-711.

鉴别特征　颊栉较宽而短；触角梗节明显膨大呈杯状，棒节位于其中；触角梗节前下缘具 2 根长鬃，其中前 1 根尤为粗长，似亚刺状；♂抱器不动突宽大，顶端远高于第 7 背板背缘；第 9 腹板后臂具两组粗长鬃，近端后缘 4（3）根为亚刺鬃，位于腹膨一组 4 根鬃，其中最下方 1 根为粗亚刺鬃，长而折曲甚为独特别致；♀第 7 腹板后缘上方具较深弧形内凹。

种的形态　头　（图 168）　额突略突出，齿形，约位于额缘上 1/3 处。额鬃 1 列 5 根；眼鬃 2 根，呈上、下位排列，其中下方 1 根为粗长鬃，在眼鬃与额鬃之间尚具 7～12 根小鬃。颊栉 5 根刺较宽而短，第 1 根末端钝圆，第 2 根刺末端尖而近剑形，其余刺背、腹缘

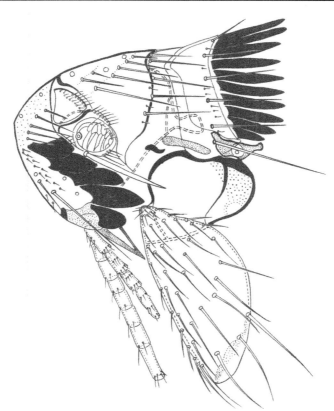

图 168 刺短新北蚤 Nearctopsylla (Chinopsylla) beklemischevi Ioff，♂头及前胸（湖北神农架）

不对称而近角状；颊栉基线略向内凹。后头鬃 3 列，分别为 2、5（4）、6 根。触角梗节发达，杯形，棒节 7 节位于其中；在触角基节和梗节后缘具较多短鬃，前者具鬃 14~17 根，后者具鬃 9~12 根；另触角棒节后缘也有 1 列纤细小鬃，约 7 根。在触角梗节内壁下缘及后缘有较多小鬃或略长鬃约 25 根，外侧前下缘有 2（1）根长鬃，其中前 1 根尤为粗长，似亚刺鬃状。下唇须 6 节，其端略短于或稍超过前足基节末端。**胸** 前胸栉♂19 根，♀20 根，栉刺端尖而近剑状，刺与刺之间具清晰间隙；前胸栉基线上 1/3 段向前方弧凸，其背方栉刺略长于前方之背板。中胸背板包括颈片在内超过前胸背板长之倍（不含前胸栉），其上具鬃 2 列，颈片近背缘处具假鬃 2 或 3 根；中胸腹侧板鬃 3 列 6 或 7 根，其中后方 2 根较粗长，偶在第 2 与第 3 列之间间插 1 根鬃。后胸背板具鬃 2 列，前列鬃较细短且常排列不整齐；后胸前侧片的侧板脊处具 1 根钝形粗短鬃（图 169）；后胸后侧片鬃 2 列 5 或 6 根。前足基节包括基部小鬃及缘鬃在内有鬃 39~49 根。后足基节外侧下半部具鬃约 19 根。前、中、后足胫节外侧具鬃 1 列 6（7）根，内侧无鬃，后背缘具 6 个切刻。后足第 2 跗节端长鬃近达第 3 跗节末端。各足第 5 跗节有 4 对侧蹠鬃，蹠面光滑无小鬃或微鬃。**腹** 第 1 背板具鬃 2 列，第 2~7 背板具鬃 1 列，气门下具 1 根鬃。第 1~6 背板端小刺（单侧）：依序为 3~5、3 或 4、4、3 或 4、3、1~3 根。**变形节** ♂（图 170）第 8 腹板背缘圆弧形，后腹缘具 1 较浅弧形宽凹。不动突特宽大（图版Ⅲ），其端部远高于第 7 背板背缘，前背缘弧凸，末端略尖，具亚缘长鬃 1 根，短鬃 4 根，亚背缘具较窄弱骨化带，内侧从前下方至顶端有细小微鬃 47~63 根。抱器体近腹缘内侧也有一些微鬃，约 18 根。可动突较小，近香蕉形，末端约与不动突同高，后缘具 4（5）根较长鬃和 3 根微鬃。基节臼位于抱器体近亚后缘中部处。第 9 背板前内突与柄突之间具较宽圆弧形内凹，柄基宽大，后缘圆隆并与抱器体腹

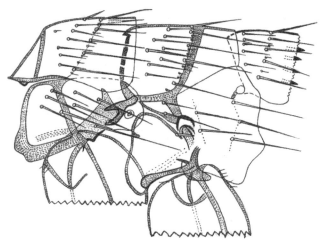

图 169 刺短新北蚤 *Nearctopsylla* (*Chinopsylla*) *beklemischevi* Ioff，♂中、后胸及第 1 腹节背板（湖北神农架）

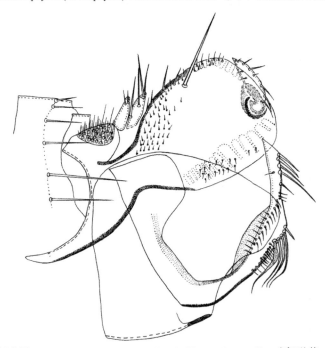

图 170 刺短新北蚤 *Nearctopsylla* (*Chinopsylla*) *beklemischevi* Ioff，♂变形节（湖北神农架）

缘形成较深倒 "V" 形内凹。第 9 腹板前臂端部膨大，后臂端部较窄，末端斜尖，后缘略下方具亚刺鬃 4（3）根，其中 2（1）根为短刺鬃，长不及近旁第 1 根长刺鬃的 1/2，在刺鬃下方至中部侧缘具纵形小鬃 1 列 11～13 根，后缘中部处在角状后凸略下方具 1 列 4 根较长的鬃，其中最下方 1 根粗而折曲甚为独特别致，形如亚刺鬃；在该列鬃内侧及下方具成簇刺鬃约 10 根，普通鬃 3～11 根，另在侧缘纵行鬃的前方还有 1 列小鬃约 9 根。阳茎（图 171）端背叶的前背缘较圆钝或略平截，似盔状，内侧凹与腹方骨片背凹争锋相对，略似钳口。在阳茎端背叶前方，具 1 较宽带形骨片膜质叶。♀第 7 背板着生臀前鬃处向后常略凸出，其上 3 根臀前鬃约同长；第 7 腹板后缘上段具 1 宽弧形较深内凹（图 172），背叶窄钝，多少似角状，腹叶斜行，中段常微凸，其腹叶稍长于背叶，具侧长鬃 1 列 5（4）根，偶其间间插 1 小鬃。第 8 背板气门膨大处略似花蕾状；该背板近中部处具鬃 1（2）根，下部至后端有长、短鬃 11～13 根，生殖棘鬃 2～4 根。肛锥较长，长约为基部宽的 5.0 倍，具端长鬃 1 根和 2 根较小侧鬃。臀板杯陷数在 2 平展标本中可见 62～70 个；肛背板上大致具 2 列鬃，依序为 6～8 根及 4（5）根，另在前列鬃之前另有 2（1）根鬃，肛腹板近端和腹缘具鬃 4～12 根。交配囊管骨化部分较细长，受精囊头部小而略圆（图版Ⅳ），尾细长，长为头部长的 2.5～3.0 倍。

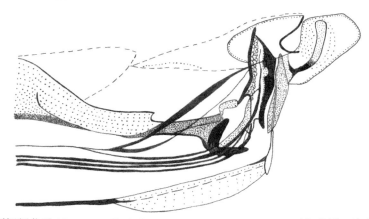

图 171 刺短新北蚤 *Nearctopsylla* (*Chinopsylla*) *beklemischevi* Ioff，♂阳茎端（湖北神农架）

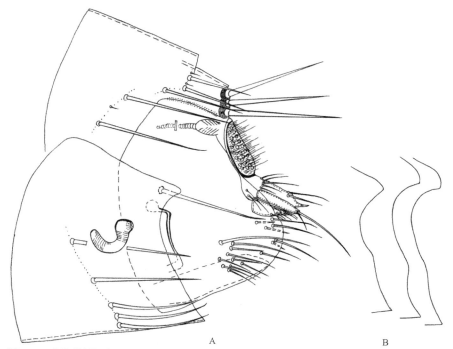

图 172 刺短新北蚤 *Nearctopsylla* (*Chinopsylla*) *beklemischevi* Ioff，♀（湖北神农架）

A. 变形节；B. 第 7 腹板后缘变异

观察标本 共 5♂♂、10♀♀，其中 1♂、4♀♀，宿主为岩松鼠，1979 年 6 月采自湖北西北部神农架大九湖；2♂♂、5♀♀采自同寄主，1999 年 7 月 9 日采自神农架宋郎山，海拔 1400～1600 m，生境为常绿落叶阔叶混交林。1♂乙醇浸泡标本，2014 年 6 月由田俊华采自湖北兴山水月寺，寄主同。另 1♂、1♀，宿主为岩松鼠和黄鼬，1964 年 3 月 29 日采自甘肃文县。标本存于湖北医科院寄生虫病所和军医科院微流所。另在兴山龙门河也采到本种，标本存于宜昌疾控中心。

宿主 岩松鼠。

地理分布 湖北西北部神农架（大九湖、宋郎山）、兴山（水月寺、龙门河）；重庆东北部（巫山）、陕西秦岭（佛坪、华县）、甘肃（文县）、四川（南坪）。按我国动物地理区系，属华中区西部山地高原亚区。本种是中国特有种。仅偶然才能从个别宿主体外采集到，作者在十余年调查中，仅 2 次在神农架岩松鼠体外采到，由此可见其仍是一种较稀见的蚤类。

纤蚤族 Rhadinopsyllini Wagner, 1930

Rhadinopsyllinae Wagner, 1930, *Katalog der Palaearktischen Aphanipteren*, p. 32 (n. s.).

Rhadinopsyllini Wagner: Hopkins *et* Rothschild, 1962, *Ill. Cat. Roths. Colln. Fleas Br. Mus.*, **3**: 436; Liu *et al.*, 1986, *Fauna Sinica Insecta Siphonaptera*, First Edition, p. 475; Cai *et al.*, 1997, *The Flea fauna of Qinghai-Xizang Plateau*, p. 96; Xie *et* Zeng, 2000, *The Siphonaptera of Yunnan*, p. 146; Wu *et al.*, 2007, *Fauna Sinica Insecta Siphonaptera*, Second Edition, p. 652.

鉴别特征 全首型。但某些种的雌蚤具角间缝。后胸后侧片略呈三角形，有的属可与后胸背板融合在一起。后胸后侧片上常具线纹区，侧拱退化。♂通常无臀前鬃，♀有 2 或 3 根。后足基节内侧下部亚前缘常具成簇小刺鬃。

15. 狭臀蚤属 *Stenischia* Jordan, 1932

Stenischia Jordan, 1932, *Novit. Zool.*, **38**: 288. **Type species**: *S. mirabilis* Jordan; Liu, 1939, *Philipp. J. Sci.*, **70**: 70; Li, 1956, *An Introduction to Fleas*, p. 34; Hopkins *et* Rothschild, 1962, *Ill. Cat. Roths. Colln. Fleas Br. Mus.*, **3**: 442; Liu *et al.*, 1986, *Fauna Sinica Insecta Siphonaptera*, First Edition, p. 476; Chin *et* Li, 1991, *The Anoplura and Siphonaptera of Guizhou*, p. 245; Cai *et al.*, 1997, *The Flea Fauna of Qinghai-Xizang Plateau*, p. 97; Xie *et* Zeng, 2000, *The Siphonaptera of Yunnan*, p. 147; Wu *et al.*, 2007, *Fauna Sinica Insecta Siphonaptera*, Second Edition, p. 652; Liu, Shi *et al.*, 2009, *The Siphonaptera of Neimenggu*, p. 196.

鉴别特征 中后胸及各腹节背板之背缘和腹缘具窄长深色骨化增厚色素带；♂抱器不动突呈宽圆的土丘状；♀第 7 腹板在两侧臀前鬃之间具向后伸延的端背锥形刺突。

属的记述 眼退化，眼鬃 2 根。颊栉由 5（4）根组成，第 5 刺短于其他各刺。下唇须 5 节。后胸前侧片与背板愈合，中胸及后胸腹板有向腹侧延伸的突起，后胸后侧片上具浅色线纹区。后足基节后缘具齿突；前、中、后足基节第 5 跗节各具 4 对侧蹠鬃。♀具 3 根臀前鬃，个别 4 根，♂无臀前鬃及刺突。

狭臀蚤属仅见于亚洲，属巢窝型蚤类，迄今已记录有 10 余种，大部分分布于中国云南高黎贡山一带地区，仅低地狭臀蚤和奇异狭臀蚤地理分布范围相对较广，尤其是前者。

种 检 索 表

颊栉第 2~4 刺显较长，第 5 刺明显前移（图 179），第 4 刺不宽于邻刺，颊栉基线呈弧形；♂第 8 腹板后腹缘圆凸而无明显内凹（图 180）；♀第 7 背板端背突及第 7 腹板后缘见图 183 ··· **低地狭臀蚤 *S. humilis***

颊栉第 2~4 刺较短，第 5 刺不明显前移（图 173），第 4 刺宽于其他各刺，颊栉基线近直线；♂第 8 腹板后腹缘具弧形内凹（图 176）；♀第 7 背板端背突及第 7 腹板后缘见图 178 ······· **奇异狭臀蚤 *S. mirabilis***

（34）奇异狭臀蚤 *Stenischia mirabilis* Jordan, 1932（图 173～图 178）

Stenischia mirabilis Jordan, 1932, *Novit. Zool.*, **38**: 288, figs. 48, 49 (female only, Muli, Sichuan, China, from *Eothenomys custos*); Liu, 1939, *Philipp. J. Sci.*, **70**: 70, fig. 75; Li, 1956, *An Introduction to Fleas*, p. 34, fig. 32; Hopkins *et* Rothschild, 1962, *Ill. Cat. Roths. Colln. Fleas Br. Mus*, **3**: 443, figs. 812-815. pl. 9E; Xie *et* Gong, 1983, *Acta Zootaxonom. Sin.*, **8**: 203, figs. 18-20; Liu *et al.*, 1986, *Fauna Sinica Insecta Siphonaptera*, First Edition, p. 477, figs. 278, 624-628; Cai *et al.*, 1997, *The Flea Fauna of Qinghai-Xizang Plateau*, p. 97, figs. 221-224; Xie *et* Zeng, 2000, *The Siphonaptera of Yunnan*, p.151, figs. 183-187; Wu *et al.*, 2007, *Fauna Sinica Insecta Siphonaptera*, Second Edition, p. 653, figs. 729-734; Liu, Shi *et al.*, 2009, *The Siponaptera of Neimenggu*, p.196, figs. 118-120.

鉴别特征　奇异狭臀蚤与低地狭臀蚤、岩松狭臀蚤和四鬃狭臀蚤相近，与低地狭臀蚤区别是颊栉较短，颊栉基线近直线，第 5 刺不明显前移，第 4 刺略宽于其他各刺；♂第 8 腹板后腹缘具 1 浅弧形内凹。同岩松狭臀蚤的区别是第 4 刺远不如其宽，第 5 刺较长而宽。与四鬃狭臀蚤的区别是后者♀臀前鬃为 4 根，第 7 腹板后腹缘具 1 较深窄凹而可与本种分开。

种的形态　头　额突角状（图 173），约位于额缘中点稍下方；额缘具较窄厚化带。额突至口角距约等于或稍小于口角至颊栉第 1 刺基距。额鬃 1 列 5（4）根，较小；眼鬃 2 根，上位 1 根位于触角窝前缘，在眼鬃与额鬃之间有微鬃 3 或 4 根。眼退化，仅留有很浅的痕迹。颊部具 5 根栉刺，较短，刺端略尖或较圆（有变异），第 1 刺稍窄于邻刺，第 4 刺略宽于其他各刺，第 5 刺较短小，锥状，长仅达第 4 刺的 1/2；除第 4 刺与第 5 刺近基

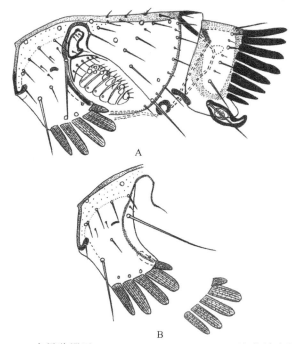

图 173　奇异狭臀蚤 *Stenischia mirabilis* Jordan（湖北神农架）

A. ♂头及前胸背板；B. ♀角前区及颊栉

交界处略有重叠外，刺与刺之间具很窄的间隙；颊栉基线近直线。后头鬃3列，依序为3～5、5～7、6～8根。♂后头沟中深；触角窝背缘无小鬃。下唇须较长，其端达前足基节9/10或末端。**胸**　前胸栉具16（15）根刺，刺端尖锐，刺与刺之间具清晰间隙，背方刺较腹方刺为长，其背缘刺略长于该背板。中胸背板在主鬃列前方具小鬃1列2～8根，另近前缘具微鬃6～10根；颈片内侧近背缘具假鬃3～5根。后胸背板具鬃2列；后胸后侧片具鬃2列4或5根，其气门宽度大于长度；该侧片下部具直线条细纹区（图174）。前足基节前、后亚缘具等宽骨化带，外侧具侧鬃33～44根。前足股节外侧具背缘或亚缘鬃13～15根，后亚腹缘具长鬃1根。后足基节后缘齿状角突发达（图175），着生于中点，其下方具深弧凹；外侧前及下方有长、短鬃22～27根。前、中、后足胫节外侧亚后缘具鬃1列5～7根，后背缘具6个切刻。后足第2跗节端长鬃超过第3跗节之末。**腹**　第1背板具鬃2列，第2～7背板具鬃1列；气门下♀第2～5背板各具鬃1根。第1～6背板端小刺（两侧）依序为4～6、4～7、6或7、6、6、6根。背板厚化区有鳞状网纹。臀前鬃♂无、♀3根。♀第7背板端背突长显大于基宽，在臀前鬃稍下方有后延的三角形尖突。第8背板气门略似烟斗状。**变形节**　♂（图176）第8腹板前部较宽，后腹缘常具1浅弧形宽凹，外侧近腹缘具长鬃2或3根。抱器不动突较宽，前缘下段略凹，端部具较弱骨化带，有缘及亚缘鬃8～11根，其中1根为粗长鬃；基节臼后缘处具1根中长鬃。抱器体后缘略后凸，其腹缘与柄突间具较宽倒"V"形广凹。柄突基部略宽于端部，或约同宽。可动突较窄，长为中部宽的5～6倍，前缘直，末端高于不动突，后缘具长鬃2或3根，其间及侧缘具小鬃7～10根。第9腹板前臂宽于后臂，端部背隆较小，后臂窄长，端段微向前弯，其上具小鬃11～15根。阳茎端（图177）侧叶下部膜质状，骨化内管发达。阳茎内突除近端外，大部分约略同宽。♀（图178）第7腹板后缘近腹缘具2（1）个小内凹，外侧近腹缘具1列长鬃4或5根。第8背板后背突角状，其上方稍内凹，下方另有1小内凹，外侧下部具中长鬃9～11根；生殖鬃3～5根。第8腹板端斜锥形，其上有数根微毛。肛锥长为基部宽的3.5～4.0倍，上具1根长鬃和2根小鬃。受精囊头部近椭圆形，尾渐窄，略短于头部。

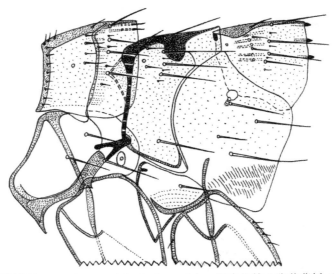

图174　奇异狭臀蚤 *Stenischia mirabilis* Jordan，♂中、后胸及第1腹节背板（湖北神农架）

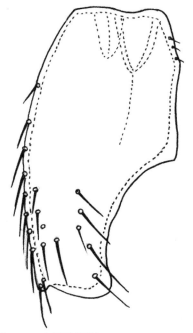

图 175 奇异狭臀蚤 *Stenischia mirabilis* Jordan，♀后足基节（湖北神农架）

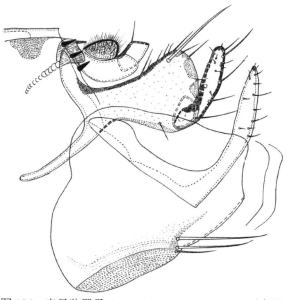

图 176 奇异狭臀蚤 *Stenischia mirabilis* Jordan，♂变形节（湖北神农架）

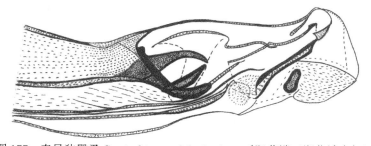

图 177 奇异狭臀蚤 *Stenischia mirabilis* Jordan，♂阳茎端（湖北神农架）

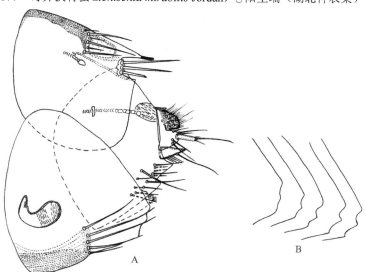

图 178 奇异狭臀蚤 *Stenischia mirabilis* Jordan，♀（湖北神农架）

A. 变形节；B. 第 7 腹板后缘变异

观察标本　共5♂♂、5♀♀，1992～1999年4～11月采自湖北神农架野马河、酒壶坪、小龙潭、猴子石、红花朵和房县柳树垭，其中4♂♂、2♀♀自四川短尾鼩，1♂自川鼩，3♀♀自罗氏鼢鼠窝，另70%乙醇中尚保存有采自同一地区的40余个标本，海拔1200～2600 m，生境为常绿落叶阔叶混交林带至高山针叶林带。标本存于湖北医科院传染病所。

宿主　罗氏鼢鼠窝、四川短尾鼩、北社鼠、川鼩、黑线姬鼠、大林姬鼠、黄胸鼠、中华姬鼠。湖北省外有白腹巨鼠、高山姬鼠、西南绒鼠、滇绒鼠、大足鼠、中亚鼠、松田鼠、藏鼠兔。

地理分布　湖北西北部（神农架、房县）、重庆东北部、陕西秦岭、四川（木里、马尔康、黑水、巴塘）、云南（香格里拉、丽江）、河南、西藏、甘肃、青海；国外分布于尼泊尔。

分类讨论　狭臀蚤属已知有10余种，除富士狭臀蚤 *S. fujisania* Sakaguti *et* Jameson, 1956、佩氏狭臀蚤 *S. pagina* Lewis, 1969、卢氏狭臀蚤 *S.lewits* Smit, 1975 和似纤狭臀蚤 *S. rhadinopsylloides* Smit, 1975 分布于日本和尼泊尔等国家或地区外，其余均分布于中国。但从现有资料和文献附图看，狭臀蚤属依据额突至口角的宽窄可分为2个类群：①额突至口角距约等于口角至颊栉第1刺基距为一个类群，包含的种类有奇异狭臀蚤、低地狭臀蚤、岩鼠狭臀蚤、高山狭臀蚤、吴氏狭臀蚤、柳氏狭臀蚤、四鬃狭臀蚤、富士狭臀蚤、卢氏狭臀蚤和似纤狭臀蚤；②额突至口角距远大于口角至颊栉第1刺基距为另一个类群，包含的种类有锐额狭臀蚤、金氏狭臀蚤、李氏狭臀蚤和短小狭臀蚤。

前一类群除低地狭臀蚤♂第8腹板端缘圆凸，颊栉显然较长，第5刺明显前移，颊栉基线较内凹，因而不难与一些近缘种区分。然而该类群有疑问的种类是柳氏狭臀蚤、吴氏狭臀蚤与高山狭臀蚤，因这3种♂第8腹板后腹缘具内凹，不过从狭臀蚤属各地描述情况看，无论在种内，还是种间均存在一定过渡变异，也就是说该特征在有内凹的种类中存在一定交叉，而不是明显间断，所以该特征在有内凹的种类中作为鉴别特征，目前还存在一定的不足或较大疑问，而♂变形节及其他特征十分相似，基本难于用于种间鉴别。至于颊栉形态，这3种有明显的相似特征，但柳氏狭臀蚤第5刺与第4刺分离，仅靠这唯一的特征是否能作为区别于高山狭臀蚤的种间特征，在获得较多标本时，有待深入研究。

后一类群中的金氏狭臀蚤、李氏狭臀蚤与锐额狭臀蚤的差异，原始描述主要是利用额突至口角距略宽于后者的特征进行鉴别，但从我们见到的狭臀蚤种类中，这个特征存在一定变异，在十分近缘的种类中，额突至口角距的变异幅度，随调查范围扩大和标本数增多，变异幅度也会有增加，而金氏狭臀蚤、李氏狭臀蚤额突至口角距仅略宽于锐额狭臀蚤，但这种差异是否与后者有交叉，变异规律如何，我们认为在获得较多标本时，三者的雌、雄蚤额突至口角距有必要用数据补充说明。虽李氏狭臀蚤鉴别中提到第5刺不向前移并与第4刺分离，然而从原描述雌、雄两性颊栉第4～5刺附图看（解宝琦和林家冰，1989；解宝琦和曾静凡，2000；龚正达等，2003，2007），第5刺与第4刺间是略接触或稍有分离，实际上颊栉第5刺与第4刺略有接触或分离，或颊栉基部呈直线或第5刺稍向前移，在不同地区标本中有的狭臀蚤往往会呈现一定地理轻微变异，如低地狭臀蚤，在云南至贵州一线是基部有重叠，湖北东部及西南部是略接触，湖北西北部是从重叠至过渡到接触或明显分离，这一现象表明，颊栉第5刺与第4刺间是否分离，在狭臀蚤属内，可能并非一种可靠种间区别特征。同时我们认为，标本描绘或观察作者不同，对第4～5刺是否有接触或轻微分离的理解也会有差异。因此，金氏狭臀蚤、李氏狭臀蚤与锐额狭臀蚤是种间关系，还是种内形态变异，这一问题有待获得更多标本后做进一步研究。

另外，从云南和湖北西北部获得的奇异狭臀蚤♂第8腹板后缘内凹形态看，似乎有地理分布上变浅的趋势,即云南明显较深,湖北西北部的较浅,但两者之间中间地带情况如何,有待弄清。

(35)低地狭臀蚤 *Stenischia humilis* Xie *et* Gong, 1983（图179～图183）

Stenischia humilis Xie *et* Gong, 1983, *Acta Zootaxonom. Sin.*, **8**: 205, figs. 30-36 (Xiaguan, Yunnan, China, from nest of *Apodemus chevrieri*); Liu *et al.*, 1986, *Fauna Sinica Insecta Siphonaptera*, First Edition, p. 481, figs. 621, 632-634; Xie *et* Zeng, 2000, *The Siphonaptera of Yunnan*, p.148, figs. 176-182; Wu *et al.*, 2007, *Fauna Sinica Insecta Siphonaptera*, Second Edition, p. 669, figs. 760-763.

Stenischia xiei Li, 1987, *Entomotaxonomia*, **9**: 85, figs. 1-11; Wu *et al.*, 2007, *Fauna Sinica Insecta Siphonaptera*, Second Edition, p. 666, figs. 754-759.

Stenischia exiensen Wang *et* Liu, 1995, *Acta Zootaxonom. Sin.*, **20**: 363, figs. 1-5; Wu *et al.*, 2007, *Fauna Sinica Insecta Siphonaptera*, Second Edition, p. 663, figs. 749-753.

鉴别特征　该种依其额突至口角距,略小于口角至颊栉第 1 刺基间距,颊栉第 2～4 刺端较圆,与奇异狭臀蚤、吴氏狭臀蚤和四鬃狭臀蚤近似,但颊栉第 4 刺明显前移;♂第 8 腹板后腹缘圆凸且无明显内凹而不同于后 3 种。虽♀第 7 背板端背突较短与吴氏狭臀蚤相近,但本种后足基节后缘中部仅略具齿突而无发达向下钩形突而不同于后者。此外,本种颊栉较长,第 4 刺不宽于其他各栉刺,颊栉基线呈弧形也不同于奇异狭臀蚤。

种的形态　**头**（图179）　额突角状,额部较宽,额突至口角距略小于口角至颊栉第 1 刺基距,雄蚤为（3.0～3.8）:（4.0～5.0）,雌蚤为（3.0～3.5）:（4.8～6.3）。额鬃 1 列 5 根。眼鬃 2 根,在额鬃列和眼鬃列之间有 1 或 2 根细小鬃。眼退化。触角第 2 节具 9 根小鬃。颊部具 5 根栉刺,第 1 刺端略尖,第 2～4 刺端圆形,第 5 刺略向前移,并与第 4 刺间有较大变异:略重叠、接触或分离（♀变异多见于♂）;该刺长略短于或稍超过第 4 刺之半。下唇须 5 节,长约近达或超过前足基节之末端。**胸**　前胸背板鬃 1 列 5 根。前胸栉具 12 或 13 根刺,♂背刺显长于前胸背板,♀稍长于该背板。中胸背板鬃 2 列,前列为小鬃而不完整。颈片近背缘处有 2 根假鬃。中胸腹侧板鬃 3 根。后胸后侧片具鬃 2 列 4 根,其气门宽度略大于长度。前足基节外侧具鬃 24～29 根。后足基节外侧下半部具鬃 8～12 根,后缘齿突位于中点略下方（图181）,但不明显往下钩。前、中、后足胫节外侧具鬃 1 列,约 5 或 6 根,后背缘具切刻 6 个。后足第 2 跗节长约等于第 3、4 跗节长之和,其端长鬃微超过第 3 跗节中部。**腹**　第 1 背板具鬃 2 列,第 2～7 背板具鬃 1 列;♀第 2～6 背板气门下具 1 根鬃。背板端小刺♂第 1～7 背板每侧为3(2)、3、3、3、3、3、2 根,♀第 1～6 背板每侧均为 3 根。基腹板具线纹,中间腹板近腹缘处具鬃 4 根。♀臀前鬃 3 根,下位 1 根最短。**变形节**　♂（图180,图182）第 8 腹板端部钝圆或微凹,近腹缘处具 2 或 3 根鬃。抱器不动突较宽圆,端部前后约具 9 根鬃,其中 1 根较粗长。可动突长约为中部宽的 4.1 倍,其后缘具 4 根鬃,上位 1 根较粗长,可动突端部稍高于或明显高于不动突。第 9 背板柄突宽、窄尤基段 2/3 存在较大变异（图180,图182）,基段可显宽于端部,或部分较直而长,除两端外,中部近等宽。第 9 腹板后臂明显长于前臂,后臂从中部处到末端渐窄。♀（图183）第 7 背板刺背突长度有变异,长江三峡以北标本长等于或略大于基宽,以南可显大于基宽。第 7 腹板具侧鬃 1 列 4 根,后缘具 1 个或 2 个小凹或至无凹。第 8 背板下段近腹缘具 10（11）根鬃。肛锥长约为基宽的 3.0 倍,具 1 根长端鬃和 2 根略长侧鬃。

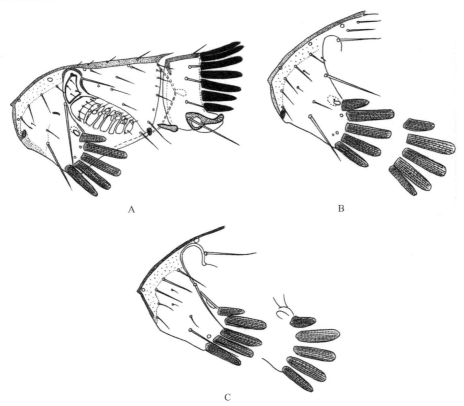

图 179　低地狭臀蚤 *Stenischia humilis* Xie *et* Gong（湖北神农架）

A.♂头及前胸背板；B.♀头及颊栉变异；C.♂颊栉及♀颊栉变异

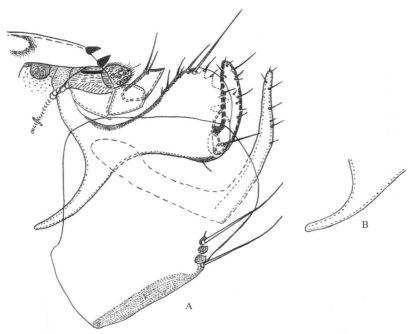

图 180　低地狭臀蚤 *Stenischia humilis* Xie *et* Gong，♂

A. 变形节（湖北神农架）；B. 柄突变异（湖北咸宁）

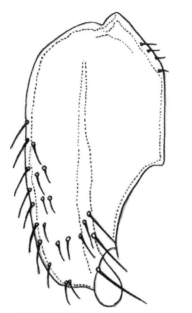

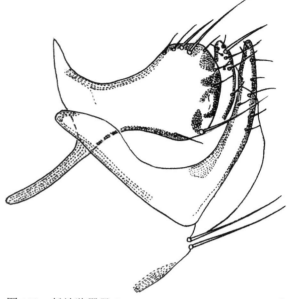

图 181　低地狭臀蚤 *Stenischia humilis* Xie *et* Gong，♂后足基节

图 182　低地狭臀蚤 *Stenischia humilis* Xie *et* Gong，♂ 变形节变异（湖北神农架）

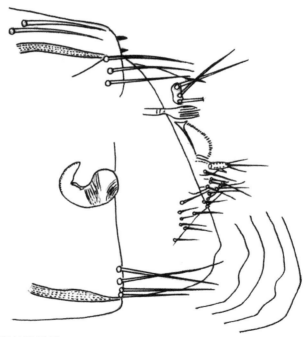

图 183　低地狭臀蚤 *Stenischia humilis* Xie *et* Gong，♀变形节（湖北神农架）

观察标本　共 21♂♂、23♀♀，分别于 1990 年 4 月至 2003 年 11 月采自湖北西北部的神农架小龙潭、猴子石和宋郎山，湖北西南部的鹤峰太平，五峰龚家垭、独岭、牛庄、巴东北界，利川星斗山，其中3♂♂、6♀♀自四川短尾鼩，2♂♂自川鼩，4♂♂、5♀♀自洮州绒鼠，1♂、1♀自大林姬鼠，1♂自背纹鼩鼱，1♂、1♀自黑腹绒鼠，1♀自大林姬鼠，1♀自大长尾鼩，2♂♂、4♀♀自灰麝鼩，1♂自中华姬鼠。海拔 1000~2910 m，生境为常绿落叶阔

叶混交林及高山针叶林；2♂♂，2001 年 6 月采自湖北咸宁，黑线姬鼠；1♀，广水桐柏山，2011 年 4 月，北社鼠。标本存于湖北医科院寄生虫病所。另 4♂♂、3♀♀为 70%乙醇浸泡标本，2011 年 4 月由谭梁飞采自兴山古水，自未定种的鼩鼱。标本存于湖北医科院传染病所。

宿主　四川短尾鼩、川鼩、洮州绒鼠、大林姬鼠、背纹鼩鼱、黑腹绒鼠、大长尾鼩、灰麝鼩、中华姬鼠、北社鼠、高山姬鼠、白腹鼠、针毛鼠、黑线姬鼠、罗氏鼢鼠、白腹巨鼠；湖北省外有大仓鼠、黄胸鼠、斯氏家鼠、长尾仓鼠、珀氏长吻松鼠、大足鼠、大绒鼠、隐纹花松鼠、臭鼩鼱、达乌尔黄鼠、林姬鼠。

地理分布　湖北 （神农架、兴山、房县、十堰、广水、咸宁、五峰、巴东、鹤峰、恩施、利川、武汉、宜昌三斗坪）、福建（邵武、周宁）、浙江（义乌、龙泉、庆元）、陕西（定边）、重庆（巫山）、四川（若尔盖）、云南（德钦、中甸、丽江、泸水、宾川、云县、下关、西畴、剑川、大理、祥云）、贵州、河南（桐柏山、灵宝）、甘肃（华池）、青海（大通、湟中）、宁夏、山西、江西、湖南（石门、桑植、张家界）。

分类讨论　本种较为重要的一个特征是额突至口角距，略小于或等于口角至颊栉第 1 刺基间距，颊栉第 5 刺明显前移，第 2～4 刺较长，且刺端圆形。王敦清和刘井元（1995）依据采自湖北西北部神农架 3♂♂、2♀♀定名的鄂西狭臀蚤，然而后经检视大量湖北西部及东部咸宁标本，其提出的与近缘种几个鉴别特征均存在较大变异，如颊栉第 5 刺略向前移并与第 4 刺分离，在神农架有的分离（单侧或双侧），而有些是不分离或近基后缘稍有重叠；♂抱器柄突的宽、窄，除一部分标本柄突是近等宽外，有相当一部分标本是基段显宽于端段。因而在后来的一些论文（刘井元等，2007a，2007b）中，已不再提及鄂西狭臀蚤。

有关贵州解氏狭臀蚤，作者认为应是低地狭臀蚤同物异名，其根据是贵州标本颊栉第 5 刺明显前移，第 2～4 刺较长，刺端圆形，而其他特征如颊栉刺与刺之间轻微间距稍宽，♂第 8 腹板端部钝圆等特征，♀第 7 腹板端背突，无一例外地均在模式标本附图和湖北标本可检形态波动变异范围内，地理分布上与湘西北和湖北西南部也较靠近。

从现有资料数据看，本种在我国是地理分布范围较广的一个蚤种，寄生的宿主也不是十分严格，分布海拔从我国东部平原到西部近 3000 m 都可以见到它的踪迹，尤其在春季低海拔宿主体外寄生数量较多（湖北兴山），是一较典型的巢窝型蚤类。

16. 纤蚤属 *Rhadinopsylla* Jordan *et* Rothschild, 1912

Rhadinopsylla Jordan *et* Rothschild, 1912, *Novit. Zool.*, **19**: 367. **Type species**: *R. masculana* Jordan *et* Rothschild (n. s.); Hopkins *et* Rothschild, 1962, *III. Cat. Roths. Colln. Fleas Br. Mus.*, **3**: 448; Liu *et al.*, 1986, *Fauna Sinica Insecta Siphonaptera*, First Edition, p. 487; Yu, Ye *et* Xie, 1990, *The Flea Fauna of Xinjiang*, p. 148; Cai *et al.*, 1997, *The Flea Fauna of Qinghai-Xizang Plateau*, p. 98; Xie *et* Zeng, 2000, *The Siphonaptera of Yunnan*, p. 172; Wu *et al.*, 2007, *Fauna Sinica Insecta Siphonaptera*, Second Edition, p. 686; Liu, Shi *et al.*, 2009, *The Siponaptera of Neimenggu*, p. 198.

鉴别特征　本属与纤蚤族其他属的区别是：具 4 根以上颊栉，其中上位 1 根位于退化之眼后或稍下方；腹部之腹、背板边缘无骨化色素增厚带。

属的记述　颊栉多为 5 根刺，少数 4 或 6～8 根；眼退化，眼鬃列 2 根鬃。后足基节内侧下部近前缘小鬃呈刺状或亚刺状。各足第 5 跗节通常具 4 或 5 对侧蹠鬃。♂无臀前鬃。

纤蚤属是多种小型哺乳动物体外寄生蚤，大部分分布于古北界，少数分布于新北界及东洋界，属巢窝型蚤类，其采获多见于冬、春较寒冷的两季。全球已记录有 70 余种（亚种），中国已报道有 34 种（亚种），秦岭以南记录有 5 种，而湖北分布有 4 种，其中有 2 种分布在海拔 2000 m 以上的针、阔叶混交林和暗针叶林带。

种 检 索 表

1. 颊栉基线几为直线，仅有栉刺 4 根（图 184），第 1 刺细小，第 3 刺最长，第 4 刺显宽于其他各颊栉，长约达第 3 刺 4/5 处；♂（图 185）第 9 腹板后臂基部近背缘处具 2 根粗短刺鬃；第 8 腹板近腹侧具侧鬃 1 根；受精囊最宽处位于尾基部（图 187）·················· 中华纤蚤亚属 *Sinorhadinopsylla* ··· 雷氏纤蚤 *R. (S.) leii*

   颊栉基线内凹，颊栉多为 5～6 根（图 204），各栉刺约基本同宽，最后 1 根刺长约达邻刺 3/5 处；♂第 9 腹板后臂基部近背缘无刺鬃（图 205）；第 8 腹板侧鬃数至少在 3 根以上；受精囊形态不如上述 ·· 角头纤蚤亚属 *Actenophthalmus*······2

2. 额突特别发达（图 188）；腹部端小刺宽而色深，数显较多；♂第 9 腹板后臂末端宽平而呈截状（图 189）；♀受精囊头端较宽（图 191）·· 壮纤蚤 *R. (A.) valenti*

   额突不如上述发达（图 197）；腹部端小刺较窄而色较浅，数显较少；♂第 9 腹板后臂较窄而微弯，或末端斜圆向后下方或至前角有小的背突；♀受精囊端较窄（图 208）····························· 3

3. ♂第 8 腹板后缘具 1 深切刻狭凹（图 200），外侧有 3～5 根长鬃着生深切凹下突起末端；第 9 腹板后臂较窄而微弯（图 199）；♀第 7 腹板后缘内凹较宽（图 202）················ 双凹纤蚤 *R. (A.) biconcava*

   ♂第 8 腹板后缘内凹宽广，如为浅凹则后凹靠近腹缘；第 9 腹板后臂直而较宽（图 205）；♀第 7 腹板后缘内凹较窄·· 4

4. ♂第 8 腹板后缘内凹浅而小（图 194），外侧后列侧鬃较短且基部着生位置远离后缘；♀第 7 腹板后缘背叶宽而近截状；受精囊头部略呈四方形（图 196）······················· 绒鼠纤蚤 *R. (A.) eothenomus*

   ♂第 8 腹板后缘内凹宽而甚深（图 206），外侧后列侧鬃显较长且基部着生位置紧靠后缘；♀第 7 腹板后缘背叶窄而略较尖；受精囊头部呈桶形（图 208）··· 五侧纤蚤指名亚种 *R. (A.) dahurica dahurica*

5）中华纤蚤亚属 *Sinorhadinopsylla* Xie, Gong *et* Duan, 1990

Rhadinopsylla subgenus *Sinorhadinopsylla* Xie, Gong *et* Duan, 1990, *Acta Zootaxonom. Sin.*, **15**: 242. **Type species**: *R. leii* Xie, Gong *et* Duan; Xie *et* Zeng, 2000, *The Siphonaptera of Yunnan*, p. 181; Gong, Li *et* Ni, 2005, *Entomotaxonomia*, **27**: 29: Wu *et al.*, 2007, *Fauna Sinica Insecta Siphonaptera*, Second Edition, p. 796.

鉴别特征 颊栉仅有 4 根栉刺，颊栉基线几为直线，第 1 刺甚小，第 3 刺最长，第 4 刺显著宽于其他各栉刺，长约达第 3 刺的 4/5 处。下唇须 5 节。

亚属记述 额突明显角状，呈三角形。额部较宽，额突至口角距约等于额突至角间内突距的 1/2。额鬃列下位 1 根远低于额突。下唇须节数较少，仅有 5 节。后胸前侧片与后胸背板之间有明显的骨化嵴。各足第 5 跗节只有 4 对侧蹠鬃。雌受精囊尾部的背缘明显隆起，端部略收缩并有内骨化突。该亚属现仅知 1 种。

（36）雷氏纤蚤 *Rhadinopsylla (Sinorhadinopsylla) leii* Xie, Gong *et* Duan, 1990（图 184～图 187）

Rhadinopsylla (Sinorhadinopsylla) leii Xie, Gong *et* Duan, 1990 *Acta Zootaxonom. Sin.*, **15**: 242, 371, figs. 1-5 (female only, Gongshan, Yunnan, China, from *Tamiops swinhoei*); Xie *et* Zeng, 2000, *The Siponaptera of Yunnan*, p. 254, 255, figs. 245, 255; Gong, Li *et* Ni, 2005, *Entomotaxonomia*, **27**: p.

29, figs. 1-4 (report female); Wu *et al.*, 2007, *Fauna Sinica Insecta Siphonaptera*, Second Edition, p. 796, figs. 912-915.

鉴别特征　本种雄、雌两性在一系列形态特征上与腹窦纤蚤接近，如♂第 8 腹板后段较宽，第 9 腹板后臂端后缘较向后凸，♀第 7 腹板后缘具 2 个内凹。但本种仅具 4 根颊栉，第 4 刺显宽于其他各栉刺；♂第 9 腹板后臂基部近背缘处具 2 根粗短刺鬃；第 8 腹板外侧仅有侧鬃 1 根，♀第 7 腹板后缘背叶圆凸，并宽于中叶和腹叶，以及受精囊最宽处约在中段可与腹窦纤蚤相区别。

种的形态　**头**　（图 184）　额突角状，发达，约位于额缘下 2/5 处；额部较宽，额突至口角距约等于额突至角间距的 1/2。眼留有痕迹，其色素很淡。眼鬃 2 根粗长，额鬃 1 列 5 根，上位第 1 根稍小而离额突较远，在眼鬃与额鬃之间另有 2（3）根小鬃。触角第 2 节具短鬃 5 根。后头鬃 3 列，依序为 2、5（6）、6（7）根。下唇须近达前足基节末端。**胸**　前胸具栉刺 15 根，其背刺稍长于前方之背板背缘。中胸背板具鬃 3 列，颈片内侧处具假鬃，两侧计 5 根。后足股节内侧亚前缘有簇小刺鬃 16 根。后足胫节外侧具鬃 1 列 5 或 6 根，后背缘具 5 个切刻。后足第 2 跗节短于第 2、3 跗节之和。各足第 5 跗节具亚端蹠鬃 1 对。**腹**　第 1～7 背板具鬃 2 列，下位 1 根鬃位于气门下方。第 1～6 背板后缘有较密集小齿；端小刺数分别为 7～9、6～9、5～8、2～6、1～6、1～4 根。臀前鬃♀者 2 根，♂者无。**变形节**　♂（图 185）第 8 腹板较宽大，背缘前段圆拱，后缘上段略凹，下段微凸，外侧近腹侧具长鬃 1 根。不动突前背缘下段略凹，中段微凸，顶端圆，外侧具粗长鬃 1 根，背缘及内侧具小短鬃约 9 根。可动突狭长，自基节臼之上渐窄细，末端尖，略低于不动突。抱器体背缘在不动突前方具 1 窄凹，后缘中段微凹，裸区下方有短鬃 1 根。第 9 腹板前臂端段具发达三角形背隆，后臂略长于前臂，端后角较向后膨扩，端缘斜圆，具短侧鬃 16 根，靠前缘 4 根成列，基部近背缘处具 2 根粗短刺鬃。阳茎（图 186）内突不宽，末端有较小的端附器，阳茎弹丝仅略向后方弯曲。♀（图 187）第 7 腹板后缘狭凹上方背叶宽而圆凸，下凹宽，腹叶尖而不长于背、中叶，具侧长鬃 1 列 5 根。第 8 背板在气门下具长、短鬃 3（4）根，近腹缘至后端有长、端侧鬃 10～12 根，生殖棘鬃 5 根。受精囊头尾分界不甚明显，最宽处位于尾基部。

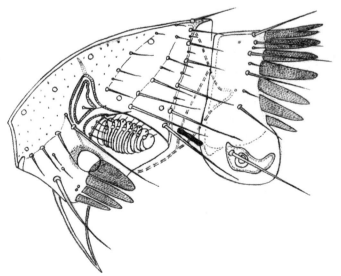

图 184　雷氏纤蚤 *Rhadinopsylla (Sinorhadinopsylla) leii* Xie, Gong *et* Duan，♀头及前胸背板（湖北长阳）

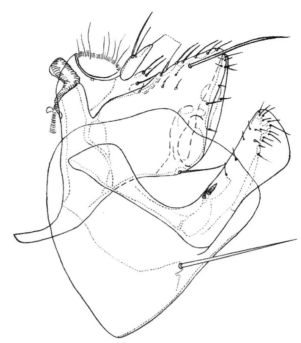

图 185　雷氏纤蚤 *Rhadinopsylla* (*Sinorhadinopsylla*) *leii* Xie, Gong *et* Duan，♂变形节（云南泸水）（仿龚正达等，2005）

图 186　雷氏纤蚤 *Rhadinopsylla* (*Sinorhadinopsylla*) *leii* Xie, Gong *et* Duan，♂阳茎端（云南泸水）（仿龚正达等，2005）

观察标本　仅 1♀，1994 年 11 月 1 日采自长江三峡以南的长阳朗坪，自红白鼯鼠。标本存于湖北医科院寄生虫病所。文献记录（解宝琦等，1990；龚正达等，2005a）1♂、5♀♀，1985 年 10 月 28 日（正模♀）和 1997～2003 年 11 月采自云南的贡山和泸水，宿主为隐纹花松鼠和橙腹松鼠，海拔 2800～2300 m。标本存于云南省地方病防治所。

宿主　隐纹花松鼠、橙腹松鼠、红白鼯鼠。

地理分布　湖北长江三峡以南的长阳（朗坪）、云南高黎贡山（贡山、泸水）。按我国动物地理区系，属华中区西部山地高原亚区和西南区西南山地亚区。本种是中国特有种。

生物学资料　从湖北西南部和云南两地采集记录看，可以基本确认本种是寄生于树栖小型兽类动物体外特异寄生蚤，其根据是本志第一作者在长江三峡以南武陵山东部长达 10 余年调查中，地面啮齿类迄今尚未采到过纤蚤属的种类，同时从本种分布的海拔（1000～3200 m）和地理范围看，该种具有较宽栖境幅度和对山地环境具有一定广适应性，但只是偶然才能采获，仍是一种十分少见的稀有蚤类。

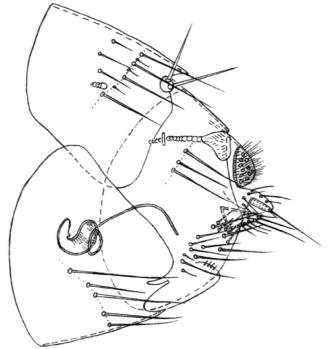

图 187 雷氏纤蚤 *Rhadinopsylla (Sinorhadinopsylla) leii* Xie, Gong *et* Duan，♀变形节（湖北长阳）

6）角头纤蚤亚属 *Actenophthalmus* C. Fox, 1925

Actenophthalmus C. Fox, 1925, *Ent. News*, **36**: 121. **Type species**: *Actenophthalmus heiseri* McCoy, 1911
  (n. s.).

Rectofrontia Wangner, 1930, *Mag. Parasit., Leningr.*, **1**: 69. **Type species**, by subsequent designation; '*R.
  pentactenus* Roths (1897)'(n. s.).

Rhadinopsylla subgenus *Rangulopsylla* Darskas, 1949, *C. K. Acad. Sei. U. R. S. S.*, **68**: 431. **Type species**:
  Rhadinopsylla (Rangulopsylla) valenti Darskaya (n. s.).

Rhadinopsylla subgenus *Actenophthalmus* C. Fox: Hopkins *et* Rothschild, 1962, *III. Cat. Roths. Colln.
  Fleas Br. Mus.*, **3**: 467; Liu *et al.*, 1986, *Fauna Sinica Insecta Siphonaptera*, First Edition, p. 501; Yu, Ye
  et Xie, 1990, *The Flea Fauna of Xinjiang*, p. 153; Cai *et al.*, 1997, *The Flea Fauna of Qinghai-Xizang
  Plateau*, p. 104; Xie *et* Zeng, 2000, *The Siphonaptera of Yunnan*, p. 173; Wu *et al.*, 2007, *Fauna Sinica
  Insecta Siphonaptera*, Second Edition, p. 711.

鉴别特征 角头纤蚤亚属具较发达的角状额突，与指名（纤蚤）亚属相近，但本亚属
额突位置较高，额鬃最下位 1 根远低于额突而与指名亚属截然不同。

亚属记述 额突至口角距不小于额突至角间内突距离的 1/3。颊栉通常具 5～7 根栉刺
（个别种仅具 4 根），最上位 1 根往往短于和基部宽于邻位 1 根栉刺。下唇须多为 5 节且远
达不到前足基节末端，但亦有个别种例外。后胸前侧片同后胸背板间有发达骨化嵴。♀受
精囊尾端不明显收缩，亦无骨化内突。

角头纤蚤亚属是纤蚤属种类最多的亚属，主要分布于古北界，但新北界和东洋界
有分布。中国已发现 20 余种（亚种），长江中、下游地区记录 4 种，其中湖北分布有
3 种。

（ 37 ）壮纤蚤 *Rhadinopsylla* (*Actenophthalmus*) *valenti* Darskaya, 1949（图 3C, 图 188～图 191 ）

Rhadinopsylla (*Rangulopsylla*) *valenti* Darskaya, 1949, *C. R. Acad. Sci. U. R. S. S.*, **68** (2): 431, fig. 3 (environs of Phenyan, N. Korea, from *Apodemus agrarius* and *Cricetulus triton*).

Rhadinopsylla (*Actenophthalmus*) *valenti* Darskaya: Hopkins et Rothschild, 1962, *Ill. Cat. Roths. Colln. Fleas Br. Mus.*, **3**: 493, figs. 870, 922-927; Liu *et al.*, 1986, *Fauna Sinica Insecta Siphonaptera*, First Edition, p. 516, figs. 690-693; Wu *et al.*, 2007, *Fauna Sinica Insecta Siphonaptera*, Second Edition, p. 738, figs. 864-867.

鉴别特征　壮纤蚤具有十分发达突出的角突额突，且额缘骨化明显，加之腹部端小刺发达，多而较宽短且骨化深；♂第 9 腹板后臂端缘宽平而呈截状；以及后足第 2 跗节长端鬃达不到第 4 跗节末端等特征易与本属其他种类相鉴别。

种的形态　头（图 188）　额突角状发达，约位于额缘中点略下方。额突至口角距约等于口角至颊栉第 1 刺基距。额鬃 1 列 6 根，眼鬃 2 根，呈上、下位排列，在眼鬃与额鬃之间具小鬃 5 根。颊部具 6 根较长的栉刺（偶单侧 5 根），端尖，第 2 刺与第 3 刺间和第 3 刺与第 4 刺间具清晰间隙，第 6 刺略向前移，颊栉基线略向内凹。后头鬃 3 列，依次为 3、6 或 7、7 或 8 根；♂后头沟中深。下唇须 5 节，长约达前足基节的 9/10 处。胸　前胸具 20～22 根栉刺，刺与刺之间具清晰间隙，下方 1～4 刺较其他各刺为短；前胸栉基线直，其背刺稍长于前方之背板。中胸背板内侧颈片近背缘处具 2 根长而骨化较深的假鬃，中胸腹侧板上具鬃 2 列 4 根，偶前方间插 1 小鬃。后胸背板具鬃 2 列，后胸后侧片上具鬃 2 列 5 根；该腹板下方具 1 窄长带形细纹区。前足基节外侧鬃少，细长，不包括近基几根小鬃在内，约具 30 根。后足基节内侧前下部有小棘鬃 17～19 个，略下方有小鬃约 11 根。后足胫节外侧具鬃 1 列 9 根，内侧无鬃，后缘具 6 个切刻，其中近基 1 个甚浅，下方 5 个较深。后足第 2 跗节端长鬃远不达第 4 跗节之端。腹　第 1～7 背板具鬃 2 列，气门下具 1 根鬃，气门小而端圆。第 1～6 背板端小刺数多，宽而色深，呈锯齿状，分别为 6、5 (4)、5、5 (4)、4、4 (3) 根。变形节　♂（图 189）第 8 腹板长大于横宽，后缘中段略下具 1 小凹，后腹角近截形，其上具亚缘长鬃 3 (4) 根，略上方另具 1 (2) 根粗长鬃，其前及下方有中、短鬃 7～11 根。抱器不动突末端较窄，前具缘及亚缘鬃 10 根，其中约有 5 根小鬃位于内侧，另中部略上方具粗长鬃 1 根。抱器体腹缘凸出不显，与柄突间略形成倒"V"形浅凹，柄突较长。可动突细长，末端与不动突近等高，前缘中央齿突与抱器臼上缘后骨化角突相对。第 9 腹板后臂前缘近直，后缘中部略凹，端缘宽平而呈截状，有明显端前角，后端稍圆，外侧前亚缘具纵行小鬃 6～8 根，近端略后方有小鬃 11～14 根，其中有几根在端亚缘略成列。阳茎端见图 190。♀（图 191）第 7 腹板后缘近腹缘有较窄的深凹，背叶较宽且微凹，腹叶斜尖等于或略长于背叶，腹板上有长鬃 3～6 根和短鬃 4 (3) 根。第 8 背板气门略呈扫状，端缘略凹，气门下有 1 根长鬃和 2 (3) 根短鬃，近腹缘有鬃约 12 根，该腹板后背突三角形。肛锥从基到端约略同宽，长约为宽的 5.0 倍，长端鬃约为肛锥长的 2.0 倍。交配囊管很短；受精囊头部较宽大，尾部较短，但头尾间分界不明显。

观察标本　共 9♂♂、4♀♀，1959 年采自湖北咸宁滨湖，自黑线姬鼠巢窝，标本存于湖北医科院传染病所。另文献记录（柳支英等，1986）1♂、1♀，1964 年 3 月采自湖北武汉新洲的黑线姬鼠，标本存于武汉大学中南医学院。

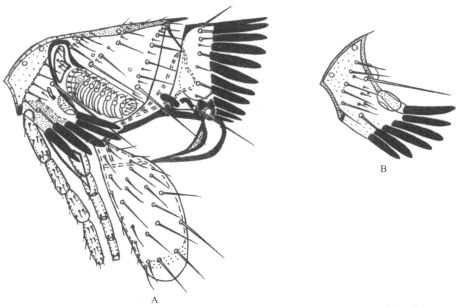

图 188　壮纤蚤 *Rhadinopsylla* (*Actenophthalmus*) *valenti* Darskaya，♂（湖北咸宁）

A. 头及前胸，示颊栉数变异；B. 示正常颊栉数

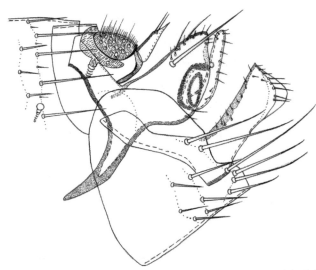

图 189　壮纤蚤 *Rhadinopsylla* (*Actenophthalmus*) *valenti* Darskaya，♂变形节（湖北咸宁）

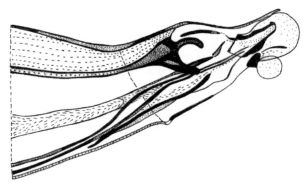

图 190　壮纤蚤 *Rhadinopsylla* (*Actenophthalmus*) *valenti* Darskaya，♂阳茎端（湖北咸宁）

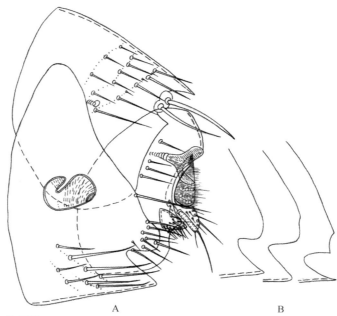

図191　壮纤蚤 *Rhadinopsylla* (*Actenophthalmus*) *valenti* Darskaya，♀（湖北咸宁）

A. 变形节；B. 第 7 腹板后缘变异

宿主　黑线姬鼠、黄胸鼠。湖北省外尚有大仓鼠、棕色田鼠、黑腹绒鼠、小麝鼩和沟鼠巢窝。

地理分布　湖北（新洲、咸宁）、山东、上海、江苏（泰兴、徐州、新海连）、浙江（寿昌）、安徽（沿淮地区、皖南山区）；国外分布于朝鲜半岛。按我国动物地理区系，属华北区黄淮平原亚区和华中区东部丘陵平原亚区。

（38）绒鼠纤蚤 *Rhadinopsylla* (*Actenophthalmus*) *eothenomus* **Wang et Liu, 1996**（图 192～图 196）

Rhadinopsylla (*Actenophthalmus*) *eothenomus* Wang et Liu, 1996, *Acta Zootaxonom. Sin.*, **21**: 371, figs. 1-5 (Shennongjia, Hubei, China, from *Eothenomys melanogaster* and *E. eva*); Wu et al., 2007, *Fauna Sinica Insecta Siphonaptera*, Second Edition, p. 744, figs. 873-876.

鉴别特征　绒鼠纤蚤依其颊栉具 6 根刺，♂第 9 腹板后臂端部较宽与宽圆纤蚤相近，但据以下几个特征可资区别：①♂抱器不动突前背缘 1 根粗长鬃着生位置较高，远高于基节臼水平，不动突后缘中部尚具 1 根次长鬃；②第 8 腹板腹缘处具 3 根长鬃或 1～2 根短鬃，鬃的基部远离后缘，腹板后缘内凹靠近下缘；③♀第 7 腹板上具 4 根长鬃和 4～5 根短鬃；受精囊头部近四方形，尾部略长于头部。

种的形态　头（图 192）额突齿形。额突至口角距♂略长于口角至颊栉第 1 刺基距，♀明显短于口角至第 1 刺基距。额鬃 1 列 5 根。眼鬃列 2 根鬃，其间具 5～7 根小鬃。眼退化，仅留有痕迹。后头鬃 3 列，依序为 4～5、5～7 和 6～8 根。颊栉共 6 根刺，以第 3、4、5 刺为最长，第 1 和第 2 刺次之，第 5 刺基部最宽而呈锥状，颊栉基线明显内凹。下唇须 5 节，♀约达前足基节 4/5 处，♂达不到基节末端。胸　前胸背板具鬃 1 列 6 根，前胸栉两侧共 19 根，其下位 1～3 根刺端略尖，上面几根刺端稍圆。中胸背板颈片处具 4 根假鬃。后胸后侧片鬃 2 或 3 列，5～7 根，近下缘处具 31～43 条线纹。前足基节外侧鬃 28～37 根，后足基节内侧前缘下半部具小鬃 16～21 根，各足胫节后缘具 6 个切刻，外侧具鬃 1 列 6 或 7 根。后足第 2 跗节端长鬃达或超过第 4 跗节末端。各足第 5 跗节均有 4 对侧蹠鬃和 1 对近爪鬃。**腹**　第 1～7 背板各具 2 列鬃，主鬃列的气门下方♂具 1 根鬃，♀具 2 根鬃。第 1～6 背板端小刺，依序为♂3 或 4、3 或 4、4 或 3、3、2 或 3、1 或 2 根，♀为 3、4 或 5、3、2 或 3、1、1 根；背板后缘有一些细齿。♀具 2 根臀前鬃。**变形节**　♂（图 194）第 8 背板后下缘具 1 小浅凹，其边缘具一些细齿，外侧近腹缘处具 3 根长鬃和 1 或 2 根短鬃，鬃的基部不靠近后缘。抱器不动突基部较宽（图 193），前缘略凹，端部钝圆；不动突上半部具 13～16 根鬃，基节臼鬃 1 根位近下缘。可动突前缘有齿突，后缘上段具 2 根细长鬃；可动突与不动突约等高。第 9 腹板前臂端部近三角形，后臂末端斜圆，外侧具排列不规则的小鬃 20～30 根。阳茎端腹小叶圆而弯向下方（图 195）。♀第 7 腹板后下缘具 1 较深的凹陷，背叶宽且较圆凸，其近后缘处具浅骨化线纹。第 8 腹板后突部角状，背板下部至后端有鬃 37～39 根。受精囊头部略呈四方形（图 196），尾部略长于头部。肛锥长约为基部宽的 4.0 倍，上具 1 根长端鬃和 2 根位于腹缘的侧鬃。

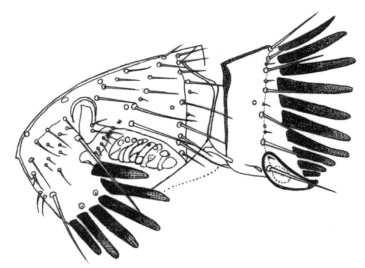

图 192　绒鼠纤蚤 Rhadinopsylla (Actenophthalmus) eothenomus Wang et Liu，♂头及前胸背板（湖北神农架）

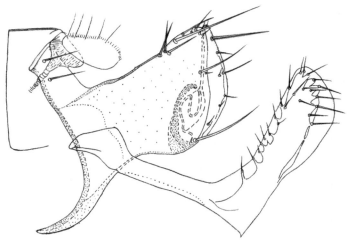

图 193　绒鼠纤蚤 Rhadinopsylla (Actenophthalmus) eothenomus Wang et Liu，♂变形节（湖北神农架）

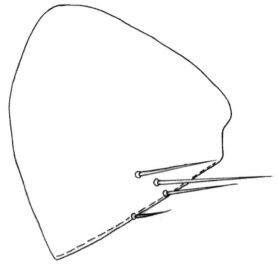

图 194　绒鼠纤蚤 *Rhadinopsylla* (*Actenophthalmus*) *eothenomus* Wang *et* Liu，♂第 8 腹板（湖北神农架）

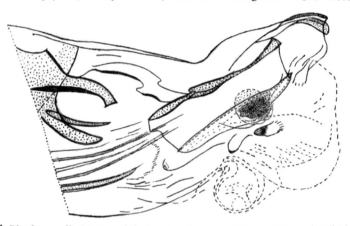

图 195　绒鼠纤蚤 *Rhadinopsylla* (*Actenophthalmus*) *eothenomus* Wang *et* Liu，♂阳茎端（湖北神农架）

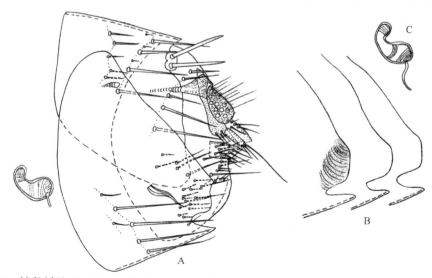

图 196　绒鼠纤蚤 *Rhadinopsylla* (*Actenophthalmus*) *eothenomus* Wang *et* Liu，♀（湖北神农架）

A. 变形节；B. 第 7 腹板后缘变异；C. 受精囊

观察标本　共 11♂♂、9♀♀，其中正模♂和副模 1♂于 1991 年 10 月 27～28 日采自湖北神农架海拔 2980 m 高山针叶林的黑腹绒鼠，副模 1♀自同地点同时间的洮州绒鼠；另 9♂♂、8♀♀分别于 1992 年 10 月 14～30 日和 1994 年 10 月 23 日采自神农架海拔 1800～2600 m 的洮州绒鼠、四川短尾鼩和多齿鼩鼱，生境为落叶阔叶林和针阔叶混交林。标本分存于湖北医科院传染病所和军医科院微流所。

宿主　洮州绒鼠、黑腹绒鼠、四川短尾鼩、多齿鼩鼱、藏鼠兔、中华姬鼠、北社鼠、白腹鼠。

地理分布　湖北神农架（木鱼）。按我国动物地理区系，属华中区西部山地高原亚区。本种是中国特有种。

（39）双凹纤蚤 *Rhadinopsylla* (*Actenophthalmus*) *biconcava* Chen, Ji *et* Wu, 1984（图 5B，图 197～图 202）

Rhadinopsylla (*Actenophthalmus*) *biconcava* Chen, Ji *et* Wu, 1984, *Acta Zootaxonom. Sin.*, 9: 83, figs. 1-5 (Shennongjia, Hubei, China, from *Ochotona thibetana*); Liu *et al.*, 1986, *Fauna Sinica Insecta Siphonaptera*, First Edition, p. 532, figs. 721-725; Wu *et al.*, 2007, *Fauna Sinica Insecta Siphonaptera*, Second Edition, p. 766, figs. 907-911.

鉴别特征　双凹纤蚤第 5 跗节仅有 4 对侧蹠鬃；后足股节及胫节内侧无鬃；第 2 跗节长端鬃远不达第 4 跗节末端；颊栉仅 5 根栉刺，且第 5 栉刺背腹缘基本对称等综合特征同假五侧纤蚤相近，但♂第 8 腹板后缘具 1 深切刻凹入，下方后伸钝形隆起上具缘簇长鬃 3～5 根；第 9 腹板后臂较窄而微弯，以及♀第 7 腹板后缘背叶呈舌状，易与假五侧纤蚤相区别。

种的形态　头　额突角状，♂（图 197）约位于额缘中点，♀稍下方。额突至口角距约等于口角至颊栉第 1 刺基距。额鬃 1 列 5 根，略呈弯弧形排列，眼鬃 2 根，其上位第 1 根位于触角窝亚前缘，在额鬃与眼鬃之间及略后方具小鬃 5～11 根。颊栉第 1 根刺和第 4 根刺略呈锥形，第 2～4 刺略长于其余 2 根刺且末端圆钝，颊栉基线略向内凹。后头鬃 3 列，分别为 5～7、7（6）、8（7）根；后头缘♂具发达后头沟。下唇须 5 节，末端近达前足基节的 3/4 处。胸　前胸背板具栉刺 22 根，各刺直，除背缘几根刺端较圆外，其余的刺越向腹方刺端越尖，刺与刺之间具清晰间隙，其背刺稍长于前方之背板；背板上具长鬃 1 列 6（7）根。中胸背板鬃 2 列，其前列之前尚有 13～26 根排列不规则的细小鬃，颈片内侧上段具假鬃 2 根。中胸腹侧板上具鬃 2 列 5 根，其中后列下位 1 根粗长。后胸背板主鬃列可垂直连续延伸至近后胸侧拱处（图 198）。后胸后侧片具鬃 2 列 5 根，其气门宽度大于长度；该腹板下段具带形纵细线纹。前足基节外侧具长、短侧鬃 45～55 根。后足基节内侧下部具小棘鬃 14～16 个，小鬃 5～9 根。后足胫节外侧具完整鬃 1 列 8～10 根，内侧无鬃，后背缘具 6 个切

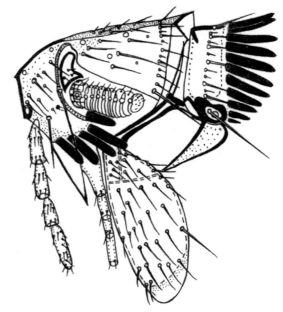

图 197　双凹纤蚤 *Rhadinopsylla* (*Actenophthalmus*) *biconcava* Chen，Ji *et* Wu，♂头及前胸（湖北神农架）

刻，除近基 1 切刻为 1 根粗鬃外，其余都具 2 根粗鬃。后足第 2 跗节长端鬃略超过第 3 跗节末端。前、中、后足第 5 跗节侧蹠鬃为 5、4、4 对，蹠面密生细鬃。**腹**　第 1～7 背板具鬃 2 列，气门下具 1 根鬃。气门小而端圆；第 1～6 背板端小刺依序为 3、3、3、2、2、2（1）根。♀具 2 根臀前鬃，上位 1 根仅稍长于下位 1 根。**变形节**　♂（图 200）第 8 腹板后缘下段具 1 宽而深的切凹，背突较长，略近舌形，在切凹的前或上方具长鬃 1 或 2 根，下方后伸钝形隆起上具缘簇鬃 3～5 根，略前或下方有短鬃 2 或 3 根，另靠近腹缘有 1 小齿切。抱器不动突狭长，锥形，前缘中段略凹，外侧近前缘有鬃 5～7 根，其中 1 根为粗长鬃，内侧亚前缘至顶端有小鬃 13 根。可动突从基向端逐渐细窄，长约为宽的 6 倍，与不动突约同高，前缘齿形突位于中点略下。第 9 腹板前臂端部上翘明显，后臂较窄且端段微向后弯（图 199），前缘中段弧凸，后缘略凹，具近端后缘鬃 5～10 根，纵行侧鬃 17～19 根。阳茎骨化内管较长（图 201）。♀（图 202）第 7 腹板后缘近腹缘具 1 较宽深凹，背叶后凸略呈舌状，腹叶窄而呈角状，外侧具侧长鬃 1 列 4（5）根，短鬃 0～2 根。第 8 背板气门扩大，似筛状，其下有长鬃 3 根，近腹缘有 2 处间断呈丛簇鬃 17（16）根，后背钝。肛锥长为基部宽的 4.0～5.0 倍，端长鬃为肛锥长的 1.5～2.0 倍。受精囊头部宽大，交配囊管骨化很浅，细长。

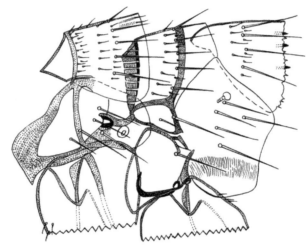

图 198　双凹纤蚤 *Rhadinopsylla* (*Actenophthalmus*) *biconcava* Chen, Ji *et* Wu，♂中、后胸及第 1 腹节背板（湖北神农架）

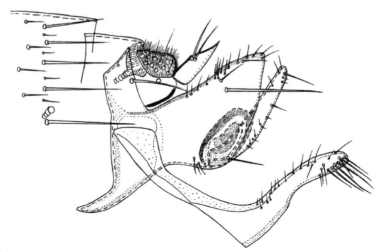

图 199　双凹纤蚤 *Rhadinopsylla* (*Actenophthalmus*) *biconcava* Chen, Ji *et* Wu，♂变形节（湖北神农架）

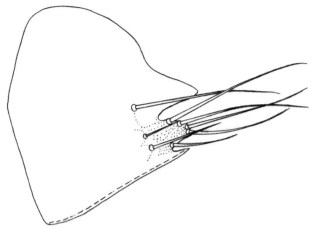

图 200　双凹纤蚤 *Rhadinopsylla (Actenophthalmus) biconcava* Chen, Ji *et* Wu，♂第 8 腹板（湖北神农架）

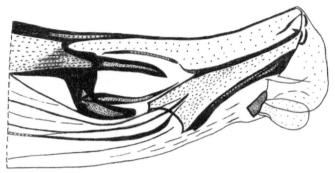

图 201　双凹纤蚤 *Rhadinopsylla (Actenophthalmus) biconcava* Chen, Ji *et* Wu，♂阳茎端（湖北神农架）

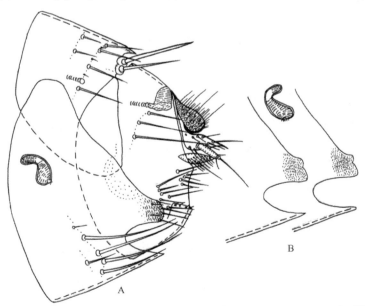

图 202　双凹纤蚤 *Rhadinopsylla (Actenophthalmus) biconcava* Chen, Ji *et* Wu，♀（湖北神农架）
A. 变形节；B. 第 7 腹板后缘变异及受精囊

观察标本　共 9♂♂、6♀♀，其中 6♂♂、5♀♀自藏鼠兔，2♂♂自四川短尾鼩，1♂自北
社鼠，1♀自洮州绒鼠，其中除 2♂♂、1♀于 1966 年 5 月采自巴东神农架大干河，其余均于

1989 年 9 月 15 日，1990 年 9 月，1991 年 6 月，1992 年 10 月 18 日至 11 月 1 日采自湖北神农架的巴东垭、猴子石和小龙潭一带，海拔 2100～2980 m，生境为针阔叶混交林和巴山冷杉箭竹混生的高山针叶林。标本存于湖北医科院传染病所和军医科院微流所。

宿主 藏鼠兔、洮州绒鼠、北社鼠、四川短尾鼩、中华姬鼠、大林姬鼠、背纹鼩鼱；湖北省外尚有间颅鼠兔、齐氏姬鼠。

地理分布 湖北神农架（巴东垭、小龙潭、燕子垭、猴子石、桥通沟、巴东大干河）、四川（南坪、黑水）、云南（香格里拉）。按我国动物地理区系，属华中区西部山地高原亚区和西南区西南山地亚区。本种是中国特有种。

（40）五侧纤蚤指名亚种 *Rhadinopsylla* (*Actenophthalmus*) *dahurica dahurica* Jordan *et* Rothschild, 1923（图 203～图 208）

Rhadinopsylla dahurica Jordan *et* Rothschild, 1923, *Ectoparasites*, **1**: 308, fig. 311 (male only, Manzhouli, Neimenggu, China, from *Ochotona dahurica*) (n. s.).

Rectofrontia dahurica Jordan *et* Rothschild: Liu, 1939, *Philipp. J. Sci.*, **70**: 71, 72, fig. 76; Li, 1956, *An Introduction to Fleas*, p. 33, 34, fig. 30.

Rhadinopsylla (*Actenophthalmus*) *dahurica dahurica* Jordan *et* Rothschild: Hopkins *et* Rothschild, 1962, *Ill. Cat. Roths. Colln. Fleas Br. Mus.*, **3**: 507, figs. 866, 955, 961, 962; Liu *et al.*, 1986, *Fauna Sinica Insecta Siphonaptera*, First Edition, p. 503, figs. 277, 668-672; Cai *et al.*, 1997, *The Flea Fauna of Qinghai-Xizang Plateau*, p. 105, figs. 241-243; Wu *et al.*, 2007, *Fauna Sinica Insecta Siphonaptera*, Second Edition, p. 718, figs. 832-836; Liu, Shi *et al.*, 2009, *The Siponaptera of Neimenggu*, p. 203, figs. 126-128.

鉴别特征 本种依其前、中、后足具 5 对侧蹠鬃，在角头纤蚤亚属仅与吻短纤蚤和多刺纤蚤（*R. multidenticulata* Morlan *et* Prince, 1955）接近，但颊栉和前胸栉都较少，♂第 8 腹板后缘具内凹，部分侧鬃靠近后缘及亚缘，排列紧密且显较长可与吻短纤蚤区别。与多刺纤蚤的区别是前胸栉较多，♂第 9 腹板后臂端部鬃较少，♀第 7 腹板后缘有内凹。在五侧纤蚤中，同邻近亚种、倾斜亚种和背突亚种的区别是♂第 9 腹板后臂不呈尖削状；同天山亚种的区别是第 8 腹板后缘具深凹。此外，后足胫节内侧无鬃（图 204）也不同于倾斜亚种。♀与各亚种形态相似，无明显差异。

种的形态 头（图 203） 额突至口角距♂略大于口角至颊栉第 1 刺基距，♀显大于口角至颊栉第 1 刺基距。无论♀、♂额突都位于额缘中点以下，但♂比♀略高。额鬃 1 列 5（4）根；眼鬃 2 根，在眼鬃间及与额鬃间具 3（4）根小鬃；眼♀留有明显痕迹。颊缘具 5 根栉刺（偶 4 或 6 根），第 1 刺和第 4 刺都略短于其余各刺，颊栉基线略向内凹。后头鬃 3 列，依序为 6、6、7（8）根。下唇须 5 节，♂仅达前足基节的 2/3，♀近达前足基节末端。胸 前胸背板具 23（22）根栉刺，刺与刺之间♂仅有很细的缝隙，♀者间隙稍宽，其背刺显长于该背板。中胸背板内侧近背缘处具假鬃 4 根；中胸腹侧板鬃 3～5 根，如为 5 根则前方 2 根略短。后胸后侧片具鬃 2 列 5 根，其气门宽度稍小于长度；在该侧片下方有带形细纵纹。前足基节外侧鬃细长，37～41 根，其中大部分鬃的末端，可达次位鬃之半或基部。前足股节外侧背缘及亚缘♂具鬃 2 列，其中缘列 13 根，亚缘列 5 根。后足基节内侧有成簇片状小鬃 15 根左右。后足胫节外侧具完整鬃 1 列，内侧无鬃（图 204），后背缘具 6 个切刻（含端切刻）。后足第 1 跗节约等于第 2、3 跗节之和，第 2 跗节端长鬃♀略超过第 4 跗节，♂达第 5 跗节中部。各足第 5 跗节具 5 对侧蹠鬃，有近爪鬃 1 对。腹 各背板具鬃 2 列，但第 4～7 前列鬃不完整，气门下♂具 1 根鬃，♀多数具 2 根。第 1～5 背板端小刺（两侧）依序为 5（6）、4、

2（3）、2、0～2根。♀具2根臀前鬃，♂者无。**变形节**　♂（图206）第8腹板后缘在背突下方具相当深的内凹，外侧在后凹之下缘具长粗鬃1列5根和略短鬃3根，另前方有4（3）根附加鬃。抱器不动突近锥形，前缘上段略凹，前下缘至顶端具缘或亚缘鬃16根，其中1根为粗长鬃。柄突基部较宽大，由基向端渐细。可动突略弯而细长，基段宽于末端，后缘上段具1根细长鬃。第9腹板前臂端部三角形，后显宽于前臂，前后缘稍亚平行，近基后缘常略凹，末端稍平斜而后端圆（图205），近中线沿骨化加厚带形区有小鬃16根左右，其中近端3根稍粗长，另前亚缘至顶端有小鬃约22根。阳茎端两叶膜质状（图207），骨化内管中等度发达。♀（图208）第7腹板后缘有深而较窄的内凹，凹窦上方与第8背板重叠区有深色骨化，腹

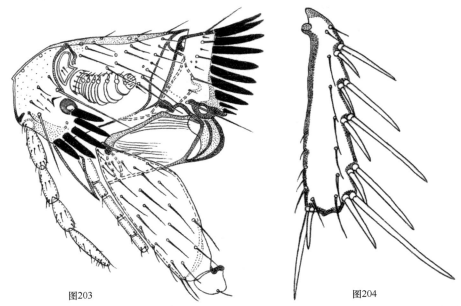

图203　　　　　　　　　　　　　　　　　图204

图203～图204　五侧纤蚤指名亚种 *Rhadinopsylla (Actenophthalmus) dahurica dahurica* Jordan *et* Rothschild，♂（四川唐克）

图203　头及前胸

图204　后足胫节，示内侧无鬃

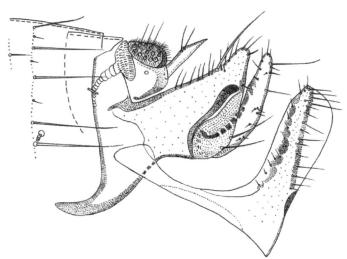

图205　五侧纤蚤指名亚种 *Rhadinopsylla (Actenophthalmus) dahurica dahurica* Jordan *et* Rothschild，♂变形节（四川唐克）

叶尖窄并显短于背叶，侧长鬃 1 列 5（4）根，前或上方有小鬃 2 根。第 8 背板气门扩大，似球拍状；气门下具 4（5）根长鬃，近腹缘至后上方具 2 组簇鬃，前组 13（12）根，后组 4 根左右；生殖棘鬃 3 根。肛锥从基到端同宽，长为宽的 3.0～4.0 倍，具端长粗鬃和近旁小鬃各 1 根。受精囊头、尾分界不明显，其头端略宽于尾部。

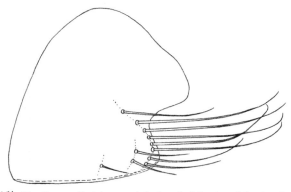

图 206　五侧纤蚤指名亚种 *Rhadinopsylla* (*Actenophthalmus*) *dahurica dahurica* Jordan *et* Rothschild，♂第 8 腹板（四川唐克）

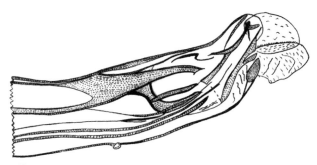

图 207　五侧纤蚤指名亚种 *Rhadinopsylla* (*Actenophthalmus*) *dahurica dahurica* Jordan *et* Rothschild，♂阳茎端（四川唐克）

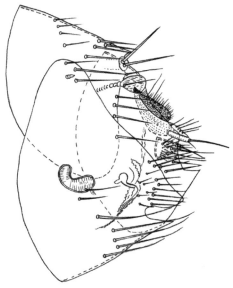

图 208　五侧纤蚤指名亚种 *Rhadinopsylla* (*Actenophthalmus*) *dahurica dahurica* Jordan *et* Rothschild，♀变形节（四川唐克）

检视标本 共 1♂、1♀，但未检视到秦岭南坡的标本。文献记录（张金桐等，1983，1989）陕西秦岭柞水、眉县和太白有分布，宿主为藏鼠兔，系张金桐 1980～1982 年采自上述地点；虽然文献中没有提到亚种，但按照地理分布相邻关系，本志暂且按指名亚种处理。形态描述及附图依据相邻地区四川唐克 1♂、1♀，1960 年 8 月 20 日，自啮齿动物巢窝。标本存于军医科院微流所。

宿主 藏鼠兔、根田鼠、大林姬鼠、长尾仓鼠、高原鼠兔、间颅鼠兔、黑线姬鼠、草原鼢鼠、达乌尔鼠兔、布氏田鼠。

地理分布 陕西秦岭南、北坡（柞水、眉县、太白）、甘肃（天祝）、四川（唐克）、青海（化隆、互助、湟中、海晏、河南、蒙旗、循化）、宁夏（六盘山）、吉林（漫江）、内蒙古（锡林郭勒盟、赤峰、包头、兴安盟、正镶白旗、阿巴嘎旗）、黑龙江；国外分布于俄罗斯（西伯利亚）和蒙古。

（八）叉蚤亚科 Doratopsyllinae Kishida, 1939

Doratopsyllidae Kishida, 30, V. 1939, *Rept. First. Sci., Exped. Manchukuo*, section V, division 1 part xiii, article 77, p. 80, 86. **Type genus:** *Doratopsylla* Jordan *et* Rothschild, 1912 (n. s.).

Doratopsyllinae Kishida: Smit, 1962, *Proc. R. Ent Soc. Lond.*, (B) **31**: 110; Hopkins *et* Rothschild, 1962, *Ill. Cat. Roths. Colln. Fleas Br. Mus.*, **4**: 83; Liu *et al.*, 1986, *Fauna Sinica Insecta Siphonaptera*, First Edition, p. 535; Yu, Ye *et* Xie, 1990, *The Flea Fauna of Xinjiang*, p. 210; Cai *et al.*, 1997, *The Flea Fauna of Qinghai-Xizang Plateau*, p. 115; Xie *et* Zeng, 2000, *The Siphonaptera of Yunnan*, p. 183; Wu *et al.*, 2007, *Fauna Sinica Insecta Siphonaptera*, Second Edition, p. 772.

鉴别特征 通常裂首型，触角棒节分 9 节，额突小或无，下唇须 4 节，具 4 根颊栉，无中央梁。前胸腹侧板在接纳第 1 连接板处常具内凹，后胸腹板通常有翅基片，各足第 5 跗节第 1 对侧蹠鬃内移。♂第 9 背板内突退化，♀受精囊孔位于端腹缘处。

本亚科迄今已记录有 6 个属，湖北仅分布有叉蚤族中的 1 属。

叉蚤族 Doratopsyllini Kishida, 1939

Doratopsyllidae Kishida, 30. V. 1939, *Rept. First. Sci., Exped. Manchukuo*, section V, divisionl. Part xiii, article 77, p. 80, 86 (n. s.).

Doratopsyllini Kishida: Smit, 1962, *Proc. R. Ent Soc. Lond.*, (B) **31**: 112; Hopkins *et* Rothschild, 1962, *Ill. Cat. Roths. Colln. Fleas Br. Mus.*, **4**: 85; Liu *et al.*, 1986, *Fauna Sinica Insecta Siphonaptera*, First Edition, p. 535; Cai *et al.*, 1997, *The Flea Fauna of Qinghai-Xizang Plateau*, p. 115; Xie *et* Zeng, 2000, *The Siphonaptera of Yunnan*, p. 183; Wu *et al.*, 2007, *Fauna Sinica Insecta Siphonaptera*, Second Edition, p. 772.

鉴别特征 前胸背板较短，其上仅具 1 列鬃。前足股节具数根侧鬃，中足股节无鬃，后足股节外侧仅在亚基端处具 1 根鬃。臀前鬃♂♀皆为 3 根。♂第 9 背板较小，略呈三角形；有 1 根粗而长并伴随 1 根细小的基节白鬃；♀第 8 腹板有 2 或 3 根小端鬃。

宿主多为食虫目鼩鼱类动物，偶寄生同一生境生活的其他啮齿类动物。

17. 叉蚤属 *Doratopsylla* Jordan *et* Rothschilld, 1912

Doratopsylla Jordan *et* Rothschilld, 1912, *Novit. Zool.*, **19**: 62. **Type species**: *Typhlopsylla dasycnemus*

Roths; Sakaguti, 1962, *Monogr, Siphonaptera Japan*, p. 94; Hopkins *et* Rothschild, 1962, *Ill. Cat. Roths. Colln. Fleas Br. Mus.*, **4**: 87; Tranub *et* Evans, 1967, *Pacific Ins.*, **9** (4): 641; Liu *et al.*, 1986, *Fauna Sinica Insecta Siphonaptera*, First Edition, p. 538; Cai *et al.*, 1997, *The Flea Fauna of Qinghai-Xizang Plateau*, p. 117; Xie *et* Zeng, 2000, *The Siphonaptera of Yunnan*, p. 186; Wu *et al.*, 2007, *Fauna Sinica Insecta Siphonaptera*, Second Edition, p. 780.

鉴别特征 该属与厉蚤属和酷蚤属接近，与厉蚤属的区别在于从额突到眼之间无明显骨化增厚、无后头结节。与酷蚤属的区别在于颊栉第 1 栉刺基部与口角之间有较大的距离，腹部背板及腹板后缘通常不呈明显锯齿状，第 7 背板后缘臀前鬃上方无明显的后突。

属的记述 颊栉 4 根刺的基线基本与体轴平行。额鬃 2 列。前胸栉通常 16 根。♂第 9 腹板后臂略呈三角形，中部最宽，亚后缘常具 1 根亚刺鬃。不动突前叶短小，上具 2 根长鬃和 1 根短鬃，其中 1 根基段扁平变形。阳茎钩突发达。

全世界已记录 13 种，是食虫目鼩鼱科特异寄生蚤，主要分布于古北界，多见于春、冬二季，这主要与其他月份或季节食虫目动物不易被捕获和气温较高、蚤离体速度快有关。湖北分布有 2 种。

种 检 索 表

♂抱器不动突后叶端缘斜截（图 211），具有明显前端角，长约为宽的 3 倍；可动突前缘上 1/3 段有角和具 1 浅圆凹；第 9 腹板前臂端部较宽，阳茎钩突后端角钝圆（图 212）；♀第 7 腹板后缘腹叶显窄于背叶（图 213）···湖北叉蚤 *D. hubeiensis*

♂抱器不动突后叶端缘圆凸（图 215），长约为宽的 2 倍；可动突前缘上 1/3 段平而无内凹（图 216）；第 9 腹板前臂端部较窄；阳茎钩突后端角较尖（图 217）；♀第 7 腹板后缘腹叶宽于背叶（图 218）········
·· 尼泊尔叉蚤 *D. araea*

（41）湖北叉蚤 *Doratopsylla hubeiensis* Liu, Wang *et* Yang, 1994（图 209～图 213，图版Ⅳ）

Doratopsylla careana hubeiensis Liu, Wang *et* Yang, 1994, *Acta Zootaxonom. Sin.*, **19**: 243, figs. 1-3 (male only, Shennongjia, Hubei, China, from *Sorex cylindricauda*); Liu *et* Ma, 1998, *Acta. Ent. Sin.*, **41**: 223, figs. 1-3 (report female); Liu *et* Wang, 2000, *Acta. Ent. Sin.*, **43**: 88, figs. 10, 11.

Doratopsylla hubeiensis Liu, Wang *et* Yang: Wu *et al.*, 2007, *Fauna Sinica Insecta Siphonaptera*, Second Edition, p. 784, figs. 931-933.

鉴别特征 湖北叉蚤依其额突♂约位于额缘下 1/3、♀1/6 处，前胸背板背缘不长于背缘栉刺，阳茎钩突略呈肾形，与朝鲜叉蚤、尼泊尔叉蚤、魏氏叉蚤 *D. wissemani* (Traub *et* Evans, 1967) 和刘氏叉蚤接近，但据以下几个特征可资区别：①♂抱器不动突后叶端缘斜截，具有明显端前角，长约为宽的 3 倍；②可动突前缘上 1/3 段具 1 突出的角突，角突之上具较浅圆凹；③♀第 7 腹板后缘仅有很窄的腹叶。

种的形态 头（图 209，图 210） 额突尖锐。额鬃 1 列 5 或 6 根。眼鬃列 3 根鬃，上位眼鬃位近触角沟前缘。眼退化而留下痕迹。后头鬃 3 列，分别为 3～5、4～6 和 4～8 根。触角窝背缘具 1 列 4 根小鬃，♀后端另有 1 根中长鬃。♀后头缘无发达后头沟。颊栉具 4 根刺，第 3 根最长，第 4 根略呈锥形；颊栉基线略向内凹。下唇须 4 节，其末端可达前足基节的 2/3 处。
胸 前胸栉基线微向前方弧凸，两侧共具 15 或 16 根刺，背方的刺稍曲，前胸背板鬃 1 列 5 根。中胸背板鬃 2 列，前列为小鬃，颈片内侧有假鬃 3 根。中胸腹侧板具 3 列 6 或 7 根鬃。后胸背板无端小刺。后胸背板侧区具 1 根鬃，后胸前侧片具 1 长 1 短鬃，后胸后侧片上具 2 列 4 根鬃。前足基节外侧鬃向下、向后呈半放射状排列，45～60 根。前足股节外侧具 11～14 短鬃，内面前段具 1 根细小鬃。后足胫节外侧有鬃 3 列，约 15 根。各足第 5 跗节上具侧蹠鬃 5 对，第 1 对位于腹位，在第 2 对鬃之间。**腹**　第 1～6 背板上具鬃 2 列，主鬃列约 5 或 6 根，第 1～6 背板上具 1 根端小刺；第 2～6 背板气门下具 1 根鬃，气门小而端甚尖。基腹板有宽圆线纹区。♂第 8 背板气门端宽，略似倒烟斗状。臀前鬃 3 根，中位者最长，下位者次之。**变形节**　♂第 8 腹板端部宽圆，后背缘具稀疏小齿，板上具 3 根鬃。不动突前叶短小，上具 2 根长鬃和 1 根中长鬃。不动突后叶端部呈斜截状（图 211A），长约为宽的 3 倍，具有明显端前角（图版Ⅳ）。可动突前缘上半段具 1 角突，其上方具浅圆凹（图 211B）；可动突长为宽的 6.6～7.6 倍。第 9 腹板前臂端部较宽，后臂端部腹膨似三角形，中段亚后缘具 1 根亚刺鬃，略上、下方各有 1 根小鬃，侧鬃 3 根，近端后缘另有小鬃 1 根。阳茎端中背叶前端角较圆；钩突似肾形，端缘斜凸，腹缘微凹，基段窄于端段，后端角较圆钝（图 212）。♀第 7 腹板后缘上段陡斜，近中微凸，下部具 1 窄而甚深的内凹；背叶宽锥形，腹叶末端尖细至较圆钝（图 213），其背叶仅稍长于

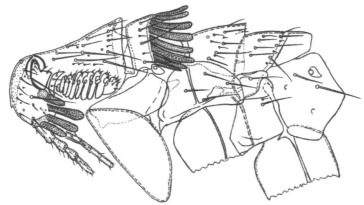

图 209　湖北叉蚤 *Doratopsylla hubeiensis* Liu, Wang *et* Yang，♂头及胸（正模，湖北神农架）

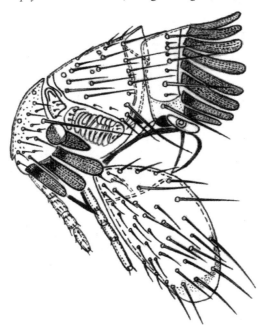

图 210　湖北叉蚤 *Doratopsylla hubeiensis* Liu, Wang *et* Yang，♀头及前胸（湖北神农架）

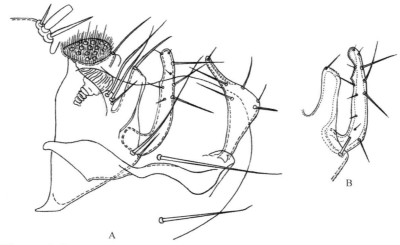

图 211　湖北叉蚤 *Doratopsylla hubeiensis* Liu, Wang *et* Yang，♂（湖北神农架）
A. 变形节（正模）；B. 不动突后叶和可动突变异

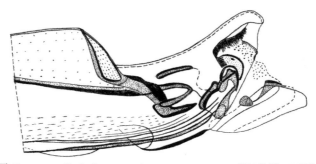

图 212　湖北叉蚤 *Doratopsylla hubeiensis* Liu, Wang *et* Yang，♂阳茎端（正模，湖北神农架）

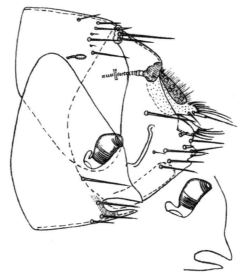

图 213　湖北叉蚤 *Doratopsylla hubeiensis* Liu, Wang *et* Yang，♀变形节、第 7 腹板后缘变异及受精囊
（湖北神农架）

腹叶，在凹陷的前方具较浅的骨化区，腹板上有侧鬃 4 或 5 根。交配囊管头端颇圆，中部直，受精囊头部背缘弧凸，腹缘稍凹，端部钝圆，尾部骨化弱，其头部显宽并长于尾部。第 8 背板外侧在中部具长鬃 1 根，下部至后端具 7～9 根鬃，另靠近亚后缘具 2 根等长的亚刺鬃；后端

缘具 2 个大小不等的内凹，上凹宽而略圆，下凹窄。第 8 腹板近腹缘具一些淡色横纹，该腹板末端近截状。肛锥细长，长约为基宽的 4.0 倍。

观察标本 共 6♂♂、3♀♀，其中正模♂于 1989 年 9 月 17 日采自湖北神农架木鱼海拔 2910 m 高山针叶林的背纹駒鼱；4♂♂、2♀♀采自同寄主，1♂自川駒，1992 年 4 月 12 日采自神农架红花朵；1♀，1994 年 11 月 4 日采自同地点的多齿駒鼹，海拔 2100 m，生境为针阔叶混交林。标本 4♂♂、3♀♀存于湖北医科院传染病所，1♂（正模）存于军医科院微流所，另 1♂、1♀赠存于云南省地方病防治所。

宿主 背纹駒鼱、川駒、多齿駒鼹。

地理分布 湖北神农架（瞭望塔、燕子垭）。按我国动物地理区系，属华中区西部山地高原亚区。本种是中国特有种。

（42）尼泊尔叉蚤 *Doratopsylla araea* Smit et Rosucky, 1976（图 214～图 218）

Doratopsylla coreana araea Smit et Rosucky, 1976, *Folia Parasit.*, **23** (2): 143, figs. 7-10 (Yanle Khalka, Barun Khola valley, Nepal, from *Soriculus nigrescens centralis*); Liu et Wang, 2000, *Acta. Ent. Sin.*, **43**: 88, fig. 7.

Doratopsylla araea Smit et Rosucky: Wu et al., 2007, *Fauna Sinica Insecta Siphonaptera*, Second Edition, p. 788, figs. 938-941. *Doratopsylla jii* Xie et Tian, 1991, *Acta Zootaxonom. Sin.*, **16**: 240, figs. 1-8; Xie et Zeng, 2000, *The Siphonaptera of Yunnan*, p. 186, figs. 267-272; Liu et Wang, 2000, *Acta. Ent. Sin.*, **43**: 88, fig. 2.

鉴别特征 尼泊尔叉蚤依其♂可动突较长，阳茎钩突后端角较尖，与朝鲜叉蚤和魏氏叉蚤 *D. wissemani*（Traub et Evans, 1967）接近，但♂抱器可动突较细窄，前缘下段无明显凹入，后缘除近基外显然较直而不是较弧凸；不动突后叶前上角不向上后方倾斜；♀第 7 腹板后缘腹叶宽于背叶可与前者区别。♂不动突后叶较短，长约为宽的 2 倍（魏氏叉蚤长为宽的 3.5～4 倍），♀第 7 腹板后缘背叶窄于腹叶可与后者相区别。

种的形态 头 额突尖锐，♂约位于额缘下 1/3 处（图 214A），♀1/6 处（图 214B）。额鬃 1 列 5 或 6 根，眼鬃列 3 根鬃，上位 1 根位于触角窝前缘。眼略近空泡状，其色很淡。颊栉具 4 根刺，第 1 刺尤♀背、腹缘近平行，第 2、3 刺最宽处约在端部，第 4 刺呈锥形；颊栉第 1 刺与第 2 刺之间和第 2 刺与第 3 刺之间具清晰间隙，颊栉基线略向内凹。后头鬃 3 列，依序为 3、4 或 5、6 根；♂后头沟中深，其上有小毛。下唇须 5 节，长约达前足基节的 2/3。胸 前胸栉 15 或 16 根，除最下方 1（2）根刺平直外，其余的刺背、腹缘中段均略向下方弧拱，背方的几根刺端较圆，腹方的刺端略尖，其背刺显长于该背板；前胸背板具 1 列 6 根长鬃。中胸背板鬃 2 列，颈片内侧假鬃两侧共 6 根。后胸后侧片具鬃 2 列 4 根，其气门宽度小于长度。前足基节外侧不包括基部小鬃在内，有鬃 44～53 根，后足基节内侧下半部有成簇小鬃 10～13 根，外侧有鬃约 24 根，上小下渐长。前足股节外侧包括后腹缘 1 根鬃在内，具鬃 7～12 根。前、中、后足胫节外侧具纵行鬃 3 列，其中前列较短小而位于亚前缘；后足胫节端长鬃较长，达第 1 跗节末端；第 2 跗节端长鬃近达第 3 跗节中部，前、中、后足第 5 跗节有 5 对侧蹠鬃，第 1 对为腹位，在第 1 对之间略后方；近爪鬃前、中足具 2 对，后足具 1 对。腹 第 1～7 背板具鬃 2 列，气门下具 1 根鬃，气门小而端甚尖；除第 7 背板外，其余背板单侧各具 1 根端小刺。基腹板后半部具片状纵行细纹区。第 8 背板气门略似倒烟斗状。臀前鬃 3 根，上位 1 根似亚刺形。变形节 ♂（图 215）第 8 腹板后背缘具稀疏小齿，外侧近腹缘具长、短鬃 2～4 根。抱器不动突前、后叶之间具 1 深切刻凹入，前叶短小，其上有 2 根长鬃和 1 根短鬃，其中 1 根略扁变形。后叶较宽（比典型尼泊尔叉蚤♂稍宽，可能与标本薄压有一定关联），长为宽的 1.83～2.16 倍，前、后缘近平行，末端圆钝，但有 2♂♂单侧前下段变异略外凸（图 216）及后缘近基处略内凹。可动突较细窄，前缘下段稍凹，前亚端有 1 小刺鬃，后缘上段具 2 根细长鬃和 1 根小鬃；可动突显高于不动突，长为宽的 5.9～6.9 倍。基节臼鬃 1 根着生于抱器体后缘；抱器体腹缘略直或稍内凹。第 9 腹板前臂端部较窄，中段稍上拱，后臂膨大呈三角形，后端圆钝，亚后缘具 1 根亚刺鬃，其上、下方及外侧具鬃 5 或 6 根。阳茎端中背叶的前端角较圆，侧叶具 1 排细密的齿；阳茎钩突似肾形，端宽平或微凸，后端角较尖突（图 217），腹缘微凹。♀第 7 腹板后缘中段略凸，下部具 1 较窄的内凹，但深浅有变异，其腹叶显宽于背叶（图 218），具侧鬃 1 列 4（3）根。第 8 背板后端具 2 个小内凹，上凹较宽而略圆，下凹窄，其内凹处及上方具鬃 4 根，其中 1 根为长鬃；另前方至气门下具 3 根长鬃和 1 根较长鬃；生殖棘鬃 2 根。受精囊头端背缘显上拱，腹缘稍凹，尾部骨化弱并显短于头部。

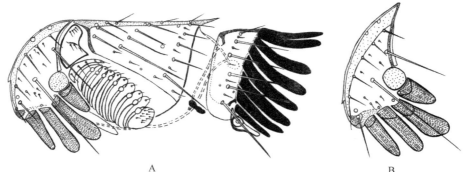

A　　　　　　　　　　　　　　　　　B

图 214　尼泊尔叉蚤 *Doratopsylla araea* Smit *et* Rosucky（湖北神农架）

A.♂头及前胸背板；B.♀角前区及颊栉

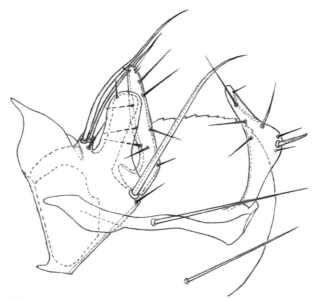

图 215　尼泊尔叉蚤 *Doratopsylla araea* Smit *et* Rosucky，♂变形节（湖北神农架）

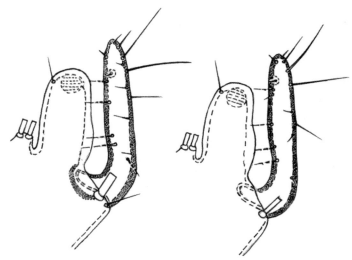

图 216 尼泊尔叉蚤 *Doratopsylla araea* Smit *et* Rosucky，♂不动后叶及可动突变异（湖北神农架）

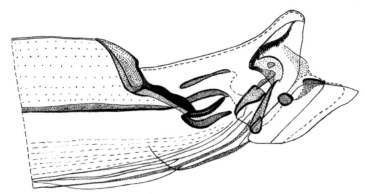

图 217 尼泊尔叉蚤 *Doratopsylla araea* Smit *et* Rosucky，♂阳茎端（湖北神农架）

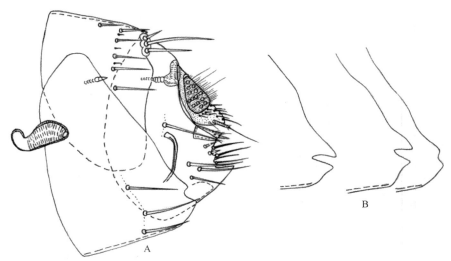

图 218 尼泊尔叉蚤 *Doratopsylla araea* Smit *et* Rosucky，♀（湖北神农架）

A. 变形节；B. 第 7 腹板后缘变异

观察标本 共 8♂♂、2♀♀，其中 1♂于 1992 年 4 月 10 日采自湖北神农架温水河的四川短尾鼩；1♂、1♀，1998 年 10 月 24 日采自神农架野马河同寄主；6♂♂、1♀，1997 年 4 月

19 日采自神农架红坪的一只大林姬鼠，海拔 1500～1600 m，生境为落叶阔叶林。标本除 1♂ 赠存云南省地方病防治所，其余均存于湖北医科院传染病所和军医科院微流所。

宿主　背纹駒鼱、四川短尾鼩、北小麝鼩、多齿鼩鼱、大林姬鼠。

地理分布　湖北西北部（神农架）、云南（景东、贡山、大理、德钦、泸水）；国外分布于尼泊尔。按我国动物地理区系，属华中区西部山地高原亚区和西南区西南山地亚区。

分类讨论　解宝琦等（1991b）依据采自云南贡山 3♂♂、2♀♀ 发表了纪氏叉蚤 *Doratopsylla jii*，后在云南的德钦也采到了它（解宝琦和曾静凡，2000）。刘井元和王敦清（2000）根据在湖北西北部采到的标本并结合叉蚤属以颊栉第 4 刺为锥形种类，认为与朝鲜叉蚤有相近亲缘关系的只有 5 亚种，即朝鲜叉蚤魏氏亚种 *D. coreana wissemani*、刘氏亚种 *D. c. liui*、尼泊尔亚种 *D. c. araea*、湖北亚种 *D. c. hubeiensis* 和剑川亚种 *D. c. jianchuanensis*，并依据相关形态提出了纪氏叉蚤 *D. jii* 就是尼泊尔亚种 *D. c. araea*，同时认为在湖北西北部除分布有湖北亚种 *D. c. hubeiensis* 外，尚分布有剑川亚种 *D. c. jianchuanensis*，其后经进一步调查尤其是获得♀标本后，认为湖北西北部的剑川亚种，实际上是尼泊尔亚种（结合♀第 7 腹板后缘形态看），并在相关文献中进行了修订与更正（刘井元等，2007a）。龚正达等于 2007 年在《中国蚤目志》（第 2 版）780～794 页中根据新获得的数据或资料，将魏氏亚种 *D. c. wissemani*、尼泊尔亚种 *D. c. araea* 和湖北亚种 *D. c. hubeiensis* 分别提升为独立的种，没有提及剑川亚种。至此，叉蚤属以颊栉第 4 刺呈锥形种类不再分亚种，作者赞同这一处理意见（刘井元等，2007a）。然而有疑问的是，龚正达等于 2007 年根据在云南相关地区获得的♀第 7 腹板后缘有凹窦和无凹窦的形态，在《中国蚤目志》（第 2 版）786～788 页中将原认为是尼泊尔亚种 *D. c. araea* 的无凹窦类型（刘井元等，2007a）及相关♂标本，定名为大姚叉蚤 *D. dayaoensis*，问题是大姚叉蚤所发表的正模♂、副模♀与解宝琦等（1991b）命名的纪氏叉蚤 *D. Jii* ♂正模及无凹窦的副模并无区别，如果纪氏叉蚤确为一个有效物种的话，那么毋庸置疑的是，大姚叉蚤将会作为纪氏叉蚤的同物异名（*D. jii* = *D. dayaoensis*）处理，然而，从湖北西北部已获得的尼泊尔叉蚤♂、♀两性标本看（尤其♂），似看不出纪氏叉蚤与尼泊尔叉蚤有明显本质差异区别特征，而后者♀第 7 腹板后缘在湖北西北部是从有凹窦过渡到基本无凹，这一现象表明尼泊尔叉蚤，♀第 7 腹板后缘亦存在一定变异。因此，纪氏叉蚤是否为一个有效物种，尚有待在我国西南山地及相邻的青藏高原获得更多标本后做进一步研究。

另外，编写本志中尚检视了郭天宇等（1994b）采自川西南康定和另外一个采集点的朝鲜叉蚤标本，其中一批♂抱器不动突后叶窄型与《中国蚤目志》（第 1 版）540 页图 731（青海果洛标本）一致，另一批为较典型的后叶宽型，由于窄型和宽型分别产自距离相隔较远的两个完全不同的地点，再加上魏书风等于 1960 年采自四川黑水和若尔盖♂可动突前缘下段具深切刻内凹的标本，如此错综复杂，上述 3 个不同类型尤其是前两个不同类型，作者认为里面有可能还包含有不同的物种，只是♀不易区分。由此看来，这一问题还有待进一步深入探讨。

（九）栉眼蚤亚科 Ctenophthalminae Rothschild, 1915

Ctenophthalminae Rothschild, 1915, *Ent. Mon. Mag.*, **51**: 77 (n. s.); Hopkins et Rothschild, 1962, *III. Cat. Roths. Colln. Fleas Br. Mus.*, **4**: 129; Liu et al., 1986, *Fauna Sinica Insecta Siphonaptera*, First Edition, p. 546; Cai et al., 1997, *The Flea Fauna of Qinghai-Xizang Plateau*, p. 119; Xie et Zeng, 2000, *The*

Siphonaptera of Yunnan, p. 193; Wu et al., 2007, Fauna Sinica Insecta Siphonaptera, Second Edition, p. 797.

鉴别特征　具颊栉，通常有 3～5 根栉刺。下唇须 5 节。触角棒节分 9 节。后胸侧嵴完整，后胸前侧片未退化，其上缘水平或向前斜行，通常无线纹区（仅偶然在基腹板上有微弱线纹）。臀板多于 13 个（通常 17 个）杯陷窝孔。

栉眼蚤族 Ctenophthalmini Rothschild, 1915

Ctenophthalminae Rothschild, 1915, Ent. Mon. Mag., **51**: 77 (n. s.).
Ctenophthalmini Rothschild: Hopkins et Rothschild, 1962, Ill. Cat. Roths. Colln. Fleas Br. Mus., **4**: 152; Liu et al., 1986, Fauna Sinica Insecta Siphonaptera, First Edition, p. 546; Cai et al., 1997, The Flea Fauna of Qinghai-Xizang Plateau, p. 119, Xie et Zeng, 2000, The Siphonaptera of Yunnan, p. 193, Wu et al., 2007, Fauna Sinica Insecta Siphonaptera, Second Edition, p. 798.

鉴别特征　下唇须 5 节。前胸背板短，仅 1 列鬃，前胸腹侧板连接第 1 连接板的内凹位于背侧。通常具 3 根臀前鬃。额突呈叶（舌）状。后足股节亚腹缘处无鬃列。第 5 跗节在第 1 对侧蹠鬃之间尚具 1 对鬃。

18. 古蚤属 Palaeopsylla Wagner, 1903

Palaeopsylla Wagner, 1903, Hor. Soc. Ross., **36**: 137. **Type species** (by designation of International Commission on Zoological Nomenclature, 1955) Palaeopsylla similes Dampf, 1910 (n. s.); Liu, 1939, Philipp. J. Sci., **70**: 78; Li, 1956, An Introduction to Fleas, p. 28; Hopkins et Rothschild, 1962, Ill. Cat. Roths. Colln. Fleas Br. Mus., **4**: 152; Lewis, 1973, J. Parasit., **59** (1): 369; Chen, Wei et Li, 1979, Acta Ent. Sin., **22**: 352; Zhang, Wu et Liu, 1984, Acta Zootaxonom. Sin., **9**: 306; Liu et al., 1986, Fauna Sinica Insecta Siphonaptera, First Edition, p. 546; Yu, Ye et Xie, 1990, The Flea Fauna of Xinjiang, p. 119; Chin et Li, 1991, The Anoplura and Siphonaptera of Guizhou, p. 250; Cai et al., 1997, The Flea Fauna of Qinghai-Xizang Plateau, p. 119; Xie et Zeng, 2000, The Siphonaptera of Yunnan, p. 99, 194; Liu et Chen, 2005, Acta Zootaxonom. Sin., 30: 194; Guo et Wu, 2004, Acta Zootaxonom. Sin., **29**: 809; Wu et al., 2007, Fauna Sinica Insecta Siphonaptera, Second Edition, p. 798.

鉴别特征　具 4 根较宽而扁的颊栉，其中第 3 根，或和第 2 根刺端部尖细，第 4 根位于眼之附近；额突位于额缘上至少在 2/5 处以上。

属的记述　有额突。眼退化。颊栉移位于触角窝前缘，几与体轴垂直。4 根颊栉形状不一，第 1 刺和第 4 刺较短，第 2 刺呈铲状或剑形，或变细呈针状，第 3 刺常自中段以后骤然变窄呈细长的针形（分布于四川的钝刺古蚤属例外）。下唇须 5 节。具前胸栉。背方栉刺长于或短于其前之背板。各足第 5 跗节有 5 对侧蹠鬃，第 1 对移位于第 2 对之间。部分腹节背板具端小刺。♂抱器不动突后缘常具 1 根位置很高的基节臼鬃；阳茎端尤钩突形态常多样；♀第 8 背板后缘常有数根小鬃着生在 1 隆起上。♂、♀均具 3 根臀前鬃。

全球已记录有 60 余种，主要分布于古北界，部分分布于东洋界，主要寄生于食虫目的鼩鼱科和鼹科动物，分隶于 6 个种团。在欧洲发现的 2 种琥珀化石蚤类均属于古蚤属化石种团（klebsiana-group）。中国已报道有 29 种，隶属于 4 个种团，其中有相当一部分蚤种为中国特有，湖北分布有 9 种，分隶于 2 个种团。

种团、种检索表

1. 额部极短（图 245），颊栉第 4 刺基部几抵额缘，第 2 和第 3 刺针形部分细长；额突下内骨化带较弱 ··
···短额古蚤种团 brevifrontata-group······2
　　额部较宽（图 227），颊栉第 4 刺基部离额缘距离较远，第 2 刺呈剑形，第 3 刺末端针形部分较短；额
　　突下内骨化带较强 ······································· 偏远古蚤种团 remota-group······4
2. ♀第 7 腹板后缘深切刻凹入上方，具较宽背叶，末端圆钝（图 255）；♂未发现 ····························
···怒山古蚤 P. nushanensis
　　♀第 7 腹板后缘深切刻凹入上方，具较窄背叶，分成上、下两突，呈鹅头形；如无深切刻凹入，则背
　　突宽钝，且后缘中部有小凹且上略隆起至逐渐过渡到具 1 指形细长背叶 ····························· 3
3. ♂抱器不动突较狭长，呈斜锥形（图 250），长为宽的 1.7～2.3 倍；可动突略弯似镰刀状，上半段宽于下
　　半段；♀第 7 腹板后缘上段具 1 深而窄的斜凹，背叶鹅头形，其下突显长于上突（图 253）·········
···鹅头形古蚤 P. anserocepsoides
　　♂抱器不动突较宽短，近锥形（图 246），长约为宽的 1.1 倍；可动突略直，近香蕉形，上、下宽度近相
　　等；♀第 7 腹板后缘背突宽钝，下方近中部具 1 圆形隆起到后缘有小凹且上具指形细长突起（图 248）
···短额古蚤 P. brevifrontata
4. ♂阳茎端侧叶的端缘呈乳突形（图 225）；第 9 腹板后臂基段特宽（图 224），前背缘具 1（2）列 13～21
　　根小刺鬃或鬃；第 9 背板前内突甚发达，宽大而圆向前隆；♀第 7 腹板后缘上段具 1 深窄窦（图 226）
···巫山古蚤 P. wushanensis
　　阳茎端侧叶的端缘略圆凸或较平直（图 229）；♂第 9 腹板后臂基段较窄（图 228）；第 9 背板前内突远
　　不如上述发达，而显较窄；♀第 7 腹板后缘内凹位于中、下段，或具钩状后突 ····················· 5
5. 额缘下内骨化带细窄（图 219）；♂抱器不动突卵圆形，前背缘较凸出，内侧亚前缘至顶端有 20 余根短
　　鬃丛，基腹部无线纹（图 220）；可动突端半部略向前曲，近镰刀状，长约为宽的 3.3 倍；♀未发现
···马氏古蚤 P. mai
　　额缘下内骨化带较宽（图 227）；♂抱器不动突前背缘近直或仅有略微凸出，内侧亚前缘至顶端仅有 7～
　　10 根稀疏小鬃，基腹部有线纹（图 237）；可动突棒状且前、后缘平行；♀第 7 腹板后缘具角状中叶，
　　或小凹或三角形深凹或三角形后突 ··· 6
6. ♂可动突从基到端渐缩窄且仅稍高于不动突（图 237）；第 9 腹板后臂前缘微凸且端略后弯，末端具 1
　　根亚刺鬃；♀第 7 腹板后缘具 1 近 "V" 形宽窦（图 239）····················· 支英古蚤 P. chiyingi
　　♂可动突从基到端约同宽且显高于不动突（图 241）；第 9 腹板后臂前缘直或微凹，末端无亚刺鬃；♀
　　第 7 腹板后缘具角状中叶，或略直或至中部有小凹或具三角形后凸 ································· 7
7. ♂阳茎钩突叉形（图 243）；第 8 腹板后腹缘无折叠（图 241）；第 9 腹板后臂后缘略弧凸，端后缘仅有
　　几根小鬃而无较长鬃；♀第 7 腹板后缘下段具 1 角状后凸，其上、下方均内凹（图 244）···········
···偏远古蚤 P. remota
　　阳茎钩突喇叭形（图 234）；第 8 腹板亚腹缘具 1 折叠（图 228）；第 9 腹板后臂后缘凸凹不平，近端后
　　缘具 5～7 根较长鬃；♀第 7 腹板后缘形态与上述不同 ··· 8
8. 前胸栉基线仅略向前方弧凸（图 227），背缘栉刺显长于前方之背板的长度；♂第 9 腹板后臂通常较短
　　（图 228）；♀第 7 腹板后缘近平直，且中部常具 1 小凹（图 230，图 231）·························
···长指古蚤 P. longidigita
　　前胸栉基线强烈向前方弧凸（图 232），背缘栉刺较短，前方之背板背缘明显较长，其长度约等于背缘

栉刺长度的 2 倍；♂第 9 腹板后臂相对较长（图 233）；♀第 7 腹板后缘具三角形后凸（图 235）……………………………………………………………………………**湘北古蚤，新种** *P. xiangxibeiensis*, **sp. nov.**

偏远古蚤种团 *remota*-group of *Palaeopsylla*

Palaeopsylla, *remota*-group Smit, 1960, *Bull. Br. Mus.*（*Nat. Hist.*）*Ent.*, **9**: 371; Hopkins *et* Rothschild, 1962, *Ill. Cat. Roths. Colln. Fleas Br. Mus.*, **4**: 193; Liu *et al.*, 1986, *Fauna Sinica Insecta Siphonaptera*, First Edition, p. 553; Chin *et* Li, 1991, *The Anoplura and Siphonaptera of Guizhou*, p. 251; Xie *et* Zeng, 2000, *The Siphonaptera of Yunnan*, p. 201; Wu *et al.*, 2007, *Fauna Sinica Insecta Siphonaptera*, Second Edition, p. 821.

鉴别特征　额突下内骨化带通常较宽（部分种很细窄），且色较浅，颊栉第 2 刺通常端尖并略呈剑形，第 3 刺最长、端段常呈细针状。额不分成上、下两区域。前胸栉有弯有直。腹节背、腹板后缘通常无小锯齿。♂不动突基腹部有或无线纹，第 9 腹板前臂后缘背方近肘部无突起，♀第 8 背板后缘有丛生短鬃的隆起，第 8 腹板游离突末端生有数根短鬃。

（43）马氏古蚤 *Palaeopsylla mai* Liu *et* Chen, 2005（图 219～图 221）

Palaeopsylla mai Liu *et* Chen, 2005, *Acta Zootaxonom. Sin.*, **30**: 194, figs. 1-4 (male only, Shennongjia, Hubei, China, from *Anourosorex squamipes*).

鉴别特征　本种（仅知♂）依其额突下内骨化带较窄，颊栉第 2 刺近剑形，前胸栉基线微弧凸，各刺直而端尖，与六盘山古蚤、偏远古蚤、鼹古蚤和贵真古蚤相近，但六盘山古蚤：①♂抱器不动突近桃状且较短，前缘具较更明显弧凸，前及内侧亚前缘具较宽片状独特密集成簇短鬃区，45～57 根；②可动突似新月状，后缘弧凸最突出处几位于中部，前角尖削并低于不动突；③阳茎钩突端腹缘有很细似线虫深色窄骨化而不同于马氏古蚤。它与后 3 种的区别在于：①♂抱器不动突卵圆形，端钝且较宽，内侧亚前缘至背方具 20 余根短鬃丛，基腹部无线纹；②可动突端半部略向前曲，且不宽于下半段，具较锐的前端角，可动突稍高于不动突，长约为宽的 3.3 倍；③阳茎钩突呈喇叭形；④额突下内骨化带细窄。

种的形态　头（图 219A）　额突小、尖锐，约位于额缘上 2/5 处，额突下内骨化带除近口角处有 1 加厚区外，其余一致细窄。额鬃 1 列 5 或 4 根，下位第 2 根较长。眼退化，仅留有痕迹。颊栉第 1 刺背、腹缘不平行，端尖，第 2 刺近剑形，第 3 刺靠基部 2/5 处最宽，其后渐变窄，具窄长的端部，均超过后头缘；第 1 与第 2 刺间和第 2 与第 3 刺间具明显间隙。后头鬃 3 列，为 2、2、3 根；触角窝背缘具小鬃 1 列 10 根，触角梗节上有小鬃 3 根。下唇须微短于前足基节的长度。胸　前胸背板具 1 列 5 根长鬃，两侧共有刺 19 根，背刺明显长于前胸背板背缘，栉刺直而端尖；前胸栉基线微向前方弧凸。中胸背板鬃 2 列，颈片内侧假鬃两侧共 4 根。中胸侧板鬃 3 列 7 根。后胸背板无端小刺，后胸背板侧区具 1 长 1 短鬃，后胸后侧片鬃 2 列 5 根。前足基节外侧鬃 25 根左右，后足基节下半部有鬃约 18 根。前、中、后足胫节后缘各具 6 个缺刻，外侧有鬃 1 列 6 根，内侧无鬃。后足第 1 跗节端长鬃远超过第 2 跗节之半。各足第 5 跗节有 5 对侧蹠鬃，第 1 对为腹位，在第 2 对之间。腹　第 1～6 背板具鬃 2 列，前列小而不完整，中胸背板主鬃列 6 根鬃，气门下具 1 根鬃，气门小而端尖。第 1～5 背板端小刺，两侧共为 2、2、2、2、0 根。臀前鬃 3 根，中位者最长。变形节　♂第 8 腹板后腹缘平直，端缘圆凸，外侧具鬃 5（6）根。抱器不动突前 1/2 凸出明显，端钝且较宽，前背亚前缘内侧面至顶端有密集成簇的小鬃 25～28 根，基腹部无线纹（图 220）。可动突稍高于不动突，端半部略向前曲，且不宽于下半段，具较锐的前端角（图 219B），长约为宽的 3.3 倍。基节臼位于柄突基部。第 9 背板前内突较发达，柄突从基向端逐渐变窄，在前内突与柄突之间内凹宽圆。第 9 腹板后臂从肘腹缘到顶端长于前臂，端半段略窄于基半段，后缘直，外侧具鬃 14（16）根，近端 4（5）根较长。阳茎端侧叶的端缘较平直；钩突较大，形状略近喇叭形，在骨化内管端口的上方具 1 不规则深色骨化脊向背前方延伸（图 221）。

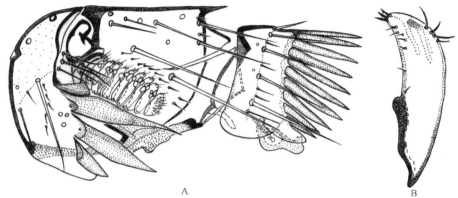

图 219　马氏古蚤 *Palaeopsylla mai* Liu *et* Chen，♂（正模，湖北神农架）

A. 头部及前胸背板；B. 抱器可动突

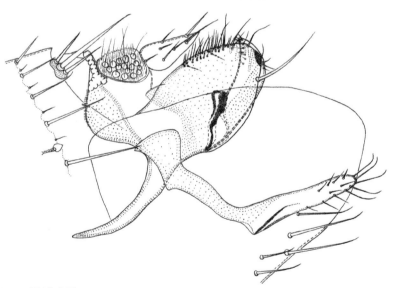

图 220　马氏古蚤 *Palaeopsylla mai* Liu *et* Chen，♂变形节（正模，湖北神农架）

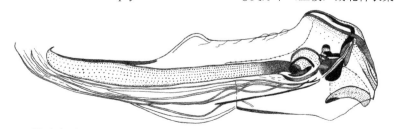

图 221　马氏古蚤 *Palaeopsylla mai* Liu *et* Chen，♂阳茎端（正模，湖北神农架）

　　检视标本　仅 1♂（正模），1995 年 6 月 22 日采自湖北省西北部神农架林区燕子垭，海拔 2300 m 的四川短尾鼩体上，生境为针阔叶混交林带。标本存于军医科院微流所。

　　宿主　四川短尾鼩。

　　地理分布　湖北（神农架）。按我国动物地理区系，属华中区西部山地高原亚区。本种是中国特有种。

（44）巫山古蚤 *Palaeopsylla wushanensis* Liu *et* Wang, 1994（图 222～图 226，图版Ⅳ，图版Ⅴ）

Palaeopsylla wushanensis Liu *et* Wang, 1994, *Acta Zootaxonom. Sin.*, **19**: 367, figs. 1-3 (Honghua, Shennongjia, Hubei, China, from *Anourosorex squamipes*); Wu *et al.*, 2007, *Fauna Sinica Insecta Siphonaptera*, Second Edition, p. 828, figs. 994-997.

　　鉴别特征　该种依其额突下内骨化带较窄，颊栉第 2 刺近剑形，第 3 刺最宽处在中部，前胸栉基线向前方弧突，不动突基腹部有线纹，第 9 腹板后臂前缘有小鬃 1（2）列与偏远古蚤种团 remota-group 中的多棘古蚤相近，但据以下几点可与后种区别：①前胸背板背缘（不含前胸栉）显较后者为短；②♂第 9 腹板后臂基段较后者为宽；③第 9 背板前内突甚发达，宽大而圆向前隆；④阳茎端侧叶的端缘呈乳头形；⑤♀第 7 腹板后缘具 1 深窄窦。

　　种的形态　**头**　额突和额内突发达（图 222），额鬃 1 列 4 根或 5 根，其中 1 根较小。眼退化，仅留有痕迹。颊栉第 2～3 刺和第 3～4 刺间有明显缝隙，第 2 刺♂末端略尖，♀较圆，第 3 刺最宽处约在中部，末端细而较长，略短于或达后头缘。后头鬃 3 列，依序为 2、2、4 根；触角窝背缘♂有小鬃 1 列 8～10 根，♀为前后分开约 5 根。下唇须 5 节，长约达前足基节的 2/3 处。**胸**　前胸背板具 1 列 5 根长鬃，背缘者较短，♂明显短于前胸背刺，♀稍短于背刺，前胸栉 16 根，除背方几个端稍圆外，余均端尖。中胸背板鬃 2 列，颈片内两侧共有假鬃 6 根（图 223），后胸后侧片鬃 2 列 4 根，其气门宽度大于长度。前足基节外侧鬃 23～34 根。后足基节下半部有鬃 12 根左右。后足胫节后缘具 7 个切刻，外侧有鬃 1 列 5 或 6 根。后足第 2 跗节之长等于或稍长于第 3、4 跗节之和，其端长鬃超过第 3 跗节之末。**腹**　各背、腹板无网纹，后缘光滑无锯齿。♂第 1～6 背板、♀第 1～7 背板气门下方有 1 根鬃。第 1～4 背板端小刺：依序为 2（3）、3（2）、2（1）、1 根，♀为 2、3、1、1 根。第 2～7 背板气门下有 1 根鬃，各气门端均尖。臀前鬃 3 根，中位最长。**变形节**　♂第 8 腹板端圆，后缘有稀疏小齿，后腹缘具 1 浅弧形内凹，该腹板近腹缘有 6 或 7 根鬃。可动突略高于不动突，上半段略宽于下半段，末端斜截形，前角有 3（2）根小刺鬃。第 9 背板前内突甚发达，宽大而圆向前隆（图 224），柄突较窄长，末端稍上翘。第 9 腹板后臂略长于前臂，基段特宽（图版Ⅳ），其背、腹缘近平行，背缘有 1（2）列小鬃

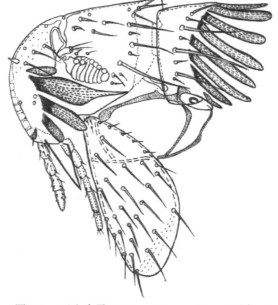

图 222　巫山古蚤 *Palaeopsylla wushanensis* Liu *et* Wang，♀头及前胸（副模，湖北神农架）

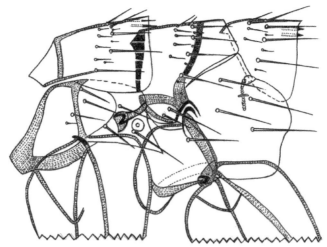

图 223　巫山古蚤 *Palaeopsylla wushanensis* Liu *et* Wang，♀中、后胸及第 1 腹节背板（副模，湖北神农架）

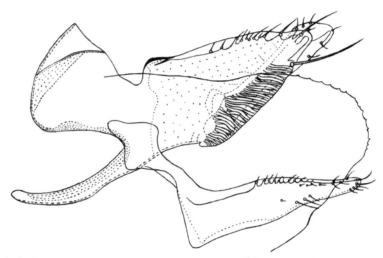

图 224　巫山古蚤 *Palaeopsylla wushanensis* Liu *et* Wang，♂变形节（正模，湖北神农架）

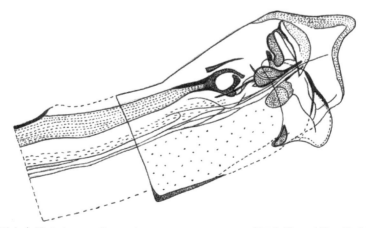

图 225　巫山古蚤 *Palaeopsylla wushanensis* Liu *et* Wang，♂阳茎端（正模，湖北神农架）

13～21 根，其中靠下方的有约 13 根略近小刺状；大致在中段处向末端渐窄，腹缘具 1 浅内凹，除侧缘和亚端缘有 14～22 根鬃外，端缘另有 4～6 根鬃。阳茎端侧叶的形态十分独特，呈乳突形（图225）；钩突略呈喇叭形。♀（图226）第7腹板后缘具1深窄窦（图版V），上叶圆凸，下叶宽钝，板上有鬃1列4根，其间有小短鬃9~12根。第8腹板下半部有侧鬃5根，后缘具长短鬃6根。第8腹板游离突末端钝圆，上具1簇小鬃。肛锥长约为基部宽的4.0倍，具端长鬃1根和亚端小鬃2根。受精囊头部略近方形，背缘稍凸，尾部略弯似腊肠状。

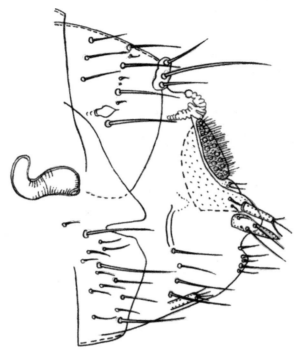

图226　巫山古蚤 *Palaeopsylla wushanensis* Liu *et* Wang，♀变形节（副模，湖北神农架）

观察标本　共9♂♂、4♀♀，其中正模♂和副模2♂♂、1♀，1990年4月24日采自神农架红花朵海拔1600 m的四川短尾鼩体上，生境为落叶阔叶林。另6♂♂、3♀♀于1991~1994年分别采自神农架的燕子垭、次界坪、土地垭、小龙潭和猴子石，海拔1750~2600 m，生境为落叶阔叶林和暗针叶林带，采集月份分别为4月和10月，宿主除四川短尾鼩外，尚有背纹鼩鼱、川鼩和洮州绒鼠。标本存于湖北医科院传染病所和军医科院微流所。

宿主　四川短尾鼩、背纹鼩鼱、川鼩、洮州绒鼠、藏鼠兔、大长尾鼩、多齿鼩鼹，其中四川短尾鼩为主要宿主。

地理分布　湖北西北部神农架（大岩屋、燕子垭、次界坪、红坪、酒壶坪、桂竹圆、土地垭、小龙潭、天门垭、猴子石）、重庆东北部（巫山）。按我国动物地理区系，属华中区西部山地高原亚区。本种是中国特有种。

（45）长指古蚤 *Palaeopsylla longidigita* Chen, Wei *et* Li, 1979（图227~图231）

Palaeopsylla longidigita Chen, Wei *et* Li, 1979, *Acta Ent. Sin.*, **22**: 394. Figs. 1, 2, 4, 5 (Heishui, Sichuan, China, from *Soriculus hypsibius*); Liu *et al.*, 1986, *Fauna Sinica Insecta Siphonaptera*, First Edition, p. 557, figs. 745, 764-767; Wu *et al.*, 2007, *Fauna Sinica Insecta Siphonaptera*, Second Edition, p. 784, figs. 994-997.

鉴别特征　长指古蚤依其额突下内骨化带稍宽，颊栉第2刺近剑形等形态，与内曲古蚤和重凹古蚤相近，它与前者的区别是：①♂抱器可动突明显高于不动突，且上、下宽度相等；②第9腹板后臂端后缘具1束较长鬃5～7根；③阳茎钩突端腹缘较窄，向前下方延伸部分亦较短；④♀第7腹板后缘无深凹。它与后者的区别是：①前胸栉基线弧凸较小或近直，且背缘刺显长于前方之背板；②♂第8腹板后腹缘具1折叠；③抱器不动突基腹部有线纹；④阳茎钩突呈喇叭形；⑤♀第7腹板后缘直或中部小凹上、下方略弧凸。

　　种的形态　头（图227）　额突尖锐，约位于额缘上1/3处。额缘下内骨化带最宽处约位于颊栉第3刺水平线的前方，骨化稍强。颊栉第1刺端略尖或稍圆，第3刺最宽处约在中部，其后渐变窄，细而长的针形末端不及后头缘。眼在颊栉上方略留有痕迹。额鬃列4根鬃，下位1根较小。眼鬃仅有1根粗长鬃（下方小鬃不计）。后头鬃3列，依序为2、2、3～5根。触角窝背方有小短鬃3～8根。下唇须近达前足基节的2/3。**胸**　前胸栉基线略向前方弧凸，背缘刺较长，前方之背板很短，背缘刺显长于前方之背板，多数栉刺显向腹侧弯拱，除背侧几根刺末端钝圆外，余均端尖；前胸栉共具16（15）根栉刺。中胸背板鬃2列，颈片内侧具假鬃3或4根。中胸腹侧板鬃3列7根。背板侧区具1长1短鬃。后胸后侧片鬃2列4根，其气门宽度略小于长度。前足基节外侧具鬃26～32根。后足胫节外侧具鬃1列7（6）根，内侧无鬃，第2跗节端长鬃可达第3跗节之端。**腹**　各背板后缘无锯齿；第1～4背板具鬃2列，第5～7背板具鬃1或2列（如为2列，则前列不完整），气门下具1根鬃；气门小而端尖。基腹板前缘略凹，背缘弧凸。第1～5背板端小刺数（两侧）依序为2～4、2～6、2～5、0～2、0根。臀前鬃♂、♀皆为3根，♂中位1根约为下位长的2倍。**变性节**　♂第8腹板后端宽圆，后腹缘具1浅凹，并具1骨化折叠，近亚腹缘处具侧鬃4～6根。抱器不动突较宽，前背缘弧凸状，基腹部有线纹，在端部前、后方各有1根较长鬃，其间及亚缘有小鬃4～7根，亚背缘有较窄弱骨化带。可动突前、后缘近直，有约1/4段超过不动突顶端，前角有3根浅色小刺鬃。第9背板前内突前缘较圆凸，下缘与柄突间后凹较窄，柄突直，仅末端微上翘，并长于第9背板前内突。第9腹板前臂略短于后臂，端部大致近方形，后臂基段宽窄有变异（图228B），约2/3段逐渐变窄，端部稍膨大，近端腹缘处具1束较长鬃，5～7根（图228A），略前方有小鬃3～6根。阳茎端大部分稍圆凸，下段略内凹；钩突略呈

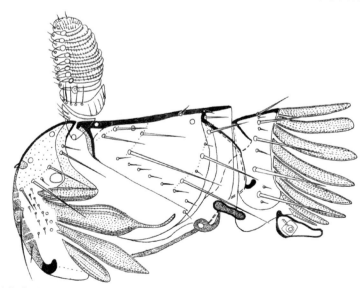

图227　长指古蚤 *Palaeopsylla longidigita* Chen, Wei *et* Li，♂头及前胸背板（湖北神农架）

喇叭形（图 229），腹缘略凹。♀第 7 腹板后缘较平直或中部小凹上、下方略弧凸（图 230，图 231），主鬃列 1 列 5 或 6 根，其间夹杂小鬃 1～5 根。第 8 背板下部具长鬃 1～3 根，后端隆起处有小鬃 5～7 根。第 8 腹板游离突前段略宽于后段，末端有小鬃 4～6 根。肛锥长为基宽的 3.2～4.0 倍。受精囊头部长于尾部，交接囊管与受精囊近等长。

　　观察标本　共 28♂♂、40♀♀，其中 9♂♂、4♀♀，1990 年 4 月 21 日至 1993 年 11 月 15 日采自湖北神农架，自大长尾鼩、川鼩和甘肃鼹；7♂♂、14♀♀，2010 年 10 月 30 至 11 月 26 日采自武当山南岩及琼台，自灰麝鼩；5♂♂、14♀♀，2011 年 3 月 24 日采自湖北广水桐柏山三潭，宿主同；1♂，2000 年 10 月 16 日采自长江三峡以南巴东广东垭，自川鼩。海拔 600～2200 m，生境为常绿阔叶林和针阔叶混交林带。陕西（眉县、佛坪）4♂♂、5♀♀，河北秦皇岛 2♂♂、3♀♀。标本存于湖北医科院寄生虫病所和军医科院微流所。

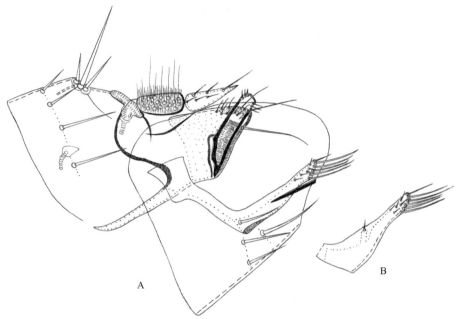

图 228　长指古蚤 *Palaeopsylla longidigita* Chen, Wei *et* Li，♂（湖北神农架）
A. 变形节；B. 第 9 腹板后臂变异

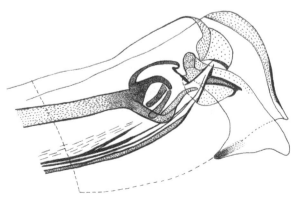

图 229　长指古蚤 *Palaeopsylla longidigita* Chen, Wei *et* Li，♂阳茎端（湖北神农架）

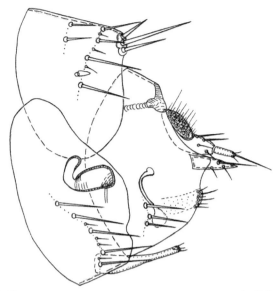

图 230　长指古蚤 *Palaeopsylla longidigita* Chen, Wei *et* Li，♀变形节（湖北神农架）

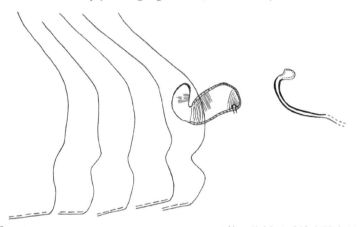

图 231　长指古蚤 *Palaeopsylla longidigita* Chen, Wei *et* Li，♀第 7 腹板及受精囊等变异（湖北神农架）

宿主　大长尾鼩、川鼩、灰麝鼩、背纹鼩鼱、多齿鼩鼹、四川短尾鼩、甘肃鼹、北社鼠、黑线姬鼠、洮州绒鼠、大林姬鼠、中华姬鼠、黄胸鼠。

地理分布　湖北神农架（长坊、木鱼、大九湖、宋洛、大岩屋、红花乡、松柏、徐家庄、板仓、红坪、九龙池）、十堰（五条岭、柳树垭）、武当山（南岩、琼台）、房县（土城）、广水（桐柏山）、巴东（广东垭）；重庆东北部（巫山）、四川（黑水）、陕西（眉县、佛坪）、河北（秦黄岛）和河南（信阳以南一带地区）；长江三峡以南仅在巴东广东垭获得 1♂，这是武陵山东部迄今为止获得的唯一的 1 次采集记录。按我国动物地理区系，属华中区西部山地高原亚区和华北区黄淮平原亚区。本种是中国特有种。

（46）湘北古蚤，新种 *Palaeopsylla xiangxibeiensis* Liu, sp. nov.（图 232～图 235）

鉴别特征　该种依其额突下内骨化带稍宽，骨化较强，♂抱器可动突明显高于不动突，第 8 腹板后腹缘具 1 骨化折叠与长指古蚤接近，但前胸栉基线强烈向前方弧凸（图 232），且该背板背缘明显较长，背缘栉刺较短，背缘栉刺长仅约及前方之背板背缘长的 1/2；♂第 9 腹板后臂通常较长；♀第 7 腹板后缘具三角形后凸可与长指古蚤区别。

种的形态　头　额突（图232A）约位于额缘上1/3处；额缘下内骨化带相对较宽，其最宽处约位于第4颊栉水平线的前方或稍下方，骨化稍强。额鬃1列4（5）根，中间2根较长，上、下位者细小；眼鬃2根，垂直排列；在颊栉前方与眼鬃间上、下方另有小细鬃4～6根。颊栉第1刺♀常较圆（图232B），♂部分标本略尖，第3刺针形末端远不及后头缘；颊栉第1刺与第2刺间和第2刺与第3刺具清晰间隙。后头鬃3列，依序为2、2、3根。触角窝背缘有小短鬃♂6～8根，略成1列，♀者1～3根着生于近端；后头缘♂、♀具稍宽厚化带。下唇须5节，其端近达前足基节的3/5处。胸　前胸背板具16（15）根栉刺；前胸栉基线强烈向前方弧凸，该背板背缘显较长，背缘栉刺较短，其长仅约及前方之背板背缘长的1/2；各栉刺均向腹侧呈弧形弯拱，中段刺与刺之间有较清晰的间隙，仅靠背缘的2或3根栉刺末端钝，余均端尖。中胸背板颈片具假鬃4（5）根；中胸腹侧板具长鬃4根，短鬃2根。后胸后侧片具鬃2列4根。前足基节外侧有鬃25～32根。后足胫节外侧具鬃1列6～8根，后背缘具7个切刻。后足第2跗节端长鬃♂约达第3跗节的2/3，♀超出末端。各足第5跗节具5对侧蹠鬃，第1对在第2对之间，蹠面密生细鬃约10根。腹　第1～3背板具鬃2列，第4～7背板具鬃1～2列（如2列，前列多为1或2根），气门下具1根鬃。第1～5背板端小刺（两侧）依序为3或4、2～4、2或3、2、0（1）根。臀前鬃3根，中位1根最长，下位次之。变形节　♂第8腹板背缘中段略凹，后腹缘凹陷前具1折叠，外侧具鬃5或6根。第9腹板前臂中段可变异稍向上弯拱，后臂显长于前臂，基段略宽于中段以上，后缘中段稍凹或近直，近端后缘处1束较长鬃5（6）根，前及下方有短鬃4～7根。抱器不动突近桃状，前背缘弧凸，端后角尖凸，亚前缘有较弱骨化带，后缘在基节臼鬃以下至臼裸下缘有较宽线纹区。柄突狭细，末段微向上翘。可动突1/4～1/3段超出不动突顶端（图233），前、后缘近平形，末端平或略向前方圆斜。阳茎钩突喇叭形（图234），端缘稍凹，前腹角钩突桩处向前突。♀第7腹板后缘具三角形后凸（图235），外侧有长鬃1列5或6根，短鬃2（1）根。第8背板下部具长鬃2（1）根，后缘隆起处有鬃4～6根。第8腹板游离突基部宽于端部，末端具小鬃4或5根。肛锥长为基宽的3.2～4.0倍。受精囊头部长于尾部，交配囊管较长，长约为受精囊长的2/3。

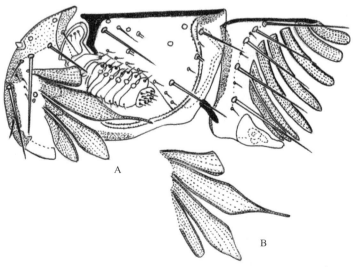

图232　湘北古蚤 *Palaeopsylla xiangxibeiensis* Liu（湖北五峰）

A. ♂头及前胸背板（正模）；B. ♀颊栉（副模）

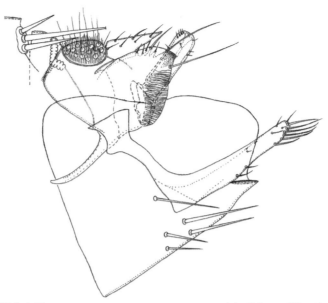

图 233　湘北古蚤 *Palaeopsylla xiangxibeiensis* Liu，♂变形节（正模，湖北五峰）

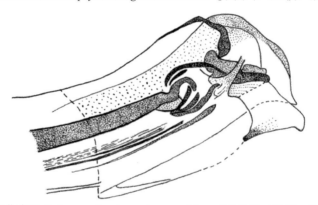

图 234　湘北古蚤 *Palaeopsylla xiangxibeiensis* Liu，♂阳茎端（正模，湖北五峰）

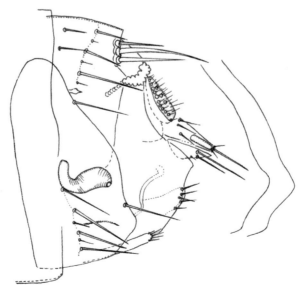

图 235　湘北古蚤 *Palaeopsylla xiangxibeiensis* Liu，♀变形节及第 7 腹板后缘变异（副模）

观察标本　共 14♂♂、18♀♀，其中正模♂，副模 2♀♀，2000 年 4 月 22 日采自鄂西南五峰与湘西北石门两省交界处长坡的大长尾鼩；副模 2♀♀于同年 4 月 10～25 日采自五峰独岭和牛庄同寄主；副模 11♂♂、14♀♀，2000 年 11 月 14～19 日，2010 年 11 月 18～30 日，分别采自五峰牛庄、龚家垭、巴东广东垭和绿葱坡，自大长尾鼩；副模 2♂♂，2010 年 11 月 22 日和 31 日采自巴东绿葱坡，自北社鼠和高山姬鼠，海拔 1200～1800 m，生境为常绿阔叶林带和落叶阔叶林带。正模♂和副模 8♂♂、10♀♀存于军医科院微流所，副模 5♂♂，8♀♀存于湖北医科院寄生虫病所。

宿主　大长尾鼩、川鼩、普通鼩鼱、北社鼠、高山姬鼠。

地理分布　湖北西南部的巴东（绿葱坡、广东垭）、建始（龙坪）、长阳、五峰（牛庄、长坡、独岭）、鹤峰（龚家垭、中营）、恩施（双河、太山庙）、利川（星斗山）；湖南西北部石门（壶瓶山）、桑植（五道水、八大公山）。按我国动物地理区系，属华中区西部山地高原亚区。

词源　新种种名源自模式标本采集地，湖南西北部的简称。

分类讨论　从现有资料看，本种主要分布于长江三峡以南的武陵山东部，具有明显独立的地理分布区。作者曾就长指古蚤与湘北古蚤的地理分布问题，多次深入湖北神农架、武当山、桐柏山一带采集，后又相继查看陕西秦岭、河北秦皇岛标本，证实长江三峡以北的标本与四川黑水模式标本形态一致。长江三峡以南标本，尤其前胸栉弧凸程度，背缘栉刺与前方之背板背缘长度比明显不同，仍定为一近缘种。

（47）支英古蚤 *Palaeopsylla chiyingi* Xie et Yang, 1982（图 236～图 239）

Palaeopsylla chiyingi Xie *et* Yang, 1982, *Entomotaxonomia*, **4**: 27, figs. 1-4 (Binchuan and Jianchuan, Yunnan, China, from *Blarinella quadraticauda*); Liu *et al.*, 1986, *Fauna Sinica Insecta Siphonaptera*, First Edition, p. 556, figs. 743, 762, 763; Chin *et* Li, 1991, *The Anoplura and Siphonaptera of Guizhou*, p. 256, figs. 50-51; Xie *et* Zeng, 2000, *The Siphonaptera of Yunnan*, p. 207, figs. 297-301; Wu *et al.*, 2007, *Fauna Sinica Insecta Siphonaptera*, Second Edition, p. 839, figs. 1011-1013.

鉴别特征　本种属于偏远古蚤种团 *remota*-group，在雄、雌两性一系列构造上，与内曲古蚤、海伦古蚤和重凹古蚤接近，但支英古蚤前胸栉基线向前弯弧拱更大，背缘刺较短，前方之背板显较长而可与内曲古蚤和海伦古蚤区别。与重凹古蚤的区别在于：①♂抱器不动突近锥状，顶端显较窄尖，基腹部具线纹；②可动突自基节臼向上渐窄，末端仅稍高于不动突；③第 9 腹板后臂端段微向后弯，末端具 1 根亚刺鬃；④阳茎钩突近三角形，而重凹古蚤为宽钩状；⑤♀第 7 腹板后缘具 1 深的近“V”形宽窦。

种的形态　**头**（图 236）　额突♂约位于额缘上 2/5 处，♀稍前；额突下内骨化带在上位粗眼鬃至近口角之间为最宽，骨化较弱。额鬃 1 列 3 或 4 根，上位 2 或 3 根位于第 4 颊栉背方；眼鬃下位 1 根甚小，位于上位额鬃与口角之间的亚缘。颊栉具 4 根刺，第 1 刺端略尖或稍圆，第 2 刺略近铲形，第 3 刺最宽处约在中部，端部呈针形，第 2 刺与第 3 刺之间具清晰间隙。后头鬃 3 列，依序为 1、2、3 根。触角窝背缘具 1 列小鬃，♂者 6 或 7 根，♀者 1～3 根。下唇须末端近达前足基节的 2/3 或至 4/5 处。**胸**　前胸背板具 1 列 5 或 6 根长鬃，有间鬃；前胸栉为 13～15 根，背方 2 或 3 根栉刺端较圆，下方几根刺端略尖，且中段均向下方弯拱；前胸栉基线显向前方弧凸，其背方栉刺显短于前方之背板背缘。中胸背板颈片内侧具假鬃 3 根。后胸后侧片鬃 2 列 5 根，其气门宽度大于长度。

前足基节外侧具鬃33～41根；后足基节下半部鬃较稀少，15～20根。前、中、后足胫节外侧各有1纵列鬃，约6或7根，内侧无鬃。后足第1跗节约等于第3、4跗节之和，第2跗节端长鬃不达第3跗节之端。**腹**　第1～7背板♀具鬃2列，第3～7背板♂具鬃1列，气门下具1根鬃，气门端尖。第1～5背板端小刺数，依序为2～4、1～3、1～3、1和0根。臀前鬃3根，中位者最长。**变性节**　♂（图237）第8腹板后背缘具稀疏小齿，后腹缘具1折叠，具侧长鬃1列3或4根，附加鬃3～7根。抱器不动突长宽略相等，近锥形，基腹部具线纹，后缘上段具1根长鬃，近端及内侧有鬃6～11根，其中2或3根为略长鬃。可动突等于或稍高于不动突，其形略似指形，下半部略宽于上半部，端部微向前曲，基部紧贴于柄基略后上方。第9背板前内突向前凸，柄突狭细，末端直或微向上翘，并略长于第9背板前内突。第9腹板前臂端部略呈方形，近中平直或背、腹缘略上拱，后

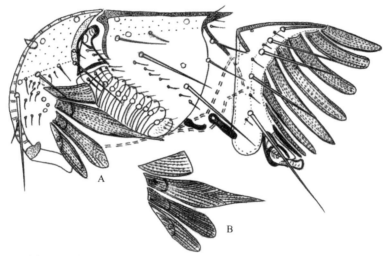

图236　支英古蚤 *Palaeopsylla chiyingi* Xie *et* Yang（湖北五峰）

A.♂头及前胸背板；B.♀颊栉

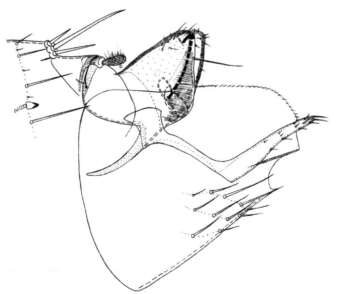

图237　支英古蚤 *Palaeopsylla chiyingi* Xie *et* Yang，♂变形节（湖北巴东）

臂微弯或略直，端段甚细窄，具侧鬃 11～17 根，末端 1 根为亚刺鬃。阳茎端侧叶的端缘略呈弯弧形，钩突后背缘及腹方有较窄浅骨化（图 238）。♀第 7 腹板后缘具 1 宽的近"V"形深窦（图 239），背叶圆凸，腹叶后缘略凸并显长于背叶，主鬃列 1 列 4 或 5 根，其间及前方有短鬃 4～9 根。第 8 背板中部近腹缘有长鬃 2 根和短鬃 1（2）根，后端小隆起上具小鬃 6（7）根。第 8 腹板游离突末端圆钝，具端鬃或亚端鬃 7（6）根，肛锥长为基部宽的 3.0～4.2 倍，其上长端鬃约为肛锥长的 2.0 倍。交配囊管骨化很弱；受精囊头部腹缘略凹，尾部短于头部。

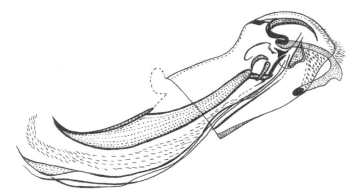

图 238　支英古蚤 *Palaeopsylla chiyingi* Xie *et* Yang，♂阳茎端（湖北巴东）

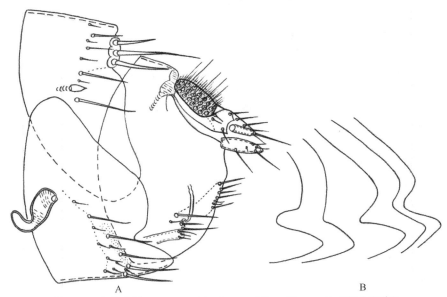

图 239　支英古蚤 *Palaeopsylla chiyingi* Xie *et* Yang，♀（湖北巴东）

A. 变形节；B. 第 7 腹板后缘变异

观察标本　共 12♂♂、19♀♀，其中 5♂♂、11♀♀，2010 年 11 月 23 日采自湖北长江三峡以南的巴东绿葱坡，宿主为大长尾鼩；1♀，2010 年 11 月 16 日采自五峰牛庄，宿主同。2♂♂，2010 年 11 月 18 日采自巴东广东垭，宿主分别为灰麝鼩和大长尾鼩，海拔 1400～1800 m，生境为常绿落叶阔叶混交林和落叶阔叶林。2♂♂、3♀♀，2011 年 10 月采自长江三峡以北的兴山古夫，自灰麝鼩。另 2016 年 11 月在神农架坪堑采到 3♂♂、4♀♀。标本分存于湖北医科院寄生虫病所和军医科微流所。

　　宿主　大长尾鼩、灰麝鼩、未定种鼩鼱、四川短尾鼩、川鼩、喜马拉雅水麝鼩、洮州绒鼠、白腹巨鼠；湖北省外尚有褐鼩鼱、肥鼩鼱、大褐鼩鼱、长尾褐鼩鼱、普通褐鼩鼱、云南鼩鼱、大足缺齿鼩、鼩猬和多齿鼩鼹等。

　　地理分布　湖北西南部的巴东（绿葱坡、广东垭、野三关）、长阳（朗坪）、鹤峰（中营、太坪）、五峰（牛庄、采花）、利川（星斗山）、咸丰、建始（红岩寺）、恩施（双河、泰山庙）、兴山（水月寺、古夫）、宜昌（大老龄）、神农架（坪堑）；湖南西北部张家界、桑植（五道水、八大公山），重庆东南部，贵州（梵净山），云南（宾川、贡山、泸水、云龙、大理、景东、马关、永德）。按我国动物地理区系，属华中区西部山地高原亚区和西南区的西南山地亚区。本种是中国特有种。

　　生物学资料　多见于冬、春二季，尤其是霜冻及降雪前、后期间较为常见，在武陵山东部从海拔400～2200 m各个地带都有它的分布踪迹，数量上在古蚤属中是该地区仅次于偏远古蚤的一个物种，与湘北古蚤数量大体相当，但在长江三峡以北分布范围则较局限，目前仅知分布在兴山古夫镇的城郊、神农架坪堑和宜昌大老龄以东以南一线采到少量标本，而神农架北坡经多年采集尚没有发现它的踪迹。

（48）偏远古蚤 *Palaeopsylla remota* Jordan, 1929（图240～图244）

Palaeopsylla remota Jordan, 1929, *Novit. Zool.*, **35**: 41, fig. 2 (Chongqing, China, from mole); Jordan, 1932, *Novit. Zool.*, **38**: 270, fig. 26 (report male); Li *et* Hsieh, 1964, *Acta Ent.*, **13**: 768; Hopkins *et* Rothschild, 1962, *Ill. Cat. Roths. Colln. Fleas Br. Mus.*, **4**: 199, figs. 303, 304, 307, 309, 311, pls. 9D, E, 10C; Lewis, 1973, *J. Parasit.*, **59**: 197, figs. 15-20; Liu *et al.*, 1986, *Fauna Sinica Insecta Siphonaptera*, First Edition, p. 570, figs. 383, 792-796, Chin *et* Li, 1991, *The Anoplura and Siphonaptera of Guizhou*, p. 252, figs. 47-49; Xie *et* Zeng, 2000, *The Siphonaptera of Yunnan*, p. 195, 201, figs. 3, 288, 289; Guo *et* Wu, 2002, *Acta Zootaxonom. Sin.*, **29**: 809, figs. 3, 5; Wu *et al.*, 2007, *Fauna Sinica Insecta Siphonaptera*, Second Edition, p. 821, figs. 982-985.

Palaeopsylla miranda Smit, 1960, *Bull. Br.Mus.* (*Nat. Hist*), *Ent.*, **9**: 371, figs. 2, 4, 6, 8, 9 (Mt. Victoria. Pakokku Chin Hills, Burma, from *Talpa micrura leucura*).

Palaeopsylla kappa Jameson *et* Hsieh, 1969, *J. Med. Ent.*, 6: 182, figs. 1F, 2C, D, F (Hehuangguan, Hualian, Taiwan, China, from *Mogera insularis*).

Palaeopsylla remota nesicola Traub *et* Evans, 1967, *Pacif. Ins.*, **9**: 622, 33-43.

　　鉴别特征　偏远古蚤依其额突下内骨化带较宽，颊栉第2刺近剑形，前胸栉各刺直而端尖，不动突基腹部有线纹，与分布云南的鼹古蚤相近，但据以下几点可与后者区别：①前胸栉基线直而非向前方微弧凸；②♂抱器可动突呈棒状，前、后缘近平行，端半段不宽于基半段且不弯向前方；③阳茎端侧叶的端缘较平直和钩突叉形；④♀第7腹板后缘中叶角状，上凹浅宽。

　　种的形态　头（图240）　额突尖锐，偶较小或仅有痕迹，约位于额缘上2/5处。额缘最凸出处，♀在额缘中点，♂常在额缘中点上方。额突下内骨化带较宽，骨化稍弱。额鬃1列3根，上位1根位于触角窝前缘，偶在额鬃上方另具1根粗长鬃。眼鬃2根，下方1根微小。颊栉第1刺背、腹缘近平行，较短，第2刺近剑状，第3刺宽于第2刺，具细长针状端部。后头鬃依序为2、2、3根；触角窝背缘具小鬃5～10根。下唇须5节，其端近达前足基节的4/5处。胸　前胸栉16（15）根，栉刺直而端尖，刺与刺之间具清晰间隙，其背刺倍长于前方之背板；背板上具1列4或5根长鬃。中胸背板鬃2列，颈片内侧具假鬃

3 根。中胸腹侧板具长鬃 5 根，短鬃 2 根；背板侧区具 1 长 1 短鬃。后胸后侧片具鬃 2 列 4 根。前足基节外侧鬃较少，具长鬃 15 或 16 根，缘小鬃 5～11 根，端鬃 2 或 3 根。前足股节后近亚腹缘具长鬃 1 根，内侧前下部具小鬃 1（0）根。前、中、后足胫节外侧具纵行鬃 1 列 5～7 根，等距离排列，后背缘具切刻 7（6）个。后足胫节和第 1 跗节端切刻鬃较粗壮，第 2 跗节端长鬃略超过第 3 跗节末端。各足第 5 跗节有 5 对侧蹠鬃，第 1 对向内移，在第 2 对之间，具近爪鬃 1 对。**腹**　第 1～7 背板具鬃 1～2 列，♂气门下具 1 根鬃；第 1～5 背板端小刺（两侧）依序为 4、3（4）、2（3）、1（2）、0 根。基腹板背缘宽凸或略平，前缘稍凹，下部有弯弧形线纹区，近腹缘具侧鬃 1 根。臀前鬃♂、♀均为 3 根。**变形节**　♂（图 241）第 8 腹板发达，遮盖抱器下半部分，背缘中段略凹，后端宽圆，后腹缘直或略内凹，外侧近腹缘具长、短侧鬃 4～6 根。不动突锥形，前亚缘具较窄弱骨化带，其上及内侧面具鬃 7～10 根，其中近端 2 根为细长鬃；另后上缘具 1 根粗长鬃，自该鬃略下方至臼下缘之间，有较宽片状线纹区。第 9 背板前内突呈较宽圆拱状凸向前方，柄突窄细，末端微向上翘。可动突长为宽的 4.5～5.5 倍，棒状，前、后缘近平行，末端明显高于不动突，前角有 3 根小刺鬃。第 9 腹板前臂端部膨大部分似茶杯状，后臂显长于前臂，后缘中段微凸，基段约略等宽，偶有变异（获得的数千个标本中，有 2♂♂变异明显增宽）（图 242），端段渐窄尖，后缘至顶端有缘鬃或侧鬃 9～13 根，微鬃 5～7 根。阳茎端侧叶的端缘较平直；钩突叉形，分成两突（图 243），前突长于后突；骨化内管端与钩突基部可呈直角，很显然这与骨化内管移位有关。♀（图 244）第 7 腹板后缘近腹缘具 1 角状突起，其上、下方均内凹，背叶圆钝或略直，外侧有长鬃 1 列 6 根，其间及前方有小鬃 2 或 3 根。第 8 腹板中部有纵行长鬃 2（3）根，后缘隆起上有略长鬃 3 根，微鬃 2（3）根。第 8 腹板末端较粗钝，上具 7 根端鬃或近端鬃。肛锥长为基宽的 2.1～2.4 倍，其端长鬃为肛锥长的 2～3 倍。肛背板在一平伸标本两肛锥之间及前、后方可见 4 列鬃，分别为 6、4、2、4 根。受精囊骨化较弱，头部略长于尾部。

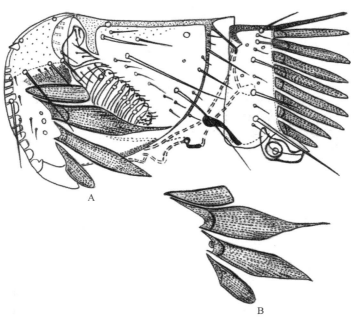

图 240　偏远古蚤 *Palaeopsylla remota* Jordan（湖北五峰）

A. ♂头及前胸背板；B. ♀颊栉

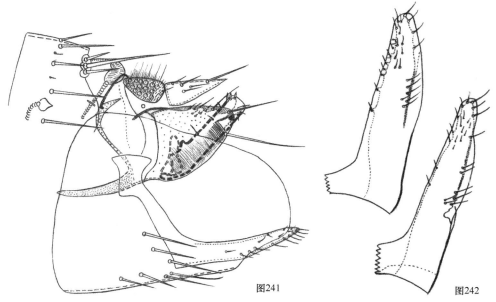

图 241～图 242　偏远古蚤 *Palaeopsylla remota* Jordan，♂

图 241　变形节（湖北五峰）

图 242　第 9 腹板后臂偶变异（湖北神农架）

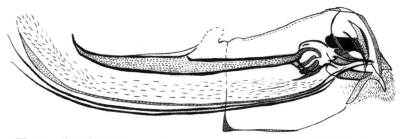

图 243　偏远古蚤 *Palaeopsylla remota* Jordan，♂阳茎端（湖北神农架）

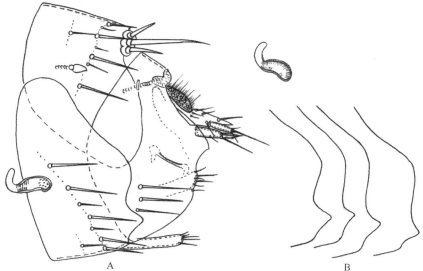

图 244　偏远古蚤 *Palaeopsylla remota* Jordan，♀（湖北神农架）

A. 变形节；B. 第 7 腹板后缘及受精囊变异

观察标本　共 23♂♂、17♀♀，其中 19♂♂、12♀♀，2000～2004 年分别采自湖北五峰（长坡、毛坪、松木坪、牛庄、独岭）、巴东（广东垭、北界、绿葱坡）、鹤峰（太坪、中营、龚家垭）和恩施（双河、太山庙），宿主有四川短尾鼩、猪尾鼠、川鼩、白腹巨鼠、灰麝鼩和北社鼠；4♂♂、5♀♀，1989 年 5 月 4 日至 1991 年 4 月 21 日采自湖北神农架（红花朵、百草坪、松柏镇），宿主为四川短尾鼩、川鼩和未定种的鼩，海拔 900～2980 m，生境为常绿落叶阔叶林带至高山针叶林带。标本存于湖北医科院传染病所。

宿主　四川短尾鼩、喜马拉雅水麝鼩、大长尾鼩、川鼩、甘肃鼹、背纹鼩鼱、多齿鼩鼹、灰麝鼩、大林姬鼠、中华姬鼠、高山姬鼠、褐家鼠、黄胸鼠、黑腹绒鼠、洮州绒鼠、岢岚绒鼠、北社鼠、白腹鼠、白腹巨鼠、猪尾鼠、藏鼠兔、鼩；湖北省外有白尾鼹、肥鼩鼱、褐鼩鼱、毛猬、川西长尾鼩、黑线姬鼠、滇绒鼠、大耳姬鼠、湖北大绒鼠、大足鼠、斯氏家鼠、隐纹花松鼠、青毛鼠。

地理分布　湖北西部神农架（松柏镇、木鱼、红花朵、百草坪、大岩屋、红坪、燕子垭、杉树坪、长坊、大龙潭、小龙潭、刘家屋场、大九湖、酒壶坪）、兴山（水月寺、龙门河）、房县（土城、柳树垭）、十堰（五条岭）、武当山（南岩、琼台）、巴东（绿葱坡、广东垭、北界、野三关）、五峰（牛庄、独岭、湾潭、后河、长坡、毛坪、松木坪、龚家垭）、建始（红岩寺）、鹤峰（中营、太坪）、长阳、恩施（太山庙、双河）、利川（星斗山）；湖南西北部张家界、桑植（八大公山、五道水）、石门（壶瓶山）、云南（金屏、思茅、龙陵、大理、云龙、剑川、陇川、贡山、景东、元阳）、重庆（巫山）、四川（双流、内江、南充、黑水、唐克、泸定）、陕西（佛坪、柞水、眉县、太白、舟县）、甘肃、宁夏（六盘山）、贵州（梵净山）、台湾、江苏（南京）。国外分布于缅甸、锡金和尼泊尔。按我国动物地理区系，属西南区西南山地亚区、华中区东部平原丘陵亚区及西部山地高原亚区和华北区黄土高原亚区。

生物学资料　本种主要见于春、冬二季，尤其是霜冻、冰雪期间及前后一段时间，在四川短尾鼩体上，一只宿主多者可达 20～40 只，而且像这种情况在鄂西南所占比例较高，尤其是在捕打宿主后，时间不长情况下收铗，宿主体外该蚤尤多，在湖北西部 20 余年调查中，共检获 4500 余只，这在同一地区中与其他蚤种获得数量相比，检集到如此之多是非常少有的，尤其是在长江三峡以南的武陵山东部，它的个体数显多于长江三峡以北的大巴山东部，这显然与武陵山东部整个山系海拔较低（2300 m 以下），气候及温、湿度和生态环境不同有关。按四川短尾鼩已知地理分布，它可能随其寄主有更广泛的地理分布，是典型的东洋界物种。

分类讨论　有关奇异古蚤 *P. miranda* 和开巴古蚤 *P. kappa* 与本种的分类关系，从现有标本和资料数据方面看，其中前者♂、♀变形节的形态与本种完全相符，可动突长宽比也无任何差异，而前胸栉刺略多和颊栉稍窄，只能是少量标本个体变异的差异，颊栉稍窄不足以作为一独立近缘种的鉴别依据。在湖北西部的偏远古蚤标本中，可以见到♂不动突背缘有略较圆的个体；阳茎钩突凹端之后侧突同内管相连处几呈直角，经反复观察，湖北西部有一部分标本骨化内管偏移也可以形成上述类似的结果（图243），同时开巴古蚤形态绘图也与原始描记有很大关系，如阳茎钩突没有完整的绘制出，这在一定程度上亦说明了这一问题，据此作者认为上述三者应系同物，除非开巴古蚤♂抱器不动突基腹部无线纹或阳茎钩突完整描画出结构完全不同才有可能是另外一种。因此在本志中，偏远古蚤不与奇异古蚤 *P. miranda* 和开巴古蚤 *P. kappa* 作鉴别。

短额古蚤种团 *brevifrontata*-group of *Palaeopsylla*

Palaeopsylla, brevifrontata-group Zhang, Wu *et* Liu, 1984, *Acta Zootaxonom. Sin.*, 9: 306: Gong *et* Feng, 1997, *Acta Zootaxonom. Sin.*, 22: 212; Xie *et* Zeng, 2000, *The Siphonaptera of Yunnan*, 9: 378; Wu *et al.*, 2007, *Fauna Sinica Insecta Siphonaptera*, Second Edition, p. 802.

鉴别特征 额部极短。额突下内骨化带较宽或部分很宽，骨化较弱。颊栉第 2、3 刺在中部之后突然变窄，具细而长的针形端部；第 4 刺几抵达额缘，将额区分为上下两部。前胸栉直而端尖，下位第 4 根刺通常长于邻刺。♂抱器不动突基腹部有线纹。♀第 8 腹板末端有较短的小毛或微鬃。

该种团仅知分布于中国，已记录有 8 种，是鼹科体外特异寄生蚤，偶可采集同一生境活动或栖息的鼩鼱类和鼠兔类动物。湖北西部分布有 3 种。

（49）短额古蚤 *Palaeopsylla brevifrontata* Zhang, Wu *et* Liu, 1984（图 245～图 248，图版 V）

Palaeopsylla brevifrontata Zhang, Wu *et* Liu, 1984, *Acta Zootaxonom. Sin.*, 9: 303, figs. 5-8 (Foping, Shaanxi, China, from *Uropsilus soricips*); Liu *et* Wang, 1995, *Acta Zootaxonom. Sin.*, 20: 378, figs. 3, 4; Guo *et* Wu, 2004, *Acta Zootaxonom. Sin.*, 29: 809, fig. 1; Wu *et al.*, 2007, *Fauna Sinica Insecta Siphonaptera*, Second Edition, p. 802, figs. 951-953.

鉴别特征 短额古蚤依其额突下内骨化带较窄，骨化甚弱，颊栉第 2、3 刺最宽处约在中部，♂第 9 腹板后臂较短与鹅头形古蚤接近，但据以下特征可资区别：①♂抱器不动突近锥形，且较短，长约为宽的 1.1 倍；②可动突略直，近香蕉形，端部较锐，上、下宽度略相等；③阳茎钩突呈叉形；④♀第 7 腹板后缘背突宽钝，下方近中部处具 1 圆形隆起到后缘有小凹且上具指形细长突起。

种的形态 头（图 245） 额突齿形、发达，约位于额缘上 1/4 处。额缘下内有较宽而且不规则弱骨化带形区。额鬃 1 列 4 根，下位第 2 根♂较长。眼鬃 2 根，上位 1 根甚小。后头鬃 3 列，分别为 2、2、4 根，其中靠腹方几根鬃尤♂都较长；♂后头缘无发达后头沟。触角窝背方有数根小短鬃。颊栉第 1 刺端略尖，第 2、3 刺最宽处约在中部，其后细长针形末端均达或超过后头缘。颊栉第 1 刺与第 2 刺之间，第 2 刺与第 3 刺之间具明显间隙。下唇须 5 节，末端略短于前足基节的长度。**胸** 前胸背板具 1 列 5（4）根长鬃，前胸栉两侧共 18（19）根刺，栉刺直而端尖，其背刺显长于该背板。中胸背板鬃 2 列，前列鬃稍小而不完整，颈片内侧假鬃两侧共 5 根。中胸侧板鬃 3 列为 2、2、1 根，其间夹杂 1 根小鬃。后胸背板侧区具 1 长 1 短鬃。后胸后侧片鬃 2 列 4 根。前足基节外侧具 18 或 19 根长鬃，小短鬃约 7 根，近端亚前缘具 2 根中长鬃。后足基节外侧下半部有长、短鬃约 27 根。前、中、后足胫节外侧有鬃 1 列 5～7 根，后背缘具 7（6）个切刻。后足第 2 跗节端长鬃达到第 3 跗节之末。**腹** 第 1～7 背板具鬃 2 列，中间背板主鬃列 5 或 6 根鬃，气门下具 1 根鬃；气门端尖，其长度略大于宽度。第 1～5 背板端小刺（单侧）♂依序为 1、2、2、1、0（1）根，♀依序为 1、2、2、1（2）、1 根。臀前鬃 3 根，上位 1 根较短。**变形节** ♂第 8 腹板端圆弧形，后腹缘常具 1 小内凹，并有 1 小膜质叶伸出，外侧近腹缘有鬃 4～7 根，其中后列 4 根稍长。抱器不动突近锥形（图 246），长约为宽的 1.1 倍，前背缘略凸，具中长鬃 1 列 4 根，其间及内侧亚前缘有小鬃约 7 根，基腹部具线纹，后腹缘稍圆凸；后亚缘至顶端具较宽弱骨化带形区，基节凹离柄突基距离较近。可动突近香蕉形（图版Ⅴ），长约为宽的 4 倍，前下缘稍凹，上方稍前倾，端前角较锐，后缘上段较圆凸；可动突与不动突等高。柄突由基向端渐窄，末端稍上翘。第 9 腹板前臂呈较窄弯弓形向背方拱起，后臂近端 1/3 处后突略呈峰形，端后角稍向后突，外侧有小鬃 19～23 根，其中近端 3 根稍长。阳茎端钩突呈叉形（图247），末端较尖。♀（图248A）第 7 腹板后缘背突宽钝，下方近中部处具 1 圆形隆起到后缘有小凹且上具指形细长突起（图248B），腹叶常显后伸，呈钝圆的后凸。外侧有鬃 10～14 根，其中主鬃 1 列 5（6）根。第 8 背板后背突圆钝，中部有侧长鬃 2 根，近后腹缘有长、短鬃约 6 根。肛锥长为基宽的 3.5～4.0 倍，具端长鬃 1 根和 2 根较小侧鬃。交配囊管较细短，受精囊头部略长于尾部。

观察标本　共 15♂♂、25♀♀，其中 12♂♂、21♀♀自多齿駒鼹，2♂♂、3♀♀自甘肃鼹，1♂、1♀自四川短尾駒，分别于 1990～1994 年 4～5 月及 10～12 月采自湖北西北部神农架的红花朵、徐家庄、燕子垭和猴子石，海拔 1400～2600 m，生境为常绿落叶阔叶混交林至高山针叶林。标本分存于湖北医科院传染病所和军医科院微流所。

宿主　多齿駒鼹、甘肃鼹、四川短尾駒、川駒、大长尾駒、大林姬鼠、洮州绒鼠。

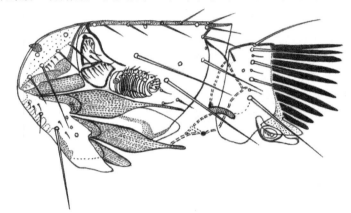

图 245　短额古蚤 *Palaeopsylla brevifrontata* Zhang, Wu *et* Liu，♂头及前胸背板（湖北神农架）

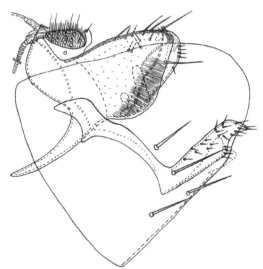

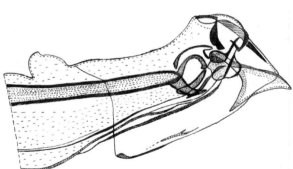

图 246　短额古蚤 *Palaeopsylla brevifrontata* Zhang, Wu *et* Liu，♂变形节（湖北神农架）

图 247　短额古蚤 *Palaeopsylla brevifrontata* Zhang, Wu *et* Liu，♂阳茎端（湖北神农架）

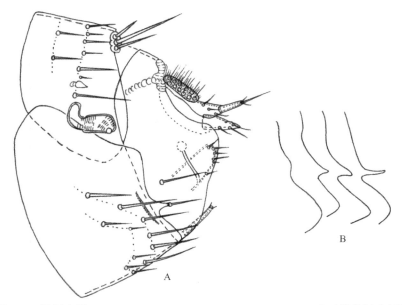

图 248　短额古蚤 *Palaeopsylla brevifrontata* Zhang, Wu et Liu，♀（湖北神农架）

A. 变形节；B. 第 7 腹板后缘变异

　　地理分布　湖北西北部神农架（燕子垭、猴子石、徐家庄、大岩屋、杉树坪、红花朵、刘家屋场、红坪、酒壶坪、小龙潭、大龙潭、新华、松柏）、房县（土城）、兴山、十堰（五条岭）；重庆东北部（巫山）、陕西秦岭南坡（佛坪）。按我国动物地理区系，属华中区西部山地高原亚区。本种是中国特有种。

（50）鹅头形古蚤 *Palaeopsylla anserocepsoides* Zhang, Wu *et* Liu, 1984（图 1，图 3A，图 249～图 253，图版 V ）

> *Palaeopsylla anserocepsoides* Zhang, Wu *et* Liu, 1984, *Acta Zootaxonom. Sin.*, **9**: 305, figs. 9, 10 (female only, Foping, Shaanxi, China, from *Uropsilus soricips*); Liu *et* Wang, 1995, *Acta Zootaxonom. Sin.*, **20**: 378, figs. 1, 2; Wu *et al.*, 2007, *Fauna Sinica Insecta Siphonaptera*, Second Edition, p. 807, figs. 959-962.

　　鉴别特征　该种依其额亚缘骨化带较弱和♂第 9 腹板后臂较短，后端角略后伸与短额古蚤相近，但据以下几个特征可资区别：①♂抱器可动突略弯似镰刀状，端部较圆，上半部宽于下半段；②不动突呈斜锥形，且较狭长，长为宽的 1.7～2.3 倍；③阳茎钩突近三角形；④♀第 7 腹板后缘上段具 1 斜而甚深窄内凹，背叶鹅头形，其下突显长于上突。

　　种的形态　头（图 249）　额突和额内突发达。额突下内骨化带较宽而色很淡。额鬃 1 列 4 根，下位 1 根较小。眼鬃 2 根，呈上、下位排列。眼退化，仅留有痕迹。颊栉第 1 刺略呈铆钉状，第 3 刺约在近中段骤然膨大，具窄而长的端部，均超过后头缘。后头鬃 3 列，依序为 3、1、3 根。触角第 2 节长鬃达不到棒节中部。下唇须较长，末端略超过前足基节端部。**胸**　前胸背板鬃 1 列 5 根。前胸栉两侧共 18 根，背刺端尖，其下位第 4 刺略长于其他各栉刺。中胸背板鬃 2 列，颈片内侧具假鬃 2 根。后胸后侧片鬃 2 列 4 根，其气门宽度略小于长度。前足基节具侧鬃 17～20 根。后足基节外侧下半段有鬃 14 或 15 根。后足胫节外侧鬃 1 列 6～8 根。后足第 2 跗节端长鬃等于第 3 跗节之长度。**腹**　各背腹板上无网纹，后缘光滑无锯齿。第 1～7 背板各具 2 列鬃。第 2～7 背板气门下具 1 根鬃。第 1～5 背板端

小刺两侧共为 4、5、4、2、0 根；各气门端尖。臀前鬃 3 根，上位 1 根似亚刺形。**变形节** ♂
第 8 腹板端圆形，后腹缘无内凹，该腹板内侧有 1 向腹缘略延伸膜叶小突起，外侧近腹缘
处有鬃 6（7）根。抱器可动突顶端略向前弯，近镰刀状（图 250），其端部较圆，上前角有
3 根刺形鬃。不动突呈斜锥形，长为宽的 1.7～2.3 倍，基腹部有线纹，上具 1 根向下的长
鬃。第 9 背板前内突不发达，柄突较狭长，末端稍向上翘。第 9 腹部前臂背、腹缘向上方
拱起变异较大，从近平直、略向上拱至单侧或双侧显向背方拱起（图 251），呈弯弓形；后
臂端后角略后突，其上有 3 根细小鬃。阳茎钩突近三角形（图 252），端部常略钝。♀第 7
腹板后缘上段具 1 甚深而窄的斜凹（图 253），背叶鹅头形（图版 V），下突显长于上突，
腹叶中段微凸，后腹角圆钝，主鬃 1 列 5（6）根，其前有 4～8 根附加鬃。第 8 背板近中
部具鬃 1 或 2 根。第 8 腹板端细窄，上有小鬃 2～4 根。受精囊头部略长于尾部。

　　观察标本　共 11♂♂、10♀♀，其中 7♂♂、6♀♀于 1990～1992 年 4～5 月及 10～12 月
采自湖北神农架的红花朵、次界坪、红坪、刘家屋场，宿主为多齿鼩鼱、川鼩、四川短尾
鼩、黑腹绒鼠，海拔 1600～1800 m，生境为常绿落叶阔叶林和落叶阔叶林。4♂♂、4♀♀于
2003 年 6 月 3 日采自长江三峡以南的巴东绿葱坡的多齿鼩鼱，海拔 1700 m。标本存于湖
北医科院传染病所和军科院微流所。

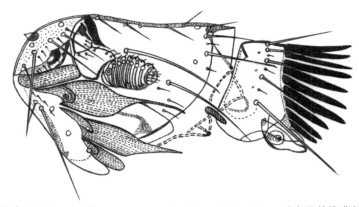

图 249　鹅头形古蚤 *Palaeopsylla anserocepsoides* Zhang, Wu *et* Liu，♂头及前胸背板（湖北巴东）

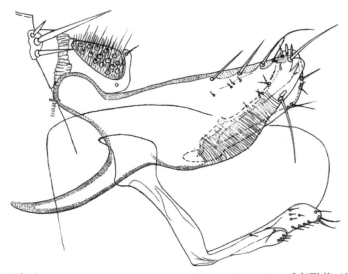

图 250　鹅头形古蚤 *Palaeopsylla anserocepsoides* Zhang, Wu *et* Liu，♂变形节（湖北神农架）

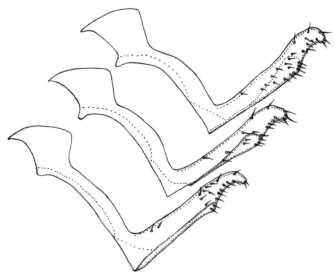

图 251　鹅头形古蚤 *Palaeopsylla anserocepsoides* Zhang, Wu *et* Liu，♂第 9 腹板变异（湖北西部）

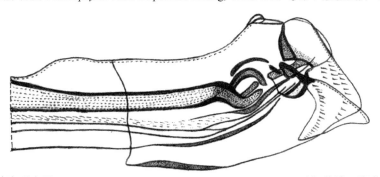

图 252　鹅头形古蚤 *Palaeopsylla anserocepsoides* Zhang, Wu *et* Liu，♂阳茎端（湖北神农架）

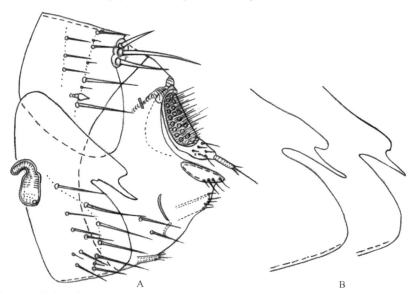

图 253　鹅头形古蚤 *Palaeopsylla anserocepsoides* Zhang, Wu *et* Liu，♀（湖北巴东）

A. 变形节；B. 第 7 腹板后缘变异

宿主　多齿鼩鼱、川鼩、四川短尾鼩、大长尾鼩、黑腹绒鼠、中华姬鼠、大林姬鼠、藏鼠兔。

地理分布　湖北西北部神农架（红花朵、次界坪、红坪、刘家屋场、九龙池、土地垭、桂竹圆、酒壶坪、大龙潭、天门垭）、房县（土城）、湖北西南部巴东（绿葱坡）；陕西秦岭南坡（佛坪）。按我国动物地理区系，属华中区西部山地高原亚区。本种是中国特有种。

分类讨论　♂第9腹板前臂存在较大变异是一值得注意的问题，从近平直、略向上拱至过渡到单侧或双侧显向上拱（图版Ⅴ），呈弯弓形，故此特征不再适用于与短额古蚤的鉴别。至于分布于云南高黎贡山的敦清古蚤 *P. dunqingi* 与鹅头形古蚤的鉴别，敦清古蚤♂原描述鉴别中也仅仅只提到第9腹板前臂背、腹缘向上拱，由于鹅头形古蚤此特征是一不稳定特征，那么敦清古蚤作为独立种的有效性就有必要重新做研究，因单凭♀第7腹板后缘背叶的差异，似较难达到种一阶元水平。有关颊叶，经观察均在短额古蚤种团多种交叉变异范围，从现有资料数据看，古蚤属蚤类的颊叶略长或稍短，或较圆及略尖等，亦无特别重要的分类意义。

（51）怒山古蚤 *Palaeopsylla nushanensis* Gong et Li, 1992（图254，图255，图版Ⅴ，图版Ⅵ）

Palaeopsylla nushanensis Gong et Li, 1992, *Acta Zootaxonom. Sin.*, 17: 235, figs. 3-5 (female only, Weixi, Yunnan, China, from *Nasillus gracilis*); Xie et Zeng, 2000, *The Siphonaptera of Yunnan*, p. 198, figs. 281-283; Wu *et al.*, 2007, *Fauna Sinica. Insecta Siphonaptera* Second Edition, p. 819, figs. 980, 981.

鉴别特征　怒山古蚤（♂未发现）♀第7腹板后缘具2个凹陷和小的角状中叶，与分布于云南高黎贡山的荫生古蚤 *P. opacuse* Gong et Feng, 1997相近，但怒山古蚤第7腹板后缘背叶较窄且明显短于腹叶可与荫生古蚤相区别。

种的形态　头（图254）　额突尖锐，约位于额缘上1/3处的稍上方。额缘下内骨化带较宽，骨化较弱。额鬃1列3根；眼鬃2根，呈上、下位排列，其上方1根粗长，下方1根甚短小。颊栉具4根刺，第1刺末端略尖，第3刺最宽处之后具细长针形端部；颊栉第2刺与第3刺间和第3刺与第4刺间具清晰间隙。后头鬃3列，分别为2、2、3根。触角窝背方有6根（5）根小鬃。触角第2节上有10根中、短鬃，最长的2根鬃可超过棒节的2/3。下唇须5节，其末端近达前足基节9/10处。胸　前胸栉18根，栉刺直而端尖，下方第4刺均略长于其他各栉刺，其背刺显长于该背板。中胸背板背前缘较弧凸，其上具侧鬃2列7根，前列为小鬃而不完整，颈片内侧具假鬃3根；中胸腹侧板具长、短侧鬃8根，成3列；背板侧区具1长1短鬃。后胸后侧片鬃成2列，为2、2根。前足基节具长侧鬃15～18根，缘鬃及基部小棘鬃共10根。前、中、后足胫节外侧具鬃1列6或7根，后背缘具7个切刻。后足第1跗节短于第2、3跗节之和，第2跗节端长鬃达到第4跗节1/3处。腹　第1～7背板上具鬃2列，气门下第3～6背板具2根鬃；气门小而端甚尖。第1～5背板具端小侧（两侧）依序为2、4、2、2、0根。基腹板背缘弧凸，外侧网纹杂乱。臀前鬃3根。变形节　♀（图255）第7腹板后缘背叶较宽而长，末端钝并略短于角状中叶（与模式标本略有差别），上凹较窄而深（图版Ⅵ），下凹宽，腹叶斜，后腹角圆钝，外侧主鬃1列6根长鬃，其前有2列附加鬃6～9根；该腹板亚后缘骨化稍深。第8背板中部有纵行侧鬃2根，后缘在背突的略下方有短鬃6

（4）根。第 8 腹板狭长，末端有微鬃及小鬃共 4 根。肛锥长约为基部宽的 3.0 倍，具端长鬃 1 根及近旁小鬃 2 根。受精囊头部背、腹缘略凹，并显长于尾部。

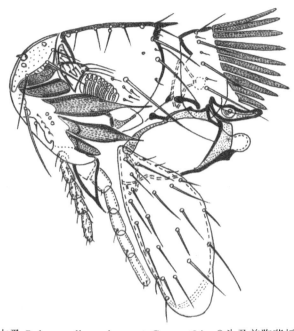

图 254　怒山古蚤 *Palaeopsylla nushanensis* Gong *et* Li，♀头及前胸背板（湖北巴东）

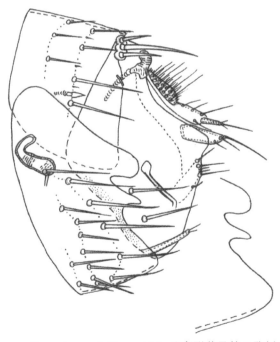

图 255　怒山古蚤 *Palaeopsylla nushanensis* Gong *et* Li，♀变形节及第 7 腹板后缘变异（湖北巴东）

观察标本　仅 1♀，于 2000 年 11 月 15 日采自巴东绿葱坡，宿主为四川短尾鼩，海拔 1700 m，生境为落叶阔叶林。标本存于湖北医科院传染病所。

宿主　多齿鼩鼹、四川短尾鼩。

地理分布　湖北西南部巴东（绿葱坡）、云南横断山（维西怒山东坡）。按我国动物地理区系，属西南区西南山地亚区和华中区西部山地高原亚区。本种是中国特有种。

　　分类讨论　从湖北长江三峡以南巴东绿葱坡获得的1♀基本形态来看，基本符合怒山古蚤原模式种描述和附图范围，暂归为同一种。但问题是自从获得该标本后，曾多次在不同季节到原采集地调查，仅获得鹅头形古蚤的雌、雄蚤，迄今也没有采到该种的配对雄蚤，其寄主多齿鼩鼱在鄂西南分布数量十分稀少，使该种在其体外寄生量较稀少而较难采到，还是其他什么原因，这一问题还有待进一步深入调研。

19. 栉眼蚤属 *Ctenophthalmus* Kolenati, 1856

Ctenophthalmus Kolenati, 1856, *Parasit. der Chiropteen, Brunn Edition.*, p. 33. **Type species**: formerly in dispute, now fixed as *C. bisoctodentatus* Kolenat, 1863 (n. s.); Liu, 1939, *Philipp. J. Sci.*, **70**: 67; Li, 1956, *An Introduction to Fleas*, p. 26; Hopkins *et* Rothschild, 1962, *III. Cat. Roths. Colln. Fleas Br. Mus.*, **4**: 207; Liu *et al.*, 1986, *Fauna Sinica Insecta Siphonaptera*, First Edition, p. 573; Yu, Ye *et* Xie, 1990, *The Flea Fauna of Xinjiang*, p. 213; Chin *et* Li, 1991, *The Anoplura and Siphonaptera of Guizhou*, p. 258; Cai *et al.*, 1997, *The Flea Fauna of Qinghai-Xizang Plateau*, p. 124; Xie *et* Zeng, 2000, *The Siphonaptera of Yunnan*, p. 215; Wu *et al.*, 2007, *Fauna Sinica Insecta Siphonaptera*, Second Edition, p. 867; Liu, Shi *et al.*, 2009, *The Siphonaptera of Neimenggu*, p. 215.

　　鉴别特征　颊栉由3根未变形清晰栉刺组成，水平排列，各栉刺都指向后下方，末端尖。额鬃1列，后头鬃3列。前胸背板较短，仅具1列鬃。可动突前背角或前缘到端缘具小鬃样等长感器，从数根到数十根不等。

　　栉眼蚤属是蚤目中最大的一个属，下分15亚属，全球已记录有近323种（亚种）。主要分布于古北界和旧热带界，少数分布于东洋界及新热带界北部山区，大部分寄生于啮齿类等动物，少数寄生食虫类。中国已发现有32种（亚种），分隶于4亚属，其中中华栉眼蚤亚属为中国特有，主要分布于云南高黎贡山至贵州、青海南部、四川西南部到秦岭以东广大东洋界地区，寄主多为绒鼠属动物和在一起共栖的其他啮齿类，偶可从鼩鼱类体外检获，但后者不是正常宿主。中国秦岭南坡至长江中、下游一带地区分布有9种（亚种），仅1种属真栉眼蚤亚属，其余均隶属于中华栉眼蚤亚属，其中湖北分布有4种（亚种）。

亚属、种及亚种检索表

1. 前胸栉（尤♀）常具16根刺；♂阳茎腹端突呈尖爪状（图259）；♀第8背板亚腹缘具1粗短鬃，形似亚刺状（图260）······**真栉眼蚤亚属 Euctenophthalmus**

　　♂可动突显较长，端缘具7~9根感器（图257），不动突后叶端部渐尖削而呈锥状；♀第7腹板后缘背叶角状（图260，图261），无中叶······**纯栉眼蚤指名亚种 C. (E.) pisticuc pisticuc**

　　前胸栉常具18根栉刺；♂阳茎腹端突概不呈爪状；可动突及不动突都较短（图266），♀第8背板亚腹缘无特殊粗短鬃，而仅有普通鬃；第7板后缘背叶形状与上述不同，有中叶和腹叶（图268）······

　　······**中华栉眼蚤亚属 Sinoctenophthalmus**······2

2. ♂可动突前背缘具5~8根感器（图273）；♀第7腹板后缘中叶较长，其上方内凹较深（图275）······3

　　♂可动突前背缘具3~4根感器（图287）；♀第7腹板后缘中叶较短，其上方内凹较浅，或如内凹较深则中叶呈钝圆后凸······6

3. ♂不动突后叶仅略凸出（图266），前、后叶之间微凹；第9腹板后臂较窄长；♀第7腹板后缘中叶发达，上、下2个内凹都较深（图268）······4

　　♂不动突后叶显较粗长（图273），前、后叶之间具宽弧形内凹或窄深凹；第9腹板后臂较宽短；♀第7

7）真栉眼蚤亚属 *Euctenophthalmus* Wagner, 1940

Euctenophthalmus Wagner, 1940, *Z. Parasitenk.*, **11**: 595-597, 599-602. **Type species**: *C. assimils* Tasch; Hopkins *et* Rothschild, 1962, *III. Cat. Roths. Colln. Fleas Br. Mus.*, **4**: 447; Liu *et al.*, 1986, *Fauna Sinica Insecta Siphonaptera*, First Edition, p. 581; Yu, Ye *et* Xie, 1990, *The Flea Fauna of Xinjiang*, p. 218; Wu *et al.*, 2007, *Fauna Sinica Insecta Siphonaptera*, Second Edition, p. 877; Liu, Shi *et al.*, 2009, *The Siphonaptera of Neimenggu*, p. 215.

鉴别特征　下唇须端部具小弯鬃。第 2～7 背板气门端尖而略呈锥形，第 8 背板气门明显扩大且端缘拱出。♀具共同区而♂无。眼发达。♀具 16 根前胸栉，♂16～18 根。后足第 2 跗节端长鬃远不达第 4 跗节末端。后足第 5 跗节具 4 对侧蹠鬃，第 1 对在第 2 对之间。♂第 8 腹板后缘宽而圆，至少部分锯齿状；第 9 背板内突具融合器；抱器体内侧近腹缘具三角形骨化加深；抱器不动突一般较宽大，后叶常较窄；可动突端部较宽，基部较窄，沿前缘角具 5～10 根感器，后缘近中常具 4 根鬃。第 9 背板后臂端部截状或斜截状。阳茎背侧常有膨大囊状或指状凸出，内突常较窄。♀第 7 腹板后缘背叶方形或角状，下方通常有圆形小腹叶。第 8 背板后缘宽圆，有小后背突，第 8 腹板端部渐尖，基部明显骨化；受精囊尾部短于头部。

　　本亚属广布于古北界，可分为若干种团，中国已发现 7 种（亚种），秦岭分布有 1 种，隶属于纯真栉眼蚤种团。

纯真栉眼蚤种团 *pisticus*-group of *Euctenophthalmus*

Ctenophalmus pisticus-subgroup Smit, 1963, *Bull. Br. Mus.* (*Nat. Hist.*), *Ent.*, **14**: 113, 127, 128, 131 (n. s.).

Euctenophthalmus pisticus group Hopkins *et* Rothschild, 1962, *III. Cat. Roths. Colln. Fleas Br. Mus.*, **4**: 516; Liu *et al.*, 1986, *Fauna Sinica Insecta Siphonaptera*, First Edition, p. 591; Wu *et al.*, 2007, *Fauna Sinica Insecta Siphonaptera*, Second Edition, p. 885.

鉴别特征　下唇须约达前足基节 3/4 处；♂第 8 腹板较短，后缘有宽凹；不动突前、后叶均较发达，后叶锥形；第 9 腹板后臂较长，仅稍短于前臂；阳茎背侧凸很短，腹端突尖爪状；♀第 8 背板无钩形骨化痕，气门不膨大而呈"Y"形；交配囊管短于前胸背板。

（52）纯栉眼蚤指名亚种 *Ctenophthalmus* (*Euctenophthalmus*) *pisticuc pisticuc* Jordan *et* Rothschild, 1921（图 256～图 261）

Ctenophthalmus pisticuc Jordan *et* Rothschild, 1921, *Ectoparasites*, **1**: 134, fig. 109 (female only, Alzamai, Jenniseisk, Siberia, Russia, from *Eutamias asiaticus*) (n. s.).

Ctenophthalmus (*Euctenophthalmus*) *pisticuc pisticuc* Jordan *et* Rothschild: Hopkins *et* Rothschild, 1962, *III. Cat. Roths. Colln. Fleas Br. Mus.*, **4**: 516, figs. 767, 883-885; Liu *et al.*, 1986, *Fauna Sinica Insecta Siphonaptera*, First Edition, p. 591, figs. 799, 822-825; Wu *et al.*, 2007, *Fauna Sinica Insecta Siphonaptera*, Second Edition, p. 886, figs. 1078-1081; Liu, Shi *et al.*, 2009, *The Siphonaptera of Neimenggu*, p. 220, figs. 147, 148.

鉴别特征　♂可动突较长，端部宽约为下部宽的 2 倍；不动突后叶向端渐细；♀第 7 腹板后缘无或仅有浅凹，背叶短角状，其背叶之腹缘具 1 圆形隆起可与真栉眼蚤亚属其他种区别。与太平洋亚种 *C.* (*E.*) *pisticuc pacificus* Ioff *et* Scalon, 1950 的区别在于♂可动突端背缘无浅凹，前端隆凸不明显，后缘 4 根鬃约位于中点；不动突后叶基节白鬃处太平洋亚种更凸出一些。

种的形态　头　额突约位于额缘下 1/3 处（图 256）。额鬃 1 列 5 根，下位 1 根较小。眼鬃 3 根粗长，在眼后方及眼鬃与额鬃之间具 20 根微鬃。眼小，其色较淡，腹缘具凹窦。后头鬃 3 列，依序为 2、3、4 根。触角窝背缘具小鬃 17 根，近端的成簇；触角第 2 节长鬃近达棒节 2/3 处。下唇须 5 节，长达前足基节的 4/5。胸　前胸栉♀具 16 根刺，下位第 1 根较细窄，端颇尖，背刺略长于该背板。中胸背板鬃 2 列，在前列之前密布排列杂乱小鬃 35 根；颈片内侧两侧具假鬃 4 根。后胸后侧片鬃 2 列 6 根。前足基节外侧包括缘鬃在内有鬃约 67 根。后足胫节外侧有完整鬃 1 列 5 根，另前缘及亚前缘有零乱小鬃 12 根，后背缘具 8 个切刻，端切刻 3 根鬃粗壮。后足第 2 跗节端长鬃超过第 3 跗节末端。前、中、后足第 5 跗节♀及♂均具 5、5、4 对侧蹠鬃，第 1 对为腹位，在第 2 对之间略后方，具近爪鬃 1 对。腹　第 1～7 背板具鬃，大致成 4 列，中间背板主鬃列 8 根鬃，下位第 1 根位于气门下方；气门小而端尖。第 1～4 背板各具 2 根端小刺。臀前鬃 3 根，中位 1 根最长，下位 1 根略次之。变形节　♂第 8 腹板长略大于横宽，端下缘略内凹，有明显后腹角，外侧后列长鬃 3～5 根，前有中、短鬃 6～12 根。不动突前、后叶之间具深凹，前叶圆凸，其上具粗长鬃 2～3 根和短鬃 7 根，后叶渐窄尖，约与前叶同高，其上有细鬃 1 根；内突有半圆形融合区，但白鬃下三角形骨化区不明显；抱器体白鬃处略上较隆起。可动突端缘平或稍凹，具感器 1 列 7～9 根，均匀分布端至前背角，前缘不同地区标本

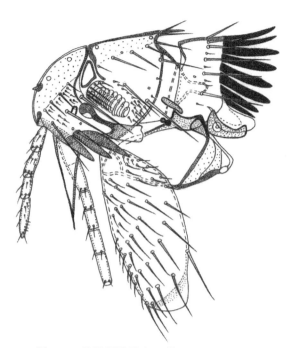

图 256 纯栉眼蚤指名亚种 *Ctenophthalmus* (*Euctenophthalmus*) *pisticuc pisticuc* Jordan *et* Rothschild，♀头及前胸（陕西柞水）

存在一定变异，黑龙江前缘中部内凹较浅（图 257），后缘中段较后凸，上方内凹略深，而吉林长白山标本前缘内凹显深（图 258），至前端隆凸较向前凸，后缘中段略平。后端角大致呈锥状，4 鬃位于中点稍上方。第 9 腹板后臂显超过前臂长 1/2，末端稍斜圆，有缘及侧鬃 11 根。阳茎背侧无明显隆起，腹侧近端有发达爪状突（图 259）。♀秦岭标本（图 260）第 7 腹板后缘内凹浅宽，背叶短角状，其背叶之下缘略圆隆，腹叶近直，近后缘与第 8 背板重叠处有深色骨化区，主鬃 1 列 6 根，上及前方有附加鬃 5 根；而黑龙江标本♀第 7 腹板后缘中部有 1 较深小圆内凹，腹叶略斜（图 261）。第 8 背板气门略呈"Y"形；该腹板近腹缘有长鬃 5（6）根和短鬃 2（1）根，后亚腹缘具粗短鬃 1 根，内侧有小鬃 5（10）根。肛锥长约为基宽的 3.4 倍，长端鬃约为肛锥长的 1.5 倍。受精囊头部较长，亚平行，长于尾部。交配囊管骨化较浅，短于前胸栉。

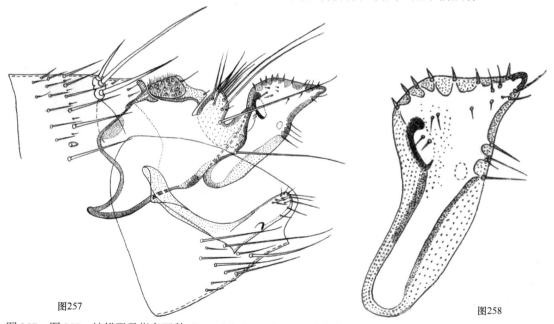

图257

图258

图 257～图 258 纯栉眼蚤指名亚种 *Ctenophthalmus* (*Euctenophthalmus*) *pisticuc pisticuc* Jordan *et* Rothschild，♂

图 257 变形节（黑龙江虎饶）

图 258 可动突变异（吉林长白山）

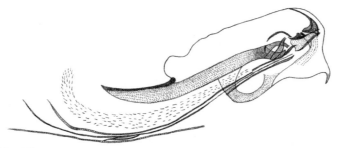

图 259　纯栉眼蚤指名亚种 *Ctenophthalmus* (*Euctenophthalmus*) *pisticuc pisticuc* Jordan *et* Rothschild，♂阳茎端（黑龙江虎饶）

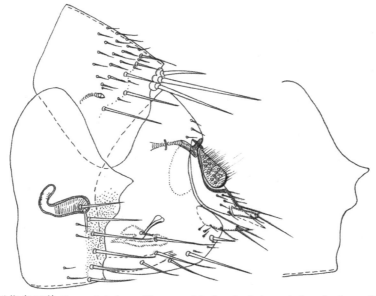

图 260　纯栉眼蚤指名亚种 *Ctenophthalmus* (*Euctenophthalmus*) *pisticuc pisticuc* Jordan *et* Rothschild，♀变形节及第 7 腹板后缘变异（陕西柞水）

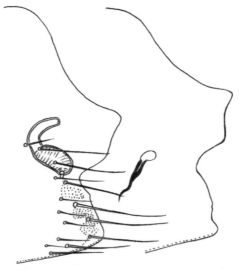

图 261　纯栉眼蚤指名亚种 *Ctenophthalmus* (*Euctenophthalmus*) *pisticuc pisticuc* Jordan *et* Rothschild，♀第 7 腹板后缘及受精囊（黑龙江虎饶）

观察标本　共2♂♂、3♀♀，其中陕西秦岭南坡柞水1♀，1981年5月1日自花鼠，海拔2300 m；黑龙江虎饶1♂、1♀，1952年9月，宿主同；吉林长白山1♂、1♀，2009年9月13日自大仓鼠。标本存于军医科院微流所。

宿主　花鼠、大仓鼠、大林姬鼠、黑线姬鼠、褐家鼠、棕背䶄、东方田鼠。

地理分布　陕西秦岭南坡（柞水）、黑龙江（虎饶、五常、尚志、嫩江、汤原）、吉林（敦化、浑江、安图、汪清、长白山）、河北（围场）、内蒙古（呼和浩特武川、呼伦贝尔牙克石）、山西；国外分布于俄罗斯和朝鲜等。

分类讨论　秦岭南坡1♀第8背板气门大致呈"Y"形，第8背板后段亚腹缘具1钝形粗短鬃，交配囊管短于前胸背板，前胸栉16根，符合纯真栉眼蚤种团，然而该♀第7腹板后缘中部无深的小圆凹，背叶略较短，腹叶近直与纯栉眼蚤指名亚种并不完全相符，加上陕西秦岭南坡以往没有采到过真栉眼蚤亚属种类，尚不能完全排除该地区有该亚属其他种类分布的可能，但考虑到♀第7腹板后缘往往富有变异，宿主又同为花鼠，暂定为纯栉眼蚤指名亚种，有待在秦岭获得♂再做进一步研究。

另外，从检视的秦岭以外地区的纯栉眼蚤指名亚种2♂♂、2♀♀标本来看，其中采自吉林长白山的1♂可动突更接近太平洋亚种 *C. (E.) pisticuc pacificus*，如可动突前缘中部有较深内凹，至前端隆凸较向前凸（图256），但后缘中部4鬃处略平，稍不及黑龙江和俄罗斯西伯利亚标本，表明纯栉眼蚤♂可动突有可能存在一定变异，因此纯栉眼蚤是否有可靠特征分为两个不同地区亚种，或是太平洋亚种 *C. (E.) pisticuc pacificus* 在我国局部地区也有分布，这一疑问尚有待在不同地区获得更多♂做进一步研究及澄清。

8）中华栉眼蚤亚属 *Sinoctenophthalmus* Hopkins *et* Rothschild, 1966

Ctenophthalmus subg. *Sinoctenophthalmus* Hopkins *et* Rothschild, 1966, *Ill. Cat. Roths. Colln. Fleas Br. Mus.*, **4**: 215, 447, 521. **Type species**: *Ctenophthalmus parcus* Jordan, 1932; Liu *et al.*, 1986, *Fauna Sinica Insecta Siphonaptera*, First Edition, p. 595; Chin *et* Li, 1991, *The Anoplura and Siphonaptera of Guizhou*, p. 258; Cai *et al.*, 1997, *The Flea Fauna of Qinghai-Xizang Plateau*, p. 125; Xie *et* Zeng, 2000, *The Siphonaptera of Yunnan*, p. 217; Wu *et al.*, 2007, *Fauna Sinica Insecta Siphonaptera*, Second Edition, p. 894.

鉴别特征　♂头部无共同区。眼退化。第1颊栉稍短和窄于第2颊栉，第3颊栉几乎长于第1颊栉之倍。下唇须长达前足基节2/3或更长，末端有小弯鬃。♂、♀前胸栉均具18根刺，背方栉刺长于前之背板。后足第5跗节具4对侧蹠鬃，第1对在第2对之间。后胸及腹节气门端通常端尖，但少数端圆形。第8背板气门扩大不明显，其前无鬃。第2腹板无侧鬃。♂第8腹板端通常钝圆。抱器内侧具骨化增厚融合区。不动突前、后叶之间内凹通常较浅，前叶具长、短鬃多根。可动突多为长方形，前背角感器常为4根，部分为5～7根或8根。第9腹板后臂不长。阳茎背侧有三角形突起。♀第7腹板后缘有2个凹陷，一般分上、中、下3叶或下叶不明显。交配囊管短于前胸背侧栉刺。

（53）鄂西栉眼蚤 *Ctenophthalmus (Sinoctenophthalmus) exiensis* Wang *et* Liu, 1993（图262～图264，图版Ⅵ）

Ctenophthalmus (Sinoctenophthalmus) exiensis Wang *et* Liu, 1993, *Acta Zootaxonom. Sin.*, **18**: 490, figs. 1-6 (Songbai, Shennongjia, Hubei, China, from *Rattus norvegicus*); Wu *et al.*, 2007, *Fauna Sinica Insecta Siphonaptera*, Second Edition, p. 929, figs. 1142-1144.

鉴别特征 鄂西栉眼蚤依其♂可动突前背角具 5～7 根感器和后端角稍向后伸,与甘肃栉眼蚤、长突栉眼蚤和短突栉眼蚤接近,但♂抱器不动突前、后叶之间具宽弧形浅凹,后叶显较粗长,且平伸指向后方;♀第 7 腹板后缘背叶显长于并宽于中叶可与后 3 种区别。此外,♂第 8 腹板后缘无内凹,阳茎端侧叶的腹端前伸呈钩状不同于长突栉眼蚤;可动突端部和第 9 腹板后臂较宽不同于短突栉眼蚤。

种的形态 **头** 额缘无切刻,额突♂近额缘 2/5 处,♀位于额缘下 1/3 处。额鬃 1 列 5 根,眼鬃 3 根。后头鬃 3 列,依序为 2 或 3、2 或 3、3～5 根。下唇须 5 节,其端近达前足基节末端。**胸** 前胸栉具 17 或 18 根刺,背刺长于前胸背板背缘宽度。前胸背板 1 列 5(4)根长鬃,各鬃间夹杂有小鬃。中胸背板鬃 4～6 根,主鬃列之前具 2 列小鬃,数量多而排列不整齐,颈片内侧具假鬃 3(4)根。后胸背板鬃 2～3 列,后胸后侧片具鬃 2 列,4～6 根。后足基节具侧鬃及亚前缘鬃。前足、中足和后足第 5 跗节侧蹠鬃依序为 5、5、4 对,其中第 1 对为腹位,位于第 2 对之间,末端另各具 1 对亚端蹠鬃。**腹** 第 2～7 背板各具 2 列鬃,中间背板主鬃列 5 根鬃,气门下具 1 根鬃;各气门小而端尖。第 1～4 背板具端小刺,依序为 1、1、1、1 或 0 根。臀前鬃 3 根,中位者最长,下位 1 根略次之。**变形节** ♂第 8 腹板端钝圆,后腹缘近直,外侧近腹缘具鬃 5 或 6 根,其中 3(4)根略长。可动突前端角不甚明显,具 5～7 个感器,端缘平或稍内凹,后端角略向后伸或明显后伸,其长约为宽的 1.5 倍,后缘 4(3)鬃位于中点稍上方。抱器不动突前、后叶之间具宽弧形浅凹,后叶分为较粗长(图 262A)或略短(图 262B)两个类型(略短型在数量上要略多于粗长型)(图版Ⅵ),且平伸指向后方;但正模后叶甚短,迄今仅见这唯一个体,属偶变异;具基节臼鬃 1 根。前叶宽钝,上具 2 根粗长鬃和 3～4 根渐短鬃。第 9 背板前内突与柄突间具宽弧形深凹,柄突基部较宽阔,向端渐细,末端微向上翘。第 9 腹板后臂较宽,长不及前臂的 1/2,末端略斜截,后端角较圆钝,具侧鬃或亚端侧鬃 16(17)根。阳茎端侧叶端缘稍呈弧拱状,腹端角略呈钩状弯向前下方(图 263)。♀第 7 腹板后缘背叶显长于中叶(图 264)(模式标本均如此),末端斜截或稍圆,少量个体呈锥形(原图副模)上凹较宽而略深,下凹浅,外侧具长鬃 4 或 5 根,小鬃 2～4 根。第 8 背板前部钩形骨化痕不明显,后近腹缘有长、短鬃约 10 根。交配囊管骨化弱,短于受精囊。第 8 腹板游离突细长,末端有微鬃 3(4)根。

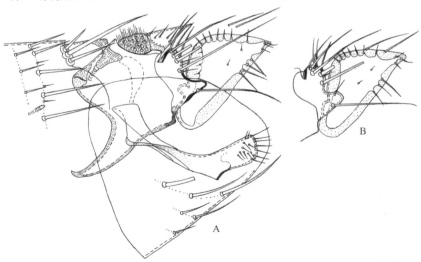

图 262 鄂西栉眼蚤 Ctenophthalmus (Sinoctenophthalmus) exiensis Wang et Liu,♂(湖北神农架)
A. 变形节;B. 不动突后叶变异

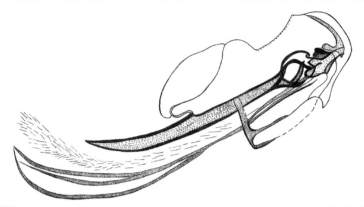

图 263　鄂西栉眼蚤 Ctenophthalmus (Sinoctenophthalmus) exiensis Wang et Liu，♂阳茎端（湖北神农架）

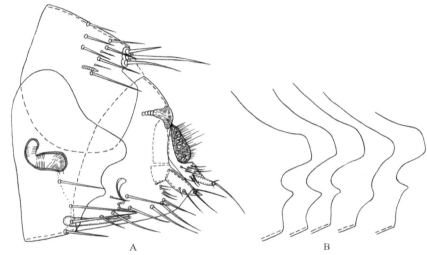

图 264　鄂西栉眼蚤 Ctenophthalmus (Sinoctenophthalmus) exiensis Wang et Liu，♀（湖北神农架）
A. 变形节；B. 第 7 腹板后缘变异

观察标本　共 22♂♂、23♀♀，其中正模♂和副模 1♂、2♀♀于 1989 年 5 月 8 日采自海拔 910 m 的神农架松柏镇的褐家鼠，生境为常绿阔叶林；8♂♂、8♀♀自黑腹绒鼠，6♂♂、4♀♀自洮州绒鼠，1♀自大林姬鼠，2♂♂、1♀自四川短尾鼩，3♂♂、7♀♀自中华姬鼠，1♂自多齿鼩鼱。以上标本除 1♀于 1966 年 6 月 21 日采自长江三峡以北的巴东大干河外，其余分别于 1989 年 6 月至 2010 年 11 月采自神农架的松柏镇、酒壶坪、大龙潭、巴东垭、刘家屋场，房县的柳树垭和武当山南岩及群台，海拔 800～2980 m，生境为常绿阔叶林带至高山针叶林带。标本存于湖北医科院传染病所和军医科院微流所。

宿主　共采集到 428 只鄂西栉眼蚤，在鄂西北山区 800 m 以上各个不同海拔、生境及植被带均有分布，宿主主要是洮州绒鼠和四川短尾鼩，该 3 种宿主体外寄生的鄂西栉眼蚤约占已知 15 种宿主体外蚤总数的 66.35%，其中以洮州绒鼠体外寄生的为最多。寄生比较少的有中华姬鼠、黑腹绒鼠、大林姬鼠、黑线姬鼠、川鼩和藏鼠兔，偶见寄生的有大长尾鼩、多齿鼩鼱、褐家鼠、黄胸鼠、北社鼠、背纹鼩鼱和灰麝鼩，很显然后 10 种动物均不是正常宿主，只是在同一生境活动而偶然充当了临时或过渡宿主。

地理分布 湖北西北部神农架（松柏镇、酒壶坪、大龙潭、小龙潭、刘家屋场、巴东垭、猴子石、红花朵、大九湖、瞭望塔、巴东大干河）、房县（柳树垭）、十堰（五条岭）、武当山（南岩、群台）；重庆东北部（巫山、巫溪）。按我国动物地理区系，属华中区西部山地高原亚区。本种是中国特有种。

（54）短突栉眼蚤指名亚种 *Ctenophthalmus (Sinoctenophthalmus) breviprojiciens breviprojiciens* Li *et* Huang, 1980（图265～图268）

Ctenophthalmus (Sinoctenophthalmus) breviprojiciens Li *et* Huang, 1980, *Acta. Acad. Med. Guiyang.*, **5**: 116. fig. 3 (male only, from Suiyang, Guizhou, China, from *Eothenomys* sp.); Liu *et al.*, 1986, *Fauna Sinica Insecta Siphonaptera*, First Edition, p. 616, figs. 870-872 (report female, from Lianghe, Yunnan, China); Chin *et* Li, 1991, *The Anoplura and Siphonaptera of Guizhou*, p. 260, figs. 52, 53; Xie *et* Zeng, 2000, *The Siphonaptera of Yunnan*, p. 229, figs. 333, 339, 340.

Ctenophthalmus (Sinoctenophthalmus) breviprojiciens breviprojiciens Li *et* Huang: Wu *et al.*, 2007, *Fauna Sinica Insecta Siphonaptera*, Second Edition, p. 945, figs. 1163-1165.

Ctenophthalmus Sinoctenophthalmus breviprojiciens Li *et* Huang, 1981, *Acta Zootaxonom. Sin.*, **6**: 292, figs. 6, 7.

鉴别特征 该种♂抱器可动突前背缘具8（7）根感器，后端角略上翘与甘肃栉眼蚤、鄂西栉眼蚤和短突栉眼蚤永嘉亚种相近，但♂可动突上半部显然较窄；不动突后叶甚短；阳茎端侧叶腹缘处仅有较小的腹角；♀第7腹板后缘中叶较大而较靠近腹侧，上凹较宽且深可与甘肃栉眼蚤及鄂西栉眼蚤相区别。♂第9腹板后臂亦较短，约为前臂长的1/2；可动突端缘略内凹；可与短突栉眼蚤永嘉亚种相区别。

种的形态 **头** 额突♂位于近额缘中点（图265）。额鬃1列5根较小，眼鬃3根较长，在眼鬃之间及后方有小鬃 5（4）根。口角至颊栉第1刺基距略大于颊栉第1刺的长度。后头鬃3列，分别为2、4（3）、5（4）根；触角窝背缘♂具1列小鬃9～11根，♀分散着生于触角窝后方，7～9根。后头缘♂无发达后头沟。下唇须长达前足基节的9/10或末端。**胸** 前胸背板具1列5或6根长鬃，其间或下方尚夹杂1根小鬃；前胸栉17（18）根，其下方第1根刺较窄细，背方栉刺长于前之背板。中胸背板长约等于前胸背板（不含前胸栉）背缘长的2.5倍，其上有完整鬃2列，颈片内侧具假鬃3根。中胸腹侧板具鬃7根，成3列。后胸后侧片具鬃2列5根，其气门宽度略小于长度。前足基节外侧具略长鬃 24～41 根，后缘及近基部丛生小鬃14～30根。后足胫节外侧♂具鬃1列5根，♀者7根，内侧无鬃，后缘端切刻外侧1根粗长鬃为靠内侧第1根鬃长的3～4倍。后足第1跗节长稍短于第2、3跗节之和，第

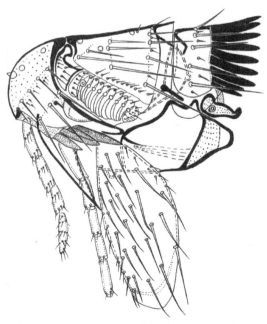

图265 短突栉眼蚤指名亚种 *Ctenophthalmus (Sinoctenophthalmus) breviprojiciens breviprojiciens* Li *et* Huang, ♂头及前胸（湖北五峰）

2 跗节端长鬃远超过第 3 跗节末端。**腹**　第 1～6 背板具鬃 2 列,气门下具 1 根鬃,气门小而端尖。第 1～4 背板各具 1 根端小刺,偶第 4 背板为 0 根。基腹板前缘略凹,背缘前段略凸,外侧♀下段有鳞状网纹。♀第 7 背板臀前鬃以下有稍长后延圆形钝突。**变形节**　♂第 8 腹板后背缘宽弧形,个别中段略凹,后腹缘近直,外侧亚后缘和腹缘具片状带小棘的弧形浅细纹,略前方具侧长鬃 3 或 4 根,短鬃 2(3)根。抱器不动突后叶略突出,显低于前叶,其前叶上具 2 根粗长鬃和 1 或 2 根次长鬃,短鬃 4(5)根。第 9 背板前内突近端略圆凸或稍尖,其边缘骨化稍深,柄基宽大,末端微向上翘。可动突较长大(图 266),周边具宽窄不等弱骨化带,端缘稍凹,具感器 1 列 7 或 8 根,前角圆钝,后缘中段稍凸,中部亚后缘具 4 根中长鬃,分上、下 2 组排列。第 9 腹板后臂从肘腹缘至顶端长度略超过前臂之半,端缘略直或微凸,后缘中部以下略内凹,外侧近端有小鬃 14～16 根。阳茎端侧叶有较小的腹端角(图 267)。骨化内管大致呈菱形,外侧上方 1 骨片逐渐细窄而伸向背前方。♀(图 268)第 7 腹板后缘中叶发达,背叶大致呈锥形,常略短于中叶,上凹较宽而深,下凹窄,主鬃 1 列 5 根,其前有附加鬃 1 根。第 8 背板气门下半部略似花瓣状,下部有侧鬃 8～10 根,近亚后缘另有小鬃 4 或 5 根;前部有较明显的深色钩形骨化。受精囊头部长于尾部或约略相等。第 8 腹板游离突狭长,末端有微鬃 4 根。肛锥长为基宽的 2.5～3.1 倍,长端鬃约为肛锥长的 3 倍,近旁尚具 2 根甚小侧鬃。

　　观察标本　共 10♂♂、11♀♀,其中 6♂♂、7♀♀自洮州绒鼠,2♂♂、2♀♀自北社鼠,2♂♂自川駒,1♀自中华姬鼠,1♀自大林姬鼠,分别于 2000 年 4 月 2 日至 5 月 8 日采自湖北省长江三峡以南的五峰后河自然保护区和与湖南两省交界处的石门壶瓶山自然保护区,以及五峰牛庄、巴东绿葱坡,海拔 1100～1800 m,生境为常绿落叶阔叶混交林和落叶阔叶林。标本存于湖北医科院传染病所和军医科院微流所。

　　宿主　洮州绒鼠、北社鼠、川駒、中华姬鼠、黑线姬鼠、多齿駒鼹、甘肃鼹、黑腹绒鼠、四川短尾駒、大林姬鼠、灰麝駒、滇绒鼠。

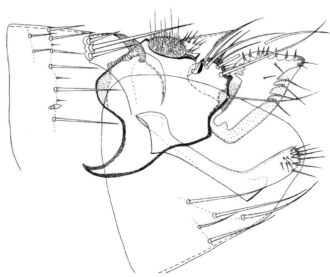

图 266　短突栉眼蚤指名亚种 *Ctenophthalmus (Sinoctenophthalmus) breviprojiciens breviprojiciens* Li et Huang,♂变形节(湖北五峰)

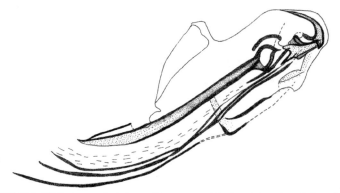

图 267 短突栉眼蚤指名亚种 *Ctenophthalmus (Sinoctenophthalmus) breviprojiciens breviprojiciens* Li *et* Huang，♂阳茎端（湖北五峰）

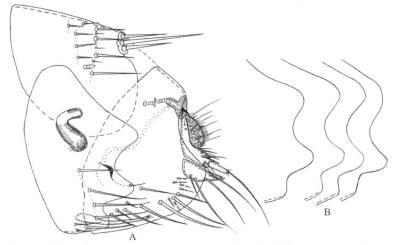

图 268 短突栉眼蚤指名亚种 *Ctenophthalmus (Sinoctenophthalmus) breviprojiciens breviprojiciens* Li *et* Huang，♀（湖北五峰）
A. 变形节；B. 第 7 腹板后缘变异

地理分布 湖北西南部五峰（长坡、独岭、牛庄）、长阳（天坪山）、巴东（绿葱坡、广东垭）、建始（龙坪）、咸丰（平坝营）、鹤峰（太坪、中营、龚家垭）、利川（星斗山）、恩施（双河、泰山庙）；湖南西北部石门（壶瓶山）、张家界、桑植（五道水、八大公山），贵州（盈江），云南（陇川、梁河），重庆东南部。按我国动物地理区系，属华中区西部山地高原亚区和西南区西南山地亚区。本种是中国特有种。从现有资料数据看，短突栉眼蚤指名亚种在湖北西部的自然地理分布，是以长江三峡为天然分界线，很显然该种是在长江未形成之前，随地质环境剧烈变迁、宿主动物进化而演化并逐步从云南、贵州扩散至长江三峡以南的武陵山东部一带地区。

（55）短突栉眼蚤永嘉亚种 *Ctenophthalmus (Sinoctenophthalmus) breviprojiciens yongjiaensis* Lu, Zhang *et* Li, 1999（图 269，图 270）

Ctenophthalmus (Sinoctenophthalmus) breviprojiciens yongjiaensis Lu, Zhang *et* Li, 1999, *Acta Zootaxonom. Sin.*, **24**: 357, figs. 8-11 (Yongjia, Zhejiang, China, from *Apodemus agrarius*); Wu *et al.*, 2007, *Fauna Sinica Insecta Siphonaptera*, Second Edition, p. 947, figs. 1166-1168.

鉴别特征　永嘉亚种与指名亚种的区别是：♂第 9 腹板后臂显然较长，约达前臂长的 2/3；抱器可动突端缘平而无浅凹；♀第 8 背板前部钩形骨化痕浅或不明显。

亚种形态　**头**　额突位于中点之下，在额缘口角与额突之间无切刻，亦无小鬃。额鬃 1 列 4 或 5 根，眼鬃列 3 根鬃。后头鬃 3 列，分别为 2、3、5 根。下唇须长达前足基节末端。**胸**　前胸背板具鬃 1 列 5 根；前胸栉♂19 根，♀18 根，其背刺长于该背板背缘。中胸背板假鬃两侧共 6 根，后胸后侧片具鬃 2 或 3 列 5～6 根。后足第 2 跗节约等于第 3、4 跗节之和，其端长鬃达第 4 跗节中部。**腹**　第 1～7 背板具鬃 2 列；第 1～3 或 4 背板端小刺两侧共计各 2 根。第 2～7 背板气门端尖或略尖；气门下方各有 1 根鬃。臀前鬃 3 根，中位者最长，上位者最短。**变形节**　♂抱器不动突前、后叶之间具很浅的内凹，后叶较短而略向后伸，后叶下方具基节臼鬃 1 根，前叶宽钝，有缘及亚缘鬃 6 根，其中 2 根粗长，1 根略短。可动突上半部宽于下半部，端缘斜平，有感器 1 列 8 根，后缘稍凸，具亚缘中长鬃 4 根；可动突中线宽约为端宽的 1.8 倍。第 8 腹板端缘宽而圆，腹缘无浅凹，外侧近腹缘具长、短鬃 6 或 7 根。第 9 腹板后臂约为前臂长的 2/3（图 269），端缘略平截，近端外侧有缘或亚缘鬃 14 根。阳茎端侧叶的腹端角稍呈钩状（图 270A），端背壁骨片较圆凸而突向后方。♀（图 270B）第 7 腹板后缘中叶发达，显长于背叶，上凹宽而圆，下凹稍小，具侧鬃 1 列 5 根。第 8 背板后端圆，前部有钩形骨化痕，下部近腹缘有侧鬃 11 或 12 根，其中 5（6）根较长。肛锥长约为基部宽的 3.0 倍。受精囊头部较长，几为尾长的 1.5 倍；交配囊管较短，略似蝌蚪状。

标本记录　仅 1♂、1♀（未检视），系原描述的正模和副模，1988 年 12 月和 1989 年 1 月采自浙江永嘉的界坑，宿主为黑线姬鼠，标本存于浙江省疾病预防控制中心。

宿主　黑线姬鼠。

地理分布　浙江永嘉。按我国动物地理区系，属华中区东部丘陵平原亚区，它是该亚区的特有亚种。

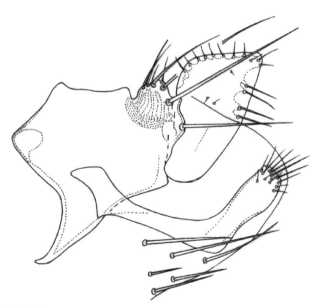

图 269　短突栉眼蚤永嘉亚种 *Ctenophthalmus (Sinoctenophthalmus) breviprojiciens yongjiaensis* Lu, Zhang *et* Li，♂变形节（正模，浙江永嘉）（仿卢苗贵等，1999）

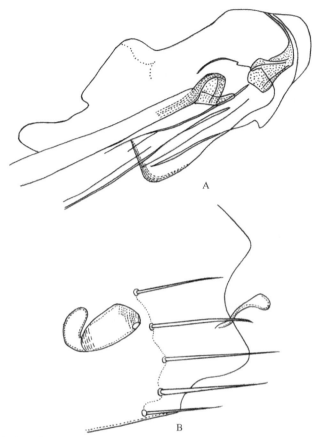

图270 短突栉眼蚤永嘉亚种 Ctenophthalmus (Sinoctenophthalmus) breviprojiciens yongjiaensis Lu, Zhang et Li（浙江永嘉）（仿卢苗贵等，1999）

A. ♂阳茎端（正模）；B. ♀受精囊及第 7 腹板后缘（副模）

（56）甘肃栉眼蚤 Ctenophthalmus (Sinoctenophthalmus) gansuensis Wu, Zhang et Wang，1982（图 271～图 275）

Ctenophthalmus (Sinoctenophthalmus) gansuensis Wu, Zhang et Wang, 1982, Entomotaxonomia, **4** (1, 2): 33, figs. 1-4 (Shimenkou, Tianshui, Gansu, China, from Microtus oeconomus); Liu et al., 1986, Fauna Sinica Insecta Siphonaptera, First Edition, p. 618, figs. 873-876; Cai et al., 1997, The Flea Fauna of Qinghai-Xizang Plateau, p. 125, figs. 285-288; Wu et al., 2007, Fauna Sinica Insecta Siphonaptera, Second Edition, p. 925, figs. 1135-1138.

鉴别特征 该种依其♂可动突前背缘具 7（6）根感器，第 9 腹板后臂较宽和阳茎端侧叶等的形态与鄂西栉眼蚤、长突栉眼蚤和短突栉眼蚤接近，但♂抱器不动突前叶与后叶之间具狭窄深凹，且后叶伸向背方；♀第 7 腹板后缘中叶等于或略长于背叶可与后 3 种区别。此外，♂第 8 腹板后腹缘无内凹；阳茎端侧叶的腹端前伸呈尖角状不同于长突栉眼蚤。第 9 腹板后臂和可动突端部较宽；♀第 8 背板前部无钩形骨化痕；第 7 腹板后缘上凹较浅和中叶较小不同于短突栉眼蚤。

种的形态 头 额缘无切刻；额突尖锐，♂约位于额缘中点（图271），♀约 2/5 处。额鬃 1 列 5 根，眼鬃列 3 根鬃，上位者位于角窝前缘。眼痕迹明显。后头鬃 3 列，依序为 2、3、4 或 5 根。下唇须较长，末端略短于或近达前足基节末端。胸 前胸背板具 17（18）根栉刺，背方栉刺长于前方之背板；前胸背板上具 1 列 5（4）根长鬃，有小间鬃。中胸背板颈片内侧具假鬃 2 或 3 根。后胸后侧片具鬃 5～7 根（图 272）。后足胫节外侧具鬃 1 列 7（6）根；后足第 2 跗节近达第 3 跗节末端。各足第 5 跗节分别具 5、5、4 对侧蹠鬃，第 1 对在第 2 对之间稍后方。**腹** 第 1～7 背板具鬃 2 或 3 列；第 2～7 背板各气门端均尖。第 1～4 背板端小刺（单侧）依序为 1、1、1、1（0）根。臀前鬃 3 根，中位者最长，♀上位 1 根约等于中位长的 3 倍。**变形节** ♂第 8 腹板较宽大，前端宽于末端，背缘中段平或略凹，后腹缘近直，外侧亚腹缘具鬃 4～7 根，其中后列 2 根粗长。抱器不动突前叶较宽，且与后叶之间具狭窄深凹（图

图 271　甘肃栉眼蚤 Ctenophthalmus
(Sinoctenophthalmus) gansuensis Wu，Zhang et Wang，
♂头及前胸（陕西佛坪）

273），并显高于后叶，其上有 3 根粗长鬃和 1 根中长鬃，在 1～3 根鬃间有 4 根缘短鬃和 3（2）根微鬃。基节白鬃 1 根位于不动突后叶略下方。第 9 背板前内突较宽，柄突腹缘较弧凸，端稍尖而稍长于前内突。可动突大致三角形，端宽约为长的 2/3，端缘稍凹，前背角圆钝，该处具 1 列等长感器 7（6）根，后端角尖而突向后方，后下缘斜直，或稍呈波形。第 9 腹板后臂较宽短，长不及前臂长度之半，端缘略近截状，外侧近端有鬃 14～22 根。阳茎端侧叶腹端呈尖角状突向前下方（图 274）。♀（图 275）第 7 腹板后缘背叶稍大于中叶，末端斜圆或后下端略成角，与中叶约同长或稍短于中叶，外侧具长鬃 1 列 5（4）根，其前有 0～2 根附加鬃。第 8 背板气门较小，端缘不凸，背之后凸不尖，背板前部近第 7 腹板后缘处仅下部稍有骨化增厚。肛锥长约为基宽的 4.0 倍，长端鬃约为肛锥长的 1.8 倍。交配囊管不长，短于受精囊长度。

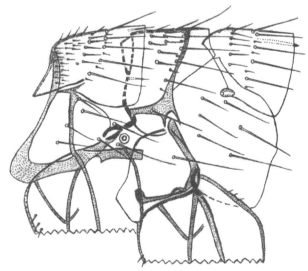

图 272　甘肃栉眼蚤 Ctenophthalmus (Sinoctenophthalmus) gansuensis Wu，Zhang et Wang，♂中、后胸及第 1
腹节背板（陕西佛坪）

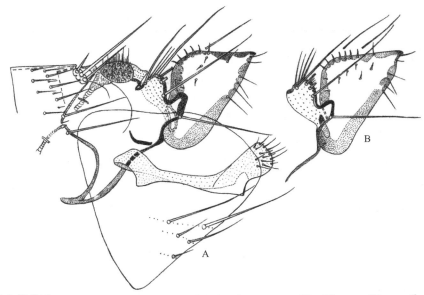

图 273　甘肃栉眼蚤 *Ctenophthalmus* (*Sinoctenophthalmus*) *gansuensis* Wu, Zhang *et* Wang，♂（陕西佛坪）

A. 变形节；B. 不动突及可动突变异

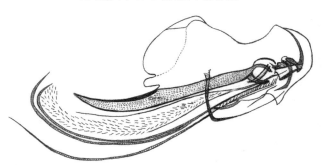

图 274　甘肃栉眼蚤 *Ctenophthalmus* (*Sinoctenophthalmus*) *gansuensis* Wu, Zhang *et* Wang，♂阳茎端（陕西佛坪）

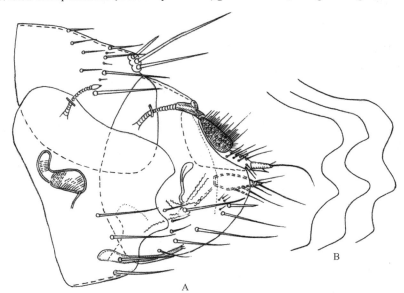

图 275　甘肃栉眼蚤 *Ctenophthalmus* (*Sinoctenophthalmus*) *gansuensis* Wu, Zhang *et* Wang，♀（陕西佛坪）

A. 变形节；B. 第 7 腹板后缘变异

观察标本　共 19♂♂、37♀♀，其中 17♂♂、35♀♀，1981 年 4 月 26 日至 6 月 22 日自陕西秦岭柞水、佛坪（山官庙、岳坝）、眉县、太白，海拔 1000～2000 m，宿主为绒鼠、岢岚绒鼠、齐氏姬鼠、黑腹绒鼠、根田鼠、四川短尾鼩；2♂♂、2♀♀，2006 年 10 月自宁夏六盘山，宿主为洮州绒鼠，标本存于军医科院微流所。

宿主　岢岚绒鼠、洮州绒鼠、黑腹绒鼠、绒鼠、齐氏姬鼠、长尾仓鼠、林姬鼠、黑线姬鼠、根田鼠、藏鼠兔、鼩鼱、四川短尾鼩。

地理分布　陕西秦岭南、北坡（柞水、佛坪、眉县、太白）、甘肃（文县、天水）、四川（若尔盖）、青海（循化）、宁夏（六盘山）。按我国动物地理区系，属华中区西部山地高原亚区、华北区黄土高原和青海藏南亚区。本种是中国特有种。

（57）台湾栉眼蚤大陆亚种 Ctenophthalmus (Sinoctenophthalmus) taiwanus terrestus Chen, Ji et Wu, 1986（图 276～图 279）

Ctenophthalmus (Sinoctenophthalmus) taiwanus terrestus Chen, Ji *et* Wu (in Liu *et al.*), 1986, *Fauna Sinica Insecta Siphonaptera*, First Edition, p. 613, figs. 863-866 (Badong of Hubei and Wenchuan of Sichuan, China, from *Eothenomys melanogaster* and *Mustela altaica*) ; Wu *et al.*, 2007, *Fauna Sinica Insecta Siphonaptera*, Second Edition, p. 909, figs. 1112-1115.

鉴别特征　该亚种与指名亚种的区别是：♂抱器可动突较短，端缘内凹较深；第 8 腹板后腹缘内凹亦较深；♀第 7 腹板后缘中叶发达，仅稍小于背叶；第 8 背板前部骨化较深，尚能见到钩形骨化痕。与浙江亚种的区别是：♂可动突后端角上翘不明显；第 9 腹板后臂宽不及长度之半；♀第 7 腹板后缘中叶突出，上、下 2 个内凹都偏深。

亚种形态　**头**　额突发达，♂位于额缘中部略上方（图 276），♀约 2/5 处，其下至口角间具 1 切刻，切刻处有小鬃。额鬃 1 列 5（6）根，眼鬃列 3 根鬃。眼退化，仅留有痕迹。颊栉具 3 根刺，似梯形排列，第 2 颊栉基部后缘略遮盖第 3 根颊栉基部亚前缘部分。后头鬃前 2 列分别为 2、4（3）根；触角窝背方有小鬃 7～10 根。下唇须长约达前足基节的 2/3 处。**胸**　前胸栉具 17 或 18 根刺，中间的 4（5）根刺稍向腹方微凸，其背方刺略长于其前方之背板；中胸背板鬃 2 列，其前列之前尚具 10 余根小鬃，颈片内侧具假鬃 3（偶 4）根，中胸腹侧板鬃 2（3）列约 7 根。后胸后侧片鬃 2 列 5（4）根。前足基节外侧无裸区，有长、短侧鬃 38～44 根。后足基节外侧前下部具鬃 22 根左右，其中下方和端缘的几根较粗长。前足股节外侧前下方有小鬃 0～2 根，后近端具 1（2）根亚腹缘鬃。各足胫节外侧具完整鬃 1 列 5～7 根，内侧无鬃，后背缘具 7（6）个切刻；后足端切刻具 3 根粗鬃，其中最长 1 根近达或超过第 1 跗节末端。后足第 1 跗节略短于第 2、3 跗节之和，第 2 跗节端长鬃超过第 4 跗节中部。后足第 5 跗节具 4 对侧蹠鬃，第 1 对在第 2 对之间，其余各足具 5 对侧蹠鬃。后足近爪鬃较细，♂其余足近爪鬃较粗钝。**腹**　第 1～7 背板具鬃 2 列，气门下具 1 根鬃，气门端圆。第 1～3 背板各具 1 根端小刺，或第 2～3 背板偶有 2 根。臀前鬃 3 根，♂中位 1 根超过上位者长之倍。**变形节**　♂第 8 腹板前背缘弧凸，后缘稍凹，后腹缘具 1 深内凹（图 277），腹板上具 3（4）根长鬃和 2（3）根短鬃。抱器不动突前、后叶之间内凹略深，后叶略较长，前叶上具 3 根长鬃和 4 根小鬃，其中有 2（1）根位于内侧亚缘。抱器体腹缘稍上凹，后缘在不动突下方具基节臼鬃 1 根。可动突显高于不动突，端缘内凹，前角较圆钝，其上着生 4 根等长感器，后角稍上凸，后亚缘具较宽弱骨化带，后缘中部略凸，至中部与端部约同宽。第 9 腹板后臂较宽短，端缘略斜圆，外侧有鬃 14（13）根，其中近端 4（5）根较长。阳茎端侧叶端缘呈窄凸，腹端有较小角突（图 278）。♀（图 279）第 7 腹板后缘中叶较宽钝，仅稍小于背叶，其间内凹宽广，下凹小，外侧主鬃 1 列 3～5 根，其前小鬃 0～2 根。第 8 背板前部略有骨化加深，外侧近腹缘有长鬃 6～9 根和小鬃 4～7 根。第 8 腹板游离突窄长，末端有几根微鬃。肛锥长为基宽的 4.0～5.0 倍。交配囊管仅有很浅的骨化，受精囊头部背缘较凸，腹略稍凹，其头部仅稍长于尾部。

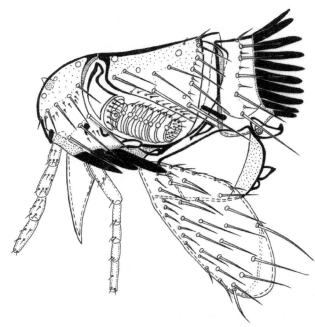

图 276 台湾栉眼蚤大陆亚种 *Ctenophthalmus (Sinoctenophthalmus) taiwanus terrestus* Chen, Ji *et* Wu，♂头及前胸（湖北神农架）

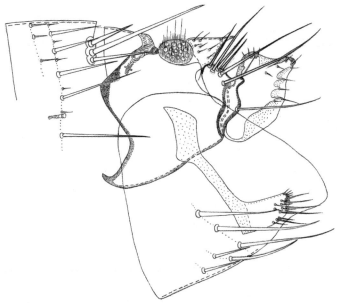

图 277 台湾栉眼蚤大陆亚种 *Ctenophthalmus (Sinoctenophthalmus) taiwanus terrestus* Chen, Ji *et* Wu，♂变形节（湖北神农架）

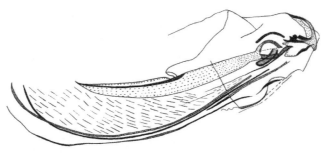

图 278　台湾栉眼蚤大陆亚种 *Ctenophthalmus (Sinoctenophthalmus) taiwanus terrestus* Chen, Ji *et* Wu，♂阳茎端（湖北神农架）

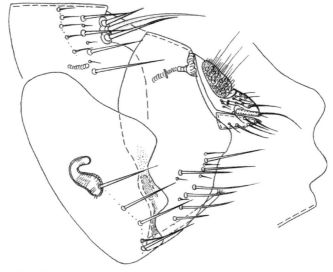

图 279　台湾栉眼蚤大陆亚种 *Ctenophthalmus (Sinoctenophthalmus) taiwanus terrestus* Chen, Ji *et* Wu，♀变形节及第 7 腹板后缘变异（湖北神农架）

观察标本　共 13♂♂、9♀♀，其中 9♂♂、8♀♀，于 2004 年 3 月 27～28 日采自宜昌（大老岭）的洮州绒鼠，2♂♂于 1998 年采自神农架（百草坪），2♂♂、1♀于 1965 年 6 月采巴东神农架（大干河），海拔 1400～1800 m，生境为常绿落叶阔叶混交林和落叶阔叶林。标本存于湖北医科院传染病所。

宿主　对所获 140 余只蚤类统计分析，有 64.63%自黑腹绒鼠和洮州绒鼠，其余如四川短尾鼩、北社鼠、中华姬鼠、黑线姬鼠、大林姬鼠、多齿鼩鼱、藏鼠兔、背纹鼩鼱和伶鼬体外亦可检获少量个体。

地理分布　湖北神农架（长坊、木鱼、红花朵、大九湖、百草坪、刘家屋场、温水河、次界坪、桂竹园、酒壶坪、燕子垭、板仓、宋郎山、土地垭、水沟）、巴东（大干河）、宜昌（大老岭）、兴山（龙门河）；四川（汶川、茂汶）、陕西秦岭南坡（佛坪、镇坪）。按我国动物地理区系，属华中区西部山地高原亚区。本种是该区域的特有亚种。

（58）台湾栉眼蚤浙江亚种 *Ctenophthalmus (Sinoctenophthalmus) taiwanus zhejiangensis* Lu *et* Qiu, 1999（图 280～图 283）

Ctenophthalmus (Sinoctenophthalmus) taiwanus zhejiangensis Lu et Qiu, 1999, *Acta Zootaxonom. Sin.*, **24**:

355, figs. 1-7 (Jingning, Zhejiang, China, from *Rattus norvegicus* and *R. Losea*); Wu *et al*., 2007, *Fauna Sinica Insecta Siphonaptera*, Second Edition, p. 912, figs. 1116-1119.

鉴别特征　浙江亚种与指名亚种和大陆亚种的区别是：♂抱器可动突端缘内凹较深，后端角较向上翘，后缘斜直而无明显后拱，至端宽略大于中段；第9腹板后臂宽度大于前臂长之半；第8腹板后腹缘内凹较大陆亚种浅；♀第7腹板后缘中叶较小，上、下2个内凹都较浅。

亚种形态　**头**（图280）额突尖锐而向前突，位于额缘中点略下方，♂通常略高于♀；在额突至口角间中点偏下方具1小切刻。额鬃1列4～6根，眼鬃列3根鬃，上位1根位于角窝前缘。眼略留有痕迹。后头鬃3列，依序为2或3、2～4、4或5根。下唇须长达前足基节约4/5处。**胸**　前胸栉18（17）根，背刺长于背板背缘。前胸背板具鬃1列5～7根；个别在前方另有小鬃1根。中胸背板颈片两侧共有假鬃5～7根。后胸背板具鬃2列，后胸后侧片鬃2列5或6根。前足基节包括小鬃在内约50根。后足胫节外侧具完整鬃1列6（7）根，其前有缘及亚缘鬃5～7根。后足第2跗节约等于第3～4跗节之和，其端长鬃达不到第4跗节中部。**腹**　第1～7背板具鬃2列，偶♀第7背板前列之前具1根鬃；中间背板主鬃列7根鬃，下位有1根位于气门下方。第1～4背板端小刺数（两侧）：♂为1或2、2～4、2、1（0）根，♀为2、2、2（0）、0根。臀前鬃3根，中位者最长，下位者次之。**变形节**　♂第8腹板末端为不对称宽舌形后突，背缘均匀弧凸，后腹缘稍凹或略直，外侧近腹缘有鬃4～7根，其中3（2）根为长鬃。可动突端缘内凹较深，后端角较窄长，且较向上翘（图281），并高于前背角，后缘中段稍下后凸不明显，前角处具4根等长感器。不动突前、后叶之间具浅凹，后叶略后伸，呈略方及圆或锥形变异；前叶具长鬃3（4）根，短及微鬃4根。抱器体后缘白鬃处较圆隆，腹缘斜，后腹角圆钝；柄突短而末端略向上翘。第9腹板后臂显短于前臂，端缘多为斜弧形，有端及亚缘鬃11（12）根，其中4为长鬃。阳茎端背壁骨片呈角状，端侧叶的腹端角略凸（图282）。♀（图283）第7腹板后叶中叶显小于背叶，并短于背叶，外侧主鬃1列4（5）根，其前有3（2）根附加鬃。第8背板端圆，在近腹缘处有长、短侧鬃10～14根，前部有1较明显钩形纵骨化。肛锥细长，长为基部宽的3.0～4.0倍，具端长鬃1根和亚端鬃2根。受精囊头部背缘弧凸，腹缘微凹，尾部等于或长于头部。

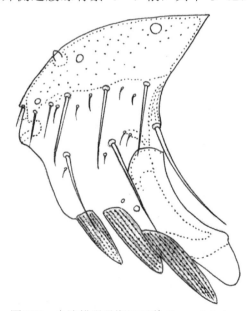

图280　台湾栉眼蚤浙江亚种 *Ctenophthalmus (Sinoctenophthalmus) taiwanus zhejiangensis* Lu et Qiu，♀头角前区，示额突与口角之间具小切刻（副模，浙江景宁）（仿卢苗贵等，1997）

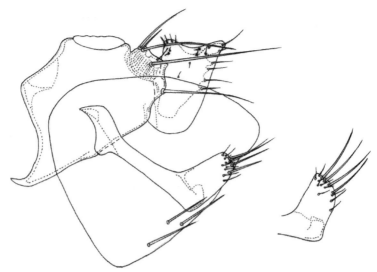

图 281　台湾栉眼蚤浙江亚种 *Ctenophthalmus (Sinoctenophthalmus) taiwanus zhejiangensis* Lu *et* Qiu, ♂ 变形节（正模，浙江景宁）及第 9 腹板后缘变异（副模，浙江景宁）（仿卢苗贵等，1997）

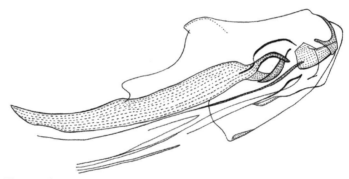

图 282　台湾栉眼蚤浙江亚种 *Ctenophthalmus (Sinoctenophthalmus) taiwanus zhejiangensis* Lu *et* Qiu, ♂ 阳茎端（正模，浙江景宁）（仿卢苗贵等，1997）

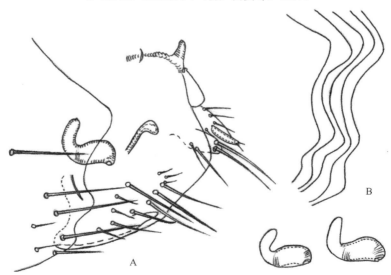

图 283　台湾栉眼蚤浙江亚种 *Ctenophthalmus (Sinoctenophthalmus) taiwanus zhejiangensis* Lu *et* Qiu, ♀（副模，浙江景宁）（仿卢苗贵等，1997）

A. 变形节；B. 第 7 腹板后缘及受精囊变异

观察标本　共3♂♂、3♀♀（系原描述副模），自未定名啮齿动物，1996年3～6月采自浙江景宁（莲川），标本存于军医科院微流所。文献记录（卢苗贵等，1999）3♂♂、4♀♀自褐家鼠，2♂♂、2♀♀自黄毛鼠，1♂宿主记录不详，采集地点及时间同以上副模；1♂自青毛鼠，1997年3月采自浙江裕溪，标本存于浙江省疾病预防控制中心和云南省地方病防治所。

宿主　黄毛鼠、青毛鼠、褐家鼠。

地理分布　浙江（景宁、松阳）。按我国动物地理区系，属华中区东部丘陵平原亚区。本种是该区域的特有亚种。

（59）绩溪栉眼蚤 *Ctenophthalmus (Sinoctenophthalmus) jixiensis* Li *et* Zeng, 1996
（图284～图286）

Ctenophthalmus (Sinoctenophthalmus) jixiensis Li et Zeng, 1996, *Acta Zootaxonom. Sin.*, **21**: 110, figs. 1-7 (Jixi, Anhui, China, from *Eothenomys melanogaster* and *Apodemus draco*); Wu *et al.*, 2007, *Fauna Sinica Insecta Siphonaptera*, Second Edition, p. 921, figs. 1129-1131.

Ctenophthalmus (Sinoctenophthalmus) xinyiensis Li et Zeng, 1996, *Acta Zootaxonom. Sin.*, **21**: p. 113, figs. 15-19 (synonym); Wu *et al.*, 2007, *Fauna Sinica Insecta Siphonaptera*, Second Edition, p. 923, figs. 1132-1134.

鉴别特征　绩溪栉眼蚤依其口角上方无小切刻，♂抱器不动突后叶较短小，以及♀第7腹板后缘上、下内凹都较浅与绒鼠栉眼蚤接近，但据以下几点特征可资区别：①腹节各气门端呈圆形，而绒鼠栉眼蚤至少1～4腹节气门端均尖；②♂可动突端缘内凹较深，且前、后端角显高于中部凹陷处，后端角上翘更明显；③第9腹板后臂略较宽，末端圆弧形或截状；④♀第7腹板背叶向后下方常略成角。

种的形态　头　额突位于额前缘。额鬃1列5根，眼鬃3根。下唇须约达前足基节2/3处。后头鬃3列，依序为2、3、5根。胸　中胸背板颈片内侧假鬃两侧共6根，上位者接近背缘，下位者位于中点略下。后胸后侧片鬃5根，成2列。前、中、后足第5跗节侧蹠鬃依序为5、5、4对，第1对为腹位，位于第2对之间。后足第2跗节端长鬃超过第3跗节末端。腹　第1～7背板具鬃2列，主鬃列下位1根位于气门下方。第1～3背板端小刺数，分别为2、4（3）、2根。气门小而端钝圆；第8背板气门较宽，略小于臀板长度。变形节　♂第8腹板端近宽锥形，后腹缘平而无内凹。抱器不动突前、后叶之间略凹，后叶甚短小（图284A、B），但形状常有较大变异，或方或圆（安徽绩溪），或圆或略呈截状（广东信宜）；前叶外侧具长鬃4（3）根，近后叶有小鬃1根。基节白鬃1根，位于抱器体后缘约中线处。可动突端缘显向内凹，前背角具3～4根感器，后角显高于前角，后缘中段微凸，亚缘具4根中长鬃。第9背板前内突与柄突之间内凹宽圆，柄突末端稍上翘。第9腹板后臂显短并宽于前臂，长不足前臂之半，宽为前臂约2倍，端缘圆（安徽绩溪）（图284A）或至斜截状（广东信宜）（图284C）；具缘长鬃1列5或6根，短鬃约7根。阳茎端背叶为三角形膜质，具弧形褶。侧叶窄弧形，腹缘具浅凹（图285）。♀（图286）第7腹板缘中叶窄小，背叶略呈锥形并略长于中叶，上凹深、浅有一定的变异，下凹小而腹叶基本直下。骨化区发达，位于中、下叶的前方，侧鬃主鬃1列4根，前方小鬃1或2根。第8背板前部梭形骨化脊纤细斜行。肛锥狭长，长约为基宽的4.0倍强。受精囊长约为中段宽的2倍，约为尾长的1.2倍。交配囊袋部大，呈膜质，管部直，有骨化脊。

标本记录 86♂♂、58♀♀（未检视），其中65♂♂、40♀♀为原描述的正、副模，于1990年3月2～31日采自安徽绩溪，自黑腹绒鼠；副模1♂，自中华姬鼠，标本存于贵州医科大学。另20♂♂、18♀♀，1981年3月和1984年3月采自广东信宜，自黑腹绒鼠及其巢窝，标本存于广东省湛江鼠疫防治研究所和贵州医科大学。

宿主 黑腹绒鼠、中华姬鼠

地理分布 安徽（溪绩）、广东（信宜）。按我国动物地理区系，属华中区东部丘陵平原亚区和华南区闽广沿海亚区。本种是中国特有种。

分类讨论 有关信宜栉眼蚤的分类问题，从形态特征上看，与绩溪栉眼蚤差异非常微小，似乎很难达到种一阶元水平，仅♂第9腹板后臂末端有明显前、后端角，尤其是有后端角与绩溪栉眼蚤稍有不同，而其他特征或多或少过渡介于二者之间，只能是不同地点的形态变异，不可能为两个不同的近缘物种，在本志中列为绩溪栉眼蚤的同物异名。

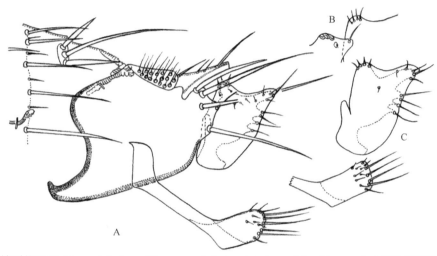

图284 绩溪栉眼蚤 *Ctenophthalmus (Sinoctenophthalmus) jixiensis* Li *et* Zeng，♂（仿李贵真等，1996）
A. 变形节（副模，安徽绩溪）；B. 可动突感器变异（副模，安徽绩溪）；C. 可动突及第9腹板后臂变异（广东信宜）

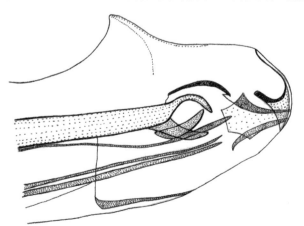

图285 绩溪栉眼蚤 *Ctenophthalmus (Sinoctenophthalmus) jixiensis* Li *et* Zeng，♂阳茎端（正模，安徽绩溪）
（仿李贵真等，1996）

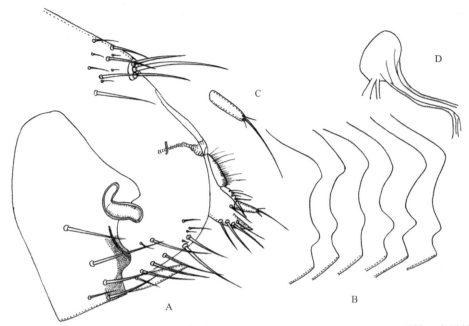

图 286　绩溪栉眼蚤 *Ctenophthalmus (Sinoctenophthalmus) jixiensis* Li *et* Zeng，♀（副模，安徽绩溪）

（仿李贵真等，1996）

A. 变形节；B. 第 7 腹板后缘变异；C. 肛锥；D. 交配囊袋部及管部

（60）绒鼠栉眼蚤 *Ctenophthalmus (Sinoctenophthalmus) eothenomus* Li *et* Huang, 1980（图 287～图 289）

Ctenophthalmus (Sinoctenophthalmus) eothenomus Li *et* Huang, 1980, *Acta. Acad. Med. Guiyang*, **5**: 115. figs. 1, 2 (Suiyang, Guizhou, China, from *Eothenomys* sp.); Li *et* Huang, 1981, *Acta Zootaxonom. Sin.*, **6**: 291, figs. 1-5; Liu *et al.*, 1986, *Fauna Sinica Insecta Siphonaptera*, First Edition, p. 615, figs. 867-869; Chin *et* Li, 1991, *The Anoplura and Siphonaptera of Guizhou*, p. 259, 266, figs. 56, 57; Wu *et al.*, 2007, *Fauna Sinica Insecta Siphonaptera*, Second Edition, p. 934, figs. 1148-1150.

　　鉴别特征　该种依其♂抱器可动突和第 9 腹板后臂等的形状与兴安栉眼蚤接近，但♂可动突端缘内凹较深，后背端较向上翘，前背角处通常为 4 根感器；阳茎端侧叶腹缘处有角状突出；♀第 7 腹板后缘中叶位置较高可与兴安栉眼蚤区别。此外，本种还与解氏栉眼蚤相近，但解氏栉眼蚤♂可动突无上翘的后背端角，且前、后端角近等高，端缘中凹更深；♀第 7 腹板后缘中叶发达，常长于背叶而可与本种加以区分。

　　种的形态　**头**　额缘最突出位于额突下方。额鬃 1 列 5 根，上位 1 根♂位于近触角窝前缘。眼鬃列 3 根鬃。眼退化，仅留有痕迹。口角至颊栉第 1 刺基距明显大于颊栉第 1 刺的长度。颊角端圆钝。后头鬃依序为 2、4（3）、5 根；触角窝背缘♂具小鬃 1 列 10（11）根。触角棒节 9 节完整，其端不超过后头缘。下唇须长仅略短于前足基节的长度。

　　胸　前胸栉具 18（19）根刺，栉刺与栉刺基部仅有很窄的缝隙，其背缘刺略长于前方背板。中胸背板前列完整鬃之前近背缘及前缘处具一些细小鬃，约 10 根，颈片内侧假鬃 3 根。后胸背板无端小刺，后胸后侧片鬃 5 根。前足基节外侧有长、短侧鬃 36～44 根，后足股节亚后腹缘具鬃2根。后足胫节外侧具纵形鬃1列7根，前下段具缘或亚缘小鬃3或4根。后足第2跗节端长鬃达到第4跗节中部。**腹**　第1～7背板具鬃2列（第5～7背板前列鬃不完整），中间背板主鬃列6根鬃，气门下具1根鬃。气门端多数较尖，少数变异为圆形（总体属气门端尖类型）。♂第1～3背板，♀第1～2背板各具1根端小刺。♀基腹部下部具弧线形片状条纹区。臀前鬃3根，中位1根最长。**变形节**　♂第8腹板盖住上抱器下半部分，背缘中段略凸，后腹缘稍凹（图287）或略直。不动突前、后叶之间具1较浅弧凹，后叶略呈方形或稍圆，末端略低于前叶，前叶上具2根长鬃和1根中长鬃，短鬃4根。抱器体后缘中部略凸，其上具臼鬃1根，腹缘斜形或稍凸，第9背板前内突与柄突之间内凹较深而圆，柄突末端尖并略向上翘。可动突显然较窄，端缘具浅凹，前角有感器4（偶3）根，后背端较向上翘并高于前角，后缘上部稍凹，后亚缘尤下段具较宽弱骨化带，上段有缘及亚缘鬃3（4）根，后端角及外侧上段有小鬃7～10根。第9腹板前臂狭窄，后臂较短宽，长度约等于前臂长之半，端缘微凸，后角略圆，有缘和亚缘小鬃11～15根，其中近端4根较长。阳茎端侧叶的端缘呈窄突，腹缘处略具角状（图288）。♀（图289）第7腹板后缘中叶略突出，常与背叶近等长，上凹浅宽，下凹深、浅有变异，外侧有鬃1列5根。第8背板前部具很浅的钩形骨化痕，后背端钝圆，近腹缘具长鬃6根，短鬃6～8根。第8腹板游离突腹缘略凸。受精囊头部两端略骨化，尾近腊肠形，并稍短于头部。

　　观察标本　共17♂♂、12♀♀，其中17♂♂、11♀♀自洮州绒鼠，1♀自四川短尾鼩，分别于2000年4月21至5月5日采自长江三峡以南的巴东北界、广东垭、五峰独岭、牛庄、茅坪，以及与湖南两省交界处的石门壶瓶山自然保护区。标本分存于湖北医科院寄生虫病所和军医科院微流所。

　　宿主　洮州绒鼠、中华姬鼠、猪尾鼠、大林姬鼠、高山姬鼠、黑腹绒鼠、北社鼠、白腹巨鼠、大长尾鼩、多齿鼩鼱、四川短尾鼩、灰射鼩、川鼩；湖北省外有大绒鼠、小家鼠、针毛鼠、黑线姬鼠、昭通绒鼠。

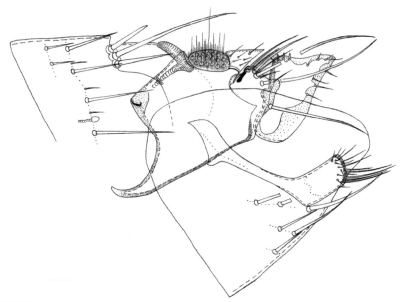

图287　绒鼠栉眼蚤 Ctenophthalmus (Sinoctenophthalmus) eothenomus Li et Huang，♂变形节（湖北五峰）

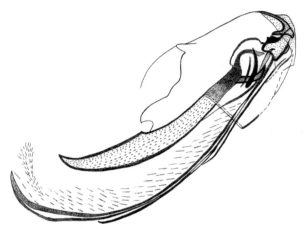

图 288　绒鼠栉眼蚤 *Ctenophthalmus (Sinoctenophthalmus) eothenomus* Li *et* Huang，♂阳茎端（湖北五峰）

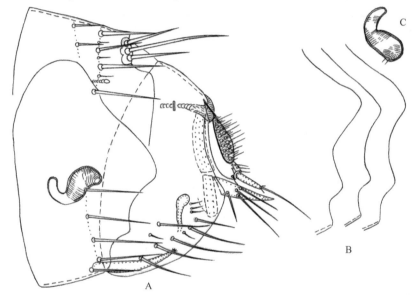

图 289　绒鼠栉眼蚤 *Ctenophthalmus (Sinoctenophthalmus) eothenomus* Li *et* Huang，♀（湖北五峰）
A. 变形节；B. 第 7 腹板后缘变异；C. 受精囊

地理分布　湖北长江三峡以南巴东（绿葱坡、北界、野花坪、杨家坳、广东垭）、建始（红岩寺）、鹤峰（太坪、中营）、恩施（双河、泰山庙）、五峰（独岭、龚家垭、茅坪、后河、牛庄、长坡）、咸丰（坪坝营）、利川（星斗山）；湖南西北部石门（壶瓶山）、桑植（五道水、天坪山、八大公山），贵州（绥阳、都匀），重庆（东南部）。按我国动物地理区系，属华中区西部山地高原亚区。本种是中国特有种。

分类讨论　栉眼蚤属中的中华栉眼蚤亚属是蚤目中形态变异较大的一个类群，在同种中有的可呈现不同的型，如分布于湖北西北部的鄂西栉眼蚤♀第 7 腹板后缘背叶可明显分为两种类型，少数为锥形圆突，多数为宽斜截状，而♂不动突后叶后伸长度（图 262A、B），以及分布于云南的方叶栉眼蚤 *C. (S.) quadratus* 及无突栉眼蚤 *C. (S.) aprojectus* 在《中国蚤目志》（第 2 版）933～939 页图 1145 和图 1154 的♂上抱器及第 9 腹板后臂的连续变异，在一定程度上亦反映了这一现象或趋势。

以往中华栉眼蚤亚属中是据腹部各气门端尖，或气门端呈圆形分为两个不同类群，并在定种中加以运用，这在气门端尖，或没有变异的多数种类中运用是可行的，但问题是绒鼠栉眼蚤在同一个标本中，多数腹节气门端较尖，少数气门端可变异呈略圆，这就提醒同一物种腹节气门端在没有明确提出是端尖，还是都呈圆形的情况下，有时单靠气门或个别特征来定种，很容易出现误判，因此需引起必要的注意或重视。

六、柳氏蚤科 Liuopsyllidae Zhang, Wu *et* Liu, 1985

Liuopsyllinae Zhang, Wu *et* Liu, 1985, *Acta Zootaxonom. Sin.*, **10** (1): 67. **Type genus**: *Liuopsylla* Zhang, Wu *et* Liu, 1985.

Liuopsyllidae Wang *et* Liu, 1994, *Acta Ent. Sin.*, **37**: 364, figs. 1, 2; Wu *et* Liu (in Zheng *et* Gui), 1999, *Insect Classi Fication*, p. 779; Wu *et al.*, 2007, *Fauna Sinica Insecta Siphonaptera*, Second Edition, p. 949.

鉴别特征　颊栉由前后两组刺组成，中间具明显的间隙，前组2根刺相互平行，后组2根刺基部相互重叠。颊部可见到幕骨弧。具前胸栉。后胸背板具端小刺。雄蚤第9背板前内突和柄突之间具抱器体前端突；第9腹板肘处向前无前伸的阳茎腱。臀板背缘平直，雄蚤的后缘具1透明颈片盖住肛背板基部，雌蚤臀板与肛背板不分开且不高出其基部。雌蚤肛锥在端鬃之外具1~2根相当长的侧鬃。

柳氏蚤科是蚤目中最小的1科，仅知1属4种，是食虫目 (Insectivora) 鼩鼱科 (Soricidae) 和鼹科 (Talpidae) 的特异寄生蚤，在中国已报道的3种分布于华中区西部山地高原亚区的秦岭以南至大巴山、武陵山至西南区西南山地亚区的高黎贡山地区，以及华北区黄土高原亚区的宁夏泾源一带，另1种 *L. simondi* Beaucournu *et* Sountsov，1998分布于越南。

20. 柳氏蚤属 *Liuopsylla* Zhang, Wu *et* Liu, 1985

Liuopsylla Zhang, Wu *et* Liu, 1985, *Acta Zootaxonom. Sin.*, **10**: 67. **Type species**: *Liuopsylla conica* Zhang, Wu *et* Liu, 1985; Liu, Wang *et* Pi, 1994, *Acta Zootaxonom. Sin.*, **19**: 383; Xie *et* Zeng, 2000, *The Siphonaptera of Yunnan*, p. 235; Wu *et* Liu (in Zheng *et* Gui), 1999, *Insect Classi Fication*, p. 779; Wu *et al.*, 2007, *Fauna Sinica Insecta Siphonaptera*, Second Edition, p. 950.

鉴别特征　裂首。颊栉特殊，由4根刺组成，位于颊区腹缘。♂触角棒节不伸至前胸腹侧板上。后胸侧脊完整，侧拱发达。前、中、后足第5跗节均有5对侧蹠鬃，第1对移至蹠面，位于第2对之间。♂第8腹板特化变形。具抱器体前端突。不动突后缘中部处具2根基节白鬃。♀臀板与肛节背板相连。♀、♂均有3根臀前鬃。

属的记述　额突齿形；眼卵圆，腹缘有窦。4根颊栉后组两根刺长短不一。触角棒节分9节。下唇须5节。前胸背板很短，长不及中胸背板（含颈片）的一半。后足胫节外侧除背缘粗鬃外，至少有2列鬃。腹部前几背板后缘具端小刺；第1~7背板各有2列鬃。第8背板在臀板前有小鬃4~6根。♂第9背板前内突较发达；抱器体表面有浅淡的条纹。臀板杯陷数每侧约18个。♀受精囊头部袋形。

（61）锥形柳氏蚤 *Liuopsylla conica* Zhang, Wu *et* Liu, 1985（图3B，图12，图290~图297，图版Ⅵ，图版Ⅶ）

Liuopsylla Zhang, Wu *et* Liu, 1985, *Acta Zootaxonom. Sin.*, **10**: 67, figs. 1-4 (male only, Foping, Shaanxi,

China from *Anourosorex squamipes*); Liu, Wang *et* Pi, 1994, *Acta Zootaxonom. Sin.*, **19**: 383. figs. 1, 2 (report female); Wu *et al.*, 2007, *Fauna Sinica Insecta Siphonaptera*, Second Edition, p. 950, figs. 1169-1176.

鉴别特征 ♂第8腹板前部较宽,后突部锥形;第9腹板前臂端腹隆起明显,后臂近端宽阔,端缘平削,后臂无腹膨和长鬃及刺鬃;可动突较长,不动突细窄;抱器腹缘内凹很浅;第8背板长度大于中部宽度;♀第7腹板后缘具1深的近三角形内凹。

种的形态 头(图290) 额突较发达,约位于额缘下1/3处。额鬃1列5或6根,眼鬃列3根鬃,上位眼鬃位于眼的前上方、触角窝的前缘;在额鬃列与眼鬃列之间有1根鬃。眼与眼鬃之间有2列4或5根小鬃。眼大,腹缘有小凹。后头鬃3列,依序为3～5、4～6和3～6根;触角窝背缘有6～11根小鬃。触角棒节共9节,分节明显。颊栉第3刺末端钝圆,第4刺长于其他各栉刺且有很细的尖端。下唇须长达前足基节2/3处。**胸** 前胸背板鬃1列5根,前胸栉两侧共有刺15～17根,背刺远长于该背板,下位第2、3根刺中段略向腹面弯曲,余皆平直。中胸背板鬃2列,在前列之前尚有2列不完整细小鬃,颈片内侧假鬃两侧共6根,偶4根。中胸侧板鬃6或7根。后胸背板共有6根端小刺(图292)。背板侧区具1长1短鬃。后胸后侧片鬃3列7～9根,其间夹杂小鬃1～4根。前足基节外侧除缘鬃外,有鬃22～31根。前足股节外侧后半部具鬃8～11根。后足基节内侧下半段有1簇小刺鬃11～19个,近旁下方另有中长鬃约10根。后足胫节后缘具8个切刻,外侧有鬃3列19～24根,内侧1列3或4根。后足第1跗节约等于第2、3跗节之和;各跗节端鬃均短,不达下一跗节末端。**腹** 各腹节气门端圆形。第2～7背板主鬃列鬃约6(7)根,下位第1根位于气门下方。第1～5背板端小刺两侧共4、4、4、2～4、2根。臀前鬃3根,中位1根最长,♀下位1根略次之。**变形节** ♂(图291)

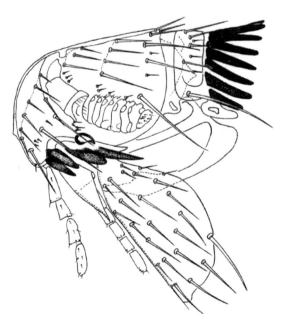

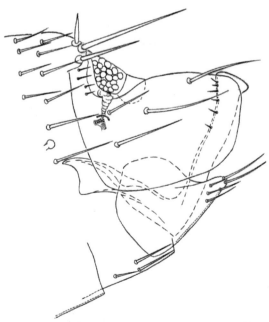

图290 锥形柳氏蚤 *Liuopsylla conica* Zhang, Wu *et* Liu,♂头及前胸(正模,陕西佛坪)(仿张金桐等,1985)

图291 锥形柳氏蚤 *Liuopsylla conica* Zhang, Wu *et* Liu,♂第8背、腹板及第9腹板(正模,陕西佛坪)(仿张金桐等,1985)

第 8 背板上半部有 3（4）根长鬃和 0～2 根短鬃。第 8 腹板后突部的上方具 1 宽而深的内凹，外侧有 1～5 根短鬃和 2 根端长鬃（图 294）。第 9 腹板后臂显长于前臂，顶端截平，基段略宽于中段，外侧有细小鬃约 22 根。抱器体背、腹缘平行，不动突呈峰状凸起（图版 VI），可动突末端圆钝，后缘弧凸，其上有 3 根中长鬃，上位 1 根最长，下位 2 根渐次；可动突长约为宽的 4 倍。柄突近基部 1/3 折屈，向前渐窄，末端微翘（图 295，图 296）。阳茎弹丝卷曲约 1 圈，阳茎钩突向后延伸呈长舌形（图 293）。♀（图 297）第 7 腹板后缘背叶窄锥形，腹叶斜行，中段略凸（图版 VII），其腹叶远长于背叶，上具侧鬃 13～15 根，最后 1 列 4～6 根。第 8 背板大，后端具 1 凹窦，外侧在气门下至腹方有长短不一的侧鬃 14～21 根。生殖棘鬃 3 根。第 8 腹板呈圆锥形。受精囊头尾约略等长。肛锥长为基宽的 2.4～4.1 倍，具端长鬃 1 根和 1（2）根较长侧鬃。

观察标本　共 11♂♂、7♀♀，其中 9♂♂、8♀♀，1990 年 4 月至 1991 年 4 月采自湖北神农架（红花朵、次界坪、燕子垭、新华）；2♂♂、1♀，2004 年 4 月采自长江三峡以南巴东绿葱坡、五峰牛庄（幸福村），宿主为四川短尾鼩、川鼩、背纹鼩鼱，海拔 1000～1800 m，生境为常绿落叶阔叶混交林和落叶阔叶林。标本分存于湖北医科院传染病所和军医科院微流所。

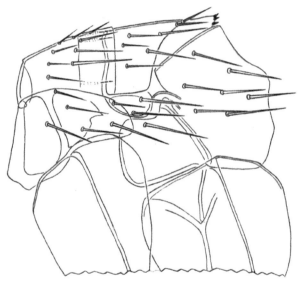

图 292　锥形柳氏蚤 *Liuopsylla conica* Zhang, Wu *et* Liu，♂中胸及后胸（正模，陕西佛坪）（仿张金桐等，1985）

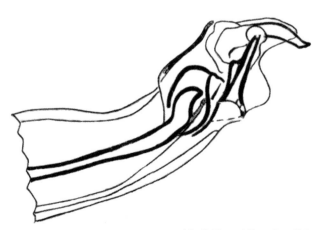

图 293　锥形柳氏蚤 *Liuopsylla conica* Zhang, Wu *et* Liu，♂阳茎端（正模，陕西佛坪）（仿张金桐等，1985）

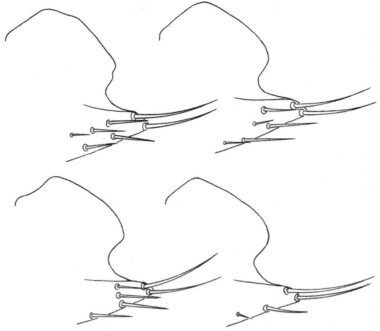

图 294 锥形柳氏蚤 *Liuopsylla conica* Zhang, Wu *et* Liu，♂第 8 腹板后缘变异（湖北神农架）

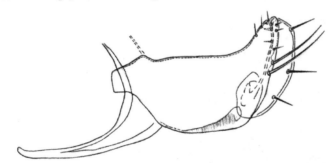

图 295 锥形柳氏蚤 *Liuopsylla conica* Zhang, Wu *et* Liu，♂抱器体、可动突及柄突（正模，陕西佛坪）
（仿张金桐等，1985）

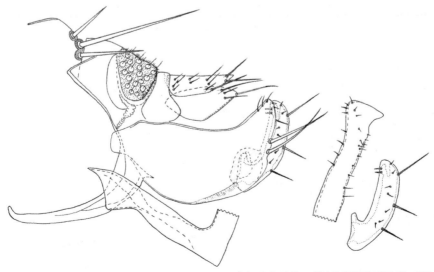

图 296 锥形柳氏蚤 *Liuopsylla conica* Zhang, Wu *et* Liu，♂变形节及第 9 腹板后臂及可动突（湖北神农架）

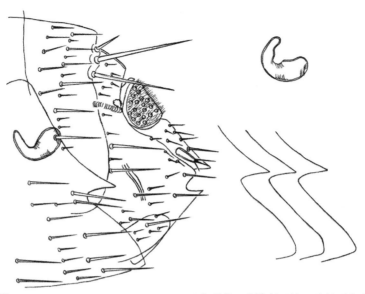

图 297　锥形柳氏蚤 *Liuopsylla conica* Zhang, Wu *et* Liu，♀变形节、受精囊及第 7 腹板后缘变异（湖北神农架）

宿主　四川短尾鼩、多齿鼩鼹、甘肃鼹、川鼩、大长尾鼩、背纹鼩鼱、中华姬鼠、洮州绒鼠、藏鼠兔、大林姬鼠。其中四川短尾鼩为主要宿主，在神农架 3～4 月有霜天气出现，5月上旬消失，每只寄主最多检获不超过 4 只，一般沿有小溪流水的山谷谷底阳坡并有较多苔藓地衣植物的生境采获者居多。在短尾鼩体上，常与偏远古蚤混杂在一起，后者为优势种。

地理分布　湖北神农架（红花朵、燕子垭、新华、猴子石、酒壶坪、次界坪、刘家屋场、九龙池、坪阡、温水河、大九湖）、巴东（绿葱坡、广东垭）、五峰（牛庄）、宜昌（大老岭）、兴山；陕西（佛坪）。按我国动物地理区系，属华中区西部山地高原亚区。本种是中国特有种。

角叶蚤总科 Ceratophylloidea

触角窝开放，♂触角棒节达前胸腹侧板上，两触角间由中央梁和共同区相连。前胸背板腹缘处分两叶，具前胸栉。中胸背板颈片具假鬃；后胸和部分腹节背板后缘具端小刺或栉刺。中足基节外侧具骨化内脊。后足胫节外侧末端具端齿。第 5 跗节通常具 5 对侧蹠鬃。♂臀板后具颈片，第 9 腹板肘部具向前伸出的腱。♀臀板与肛背板相连，通常具肛锥。

全球已知有 5 个科，除钩鬃蚤科（Ancistropsyllidae）和剑鬃蚤科（Xiphiopsylldae）在中国无分布记录外，其余 3 个科中国已报道有 42 属 364 种（亚种），其中长江中、下游地区有 18 属 58 种（亚种），湖北有 17 属 35 种（亚种）。

七、蝠蚤科 Ischnopsyllidae Tiraboschi, 1904

Ischnopsyllidae Tiraboschi, 1904, *Archives de Parasitologie*, **8**: 161-349 (n. s.); Liu, 1939, *Philipp. J. Sci.*, **70**: 86; Hopkins *et* Rothschild, 1956, *Ill. Cat. Roths. Colln. Fleas Br. Mus.*, **2**: 188; Liu *et al.*, 1986, *Fauna Sinica Insecta Siphonaptera*, First Edition, p. 621; Yu, Ye *et* Xie, 1990, *The Flea Fauna of Xinjiang*, p. 223; Chin *et* Li, 1991, *The Anoplura and Siphonaptera of Guizhou*, p. 271; Cai *et al.*, 1997, *The Flea Fauna of Qinghai-Xizang Plateau*, p. 127; Wu *et* Liu (in Zheng *et* Gui), 1999, *Insect Classi Fication*, p. 780; Xie *et* Zeng, 2000, *The Siphonaptera of Yunnan*, p. 238; Wu *et al.*, 2007, *Fauna Sinica Insecta Siphonaptera*, Second

Edition, p. 959; Liu, Shi *et al.*, 2009, *The Siphonaptera of Neimenggu*, p.222.

鉴别特征　裂首。口前栉由 2 根宽而扁的刺组成，个别 3 或 4 根，刺的末端大多钝或略尖，基部紧贴于口角后方。后胸背板具端小刺。臀板背缘平直。♂在臀板后方具 1 透明的颈片遮盖住肛背板，♀蚤臀板不与肛背板分离并高于该背板。♂第 9 腹板肘处具向前下方伸出的阳茎腱。♀肛锥除有 1 根端长鬃外，尚有 1 或 2 根较长的侧鬃。具 1 个受精囊。

科的记述　头部甚为狭长，但怪蝠蚤属例外，为短头。仅在颊栉后方有骨化的口前结，其长度或宽度等形态常为分类依据。眼多退化，触角窝前缘厚化点或淡色空泡即为眼的痕迹；仅夜蝠蚤属有明显的眼存在。下颚通常截状或斜截状，仅少数尖锐。具发达前胸栉和后胸栉。中胸背板颈片内侧的假鬃发达程度不同，多数呈栉状排列。各足第 5 跗节有 5（6）对侧蹠鬃，第 1 对大多移位至腹面，甚至消失。另外，在末 1 对侧蹠鬃之间尚有 1 对移位于腹面，应是第 6 对侧蹠鬃。腹部多数背板有栉，栉及栉刺数目各有不同，发达者如前胸栉及后胸栉。♂变形节及阳茎体结构复杂，形态多样。

蝠蚤科的蚤类专嗜翼手目 (Chiroptera) —— 蝙蝠，除南、北极外，其他各界均有它们的踪迹，但大部分多见于温带或热带地区，具有较严格宿主特异性，只有在极个别情况下，才能在有大量蝙蝠居住的人房内或山洞中采到。但由于许多蝙蝠带有不同的病毒及病菌，而它的体外寄生蚤与人的传染病关系尚无人专门做这方面的研究与探索。目前全球已记录该科有 20 属 160 余种，中国已报道有 30 种（亚种），分隶于 2 亚科 6 属，长江中、下游地区分布有 1 亚科 2 属 8 种，湖北记录有 4 种。

属 检 索 表

臀前鬃 1 列，呈假栉状（图 305，图 306）…………………………… 夜蝠蚤属 *Nycteridopsylla*

臀前鬃不变形，仅有 1 根细长（图 322，图 323）………………………… 蝠蚤属 *Ischnopsyllus*

（十）蝠蚤亚科 Ischnopsyllinae Tiraboschi, 1904

Ischnopsyllidae Tiraboschi, 1904, *Archives de Parasitologie*, **8**: 161-349 (n. s.).

Ischnopsyllinae Wahlgren, 1907, *Ent. Tidsk*, **28**: 89 (n. s.); Lewis, 1974, *J. Med. Ent.*, **11**: 528; Hopkins *et* Rothschild, 1956, *Ill. Cat. Roths. Colln. Fleas Br. Mus*, **2**: 198; Liu *et al.*, 1986, *Fauna Sinica Insecta Siphonaptera*, First Edition, p. 625; Yu, Ye *et* Xie, 1990, *The Flea Fauna of Xinjiang*, p. 222; Chin *et* Li, 1991, *The Anoplura and Siphonaptera of Guizhou*, p. 276; Cai *et al.*, 1997, *The Flea Fauna of Qinghai-Xizang Plateau*, p. 127; Xie *et* Zeng, 2000, *The Siphonaptera of Yunnan*, p. 242; Wu *et al.*, 2007, *Fauna Sinica Insecta Siphonaptera*, Second Edition, p. 964.

鉴别特征　头部和前胸均较长，头的长度大于高度。

21. 夜蝠蚤属 *Nycteridopsylla* Oudemans, 1906

Nycteridopsylla Oudemans, 1906, *Tijdschr. Ent.*, **49**: 54. **Type species**: *Ceratopsyllus pentactemus* Kolenati (n. s.); Liu, 1939, *Philipp. J. Sci.*, **70**: 92; Hopkins *et* Rothschild, 1956, *Ill. Cat. Roths. Colln. Fleas Br. Mus*, **2**: 221; Liu *et al.*, 1986, *Fauna Sinica Insecta Siphonaptera*, First Edition, p. 625; Wu *et al.*, 2007, *Fauna Sinica Insecta Siphonaptera*, Second Edition, p. 964.

鉴别特征　夜蝠蚤属与蝠蚤科其他各属的主要区别是腹部第 7 背板上的臀前鬃由 1 列

短棘鬃所取代。

属的记述　头延长，颏具为永久型额突，无淡色缘带及亚缘带；无幕骨弧，眼退化，无眼鬃；下颚片端尖，前缘长于后缘；具 2～4 根口前栉，末端略尖；颊突端圆；前胸、后胸及腹部第 1、2 腹节背板或第 3 腹节具栉刺，或后胸及第 1、2 背板每侧减缩为 1～4 根小端刺；后胸后侧片无栉刺；中胸后侧片后缘截断形或略凹。前足第 1 跗节至少与第 2 跗节等长；后足第 5 跗节第 1 对侧蹠鬃移至中部近第 2 对侧蹠鬃之间。

本属已记录有 20 种，主要分布于古北界，部分分布于东洋界及新北界，大部分采获见于冬、春二季，虽地理区域分布广泛，但只有偶然情况下才能在个别山洞和特定的自然环境及宿主体表采集到本属蚤类。中国已报道 7 种，长江中、下游一带地区分布有 4 种，其中湖北分布有 2 种。

种 检 索 表

1. 额突位置高（图298），额突至第 1 口前栉基距约等于第 1 至第 4 口前栉之间间距；额亚缘具 1 列 7 根粗刺鬃 ························· 四刺夜蝠蚤 *N. quadrispina*
   额突位置低，紧贴第 1 口前栉或稍前方；口前栉仅有 2～3 根；额亚缘仅有普通鬃而无刺鬃 ········· 2
2. 具 3 根口前栉（图300）；♂抱器可动突后端较圆钝，后背端斜截且不向上翘，后下缘 2 根短刺形鬃距离甚近（图302）；♀未发现 ················· 南蝠夜蝠蚤 *N. iae*
   具 2 根口前栉（图307）；♂抱器可动突后背端较尖突，并显向上翘，后缘有 4 或 5 根刺形鬃，如为 2 根则为长亚刺鬃且距离较远 ·················· 3
3. ♂缺不动突（图309）；抱器体后突部甚长；可动突前背端显低于后背端，前下缘基本无凹，后缘具 4 或 5 根刺鬃，上后角 2 根较粗钝；第 9 背板前内突与柄突之间内凹窄而深，三角形；♀第 7 腹板后缘具 1 深凹，亚缘有骨化区（图310） ············ 小夜蝠蚤 *N. galba*
   ♂有不动突（图305）；抱器体后突部短小；可动突前背端与后背端约同高，前下缘有深切凹，后缘仅有 2 根长亚刺鬃；第 9 背板前内突与柄突之间内凹浅宽；♀第 7 腹板后缘内凹不明显、波形，亚缘无骨化区（图306） ············· 双髁夜蝠蚤 *N. dicondylata*

（62）四刺夜蝠蚤 *Nycteridopsylla quadrispina* Lu *et* Wu, 2003（图 3D，图 298，图 299）

Nycteridopsylla quadrispina Lu *et* Wu, 2003, *Systematic Parasitology*, **56**: 57, figs. 1, 2 (female only, Badong, Hubei, China, from *Ia io*); Wu *et al.*, 2007, *Fauna Sinica Insecta Siphonaptera*, Second Edition, p. 967, figs. 1189, 1190.

鉴别特征　本种形态十分独特，依其颊部前方具 4 根口前栉可与夜蝠蚤属已知其余种区别，这是在蝠蚤科中唯一有 4 根口前栉的蚤种；尽管在 *N. vancouverensis* Jordan, 1936，*N. intermedia* Lewis *et* Wilson, 1982 和 *N. chapini* Joran, 1929 等蚤种均有粗壮的亚额缘鬃列，但本种依其额突十分高，且额突至第 1 口前栉基距约等于第 1 口前栉至第 4 口前栉基距可与它们相区别。

种的形态　仅知♀性。头（图 3D，图 298）裂首；额突角状，位置十分高，约位于额缘下 2/3 稍下方，并远离口前栉第 1 栉刺。口前栉和额突间的距离超过口前栉第 1 刺的长度。额缘下内有很宽的叠形弱骨化带形区。额亚缘鬃列 7 根呈刺状鬃；后列 1 根近刺状鬃。眼退化但可见。颊栉由 4 根刺组成，其端部较圆钝，第 1 刺与第 2 刺间有清晰的间隙。颊栉基线微向前凸；颊栉基线的前方具较宽深浅不一的带形骨化。后头鬃 4 列，依序为 2、3、4 及 7 根，触角窝背缘靠前方的 2 根刺状鬃较粗壮。端缘下后方另有 1 根稍短鬃。触角棒节具 5 根细长鬃。下唇须 5 节，其端近达前足基节 2/3 处。**胸**　前胸背板具 1 列 6 根长鬃；

前胸两侧共有 26 根栉刺，栉刺端尖而近剑叶状（剑麻的叶形），其背刺远长于该背板，下方的刺明显短于背方栉刺。后胸背板端小刺 2 根，不呈假鬃状，后胸后侧片有鬃 2 列，多为 1 根鬃。前足基节外侧鬃 28 根。前、中、后足胫节后缘分别为 6、7 和 8 个切刻，外侧有鬃 1 列，约 10 根。后足第 5 跗节第 1 对侧蹠鬃明显内移，但未移至第 2 对之间。后足第 2 跗节端长鬃仅略超过第 3 跗节之末。**腹**　第 1、2 背板端小刺分别为 2（1）、1 个，其余背板无端小刺。第 2～7 背板气门下无鬃。第 7 背板后缘具假栉，两侧共由 10 根刺组成。

变形节　♀（图 299）第 7 腹板后缘波形，背角圆钝，下段有 1 近三角形凹陷，该腹板后缘无明显增厚，有侧鬃 1 列共 4 根。第 8 背板后缘具 1 三角形后凸，外侧在臀板下有 3 根长鬃，下段有约 4 根短鬃，生殖棘鬃 6 根。肛锥长柱形，其长约为宽的 4 倍，具端长鬃 1 根，近旁尚有 1 根微鬃。交配囊管骨化部分较长，其中段有 1 大的向后弧形弯曲。受精囊头部呈较宽的椭圆形，尾部显长于头部。

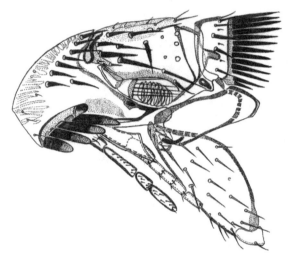

图 298　四刺夜蝠蚤 *Nycteridopsylla quadrispina* Lu *et* Wu，♀头及前胸（正模，湖北巴东）（仿鲁亮等，2003）

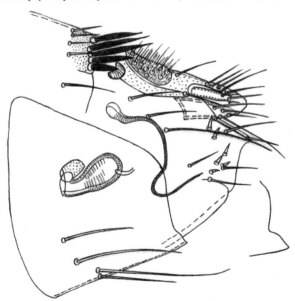

图 299　四刺夜蝠蚤 *Nycteridopsylla quadrispina* Lu *et* Wu，♀变形节（正模，湖北巴东）（仿鲁亮等，2003）

观察标本　1♀（正模），于 2001 年 11 月 18 日由鲁亮采自湖北省巴东县长江三峡以北，海拔约 400 m 的堆子，宿主为南蝠 *Ia io*，生境为常绿阔叶林带。标本保存于军医科院微流所。

宿主　南蝠。

地理分布　湖北长江三峡以北（巴东）。按我国动物地理区系，属华中区西部山地高原亚区。曾于 2004 年相同月份及时间到巴东堆子多个岩石山洞捕获到 20 多只南蝠，但均未从其体外检集到跳蚤，加上不知原采集地确切洞穴，据此推测可能仅个别山洞的南蝠才有本种蚤寄生。

（63）南蝠夜蝠蚤 *Nycteridopsylla iae* Beaucournu *et* Kock, 1992（图 300～图 303，图版Ⅶ）

Nycteridopsylla iae Beaucournu *et* Kock, 1992, *Senckenbergiana Boil.*, **72** (4/6): 329 (male onely, Thailand, from *Ia io*); Lu *et* Wu, 2003, *Systematic Parasitology*, **56**: 59 (Badong, Hubei, China, from *Ia io*); Wu *et al.*, 2007, *Fauna Sinica Insecta Siphonaptera*, Second Edition, p. 966, figs. 1186-1188.

鉴别特征　该种以其具 3 根口前栉很容易与本属其他成员相区别。本种与柳氏夜蝠蚤相近，但据以下列特征可与后者区别：①♂可动突后延部分较短，且端部远不如柳氏夜蝠蚤圆钝，前缘凹陷之上方具突出前下角；②不动突较窄而甚小，后方与抱器体后延锥形突之间内凹显然浅；③阳茎端侧叶具 1 后伸长近椭圆形结构。

种的形态　仅知♂。头（图 300）　额缘陡斜，无额突。额缘下内有较窄骨化带，无皱区和明显浅色区。眼有清晰痕迹，下缘具凹窦。口前栉具 3 根栉刺，梯形排列，其中第 1 根端部较圆钝，第 2、3 根端部略尖。额鬃列 5 根，普通鬃状，其中下位 1 根较长，第 2、3 根细小；另在触角窝的前方尚有 1 根长粗鬃。后头鬃 4 列，呈 3、2、2、5（6）排列，几均近刺状。端缘列下后方另有 1 根鬃。后头沟中深。触角第 2 节长鬃可达棒节末端。下唇须短，仅达前足基节中部。**胸**　前胸背板具 1 列 4（3）根鬃，近刺状鬃；两侧共有栉刺 24（25）根，背刺端甚细尖。中胸背板颈片内侧具假鬃 3 根。后胸背板端小刺 2 根，稍呈退化状（图 301）。后胸后侧片鬃 2 列，呈 2（1）、1 根排列。前足基节外侧鬃约 32 根。后足基节外侧具鬃 9 根，略成 2 列，另有缘鬃 7 根和端鬃 3 根；第 2 跗节端鬃不达第 3 跗节中部。**腹**　第 2～7 背板气门下无鬃。第 1～5 背板后缘端小刺分别为 2、1、0、0、0 个。第 7 背板的假栉两侧由 7～9 根组成。**变形节**　♂第 8 背板后端缘呈三角状，端部有 1 根长弯鬃。第 8 腹板后缘中段具 1 浅弧凹，下段斜截，端腹缘具长鬃 2 根和细鬃 1 根。抱器不动突甚窄细并低于可动突（图 302）。抱器体中等发达，腹缘略弧凸，后下角具 1 锥形后突，其上具 1 根细长基节白鬃。第 9 背板前内突宽三角形，前背缘微凸，柄突端段细窄并略长于第 9 背板前内突。可动突前背缘具 1 浅广凹（图版Ⅶ），前缘端下角与不动突端后角针锋相对，在该角突以下具较深宽斜凹，后背端斜截状，下段较圆钝，端近腹缘具 2 根粗短刺鬃，另上方

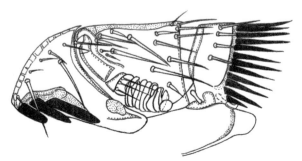

图 300　南蝠夜蝠蚤 *Nycteridopsylla iae* Beaucournu *et* Kock，♂头及前胸背板（湖北巴东）

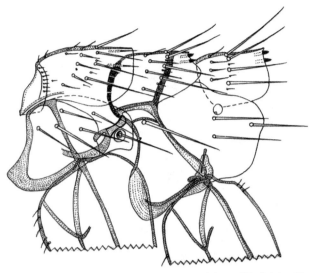

图 301　南蝠夜蝠蚤 *Nycteridopsylla iae* Beaucournu *et* Kock，♂中、后胸背板及第 1 腹节背板（湖北巴东）

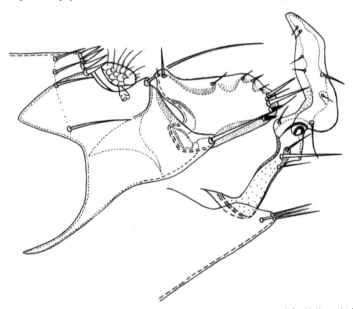

图 302　南蝠夜蝠蚤 *Nycteridopsylla iae* Beaucournu *et* Kock，♂变形节（湖北巴东）

有小鬃或中长缘鬃 7 根，侧鬃 4 根。第 9 腹板后臂中段前缘具 1 隆起，近后下缘有长、短鬃 4（3）根；端段较细，前、后缘多少凸凹不平，其上有小鬃 7 根。阳茎端背角几呈直角，侧叶呈 1 椭圆形结构（图 303），向腹后方延伸；阳茎端腹缘有较宽片状粗棘区。

　　观察标本　2♂♂，2001 年 11 月 18 日由鲁亮采自湖北省巴东县长江三峡以北，海拔约 400 m 的堆子，宿主为南蝠，生境为常绿阔叶林带；根据原始采集记录（Lu & Wu，2003），上述同一批标本中另尚有 5♂♂保存在 70%乙醇中。标本存于军医科院微流所。

　　宿主　南蝠。

　　地理分布　湖北长江三峡以北巴东（堆子）；国外分布于泰国。按我国动物地理区系，属华中区西部山地高原亚区。曾于 2004 年在相同月份及时间到巴东堆子捕获到 20 余只南蝠，但均未从其体外采集到跳蚤，推测可能仅个别山洞的南蝠才有本种蚤寄生。

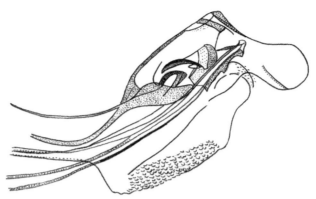

图 303　南蝠夜蝠蚤 *Nycteridopsylla iae* Beaucournu *et* Kock，♂阳茎端（湖北巴东）（仿刘泉，2007）

（64）双髁夜蝠蚤 *Nycteridopsylla dicondylata* Wang, 1959　（图 304～图 306）

Nycteridopsylla dicondylata Wang, 1959, *Acta Ent. Sin.*, 9: 82.figs. 1-3 (Jianyang, Fujian, China, from? *Pipistrellus abramus*); Liu *et al.*, 1986, *Fauna Sinica Insecta Siphonaptera*, First Edition, p. 627, figs. 883-885; Wu *et al.*, 2007, *Fauna Sinica Insecta Siphonaptera*, Second Edition, p. 971, figs. 1196-1198.

鉴别特征　♂抱器可动突背缘只有 1 个圆凹，可动突前上缘和不动突后上缘均有尖锐的小缺口，状似小钳口；♀臀前鬃每侧由 4 根刺鬃组成。

种的形态　头（图 304）　额缘倾斜。口前栉由 2 根末端尖锐的刺组成，后 1 根比前 1 根长而更尖锐，且前栉与后栉之间具清晰间隙。额鬃 4 根；后头鬃 3（4）列，约 10 根，其中靠近触角窝背缘的 2 根较粗长。眼退化，留下近圆形痕迹。触角梗节上的长鬃均超过棒节末端；下唇须长可达或稍超过前足基节之半。胸　前胸栉♂28～30 根刺，♀24～26 根刺，刺与刺之间有清晰间隙，末端尖，最长的刺约等于前胸背板长度；前胸背板上具 5 根鬃，各鬃之间尚夹杂小鬃。中胸背板上具 2 列鬃，颈片下缘每侧具有颜色明显的假鬃 2 根。后胸背板每侧具 2 根端小刺。腹　腹节背板上无栉，仅在第 1、2 腹节背板上有端小刺，每侧数为 2、1；♂臀前鬃的假栉（两侧）由 6～8 根较短小的刺组成，♀为 8 根（有时 9 根）较长的刺鬃组成；各腹节背板上每侧鬃数各为 4、4（5）、4（5）、3（4）、1～4、1～4、0～4。变形节　♂抱器不动突向背面呈锥形突出，后缘有明显骨化区。可动突短而宽（图 305），背缘呈圆形凹状，后背端显向上翘，前突起近四方形，上有 4 根小鬃，前缘至基节白处亦

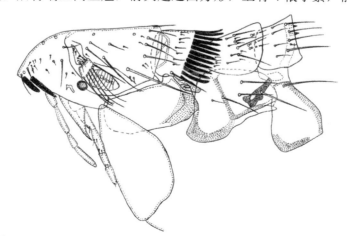

图 304　双髁夜蝠蚤 *Nycteridopsylla dicondylata* Wang，♀头及胸（副模，福建建阳）（仿王敦清等，1986）

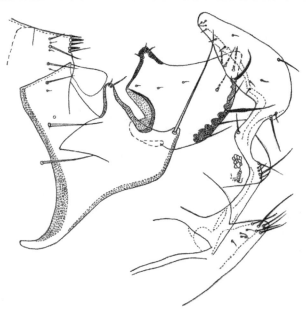

图 305　双髁夜蝠蚤 *Nycteridopsylla dicondylata* Wang，♂变形节（正模，福建建阳）（仿王敦清等，1986）

有明显骨化区，近中在角突以上稍内凹；可动突与抱器突后上缘尖锐小缺口相对的位置处，亦有一个尖锐小缺口，两者相对，大小相近，状似小钳口；可动突后缘圆弧形，其上具鬃 7~9 根，其中 2 根较粗大者似刺状；基节臼鬃 1 根着生在抱器体后端 1 较短锥形突末端，第 9 背板前内突与柄突间内凹浅宽。第 8 背板近臀板下方处每侧具 4 根长鬃；第 8 腹板较大，后下缘有 1 近"V"形深凹窦。第 9 腹板后臂端部膨大，状似水鸭头部侧面观，具长短不一的鬃 14 根左右，下部狭后弯处有鬃 5 根。♀第 7 腹板后缘中段微内凹，其上、下方略圆凸（图 306），无骨化区，外侧近腹缘处有鬃 4 根。肛锥长为宽的 4.5~5.5 倍。受精囊头部略圆，尾部腊肠形，长于头部，头部宽约为尾部的 2 倍；交配囊管中段显向后方弯拱。

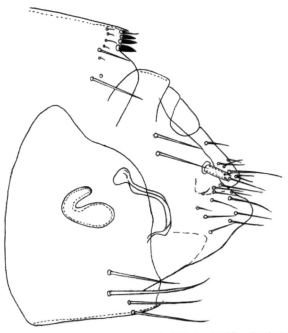

图 306　双髁夜蝠蚤 *Nycteridopsylla dicondylata* Wang，♀变形节（副模，福建建阳）（仿王敦清等，1986）

标本记录　共 2♂♂、2♀♀（未检视），系原描述的正模和副模，1957 年 3 月采自福建建阳山区的蝙蝠体上。标本保存于中国科学院动物研究所。

宿主　蝙蝠（? *Pipistrellus abramus*）。

地理分布　福建（建阳）。按我国动物地理区系，属华中区东部丘陵平原亚区。本种是中国特有种。

（65）小夜蝠蚤 *Nycteridopsylla galba* Dampf, 1910（图 307～图 310）

Nycteridopsylla galba Dampf, 1910, *Zool. Anz.*, **36**: 11, figs. 1, 2 (Shanghai, China, from bat) (n. s.); Liu, 1936, *Lingnan Sci. J.*, **15**: 587; Liu, 1939, *Philipp. J. Sci.*, **70**: 92, figs. 113, 114; Liu, 1956, *J. Chin. P. L. A. Milit. Acad. Med. Sci.*, **2**: 198, figs.1-3 (female described, Hangzhou, from bat); Hopkins *et* Rothschild, 1953, *III. Cat. Roths. Colln. Fleas Br. Mus.*, **2**: 232, figs. 387, 388, pl., 19 D; Liu *et al.*, 1986, *Fauna Sinica Insecta Siphonaptera*, First Edition, p. 628, figs. 886, 887; Wu *et al.*, 2007, *Fauna Sinica Insecta Siphonaptera*, Second Edition, p. 969, figs. 1191, 1192.

Ischnopsyllus wui Hsu, 1936, *Peking Nat. Hist. Bull.*, **10**: 137, fig. 1 (Suzhou [Soochow] , Jiangsu, China, from bat).

鉴别特征　后胸和第 1～3 腹节背板上具假栉；♂无抱器突，而仅有 4～6 根小鬃；抱器体向后成 1 宽而显较长的锥形突，并显长于柄突；♀第 7 腹板后缘具骨化加厚区。

种的形态　头　额缘甚倾斜（图 307）。额鬃♂2 根，♀5 或 6 根，其中下位第 2 根较长；在触角窝前方另有 1 根鬃。眼小，仅亚缘略有色素，口前栉第 1 刺短于第 2 刺，末端稍窄而端圆；颊突长，端部圆钝。后头鬃 8 或 9 根，成 3 列，为 1、2、6（5）根，在触角窝背缘有小鬃约 10 根。♀触角梗节长鬃达棒节的 2/3。下唇须长达前足基节的 2/3 至近端。胸　前胸栉 26～32 根刺，刺端窄尖，其背刺显短于前方之背板；后胸栉 14～18 根刺鬃，其长度约为第 1 腹节背板栉刺长的 2/3。腹　第 1 腹节 20～24 根刺鬃（图 308）；第 2 腹节 20～24 根；第 3 腹节 18～20 根。第 7 腹节背板上的臀前鬃♂由 10 根刺鬃、♀由 12 根或 13 根刺鬃组成的假栉。变形节　♂第 8 腹板后缘稍内凹，后腹角与腹缘交界略近锥状，具小侧鬃约

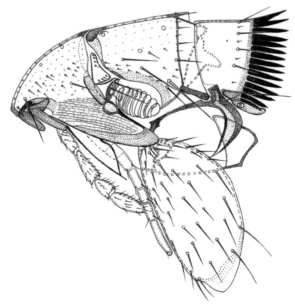

图 307　小夜蝠蚤 *Nycteridopsylla galba* Dampf，♀头及前胸（上海）

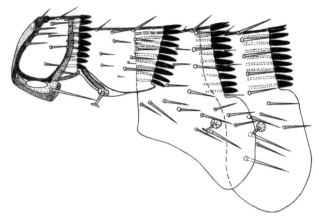

图 308　小夜蝠蚤 *Nycteridopsylla galba* Dampf，♀后胸背板及腹节第 1～3 背板（上海）

10 根。抱器体后延部分很长，端部锥状，末端具 1 根长粗鬃，稍下另侧（右侧）有 1 根普通长鬃。抱器体背缘近平行，无抱器突（图 309），而仅有 4～6 根小鬃，腹缘与柄突之间略凹，柄突端段较细狭；第 9 背板前内突宽三角形，端缘稍弧凸，腹缘与柄突间成锐角深凹。可动突背缘轻微凹状，前缘至前背缘呈圆拱状，后端角显向上翘，该处具 2 根深色粗钝刺鬃，后缘中段较后凸，此处具 3 根刺鬃。第 9 腹板后臂似弯刀状，中段最宽，末段渐窄细，其上有 2 个尖锐突起。♀第 7 腹板后缘具 1 深圆凹，但宽窄稍有变异；背叶末端稍钝，腹叶中段略凹，亚后缘具较宽纵行骨化色素区（图 310），外侧有鬃 11～17 根，约成 3 列。第 8 背板在臀板下具鬃 4～7 根，近后缘具缘及亚缘鬃 10 根左右。第 8 腹板腹缘有很窄的骨化（上海标本），末端圆。肛锥长为宽的 2.5～4.0 倍；臀板杯陷 25 个。受精囊头部呈囊状，较宽大，头部宽约为尾部的 2.5 倍；交配囊管较长，中段略向后弯拱，色较淡。

　　观察标本　共 1♂、2♀♀，其中上海 1♀，1955 年 2 月 18 日，自小家蝠；江苏苏州，1♂，未定种蝙蝠；浙江杭州 1♀，1934 年 12 月 14 日，未定种蝙蝠。标本存于军医科院微流所。

　　地理分布　上海、江苏（苏州）、浙江（杭州）；国外分布于日本。按我国动物地理区系，属华中区东部丘陵平原亚区。

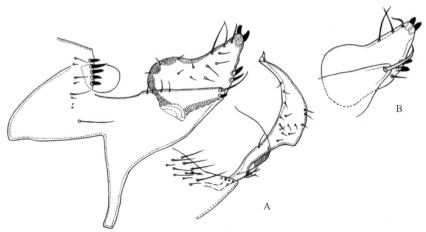

图 309　小夜蝠蚤 *Nycteridopsylla galba* Dampf，♂（江苏）（仿王敦清等，1986）

A. 变形节；B. 抱器变异

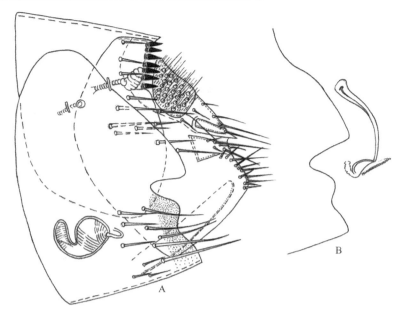

图 310　小夜蝠蚤 *Nycteridopsylla galba* Dampf，♀（上海）
A. 变形节；B. 第 7 腹板后缘变异及交配囊

22. 蝠蚤属 *Ischnopsyllus* Westwood, 1833

Ischnopsyllus Westwood, 1833, *Ent. Mag.*, **1**: 362. **Type species**: *Ceratophyllus elongates* Curtis (n. s.); Liu, 1939, *Philipp. J. Sci.*, **70**: 86; Hopkins et Rothschild, 1956, *III. Cat. Roths. Colln. Fleas Br. Mus.*, **2**: 255; Liu *et al.*, 1986, *Fauna Sinica Insecta Siphonaptera*, First Edition, p. 634; Lewis, 1974, *J. Med. Ent.*, **11**: 528; Yu, Ye *et* Xie, 1990, *The Flea Fauna of Xinjiang*, p. 223; Chin et Li, 1991, *The Anoplura and Siphonaptera of Guizhou*, p. 280; Cai *et al.*, 1997, *The Flea Fauna of Qinghai-Xizang Plateau*, p. 127; Xie *et* Zeng, 2000, *The Siphonaptera of Yunnan*, p. 242; Wu *et al.*, 2007, *Fauna Sinica Insecta Siphonaptera*, Second Edition, p. 978; Liu, Shi *et al.*, 2009, *The Siphonaptera of Neimenggu*, p. 223.

鉴别特征　额背部具皱纹区，其下方明区窄，后限常不清晰。眼退化，仅略有痕迹，眼的前方具幕骨弧。下颚片末端截形。口前栉末端钝。各足第 5 跗节第 1 对侧蹠鬃位于第 2 对侧蹠鬃之间。腹部至少有 4 个发达的栉刺，基腹板无侧鬃。臀前鬃♂、♀都有 1 根，细长而不变形。

属的记述　头部长度大于高度。口前栉 2 根较短宽且末端钝。额结小，为脱落型。前胸背板栉刺和 4 或 6 个腹部背板栉刺都发达，后胸后侧片无栉刺或假栉。

　　蝠蚤属分为两个亚属，六栉亚属 *Hexactenopsylla* 和蝠蚤亚属 *Ischnopsyllus*，中国已知有 16 种，长江中、下游记录有 4 种，湖北分布有 2 种。

亚属、种检索表

1. 口前栉较宽（图 317），♀蚤尤甚；后胸前侧片无翅基片；胸部和腹部共有 8 个栉；♂第 9 腹板后臂的前叶宽（图 313），末端大致呈截形 ···**蝠蚤亚属 *Ischnopsyllus***······2
　口前栉一般细长，大多在曲折成直角处最窄；后胸前侧片的前背角具翅基片；胸部和腹部共有 6 个或 8 个背板栉；第 9 腹板后臂的前叶和后叶均较狭窄且末端尖（图 322，图 327） ·····························
　··**六栉亚属 *Hexactenopsylla***······3

2.　♂第 8 腹板前臂显较宽，后腹缘具 1 簇长而弯的粗壮刺鬃（图 318）；可动突略呈短矩形，末端低于不
　　　动突；2 根细基节白鬃着生于抱器体后缘中部；柄突端部粗钝；♀第 7 腹板后腹角圆钝（图 320），侧
　　　鬃较多，15～20 根，主鬃列前方有附加小鬃 8～9 根·····················弯鬃蝠蚤 I. (H.) needhami
　　　♂第 8 腹板前臂较窄，后腹缘无特殊刺形鬃（图 313）；可动突上段向后方延伸，成 1 大椭圆后突，长
　　　度及宽度均大于基柄，并甚高于不动突；2 根细亚刺状白鬃着生于抱器体后背锥形突末端；柄突末
　　　端尖而较窄；♀第 7 腹板后缘后腹角尖突（图 316），侧鬃少，不多于 11 根，主鬃列前方一般无附加
　　　鬃 ···李氏蝠蚤 I. (H.) liae
3.　♂中胸背板后上角具成簇特殊长鬃（图 325，图 326）；抱器可动突较粗短，呈矩形（图 327），基宽等
　　　于或仅稍窄于端宽，后上角后延较短，后缘上位 1 根长刺鬃与最下位 1 根粗短刺鬃距离较远；第 8
　　　腹板较细而短，前、后端无明显膨大；♀第 7 腹板后缘斜行（图 329）；肛锥长约为基宽的 2 倍······
　　　···长鬃蝠蚤 I. (H.) comans
　　　♂中胸背板后上角无特殊长鬃；抱器可动突较窄长，倒靴形（图 322），基宽显窄于端宽，后上角后延
　　　较长，后缘上位 1 根长鬃与最下位 1 根粗短鬃距离较近；第 8 腹板较宽，前部甚发达，后部呈近圆
　　　形膨大（图 322）；♀第 7 腹板后缘上段具弧形后凸，下具浅广凹（图 323）；肛锥长至少为基宽的 3
　　　倍 ···印度蝠蚤 I. (H.) indicus

9）蝠蚤亚属 Ischnopsyllus Westwood, 1833

Ischnopsyllus Westwood, 1833, *Ent. Mag.*, Ⅰ: 362 (n. s.); Hopkins *et* Rothschild, 1953, *Ill. Cat. Roths. Colln. Fleas Br. Mus.*, **2**: 263; Liu *et al.*, 1986, *Fauna Sinica Insecta Siphonaptera*, First Edition, p. 635; Wu *et al.*, 2007, *Fauna Sinica Insecta Siphonaptera*, Second Edition, p. 980.

鉴别特征　口前栉较宽，♀者尤甚。后胸前侧片无翅基片。胸部和腹部共有 8 根栉刺。♂第 9 腹板后臂的前叶宽，末端大致呈截形。

（66）李氏蝠蚤 Ischnopsyllus (Ischnopsyllus) liae Jordan, 1941（图 311～图 316）

Ischnopsyllus liae Jordan, 1941, *Parasitology*, **35**: 370, figs. 4, 6, 11-18 (Guiyang, Guizhou, China, from bat) (n. s.); Chao, 1947, *Biol. Bull. Fukien Christ. Univ.*, **6**: 101, figs. 4, 5; Hopkins *et* Rothschild, 1953, *Ill. Cat. Roths. Colln. Fleas Br. Mus.*, **2**: 293, figs. 431, 432, 435, 441, 491, 492, 496-499.

Ischnopsyllus (Ischnopsyllus) liae Jordan: Lewis, 1974, *J. Med. Ent*, **11**: 528; Liu *et al.*, 1986, *Fauna Sinica Insecta Siphonaptera*, First Edition, p. 638, figs. 896，897; Chin *et* Li, 1991, *The Anoplura and Siphonaptera of Guizhou*, p. 283, figs. 66 (1), (2), 67 (1), (2), 68 (1), (2); Wu *et al.*, 2007, *Fauna Sinica Insecta Siphonaptera*, Second Edition, p. 989, figs. 1214, 1215.

鉴别特征　李氏蝠蚤据以下几个特征可以与本属其他成员区别：①♂抱器可动突基段狭窄如柄，端部向后方延伸，成 1 大的椭圆形后突，无论背方或腹方都不成角；②基节白鬃 2 根着生在抱器体后背缘锥形突的末端；③♀口前栉宽短，从曲折以后到末端逐渐窄细呈锥形；④腹节第 1 背板栉刺数与后胸者基本相同，而不是明显少于后胸。

种的形态　头（图 311）　额部皱区从中段起渐增宽，明区狭窄，有小短鬃 1 列 13～22 根，最后 1 根较长，下方复有 1 列小鬃 6～14 根，在两列鬃间另有长鬃 3（2）根。眼前上方具幕骨弧，眼痕迹较长；眼鬃 1 根，位于触角窝前缘。口前栉粗短，前 1 根基部宽于端部；颊叶显然为截状。后头鬃缘列 7 或 8 根，其前有鬃 2～5 根，排列多较杂乱；触角窝背缘有小鬃 5～8 根。下唇须较短，其端近达前足基节之半。胸　前胸、后胸（图 312）及腹部第 1～6 背板栉刺数：分别为 32～35、25 或 26、25～30、26～31、23～25、20 或 21、

14~19、13 或 14 根。前胸背板具 2 列鬃，中胸背板具鬃 4 列，内侧颈片具假鬃 8~12 根。后胸后侧片鬃 5~7 根，后缘的 2~3 根为亚刺形。后足胫节内、外两侧各有 1 列鬃，外侧 8~10 根，内侧 3 或 4 根，后背缘具 7 或 8 个缺刻。后足第 2 跗节约与第 3、4 节总长相等；第 5 跗节有 5 对侧蹠鬃，第 1 对向中移。**腹** 第 1~7 背板各具鬃 1 列，第 2~7 背板气门下方具 1 根鬃。**变形节** ♂第 8 背板前背缘较上拱（图 314），具缘或亚缘鬃 3 或 4 根，由前向后渐长，略下至近中部具侧鬃 5 根。第 8 腹板发达，前臂较宽，前、后臂长度比随地区不同有变异（福建后臂显长于前臂，四川峨眉山后臂短于前臂，与肘部折曲位置有关），后臂棒状，后腹缘稍弧凸，近端具 3（2）根透明叶状鬃，下方 1 根较细，腹缘另具前、后 2 组鬃，共 6 或 7 根，在两组鬃间内侧亚腹缘，密被小棘鬃和一些近圆形感器。不动突甚短小，远低于可动突，末端有 3 根小鬃。抱器体较宽大，下段有细纹皱形区，腹缘与柄突间具较深广凹；第 9 背板前内突端前缘内凹，前腹角近锥形，柄突直，末端略狭；基节臼鬃 2 根着生于抱器后背角锥形突末端。可动突基段较窄细，端段成叶形显向后伸（图 313），有长、短侧鬃 7 根。第 9 腹板前臂短而细，后臂前叶末端膨大，后缘具鬃 3 根，后叶复分

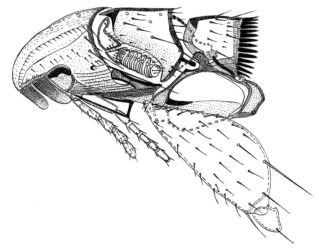

图 311　李氏蝙蚤 *Ischnopsyllus* (*Ischnopsyllus*) *liae* Jordan，♂头及前胸（福建建阳）

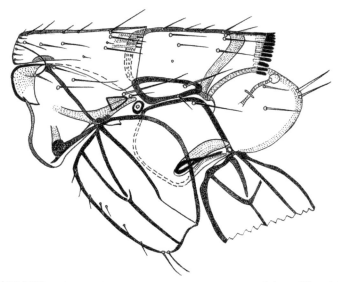

图 312　李氏蝙蚤 *Ischnopsyllus* (*Ischnopsyllus*) *liae* Jordan，♂中、后胸（福建建阳）

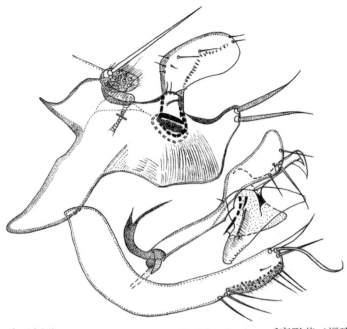

图 313 李氏蝠蚤 *Ischnopsyllus* (*Ischnopsyllus*) *liae* Jordan，♂变形节（福建建阳）

为背支和宽大近三角形似囊状腹支。阳茎钩突复分为狭长的背支和较宽后支（图315），端腹前下腹缘具 3 或 4 个齿突；阳茎内突较宽；阳茎腱卷曲近 1 圈。♀（图316）第 7 腹板后缘上段成弧形凸，中段略凹，有明显后伸腹角，具侧鬃 1 列 6～8 根，大致成 2 组排列。第 8 背板后缘中段稍凹，气门下至腹缘到后端具长、短侧鬃 22～26 根，生殖棘鬃 4 根。第 8 腹板后段膨大。肛锥长为基宽的 3.5～4.0 倍，具端长鬃 1 根和 3（4）根较长的亚端侧鬃。受精囊头部似卵圆形，尾部等于或长于头部，尾端略近斜截形。交配囊袋部较小，管部长，前段中部稍前凸，下段具前、后 2 个小弯拱。

观察标本 共 5♂♂、5♀♀。1944 年 5 月 5 日采自福建（建阳），1♂、1♀，自未定种蝙蝠；福建，3♂♂、2♀♀，自未鉴定蝙蝠，日期不详；1979 年 7 月采自四川峨眉山，1♂、2♀♀，大耳蝠。标本存于军医科院微流所。

宿主 山蝠、大耳蝠、蝙蝠、伏翼。

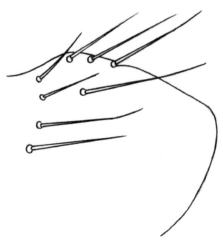

图 314 李氏蝠蚤 *Ischnopsyllus* (*Ischnopsyllus*) *liae* Jordan，♂第 8 背板（福建建阳）

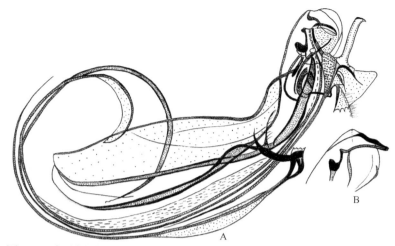

图 315　李氏蝠蚤 *Ischnopsyllus (Ischnopsyllus) liae* Jordan，♂（福建建阳）

A. 阳茎及第 9 腹板前伸腱；B. 阳茎端背叶及侧叶变异

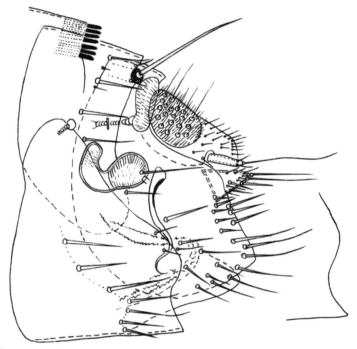

图 316　李氏蝠蚤 *Ischnopsyllus (Ischnopsyllus) liae* Jordan，♀变形节及第 7 腹板后缘变异（福建建阳）

　　地理分布　福建（建阳、顺昌）、浙江（云和）、贵州（贵阳）、四川（峨眉山）、云南（麻栗坡）。按我国动物地理区系，属华中区东部丘陵平原亚区和西部山地高原亚区及华南区滇南山地亚区。本种是中国特有种。

（67）弯鬃蝠蚤 *Ischnopsyllus (Ischnopsyllus) needhami* Hsü, 1935（图 317～图 320）

Ischnopsyllus needhami Hsü, 1935, *Peking Nat. Hist. Bull.*, **9**: 293, figs. 7-11 (Suzhou [Soochow], Jiangsu, China, from bat); Liu, 1939, *Philipp. J. Sci.*, **70**: 87, figs. 107, 108.

Ischnopsyllus (Ischnopsyllus) needhami Hsü: Hopkins *et* Rothschild, 1956, *Ill. Cat. Roths. Colln. Fleas Br. Mus.*, **2**: 296, figs. 433, 493, 494, 500, 501; Lewis, 1974, *J. Med. Ent*, **11**: 528; Liu *et al.*, 1986, *Fauna Sinica Insecta Siphonaptera*, First Edition, p. 635, figs. 892-895, 927; Chin *et* Li, 1991, *The*

Anoplura and Siphonaptera of Guizhou, p. 280, figs. 64, 65; Wu *et al.*, 2007, *Fauna Sinica Insecta Siphonaptera*, Second Edition, p. 985, figs. 1209-1211, 1243B; Liu, Shi *et al.*, 2009, *The Siphonaptera of Neimenggu*, p. 224, figs. 149, 150.

鉴别特征　据以下几点可与本属其他成员区别：①♂第 8 腹板中段腹缘具 1 簇长而向后上方弯曲的粗刺鬃，外侧 2 根，内侧 4 根或 5 根；②抱器可动突狭长，呈矩形，前、后缘略平行，后上角不向后延；③♀第 7 腹板后缘凹陷浅宽，后下角较长而略圆；④受精囊头部较短，几乎为正圆形。

种的形态　头（图 317）　额明区具小鬃 1 列 14～21 根，前及上方具较窄皱形区。具粗长眼鬃 1 根，位于眼的前上方，在眼鬃前上方具 1 或 2 根较长鬃，其间及口前栉背方具散在小鬃 8～15 根；眼留有痕迹。颊突发达，末端颇为倾斜。口前栉第 1 根显短于第 2 根，末端圆形。后头鬃缘列之前具长、短鬃 4～7 根，触角窝背缘有小鬃 7～11 根；触角基节上具簇鬃 7～19 根。下唇须近达或略超过前足基节的 1/2。胸　前胸、后胸和腹部第 1～6 背板栉刺依序为 28～32、22～30、18～23、20～29、20～28、13～20、7～15、7～12 根。中胸背板颈片具假鬃 4 根；中胸腹侧板具长鬃 9～12 根。后胸后侧片具鬃 8～10 根。前足基节外侧鬃 33～40 根，另近基亚背缘具 7 根小刺鬃。后足第 1 跗节约等于第 2、3 跗节之和，其端长鬃可达第 2 跗节末端。各足第 5 跗节有 5 对侧蹠鬃，第 1、5 对为腹位，位于第 2 对和第 4 对之间。腹　第 2～7 背板具鬃 2 列，下位♂多数背板 1（2）根位于气门下方，偶 4 根；气门较大而端圆。臀前鬃♂、♀均具 1 根。变形节　♂第 8 背板背缘弧形或具突出前背角，具侧鬃及缘鬃 17（16）根，约成 4 列，其中 5～6 根为长鬃，余为中长鬃或短鬃。第 8 腹板前臂较宽大，后臂腹缘大部分强骨化，端缘略凹，有较明显背突和腹突，腹缘中部具 1 簇长而向后上方弯曲的粗刺鬃 6 根（图 318），外侧 2（偶 1）根，内侧 4 或 5 根，近端腹缘具 6～8 根透明短刺鬃，成 1 列。可动突略呈矩形，前缘凹，常具突出端前角，后缘中段近直，末端略低于不动突。不动突末端向后方酷似鸟头，后缘在角突以下具浅凹；抱器体背缘在宽凹前具 1 驼峰状隆起，后缘中段略凸，其上具 2 根较细基节臼鬃，柄突粗短

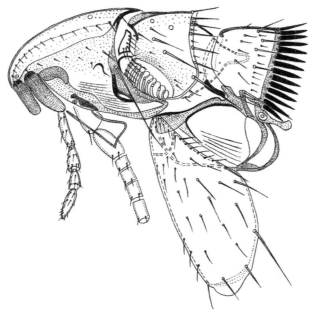

图 317　弯鬃蝠蚤 *Ischnopsyllus (Ischnopsyllus) needhami* Hsü，♂头及前胸（江苏徐州）

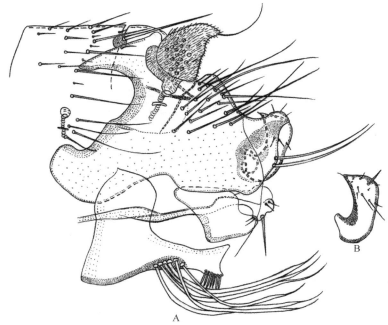

图 318　弯鬃蝠蚤 *Ischnopsyllus* (*Ischnopsyllus*) *needhami* Hsü，♂（江苏徐州）

A. 变形节；B. 可动突

而端钝；第 9 背板前内突呈狭窄三角形，在柄突前缘上方稍凸。臀板前背缘和亚后缘密生一层细毛，后背角向后方延伸，末端具长鬃 1 根。第 9 腹板前臂退化，后臂大部分长而直，前叶较小，色淡而似花瓣状，其上有浅色较粗亚刺鬃 1 根，小鬃 5 根；后叶宽阔，背缘近直，前下缘微凹，后腹缘略凸，端缘具 1 圆内凹。阳茎端背叶的前端角较圆，端侧叶具 1 向下前方弯曲渐窄尖结构（图 319A），形状特殊；阳茎钩突长显大于宽（图 319B），背缘中段具 1 隆起，末端窄而稍斜凹，钩突桩明显、常形；阳茎内突不宽，内突端不向上翘；阳茎腱稍粗，卷曲近达 1 圈。♀（图 320）第 7 腹板后缘具 1 广弧凹，背、腹叶圆凸，其腹叶略长于背叶，外侧主鬃 1 列 6（7）根，其前有附加鬃 9（8）根。第 8 背板后缘略呈斜截形，具缘、亚缘鬃和侧鬃 20 余根，生殖棘鬃 4 根。第 8 背板具发达气门窝。第 8 腹板端缘斜，后腹角钝。肛锥较小，长不及基部宽的 3.0 倍。受精囊头部较近缘者短，长度稍大于宽度，尾部长于头部。交配囊管细长，略近"蝌蚪状"弯曲。

　　观察标本　共 2♂♂、2♀♀，其 1♂、1♀于 1960 年 8 月采自江苏徐州；1♀于 1943 年采自江苏苏州，另有 1♂采自 1934 年，地点不详，均自未鉴定蝙蝠。标本存于军医科院微流所。

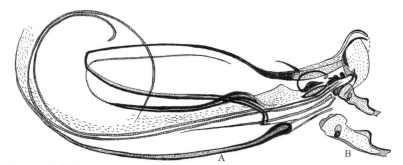

图 319　弯鬃蝠蚤 *Ischnopsyllus* (*Ischnopsyllus*) *needhami* Hsü，♂（江苏徐州）

A. 阳茎；B. 钩突放大

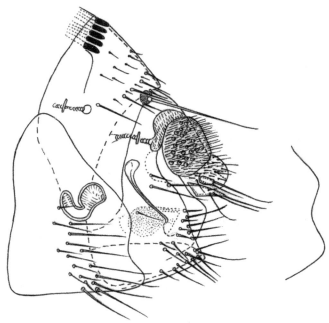

图320 弯鬃蝠蚤 Ischnopsyllus (Ischnopsyllus) needhami Hsü，♀变形节及第7腹板后缘变异（江苏徐州）

宿主 蝙蝠。

地理分布 江苏（徐州、苏州）、贵州（宽阔水）、北京、河北（康保）、内蒙古（赤峰、兴安盟、锡林郭勒盟）、吉林（农安、白城、平台）。国外分布于俄罗斯（东部）和日本。按我国动物地理区系，属华中区东部丘陵平原亚区及西部山地高原亚区、东北区松辽平原亚区、华北区黄淮平原亚区和蒙新区东部草原亚区。

10）六栉亚属 *Hexactenopsylla* Oudemans, 1909

Hexactenopsylla Oudemans, 1909, *Ent. Ber, Amst.*, **3**: 5 (n. s.); Liu *et al.*, 1986, *Fauna Sinica Insecta Siphonaptera*, First Edition, p. 643; Cai *et al.*, 1997, *The Flea Fauna of Qinghai-Xizang Plateau*, p. 127; Chin *et* Li, 1991, *The Anoplura and Siphonaptera of Guizhou*, p. 287; Xie *et* Zeng, 2000, *The Siphonaptera of Yunnan*, p. 248; Wu *et al.*, 2007, *Fauna Sinica Insecta Siphonaptera*, Second Edition, p. 993.

Ischnopsyllus subgenus *Hexactenopsylla* Oudemans: Hopkins *et* Rothschild, 1956, *III. Cat. Roths. Colln. Fleas Br. Mus.*, **2**: 299.

鉴别特征 口前栉细长。后胸前侧片具翅基片，胸部及腹部共有6或8个栉。♂抱器可动突略呈倒足状；第9腹板后臂的前叶和后叶均较狭窄且末端尖。

（68）印度蝠蚤 *Ischnopsyllus (Hexactenopsylla) indicus* Jordan, 1931（图4E，图321～图323）

Ischnopsyllus indicus Jordan, 1931, *Novit. Zool.*, **37**: 147, fig. 6 (North Indian, from *Synotus darjelingensis*) (n. s.).

Ischnopsyllus needhamia Hsü, 1935 (patim), *Peking Nat. Hist. Bull.*, **9**: 293, figs. 7-11 (Suzhou, Jiangsu, China, from bat).

Ischnopsyllus (Hexactenopsylla) indicus Jordan: Hopkins *et* Rothschild, 1956, *III. Cat. Roths. Colln. Fleas Br. Mus.*, **2**: 302, figs. 442, 508, 509; Liu *et al.*, 1986, *Fauna Sinica Insecta Siphonaptera*, First Edition, p. 644, figs. 903, 904; Chin *et* Li, 1991, *The Anoplura and Siphonaptera of Guizhou*, p. 287, figs. 69, 70; Xie *et* Zeng, 2000, *The Siphonaptera of Yunnan*, p. 246, figs. 359, 364, 365, Wu *et al.*, 2007, *Fauna*

Sinica Insecta Siphonaptera, Second Edition, p. 997, figs. 1224, 1225.

Ischnopsyllus (*Hexactenopsylla*) *magnabulga*: Xie, Yang *et* Li, 1983, *Entomotaxonomia*, **5**: 116, figs. 22, 23.

鉴别特征 具六栉亚属特征，胸部和腹部共有 8 个栉刺与长鬃蝠蚤相近，但据以下特征可资区别：①♂抱器可动突较狭长，近基 2/3 段前、后缘近平行，后上角更为突出，后缘下位 1 根小粗鬃几位于中部；②第 8 腹板前部甚发达，呈斜方形，后部呈近圆形膨大，侧鬃较多，达 30 根左右，内侧近端亚腹缘具较密集成簇短鬃区；③中胸背部无特殊长鬃或竖鬃；④第 9 腹板后臂前叶和后叶末端都狭尖；⑤♀第 7 腹板后缘上段具弧形后凸，下具浅广凹，并有短的腹叶；肛锥狭长，长度至少为基宽的 3 倍。

种的形态 **头**（图 321） 额缘宽弧形，无额突；额亚缘具带形皱形区和浅色亮区，其中额上后方的皱形区较宽。额鬃 1 列 14（15）根小鬃，其中最后 1 根较长；眼鬃列 1 根鬃，位于幕骨弧的略上方和触角窝前缘。另在眼鬃列与额鬃列之间还有 2 根长鬃和 8（7）根小鬃。眼退化，仅留有痕迹。口前栉第 1 根刺末端钝圆，后刺较长而向后弯，从口前栉基部后延 1 深色弯弧形骨化带形区；颊叶末端宽截形。后头鬃为 1、1、1、8 根，其中第 3 列 1 根为长鬃。下唇须较短，仅达前足基节长的 4/10 处。**胸** 前胸背板长约为背刺长的 1/2，具侧鬃 2 列，前列 1～3 根为小鬃，后列 5 根，下位 1 根为粗长鬃；前胸栉刺 24～27 根，除背方几根刺外，下方刺与刺之间具明显间隙。中胸背板包括颈片在内♂仅稍短于前胸背板长的 1/2 倍（含前胸栉），♀长于 2 倍，其上具鬃 3 列，颈片内侧具假鬃 4～6 根。中胸腹侧板鬃 3 列 7 根。后胸背板有栉刺 26～29 根，栉刺短而端较尖。背板侧区及略下方具 3（2）根长鬃和 1 根短鬃。后胸后侧片具鬃 3 列，依序为 2（1）、2、4（3）根，其中后列上方 2（1）根较粗。前足基节外侧具鬃约 39 根，另近基有 4 或 5 根短棘鬃。后足基节外侧前下部具纵行鬃 1 列 4 根，其前具缘及亚缘鬃 8（9）根。前、中、后足胫节外侧具鬃 2 列，前列 7～10 根，后列依序为 11（12）、14（13）、12～15 根，另靠近前缘下段有鬃 1 列 2～5 根，后背缘具 7 个切刻。后足第 1 跗节约等于第 3、4 跗节之和，第 2 跗节端长鬃约达第 3 跗节的 4/5 处。后足第 5 跗节有 6 对侧蹠鬃，第 1 对和第 4 对为腹位，在第 1 对和第 5 对之间，第 3 对稍向中移。**腹** 第 2～6 背板各具 1 列鬃，中间背板主鬃列 6 根鬃，气门下具 1 根鬃，气

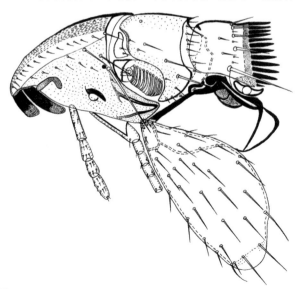

图 321 印度蝠蚤 *Ischnopsyllus* (*Hexactenopsylla*) *indicus* Jordan，♂头及前胸（湖北武汉）

门小而端圆；第 1～6 背板栉刺数依序为 13～16、19～22、18～23、13～18、7～10、4～8 根。臀前鬃♂、♀皆为 1 根。**变形节**　♂第 8 背板盖住上抱器的前半部分，大致呈菱形，具侧长鬃 3 根和短鬃 7 根。第 8 腹板前段甚较发达，呈斜方形（图 322）（多数标本常被其他结构遮盖后不易看清），后部呈近圆形膨大，中段有腹缘鬃 3（2）根，侧鬃及缘鬃 26～28 根，端后角处具 1 长 1 短宽而扭曲的透明叶状鬃，其下还有 1 根长而端部扭曲的普通鬃。抱器不动突较宽钝，基宽大于高，前方内凹宽广。抱器体较宽大，腹缘略内凹，后角圆钝，具 2 根并列粗壮基节臼鬃。柄突宽窄有变异，通常近基后缘有 1 隆起，端段细窄、等宽，并长于第 9 背板前内突。可动突较窄长，近基 2/3 段前、后缘近平行，端后缘内凹浅宽，后下位 1 根粗短鬃几位于中部，端后角后延较长，偶变异略短，外侧近端具 6 根鬃，其中 4 根位于后端和亚腹缘。第 9 腹板后臂基段细杆形，端段前叶有后缘鬃和侧鬃 3 根，其中下方 1 根着生在 1 小突起上，后叶基部较宽，端部窄尖。阳茎钩突窄长而微弯，近镰刀状，阳茎杆长而卷曲约一圈半。♀（图 323）第 7 腹板后缘上段呈弧形后凸，下具浅广凹，有短的后伸腹角，外侧具鬃 1 列 5 根。第 8 背板后缘具较浅的广凹，背端角状，腹角略后凸，外侧气门下至腹缘有鬃 22 根，其中有约 10 根位于后缘，纵行排列；生殖棘鬃 3 根。第 8 腹板约略同宽，端缘近截状。肛锥长约为基宽的 3.0 倍。受精囊头部长略大于宽，背缘弧凸，尾稍长于头部。交配囊袋部小，管细长。

　　观察标本　共 7♂♂、14♀♀，其中 1♂于 1962 年 6 月采自湖北武汉武昌；2♂♂、2♀♀，1960 年 6 月采自湖北武昌纸房，标本存于湖北医科院传染病所。1♀，1985 年 4 月 7 日采自宜昌城郊，自小家蝠，标本存于宜昌疾控中心。2♂♂、7♀♀，自上海小家蝠，时间不详；1♂、1♀，重庆，未鉴定蝙蝠；1♂、3♀♀，未鉴定蝙蝠，时间不详，标本存于军医科院微流所。另据文献记录（李贵真，1986），1♂、1♀自武汉市，1♀自湖北嘉鱼，未鉴定蝙蝠，标本存于贵州医科大学。

　　宿主　普通蝙蝠、山蝠、伏翼蝠、宽耳蝠、大耳蝠、鼠耳蝠、鲁氏菊头蝠、菊头蝠、长翼蝠。

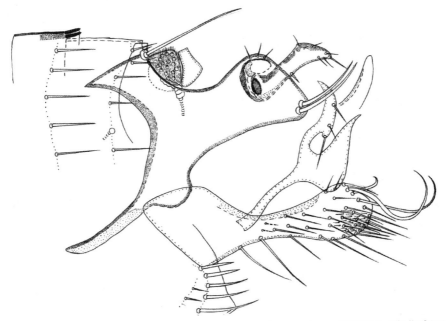

图 322　印度蝠蚤 *Ischnopsyllus (Hexactenopsylla) indicus* Jordan，♂变形节（湖北武汉）

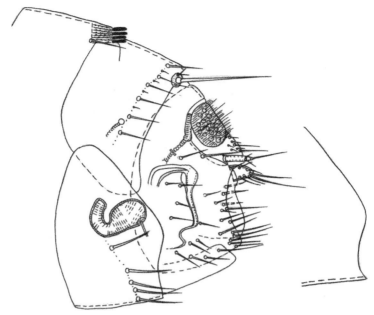

图 323　印度蝠蚤 *Ischnopsyllus* (*Hexactenopsylla*) *indicus* Jordan，♀变形节及第 7 腹板后缘变异（湖北武汉）

地理分布　湖北武汉（武昌）、嘉鱼、宜昌（城郊）；福建（福州）、台湾（高雄）、江苏（南京）、浙江、安徽、湖南（长沙）、广东、贵州（贵阳、册亨、绥阳、罗甸、新安、开阳、都匀）、重庆、四川（成都）、云南（昆明、勐腊、瑞丽、绥江、福贡、江城、盈江）、西藏、辽宁、甘肃、河北（山海关）、山东。国外分布于日本、印度、斯里兰卡和美国关岛等地。按我国动物地理区系，属华中区西部山地高原亚区和东部丘陵平原亚区、西南区西南山地亚区、华南区滇南山地亚区及台湾亚区、华北区黄淮平原亚区。本种是地理分布最广的一种蝠蚤。

分类讨论　本次描述的♀第 8 背板端，与李贵真于 1986 年在《中国蚤目志》（第 1 版）646 页图 904 和吴厚永等（2007）《中国蚤目志》（第 2 版）999 页图 1252 的印度蝠蚤♀第 8 背板端形态有一定的不同，作者对这一问题进行了较细致的观察：武汉标本，♀第 8 背板端在 1 纵行簇鬃后具较浅的广凹，背端角状，腹角略后凸；在检视的 2♀♀标本中，有 1♀第 8 背板端一侧与内侧其他结构完全分开，十分清晰地显示出了这一特点；虽另 1♀第 8 背板端在 1 簇纵行鬃后有明显后延部分，但经对照辨认，认为后延部分是第 9 腹板，由于向后延伸出的部分为膜质状，与第 8 背板后缘重叠后二者在无对照标本时，一般还是较难分清与辨认，不过可从下后缘膜质走向看，是从第 8 背板内侧，即第 9 腹板延伸出的一部分，后经检视上海、重庆、宜昌等地标本，亦进一步证实了上述结果。由此看来，印度蝠蚤♀第 8 背板后缘形态、鬃序走向及排列，与后延蝠蚤、四鬃蝠蚤和山西蝠蚤♀基本一致。

（69）长鬃蝠蚤 *Ischnopsyllus* (*Hexactenopsylla*) *comans* Jordan *et* Rothschild, 1921（图 324～图 329）

Ischnopsyllus comans Jordan *et* Rothschild, 1921, *Ectoparasites*, **1**: 143, figs. 118-121 (Beijing, China, from *Vesperugo planeyi*); Liu, 1939, *Philipp. J. Sci.*, **70**: 86, figs. 104-106.

Ischnopsyllus (*Hexactenopsylla*) *comans* Jordan *et* Rothschild: Hopkins *et* Rothschild, 1956, *Ill. Cat. Roths. Colln. Fleas Br. Mus.*, **2**: 299, figs. 502-504; Lewis, 1974, *J. Med. Ent.*, **11**: 528; Liu *et al.*, 1986, *Fauna Sinica Insecta Siphonaptera*, First Edition, p. 647, figs. 905-907; Wu *et al.*, 2007, *Fauna Sinica*

Insecta Siphonaptera, Second Edition, p. 1000, figs. 1226-1228; Liu, Shi *et al.*, 2009, *The Siphonaptera of Neimenggu*, p. 227, figs.154, 155.

鉴别特征　具六栉亚属特征。前、后胸和第 1～6 腹节背板共有 8 个节，与印度蝠蚤接近，但据以下特征可资区别：①♂中胸背板后上角具成簇的特长鬃；②抱器可动突粗短，近矩形，基部与端部约略同宽或稍窄于端宽，前缘内凹较深，后上角 1 根长亚刺鬃与最下方 1 根粗短刺鬃距离较远；③第 8 腹板显较细短，前及后段无明显膨大，侧鬃较少，在 20 根以内，内侧亚腹缘簇短鬃亦较少；④♀第 7 腹板后缘斜行，中段略凸；肛锥长度约为基宽的 2 倍。

种的形态　头（图 324）　额缘宽弧形。额部具较窄长皱区和浅色明区，额鬃 1 列 23 根，上方 4（3）根略渐长。眼鬃 1 根发达，在额鬃与眼鬃之间触角窝前方另有 2 根长鬃。口前栉，前刺较短且端较圆，后刺较长而向后弯。后头鬃 1、1、1、1、5 根。下唇须稍长，其端约达前足基节的 2/5 处。**胸**　前胸背板上具鬃 2 列，两侧共有 24（23）根栉刺。♀中胸背板鬃大致成 3 列，其前列之前近前缘尚具小鬃 7 或 8 根；♂在后上角具成簇特长鬃 4 根（图 325，图 326），靠下方短鬃 3（2）根；内侧假鬃每侧常为 4 根。中胸腹侧板鬃 3 列 7 根。后胸背板前列 1～3 根鬃短小，后列 4 根粗长；该背板栉刺 28 根，栉刺短而端稍钝，栉刺前具较宽骨化带形区。后胸后侧片鬃 3 列，依序为 2、3、3（2）根，后列上位 1 根稍粗。前足基节外侧有长、短侧鬃 31～35 根，近基另有 5（6）根小棘鬃。后足基节前下方有侧鬃、缘鬃和端鬃计 10 根左右。前、中、后足胫节外侧具鬃 2 列，后列位近亚后缘，后背缘具 8 个切刻。后足第 2 跗节约等于第 3、4 跗节总长，其长端鬃♂约达 2/3 处，♀略短于或接近末端。**腹**　第 1～3 背板♀具鬃 2 列（前列鬃不完整），第 4～6 背板具鬃 1 列，第 7 背板偶

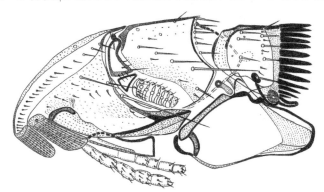

图 324　长鬃蝠蚤 *Ischnopsyllus (Hexactenopsylla) comans* Jordan *et* Rothschild，♂头及前胸（福建建阳）

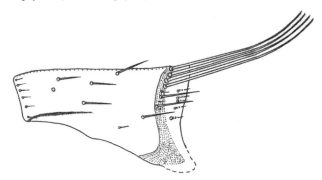

图 325　长鬃蝠蚤 *Ischnopsyllus (Hexactenopsylla) comans* Jordan *et* Rothschild，♂中胸背板（福建建阳）

在前列之前间插 1 根鬃；气门下具 1 根鬃。第 1～6 背板栉刺数依序为 19、23、20、15、13、10 根。**变性节**　♂第 8 背板大致呈菱形，上前部具亚缘鬃和侧鬃 11（12）根。第 8 腹板显较细短，棒状，但后端随地点不同上翘有变异（图 328），其中福建标本背、腹缘近平行（图 327），仅前端才有很窄近膜质扩大，具外侧鬃和内侧鬃 12～14 根，另近背端处有 3 根鬃，其中 1 根鬃扁长而弯曲，稍下 1 根略短鬃也变扁。不动突宽锥形，前、后下缘斜而稍内凹。抱器体较宽大，腹缘略凹，后缘凸出处具 2 根骨化较深粗亚刺臼鬃，柄突腹缘具 1 浅凹。可动突粗短，近矩形，基部与端部约略同宽，或仅稍窄于端宽，前缘内凹较深，后缘从上至下有鬃和刺鬃 5 根，端及前缘另有 5 根鬃；可动突长约为中段宽的 3 倍。第 9 腹板前臂仅余痕迹，后臂基段直杆形，前叶窄，末端钝或近截状，后缘从上到下有 3 根鬃；后叶为短宽三角形，后下角下延部分末端圆钝，并与前叶的下部形成较宽圆凹。阳茎钩突基段背、腹缘略内凹，末段似指状稍上翘。♀第 7 腹板后缘斜坡形（图 329），中段略凸，具侧鬃 1 列 5（6）根，前方小鬃 0～4 根。第 8 背板后缘略直，具亚缘和侧鬃 22～24 根，生殖棘鬃 2 根。第 8 腹板较窄，末端近截状。肛锥较短，锥状，长约为基部宽的 2.0 倍。臀板杯陷数可见 20 个。受精囊头部长稍大于宽，背缘弧凸，尾部末端略斜截。交配囊管头端略圆，中段直，仅末段有弯曲。

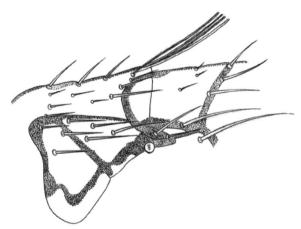

图 326　长鬃蝠蚤 *Ischnopsyllus* (*Hexactenopsylla*) *comans* Jordan *et* Rothschild，♂中、后胸（山西太原）（仿李贵真等，1986）

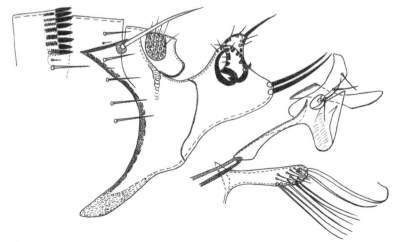

图 327　长鬃蝠蚤 *Ischnopsyllus* (*Hexactenopsylla*) *comans* Jordan *et* Rothschild，♂变形节（福建建阳）

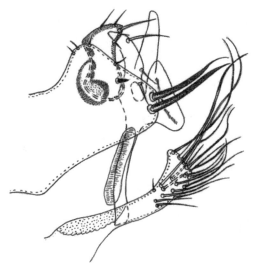

图 328 长鬃蝠蚤 *Ischnopsyllus* (*Hexactenopsylla*) *comans* Jordan *et* Rothschild，♂抱器及第 8、9 腹板和阳
茎钩突变异（吉林延边）（仿李贵真，1986）

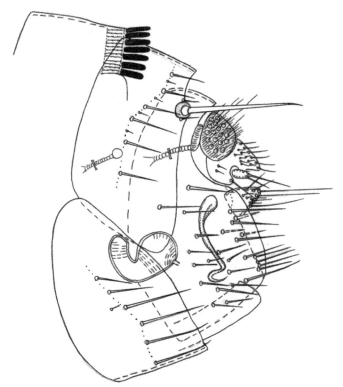

图 329 长鬃蝠蚤 *Ischnopsyllus* (*Hexactenopsylla*) *comans* Jordan *et* Rothschild，♀变形节（湖北咸宁）

观察标本 共 4♂♂、12♀♀，其中 1♀于 1960 年 5 月采自湖北咸宁滨湖，存于湖北传
染病所；1♂、2♀♀，福建 (建阳)，日期不详；3♀♀，江苏，不详日期；1♂、3♀♀，山东
（诸城），于 1960 年和 1967 年 8 月；1♂辽宁（沈阳）；1♂、3♀♀，1952 年 4 月 13 日，以
上均采自未鉴定蝙蝠，标本存于军医科院微流所。文献记录 2♂♂（李贵真，1986），1977
年 6 月采自武汉市，未鉴定蝙蝠，标本存于贵州医科大学。

宿主 蝙蝠、须鼠耳蝠、叶鼻蝠。

地理分布　湖北（武汉、咸宁）、江苏、福建（福州、建阳、古田）、浙江（永嘉）、台湾、山东（诸城）、辽宁（沈阳）、北京（昌平）、河北、吉林（农安、延边）、山西（太原、忻州）、青海（同仁、湟中）。国外分布于朝鲜和俄罗斯东部。在我国跨越了古北界与东洋界，包括华中区、华南区、东北区和华北区。

八、细蚤科 Leptopsyllidae Baker, 1905

Ctenopsyllidae Baker, 1905, *Proc. U. S. Natn.*, **29**: 124, 136, 155. **Type genus**: *Ctenopsyllus* Kolenati, 1863 (n. s.).

Leptopsyllidae Baker: Hopkins *et* Rothschild, 1971, *Ill. Cat. Roths. Colln. Fleas Br. Mus.*, **5**: 89; Liu *et al.*, 1986, *Fauna Sinica Insecta Siphonaptera*, First Edition, p. 678; Lewis, 1998, *J. Med. Ent.*, **35**: 384; Yu, Ye *et* Xie, 1990, *The Flea Fauna of Xinjiang*, p. 232; Chin *et* Li, 1991, *The Anoplura and Siphonaptera of Guizhou*, p. 291; Cai *et al.*, 1997, *The Flea Fauna of Qinghai-Xizang Plateau*, p. 134; Wu *et* Liu (in Zheng *et* Gui), 1999, *Insect Classi Fication*, p. 780; Xie *et* Zeng, 2000, *The Siphonaptera of Yunnan*, p. 258; Wu *et al.*, 2007, *Fauna Sinica Insecta Siphonaptera*, Second Edition, p. 1040; Liu, Shi *et al.*, 2009, *The Siphonaptera of Neimenggu*, p. 234.

鉴别特征　细蚤科与角叶蚤科和多毛蚤科接近，与角叶蚤科的主要区别是：眼的前方常具幕骨弧，除非被较多颊栉所遮盖而无法窥见幕骨弧。眼鬃列上位 1 根远位于眼的前上方，眼下半部都有窦，尽管有时无眼；♂第 8 腹板发达，无瓦氏腺。与多毛蚤科区别是：臀板背缘平直；后胸背板具端小刺（寄禽蚤处除外）；♂第 9 腹部肘处具向前下方伸出的阳茎腱；阳茎有大而可动的钩突；♀肛锥具 1 根端长鬃外，尚具 1～2 根相当长的侧鬃。

科的记述　有或无颊栉，少则 1 或 2 根栉刺，但从不交叉，多则个别可达 20 根不等；具前胸栉；眼色深且常有窦，发达或退化或完全缺如；后头无骨化结（tuber）；中胸背板有假鬃；后胸背板具端小刺，仅寄禽蚤族缺如；各足第 5 跗节有 5 对侧蹠鬃，但有的蚤属第 1 对稍向中移或移至第 2 对之间；腹部背板鬃列前多后少，通常 3（4）至 1（2）列鬃，个别蚤属仅具 1 列鬃；♂第 8 背板及腹板一般都发达，覆盖部分外生殖器，或有的稍减缩或部分呈膜质；♂在臀板后方具 1 透明的颈片盖住肛背板的基部，♀蚤臀板不与肛背板分开且不高出其该背板基部；♂变形节及阳茎端各部构造、形态和大小等因种、属不同而异。♀具 1 个受精囊，尾通常无乳突。

本科广布于古北界，已知有 30 属 340 余种（亚种），中国已记录有 180 余种（亚种），分隶 2 亚科 17 属，长江中、下游一带地区已报道有 8 属 21 种（亚种），湖北分布有 14 种（亚种），宿主多为啮齿类等小型动物，部分寄生于鼠兔目和鸟类。

亚科、族及属检索表

1. 颊栉常发达；头呈裂首型（图 337）……………细蚤亚科 **Leptopsyllinae**，细蚤族 **Leptopsyllini**……2
   颊栉常缺如（如有仅 1～2 根）；头为全首型…………………………双蚤亚科 **Amphipsyllinae**……3
2. 颊栉具 2 根刺（图 337）；触角窝间无中央梁；前足基节覆盖前胸腹侧板的前上端……………………
   ………………………………………………………………………二刺蚤属 *Peromyscopsylla*
   颊栉 4 根以上（图 342）；具中央梁；前足基节基端位于前胸腹侧板前上角之下……细蚤属 *Leptopsylla*
3. 具 2 根等长颊栉（图 378）；♂第 8 腹板大部分膜质，后端下方成缝缝（图 381）…………………
   ………………………………………………………中蚤族 **Mesopsyllini**，端蚤属 *Acropsylla*
   无颊栉；♂第 8 腹板不如上述……………………………………………………………4

4. 无额突；无眼；前胸栉 26～33 根（图 347）；阳茎内突宽大如袋状（图 15）（寄主为猪尾鼠）………
　　………………………………………… 寄禽蚤族 Ornithophagini，盲鼠蚤属 *Typhlomyopsyllus*
　　有额突；有眼，如无眼，则前胸栉多于 24 根，前胸背刺显短于该背板；阳茎内突较窄一般不呈袋状（寄
　　主为鼠兔或其他啮齿类）……………………………………………………………………………… 5
5. 无眼；额鬃列或后头前 2 列鬃几缺如（至多 1 根）；前胸栉小或退化（图 372），栉刺长远短于前胸背
　　板；后胸背板无侧拱（图 373）；腹部前部数节背板均无端小刺；♂抱器体无基节白鬃（图 374）………
　　………………………………………… 短栉蚤族 Brachyctenonotini，小栉蚤属 *Minyctenopsyllus*
　　有眼或退化；额鬃或后头前 2 列常发达；前胸栉发达；栉刺等于或略长于前胸背板；后胸有侧拱；腹
　　部前部背板数节有端小刺；♂抱器体具 1～2 根基节白鬃………………… 双蚤族 Amphipsyllini……6
6. 各足胫节和第 1 跗节背缘附近着生稠密的茸毛（图 384）；♀受精囊有锥突（图 392）·茸足蚤属 *Geusibia*
　　不具上述特征 ………………………………………………………………………………………… 7
7. ♂可动突及第 8 腹板具刺鬃（图 402）；♀受精囊头、尾分界不明显（图 405）…… 额蚤属 *Frontopsylla*
　　♂可动突及第 8 腹板无刺鬃（图 424）；♀受精囊头、尾具明显分界（图 427）…… 怪蚤属 *Paradoxopsyllus*

（十一）细蚤亚科 Leptopsyllinae Baker, 1905

Pectinocteninae Jordan (in Smaart), 1948, *Ins. Med. Importance* (ed. 2), p. 227. **Type genus**: *Pectinoctenus* Wangner, 1928 (n. s.).

Paractenopsyllinae Jordan, 1948, I.c. **Type genus**: *Paractenopsyllus* Wagner, 1938 (n. s.).

Leptopsyllinae Baker, 1905: Hopkins *et* Rothschild, 1956, *III. Cat. Roths. Colln. Fleas Br. Mus*, **5**: 93; Liu *et al.*, 1986, *Fauna Sinica Insecta Siphonaptera*, First Edition, p. 680; Cai *et al.*, 1997, *The Flea Fauna of Qinghai-Xizang Plateau*, p. 135; Lewis, 1998, *J. Med. Entomol.*, 35: 384; Xie *et* Zeng, 2000, *The Siphonaptera of Yunnan*, p. 259; Wu *et al.*, 2007, *Fauna Sinica Insecta Siphonaptera*, Second Edition, p. 1043.

鉴别特征　♂裂首型是区别于双蚤亚科的独特特征。

亚科的记述　常具 2 根颊栉，但少数属颊栉多于 2 根。♂常呈裂首状——前额交叠着后头部基部，♀全首型。触角沟封闭型，♂触角棒节不达前胸腹侧板，两侧触角窝在头内相连，或可不形成中央梁。各足第 5 跗节第 1 对侧蹠鬃移至蹠面，位于第 2 对侧蹠鬃之间，仅个别属例外。

本亚科除缓慢细蚤为世界广布种外，其余的种类大多数地理分布相对较局限，主要寄生于田鼠科动物，少数寄生食虫类。

细蚤族 Leptopsyllini Hopkins *et* Rothschild, 1971

Leptopsyllini Hopkins *et* Rothschild, 1971, *III. Cat. Roths. Colln. Fleas Br. Mus.*, **5**: 94; Liu *et al.*, 1986, *Fauna Sinica Insecta Siphonaptera*, First Edition, p. 681; Cai *et al.*, 1997, *The Flea Fauna of Qinghai-Xizang Plateau*, p. 135; Wu *et al.*, 2007, *Fauna Sinica Insecta Siphonaptera*, Second Edition, p. 1044.

鉴别特征　该族与强蚤族的区别是：具 2～20 根颊栉，位于颊部或向上延伸几达头顶；各足第 5 跗节有 4 对侧蹠鬃，另 1 对位于第 1 对侧蹠鬃之间。

23. 二刺蚤属 *Peromyscopsylla* I. Fox, 1939

Peromyscopsylla I. Fox, 1939, *Proc. Ent. Soc. Wash.*, **41**: 47. **Type species**: *Ctenopsyllus hesperomys* Baker, 1904; Hopkins *et* Rothschild, 1956, *III. Cat. Roths. Colln. Fleas Br. Mus.*, **5**: 95, 105; Liu *et al.*,

1986, *Fauna Sinica Insecta Siphonaptera*, First Edition, p. 681; Yu, Ye *et* Xie, 1990, *The Flea Fauna of Xinjiang*, p. 135; Chin *et* Li, 1991, *The Anoplura and Siphonaptera of Guizhou*, p. 295; Cai *et al.*, 1997, *The Flea Fauna of Qinghai-Xizang Plateau*, p. 135; Xie *et* Zeng, 2000, *The Siphonaptera of Yunnan*, p. 259; Wu *et al.*, 2007, *Fauna Sinica Insecta Siphonaptera*, Second Edition, p. 1044; Liu, Shi *et al.*, 2009, *The Siphonaptera of Neimenggu*, p. 235.

鉴别特征　二刺蚤属与细蚤属接近，但据以下几个特征可资区别：①具 2 根亚平行的水平颊栉；②缺中央梁；③前足基节的基部上升覆盖前胸腹侧板的前上端；④阳茎钩突显然不如细蚤属发达。

属的记述　额有尖齿，略近锥形；额亚缘具 1 列鬃，其中有 2～4 根常呈刺状或亚刺状。眼减缩；下唇须 5 节。额突深色，或高于颊栉，或被上位颊栉所遮盖，后头鬃 3～5 列。前胸具 24～30 根栉刺，栉刺基线略呈弯弧形，且紧贴基线常有较窄深色骨化带。各足胫节后缘具粗短且色黑的背缘栉，其上、中、下 3 根鬃特长。腹部前几背板一般有端小刺。臀前鬃♂3 根，♀因种而异。♂第 8 腹板大，着生有长、短鬃数根，腹缘具窦。抱器不动突与柄突向同一方向倾斜，可动突形态多样，近半圆、新月或三角形，后缘常具 3 根或 4 根长鬃。阳茎弹丝不成圈，端附器短。♀第 7 腹板后缘具窦或叶，或呈波浪形。受精囊头部椭圆或至亚圆形；交配囊管细长而弯曲，骨化亦深。

迄今全球已知有 30 余种（亚种），中国已记录有 7 种（亚种），主要分布于古北界，是啮齿类等动物的体外寄生蚤，多见于春、冬二季。湖北分布有 2 种，其中有 1 种分为 2 个亚种。

种、亚种检索表

1. 额亚缘具 2 根刺鬃和 1 根亚刺鬃（图 337）；♂第 8 腹板后半部梯形，后腹缘近平直（图 339A）；可动突成较宽的三角形，上段最宽处约为下段最窄处宽的 2 倍；第 9 腹板后臂端缘宽平，前角具向前下方齿形弯钩部；♀第 7 腹板后缘具深圆的宽凹；臀前鬃 5 根，着生在 1 个突起上（图 341）…………………………………………………………………………………………… 梯形二刺蚤 *P. scaliforma*
   额亚缘仅有普通鬃而无刺鬃（图 330）；♂第 8 腹板后半部不呈梯形；可动突似指形，长约为宽的 3 倍；第 9 腹板后臂不如上述；♀第 7 腹板后缘具较窄的内凹；臀前鬃不多于 4 根，着生在 2 个突起上‥2
2. ♂第 8 腹板后半部窄长，后腹缘具内凹（图 334）；第 9 背板前内突腹缘显向前腹缘凸出；阳茎端侧叶整体似帽状（图 335），背后突较粗长；♀第 7 腹板后缘腹叶近端呈截状；仅具 3 根臀前鬃（图 336）………………………………………………………………… 喜山二刺蚤中华亚种 *P. himalaica sinica*
   ♂第 8 腹板后半部宽三角形，后腹缘圆凸（图 331）；第 9 背板前内突近平直或微向前腹缘凸出；阳茎端侧叶整体似鸟头（图 332）或猫头鹰状，背后突细小；♀第 7 腹板腹叶斜行；具 4 根臀前鬃（图 333）……………………………………………… 喜山二刺蚤陕南亚种 *P. himalaica australishaanxia*

（70）喜山二刺蚤陕南亚种 *Peromyscopsylla himalaica australishaanxia* Zhang *et* Liu, 1985
（图 330～图 333，图版Ⅷ）

Peromyscopsylla himalaica australishaanxia Zhang *et* Liu, 1985, *Acta Zootaxonom. Sin.*, **10**: 60, figs. 1-4 (Foping, Shaanxi, China, from *Rattus niviventer confucianus*, *Apodemus chevrieri*, *A. speciosus* and *Anourosorex quamipes*); Wu *et al.*, 2007, *Fauna Sinica Insecta Siphonaptera*, Second Edition, p. 1049.

鉴别特征　喜山二刺蚤陕南亚种与指名亚种、中华亚种和川滇亚种的区别是：①♂第 8 腹板后半部宽三角形，后腹缘圆凸；②阳茎端侧叶背后突很不发达，几呈鸟嘴状；③♀第 7 腹板后缘具 1 较窄的内凹；具 4 根臀前鬃，分两组着生在分离的 2 个支突上。

亚种形态　体鬃制片中易脱落，色较深。头（图330）额突略近齿形，♂位于额缘上约2/5处，♀略低；额缘下内具略宽的骨化带，骨化稍弱。额亚缘鬃1列7或8根，普通鬃状。眼大，略呈空泡状。眼鬃2根，在眼鬃与额亚缘鬃列之间还有1列3根鬃。后头鬃4列，依序为3或4、4、4或5、8或9根，其间尚可在第2与第3列之间和第3与第4列之间下内方各夹杂1或2根鬃，端缘列下后方另具1根鬃。下唇须长约达前足基节2/3处。**胸**　前胸背板具1列5（6）根长鬃，两侧共具22~24根栉刺，下位第1根较窄短而端较尖，其背刺略长于该背板；前胸栉基线斜而呈圆弧形。中胸背板鬃4列，其前2列常排列不规则，颈片内侧除近背缘有2根假鬃外，另腹方尚有1根假鬃。后胸背板有3（4）根端小刺。后胸后侧片鬃3列，依序为3~5、4或5、1或2根。前足基节不包括缘鬃在内，有鬃约40根。前足股节外侧具鬃8根，成2列。中、后足股节背缘各具1列鬃，数分别为11及13~17根。后足胫节内、外两侧各有1列鬃而无附加鬃，后背缘具梳状整齐排列鬃，数为11或12个。后足第2跗节长端鬃远不达第3跗节之端。各足第5跗节有5对侧蹠鬃，第1对为腹位，在第2对之间，另亚端尚具1对近爪鬃。**腹**　第1~7背板各具鬃2列，中间背板主鬃列6或7根鬃，气门下具1根鬃。除第4及5背板端小刺数少，为1或2根外，前几背板端小刺多为4~5根，偶3根。臀前鬃♂3根，♀（图333）4根（偶3根），着生在2个支突上。**变形节**　♂第8

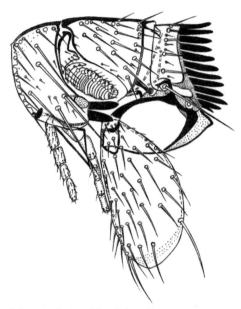

图330　喜山二刺蚤陕南亚种 *Peromyscopsylla himalaica australishaanxia* Zhang *et* Liu，♂头及前胸（湖北神农架）

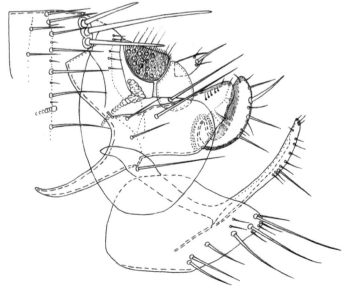

图331　喜山二刺蚤陕南亚种 *Peromyscopsylla himalaica australishaanxia* Zhang *et* Liu，♂变形节（湖北神农架）

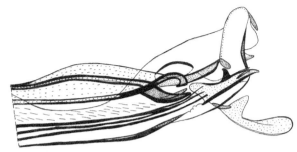

图 332　喜山二刺蚤陕南亚种 *Peromyscopsylla himalaica australishaanxia* Zhang *et* Liu，
♂阳茎端（湖北神农架）

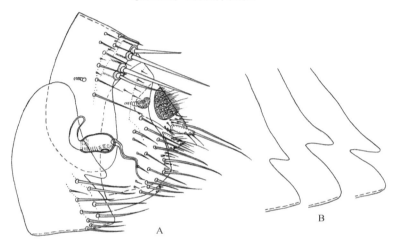

图 333　喜山二刺蚤陕南亚种 *Peromyscopsylla himalaica australishaanxia* Zhang *et* Liu，♀（湖北神农架）
A. 变形节；B. 第 7 腹板后缘变异

背板较宽短，后端圆凸，具侧长鬃 3（2）根和 2 根短鬃。第 8 腹板后半部宽三角形（图版Ⅷ），后腹缘圆凸（图 331），背缘稍内凹，具侧长鬃 3（2）根和短鬃 2（3）根，其间或后方有小鬃 2～6 根。抱器不动突近锥形，前缘下方略凹，内侧具小鬃 7～9 根，略成列，后亚缘有较宽弱骨化带。可动突近肾形，后缘略凸，有缘长鬃 3（4）根，短鬃 2～4 根，相间排列；可动突略高于不动突，长为宽的 2.9～3.7 倍；抱器腹缘较平直，后腹角圆钝。第 9 背板前内突的前腹缘仅稍向前凸出，柄突由基到端逐渐细窄，末端稍向上翘；柄基后缘稍圆隆或呈锥形后凸。第 9 腹板后臂显长于前臂，狭长，前缘大部分膜质状，后缘中部有短簇鬃 4～6 根，上方至末端有鬃 9（10）根。阳茎端侧叶背后突呈鸟嘴状（图 332）；钩突近汤勺状，背深凹，端较圆；阳茎体似飘带状。♀第 7 腹板后缘具 1 较窄深窦，背叶窄锥形，腹叶斜行，中段常略凸，其腹叶远长于背叶，主鬃 1 列 5～7 根，其前尚具 3～6 根附加鬃。第 8 背板端后缘下段略斜平，外侧有鬃 16～21 根，其中 6～8 根为长鬃，生殖棘鬃 2 或 3 根。第 8 腹板较粗长，末端略钝。交配囊管似蝌蚪状。受精囊头部大致呈矩形，端钝圆，尾细长，并与头部约等长。

　　观察标本　共 6♂♂、10♀♀，其中 4♂♂、6♀♀自大林姬鼠，1♂、1♀自北社鼠，1♂自中华姬鼠，3♀♀自四川短尾鼩，分别于 1995 年 10 月 8 日至 11 月 20 日采自湖北神农架木鱼和板仓，海拔 850～1200 m，生境为常绿阔叶林和常绿落叶阔叶混交林。标本存于湖北医科院传染病所。

　　宿主　大林姬鼠、北社鼠、四川短尾鼩和中华姬鼠，前 3 种为主要宿主。另尚可在褐家鼠、黑线姬鼠、藏鼠兔和川鼩体上检获少量个体。

地理分布 湖北神农架（木鱼、板仓、长方、野马河、酒壶坪、大九湖、刘家屋场、宋洛、燕子垭）；陕西佛坪（岳坝、大古坪、山官庙）。按我国动物地理区系，属华中区西部山地高原亚区。本种是秦岭南坡至大巴山东部一带区域的特有亚种。

（71）喜山二刺蚤中华亚种 *Peromyscopsylla himalaica sinica* Li *et* Wang, 1959（图 334～图 336）

Peromyscopsylla himalaica sinica Li *et* Wang, 1959, *Acta Ent. Sin.*, **9**: 548, 553, pl.1, figs. 1-9, pl. II, figs. 10-17 (Fujian, China, from *Rattus*); Liu *et al.*, 1986, *Fauna Sinica Insecta Siphonaptera*, First Edition, p. 682, figs. 978-982; Chin *et* Li, 1991, *The Anoplura and Siphonaptera of Guizhou*, p. 296, figs. 72, 73; Xie *et* Zeng, 2000, *The Siphonaptera of Yunnan*, p. 260, figs. 388-392; Wu *et al.*, 2007, *Fauna Sinica Insecta Siphonaptera*, Second Edition, p. 1045, figs. 1282-1286.

Peromyscopsylla himalaica (Rothschild, 1915): Sakaguti, 1962, *Monogr. Japan*, p. 157, figs. 240-245; Hopkins *et* Rothschil, 1971, *Ill. Cat. Roths. Colln. Fleas Br. Mus.*, **5**: 110, figs. 58-61.

鉴别特征 ♂第 8 腹板狭长，后腹缘具较深内凹；第 9 背板前内突显向前腹缘凸出；♀仅为 3 根臀前鬃可与陕南亚种区别。♂阳茎端侧叶的背前突较宽，背后突通常较长，且与前突之间内凹较小（川滇亚种成广角凹）和♀第 7 腹板后缘下叶呈截断状等综合特征可与川滇亚种和指名亚种区别。

亚种形态 头 额突较发达，齿形，位于额缘中点略上方。额鬃 1 列 7 根，弯弧形排列；眼鬃 2 根，在眼鬃列与额鬃列之间有 4 根长鬃，其间夹杂 27 根细小鬃。眼大，色稍淡，腹缘具凹窦。颊栉具 2 根刺，其间有清晰间隙。后头鬃 4 列，依序为 3、5、6、7 根，在第 1 列与第 2 列之间和第 3 列与第 4 列之间各间插 1 根粗长鬃。下唇须 5 节，其端近达前足基节的 4/5 处。胸 前胸栉 20 根，其背刺显长于该背板。中胸背板鬃大致成 5 列，颈片内侧具假鬃 3 根；中胸腹侧板鬃 9～13 根。后胸背板端小刺两侧共 9 根；后胸后侧片鬃 3 列 7 根。前足基节外侧具侧鬃 53 根，其中下方 1 列 4 根为长鬃。前、中、后足胫节外侧具鬃 1 列 6～8 根，后背缘具梳状整齐排列鬃，数分别为 8、11、12 根。后足第 2 跗节端长鬃稍超过第 3 跗节之中部。腹 第 1 背板具鬃 3 列，第 2～7 背板具鬃 2 列（第 5～7 背板前列鬃不完整），气门下具 1 根鬃。第 1～6 背板端小刺数，分别为 4（5）、3（4）、3、2、2（1）、1（0）根。基腹板后半部具线形细纹区。臀前鬃 3 根，♀着生在 2 个支突上。变形节 ♂第 8 背板后背端圆弧形，外侧有长鬃 3 根和小鬃 2 根。第 8 腹部后半部窄长，末端圆钝，后腹缘具较深内凹（图 334），外侧凹陷前近腹缘具 3 根粗长鬃，后段具侧鬃及近端鬃 14 根，其中 4 根为粗长鬃。抱器不动突前上缘微凸，顶端钝，亚缘内侧至顶端有小鬃 7 根，后缘略圆凸。第 9 背板前内突显向前腹缘凸出，柄突端部削窄。可动突近弯指形，前缘稍凹，后缘略后凸，末端圆且略高于不动突，后缘具较长鬃 2 根，短鬃 3 根。第 9 腹板后臂显长于前臂，狭长，末端具小短鬃 3 根，后缘近中部具鬃 6 根。阳茎端侧叶呈较宽帽形（图 335）；钩突较宽，沿亚后缘具 1 纵行骨化，背缘近基有较深内凹，近中前、后缘各有 1 角状突起，与福建产及其他各亚种有不同（认为系不同地区变异，或与标本平伸有关），末端圆。♀（图 336）第 7 腹板后缘具 1 深长大窦，背叶三角形，腹叶末端基本呈截状，并显长于背叶，外侧主鬃列 5～8 根，其前有附加鬃 2～9 根。第 8 背板在气门下具粗长鬃 2（1）根，下至腹方有鬃 11～14 根。肛锥圆筒形，长为基宽的 3.5～4.5 倍，具长端鬃 1 根。交配囊管具 1 或 2 个弯曲，受精囊头部较大，尾细长。

观察标本　共 3♂♂，2♀♀，其中 1♂于 2011 年 4 月 13 日采自湖北随州大洪山脉的中心地带，海拔 200 m，生境为常绿阔叶林，宿主灰麝鼩，标本存于湖北医科院传染病所；2♂♂，2♀♀（副模），1957 年采自福建，宿主为黄毛鼠，标本存于军医科院微流所。

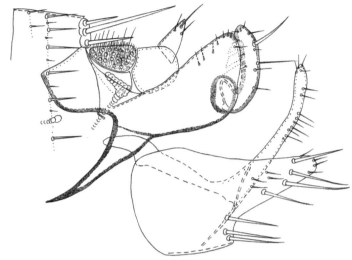

图 334　喜山二刺蚤中华亚种 *Peromyscopsylla himalaica sinica* Li *et* Wang，♂变形节（湖北随州）

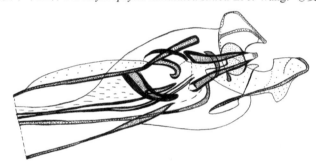

图 335　喜山二刺蚤中华亚种 *Peromyscopsylla himalaica sinica* Li *et* Wang，♂阳茎端（湖北随州）

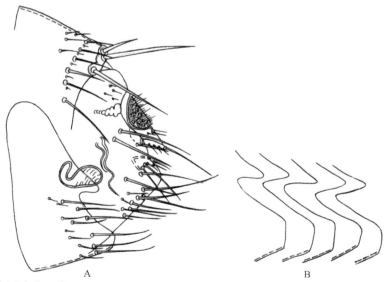

图 336　喜山二刺蚤中华亚种 *Peromyscopsylla himalaica sinica* Li *et* Wang，♀（福建邵武）（仿任琦玉等，1986）
A. 变形节；B. 第 7 腹板后缘变异

宿主　灰麝鼩、白腹巨鼠、白腹鼠、中华姬鼠、大耳姬鼠、滇绒鼠、大绒鼠、黄毛鼠、黑线姬鼠、针毛鼠、大足鼠、小泡巨鼠、大林姬鼠、东方田鼠、北社鼠、台湾田鼠、臭鼩、黑腹绒鼠和巢鼠等。

地理分布　湖北（随州）、福建（建阳、邵武、古田、松溪、顺昌、建瓯、南平、周宁、福鼎、宁德、屏南、古田、闽侯、德化、仙游、龙海、连城）、台湾、浙江（温州、丽水、庆元、龙泉、文成、缙云、遂昌）、贵州（榕江、三都）、云南（泸水、贡山、香格里拉、云龙、中甸、剑川）、西藏（察隅）、甘肃（文县）、宁夏（贺兰山）；国外分布于日本。

分类讨论　从湖北随州大洪山采获1♂阳茎端侧叶等形态来看，无疑湖北中部以东至台湾和包括日本应属中华亚种地理分布范围，而分布于长江三峡以北至陕西秦岭以南应属陕南亚种，分布于云南德钦、川西南至黑水一带为川滇亚种。然而根据地理分布相近关系和山脉走向来看，甘肃文县应与陕西秦岭以南属同一区系，都属于秦岭南坡，但也与四川黑水非常靠近，虽然这一带地区地形十分复杂，高山峡谷，是青藏高原岷山山脉与秦岭山脉和大巴山西段交汇过渡区，但在这两个地区间从理论上讲，不应有喜山二刺蚤中华亚种的分布，然而《中国蚤目志》（第2版）1047～1049页和图1285I提到甘肃文县有中华亚种分布，这一纪录是否有误，作者认为值得怀疑，是局部确有该亚种分布，还是地理间亚种过渡的变异，如采集分布记录没有疑问，那么中华亚种从中国东部到云南横断山至贵州是怎样沿山脉延伸到甘肃文县的呢？因中间地带有很宽阔区域分布的是川滇亚种，迄今中华亚种最北现已知是分布于宁夏的六盘山，最西分布到西藏察隅，由此看来该亚种的地理分布错综复杂，地理区域走向耐人寻味。

（72）梯形二刺蚤 *Peromyscopsylla scaliforma* Zhang et Liu, 1985（图4D，图5A，图7C，图16B，图337～图341，图版Ⅶ）

Peromyscopsylla scaliforma Zhang et Liu, 1985, *Acta Zootaxonom. Sin.*, **10**: 62, figs. 5-7 (male only, Foping, Shaanxi, China, from *Rattus niviventer confucianus*); Zhang, Wu et Liu, 1992, *Acta Zootaxonom. Sin.*, **17**: 499, figs. 1-3 (report female); Wu et al., 2007, *Fauna Sinica Insecta Siphonaptera*, Second Edition, p. 1056.

鉴别特征　该种依其额亚缘具2根刺形鬃和1根亚刺鬃，以及阳茎端等的形态与二齿二刺蚤相近，但据以下几个特征可资区别：①♂抱器可动突呈较宽的三角形，后上角较向后延，上段最宽处约等于下段最窄处宽的2倍；②第8腹板后约3/5段背、腹缘亚平行，腹缘近末端无小窦；③第9腹板后臂端缘宽平，前角具向前下方延伸的齿形弯钩部；④♀第7腹板后缘具深圆的宽凹，下缘弯弧形。

种的形态　**头**　额突齿形，约位于额缘上2/5处（图337）；额缘下内具较窄等宽骨化带。额亚缘鬃列具2根刺鬃和1根亚刺鬃，其余上、下3根为骨化较深的普通鬃。眼鬃列2根鬃，在眼鬃列与额亚缘鬃列之间另有2列3根鬃，其中前列仅1根。眼大，腹缘具凹窦。后头鬃4列（偶5列），依序为3～5、4～6、5（6）和6～8根，端缘列下后方另具1根亚刺鬃。触角窝背缘有小鬃9～11根。触角第2节长鬃近达棒节4/5或超过末端。下唇须5节，其长近达前足基节的2/3。**胸**　前胸背板具1列6或7根鬃；前胸栉基线斜而略呈"S"形，两侧共有刺23～25根，除背、腹缘2或3根刺较直外，其余刺中段微向下方弧拱，背刺与该背板近等长。中胸背板鬃3或4列，颈片内侧假鬃两侧共5或6根。中胸侧板鬃4列（图338），依序为4、3、3、2根。后胸后侧片鬃9～12根。前足基节外侧鬃多而密，62～73根。前足股节外侧有鬃3列，11～15根，内侧有鬃1～3根。后足基节内侧下半部有鬃20

根左右，其中近端 3（4）根较粗长。前、中、后足胫节具鬃 2 列，前列 1～4 根，后列 8（9）根，后背缘具梳状整齐排列鬃，胫节依序为 11 或 12、13～15、16 根（图 339B），第 1 跗节为 4、5 或 6、7 或 8 根。第 2 跗节长约等于第 3～4 跗节之和，其端长鬃略超过第 3 跗节中部。**腹**　第 1～6 背板具鬃 2 列（第 5～6 背板前列鬃不完整），第 7 背板具鬃 1 列。气门下♂具 1 根鬃，♀多为 2 根。基腹板具螺旋形细纹区。第 1～6 背板端小刺单侧依序为 2～4、3～5、2～4、2～4、2～3、1 或 2 根。臀前鬃♂3 根，♀5 根。**变形节**　♂第 8 背板较发达，约遮盖抱器的 2/5，上具 3 根侧长鬃和 2（1）根短鬃。第 8 腹板较长大（图 339A），约前 1/3 段最宽，后背、腹缘亚平行，亚后缘有长鬃 1 列 4 根，另靠近后背角及稍前方有小鬃 2 或 3 根。抱器不动突略近卵圆形，基段宽于端段，后亚缘有较宽弱骨化带，近中部亚后缘有 1 根细鬃，另顶端内侧具小鬃 3（4）根。抱器体腹缘与柄突间具 1 三角形小凹，柄突由基向端渐细狭，末端略向上翘，并远长于第 9 背板前内突。可动突呈较宽的三角形，后上角较向后伸，最宽处约等于下段最窄处宽的 2 倍（图版Ⅶ），前缘内凹，端缘略弧凸，后角上方具 3 根间距相等中长鬃；可动突与不动突约略等高。第 9 腹板前臂显长于后臂，后臂端缘宽平，前角具向前下方延伸的齿形弯钩部，外侧具大小侧鬃 39～47 根，靠近后缘的较长。阳茎端背叶似箭头状（图 340），其下方向腹侧延伸出 1 细长突起；端侧叶腹缘圆凸，其上

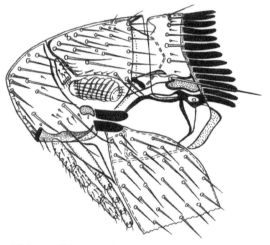

有发达带状小棘区。♀第 7 腹板后缘具深圆的宽凹（图 341），下缘弯弧形，背叶窄锥形，略长于腹叶，外侧着生 1 列长鬃 7～10 根，偶后方可另有 1 根长鬃，如包括此根在内，主鬃列最多为 11 根，其间及前下方有 0～2 根小鬃。受精囊头大而椭圆，略长于或明显长于尾部。交配囊管较长（图 16B），管部中段后弯，尾部骨化较浅而向上钩。第 8 背板后缘下段凸凹不平，外侧气门下至腹缘具簇鬃 25～30 根，其中 10～14 根为长鬃；生殖棘鬃 4 根。第 8 腹板端近截状。臀板杯陷数在一平伸标本可见 20 个。肛背板与肛腹板近等长。肛锥长为基部宽的 3.2～4.0 倍，具端长鬃 1 根和 2～3 根略呈梯形排列的腹缘鬃。

图 337　梯形二刺蚤 *Peromyscopsylla scaliforma* Zhang *et* Liu，♀头及前胸（湖北神农架）

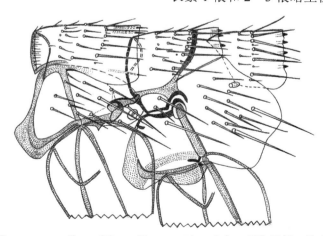

图 338　梯形二刺蚤 *Peromyscopsylla scaliforma* Zhang *et* Liu，♀中、后胸及第 1 腹节背板（湖北神农架）

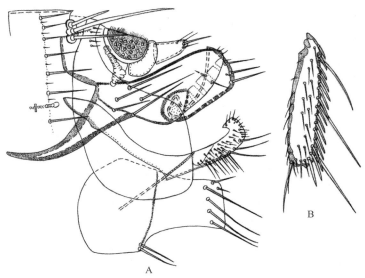

图 339　梯形二刺蚤 *Peromyscopsylla scaliforma* Zhang *et* Liu，♂（湖北神农架）

A. 变形节；B. 后足胫节

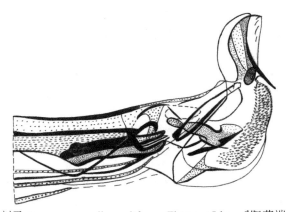

图 340　梯形二刺蚤 *Peromyscopsylla scaliforma* Zhang *et* Liu，♂阳茎端（湖北神农架）

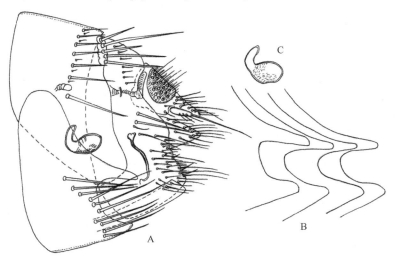

图 341　梯形二刺蚤 *Peromyscopsylla scaliforma* Zhang *et* Liu，♀（湖北神农架）

A. 变形节；B. 第 7 腹板后缘变异；C. 受精囊变异

观察标本　共 14♂♂、5♀♀，其中 9♂♂、4♀♀自洮州绒鼠，2♂♂自中华姬鼠，1♀自藏鼠兔，2♂♂自黑腹绒鼠，1♂自四川短尾鼩，分别于 1989 年 9～10 月和 1992 年 10 月采自湖北神农架海拔 2100～2980 m 的针阔叶混交林带至高山针叶林带。标本分存于湖北医科院传染病所和军医科院微流所。

宿主　洮州绒鼠、中华姬鼠、藏鼠兔、黑腹绒鼠、四川短尾鼩、大林姬鼠、北社鼠。

地理分布　湖北（神农架）、陕西（佛坪、巴山）。按我国动物地理区系，属华中区西部山地高原亚区。本种是中国特有种。

分类讨论　该种自 1985 年依据采自陕西佛坪 2♂♂发表以来，后张志成和吴文贞（1992）和刘泉（2007）根据在巴山平利采到的雌雄标本对其与近缘种"二齿二刺蚤"的鉴别特征做了必要的重组或修改。但从其修订后所用雄蚤区别特征总体来看，仍显较单一。据此，作者根据湖北神农架标本，对这一问题做了进一步比较和深入研究，认为除♂第 8 腹板后半部背、腹缘亚平行，腹缘近末端无小窦可用于鉴别外，另抱器可动突呈较宽的三角形，后端角较向后延，上段最宽处约为下段最窄处宽的 2 倍，第 9 腹板后臂端缘宽平，前角具向下延伸的齿形弯钩部为种的特征更为明确或特异，建议启用。

另外，2011 年相关文献提到的吴氏二刺蚤 *P. wui* 与本种相近关系相对较远，按照其描述及附图应是西伯二刺蚤 *P. ostsibirica*（＝*P. wui*）的同物异名，虽然分布于宁夏六盘山的♂第 8 腹板亚后缘 4 根长鬃的第 3 根略向前移，但尚远未达种或亚种这一阶元水平，应属不同地区的轻微变异。

24. 细蚤属 *Leptopsylla* Jordan *et* Rothschild, 1911

Leptopsylla Jordan *et* Rothschild, 1911, *Novit. Zool.*, **18**: 85, new Latin's *Ctenopsyllus* Kolenati, 1862, [recte 1863], nec Kolenati, 1856. **Type species**: *Pulex musculi* Duges, 1832 = *L. segnis* Schönherr, 1811 (n. s.); Hopkins *et* Rothschil, d 1956, *III. Cat. Roths. Colln. Fleas Br. Mus.*, **5**: 158; Liu *et al.*, 1986, *Fauna Sinica Insecta Siphonaptera*, First Edition, p. 692; Yu, Ye *et* Xie, 1990, *The Flea Fauna of Xinjiang*, p. 236; Chin *et* Li, 1991, *The Anoplura and Siphonaptera of Guizhou*, p. 299; Cai *et al.*, 1997, *The Flea Fauna of Qinghai-Xizang Plateau*, p. 117; Xie *et* Zeng, 2000, *The Siphonaptera of Yunnan*, p. 263; Wu *et al.*, 2007, *Fauna Sinica Insecta Siphonaptera*, Second Edition, p. 1061; Liu, Shi *et al.*, 2009, *The Siphonaptera of Neimenggu*, p. 238.

鉴别特征　细蚤属与二刺蚤属接近，区别后者的特征为：具中央梁；在中国至少由 4 根以上颊栉组成；前足基节位于前胸腹侧板上前角的下方；阳茎钩突远较二刺蚤属为大，且大部分脱离侧叶。

该属分为 2 亚属，已记录约 29 种，主要分布于古北界和非洲界。中国已报道有 10 种（亚种），湖北及长江中、下游地区仅分布 1 种。

11）细蚤亚属 *Leptopsylla* Jordan *et* Rothschild, 1911

Leptopsylla Jordan *et* Rothschild, 1911, *Novit. Zool.*, **18**: 85 (n. s.): Hopkins *et* Rothschild, 1956, *III. Cat. Roths. Colln. Fleas Br. Mus.*, **5**: 95, 159; Liu *et al.*, 1986, *Fauna Sinica Insecta Siphonaptera*, First Edition, p. 692; Chin *et* Li, 1991, *The Anoplura and Siphonaptera of Guizhou*, p. 295; Cai *et al.*, 1997, *The Flea Fauna of Qinghai-Xizang Plateau*, p. 138; Xie *et* Zeng, 2000, *The Siphonaptera of Yunnan*, p. 259; Wu *et al.*, 2007, *Fauna Sinica Insecta Siphonaptera*, Second Edition, p. 1062; Liu, Shi *et al.*, 2009, *The Siphonaptera of Neimenggu*, p. 235.

鉴别特征 ♂抱器不动突和可动突均较短，两者顶端不骨化。颊栉很少多于 4 根，如有 5（6）根则额突位置较低，约在额缘上方 1/3 处。

（73）缓慢细蚤 *Leptopsylla (Leptopsylla) segnis* (Schönherr, 1811)（图 4C，图 342～图 346）

Pulex segnis Schönherr, 1811, *K. Svenska Vetebsk Acad. Handl.*, (2): 32, 99, pl. 5, figs. A, B (Swidan, from *Mus*) (n. s.).

Ctenophyllus segnis (Schönherr): Liu, 1939, *Philipp. J. Sci.*, **70**: 79, figs. 89, 90.

Leptopsylla (Leptopsylla) segnis (Schönherr): Hopkins *et* Rothschild, 1956, *Ill. Cat. Roths. Colln. Fleas Br. Mus.*, **5**: 181, figs. 27, 31, 143-144, 193, 194; Traub, Jameson *et* Hsieh, 1966, *J. Med. End.*, **3**: 300, figs. 2 (A-F), 3 (A-E); Smit (in Kenneth *et* Smith), 1973, *Insects and Other Arthropods of Medical Importance*, p. 349, fig. 159 (A-D); Liu *et al.*, 1986, *Fauna Sinica Insecta Siphonaptera*, First Edition, p. 692, figs. 8, 17c, 22, 996-1000; Yu, Ye *et* Xie, 1990, *The Flea Fauna of Xinjiang*, p. 138, figs. 307-309; Chin *et* Li, 1991, *The Anoplura and Siphonaptera of Guizhou*, p. 299, figs. 74, 75; Cai *et al.*, 1997, *The Flea Fauna of Qinghai-Xizang Plateau*, p. 138, figs. 307-309; Xie *et* Zeng, 2000, *The Siphonaptera of Yunnan*, p. 264, figs. 396-398; Wu *et al.*, 2007, *Fauna Sinica Insecta Siphonaptera*, Second Edition, p. 1067, figs. 1315-1319; Liu, Shi *et al.*, 2009, *The Siphonaptera of Neimenggu*, p. 241, figs. 166-168.

鉴别特征 颊部具 4 根栉刺，横位与矮小细蚤相近，但第 3 根刺最长，第 4 刺宽于邻刺；额亚缘鬃列具 2 根粗短刺鬃；♂第 8 腹板后缘鬃少，仅 3 根左右；抱器体腹缘与柄突间内凹较深；第 9 腹板后臂基段细窄部分很短，远不及后段较宽部分长度的 1/2；阳茎钩突背缘具 1 深而宽的凹窦，中段以后长三角形，端缘较窄而呈斜截状；♀交配囊管细长而特别弯曲。

种的形态 头 额突约位于额缘上 2/5 处；额缘下内至口角间具略较宽骨化带，骨化较弱。额亚缘鬃列具 2 根粗短刺鬃（图 342）和 6 根普通鬃，其中下位 1 根仅位于口角略上方；眼鬃列 2 根鬃，在眼鬃列与额鬃列之间具 2 列 3（偶 2）根鬃，其间及上方具小鬃 18～26 根。颊栉具 4 根刺，第 1 刺最窄，第 3 刺长于其他各栉刺且端部略膨大，第 4 刺最宽，末端圆形。后头鬃 4 列，依序为 3～5、4～6、5 或 6、6 或 7 根，个别标本偶在第 1 列与第 2 列之间间插 2 根鬃；端缘列下后方另具 1 根粗短鬃。触角窝背方具小鬃 6～10 根；触角第 2 节长鬃♂达棒节的 2/3，♀达或超过末端。下唇须约达前足基节的 3/5 处。

胸 前胸栉基线略呈"S"形，两侧共有栉刺 20～23 根，除下方第 1 根刺外，第 2～5 根刺较上方的刺稍长，其背刺显长于该背板。中胸背板具鬃约 4 列，另在前列之前尚有 1 列更小鬃，8～12 根，偶在其间及稍后方有 2（3）根略粗鬃。中胸腹侧板鬃 3 列 10～12 根；背板侧区具 1 长 1（偶 3）短鬃。后胸背板共有 4～7 根端小刺（图 343）。后胸后侧片鬃 7～10 根，其间可夹杂小鬃 1 或 2 根。前足基节外侧鬃 42～76 根，其中后下缘 3 根粗长。前、中、后足胫节后背缘具梳状整

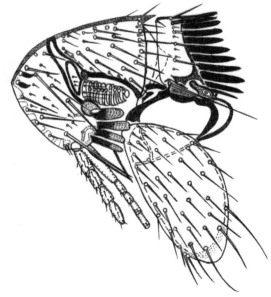

图 342 缓慢细蚤 *Leptopsylla (Leptopsylla) segnis* (Schönherr)，♂头及前胸（湖北五峰）

齐排列鬃，分别为 9～12、13（12）和 12～15 根，外侧具鬃 1 列 5～10 根。后足第 1 跗节略短于第 2、3 跗节之和，第 2 跗节端长鬃远不达第 3 跗节末端。各足第 5 跗节有 5 对侧蹠鬃，第 1 对为腹位，在第 2 对之间，第 5 对亦较细。**腹** 第 1 背板具鬃 2～3 列，第 2～7 背板具鬃 2 列，气门下具粗长鬃 1 根，♀另偶有 1 小鬃；气门小而端圆。第 1～5 背板端小刺（两侧）：♂为 4～6、5（4）、2～4、1～4、0～2 根，♀为 5～8、2～6、2～5、0～3、0 根。臀前鬃♀4（偶 5）根，短长相间，♂3 根。**变形节** ♂第 8 背板遮盖抱器约 1/2，其上有 3（2）根长鬃和 1 或 2 根短鬃。第 8 腹板长小于横宽，背缘稍斜平，有明显后下角或略钝，外侧具长、短鬃 7～10 根。不动突较宽钝，上有微鬃 3 根，前背缘略凸，后缘近直或稍凸。抱器体腹缘圆凸，前缘与柄突间具 1 较深小凹；第 9 背板前内突端部三角状，柄突长而基段较宽，端部渐窄。可动突较粗短（图 344），端钝或略斜截，且不高于不动突，前缘几直，后缘弧凸，具略长鬃 3～5 根和短鬃 2～4 根；另前亚缘具 1 列纵行极小微鬃 4～7 根。第 9 腹板前臂有角形端腹隆，后臂大致呈菱形，基段甚细窄，端前缘弧凸，后缘中

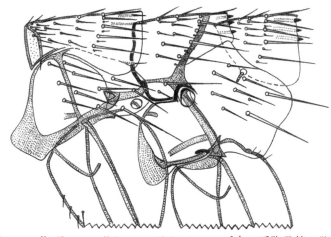

图 343 缓慢细蚤 *Leptopsylla* (*Leptopsylla*) *segnis* (Schönherr)，♂中、后胸及第 1 腹节背板（湖北五峰）

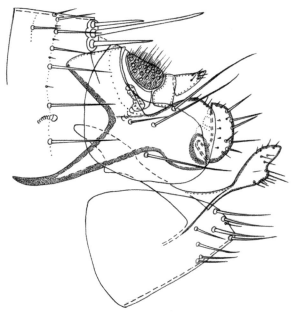

图 344 缓慢细蚤 *Leptopsylla* (*Leptopsylla*) *segnis* (Schönherr)，♂变形节（湖北巴东）

拱以上略凹，上具小鬃 13 根左右。阳茎钩突发达，端缘斜截或稍凹，腹缘微凸，背缘具 1 甚深而宽的凹窦（图 345）；骨化内管较狭小。♀第 7 腹板后缘向前下方稍倾斜而微圆凸，但也有近直或微凹，外侧具长鬃 1 列 5～8 根，其前有 0～4 根小鬃。第 8 背板端略直，外侧在气门下具 1 根长鬃和 0～2 根小鬃，下部有长、短鬃 12～14 根；生殖棘鬃 3 根。第 8 腹板端圆钝。受精囊头部背、腹缘略平直，尾部骨化弱，略长于头部，交配囊头端圆形，管细长而弯曲（图 346）。肛锥短梯形，长为宽的 2.2～3.3 倍，具端长鬃及侧长鬃各 1 根。

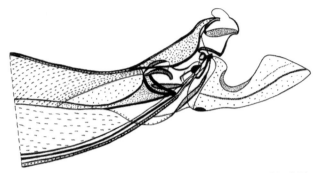

图 345 缓慢细蚤 *Leptopsylla* (*Leptopsylla*) *segnis* (Schönherr)，♂阳茎端（湖北巴东）

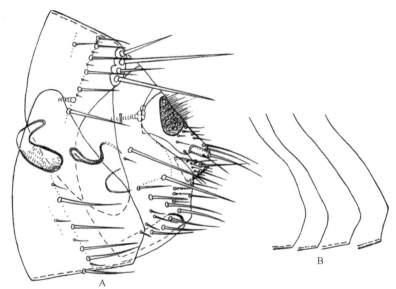

图 346 缓慢细蚤 *Leptopsylla* (*Leptopsylla*) *segnis* (Schönherr)，♀（湖北五峰）
A. 变形节；B. 第 7 腹板后缘变异

观察标本 共 76♂♂、105♀♀，其中 1♂、2♀♀，2000 年 4 月 17～24 日采自湖北西南部五峰茅坪；1♂、2♀♀，2010 年 11 月 23 日采自巴东绿葱坡，自北社鼠；2♂♂、1♀，2011 年 3 月 24 日采自广水桐柏山三潭，自黄胸鼠；2♂♂、3♀♀，1985 年 1 月 3 日至 4 月 5 日采自利川都亭，自黑线姬鼠；70♂♂、97♀♀，1965～1985 年 4～5 月采自长江三峡以南的宜昌三斗坪，自黄胸鼠、小家鼠、褐家鼠和黑线姬鼠，海拔 100～1700 m，生境为常绿阔叶林带至落叶阔叶林带；另检视了利川市疾病预防控制中心 1985 年采自利川市城区及周边的大量标本（不计）。标本存于湖北医科院传染病所和宜昌疾控中心。

宿主 小家鼠、黄胸鼠、褐家鼠、大足鼠、北社鼠、黑线姬鼠、黄毛鼠、高山姬鼠、灰麝鼩、中麝鼩、针毛鼠、白腹巨鼠；湖北省外有大仓鼠、臭鼩、田小鼠、中华姬鼠、四川短尾駒、麝駒和家犬等。

地理分布　湖北五峰（茅坪、牛庄、黄土包）、武汉、巴东（绿葱坡）、广水（桐柏山）、建始、宜昌（三斗坪）、恩施、来凤、利川（都亭）、咸宁、松滋、京山、应城；江苏（徐州、苏州）、上海、浙江（杭州）、福建（福州）、台湾、河南、青海（西宁）、新疆（大水沟）、山东（青岛、莱阳、枣庄、海阳）、重庆、四川（内江、自贡、成都、双流、黑水、南充）、云南（昆明、下关、保山、陇川、思茅、蒙自、金屏、榕峰、砚山、麻栗坡等）、贵州、西藏。国外广泛分布。

生物学资料　湖北西部主要分布于长江三峡以南，以海拔 1100 m 以下城镇居民区的交错地带个体数较多，海拔 1700 m 仅偶尔可从巴东绿葱坡镇居民区附近采到少量个体，迄今长江三峡以北的神农架没有采到过该种，表明缓慢细蚤地理分布虽然广泛，但在一些特定的地理环境中，仍多少存在一定区域性，这可能与鄂西北的神农架海拔较高、林带茂密、气候较为寒冷和生态环境不同等综合因素有关。

医学重要性　早年曾多次在福建、广东、云南从本蚤体内分离出鼠疫菌，其在上述地区是家栖鼠间的重要媒介。1910 年和 1911 年上海鼠疫流行，大部分罹疫鼠类死于 10 月后至次年 4 月前，而此期间正是本蚤和不等单蚤繁殖出茧的高峰季节，认为很可能与上述两种蚤有关（柳支英等，1986）。国外研究表明，缓慢细蚤人工接种鼠疫菌感染力并不高，故缓慢细蚤自然感染鼠疫菌后，对人间鼠疫传播流行的媒介效能作用，尚有待进一步深入研究。

（十二）双蚤亚科 Amphipsyllinae Ioff, 1936

Amphipsyllinae Ioff, 1936, *Z. Parasitkde*, **9**: 76. **Type genus**: *Amphipsylla* Wagner; Hopkins *et* Rothschild, 1956, *III. Cat. Roths. Colln. Fleas Br. Mus.*, **5**: 227; Liu *et al.*, 1986, *Fauna Sinica Insecta Siphonaptera*, First Edition, p. 712; Cai *et al.*, 1997, *The Flea Fauna of Qinghai-Xizang Plateau*, p. 142; Xie *et* Zeng, 2000, *The Siphonaptera of Yunnan*, p. 271; Wu *et al.*, 2007, *Fauna Sinica Insecta Siphonaptera*, Second Edition, p. 1091.

鉴别特征　头呈全首型，角窝可近头顶，角间缝缺如或留有痕迹或颇为发达；通常无颊栉，如有颊栉，则仅具向后 1 或 2 根平行的栉刺。

双蚤亚科是一个庞大的亚科，主要分布于古北界，其次为新北界，少数分布于东洋界。大部分寄生于啮齿类，少数寄生于鸟类。

寄禽蚤族 Ornithophagini Hopkins *et* Rothschild, 1971

Ornithophagini Hopkins *et* Rothschild, 1971, *III. Cat. Roths. Colln. Fleas Br. Mus.*, **5**: 227, 270. **Type genus**: *Ornithaphaga* Mikulin, 1957; Liu *et al.*, 1986, *Fauna Sinica Insecta Siphonaptera*, First Edition, p. 724; Cai *et al.*, 1997, *The Flea Fauna of Qinghai-Xizang Plateau*, p. 145; Wu *et al.*, 2007, *Fauna Sinica Insecta Siphonaptera*, Second Edition, p. 1109.

鉴别特征　通常具颊栉，栉刺 1 根，偶 2 根或完全缺如；后胸背板无端小刺；各足第 5 跗节具 5 对侧蹠鬃，但第 3 对显向中移，不与其他 4 对侧蹠鬃在同一垂直线上。

本族分为 2 属，其一分布于同北界，寄主为鸟类，另一属仅见于有猪尾鼠分布的中国中部及东部地区，目前两属已记录有 9 种（亚种）。

25. 盲鼠蚤属 *Typhlomyopsyllus* Li *et* Huang, 1980

Typhlomyopsyllus Li *et* Huang, 1980, *J. Guiyang Med. College*, **5**: 118, 122, 130. **Type species**: *Typhlomyopsyllus cavaticus* Li *et* Huang, 1980; Li *et* Huang, 1981, *Acta Zootaxonom.Sin.*, **6**: 293, 296. **Type species**: *Typhlomyopsyllus cavaticus* Li *et* Huang, 1980; Liu *et al.*, 1986, *Fauna Sinica Insecta Siphonaptera*, First Edition, p. 728; Chin *et* Li, 1991, *The Anoplura and Siphonaptera of Guizhou*, p. 302; Wu *et al.*, 2007, *Fauna Sinica Insecta Siphonaptera*, Second Edition, p. 1114.

鉴别特征　体鬃多、色深，尤以头、胸和足部为甚。额圆，无额突，缺眼，缺颊栉；额和后头各具3列发达的鬃；眼鬃4根，上位靠近角窝前缘；各足基节不特窄，无中央裸区；臀前鬃3根。♂抱器大，略近荸荠或三角形，后缘无基节臼鬃；第8背板小；阳茎内突宽大如袋状。♀受精囊头、尾分界不明显。

属的记述　触角梗节无长鬃；下唇须5节；前胸栉多，约30根，中、后胸背板前者有假鬃，后者无端小刺（偶有1根）；各足具5对侧蹠鬃，第1对稍向中移，第3对位于腹面。腹部各节气门小而圆。♂抱器亚后缘有不同程度弱骨化带；阳茎端构造特殊，形态各异。♀第7腹板鬃列多，交接囊管头端较大，与受精囊头部宽度差不多。

盲鼠蚤属是猪尾鼠的特有寄生蚤，迄今为止已知5种，在地理分布上目前仅知分布于中国中部的大巴山、武陵山到东部的武夷山一带地区。

种检索表

1. ♂抱器可动突近刻刀状，端缘略斜截且较宽（图368）；阳茎端背叶的下部呈角状向腹后方延伸（图370）；♀具宽大卵圆形交配囊袋部及环形骨化增厚脊（图371）；第7腹板后缘腹叶上段具较明显角状后凸 ··· 巫峡盲鼠蚤 *T. wuxiaensis*
   ♂抱器可动突指形、镰刀形或刀状，端部较窄；阳茎端背叶的下部无后延结构；♀形态不如上述 ·········· 2
2. ♂抱器不动突向后方倾斜，内侧亚前缘至背方具1（2）列小鬃，19～23根（图357）；可动突镰刀状，长约为最窄处宽的6.4倍；阳茎端背叶的背部呈角状向背前方弯曲（图359），钩突飞鸽形；♀受精囊显较粗长，呈均匀圆筒形（图360）···························· 刘氏盲鼠蚤 *T. liui*
   ♂抱器不动突近荸荠或锥形，内侧亚前缘或中部至背方具1（2）列小鬃，7～13根；可动突指形或刀状，长约为宽的4倍；阳茎端背叶及钩突形态不如上述；♀受精囊较细短 ························· 3
3. ♂第9腹板前臂细窄如棍（图362）；阳茎端背叶呈长方形（图363），钩突基宽端窄背凹浅宽；♀第7腹板后缘具1三角形窄凹（图364，图365），背叶等于或略短于腹叶；受精囊头部呈桶形·········· ··· 洞居盲鼠蚤 *T. cavaticus*
   ♂第9腹板前臂端段宽窄；阳茎端背叶近方形或锥形，钩突端细长或具1小圆凹；♀第7腹板后缘具1三角形宽凹或三角形后凸，受精囊头部不如上述 ················· 4
4. ♂第8腹板后半部宽弧形，内侧具密集成簇小鬃，28～56根，后腹缘具1深内凹（图349）；抱器不动突前缘稍凸（图350）；阳茎端侧叶和钩突端缘各具1个小圆凹（图348）；♀第7腹板后缘背叶显然长于腹叶；受精囊头部近圆形（图351）·············· 巴山盲鼠蚤 *T. bashanensis*
   ♂第8腹板后突部三角形（图353），内侧裸而无鬃，后缘无明显内凹；抱器不动突前缘略凹；阳茎钩突端细长，端侧叶呈巨大圆钩状（图354）；♀（图355）第7腹板后缘具三角形后凸，受精囊头、尾分界不明显 ···· 无窦盲鼠蚤 *T. esinus*

（74）巴山盲鼠蚤 *Typhlomyopsyllus bashanensis* Liu *et* Wang, 1995（图6C，图347～图351，图版Ⅷ，图版Ⅸ）

Typhlomyopsyllus bashanensis Liu *et* Wang, 1995, *Acta Zootaxonom. Sin.*, **20**: 243, figs. 1-6 (Shennongjia,

Hubei, China, from *Typhlomys cinereus*); Wu *et al.*, 2007, *Fauna Sinica Insecta Siphonaptera*, Second Edition, p. 1120, figs. 1388-1392.

　　鉴别特征　♂第 8 腹板内侧后半部具密集成簇的小鬃 28～56 根，后腹缘具 1 宽凹窦；抱器不动突前缘稍凸；柄突基段倍宽于端段；阳茎端侧叶和钩突端缘各具 1 个小圆凹；♀第 7 腹板后缘具 1 三角形宽凹陷，背叶显然长于腹叶；受精囊头部近圆形。

　　种的形态　**头**（图 347）　额鬃前列 6～8 根，后列 4～6 根。眼鬃 1 列 4 根，上位第 1 根位于触角窝前缘，有 1♂1♀单侧在前列额鬃与后列额鬃之间和眼鬃与额鬃间有 1（2）根鬃。后头鬃 3 列，分别为 4～9、6～8 和 7（8）根。触角窝背缘具 1 列小鬃 9 或 10 根。下唇须略超过前足基节 1/2 处。**胸**　前胸背板鬃 1 列 7 根，偶在主鬃列鬃的前方单侧多生出 2 根小鬃。前胸栉基线略呈"S"形，两侧共有刺，通常为 26～28 根，个别 25 或 29 根，其背刺显长于该背板，除背方和腹缘 2 根栉刺外，刺与刺之间有明显间隙。中胸背板颈片内侧假鬃两侧共 4～6 根。中胸侧板鬃 11～15 根。后胸后侧片鬃约 5 列，15～21 根。前足基节外侧鬃 51～66 根。前、中、后足胫节和第 1 跗节亚背鬃呈疏状整齐排列，其数目胫节为 10～13、12～14 和

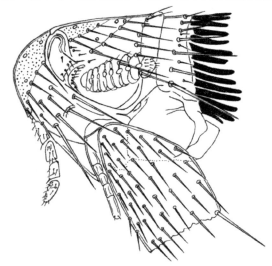

12～16 根，跗节为 2、4～6 和 7～10 根。后足第 2 跗节端长鬃♀超过第 3 跗节 2/3 处，♂近达末端。**腹**　♀第 1～7 背板具鬃 3 列；♂第 2～6 背板具鬃 2 列，第 7 背板具鬃 1 列，除♀第 7 背板外，其余各背板气门下方有 1（2）根鬃。第 1～4 背板端小刺依序为 2～4、1～3、1（2）、0（1）根。臀前鬃 3 根，其♂上、下位者长度约相等。**变形节**　♂第 8 背板有 2～4 根长鬃和 1～3 短鬃。第 8 腹板背缘前段略凸，后腹缘具 1 近三角形深凹窦，腹板外侧具 25～36 根鬃，内侧后半部有密集成丛的小鬃 28～56 根（图 349）。抱器不动突长、宽之比约相等，基节白骨化深而无白鬃，可动突直指形（图版Ⅷ），末端微高于不动突，上具 1 根小刺鬃（图 350）。

图 347　巴山盲鼠蚤 *Typhlomyopsyllus bashanensis* Liu *et* Wang，♂头及前胸（副模，湖北神农架）

图 348　巴山盲鼠蚤 *Typhlomyopsyllus bashanensis* Liu *et* Wang，♂（湖北神农架）

A. 阳茎端（正模）；B. 阳茎端变异（副模）

第 9 背板前内突较发达，柄突自基部向端段渐窄，在前内突与柄突之间有 1 个明显的抱器体前端突突出。第 9 腹板前臂较宽，端部略呈方形，肘部具前伸键，后臂中部稍膨大，后缘具长鬃 2 根，端部微向后弯，具 5 或 6 根小鬃。阳茎端侧叶和钩突端缘各具 1 个小圆凹，状似钳口（图 348）。♀第 7 腹板后缘背叶显长于腹叶，其下具三角形深凹（图版IX），腹板上有侧鬃 20～24 根，其中后列有 5 根或 6 根较粗长。该腹板后缘处色素较深。第 8 背板在气门下至腹方有侧鬃 24～31 根。生殖棘鬃 2～4 根。第 8 腹板后突部狭长，末端呈斜截状。肛锥长为基宽的 2.3～3.0 倍。交接囊管骨化部分很短，受精囊头部近圆形（图 351）。

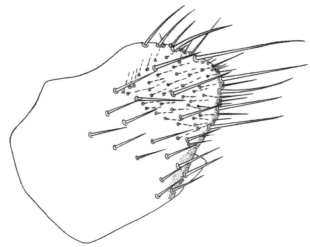

图 349　巴山盲鼠蚤 *Typhlomyopsyllus bashanensis* Liu *et* Wang，♂第 8 腹板（副模，湖北神农架）

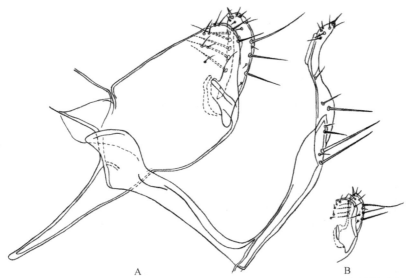

图 350　巴山盲鼠蚤 *Typhlomyopsyllus bashanensis* Liu *et* Wang，♂（湖北神农架）

A. 变形节（正模）；B. 可动突（副模）

　　观察标本　共 14♂♂、11♀♀，其中包括正模♂和副模 5♂♂、1♀于 1990 年 12 月至 1992 年 3 月采自湖北神农架，宿主为猪尾鼠和四川短尾鼩；另 9♂♂、10♀♀分别于 1993 年 3～4 月和 1994 年 4 月采自原产地针阔叶混交林的猪尾鼠，海拔 1000～2200 m。标本分存于湖北医科院传染病所和军医科院微流所。

　　宿主　猪尾鼠、四川短尾鼩、洮州绒鼠。

地理分布　湖北神农架（宋郎山、红花朵、燕子垭、天门垭、木鱼）。按我国动物地理区系，属华中区西部山地高原亚区。本种是中国特有种。

生物学资料　据多年现场采集观察，在神农架，本种主要是在 3～4 月降雪和降雨交替及冰雪尚未完全融化的天气出现，天晴后渐减少，11～12 月气温在-4℃左右时可偶尔检得少量标本，6～10 月则完全采不到，呈点状和带状分布。在海拔 1400 m 以下，其寄主猪尾鼠主要分布在有一定农田、较靠近小溪山边、灌木及树丛并有较多卵石的沟叉交错地带，在 1800 m 以上，多分布有一些竹林、桦木、杜鹃和巴山冷杉混生的针阔叶混交林及原始森林的阴坡生境，此地带无论猪尾鼠捕获数和体外检蚤率都明显高于低山，在这一高度，尚有大量古北界的藏鼠兔及它的特有寄生蚤李氏茸足蚤和卷带倍蚤巴东亚种伴生，但 3 种蚤没有该两种宿主交换或游离现象。

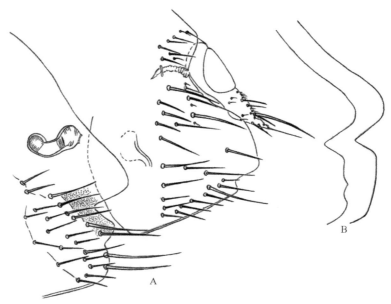

图 351　巴山盲鼠蚤 *Typhlomyopsyllus bashanensis* Liu *et* Wang，♀（副模，湖北神农架）

A. 变形节；B. 第 7 腹板后缘变异

（75）无窦盲鼠蚤 *Typhlomyopsyllus esinus* Liu, Shi *et* Liu, 1985（图 15，图 352～图 355，图版Ⅷ）

Typhlomyopsyllus esinus Liu, Shi *et* Liu, 1985, *Acta Zootaxonom. Sin.*, **10**: 187, figs. 1, 2 (femaly only, Laifeng, Huibei, China, from *Typhlomys cinereus*); Wu *et* Liu, 2002, *Acta Zootaxonom. Sin.*, **27**: 851, figs. 6, 7 (male report); Wu *et al.*, 2007, *Fauna Sinica Insecta Siphonaptera*, Second Edition, p. 1118, figs. 1384-1387.

鉴别特征　♂第 8 腹板后突部三角形，后缘无明显内凹；阳茎钩突端细长，端侧叶呈巨大圆钩状；♀第 7 腹板后缘具三角形后突。

种的形态　**头**（图 352）　额鬃 2 列，分别为 6～8 和 5～6 根，在两列额鬃间上方有 1 标本单侧具 1 根长鬃。眼鬃 1 列 4 根。后头鬃依序为 5～9、8 或 9、7 或 8 根。端缘另有 1 根粗长鬃。下唇须仅达前足中点略下或 3/5 处。**胸**　前胸背板鬃 1 列 8 根；前胸栉基线从下位第 7 根刺起至背方有较宽的"S"形骨化增厚带，两侧共有刺 29～33 根，背刺略长于该背板，其下方第 3～5 根刺略长于其他各栉刺。中胸背板鬃 4（5）列，颈片内侧假鬃每侧 2 或 3 根。中胸侧板鬃 11～13 根，略呈 4 列。背板侧区具 1 长 1 短鬃。后胸后侧片鬃 14～16 根，其中后方 2 根较长，可超过腹部基腹板的中部。前足基节外侧鬃 49～69 根，前、中、后足胫节除前足胫节内侧无鬃外，其余内、外两侧各有 1 列鬃。后背缘具梳状整齐排列鬃，分别为 10～12、12～15、12～16 根；跗节为 2、5 或 6 及 7～9 根。后足第 2 跗节端长鬃短，仅达第 3 跗节中点略下。**腹**　♀第 1～7 背板具鬃 3 列，♂第 2～6 背板具鬃 2 列，无论♀、♂后几背板前列鬃少而不完整，气门下鬃数♂第 2～7 背板，♀第 2～6 背板具 1 根鬃；仅第 1～2 背板后缘有端小刺，均为 1 根。基腹板大半部具纵细纹，近前缘则呈螺旋，腹部中间腹板主鬃列♀5（6）根，♂2（3）根，其前方♀有 2～4 根短鬃。臀前鬃 3 根，♂中位 1 根约为上位 1 根长的 3 倍。♀中位 1 根稍长于下位 1 根。**变形节**　♂第 8 背板具长鬃 3 根，短鬃 1 或 2 根。第 8 腹板后突部三角形（图 353），背缘及后缘略平直，具侧鬃 14～16 根，其中近后缘 1 列粗长。第 9 腹板前臂呈弯弓形向背方拱起，较宽，后臂

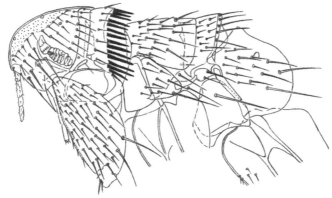

图 352　无窦盲鼠蚤 *Typhlomyopsyllus esinus* Liu, Shi *et* Liu，♀头及胸（正模，湖北来凤）（仿刘泉等，1985）

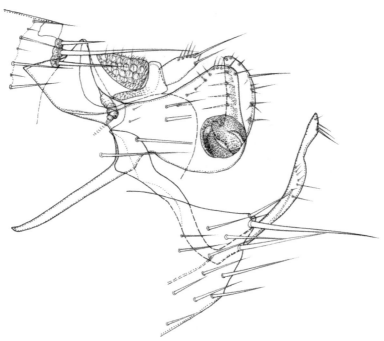

图 353　无窦盲鼠蚤 *Typhlomyopsyllus esinus* Liu, Shi *et* Liu，♂变形节（湖北五峰）

中段偏上方具鬃约 6 根，下位 2 根较长；后臂端尖，近端后缘处有 3 根中长鬃。抱器体腹缘宽凸，不动突外面大部分裸而无鬃，内侧亚前缘至背方具 1 列小鬃 9～12 根；可动突略高于不动突，长为宽的 3.4～4.3 倍，前缘裸而无鬃，内侧亚前缘至背方具 1 列小鬃 9～12 根；可动突略高于不动突，长为宽的 3.4～4.3 倍，前缘较直或略凹，后缘弧凸。柄突细长，仅近基处略宽。阳茎钩突甚为细长，末端向下钩，端侧叶呈巨大圆钩状（图354）。阳茎弹丝卷曲不足一圈半（图版Ⅷ）。♀（图 355）第 7 腹板后缘中段略突，下部在三角形后突之前亦有骨化区，主鬃列 5 或 6 根，其前附加鬃 7～14 根。第 8 背板后端具 1 角状后突，下有小内凹，气门下具长短鬃 2 列 3～6 根，其中后列上鬃显然较粗而长，该背板具侧鬃及亚缘鬃 15～18 根。生殖棘鬃 3 根。肛锥圆锥形，长为基宽的 2.0～4.0 倍。交接囊管弯弓形骨化部分较长，受精囊头、尾略具分界。臀板杯陷数在一平展标本中两侧共可见 40 个。

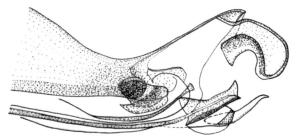

图 354　无窦盲鼠蚤 *Typhlomyopsyllus esinus* Liu, Shi *et* Liu，♂阳茎端（湖北五峰）

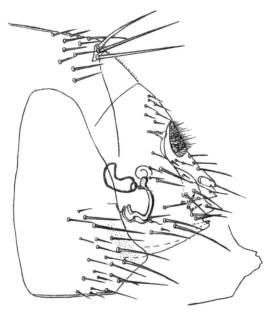

图 355　无窦盲鼠蚤 *Typhlomyopsyllus esinus* Liu, Shi *et* Liu，♀变形节及第 7 腹板后缘变异（正模，湖北来风）（仿刘泉等，1985）

观察标本　共 11♂♂、8♀♀，其中正模♀于 1981 年 5 月 23 日采自湖北来凤白岩山，宿主为猪尾鼠。另 11♂♂、7♀♀于 2000 年 4～12 月及 2010 年 11 月采自湖北五峰牛庄及巴东广东垭同寄主体上，海拔 1600～1800 m，生境为落叶阔叶林。标本分存于湖北医科院传染病所和军医科院微流所。

宿主　猪尾鼠。

地理分布　湖北西南部的来风（白岩山）、五峰（牛庄）、巴东（广东垭）。按我国动物区系，属华中区的西部山地高原亚区。本种是中国特有种。

（76）刘氏盲鼠蚤 *Typhlomyopsyllus liui* Wu et Liu, 2002（图 356～图 360，图版IX）

Typhlomyopsyllus liui Wu et Liu, 2002, *Acta Zootaxonom. Sin.*, **27**: 849, figs. 1-5 (frontier between Wufeng, Hubei and Shimen, Hunan, China, from *Typhlomys cinereus*); Wu et al., 2007, *Fauna Sinica Insecta Siphonaptera*, Second Edition, p. 1124, figs. 1393-1397.

鉴别特征　♂抱器不动突向后方倾斜，内侧亚前缘至背方具 1（2）列小鬃 19～23 根；可动突端半部略向前曲且较宽，近镰刀状，有突出端前角；可动突长约为最窄处宽的 6.4 倍；阳茎端背叶的背部呈角状向背前方弯曲，侧叶舌形，钩突腹缘突，背深凹，末端具很短的腹角；♀受精囊显较粗长，呈均匀圆筒形；第 7 腹板后缘腹叶呈宽截形，无突出后上角。

种的形态　头　额缘最凸处♂位于中点，♀（图 356）略下方。额鬃 2 列，分别为 6～8 根和 4 或 5 根，眼鬃 1 列 4 根，在两列额鬃间和额鬃与眼鬃间另具 1 列细小鬃，4～12 根。后头鬃前 2 列具 5（6）、8 根，在端缘列粗鬃下后方，另具 1 根粗长鬃。触角窝背方有几根小短鬃。下唇须 5 节，其端约达前足基节的 2/3。胸　前胸背板具 1 列 8 根长鬃；前胸栉刺端尖，背刺与该背板近等长，两侧共有刺 29～32 根。中胸背板鬃呈不规则 4 列，颈片内侧假鬃两侧具 4～8 根。中胸侧板鬃呈 4 列，9～12 根。后胸后侧片鬃 12～16 根，其中后位 2 根粗长。前足基节外侧鬃 52～62 根。后足基节外侧前段下部，有长鬃 3 或 4 根，次长和短鬃 11～13 根。前、中、后足胫节外侧各具鬃 1 列 6 或 7 根，后背缘具梳状整齐排列鬃，分别为 11（12）、13（14）及 14（15）根，前、中、后第 1 跗节梳状鬃为 2、6、8～10 根。后足第 1 跗节约与第 2、3 跗节长度相等，第 2 跗节端长鬃♀接近第 3 跗节 3/4，♂达或超过末端。腹　♀第 1～6 背板具鬃 3 列（前列多不完整），♂第 1～3 或 4 背板具鬃 2 列，中间背板主鬃列 7 根鬃；气门下♀第 2～6 背板、♂第 2～7 背板各具 1 根鬃，仅第 1、2 背板后缘具端小刺，为 2（3）、2 根。臀前鬃♀、♂均为 3 根，♂上、下 2 根明显较中位者短。变形节　♂第 8 背板呈卵圆形向后上方延伸，其上具粗长鬃 3（4）根，短鬃 2 或 3 根。第 8 腹板后缘具发达的锥形背突，其下具宽浅内凹且有变异（图 358），外侧具长端鬃 2 根，侧鬃 11～14 根。第 9 腹板前臂较宽，后臂中段偏上方有 2 根较长鬃，顶端尖，后缘近端处有 3 根鬃，其中下位 1 根较长。抱器不动突基部仅稍宽于端部（图版IX），内侧亚前缘至背缘具 1 列 19～23 根小鬃，前缘略凹，后缘基节臼以下圆凸，外侧亚后缘有较宽弱骨化带。可动突端半部略向前曲且较宽，近镰刀状（图 357），有突出端前角，前缘处有 4（5）根间距相等的细长鬃；可动突长约为最窄处宽 6.4 倍，略与不动突等高。第 9 背板前内突近基处甚窄，柄突直而较长，除两端外，大部分近等宽，末端微上翘。阳茎端背叶的背端角向背前方弯曲，侧叶舌形，在侧叶上方、背叶中下方具 1 窄的深色 "V" 形骨化脊；钩突略呈飞鸽形（图 359），阳茎

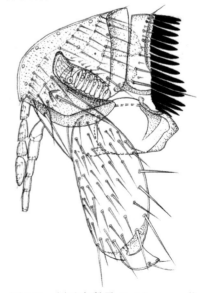

图 356　刘氏盲鼠蚤 *Typhlomyopsyllus liui* Wu et Liu，♀头及前胸（副模，湖北五峰）

弹丝卷曲近 2 圈。♀（图 360）第 7 腹板后缘背叶角状，其下有深凹，腹叶略呈宽截形，主鬃列 7（6）根鬃，其前有短鬃 9（8）根。第 8 背板后腹缘具 1 三角形浅凹，外侧空档以上至背方有鬃 31 根，腹方有鬃约 20 根，生殖棘鬃 2 根。第 8 腹板狭长。肛锥长为基宽的 2.1 倍。受精囊头、尾分界不明显，交接囊管骨化部分长约为受精囊长的 1/2。

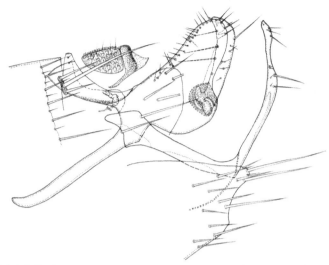

图 357　刘氏盲鼠蚤 *Typhlomyopsyllus liui* Wu *et* Liu，♂变形节（正模，湖北五峰）

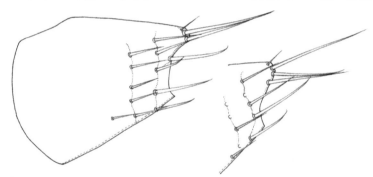

图 358　刘氏盲鼠蚤 *Typhlomyopsyllus liui* Wu *et* Liu，♂第 8 腹板及端部变异（副模，湖北五峰）

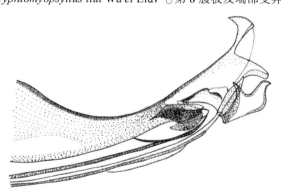

图 359　刘氏盲鼠蚤 *Typhlomyopsyllus liui* Wu *et* Liu，♂阳茎端（正模，湖北五峰）

观察标本　共 6♂♂、2♀♀，其中正模♂和副模 1♂、1♀，2000 年 5 月 5 日采自湖北五峰后河自然保护区，副模 1♂于同年 4 月 25 日采自湖南石门壶瓶山自然保护区与湖北两省交界处，宿主均为猪尾鼠。海拔 1200～2000 m，生境为落叶阔叶林和常绿阔叶林。1♂，

2006 年 4 月 14 日采集地点及宿主同正模。2♂♂、1♀ 100%乙醇浸泡（用于分子生物学检测，谭梁飞采），2017 年 3 月采自五峰独岭，宿主同。标本分存于湖北医科院传染病所和军医科院微流所。

宿主 猪尾鼠。

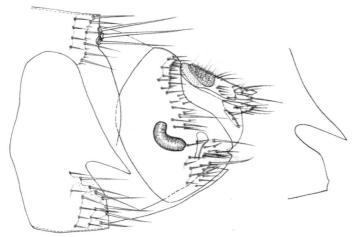

图 360　刘氏盲鼠蚤 *Typhlomyopsyllus liui* Wu *et* Liu，♀变形节及第 7 腹板后缘变异（副模，湖北五峰）

地理分布　湖北五峰（后河）、湖南石门（壶瓶山）。按我国动物地理区，属华中区的西部山地高原亚区。本种是中国特有种。

（77）洞居盲鼠蚤 *Typhlomyopsyllus cavaticus* Li *et* Huang, 1980（图 361～图 365，图版Ⅸ）

Typhlomyopsyllus cavaticus Li *et* Huang, 1980, *Acta Acad. Med. Guiyang*, **5**: 118, 122, figs. 4, 5 (Suiyang, Guizhou, China, from *Typhlomys cinereus*); Li *et* Huang, 1981, *Acta Zootaxonom. Sin.*, **6**: 293, 297, figs. 8, 13 (Suiyang, Guizhou, China, from *Typhlomys cinereus*); Liu *et al.*, 1986, *Fauna Sinica Insecta Siphonaptera*, p. 729, figs. 1057-1059; Chin *et* Li, 1991, *The Anoplura and Siphonaptera of Guizhou*, p. 303, figs. 76, 77; Wu *et al.*, 2007, *Fauna Sinica Insecta Siphonaptera*, Second Edition, p. 1115, figs. 1381-1383.

鉴别特征　♂第 9 腹板前臂细窄如棍；抱器可动突略近弯指形；阳茎端背叶呈长方形，钩突基宽端窄，背凹浅宽；♀第 7 腹板后缘具 1 三角形窄凹，背叶等于或略短于腹叶；受精囊头部呈桶形。

种的形态　头（图 361）　额鬃前列 7 或 8（6～9）根，后列 5 或 6（7～8）根。眼鬃 1 列 4 根。后头鬃前 2 列分别具 6、7 根。下唇须短，其端约达前足基节 3/5 处。**胸**　前胸栉窄长，端尖，其背刺略长于该背板。中胸背板鬃 4 列，颈片内侧具 1 列假鬃 4 或 5 根。中胸侧板鬃 12 或 13 根，其中近端 1 根较长。后胸背板无端小刺（有 1♂变异具 1 根）。后胸后侧片鬃 3 列，15～17 根。前足基节外侧鬃浓密。后足基节外侧有短鬃 10 余根，略下另有长鬃 2 根，末端有 1 横列发达的鬃 5 或 6 根。后足股节内面无鬃，外侧具鬃 1 根；胫节具鬃 9 或 10 根，后缘具梳状整齐排列鬃 11 或 12 根，胫节也有 8 或 9 根梳状鬃。后足第 2、3 跗节端长鬃接近下 1 节末端。**腹**　第 2、3 背板各具鬃 2 或 3 列，第 4 背板以后各具鬃 1 或 2 列，前列鬃不完整或仅残留 1 根；气门下有 1 根鬃。第 1～3 背板端小刺依序为 2～4、1 或 2、0 或 1 根。**变形节**　♂第 8 背板具侧鬃 4 或 5 根。第 8 腹板背缘略凸，腹缘直，后缘在小窦上、下方具 1 列缘或亚缘长鬃 5 或 6 根，侧鬃 9 或 10 根。

抱器体大，后腹缘弧形，前背内侧亚前缘至背方有 1 列小鬃，约 12 根。可动突略呈弯指形，末端稍高于不动突，后缘有 2 根中长鬃和 2 根小鬃。第 9 背板前内突中部呈弧形向前下方凸出，柄突直而细窄。第 9 腹板前臂细窄如棍（图 362），后臂从基到端约略同宽、棒状，后缘中部具 2 根中长鬃，近端有鬃 4 根。阳茎端背叶的端部略呈长方形，钩突腹缘略凸，背凹浅宽，末端略似鸟喙（图 363）；阳茎弹丝末端仅略向后方卷曲，而远达不到一圈。♀（图 364）第 7 腹板在窄凹（图版Ⅸ）的前方和上、下方有骨化区，侧鬃多，居后 5（6）根粗长。第 8 背板后缘圆凸之下方略内凹，具侧鬃和亚缘长鬃 16～19 根。生殖棘鬃 2 或 3 根。肛锥梯形，长为基宽的 2.5～3.0 倍。受精囊头、尾分界不明显，交接囊管头端较圆，管稍后弯（福建标本内容物遮挡，多少有些看不清，显示不是十分完整）（图 365），有盲管。

　　观察标本　共 3♂♂、5♀♀，其中 2♀♀，1979 年 9 月采自福建崇安，宿主为猪尾鼠。另 3♂♂、3♀♀（正模和副模），1976 年 6～7 月和 10～11 月采自贵州绥阳宽阔水的猪尾鼠和针毛鼠，海拔 1300～1500 m。标本存于军医科院微流所。

　　宿主　猪尾鼠、针毛鼠。

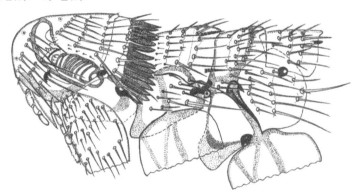

图 361　洞居盲鼠蚤 *Typhlomyopsyllus cavaticus* Li *et* Huang，♂头、胸及第 1 腹节背板（副模，贵州绥阳宽阔水）（仿李贵真和黄贵萍，1980）

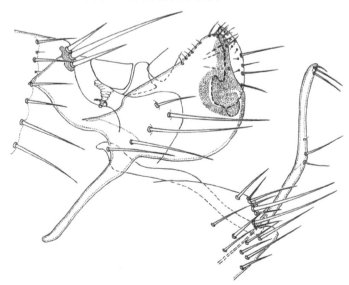

图 362　洞居盲鼠蚤 *Typhlomyopsyllus cavaticus* Li *et* Huang，♂变形节（正模，贵州绥阳宽阔水）（仿李贵真和黄贵萍，1980）

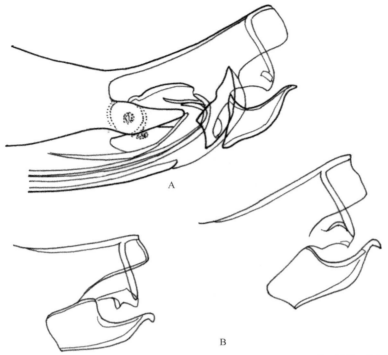

图363 洞居盲鼠蚤 *Typhlomyopsyllus cavaticus* Li *et* Huang，♂（贵州绥阳宽阔水）
（仿李贵真和黄贵萍，1980）

A. 阳茎端（正模）；B. 阳茎端变异

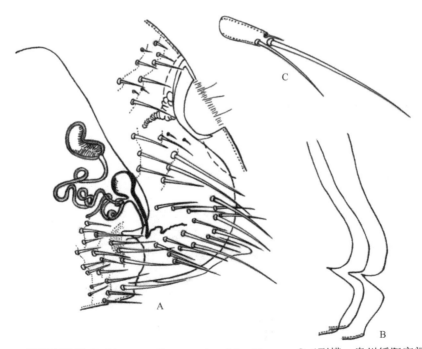

图364 洞居盲鼠蚤 *Typhlomyopsyllus cavaticus* Li *et* Huang，♀（副模，贵州绥阳宽阔水）
（仿李贵真和黄贵萍，1980）

A. 变形节；B. 第7腹板后缘变异；C. 肛锥

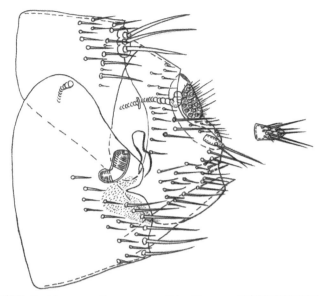

图 365　洞居盲鼠蚤 *Typhlomyopsyllus cavaticus* Li *et* Huang，♀变形节及肛腹板（福建崇安）

地理分布　福建（崇安）、贵州（绥阳）。按我国动物地理区系，属华中区的东部丘陵平原亚区和西部山地高原亚区。本种是中国特有种。

（78）巫峡盲鼠蚤 *Typhlomyopsyllus wuxiaensis* Liu, 2010（图 366～图 371，图版Ⅸ）

Typhlomyopsyllus wuxiaensis Liu, 2010, *Acta Zootaxonom. Sin.*, **35**: 655, figs. 1-9 (Lvcongpo, Badong, Hubei, China, from *Typhlomys cinereus*).

鉴别特征　♂抱器可动突近刻刀状，端缘略斜截且较宽，具有明显端前角和♀具宽大卵圆形交配囊袋部及环形骨化增厚脊，与该属已记录的 4 种盲鼠蚤均不同。而其他特征♂仅与洞居盲鼠蚤、♀与刘氏盲鼠蚤接近，但♂第 9 腹板前臂端段较宽，后臂中段近后缘 2 根较长鬃基部着生位置较高，远高于后臂长的中横线水平，阳茎端中背叶的下部呈角状向腹后方延伸可与前者区别；♀受精囊较细窄，交配囊管较细长且向后弯和第 7 腹板后缘的腹叶上段有较明显的角形后凸可与后者区别。

种的形态　头　额缘最凸处♂位于额缘中点（图 366），♀稍下方。额鬃列 2 列，前列 6 或 7 根，后列 5～7 根，前列额鬃上位第 1 根位于触角窝前缘；眼鬃列 4 根鬃，在两列额鬃与眼鬃列之间尚有不整齐 1 列，2～10 根细小鬃。触角窝背方有 7 或 8 根散在细小鬃。后头鬃 3 列，前列 4 或 5 根，后列 5～9 根，在端缘列粗鬃下后方，另有 1 根粗长鬃。下唇须5 节，其端近达前足基节的 2/3。胸　前胸背板具 1 列 7 或 8 根长鬃；前胸栉基线略呈"S"形，栉刺端尖，背刺略长于该背板，除下段 4 根刺及背方 5 根刺外，其余刺的中段均稍向下方弧凸，两侧共有刺 29～30 根。中胸背板鬃 4 列，在前列之前尚有 9～13 根小鬃，颈片内侧假鬃两侧♂6 根，♀4 根。中胸侧板鬃 4 或 5 列，15～16 根。背板侧区具 1 长 1（2）短鬃。后胸后侧片鬃 19～21 根（图 367），其中后方 2～4 根粗长。前足基节外侧鬃多，67～72 根。后足基节外侧下部有长短不一的侧鬃 18～24 根。前、中、后足胫节后背缘具梳状整齐排列鬃，分别为 9 或 10、12 或 13 及 13～15 根，跗节为 2（1）、4～6、5～9 根。后足第 1 跗节约等于第 2、3 跗节总长，第 2 跗节端长鬃超过第 3 跗节 2/3 或近达末端。腹　♀第 1～6 背板具鬃 3 列，♂第 2～5 背板具鬃 2 列（♂第 1 背板，♀第 2～6 背板前列鬃不完整），中间背板主鬃列 7 根鬃；气门下♀第 2～6 背板，♂第 2～7 背板具 1 根鬃。气门小而端圆。基腹板上具"V"形细纹区，第 1～2 背板两侧共有端小刺，♂为 4、2 根，♀为 2、2 根。臀前鬃 3 根，♂上、下位者较短。**变形节**　♂（图 368）第 8 背板呈卵圆形向后方延伸，板上具长鬃 4（5）根，短鬃 4～7 根。第 8 腹板后缘具 1 三角形宽凹陷且有变异（图 369A），外侧凹陷以上有长鬃 2 根，前及下方具侧鬃 14～17 根。第 9 腹板前臂显长于后臂，端段较宽，后臂中段近后缘 2 根较长鬃基部着生位置远高于后臂长中横线水平，顶端尖，近端后缘处有中长鬃 2 根，短鬃 3 根。抱器不动突前缘下部稍凸，中段略凹，内侧亚前缘至背方具小鬃 1 列 10 根，基节臼以下至柄突间圆凸，外侧近后缘偏上方有较宽弱骨化带。可动突显较宽短，近刻刀状（图版Ⅸ），端缘略斜截，具有明显端前角，后缘上方最凸出处具长鬃 1 根，其下有间距相等小鬃 2 根；可动突等于或稍高于不动突，长约为宽的 2.1 倍。但另一副模左侧可动突呈变异的窄形（图 369B）。第 9 背板前内突近端三角形，柄突细而较长，腹缘近基处具 1 角状凸起。阳茎端中背叶的下部呈角状向腹后方延伸（图 370），钩突似鸟状，背深凹，颈细窄，末端有较长的腹角；阳茎弹丝卷曲约 1.5 圈。♀第 7 腹板后缘具 1 窄长锥形背叶，下具深圆凹，腹叶上段有较明显角状后凸，外侧主鬃列 7（8）根鬃，其前有 11～14 根附加鬃。第 8 背板后下缘有 1 角形小凹，外侧气门以上有鬃 9～11 根，下部至后方有鬃约 32 根，生殖棘鬃 2（1）根。受精囊较细窄，两端略骨化且宽于中部。交配囊袋部宽卵圆形，中间具 1 环形骨化增厚脊（图 371）；交接囊管细长而后弯，其弯形骨化部分稍长于受精囊。第 8 腹板端斜锥形。肛锥长约为基宽的 2.4 倍，其上有端长鬃和亚端小鬃各 1 根。

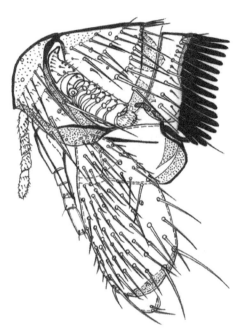

图 366　巫峡盲鼠蚤 *Typhlomyopsyllus wuxiaensis* Liu，♂头及前胸（正模，湖北巴东）

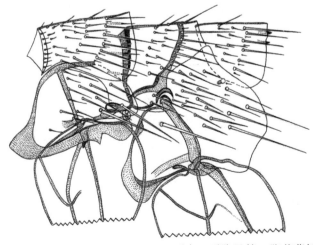

图 367　巫峡盲鼠蚤 *Typhlomyopsyllus wuxiaensis* Liu，♂中、后胸及第 1 腹节背板（正模，湖北巴东）

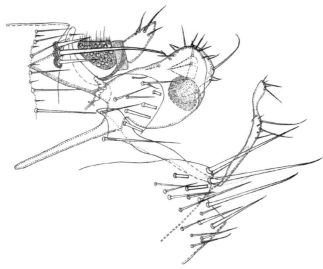

图 368　巫峡盲鼠蚤 *Typhlomyopsyllus wuxiaensis* Liu，♂变形节（正模，湖北巴东）

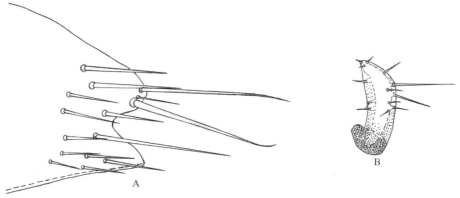

图 369　巫峡盲鼠蚤 *Typhlomyopsyllus wuxiaensis* Liu，♂（副模，湖北巴东）

A. 第 8 腹板后缘变异；B. 可动突左侧变异

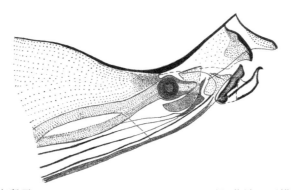

图 370　巫峡盲鼠蚤 *Typhlomyopsyllus wuxiaensis* Liu，♂阳茎端（正模，湖北巴东）

观察标本　共 2♂♂、2♀♀，其中正模♂和副模 1♂于 2003 年 4 月 15 日采自湖北长江三峡以南巴东绿葱坡的猪尾鼠；副模 2♀♀于 2009 年 11 月 16 日采自上述地区的同一地点，约 100 m 范围内同寄主体上，海拔 1750 m，生境为落叶阔叶林带。标本分存于军医科院微流所和湖北医科院传染病所。

宿主　猪尾鼠。

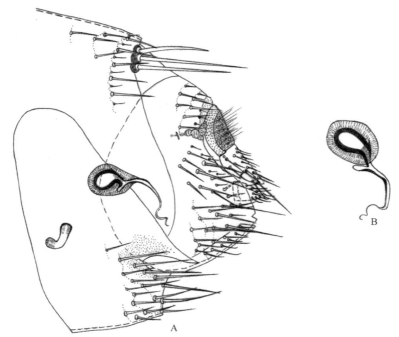

图 371　巫峡盲鼠蚤 *Typhlomyopsyllus wuxiaensis* Liu，♀（副模，湖北巴东）
A. 变形节；B. 交配囊袋部

　　地理分布　湖北巴东（绿葱坡）。按我国动物地理区系，属华中区西部山地高原亚区。本种是中国特有种。

　　分类讨论　盲鼠蚤属的蚤类地理分布是一个十分耐人寻味的问题，一是随寄主猪尾鼠的地理分布而分布，且已获得的蚤类的地理分布远小于宿主动物的地理分布，二是该属蚤类多数种类分布范围十分狭窄，仅局限栖息在一些植被保存较好的片段山脊或沟谷环境中，呈孤岛分布状态，且种与种之间迄今尚没有在同一地点或范围交叉及采获过两种盲鼠蚤，而且这些种类的分布间隔区有的直线距离均没有超过 60 km，如巫峡盲鼠蚤与无窦盲鼠蚤之间就属这种情况，这就为今后进一步探讨或深入研究盲鼠蚤属的蚤类地理分布、演化规律及通过调查获得更多盲鼠蚤物种提供了重要线索或资料。

　　按照物种进化的理论观点，一个新类型及物种的产生，最初都是通过从少到多的发展过程，由量变到质变，从分支发展到阶梯型过渡，在又变又不变、又间断又连续的过程中演化，并逐步形成多种多样的新类型和不同形态及独特结构的物种或亚种，最终才能演替形成一个稳定的能自然交配和世代相传繁衍延伸的自然种群。从现已知盲鼠蚤属的 5 种蚤类形态比较来看（表 5），其中巫峡盲鼠蚤的形态是最介于洞居盲鼠蚤与刘氏盲鼠蚤之间形态的一个近缘物种，也就是说在盲鼠蚤属内，巫峡盲鼠蚤可能是由洞居盲鼠蚤演化并适应不同的空间及地质变化，由生态隔离或是地理隔离逐步发展而来，如果不是这样，那么又如何来解释巫峡盲鼠蚤的雄蚤抱器不动突、柄突、第 8 腹板及阳茎钩突等如此接近洞居盲鼠蚤的形态。总之，不同类群及相近物种的产生是适应漫长地质历史不同环境进化所形成的必然产物，而生态隔离或地理隔离及气候和地质环境剧烈变迁，是物类形成分支发展的重要条件和必然过程。随着时间的推移，一些物类还将继续向新的类型及物种演化，适者发展，败者淘汰或走向衰亡，这是生物发展的必然结果和基本规律，作为小型哺乳动物体外寄生虫的蚤类也不例外。目前，盲鼠蚤属的蚤类已演替成为高度适应我国秦岭以南至大巴山到云贵高原及武夷山一带、在海拔 2200 m 以下常绿阔叶林与针阔叶混交林之间林带栖息和猪尾鼠体外寄生的一个特有类群，这种独特的行为栖息生活方式，说明了盲鼠蚤属的蚤类与宿主动物及自然环境之间存在着悠久的协同进化及特定的依存演替关系。

表 5　盲鼠蚤属 Typhlomyopsyllus 5 种蚤形态特征的比较

特征	巫峡盲鼠蚤 T. wuxiaensis	洞居盲鼠蚤 T. cavaticus	刘氏盲鼠蚤 T. liui	巴山盲鼠蚤 T. bashanensis	无窦盲鼠蚤 T. esinus
♂可动突	似刻刀状，端缘略斜截且较宽，有明显端前角	指形，端圆	镰刀状，长约为宽的 6 倍，具较锐前端角	直指形，端圆	近刀形，有明显端前角
♂第 9 腹板前臂	较宽	细窄	宽阔	较宽	较宽
♂第 9 腹板后臂中段后缘 2 根较长鬃着生位置	高，远高于后臂长中横线水平	低，位于后臂长近中横线水平处	高，远高于后臂长中横线水平	低，位于后臂长近中横线水平处	高，远高于后臂长中横线水平
♂第 8 腹板后半部	近叉形，后缘三角形内凹较宽	弧形，后缘三角形内凹稍窄	近锥形，后缘内凹宽浅	弧形，内侧有成簇小鬃 28～56 根，后腹缘具深凹	三角形，后缘直
♂阳茎端中背叶	下部呈角状向腹后方延伸，钩突基宽端窄，背凹较深	近长方形，钩突基宽端窄，背凹浅宽	背部呈角状向背前方弯曲，钩突飞鸽形，背深凹	近方形，钩突末端具 1 小圆凹	近锥形，钩突较细而长
♂阳茎弹丝	卷曲近 1.5 圈	略向上后方弯曲	卷曲近 2.0 圈	略向上后方弯曲	卷曲近 1.5 圈
♀第 7 腹板后缘内凹	深圆，腹叶上段具明显角形后凸，背叶窄锥形并远长于腹叶	三角形窄凹，背、腹叶圆形，等长	深圆，腹叶宽截形，背叶窄锥形并远长于腹叶	三角形窄凹，背叶圆形并略长于腹叶	三角形后凸
♀受精囊形状	细短，头及尾略宽于中部	细短，头部近桶形	粗长，均匀圆筒形	细短，头部近圆形	细短，头略宽于尾部
♀交配囊袋部	发达，宽卵圆形和具 1 环形骨化脊	无左边特征	同左	同左	同左
♀交配囊管	细长而后弯	细长而后弯	短而直	甚短	细长而后弯

短栉蚤族 Brachyctenonotini Ioff, 1936

Brachyctenonotini Ioff, 1936, Z. Parasitkde, 9: 77. **Type genus**: *Brachyctenonotus* Wagner (n. s.); Liu *et al.*, 1986, *Fauna Sinica Insecta Siphonaptera*, First Edition, p. 730; Cai *et al.*, 1997, *The Flea Fauna of Qinghai-Xizang Plateau*, p. 147; Wu *et al.*, 2007, *Fauna Sinica Insecta Siphonaptera*, Second Edition, p. 1127.

鉴别特征　无颊栉。无眼。前胸栉小或退化并远短于前胸背板。后胸无侧拱。额鬃列和后头鬃列除眼鬃列及缘鬃列外，几乎缺如。腹部背板均无端小刺。♂第 8 腹板大而发达，抱器无基节臼鬃。

26. 小栉蚤属 *Minyctenopsyllus* Liu, Zhang *et* Wang, 1979

Minyctenopsyllus Liu, Zhang *et* Wang, 1971, *Acta Ent. Sin.*, 22: 196. **Type species**: *Minyctenopsyllus triangularus* Liu, Zhang *et* Wang, 1971; Liu *et al.*, 1986, *Fauna Sinica Insecta Siphonaptera*, First Edition, p. 730; Cai *et al.*, 1997, *The Flea Fauna of Qinghai-Xizang Plateau*, p. 147; Wu *et al.*, 2007, *Fauna Sinica Insecta Siphonaptera*, Second Edition, p. 1127.

鉴别特征　本属与短栉蚤属 *Brachytenonotus* Wagner, 1928 和靴片蚤属具下列共同特征：额突微小，无前两列后头鬃，缺眼；下唇须5节，其长超过前足转节末端；前胸背板长于后胸背板，前胸栉短小退化，后胸无侧拱。各足有5对侧蹠鬃，后胸和腹部背板均无端小刺；♂第8腹板大而发达，抱器无基节臼鬃，宿主为鼢鼠属。但本属据下列特征可与该两属区别：①眼鬃列仅2根鬃，前胸栉短小色淡且在24根以上；②♂第8腹板椭圆形，可动突呈长大三角形，后端角具1锥形骨化突，不动突棒状；③♂仅具2根臀前鬃，♀臀板下具1圆凹骨化增厚。体型较大，♂体长3.4～4.0 mm，♀3.0～4.4 mm。

属的记述 头部除具细弱眼鬃2根，以及额鬃列和后头缘鬃列各残存1根弱鬃外，全头均光秃无长鬃；颊突钝；前胸背板长为前胸栉刺2倍以上，后胸背板较短，仅及中胸背板的1/2；胸部各背板1列鬃，后胸后侧片前列鬃位于前上角；前、中、后足胫节后缘分别具7、8、7个切刻；腹部背板一般2列鬃；♂第9背板前内突与柄突之间形成锐角凹；♂髁（condyle）较大，长于臀板；♀受精囊较小，头部长于部。

为中国特有属，现仅知1种，寄主为鼢鼠属。

（79）三角小栉蚤 *Minyctenopsyllus triangularus* Liu, Zhang *et* Wang, 1979（图372～图377）

Minyctenopsyllus triangularus Liu, Zhang *et* Wang, 1979, *Acta Ent. Sin.*, **22**: 196, figs. 1-4 (Dingxi and Tianzhu, Gansu, China, from *Myospalax fotanieri* and *Spermophilus alashanicus*); Liu *et al.*, 1986, *Fauna Sinica Insecta Siphonaptera*, First Edition, p. 730, figs. 1060-1064; Cai *et al.*, 1997, *The Flea Fauna of Qinghai-Xizang Plateau*, p. 147, figs. 322-324; Wu *et al.*, 2007, *Fauna Sinica Insecta Siphonaptera*, Second Edition, p. 1128, figs. 1398-1402.

鉴别特征 ♂可动突远长于抱器体，且下段较弯向前方、窄长，端部宽度大于不动突长度；第8腹板椭圆形，后缘不凹而具1列鬃，内侧亚腹缘具密集成簇小鬃23～31根；第9腹板前臂端部略呈倒足状；阳茎端中骨片的腹缘和钩突背缘各具1个不甚规则的内凹，略似钳口；♀第7腹板后缘三角形或圆凸；交配囊袋部略似灯泡状。

种的形态 大型蚤。**头** 额突微小，♂约位于额缘下1/3（图372），♀下1/4处。额鬃列♂残留1（0）根小鬃，另在触角窝前缘尚具6（5）根微鬃。颊后下缘宽而具浅弧凹。后头鬃♂残留长鬃1根和微鬃2根，背缘另有短鬃2根。触角窝背缘具6～10根微鬃。下唇须超过转节末端，下颚内叶与下唇须近等长，其上具锯齿状纵行小齿。**胸** 前胸背板长超过背刺长的2倍，两侧共有栉刺24～26根，刺与刺之间具较宽的间隙；该背板上1列鬃的下位1根粗鬃几位于亚前缘，而紧贴于颈连接板后上、下或后方。中胸背板鬃多为1列，如为2列则前列为小鬃而不完整，颈片内侧具假鬃5（4）根。后胸背板短，仅为中胸背板长的1/2（图373）。后胸后侧片鬃2列3～6根。前足基节外侧具长、短侧鬃37～58根。前足股节外侧具小鬃15～27根成3或4列，后亚腹缘具长鬃1根。后足胫

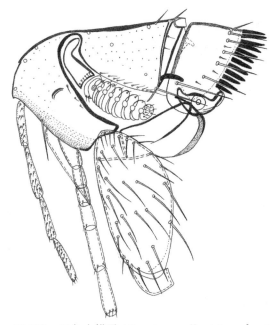

图372 三角小栉蚤 *Minyctenopsyllus triangularus* Liu, Zhang *et* Wang，♂头及前胸（湖北神农架）

节外侧具鬃 14～22 根，后背缘具 7 个切刻。后足第 1 跗节端长鬃超过第 2 跗节末端，第 2
跗节端长鬃近达第 5 跗节 1/3 处。**腹**　第 1～7 背板具鬃 2 列，各背板上无端小刺。基腹板
前缘具较深弧凹，背缘具较高的钝突起，前亚缘上具微小感器 3 或 4 个。臀前鬃♂者 2 根
（上短下长），♀ 3 根，中位约 1/3 超过上、下位者的长度。**变形节**　♂第 8 背板中等大，
背缘圆凸（图 375A），具粗长鬃 2～3 列 9～12 根，小鬃 2～7 根。第 8 腹板发达，椭圆形
（图 375B），端缘具长鬃 1 列 5～8 根和小鬃 4～9 根，后近亚腹缘有长鬃 3（2）根和短鬃
0～2 根，内侧有密集成簇短鬃区 23～31 根和片状小棘区。不动突棒状，末端近达可动突
前缘 7/10 处，前缘稍内凹，顶端有鬃 8（7）根，内侧小鬃 7～9 根。抱器体背缘在不动突
前方具较窄深凹，后缘圆凸。第 9 背板前内突近端三角形，与柄突之间形成锐角宽凹，柄
突由基向端逐渐窄细。可动突大致呈长三角形（图 374），基段较窄细，前缘中段上、下方
具浅弧凹，前端角向前凸，前背缘稍弧拱，后端角具 1 锥形骨化突，后缘中段具较浅广凹，
从后端角至下方有鬃 10 根左右，其中 2（3）根为细长鬃。第 9 腹板略近"U"形，前臂较
宽，端部近倒足状，后臂中段以上具中长鬃 2（3）根，近端有鬃约 5 根。阳茎端中骨片的

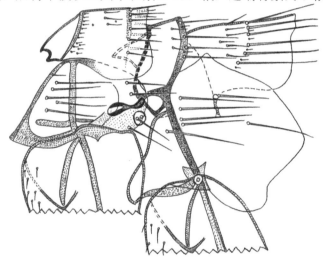

图 373　三角小栉蚤 *Minyctenopsyllus triangularus* Liu, Zhang *et* Wang，♂中、后胸及第 1 腹节背板（湖北
神农架）

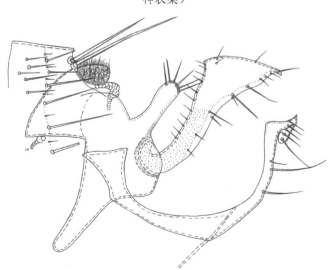

图 374　三角小栉蚤 *Minyctenopsyllus triangularus* Liu, Zhang *et* Wang，♂变形节（湖北神农架）

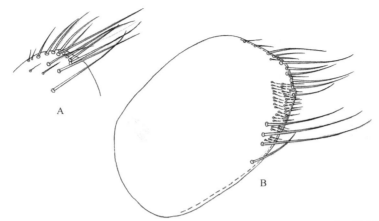

图 375　三角小栉蚤 *Minyctenopsyllus triangularus* Liu, Zhang *et* Wang，♂（湖北神农架）

A. 第 8 背板；B. 第 8 腹板

腹缘和钩突背缘各具 1 个不甚规则的内凹，略近钳口（图 376）。♀（图 377）第 7 腹板后缘三角形或圆凸，其上方略内凹，外侧主鬃 1 列 6～9 根，其间及前方有小鬃 2～7 根。第 8 背板后缘下段近直，背角圆钝，外侧气门下具长鬃 1 根，中部以下至近腹缘有长、短鬃 16～20 根，生殖棘鬃 2 根。受精囊头袋形，尾短于头或相等；交配囊小而管短，似灯泡状。肛锥长为基部宽的 3.0～3.8 倍，具端长鬃及侧长鬃各 1 根。

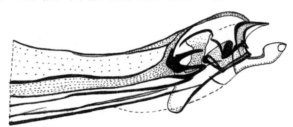

图 376　三角小栉蚤 *Minyctenopsyllus triangularus* Liu, Zhang *et* Wang，♂阳茎端（湖北神农架）

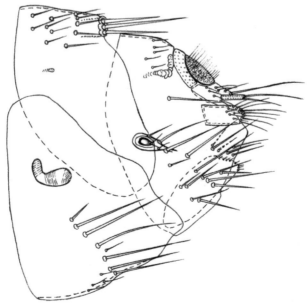

图 377　三角小栉蚤 *Minyctenopsyllus triangularus* Liu, Zhang *et* Wang，♀变形节（湖北神农架）

观察标本　共 8♂♂、5♀♀，于 1989 年 4 月和 1990 年 4 月采自湖北神农架（百草坪、红花朵），海拔 1400～1600 m，宿主为罗氏鼢鼠及其巢窝。标本分存于湖北传染病所和军医科院微流所。

宿主　罗氏鼢鼠；湖北省外为中华鼢鼠、斯氏鼢鼠和达乌尔黄鼠。

地理分布　湖北神农架（百草坪、红花朵、小龙潭、巴东垭、九龙池、巴东大干河）、陕西（黄龙）、宁夏（西吉、固原、泾原、海源、六盘山）、甘肃（定西、天祝）、青海（湟中、化隆）。按我国动物地理区系，属华中区西部山地高原亚区、华北区黄土高原亚区、蒙新区西部荒漠亚区和青藏区青海藏南亚区。本种是中国特有种。在湖北神农架主要出现在 3～5 月，其余月份较少见，每只宿主体外寄生 1～4 只，可跳跃，与无规新蚤混杂在一起，在其巢窝中尚能检集到奇异狭臀蚤。

中蚤族 Mesopsyllini Wagner, 1939

Mesopsylliniae Wagner, 1903, *Aphaniptera* (in Bronn's KI.Ordn, Tierreichs, 5, Abt, 3, Buch 13, Teil f), p. 87. **Type genus**: *Mesopsylla* Dampf (n. s.).

Mesopsyllini Wagner: Hopkins *et* Rothschild, 1953, *III. Cat. Roths. Colln. Fleas Br. Mus.*, **5**: 231; Liu *et al.*, 1986, *Fauna Sinica Insecta Siphonaptera*, First Edition, p. 712; Wu *et al.*, 2007, *Fauna Sinica Insecta Siphonaptera*, Second Edition, p. 1091.

鉴别特征　具颊栉，垂直，由 2 根亚平行栉刺组成。角间缝存在或缺如。

27. 端蚤属 *Acropsylla* Rothschild, 1911

Acropsylla Rothschild, 1911, *Novit. Zool.*, **18**: 118. **Type species**: *Acropsylla episema* Rothschild (n. s.); Li *et* Chin, 1961, *Acta Ent. Sin.*, **10**: 505; Hopkins *et* Rothschild, 1971, *III. Cat. Roths. Colln. Fleas Br. Mus.*, **5**: 231; Liu *et al.*, 1986, *Fauna Sinica Insecta Siphonaptera*, First Edition, p. 712; Chin *et* Li, 1991, *The Anoplura and Siphonaptera of Guizhou*, p. 306; Xie *et* Zeng, 2000, *The Siphonaptera of Yunnan*, p. 272; Wu *et al.*, 2007, *Fauna Sinica Insecta Siphonaptera*, Second Edition, p. 1091.

鉴别特征　无额突，额至少 3 列鬃，亚缘鬃列发达；各足第 5 跗节第 1 对侧蹠鬃稍向中移，但不在第 2 对之间。♂第 8 腹板无大鬃，端部膜质而成縰缝；第 9 腹板后臂端段略呈甄形；♀受精囊壁薄，头尾无分界线，头近椭圆形而尾渐细缩。

属的记述　眼小、色较深，眼鬃列 3 根而不齐，后头鬃 3 列；触角窝♂近顶端背缘，♀远高而具角间缝；下唇须 5 节，♂、♀均具 3 根臀前鬃，♂可动突后下角有刺鬃。

该属已记录 3 种，分布于中国和南亚的印度、巴基斯坦、孟加拉和缅甸，长江下游地区有 1 种。寄主为鼠科的小家鼠属和家鼠属。

（80）穗缘端蚤中缅亚种 *Acropsylla episema girshami* Traub, 1950（图 378～图 383）

Acropsylla girshami Traub, 1950, *Proc. Ent. Soc. Wash*, **52**: 137, figs. 55-64 (North Burma, from underground nest, probably of *Mus bactrianus kakhyensis*) (n. s.); Li *et* Chin, 1961, *Acta Ent. Sin.*, **10**: 511, figs. 1-9; Traub, Jameson *et* Hsieh, 1966, *J. Med. End.*, **3**: 303, fig.3 (A -F); Hopkins *et* Rothschild, 1971, *III. Cat. Roths. Colln. Fleas Br. Mus.*, **5**: 233, figs. 261-267.

Acropsylla episema girshami Traub: Liu *et al.*, 1986, *Fauna Sinica Insecta Siphonaptera*, First Edition, p. 712, figs. 1131-1135; Chin *et* Li, 1991, *The Anoplura and Siphonaptera of Guizhou*, p. 306, fig. 79 (1-4); Xie *et* Zeng, 2000, *The Siphonaptera of Yunnan*, p. 272, figs. 412-416; Wu *et al.*, 2007, *Fauna Sinica*

Insecta Siphonaptera, Second Edition, p. 1092, figs. 1350-1354.

鉴别特征　本亚种与指名亚种和屈氏端蚤 *A. traubi* Lewis，1971 接近，它与指名亚种的区别在于：♂上位 2 根臀前鬃为下位 1 根鬃长的 3～4 倍；抱器可动突后缘在上方长鬃和下方 1 根粗刺鬃之间具较多细长鬃，4～9 根。它与屈氏端蚤 *A. traubi* Lewis，1971 的区别在于：♂第 8 腹板的形状不同，背缘骨化片呈弯钩状；第 9 腹板后臂端部的前叶成一曲颈瓶构造，末端及后叶骨化部分似爪形。

亚种形态　头（图 378）　额缘弧形，无额突；额缘与腹缘交界略呈方角。额鬃前列 6～9 根，后列♀多为 4 根、♂5 根，眼鬃为不整齐 1 列 3 根。眼中等大，中央色素稍淡，腹缘具凹窦。后头鬃前 2 列为 3～8 及 4～8 根，♂后头端缘列下位 1 根长鬃近达前胸栉中部或远超过末端，触角窝背缘♂有小鬃 7（6）根。下唇须 5 节，长约达前足基节的 2/3 至末端。胸　前胸背板具长鬃 1 列 5 或 6 根，有间鬃，两侧共有栉刺 17～20 根，背刺显长于前方之背板。中胸背板颈片具假鬃 4～6 根。后胸背板具端小刺 6～8 个（图 379）；后胸后侧片鬃 6～10 根，成 2 或 3 列，最后 1 列常为 1 根。后足胫节外侧鬃 2～3 列 13～24 根，后背缘具 7 个切刻；后足第 2 跗节约等于第 3、4 节之总长，其端长鬃♂超过次节末端，或达第 4 跗节末端，♀者达或超第 3 跗节 1/2，个别达第 4 跗节之半。各足第 5 跗节第 1 对侧蹠鬃为腹位。腹　第 1～7 背板具鬃 2 列，第 2～7 背板主鬃列下位 1 根位

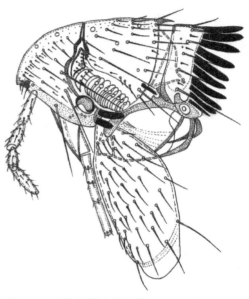

图 378　穗缘端蚤中缅亚种 *Acropsylla episema girshami* Traub，♀头及前胸（云南弥渡）

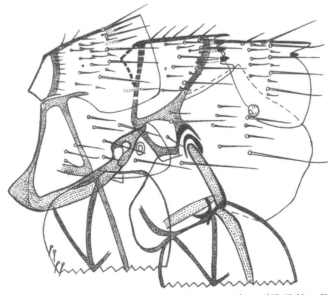

图 379　穗缘端蚤中缅亚种 *Acropsylla episema girshami* Traub，♀中、后胸及第 1 腹节背板（云南弥渡）

于气门下方。各背板端小刺数：♂第 1～5 或 6 背板，至少具 1 根端小刺，有时第 1～3 背板各具 2 根端小刺；♀第 1～3 或 4 背板各具 1 根端小刺，偶有 2 根端小刺；各背板后缘端小刺处均凹入。臀前鬃♂、♀皆为 3 根，♂上、中位者约同长。**变形节**　♂第 8 背板近圆而特大，遮盖上、下抱器大部分，具侧长鬃 3 根和小鬃 1（0）根。第 8 腹板形态特殊，前缘至下段呈方形，背方具 1 弯钩状构造（图 381），后缘及腹缘具透明膜质镶缘约 25 片，排列如折扇，前 4 片常略短，中段镶缘片末端向前略弯。抱器不动突细指形，末端约达可动突前缘 3/4 处，上有小细鬃 2 根。抱器体背缘在不动突前方略凹或稍平直，腹及后缘圆凸。第 9 背板前内突近三角形，柄突狭长而端尖。可动突略呈三角形（图 380），宽窄有变异，末端尖，下缘宽而稍斜平，端缘斜截状、后缘直，有上后角，后下角亚缘具 1 粗弯短刺鬃，后缘在长鬃下方与粗刺鬃之间有细长鬃或小鬃 4～9 根。第 9 腹板前臂端段侧面观，似蛇头状，端腹隆起发达，端后背缘显上拱，后臂端段分前、后两叶，前叶弧凸处尤端部为一狭长结

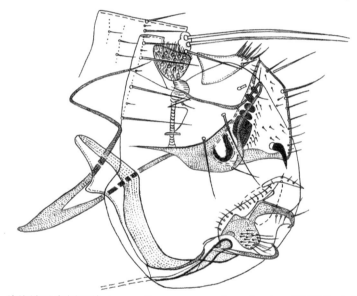

图 380　穗缘端蚤中缅亚种 *Acropsylla episema girshami* Traub，♂变形节（云南弥渡）

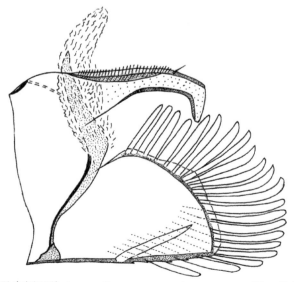

图 381　穗缘端蚤中缅亚种 *Acropsylla episema girshami* Traub，♂第 8 腹板（云南弥渡）

构，上有 1 列小鬃约 14 根，内侧另有一近心形结构，二者相叠成一曲颈瓶构造，后叶复分为 2 支，两叶之间由膜质相连。阳茎端背叶末端有 1 圆形结构，余见图 382。♀（图 383）第 7 腹板后缘近直或略圆凸，个别稍内凹，无明显背、腹角，具侧鬃 1 列 4（5）根。第 8 背板后缘稍圆凸，仅近腹缘有 1 小凹，外侧气门下至腹缘到后端有长、短鬃约 20 根。生殖棘鬃 4 根。受精囊袋状，头远长于和宽于尾部。交配囊管呈波形，狭长，盲管细而短。

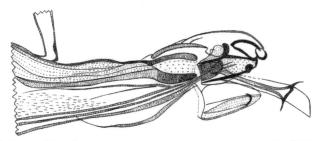

图 382　穗缘端蚤中缅亚种 *Acropsylla episema girshami* Traub，♂阳茎端（云南弥渡）

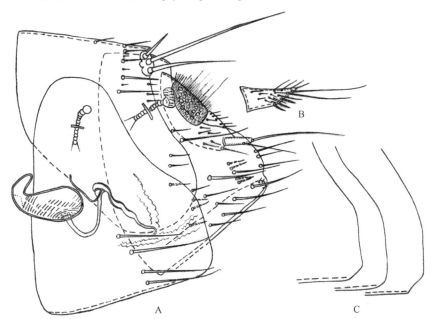

图 383　穗缘端蚤中缅亚种 *Acropsylla episema girshami* Traub，♀

A. 变形节（广西钦州）；B. 肛腹板；C. 第 7 腹板后缘变异（云南弥渡）

观察标本　共 3♂♂、5♀♀，但未检视福建及广东标本。广西（钦州、凭祥）2♀♀，1963 年和 1957 年；云南（弥渡、德钦、思茅）3♂♂、3♀♀，1956 年、1957 年 12 月和 1959 年 9 月，自黄胸鼠、黑线姬鼠等宿主。另文献记载（柳支英等，1986；吴厚永等，2007），75♂♂、73♀♀分别于 1951 年，1955～1961 年和 1963 年 1 月、2 月、10 月和 12 月采自福建（南安、漳州、永定）、广东、广西（凭祥、钦州）、云南（泸水、弥渡、保山、梁河、盈江、临沧、思茅），宿主分别为黄毛鼠、黄胸鼠、田小鼠、黑线姬鼠、小林姬鼠、四川短尾鼩。标本分存于军医科院微流所、福建省疾病预防控制中心（简称福建疾控中心）和成都军区昆明军事医学研究所。

宿主　黄毛鼠、针毛鼠、大足鼠、黄胸鼠、北社鼠、田小鼠、黑线姬鼠、小林姬鼠、四川短尾鼩、中华姬鼠。

地理分布　福建（南安、漳州、永定、平和、上杭）、台湾、广东、广西（凭祥、钦州）、贵州（望谟、榕江）、云南（罗平、祥云、易门、玉溪、澄江、德钦、通海、泸水、弥渡、保山、梁河、盈江、临沧、思茅）、海南。国外分布于孟加拉、缅甸北部、印度和巴基斯坦。按我国地理区系，属华中区东部平原丘陵亚区及西部山地高原亚区、华南区闽广沿海亚区、台湾亚区和西南区西南山地亚区。

双蚤族 Amphipsyllini Ioff, 1936

Amphipsyllini Ioff, 1936, *Z. Parasitkde*, **9**: 76. **Type species**: *Amphipsylla* Wagner (n. s.); Hopkins *et* Rothschild, 1956, *Ill. Cat. Roths. Colln. Fleas Br. Mus.*, **5**: 279; Liu *et al.*, 1986, *Fauna Sinica Insecta Siphonaptera*, First Edition, p. 736; Cai *et al.*, 1997, *The Flea Fauna of Qinghai-Xizang Plateau*, p. 150; Wu *et al.*, 2007, *Fauna Sinica Insecta Siphonaptera*, Second Edition, p. 1134.

鉴别特征　　无颊栉；多数属眼发达，少数属眼减缩或退化；♂触角窝近头顶，全首型，♀者远离，头顶无角间缝。

28. 茸足蚤属 *Geusibia* Jordan, 1932

Geusibia Jordan, 1932, *Novit. Zool.*, **38**: 280. **Type species**: *Geusibia torosa* Jordan; Liu, 1939, *Philipp. J. Sci.*, **70**: 16, 62; Li, 1956, *An Introduction to Fleas*, p. 40; Liu *et al.*, 1986, *Fauna Sinica Insecta Siphonaptera*, First Edition, p. 754; Cai *et al.*, 1997, *The Flea Fauna of Qinghai-Xizang Plateau*, p. 154; Xie *et* Zeng, 2000, *The Siphonaptera of Yunnan*, p. 274; Wu *et al.*, 2007, *Fauna Sinica Insecta Siphonaptera*, Second Edition, p. 1158.

Ctenophyllus subgenus *Geusibia* Jordan: Hopkins *et* Rothschild, 1971, *Ill. Cat. Roths. Colln. Fleas Br. Mus.*, **5**: 304 (stated to be subgenus of *Ctenophyllus*); Lewis, 1974, *J. Parasit.*, **58**: 835.

图 384　李氏茸足蚤 *Geusibia* (*Geusibia*) *liae* Wang *et* Liu，♀后足胫节及第 1 跗节（湖北神农架）

鉴别特征　　各足胫节和第 1 跗节及（或）第 2 跗节后缘附近密被茸毛（图 384），是区别于蚤目中已知各属的独特特征。此外，♂第 8 腹板呈大型圆钝三角形（图 388）；♀受精囊头孔通常具发达程度不同的锥突（图 392）。

属的记述　　额突发达，齿形；眼大具腹窦，额亚缘鬃列多为普通鬃，少数为刺鬃，♂角窝前缘另有 1 根粗长鬃代表 1 列，♀通常缺如。后头鬃 3 列，发达；下唇须 5 节；前胸栉刺发达，后胸背板及腹节前几背板具端小刺；前、中、后足胫节后缘具 6、6、7 或 8 个切刻，跗节第 1 对侧蹠鬃稍向中移；臀前鬃♂ 2、♀3 根；♂臀板下的髁发达；第 8 背板及腹板均发达，前者无长鬃，后者中、后部常变形，有或无骨化杆，或有骨化残迹，或被一些细微结构或短小刺鬃或亚刺鬃取代。柄基或第 9 背板前内突较宽大。♀第 7 腹板后缘一般有窦。受精囊多数呈筒状且无明显分界，少数头圆，尾呈细筒状。

已记录 17 种（亚种），宿主主要为鼠兔属，主要分布于青藏高原的喜马拉雅山脉、云南横断山脉、岷山山脉、秦岭及大巴山脉和与上述地区相连的一些山系，除中国外，尼泊尔分布有 1 种，另新北界也分布有一种，寄主全为鼠兔属。该属分为 2 亚属。陕西秦岭太北主峰及其南坡至大巴山一带有 4 种（亚种），其中湖北分布有 1

种，均隶属于茸足蚤亚属。然而从本属的一些基本形态和进化亲缘关系看，很显然茸足蚤属是从栉叶蚤属发展而来的，只是前者向更复杂演化，尤其是各足胫节和第 1 跗节及第 2 跗节后缘附近密被茸毛，这是在历经数百万年中或更早地质年代，随自然环境地质变迁、演替及与宿主动物协同进化和高寒气候相适应的自然选择结果。

12）茸足蚤亚属 *Geusibia* Jordan, 1932

Geusibia subgenus *Geusibia* Jordan: Hopkins *et* Rothschild, 1971, *Ill. Cat. Roths. Colln. Fleas Br. Mus.*, **5**: 304 (stated to subgenus of *Ctenophyllus*); Lewis, 1974, *J. Parasit*, **58**: 853; Wu *et al.*, 2007, *Fauna Sinica Insecta Siphonaptera*, Second Edition, p. 1160.

鉴别特征　与额刺亚属 *Spinopsylla* Ge *et* Ma, 1989 的主要区别是：①额亚缘鬃列不呈刺状或亚刺状；②♂第 8 腹板具明显骨化加深构造，端部常具 1 列扁化短刺鬃；③♀受精囊头部呈椭圆形或均匀圆筒形，且头尾分界不是很明显。

种、亚种检索表

1. ♂抱器体后缘下段无突起（图 387）；可动突最宽处位于中横线上方，后缘弧凸而近半圆形；♀第 7 腹板后缘从截断形或中部略内凹或下方略后凸（图 390）………………李氏茸足蚤 *G. (G.) liae*

　♂抱器体后缘下段具 1 宽突（图 397）；可动突基段略宽于端段，后缘近直，腹缘具 1 角状内凹；♀第 7 腹板后缘具深凹…………………………………………………………2

2. ♀第 7 腹板后缘内凹较窄；受精囊尾部十分细长（图 392），约为头部长的 2 倍，头部锥突不明显。♂未发现……………………………………**长尾茸足蚤 *G. (G.) longihilla***

　♀第 7 腹板后缘内凹较宽；受精囊尾部较短（图 396），为头部长的 1.0～1.5 倍，头部有微小锥突；♂可动突腹缘处具 1 角状内凹（图 394.B）；阳茎钩突端呈近圆的喇叭形（图 395）……………………………………………微突茸足蚤 *G. (G.) minutiprominula* … 3

3. ♂可动突前端角较钝且前凸不显（图 394）；♀第 7 腹板背缘显低于该节气门（图 396），后缘之背叶亦较长，其下内凹较深…………微突茸足蚤指名亚种 *G. (G.) minutiprominula minutiprominula*

　♂可动突前端角锐且明显前凸（图 397）；♀第 7 腹板背缘显较上突，达或稍超过该节气门（图 400），后缘之背叶亦较短，其下内凹较浅…… 微突茸足蚤宁陕亚种 *G. (G.) minutiprominula ningshanensis*

（81）李氏茸足蚤 *Geusibia (Geusibia) liae* Wang *et* Liu, 1995（图 6B，图 384～图 390，图版 X）

Geusibia (Geusibia) liae Wang *et* Liu, 1995, *Acta Zootaxonom. Zin.*, **20**: 112, figs. 1-6 (Shennongjia, Hubei, China, from *Ochotona thibetana*); Wu *et al.*, 2007, *Fauna Sinica Insecta Siphonaptera*, Second Edition, p. 1187, figs. 1481-1483.

鉴别特征　李氏茸足蚤与半圆茸足蚤和云南茸足蚤接近，但据以下几点可资区分：①♂抱器可动突最宽处位于上半部的中点处；②不动突后下缘无明显的突出且该处无鬃；③第 9 腹板后臂上后膨近半圆形，下后膨近三角形；④♀第 7 腹板后缘截断形或近中部略内凹或后下缘略突出，受精囊头孔处锥突不明显（表 6）。

种的形态　头　额突角状发达，♂位近额缘中点（图 385A），♀位于口角略上方。额鬃 1 列 5～7 根，眼鬃列 3 根鬃；在额鬃与触角窝之间另有 1 根鬃。眼发达而色深，下缘具凹窦。后头鬃 3 列，依次为 3～5、4～7、6 或 7 根，下唇须 5 节，♂可达前足基节的 3/4，♀超过 4/5 或达到前足基节末端。胸　前胸栉具 18 或 19 根栉刺，背缘刺约与该背板近等长。

表 6　李氏茸足蚤与半圆茸足蚤及云南茸足蚤形态特征比较

特征	李氏茸足蚤 *G. liae*	半圆茸足蚤 *G. hemisphaera*	云南茸足蚤 *G. yunnanensis*
♂抱器可动突最宽处	上半部近中点处	近上半部中点处	中部处
♂抱器可动突长约为宽	1.62 倍	1.74 倍	2.14 倍
♂抱器体后缘下段	无突起，该处无细长鬃	具 1 指形突起，上有 3～5 根细长鬃	略后突，上具 2～3 根细长鬃
♂第 9 腹板后臂	上后膨近半圆形、下后膨近三角形	上后膨呈弧形、下后膨近舌形	上后膨近肾形、下后膨向下钩
♀第 7 腹板后缘	截断形或中段略内凹或下缘略突出	中部向后突	上缘向后突，下缘略向内凹
♀受精囊形状	不细长，头孔处锥突不明显	较细长，头孔处锥突明显	较细长，头孔处锥突明显
地理分布	湖北神农架、重庆东北部巫山	四川西部及青海	云南高黎贡山

中胸背板颈片内侧具假鬃 2～6 根。后胸背板两侧共有端小刺 1～3 根（图 386），后胸后侧片鬃 3 列 6 根，偶 4 列 11 根。前足基节外侧鬃 44～55 根。后足基节内侧下半部具成片小鬃。后足胫节外侧具鬃 1 列 12 或 13 根，后足第 2 跗节长端鬃近达第 3 跗节之端。各足第 5 跗节有 5 对侧蹠鬃和 1 对亚端蹠鬃。**腹**　第 1～2 背板具鬃 3 列，第 3～6 背板具鬃 2 列，第 7 背板具鬃 1 列。第 1～4 背板端小刺两侧依次为 2、2 或 3、2、1 或 2 根。臀前鬃♂ 2 根，♀ 3（4）根。**变形节**　♂第 8 背板向上方圆凸（图 385B），板上具 7～9 根侧鬃和 3～4 近端鬃。第 8 腹板前段具 1 条粗的纵骨化杆（图 388）（原描述提到中部有 2 根细骨化杆，后经反复观察，认为可能是阳茎端下部紧贴于第 8 腹板内壁的附属结构），板上具 7～9 根鬃，近端部具 1 横列排列整齐约等长的短亚刺鬃，约 11 根；在中部内侧尚有近圆形的膜质状细短鬃丛。抱器不动突前缘具浅弧凹，端部圆钝，内侧亚前缘至顶端具鬃 12 根左右，其中端缘数根为长鬃，后缘亚端部具 1 对长鬃（正模仅 1 根），后下缘无突起，该处亦无细长鬃。可动突前缘略具浅广凹，前端角向前突，此处具 1 根小刺鬃，后缘圆凸，最宽处位于上半部的近中点处（图 387，图版 X），该处外侧具小鬃丛，内侧近后缘处具 2 或 3 根短刺鬃；可动突与不动突近等高。柄突远长于第 9 背板前内突，腹缘中段略凹，末端渐窄尖并稍上翘。第 9 腹板前臂端腹隆起发达，背缘中段略凸，后臂具上、下两个腹膨，上后膨近

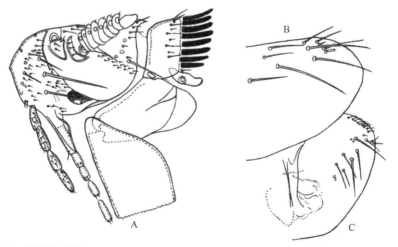

图 385　李氏茸足蚤 Geusibia (Geusibia) liae Wang et Liu，♂（正模，湖北神农架）

A. 头及前胸；B. 第 8 背板；C. 第 8 腹板（部分）

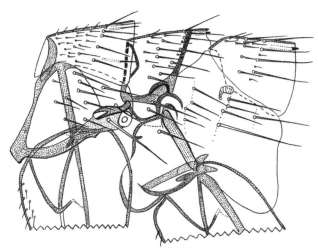

图386　李氏茸足蚤 *Geusibia (Geusibia) liae* Wang et Liu，♂中、后胸及第1腹节背板（正模，湖北神农架）

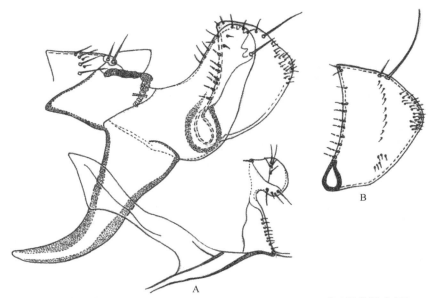

图387　李氏茸足蚤 *Geusibia (Geusibia) liae* Wang et Liu，♂（湖北神农架）

A. 变形节（正模）；B. 可动突（副模）

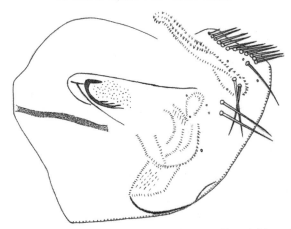

图388　李氏茸足蚤 *Geusibia (Geusibia) liae* Wang et Liu，♂第8腹板（副模，湖北神农架）

半圆形，其上有鬃6～8根，下后膨近三角形，后缘有鬃约10根。阳茎钩突近喇叭形（图389）；阳茎端腹侧具1附属结构，但标本未压片时紧贴于第8腹板中部内壁（图385C），移位后则清晰可见与阳茎端腹侧相连；内突不宽，阳茎腱稍粗。♀第7腹板后缘变异较大，从截断形到中部略凹至下部略后凸（图390），外侧有侧鬃3或4根。第8背板在气门下具2根长鬃。肛锥长约为基部宽的3.0倍。受精囊头部锥突不甚明显。

图389　李氏茸足蚤 Geusibia (Geusibia) liae Wang et Liu，♂阳茎端（正模，湖北神农架）

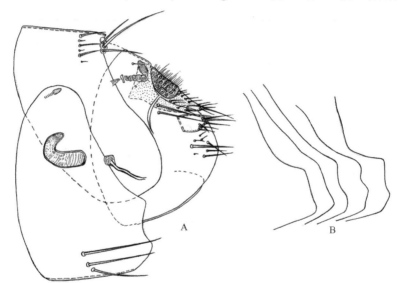

图390　李氏茸足蚤 Geusibia (Geusibia) liae Wang et Liu，♀（副模，湖北神农架）
A. 变形节；B. 第7腹板后缘变异

观察标本　共10♂♂、20♀♀，其中正模♂和副模3♂♂、9♀♀于1989年6月至1990年9月采自湖北神农架木鱼，海拔2900 m的高山针叶林的藏鼠兔，副模1♀于1965年采自长江以北的巴东大干河。另6♂♂、10♀♀于1991～1994年4～11月采自神农架的小龙潭、酒壶坪和燕子垭同寄主体上，海拔1800～2300 m，生境为落叶阔叶林和针、阔叶混交林。标本分存于湖北医科院传染病所和军医科院微流所。

宿主　藏鼠兔。偶可在同一生境活动或栖息的大林姬鼠、中华姬鼠、洮州绒鼠、北社鼠和四川短尾鼩体上检获个别标本。

地理分布　湖北神农架（瞭望塔、大龙潭、猴子石、酒壶坪、天门垭、小龙潭、次界坪、刘家屋场、桥通沟、燕子垭、巴东大干河）、重庆（巫山）。按我国动物地理区系，属华中区西部山地高原亚区。本种是中国特有种。

（82）长尾蒢足蚤 *Geusibia (Geusibia) longihilla* **Zhang** *et* **Liu, 1984**（图391，图392）

Geusibia (Geusibia) longihilla Zhang et Liu, 1984, *Acta Zootaxonom. Sin.*, **9**: 405, figs. 7, 8 (female only, Zhashui, Shaanxi, China, from *Ochotona thibetana*); Wu *et al.*, 2007, *Fauna Sinica Insecta Siphonaptera*, Second Edition, p. 1166, fig. 1166.

鉴别特征　仅知♀性。长尾蒢足蚤依其受精囊和第7腹板后缘形态，较接近指形蒢足蚤和微突蒢足蚤，它与前者的区别在于♀第7腹板后缘内凹较浅，受精囊头部锥突不明显。它与后者的区别在于♀第7腹板后缘内凹明显较窄，受精囊亦较细长，尾部长约为头部长的2倍。

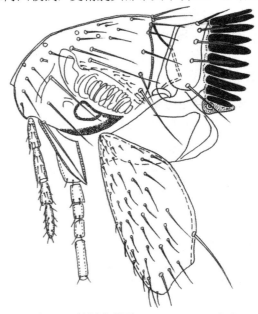

种的形态　**头**（图391）　额突角状，约位于额缘下1/3处。额鬃1列6或7根，眼鬃3根。眼大，近梨形，腹缘有1椭圆形空泡。后头鬃依序为4或5、6、6或7根，触角窝背缘具近30根小鬃。下唇须约达前足基节4/5处。**胸**　前胸栉19（20）根，背刺与该背板近等长；中胸背板颈片具假鬃4～8根；后胸背板具2根端小刺，后胸后侧片鬃12～14根，成4列。前足基节外侧除近基小鬃及缘鬃外，有鬃约50根。后足胫节外侧中线偏后具1列完整鬃15根，另前方有13根鬃位于缘及亚前缘。后足第2跗节短于第3、4跗节之和，其端长鬃几达第3跗节末端。**腹**　第1背板具鬃4列，第2～6背板具鬃3列（前列不完整），第7背板具鬃2列，除第2、3背板主鬃列下位1根平气门或略低，余背板下位鬃均位于气门上方。第1～4

图391　长尾蒢足蚤 *Geusibia (Geusibia)* *longihilla* Zhang *et* Liu，♀头及前胸背板（正模，陕西柞水）（仿张金桐等，1984）

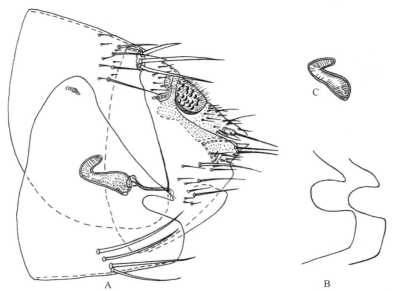

图392　长尾蒢足蚤 *Geusibia (Geusibia) longihilla* Zhang *et* Liu，♀（陕西柞水）（仿张金桐等，1984）

A. 变形节（正模）；B. 第7腹板后缘变异（副模）；C. 受精囊

背板每侧各具 1 根端小刺。臀前鬃 3 根，中位长约为上位长的 2 倍。**变形节** ♀（图 392）第 7 腹板后缘具 1 深而较圆的宽凹，背叶略呈指形，腹叶端缘略圆凸或近直，侧长鬃 1 列 4 根。第 8 背板在气门前方具小鬃 6（5）根，下后方有 2 根长鬃，近腹缘具鬃 8～12 根，生殖棘鬃 4 根。肛锥较短，长约为基宽的 2.0 倍，上具端鬃及侧鬃各 1 根。受精囊头尾界限较清晰，头部锥突不明显，尾部较长，其长约为头部长的 2 倍。

观察标本　共 2♀♀（系原描述正模和副模），于 1981 年 4 月 30 日和 5 月 13 日采自陕西秦岭南坡柞水营盘林林场大干沟及二道崖，海拔 1900～2300 m 的藏鼠兔，生境为针阔叶混交林带。标本存于军医科院微流所。

宿主　藏鼠兔。

地理分布　陕西秦岭南坡（柞水）。按我国动物地理区系，属华中区西部山地高原亚区。本种是中国特有种。

（83）微突茸足蚤指名亚种 *Geusibia (Geusibia) minutiprominula minutiprominula* Zhang *et* Liu, 1984（图 393～图 396）

Geusibia (Geusibia) minutiprominula minutiprominula Zhang et Liu, 1984, *Acta Zootaxonom. Sin.*, **9**: 402, figs. 1-4 (boundary between Meixian and Taibai, Shaanxi, China, from *Ochotona thibetana*); Wu *et al.*, 2007, *Fauna Sinica Insecta Siphonaptera*, Second Edition, p. 1171, figs. 1453-1155.

鉴别特征　该种依其♂第 8 腹板和可动突等的形态与指形茸足蚤、长尾茸足蚤和微突茸足蚤宁陕亚种接近，它与前 2 种的区别在于：①♂可动突后缘下段近腹缘具 1 角状内凹；②抱器体后缘具 1 发达的宽突；③阳茎钩突端呈近圆的喇叭形；④♀第 7 腹板后缘内凹较宽；受精囊不细长，且头、尾分界较清楚和头部仅有稍微隆起短锥突。它与宁陕亚种的区别在于：①♂可动突前端角较钝且前凸不显；②♀第 7 腹板背缘远低于该节气门，后缘之背叶亦较长，其下方内凹较深。

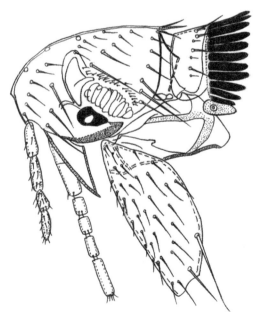

图 393　微突茸足蚤指名亚种 *Geusibia (Geusibia) minutiprominula minutiprominula* Zhang *et* Liu，♀头及前胸（副模，陕西秦岭太白山）（仿张金桐等，1984）

种的形态　头　额突发达，♂约位于额缘中点稍下方，♀下 1/3 处（图 393）。额鬃 1 列 6（7）根，♂在额鬃列与眼鬃列之间触角窝前缘，另具 1 根粗长鬃。眼中等发达，腹缘有窦。后头鬃 3 列，分别为 3～6、4～7、5～8 根，触角窝背缘具密集小鬃 24 或 25 根。下唇须 5 节，其长仅略短于前足基节的长度。胸　前胸具 19～21 根栉刺，其背刺与前方之背板近等长，中胸背板颈片具假鬃，两侧共 2～6 根，后胸背板有端小刺 2 根。后胸后侧片具鬃 4 列，♂3～5、1～3、3 或 4、1 根，♀1～4、1～6、4、1 根。前足基节外侧具鬃 30～45 根（基部小鬃及缘鬃除外）。后足胫节外侧具鬃 2 列，17～24 根。腹　第 1～7 背板至少各具 2 列鬃，♂第 2～6 背板、♀第 2～3 背板有 1 根鬃平气门。第 1～4 背板每侧各具 1 根端小刺。臀前鬃♂2 根、♀3

根。**变形节**　♂第 8 背板向后上方圆凸，具侧鬃 11 根，背缘鬃 2 根。第 8 腹板发达，背缘中段显上拱，略后方内凹，后近腹缘宽弧形，外侧有鬃 15 根左右，其中靠下方 1 列较长，后背近端有 9～13 根扁化刺鬃，蘑菇状小棘刺 6～12 根，均着生于扁化刺鬃基部，内侧具粗纵前叉状骨化杆，中段有 1 倒 "Y" 形骨化加厚内柱。不动突前缘下段略凹，近端微凸，具内侧缘或亚前缘鬃 1 列约 9 根，近端 3 根略较长，端后略凹下方具 2 根等长臼鬃。抱器体后缘在宽突背缘与不动突后缘之间有较圆的宽内凹。可动突似刀形（图 394），略低于不动突，基段微宽于中、上段，前缘内凹浅，端缘前 1/4 向背方隆起，使可动突前背角成 1 直角或直钝角，后缘在 1 根长鬃下方略凹，后近腹缘具 1 角形小凹，小凹上方有小鬃约 20 根，下方 5 根。柄突宽大，并显长于第 9 背板前内突，仅末段渐狭窄。第 9 腹板端腹隆起发达，后臂具上、下 2 个腹膨，其上各具小鬃 7～10 根。阳茎钩突端呈近圆的喇叭形（图 395）。♀第 7 腹板背缘远低于该节气门（图 396），后缘具 1 深圆宽窦，背叶窄锥形，腹叶圆凸或向前下方圆斜，其腹叶显长于背叶，侧鬃 1 列 5（4）根。第 8 背板气门下具 2（1）根粗长鬃，下部具大小侧鬃约 14 根。肛锥长约为基部宽的 2.0 倍。受精囊较短，头部明显宽于尾部并稍短于尾部，锥突小。

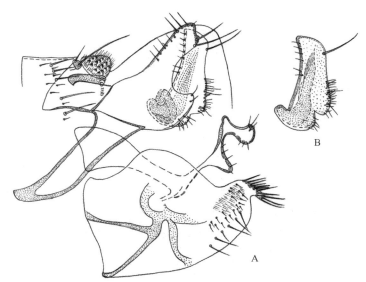

图 394　微突茸足蚤指名亚种 *Geusibia (Geusibia) minutiprominula minutiprominula* Zhang *et* Liu，♂（陕西秦岭太白山）（仿张金桐等，1984）

A. 变形节（正模）；B. 可动突（副模）

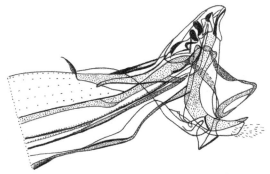

图 395　微突茸足蚤指名亚种 *Geusibia (Geusibia) minutiprominula minutiprominula* Zhang *et* Liu，♂阳茎端（正模，陕西秦岭太白山）（仿刘泉等，2007）

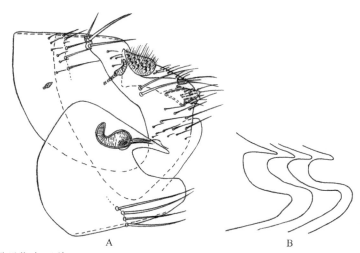

图 396　微突茸足蚤指名亚种 *Geusibia (Geusibia) minutiprominula minutiprominula* Zhang *et* Liu，♀（副模 陕西秦岭太白山）（仿张金桐等，1984）

A. 变形节；B. 第 7 腹板后缘变异

观察标本　共 6♂♂、5♀♀（系原描述正模和副模），于 1981 年 6 月 28 日至 7 月 6 日采自陕西秦岭眉县和太白县交界处的太白山平安寺和放羊寺，海拔 2800～3200 m，宿主为藏鼠兔，生境为亚高山针叶林带。标本存于军医科院微流所。

宿主　藏鼠兔。

地理分布　陕西秦岭北坡（太白、眉县）。按我国动物地理区系，属华北区黄土高原亚区。本种是中国特有种。

（84）微突茸足蚤宁陕亚种 *Geusibia (Geusibia) minutiprominula ningshanensis* Zhang *et* Liu, 1984（图 397～图 400）

Geusibia (Geusibia) minutiprominula ningshanensis Zhang *et* Liu, 1984, *Acta Zootaxonom. Sin.*, **9**: 404, figs. 5, 6 (Ningshan, Shaanxi, China, from *Ochotona thibetana*); Wu *et al.*, 2007, *Fauna Sinica Insecta Siphonaptera*, Second Edition, p. 1173, figs. 1156-1158.

鉴别特征　微突茸足蚤宁陕亚种与指名亚种的区别是：♂抱器可动突前端角尖锐并明显前凸；♀第 7 腹板背缘显较上突，达或稍超过该节气门，后缘之背叶亦较短，其下方内凹较浅。

亚种形态　头　额突角状，♂位于近额缘中点，♀下 1/3 处。额鬃 1 列 6 或 7 根，眼鬃 1 列 3 根，上位眼鬃高于眼上缘，在额鬃与眼鬃列之间♂另具 1 根粗长鬃。后头鬃依序为 3、6、6（7）根。触角窝背缘有小鬃 23～32 根；触角第 2 节鬃细小。下唇须长约达前足基节的 2/3 处。胸　前胸栉刺 18 根，背刺与该背板近等长。中胸背板鬃 3 列，颈片内侧单侧具假鬃 3 根，后胸背板有 2 根端小刺。后胸后侧片鬃 12 根，成 4 列，其中后方 2 根较长。前足基节外侧鬃多而密集，约 74 根。后足胫节后背缘具切刻 8 个。腹　第 1 背板具鬃 5 列，第 2～7 背板具鬃 2 或 3 列；第 1～4 背板各具 1 根端小刺。臀前鬃♂2，♀3 根，♂中位 1 根长约为上位的 3 倍。变形节　♂第 8 背板呈卵圆形向背方圆凸，具长、短侧鬃 12 或 13 根。第 8 腹板大，前部叉形骨化杆发达，腹缘圆凸，近端具等长的扁化刺鬃 13 根（图 398），蘑菇状小棘刺 6～10 根，侧鬃 9～13 根。♂不动突前、后缘略平行，前缘内侧有鬃 1 列 10～14 根，端后略凹处至臼鬃下方有深色骨化。抱器体后下缘具较宽钝后突，上有小鬃 2（1）根。第 9 背板前内突近三角形，柄突从基向端渐狭窄。可动突端缘向后下方倾斜，使前角成一锐角（图 397），近中线具 1 纵行骨化色素加厚，后缘中段略凹，后下缘角凹有成簇小鬃约 20 根，上后膨近圆形。第 9 腹板前臂端背缘弯弧形，后臂下后膨近三角形，其上有小鬃约 10 根。阳茎端有 1 向下延伸的附属结构，阳茎钩突基段较窄，端段呈近圆喇叭形（图 399），♀第 7 腹板背缘明显上凸，达或超过第 7 腹节气门（图 400），后缘内凹相对较浅，凹底近弧形，背叶略呈指状，其腹叶长于背叶，侧鬃 1 列 4 或 5 根。第 8 背板在气门下至腹缘具长、短侧鬃 12 根。受精囊头、尾分界较清晰，尾长于头部，锥突小。第 8 腹板端缘略斜截，腹端略钝。

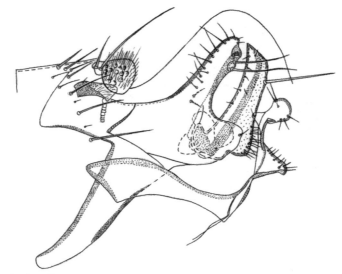

图 397　微突茸足蚤宁陕亚种 *Geusibia (Geusibia) minutiprominula ningshanensis* Zhang *et* Liu, ♂变形节（正模，陕西宁陕）（仿刘泉等，2007）

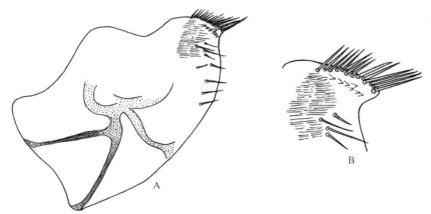

图 398　微突茸足蚤宁陕亚种 *Geusibia (Geusibia) minutiprominula ningshanensis* Zhang *et* Liu, ♂（正模，陕西宁陕）（仿张金桐等，1984）

A. 第 8 腹板；B. 第 8 腹板端（放大，示扁化刺鬃及近旁蘑菇状小棘）

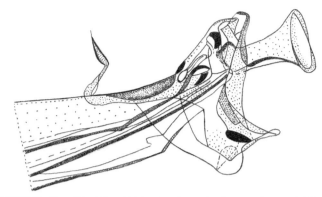

图 399　微突茸足蚤宁陕亚种 *Geusibia* (*Geusibia*) *minutiprominula ningshanensis* Zhang *et* Liu，♂阳茎端（陕西宁陕）（仿刘泉等，2007）

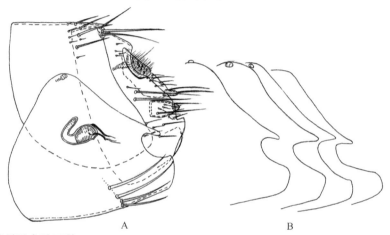

图 400　微突茸足蚤宁陕亚种 *Geusibia* (*Geusibia*) *minutiprominula ningshanensis* Zhang *et* Liu，♀（副模，陕西宁陕）（仿张金桐等，1984）

A. 变形节；B. 第 7 腹板后缘变异

观察标本　共 5♂♂、4♀♀（系原描述正模和副模），于 1982 年 5 月 30～31 日采自陕西宁陕县平梁河藏鼠兔，海拔 2650 m，生境为亚高山针叶林带。标本存于军医科院微流所。

宿主　藏鼠兔。

地理分布　陕西秦岭南坡（宁陕）。按我国动物地理区系，属华中区西部山地高原亚区。它是秦岭南坡一带地区特有亚种。

29. 额蚤属 *Frontopsylla* Wagner *et* Ioff, 1926

Frontopsylla Wagner *et* Ioff, 1926, *Vest. Mikrobiol. Epidem. Parazit.*, **5**: 84, 119. **Type species**: *Frontopsylla elatus* Jordan *et* Rothschild (n. s.); Liu, 1939, *Philipp. J. Sci.*, **70**: 55; Li, 1956, *An Introduction to Fleas*, p. 42; Hopkins *et* Rothschild, 1956, *III. Cat. Roths. Colln. Fleas Br. Mus.*, **5**: 280, 308, 309 (and subgenus *Frontopsylla s. str.*, p. 309); Lewis, 1973, *Fieldiana Zool.*, **64**: 78 (and subgenus *Frontopsylla s. str.*, p. 78); Liu *et al.*, 1986, *Fauna Sinica Insecta Siphonaptera*, First Edition, p. 776; Yu, Ye *et* Xie, 1990, *The Flea Fauna of Xinjiang*, p. 347; Chin *et* Li, 1991, *The Anoplura and Siphonaptera of Guizhou*, p. 310; Cai, *et al.*, 1997, *The Flea Fauna of Qinghai-Xizang Plateau*, p. 164; Xie *et* Zeng, 2000, *The Siphonaptera of Yunnan*, p. 284; Wu, Liu *et* Lu (in Lu *et* Wu), 2003, *Classification and Identification of Important Medical Insects of China*, p. 500; Wu *et al.*, 2007, *Fauna Sinica Insecta*

Siphonaptera, Second Edition, p. 1196; Liu, Shi *et al.*, 2009, *The Siphonaptera of Neimenggu*, p. 257.

鉴别特征　该属与眼蚤属、茸足蚤属和栉叶蚤属及双蚤族中的各属接近，与眼蚤属的区别是：后头鬃 3 列鬃完整、发达，♂第 8 腹板几未变形，抱器后缘具 2 根基节白鬃；眼大而色深，但前部色深而后部较小，♀受精囊头、尾分界不明显。与茸足蚤属的区别是：各足胫节和第 1 跗节及（或）第 2 跗节后缘附近缺乏密生茸毛，♀受精囊头孔无锥突。与栉叶蚤属的区别是：额鬃列未变为刺鬃或加厚鬃，第 8 腹板无倒"Y"形骨化杆，可动突多为三角形且后上角常具 1 根粗壮短刺鬃，♀受精囊头、尾界限不分。与双蚤族中各属的区别是：眼大而发达，额及后头鬃均发达，各足第 5 跗节均具 5 对侧蹠鬃，且鬃窝着生在同一直线上；其余特征，如♂第 8 腹板、白鬃、可动突和♀受精囊等均如上述。

属的记述　具额突；额鬃 2 列完整，其中后列眼鬃常为 3 根，个别 4 根，♂在眼鬃与额鬃之间另有 1 根中鬃。前胸栉 18～37 根，发达；后足基节内侧无鬃；前、中、后足胫节背缘分别具 6 或 7、7 或 8、7 或 8 个切刻，各具 1 对鬃长短不同，在下方 2 切刻之上还有 1（2）根单鬃，腹部前 4 背板具端小刺。臀前鬃♂2 根（下另有 1 根微小或缺如），♀3 根。♂第 8 腹板发达，受精囊呈粗短袋状。

已知有近 60 种（亚种），主要分布于古北界，大部分分布于中国和与中国相邻的一些国家或地区（主要是中亚各国），少数深入欧洲，部分见于东洋界高海拔古北界岛屿。寄主主要为啮齿类及鼠兔类，但鸟额蚤亚属 *Orfrontia* 的寄主为鸟类。中国已报道有 44 种（亚种），长江中游地区分布有 3 种（亚种），湖北已发现有 2 种，均属于额蚤亚属。

13）额蚤亚属 *Frontopsylla* Wagner *et* Ioff, 1926

Subgenus *Frontopsylla* Wagner *et* Ioff, 1926: Hopkins *et* Rothschild, 1956, *III. Cat. Roths. Colln. Fleas Br. Mus.*, **5**: 309; Lewis, 1973, *Fieldiana Zool.*, **64**: 78; Liu *et al.*, 1986, *Fauna Sinica Insecta Siphonaptera*, First Edition, p. 778; Yu, Ye *et* Xie, 1990, *The Flea Fauna of Xinjiang*, p. 349; Chin *et* Li, 1991, *The Anoplura and Siphonaptera of Guizhou*, p. 310; Cai *et al.*, 1997, *The Flea Fauna of Qinghai-Xizang Plateau*, p. 164; Xie *et* Zeng, 2000, *The Siphonaptera of Yunnan*, p. 284; Wu *et al.*, 2007, *Fauna Sinica Insecta Siphonaptera*, Second Edition, p. 1197.

鉴别特征　该亚属前胸栉较少，仅具18～26根栉刺可与鸟额蚤亚属 *Orfrontia* Ioff，1946 相区别。♂抱器可动突后下角附近无刺鬃或加厚鬃，第 8 腹板常无深大腹窦，♀受精囊孔端位可与先额蚤亚属 *Profrontia* 相区别。眼显较小，可与黑额蚤亚属 *Mafrontia* 相区别。

该亚属在中国分为 4 个种团，陕西秦岭以南至长江中游一带地区分布有 3 种（亚种），其中湖北分布有 2 种，分隶于 2 个种团。

种、亚种检索表

1. ♂可动突端缘较宽，上后角特后突，下具深圆凹（图 402），后缘中部以下具 3 根刺形鬃；不动突呈锥形；第 9 腹板后臂膨膨较圆凸；第 8 腹板基腹缘内凹较深；♀第 7 腹板后缘内凹上、下方较圆凸（图 405）···················· 神农架额蚤 *F. (F.) shennongjiaensis*
　♂可动突端缘较窄，上后角至中段呈直线，后缘中部以下无刺鬃而只有几根普通鬃；不动突前、后缘近直，端钝而近柱状；第 9 腹板后臂腹膨较小；第 8 腹板基腹缘内凹较浅；♀第 7 腹板后缘内凹上、下方呈角状 ·· 2

2. ♂抱器不动突显然较长，末端高达可动突前缘4/5～9/10处（图406）；第8腹板端扁化刺鬃较细而色浅；

　　♀第7腹板后缘内凹特大而深，圆至三角状（图409，图410）············ **巨凹额蚤 _F. (F.) megasinus_**

　　♂抱器不动突较短，末端达可动突前缘之半或稍超过中线（图413）；第8腹板端4根扁化刺鬃粗壮而色深；♀第7腹板后缘内凹较浅而窄（图416）·····**窄板额蚤华北亚种 _F. (F.) nakagawai borealosinica_**

棕形额蚤种团 _spadix_-group of _Frontopsylla_

Frontopsylla, spadix-group (in Liu _et al._), 1986, _Fauna Sinica Insecta Siphonaptera_, First Edition, p. 681; Wu _et al._, 2007, _Fauna Sinica Insecta Siphonaptera_, Second Edition, p. 1220.

鉴别特征　与窄板额蚤种团 _nakagawai_-group 的区别是：♂第8腹板下后角有长三角形加厚，近基腹缘窦甚深，端缘较宽，着生有4～6根粗扁化刺鬃；可动突近喇叭形，前后缘常内凹，端微凸，后上角具发达粗大刺鬃，内侧无刺丛区；不动突通常圆锥状；第8背板后缘无向后上方延伸宽突。本种团已知有5种，湖北分布有1种。

（85）神农架额蚤 _Frontopsylla (Frontopsylla) shennongjiaensis_ Ji, Chen _et_ Liu, 1986（图 401～图405，图版Ⅹ）

Frontopsylla (Frontopsylla) spadix shennongjiaensis Ji, Chen _et_ Liu (in Liu _et al._), 1986, _Fauna Sinica Insecta Siphonaptera_, First Edition, p. 787, figs. 1177-1140 (Shennongjia, Hubei, China, from _Apodemus peninsulae_ and _Niviventer confucianus_); Chin _et_ Li, 1991, _The Anoplura and Siphonaptera of Guizhou_, p. 310, figs. 80, 81; Wu _et al._, 2007, _Fauna Sinica Insecta Siphonaptera_, Second Edition, p. 1227, figs. 1525-1528.

Frontopsylla (Frontopsylla) diqingensis weiningensis Huang _et_ Li, 1989, _J. Guiyang Med. College_, **14** (4): 256, figs.1-4.

鉴别特征　神农架额蚤与川北额蚤和棕形额蚤相近，但据以下几个特征可资区别：①♂可动突上后角特别后突，下具深圆凹，后缘中段以下较圆凸，具2根粗短刺鬃和1根长亚刺鬃，上位长亚刺鬃离次位粗短刺鬃距离较远；②抱器不动突呈宽锥形，后缘最凸处以下内凹浅宽；③第9腹板后臂圆膨较小，上有7～8根鬃或亚刺鬃，另上方有1组鬃，7～9根，两组鬃之间可容纳上、下任何1组鬃；④♀第7腹板后缘内凹之上、下方较圆凸。

种的形态　**头**　额突小，♂位于额缘下2/5略上、下方（图401），♀下1/3处。额鬃1列5～8根，其略后方具1列7～13根微鬃。眼鬃列3根鬃，♂在眼鬃与额鬃之间触角窝前缘另具1根粗长鬃。眼中等大而色较淡，腹缘具凹窦。后头鬃3列，分别为4～7、6或7、6根，端缘列下后方另具1根中长鬃。触角窝背方小鬃♀较稀疏，4～6根，♂常前、后分开，5～8根。下唇须长达前足基节约4/5处。**胸**　前胸栉两侧计19～21根，其下方3（2）根刺的基段均宽于其他各栉刺，背刺略长于该背板。中胸背板鬃3或4列，颈片内侧近背缘具2根假鬃。后胸背板具2（1）根端小刺，后胸后侧片鬃3列10（11）根。前足基节后缘弧凸，外侧有鬃57～63根。前足股节外侧鬃16～19根，内侧前下方具小鬃1（0）根。后足股节前下方具密集成簇的短鬃23～31根。后足胫节外侧具纵行鬃，大致成3列，22～25根，内侧有鬃1列4或5根。后足第1跗节短于第2、3跗节之和，第2跗节端长鬃♂近达或超过第4跗节中部，♀则较短，达不到第3跗节末端。各足第5跗节有5对侧蹠鬃，蹠面密生细鬃。**腹**　第1～6背板具鬃3列，第7背板具鬃2列，气门下♂具1根鬃。第1～4背板端小刺，依序为1或2、1或2、1或2、0～2根。臀前鬃♂2根，其上方1根约为下方1根长的1/3或1/4，♀3根。**变形节**

♂（图 403）第 8 背板后背缘较弧凸，其上具 1 列端部弯曲的缘长鬃 10～13 根，短鬃 2 根，其中有 5～7 根甚长，略下方至中部具侧鬃 10～15 根，亚背缘内侧具片状稀疏小刺丛区，微鬃 1 列 2～7 根。第 8 腹板前端较圆钝，前部具"T"形浅骨化，背缘均匀弧凸，最宽处位于后 1/3 段，基腹缘具深凹，后下部三角形骨化约达腹缘之半或略短，后下缘具 4～6 或 7 根粗扁化刺鬃，其间及前、上方具大、小侧鬃 36～38 根，其中有 3 根较长。不动突宽锥形，具端长鬃 1（2）根和小鬃 2～4 根，内侧有小鬃 1 列 3～5 根，后缘最凸处以下具很浅的广凹。前缘在抱器体背缘具较深弧凹，腹缘略凸并与柄突后缘略形成浅倒"V"形内凹；抱器体略宽于柄突基部，或约略同宽。可动突前上缘稍前倾，其下至近基部微内凹，端缘较宽，微凸，后端角特后突（图版 X），其下具较深圆凹（图 402），中段以下较圆凸；后缘从上至下具刺鬃 4 根，上位 1 根甚粗钝，中位 1 根为较长亚刺形，下位 2 根较短，并列，略下方尚有 3（4）根短鬃。第 9 背板前内突近端三角形，较宽，柄突由基向端渐变窄，并显长于第 9 背板前内突。第 9 腹板前臂端部似马头状，后臂腹膨有 3（4）根刺形鬃和 4 根普通鬃，另上方具一组鬃 7～9 根，两组鬃之间可容纳上、下任何一组鬃。阳茎钩突背缘基凹处有 1 三角形纵行骨化构造（巨凹额蚤亦如此），腹缘略凹，末端略近指形（图 404）；阳茎端侧叶下延部分甚宽大，腹缘较圆凸。♀（图 405）第 7 腹板后缘内凹上、下方通常较圆凸，个别背叶短三角形，外侧有长鬃 3（4）根，前及上方具短鬃 4～5 根。第 8 背板气门下具长鬃 1 根和短鬃 4～5 根，下部至后端具长鬃 5～7 根和短鬃 5～8 根；生殖棘鬃 3 根。肛锥长为基宽的 2.4～3.0 倍，具端长鬃和侧鬃各 1 根。受精囊粗短，头略宽于尾部。交配囊管头端略圆，中部略后稍宽，尾部骨化弱而弯曲。

　　观察标本　共 12♂♂、20♀♀，其中 3♂♂、5♀♀，1989 年 4 月至 1991 年 6 月采自湖北西北部神农架的百草坪和瞭望塔；5♂♂、14♀♀，1965 年 5 月采自巴东神农架的大干河；4♂♂、1♀，2000 年 4 月 20～29 日采自湖北西南部的五峰牛庄。宿主为北社鼠、中华姬鼠、大林姬鼠、藏鼠兔、四川短尾鼩和未定种的鼬，海拔 1400～2980 m，生境为常绿落叶阔叶混交林至高山针叶林带。标本分存于湖北医科院传染病所和军医科院微流所。

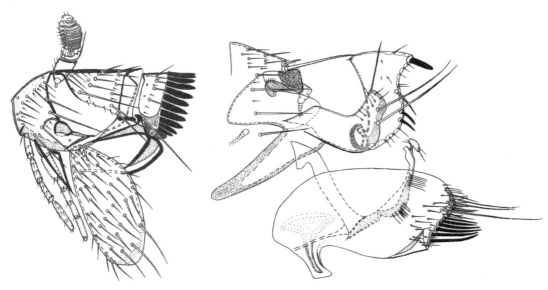

图 401　神农架额蚤 Frontopsylla (Frontopsylla) shennongjiaensis Ji, Chen et Liu，♂头及前胸（湖北五峰牛庄）

图 402　神农架额蚤 Frontopsylla (Frontopsylla) shennongjiaensis Ji, Chen et Liu，♂变形节（湖北五峰牛庄）

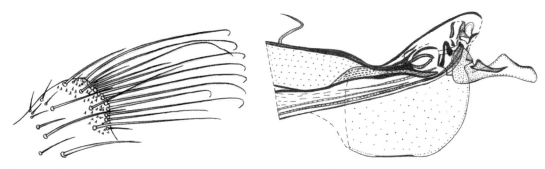

图 403　神农架额蚤 *Frontopsylla (Frontopsylla)* *shennongjiaensis* Ji, Chen *et* Liu，♂第 8 背板（湖北五峰牛庄）

图 404　神农架额蚤 *Frontopsylla (Frontopsylla)* *shennongjiaensis* Ji, Chen *et* Liu，♂阳茎端（湖北五峰牛庄）

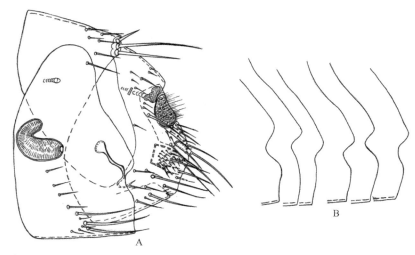

图 405　神农架额蚤 *Frontopsylla (Frontopsylla) shennongjiaensis* Ji, Chen *et* Liu，♀（湖北西部）
A. 变形节（五峰牛庄）；B. 第 7 腹板后缘变异（神农架）

宿主　中华姬鼠、大林姬鼠、北社鼠、白腹鼠、高山姬鼠，另在针毛鼠、大足鼠、藏鼠兔、褐家鼠、黑腹绒鼠、黄胸鼠、洮州绒䶄、黑线姬鼠、四川短尾鼩、川鼩、多齿鼩鼱、背纹鼩鼱、棕足鼯鼠巢窝和未定种的鼬（可能系伶鼬）偶有检获。

地理分布　湖北神农架（木鱼、酒壶坪、大九湖、燕子垭、红花朵、瞭望塔、巴东大干河、百草坪、三岔路、大龙潭、小龙潭、长坊、坪阡、温水河、野马河、刘家屋场、红坪、次界坪、水沟、桂竹圆、天门垭、猴子石、巴东垭、宋郎山）、兴山（龙门河）、房县（柳树垭）、十堰（五条岭）、武当山、巴东（绿葱坡、广东垭）、建始、五峰（牛庄）、恩施（双河）、鹤峰（中营、太山庙）；重庆（巫山）、贵州（威宁、毕节）。按我国动物地理区系，属华中区西部山地高原亚区。本种是中国特有种。

分类讨论　1986 年柳支英、纪树立等在《中国蚤目志》（第 1 版）第 785～787 页中，依据采自四川西北部阿坝州汶川、松潘和湖北长江三峡以北巴东神农架的额蚤标本，分别发表了棕形额蚤川北亚种 *F. (F.) borealosichuana* 和棕形额蚤神农架亚种 *F. (F.) shennongjiaensis*，柳支英等在 788 页的迪庆额蚤脚注中指出，虽然迪庆额蚤 *F. (F.) diqingensis* 与棕形额蚤指名亚种 *F. (F.) spadix spadix* 近似，但由于这两种在云南德钦同一海拔地带有分布，因此将迪庆额蚤按独立种处理。1994 年郭天宇等根据采自四川西南部泸定的标本，发表了柳氏额蚤 F. (F.) liui。然而从以上 5 种或亚种额蚤形态关系看，其中棕形额蚤神农架亚种、迪庆额蚤和柳氏额蚤形态最为接近，这 3 种额蚤的共同特征是：①♂可动突后端角显较后突，下具深内凹；②不动突呈略宽或略窄的锥形，末端达可动突前缘约 2/3 处略上、下方；③抱器体后缘上方最凸处以下具浅广凹；④第 8 腹板前段中部具 "T" 形浅骨化。这与棕形额蚤指名亚种♂不动突常呈斜方形，末端低于可动突前缘之半；抱器体后下缘圆凸，可动突前下缘内凹较深和川北亚种第 9 腹板后臂腹膨甚突出，抱器体后缘具窄的深凹和可动突三角形有明显不同。然而考虑到上述 3 种额蚤的形态亲缘关系，如果继续将棕形额蚤川北亚种和棕形额蚤神农架亚种按亚种处理，从地理分布和隶属关系上也就存在以下难于解释的疑问或矛盾：①棕形额蚤指名亚种不仅在云南德钦与迪庆额蚤在同一海拔地带有分布，而且在四川黑水、马尔康、松潘、汶川几乎同一地理位置与川北亚种同域有分布，只是各采集的地点略有不同，如四川黑水既分布有指名亚种，而与该县相交接的松潘又分布有川北亚种，很显然指名亚种与川北亚种在地理分布上，尤其是在川西北不存在各自独立分布区，分布的地点如此靠近也就不存在亚种产生的天然条件和隔离屏障，这一现象暗示川北亚种与指名亚种不是亚种间关系，应是种间关系，如果认为不是，否则又如何来解释清这种地理分布关系；②如果完全按照形态相近关系，棕形额蚤神农架亚种置于迪庆额蚤之下是否更合理，而不是置于棕形额蚤之下。因神农架亚种与迪庆额蚤更接近，这一现象说明形态相近并不能完全反映其亲缘或隶属关系，更不能说形态相近就是同一物种的不同地区亚种。据此作者认为，在对有些相近种做出判定时，地理分布和生态关系及形态三者在综合分析时应同等重要，很显然造成如此错综复杂的局面，与 20 世纪 80 年代中叶以前，获得该种团种类较少及认识不足有关。

　　鉴于神农架亚种和川北亚种形态特征独特，而与指名亚种形态构造相差甚远，三者的差异又如此恒定，无过渡或交叉，迄今尚没有发现棕形额蚤神农架亚种有质的不稳定现象，地理分布上指名亚种与迪庆额蚤在云南德钦，与川北亚种在川西北（四川黑水、松潘、马尔康、汶川）同一地带又有分布或交接。因此，有必要将棕形额蚤神农架亚种和川北亚种分别提升为独立的种，其区别详见表 7。

表 7　神农架额蚤与川北额蚤及棕形额蚤形态特征比较

特征	神农架额蚤 F. (F.) shennongjiaensis	川北额蚤 F. (F.) borealosichuana	棕形额蚤 F. (F.) spadix
♂可动突	上后角特后突，下具深圆凹，后缘中段以下较圆凸，具 3 根亚刺鬃、上位 1 根距次位 1 根距离较远	等边三角形，后缘上段近直、下段稍凸，具 2 根亚刺鬃	前缘内凹较深，后缘上段稍凹，下段稍圆凸，具 3 根亚刺鬃、上位 1 根离次位 1 根距离较近
♂不动突	宽锥形，末端达可动突前缘约 2/3 处，抱器体后缘最凸处以下内凹浅宽	窄锥形，末端略高于可动突前缘 2/3 处，抱器体后缘内凹窄深	甚短，近斜方形，末端不达可动突前缘之半，抱器体后缘下段圆凸
♂第 9 腹板后臂圆膨	较小，后缘两组鬃之间能容纳上、下任何 1 鬃	甚凸出，后缘两组鬃之间不能容纳上、下任何 1 组鬃	较小，后缘两组鬃之间不能容纳上、下任何 1 组鬃
♂第 8 腹板前段	仅有 "T" 形色素浅骨化	具 1 长的粗纵杆状骨化	有浅色素骨化或弧形短骨化
♀第 7 腹板后缘内凹	上、下方较圆凸	上、下方呈斜截状	上方多呈角状、下方稍凸
地理分布	湖北西部、重庆东部（巫山、巫溪）、贵州（威宁、毕节）	四川西北部（松潘、汶川）	四川西部（黑水、马尔康、木里、西昌）、云南、青海、西藏和甘肃；国外分布于尼泊尔

窄板额蚤种团 *nakagawai*-group of *Frontopsylla*

Frontopsylla, *nakagawai*-group (in Liu *et al.*), 1986, *Fauna Sinica Insecta Siphonaptera*, First Edition, p. 790; Wu *et al.*, 2007, *Fauna Sinica Insecta Siphonaptera*, Second Edition, p. 1234.

鉴别特征　♂第8腹板下后角无长三角形加厚，腹板较窄，背腹缘多呈亚平行，后缘具1～8根扁化刺鬃，腹缘有或无窦，深浅不一；可动突通常较狭长，内侧有或无棘丛区，后上角刺鬃较细长；不动突多达可动突前缘中点以上，前、后缘近平行，棒状；第8背板常具向后上方延伸的宽突。本种团有8个种（亚种），陕西秦岭以南报道有2种，其中湖北分布有1种。

（86）巨凹额蚤 *Frontopsylla (Frontopsylla) megasinus* Li *et* Chen, 1974（图406～图410）

Frontopsylla megaspodemus megaspodemus Li *et* Chen, 1974, *Acta Ent. Sin.*, **17**: 339, figs. 1, 2 (Tiebu, Sichuan, China, from *Apodemus sylovaticus, Rattus norvegicus, Marmota, Rattus andersoni*).

Frontopsylla megaspodemus acutus Li *et* Chen, 1974, *Acta Ent. Ein.*, **17**: 340, figs. 3, 4 (Heishui, Sichuan, China, from *Apodemus sylovaticus, Rattus confuscianus*).

Frontopsylla (Frontopsylla) megaspodemus Li *et* Chen: Liu *et al.*, 1986, *Fauna Sinica Insecta Siphonaptera*, First Edition, p. 798, figs. 1158-1162; Cai *et al.*, 1997, *The Flea Fauna of Qinghai-Xizang Plateau*, p. 169, fig. 366; Wu *et al.*, 2007, *Fauna Sinica Insecta Siphonaptera*, Second Edition, p. 1237, figs. 1540-1543.

鉴别特征　巨凹额蚤依其♂第8背板后缘从末1根长鬃起向后上方延伸，成1宽而长的后突；第8腹板基腹缘具较深凹窦和第9腹板前臂端部似马头形，后臂腹膨具3根深色刺鬃与窄板额蚤相近，但♂抱器不动突显较粗长，末端高达可动突前缘4/5～9/10处；第8腹板端扁化刺鬃较细，而窄板额蚤华北亚种4根刺鬃较粗壮，且色较深；♀第7腹板后缘内凹特大而深，圆至三角状，较易与窄板额蚤各亚种区别。

种的形态　**头**　额突齿形，♂约位于额缘下2/5，♀下1/5处。额鬃1列5～7根，上位1根位于触角窝前缘，眼鬃列3根鬃，在额鬃与眼鬃之间触角窝前缘另具1根粗长鬃。眼大，腹缘具凹窦，眼的长径等于或大于眼后缘至颊角的距离；眼的前及下方具3～6根微鬃。后头鬃3列，分别为5～7、6～8、6或7根，端缘列下后方另具1根较长鬃。后头沟中深。触角第2节4根鬃细小，棒节分9节，分节完全，♂达前胸腹侧板上。下唇须略短于或近达前足基节末端。**胸**　前胸栉19～21根，除背缘及腹方1～3根刺外，刺与刺之间具清晰间隙，下段有4根刺背、腹缘略向下方弧凸，其背刺与该背板近等长。中胸背板长鬃前方有小鬃26～40根，其中后方的小鬃成列；颈片内侧假鬃两侧共4～6根，偶中部1根色深而较粗。中胸腹侧板鬃8（7）根，其中后方1或2根稍粗长。后胸背板具3根端小刺。后胸后侧片鬃3列7～9根，在第2列鬃上位1根鬃上、下方各可间插1小鬃。前足基节外侧有斜行排列长、短鬃及缘鬃48～64根，后足股节外侧前、后下方各具2根鬃，亚背缘另有1列鬃，约8根。后足胫节外侧有鬃20～25根，成3行排列，内侧具鬃1列4（3）根，后背缘具8个切刻，端切刻外侧粗鬃约为内侧粗鬃长的2倍。后足第2跗节长端鬃达第4跗节中部。**腹**　第1～7背板具鬃3列，中间背板主鬃列8根鬃，气门下♂1根平气门，♀第2～3背板略低或位于气门下方。第1～4背板端小刺，♀各为1根，♂为2或3、2或3、1或2、1或2根。基腹板后半部具弧形细纹区。臀前鬃♂1根，♀3根。**变形节**　♂第8背板后背缘从末1根缘鬃起，向后方延伸，成1宽而长的圆后突，其背方具较深"V"形内凹（图 407），具缘长、短鬃 9 或 10 根，其中 4 根特长而端部弯曲，侧鬃上部 11～13 根，亚内侧具片状小刺丛状。第 8 腹板前部较宽，并在最突处具 1 斜形骨化，腹缘具 1 较深宽内凹，后半部背、腹缘亚平行，端缘斜圆至前下方，下缘具 4 根略细扁化刺鬃，具侧鬃和缘鬃 23～28 根，其中有 2 根较长。不动突显较粗长，末端高达可动突前缘 4/5～9/10 处（图 406），其上约有鬃 5 根。抱器体背缘略内凹，后下缘圆凸，上位基节臼鬃着生位置与抱器体背缘略平行，抱器体略宽于柄突基部，或约等宽。可动突近矩形，前缘上段有 1 小的齿突，其下具浅弧凹，端缘斜截或略凸，后缘大部分近直，下段有 1 列缘鬃约 5 根，其中上方 2（1）根较长。第 9 腹板后臂与前臂约同长，后臂腹膨具 3 根深色刺鬃和 2 根小鬃，其中上位 1（2）根刺鬃较粗，另上方有小鬃 3（4）根。阳茎钩突端部多少似盔状，背凹具 1 三角粗纵深色骨片（图 408）。♀第 7 腹板后缘内凹特大而深（图 409）、圆至三角形（图 410），背叶尖窄或宽锥形，腹叶广截断形，外侧长鬃 1 列 3～5 根，其间及前、上方有小鬃 8～10 根。第 8 背板后缘背突下具 1 宽弧凹，气门下有长鬃 1 根和小鬃 2～3 根，下部有长鬃 7 或 8 根及短鬃 4～8 根，生殖棘鬃 3 根。肛锥圆柱形，长为基宽的 2.5～3.3 倍。交配囊管骨化部分较短。

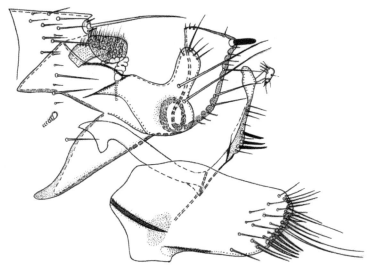

图 406　巨凹额蚤 *Frontopsylla (Frontopsylla) megasinus* Li *et* Chen，♂变形节（湖北神农架）

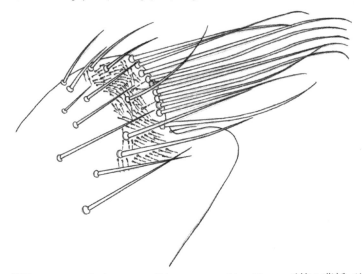

图 407　巨凹额蚤 *Frontopsylla (Frontopsylla) megasinus* Li *et* Chen，♂第 8 背板（湖北神农架）

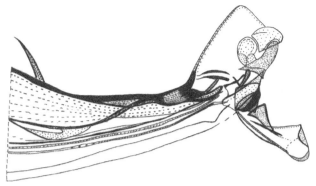

图 408　巨凹额蚤 *Frontopsylla* (*Frontopsylla*) *megasinus* Li *et* Chen，♂阳茎端（湖北神农架）

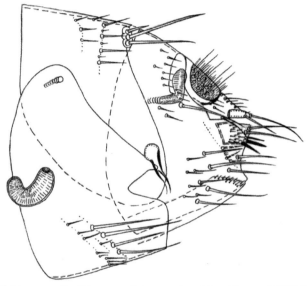

图 409　巨凹额蚤 *Frontopsylla* (*Frontopsylla*) *megasinus* Li *et* Chen，♀变形节（湖北神农架）

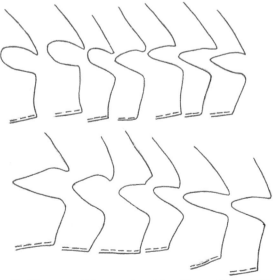

图 410　巨凹额蚤 *Frontopsylla* (*Frontopsylla*) *megasinus* Li *et* Chen，♀第 7 腹板后缘变异（湖北神农架）

观察标本 共 23♂♂、16♀♀，1990 年 6 月至 1992 年 10 月采自湖北西北部神农架，海拔 2800～2980 m，生境为暗针叶林带，其中 10♂♂、6♀♀自中华姬鼠，2♂♂、6♀♀自大林姬鼠，6♂♂、2♀♀自藏鼠兔，4♂♂、1♀自洮州绒鼠，1♀自四川短尾鼩，另 1♂乙醇浸泡，于 2007 年 7 月 8 日采自同地点，自中华姬鼠。标本存于湖北医科院传染病所和军医科院微流所。

宿主 中华姬鼠、大林姬鼠、藏鼠兔、洮州绒鼠、北社鼠、四川短尾鼩、鼩未定种（可能系伶鼩）；湖北省外有白腹巨鼠、褐家鼠、林姬鼠、白腹巨鼠、旱獭、黄胸鼠、川西长尾鼩、林跳鼠和旱獭。

地理分布 湖北（神农架），陕西秦岭南、北坡（眉县、太白、舟曲），四川（铁布、唐克、南坪、松潘、黑水、马尔康），甘肃（舟曲），宁夏（六盘山），青海（循化、互助、民和）。按我国动物地理区系，属华中区西部山地高原亚区、青藏区青海藏南亚区和华北区黄土高原亚区。本种是中国特有种。

（87）窄板额蚤华北亚种 *Frontopsylla* (*Frontopsylla*) *nakagawai borealosinica* Liu, Wu *et* Chang, 1986（图 411～图 416）

Frontopsylla (*Frontopsylla*) *nakagawai borealosinica* Liu, Wu *et* Chang (in Liu *et al.*), 1986, *Fauna Sinica Insecta Siphonaptera*, p. 793, figs. 1150-1152; Wu *et al.*, 2007, *Fauna Sinica Insecta Siphonaptera*, Second Edition, p. 1147, figs. 1154, 1155, 1161.

鉴别特征 本亚种依其♂第 8 背板缘长鬃之后具 1 向后上方延伸的宽突，与窄板额青海亚种和巨凹额蚤接近，但♂抱器不动突明显较短，末端仅达可动突前缘 5.2/10～6.2/10 处；第 8 腹板最窄位置在后 1/3 处（青海亚种在 1/4 处），端后下缘 4 根刺鬃较巨凹额蚤粗壮且色较深；♀第 7 腹板后缘上段具 1 中等大的三角形窦，易与窄板额蚤青海亚种和巨凹额蚤相区别。

亚种形态 头 额突角状，♂位于额缘下约 2/5 处（图 411），♀下 1/4 处。额鬃 1 列 7（8）根，♀上位 1 根位于触角窝前上方；眼鬃 1 列 3 根，♂在眼鬃与额鬃列之间触角窝前缘另具 1 根长鬃。眼中等大，腹缘具凹窦；眼的前方有幕骨弧。后头鬃 3 列，分别为 5～7、6～8、6～8 根。下唇须 5 节，其端略短于或近达前足基节末端。胸 前胸栉刺 20（19）根，♂背刺略长于该背板，♀与背板近同长。中胸背板鬃 3 列，前 2 列为小鬃，尤第 1 列常不完整，颈片内侧假鬃 4 根。中胸腹侧板鬃 6～8 根。后胸背板具 2～4 根端小刺（图 412）；后胸后侧片鬃依次为 4（3）、4（3）、1根，其间常夹杂小鬃 1 根。前足基节外侧具鬃 57～65 根；前足股节外侧有 13～15 根小

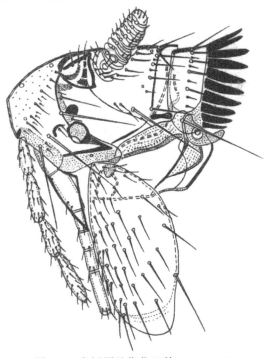

图 411 窄板额蚤华北亚种 *Frontopsylla* (*Frontopsylla*) *nakagawai borealosinica* Liu, Wu *et* Chang，♂头及前胸（陕西柞水）

鬃，成 3 列。后足胫节外侧中纵线之后具鬃 2 列（偶 3 列），前列 8～10 根，后列 5 根；后背缘具 7 个切刻。第 2 跗节端长鬃♀略短于第 3 跗节，♂达第 4 跗节 1/2 或末端。**腹**　第 1～7 背板具鬃 2～3 列；第 1～5 背板端小刺为 4、4 或 5、2～4、2～4、0～2 根；基腹板后下部有弧形细纹区。臀前鬃♂2、♀3 根，其上位 1 根仅为次位长的 1/5～1/3。**变形节**　♂第 8 背板后缘下方，从末 1 根缘鬃起向后上方延伸，成一宽而长的圆后突，其背方具"V"形深凹（图 414），前背缘具缘长鬃 1 列 8（9）根，长、短侧鬃 19（18）根，内侧有密集成簇刺状鬃丛。第 8 腹板背、腹缘不平行，腹缘具 1 浅凹窦，前约 1/3 略前或稍后处最宽，前背缘较上拱，前下方具 1 斜行骨化，后段略窄，端缘圆而向前下方倾斜，具粗壮深色扁化粗刺鬃 4 根和细刺鬃 1 根，其上位细刺鬃稍上有 2（1）根亚缘鬃特长，其前及上、下方具缘及亚缘长鬃 13～15 根，侧鬃 17（16）根。可动突前缘较凹，端部较窄，后缘上段直，下段微弧形，上位 1 根粗刺鬃长约为

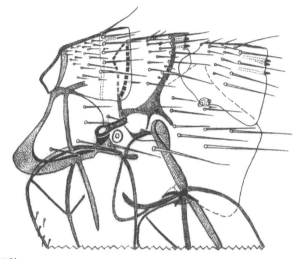

图 412　窄板额蚤华北亚种 *Frontopsylla (Frontopsylla) nakagawai borealosinica* Liu, Wu *et* Chang，♂中、后胸及第 1 腹节背板（陕西柞水）

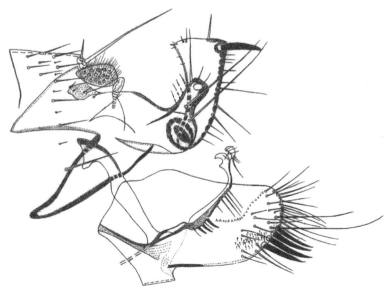

图 413　窄板额蚤华北亚种 *Frontopsylla (Frontopsylla) nakagawai borealosinica* Liu, Wu *et* Chang，♂变形节（陕西柞水）

端宽的 2/3，中、下段有较粗鬃 4～6 根，渐下渐短而细，上位鬃远离次位鬃，其下鬃间距呈亚等距；可动突中长为端宽的 2 倍左右（图 413）。抱器体背缘在不动突前方内凹，后腹缘较圆钝，柄突仅略长于第 9 背板前内突；上位臼鬃着生位置稍高于抱器体背缘。第 9 腹板前臂端段似马头形，后臂窄，与前臂约等长，后缘腹膨稍后凸，其上有 3（2）根刺鬃，其间和上方有细鬃 7（8）根。阳茎钩突背缘在尖突前具 1 宽窦，后方略凹，末端圆形（图 415）。♀第 7 腹板后缘具 1 中大三角凹（图 416），背叶大致三角形，腹叶背角常较圆，下段稍成截状，外侧具长鬃 3 或 4 根，上及前方有短鬃 8～13 根。第 8 背板在臀板前有小鬃 6 根，气门下具粗长鬃 1 根和小鬃 2～5 根，近腹缘至后端有长、短鬃 17 根；生殖棘鬃 3 根。肛锥长约为基宽的 2.5 倍，具端长鬃和侧鬃各 1 根。交配囊管中等骨化，并显短于受精囊。

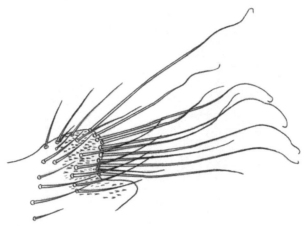

图 414　窄板额蚤华北亚种 *Frontopsylla (Frontopsylla) nakagawai borealosinica* Liu, Wu *et* Chang，♂第 8 背板（陕西柞水）

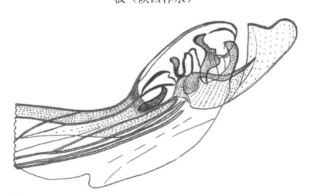

图 415　窄板额蚤华北亚种 *Frontopsylla (Frontopsylla) nakagawai borealosinica* Liu, Wu *et* Chang，♂阳茎端（陕西柞水）

观察标本　共 8♂♂、5♀♀（含部分副模），1981 年 4 月 23 日至 5 月 17 日采自陕西秦岭南坡柞水，其中 7♂♂、3♀♀自大林姬鼠，1♂、2♀♀自藏鼠兔，海拔 1900～2300 m。标本存于军医科院微流所。

宿主　大林姬鼠、藏鼠兔、黑线姬鼠、林姬鼠、仓鼠、鼩鼱。

地理分布　陕西秦岭南坡（柞水）、甘肃（华池）、山东（泰山）、宁夏（海原）、河北（蔚县）、辽宁（本溪）。按我国动物地理区系，属华中区西部山地高原亚区、华北区黄淮平原亚区和东北区的长白山亚区。本种是上述地区的特有亚种。

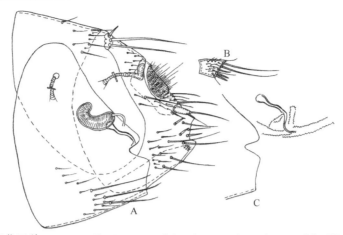

图 416　窄板额蚤华北亚种 *Frontopsylla (Frontopsylla) nakagawai borealosinica* Liu, Wu *et* Chang，♀（陕西柞水）

A. 变形节；B. 肛背板；C. 第 7 腹板后缘变异及交配囊

分类讨论　本亚种地理分布范围相对较广，在陕西秦岭、宁夏海原与巨凹额蚤同一地带或地点有分布，加上♂第 8 背板背缘最后 1 根长鬃之后与巨凹额蚤一样具向后上方后延宽突，作者认为在研究充分或条件成熟时不排除将华北亚种、青海亚种、台湾亚种分别提升为独立的种，与巨凹额蚤并列。从现有资料数据看，上述几亚种和巨凹额蚤在形态特征上已构成了各自独立近缘种的阶元，只是青海亚种与巨凹额蚤尤其♂形态更接近一些，其余各亚种形态相差甚远，它们在♂第 8 背板形态完全一致，为何仅巨凹额蚤为独立种，而其余都是置于窄板额蚤之下按不同地区亚种处理，作者认为这一问题有待进一步商榷。

30. 怪蚤属 *Paradoxopsyllus* Miyajima *et* Koidzumi, 1909

Paradoxopsyllus Miyajima *et* Koidzumi, 1909, *Saikingaku Zasshi*, **9**: 40. **Type species** (by monotypy) (n. s.); Liu, 1939, *Philipp. J. Sci.*, **70**: 16, 48; Li, 1956, *An Introduction to Fleas*, p. 38, 44; Hopkins *et* Rothschild, 1956, *Ill. Cat. Roths. Colln. Fleas Br. Mus.*, 5: 419; Lewis, 1974, *J. Med. End.*, **11**: 46, 64; Liu *et al.*, 1986, *Fauna Sinica Insecta Siphonaptera*, First Edition, p. 878; Yu, Ye *et* Xie, 1990, *The Flea Fauna of Xinjiang*, p. 299; Liu, Ge *et* Lan, 1991, *Acta Zootaxonom. Sin.*, **16**: 114; Liu, Li *et* Chang, 1991, *Endemic Dulletin Bulletin*, **6**: 119; Cai *et al.*, 1997, *The Flea Fauna of Qinghai-Xizang Plateau*, p. 194; Lewis, 1974, *J. Med. End.*, **35**: 384; Xie *et* Zeng, 2000, *The Siphonaptera of Yunnan*, p. 292; Wu *et al.*, 2007, *Fauna Sinica Insecta Siphonaptera*, Second Edition, p. 1349; Liu, Shi *et al.*, 2009, *The Siphonaptera of Neimenggu*, p. 296.

鉴别特征　♂第 9 腹板后臂顶端常呈反叠三角形；♀受精囊头、尾分界明显，头圆球形，尾似饱满的腊肠，基细而端部膨胀，可与中国蚤目中所有属加以区别。此外，该属眼中等小，且腹缘具凹，部分色淡，额鬃列不发达，后头鬃前 2 列各减缩为下位 1 根长或短鬃。♂第 8 腹板发达，可动突多为长椭圆形、筒形或稍变形，无后端角及刺鬃，不动突宽锥形或与抱器体难分，常具 1 根臼鬃；第 9 腹板前、后臂通常长而细，腹膨长而发达（或偶缺如），阳茎端似锚状，可与双蚤族内近缘属加以区别。

属的记述 额突小，个别种缺如，位于额上缘 1/4～1/3 处，♂高♀低；眼鬃列 3 或 4 根鬃，♂在额鬃列与眼鬃列之间近触角窝前缘具 1 根鬃。颊突钝。前胸具 16～25 根栉刺，后胸侧拱发达；后足胫节后缘鬃不呈梳状，第 5 跗节具 5 对侧蹠鬃，排在同一直线上。中胸背板具假鬃。后胸背板及腹节前几背板具端小刺。腹节背板一般 2 列鬃。臀前鬃♂通常 2 根，♀ 3 根。♂可动突形态各异，前缘常具角突，并与抱器不动突后缘下形成纽扣样的骨化杯陷 (cusp) 或勾形联接；抱器体有长有短，后缘直、外凸或具窦；第 9 腹板后臂多数具腹膨；♀第 7 腹板后缘多数斜直、微波形，或具中、小窦及深大窦，或窦前具色素加深，或腹叶具骨化裂缝痕等。

已记录 44 种（亚种），主要分布于古北界，广布中亚、东北和地中海，部分横跨古北与东洋两界。主要寄主是鼠科和鼠兔属动物，少数寄生于沙鼠亚科。中国已发现 31 种（亚种），隶属于 5 个种团。长江中、下游地区有 3 种，湖北分布有 2 种，分隶于 2 个种团。

种 检 索 表

1. ♂第 8 背板在基节臼下方具片状成簇长鬃 8～16 根；不动突近宽矩形（图 424），端缘几平或微凸，具较明显前、后端角；阳茎钩突端近三角形（图 426）；♀第 7 腹板后缘基本呈宽广圆凸，无骨化色素加厚或明显小圆凹（图 427） ·············· **曲鬃怪蚤 *P. curvispinus***

   ♂第 8 背板在基节臼下方无簇鬃；不动突短指状或锥形，阳茎钩突与上述不同；♀第 7 腹板后缘有圆形小凹及骨化增厚或成直的波形 ·············· 2

2. ♂第 9 腹板后臂中段具较长的腹膨，顶端三角形；不动突短指状（图 418），后缘内凹以下呈弧形后凸；阳茎钩突发达，形似木屐（420），末端远超过中背叶末端；♀第 7 腹板后缘被 1 圆凹分成背、腹两叶，其凹陷前方具 1 较宽深色骨化加深（图 421）·············· **履形怪蚤 *P. calceiforma***

   ♂第 9 腹板后臂中段无腹膨，顶端倒足状；不动突宽锥形（图 429），后缘斜直至臼鬃处成一角状外凸；阳茎钩突不如上述发达，呈舌形（图 430），末端仅稍出中背叶；♀第 7 腹板后缘凸凹不平或微凸，其前方无骨化色素加深（图 431）·············· **金沙江怪蚤指名亚种 *P. jinshajiangensis jinshajiangensis***

曲鬃怪蚤种团 *curvispinus*-group of *Paradoxopsyllus*

Paradoxopsyllus, curvispinus-group (in Liu *et al.*), 1986, *Fauna Sinica Insecta Siphonaptera*, First Edition, p. 922: Wu *et al.*, 2007, *Fauna Sinica Insecta Siphonaptera*, Second Edition, p. 1417.

鉴别特征 ♂抱器不动突呈或宽或窄圆锥形、宽柱状或指形；可动突近香蕉形及指状，或个别肾形，前缘中线附近常有明显的前缘角；第 9 腹板后臂具发达程度不同的圆弧形或长方形腹膨，端部多数呈前折三角形，个别似蛇头或球拍状；阳茎钩突通常鸟头状，个别形态特异，呈长矩形或弯刀状。在我国本种团有 16 种，长江中、下游分布有 2 种，湖北仅知 1 种。

（88）履形怪蚤 *Paradoxopsyllus calceiforma* Zhang *et* Liu, 1985（图 417～图 421）

Paradoxopsyllus calceiforma Zhang *et* Liu, 1985, *Acta Zootaxonom. Sin.*, **10**: 63, figs. 8, 9 (male only, Foping, Shaanxi, China, from *Rattus niviventer*); Liu *et* Ma, 2002, *Acta Ent. Sin.*, **45** (Suppl.): 121, figs. 1, 2 (report female); Wu *et al.*, 2007, *Fauna Sinica Insecta Siphonaptera*, Second Edition, p. 1364.

鉴别特征 该种与曲鬃怪蚤种团中绒鼠怪蚤和昏暗怪蚤近缘，它与前者区别在于：①♂不动突显然较窄，短指状，前、后缘近基处较内凹；②抱器体大致呈正方形，柄突显长于第9背板前内突；③第9腹板后臂腹膨较长，末段三角形，端宽平；④阳茎钩突发达，形如木履；⑤后足第2跗节端长鬃达第5跗节之半；⑥♀第7腹板后缘在小凹前方具1半环形骨化加深，腹叶较窄而近截状。它与后者的区别在于：♀腹部第3～7腹板侧鬃显然少；额鬃为2根。

种的形态 头 额突中等发达，尖锐，位于额缘下1/4～1/3处，♂高（图417）♀低。额鬃♂4～6根，♀2根较小，眼鬃3根粗长，在触角窝前缘及眼的前方尚有一些小鬃，约10根。

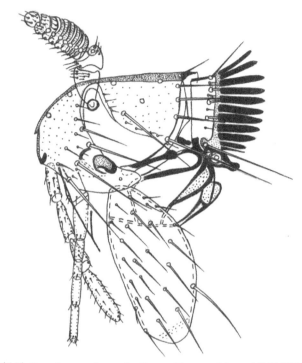

图417 履形怪蚤 *Paradoxopsyllus calceiforma* Zhang et Liu，♂头及前胸（湖北房县）

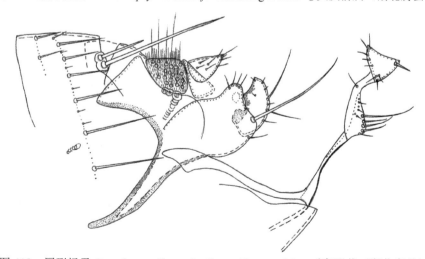

图418 履形怪蚤 *Paradoxopsyllus calceiforma* Zhang et Liu，♂变形节（湖北房县）

后头鬃前列多为 1 根，如为 2 根，则其中 1 根细小，后列为 4～6 根。后头缘♂有中等发达后头沟。触角窝背缘有一些散在细小鬃，7～8 根。下唇须略短于前足基节的长度或稍超过其端。**胸**　前胸背板具 1 列 5 或 6 根长鬃，前胸栉两侧共 20（19）根刺，下位第 1 根较窄短而色淡，背刺显长于该背板。中胸背板鬃 2 列，在前列之前近前缘尚有 1 列纤细小鬃，颈片内侧假鬃两侧计 4～6 根；中胸腹侧板鬃 6 或 7 根。后胸背板端小刺两侧 4 或 5 个，后胸后侧片鬃 3 列 5～7 根。前足基节外侧除缘鬃和基部小鬃外，具鬃 21～27 根，后足基节内侧前缘中点以下有鬃 5～8 根。后足胫节外侧具完整鬃 1 列 7 或 8 根，内侧有鬃 3 根，后背缘具 7 个切刻。后足第 2 跗节端长鬃除 1 根可达第 5 跗节之半外，该节另侧有 1 根次长鬃，♀微短于或达到第 3 跗节末端，而♂此根鬃常达第 4 跗节之端。各足第 5 跗节有 5 对侧蹠鬃和 1 对近爪鬃。**腹**　第 1～7 背板具鬃 2 列（第 5～7 背板前列♂仅 1 根鬃），中间背板主鬃列 6 或 7 根鬃，气门下具 1 根鬃。第 1～3 背板端小刺两侧依序为 2、2、0 或 2 根。各腹板上有 1 列 2 或 3 根鬃。臀前鬃♂ 2、♀ 3 根，上位 1 根较短，约为次位长的 1/3 或略强。**变形节**　♂第 8 背板上半部有 3（2）根长鬃和 1 根中长鬃（图 419），背缘另有 3（2）根鬃，略前可有 1（0）根短鬃；第 8 腹板后缘下段具 1 浅弧凹。抱器体大致近正方形，腹缘与柄突间具宽弧形浅内凹，后缘较凸，具基节白鬃 1 根，略下方有细短鬃 1～3 根，第 9 背板前内突近三角形，柄突端 1/3 渐细缩。不动突短指状（图 418），前、后缘近基处较内凹，并显低于可动突，其上有小鬃 4 根。可动突短小，前缘近中部具发达角状突起，其上、下方具不同程度内凹，后下 1/3 段略成角状弯曲，后缘有长鬃 2 根和短鬃 1～3 根。第 9 腹板前臂狭长，端腹缘具浅凹，后臂基段狭细，腹膨后缘有 1 根长鬃和 3 根中鬃，末段三角形，端宽平或略凹，外侧前缘具小鬃 7～10 根，内侧后上角具 1 亚刺鬃。阳茎骨化内管装甲似锚状，前背刺发达，阳茎钩突形如木履（图 420）。♀第 7 腹板后缘在小圆凹前方具 1 半环形骨化加深，背叶稍弧凸或略凹，腹叶窄而近截状，且稍长于背叶，具侧鬃 1 列 5 或 6 根。第 8 腹板在臀板下具长鬃 1 根和 1～3 根短鬃，空档以下有 9～11 根鬃，生殖棘鬃 2 根。第 8 腹板端钝圆。肛锥长为基宽的 2.2～2.5 倍。受精囊头甚圆，颈略细，尾约呈等宽弯香肠形。交配囊管见图 421。

　　观察标本　共 7♂♂、11♀♀，其中 3♂♂、2♀♀于 1997 年 11 月 13 日采自湖北神农架松柏镇的白腹巨鼠；4♂♂、8♀♀于 1999 年 11 月 12～23 日采自房县的柳树垭及土城，另 1♀于 2010 年 12 月采自武当山的琼台，宿主分别为北社鼠、白腹鼠及川鼩，海拔 600～1200 m，生境为常绿阔叶林和常绿落叶阔叶混交林。标本分存于湖北医科院传染病所和军医科院微流所。

　　宿主　北社鼠、白腹巨鼠、白腹鼠、川鼩。

　　地理分布　湖北神农架（松柏镇）、房县（土城、柳树垭）、武当山（琼台），陕西佛坪（岳坝）。按我国动物地理区系，属华中区西部高原亚区。本种为中国特有种。

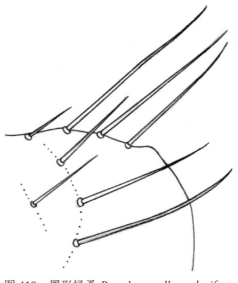

图 419　履形怪蚤 *Paradoxopsyllus calceiforma* Zhang et Liu，♂第 8 背板（湖北房县）

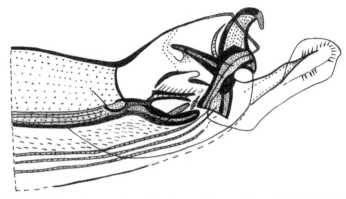

图 420　履形怪蚤 *Paradoxopsyllus calceiforma* Zhang *et* Liu，♂阳茎端（湖北房县）

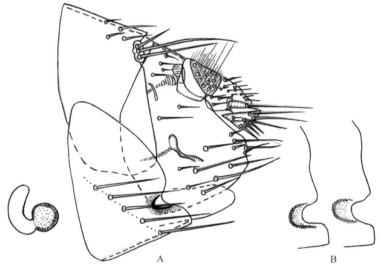

图 421　履形怪蚤 *Paradoxopsyllus calceiforma* Zhang *et* Liu，♀（湖北神农架）

A. 变形节及受精囊；B. 第 7 腹板后缘变异

（89）曲鬃怪蚤 *Paradoxopsyllus curvispinus* Miyajima *et* Koidzumi, 1909（图 422～图 427）

Paradoxopsyllus curvispinus Miyajima *et* Koidzumi, 1909, *Saikingaku Zasshi*, **9**: 40, 46, figs. 3, 9, 10, 11 (Japan, from *Rattus* and *Mus*) (n. s.); Liu, 1939, *Philipp. J. Sci.*, **70**: 48, figs. 39, 40; Li, 1956, *An Introduction to Fleas*, p. 45, fig. 52; Hopkins *et* Rothschild, 1971, *III. Cat. Roths. Colln. Fleas Br. Mus.*, **5**: 442, figs. 579, 580, 585-587; Liu *et al.*, 1986, *Fauna Sinica Insecta Siphonaptera*, First Edition, p. 882, figs. 1300-1303; Wu *et al.*, 2007, *Fauna Sinica Insecta Siphonaptera*, Second Edition, p. 1367, figs. 1709-1712; Liu, Shi *et al.*, 2009, *The Siphonaptera of Neimenggu*, p. 298, figs. 229-231.

别名：曲刺香猫蚤

鉴别特征　该种与柳氏怪蚤、绒鼠怪蚤和履形怪蚤接近，但据以下特征可资区别：①♂抱器不动突特别宽大而微凸，具有明显前、后端角；②可动突近肾形，前缘角突小而钝，下缘内凹较浅，端部约 1/3 段高出不动突末端；③第 8 背板在基节臼之下具片状成簇长鬃 8～16 根，此特征虽与柳氏怪蚤有交叉，但不同于绒鼠怪蚤和履形怪蚤无鬃；④♀第 7 腹板后缘基本呈宽广圆凸，无小圆窦或骨化增厚。

种的形态 头 额突小而近角状，♀约位于额缘下 1/3 处（图 422）。额鬃♂1 列 6 根，♀0～2 根。眼鬃 3 根，上位 1 根位于触角窝前缘。眼中等大，中央具较宽浅色区。后头鬃前 2 列 0（1）、1（2）根，缘列下方 1 根鬃超出前胸栉末端；触角窝背缘具小鬃 3～8 根。下唇须 5 节，其端近达前足基节的 2/5 或超出末端。胸 前胸栉 20 根，栉刺端尖，背刺稍长于前方之背板。中胸背板具完整鬃 2 列，颈片内侧具假鬃 3～5 根，着生于小凹陷末端。后胸背板共有 4 或 5 根深色端小刺（图 423）。后胸后侧片鬃 3 列 5～9 根，该节气门仅稍大于腹节各气门。前足基节外侧具鬃 26～40 根。前足股节外侧中部具鬃 2 列 6 根，后亚腹缘具长鬃 1 根。后足股节亚腹缘内外两侧各有 1 列鬃，分别为 5 根。后足胫节近中或偏后方，具 1 列 6 或 7 根完整纵行鬃，后背缘具 8 个切刻。后足第 2 跗节端长鬃至少有 1 根达第 5 跗节中部或 2/3 处，第 3 跗节端长鬃稍超过第 5 跗节末端。腹 第 1～7 背板具鬃 2 列（第 2～7 背板前列鬃不完整），中间背板主鬃列 7 根鬃，气门下具 1 根鬃，气门小而端圆。第 1～5 背板端小刺，依序为 2、2、2、1、0 根。臀前鬃♂2 根，上位 1 根仅为下位长的 1/3 或 1/4，♀3 根。变形节 ♂第 8 背板在基节臼之下，有片状成簇长鬃 8～16 根（图 425），多数为 11～12 根，其前有小鬃 0～2 根，背缘或亚背缘另有长鬃 3 根。不动突近宽矩形（图 424A），端缘微凸，具明显前、后端角，有缘小鬃 4 根；抱器体后缘臼鬃处略后凸。第 9 背板前内突腹缘内凹浅宽，柄突中段亚平行，末端渐狭尖，并显长于第 9 背板前内突。可动突近肾形，长约为最宽处的 2.5 倍（图 424B），端部有约 1/3 段超出不动突顶端，前缘近中角突小而钝，下缘稍内凹，上段至前端角处近直，后缘中段弧凸，近基部处变窄，后缘上 1/3 处具长鬃 1 根，下方有小鬃 3 根，具侧小鬃 6～9 根。第 9 腹板前臂端部较宽，似菱形，后臂长于前臂，基段细窄，端部倒三角状，端缘平或稍凹，前具斜行簇鬃约 11 根，后端角另有 1 短亚刺鬃，腹膨鬃 5 根，其中 1～3 根超过后臂末端，略上方至近端之间有微鬃约 7 根。阳茎钩突见图 426，骨化内管背前刺发达；阳茎腱较粗，不卷曲成圈。♀（图 427）第 7 腹板后缘基本呈广圆凸，或略有背角，下缘略凹或近直，侧鬃 1 列 3～7 根。第 8 背板气门下具鬃 0～4 根，近腹缘至后端有鬃 6～11 根。肛锥瓶形，长约为基宽的 2.0 倍，具端长鬃及侧鬃各 1 根，受精囊头部呈圆形，尾较粗短，交配囊管常略短于受精囊。

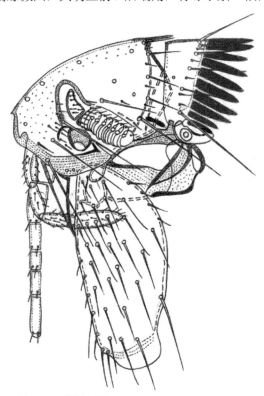

图 422 曲鬃怪蚤 Paradoxopsyllus curvispinus Miyajima et Koidzumi，♀头及前胸（福建南雅）

观察标本 共 8♂♂、9♀♀，其中 2♂♂于 1962 年采自福建黄胸鼠，标本存于湖北医科院寄生虫病所；2♂♂、3♀♀，福建南雅，自黄胸鼠，时间记录不详；1♂、1♀，自家鼠，1958 年采自陕西黄龙；3♂♂、3♀♀，自北社鼠，1970 年 3 月 8 日采自河南灵宝；2♀♀于 1958 年采自河北建平，宿主不详，存于军医科院微流所。

宿主 黄胸鼠、黄毛鼠、褐家鼠、北社鼠、花鼠、东方田鼠、大仓鼠、子午沙鼠。

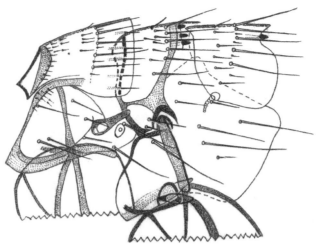

图 423　曲鬃怪蚤 *Paradoxopsyllus curvispinus* Miyajima *et* Koidzumi，♀中、后胸及第 1 腹节背板（福建南雅）

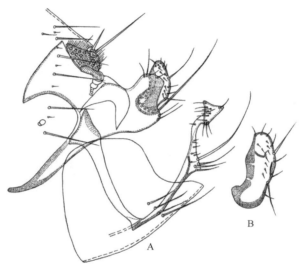

图 424　曲鬃怪蚤 *Paradoxopsyllus curvispinus* Miyajima *et* Koidzumi，♂变形节（福建南雅）

A. 变形节；B. 可动突变异

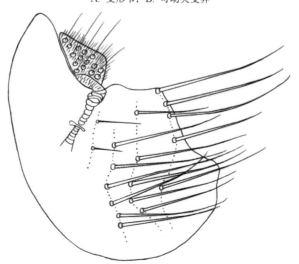

图 425　曲鬃怪蚤 *Paradoxopsyllus curvispinus* Miyajima *et* Koidzumi，♂第 8 背板（福建南雅）

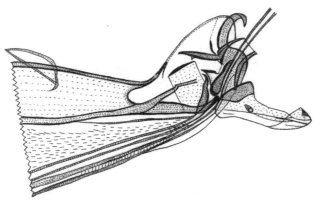

图 426　曲鬃怪蚤 *Paradoxopsyllus curvispinus* Miyajima *et* Koidzumi，♂阳茎端（福建南雅）

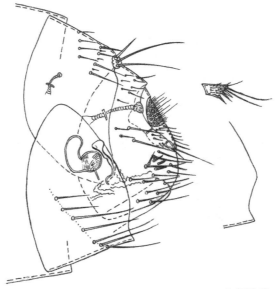

图 427　曲鬃怪蚤 *Paradoxopsyllus curvispinus* Miyajima *et* Koidzumi，♀变形节、第 7 腹板后缘变异及肛腹板（福建南雅）

地理分布　福建（南雅、屏南、周南）、浙江（龙泉、庆元、温州、永嘉、遂昌）、江西、河南（灵宝）、陕西（黄龙、延安、汉中、兴平、长安）、甘肃、辽宁、河北（建平）、吉林、山西、内蒙古（呼和浩特）。国外分布于日本、朝鲜和蒙古。按我国动物地理区系，属华中区东部丘陵平原亚区、蒙新区东部草原亚区和西部荒漠亚区、华北区黄土高原亚区、东北区长白山山地亚区和松辽平原亚区。

医学重要性　早年日本发生鼠疫流行时，曾被认为是媒介蚤之一，它的媒介作用仅次于不等单蚤。根据各地采集的记录看，是寒冷季节才出现在宿主体外的蚤种，据此推测它可能是一种巢窝型蚤类。

金沙江怪蚤种团 jinshajiangensis-group of *Paradoxopsyllus*

Paradoxopsyllus, *jinshajiangensis*-group (in Liu *et al.*), 1986, *Fauna Sinica Insecta Siphonaptera*, First Edition, p. 922: Wu *et al.*, 2007, *Fauna Sinica Insecta Siphonaptera*, Second Edition, p. 1417.

鉴别特征　♂第 9 腹板后臂无明显腹膨，端部倒足状，端凹明显；抱器体后缘具明显钝形或近锥形后突，臼鬃着生此突上；阳茎钩突簸箕状或臼形。本种团为中国特有，已记录 5 种（亚种），湖北分布有 1 种。

（90）金沙江怪蚤指名亚种 *Paradoxopsyllus jinshajiangensis jinshajiangensis* Hsieh, Yang *et* Li, 1978（图 428～图 431）

Paradoxopsyllus jinshajiangensis Hsieh, Yang *et* Li, 1978, *Acta Ent. Sin.*, **21**: 91,figs. 1-8, 24 (Deqin, Yunnan, China, from *Rattus losea celsus*).

Paradoxopsyllus jinshajiangensis Hsieh, Yang *et* Li: Liu *et al.*, 1986, *Fauna Sinica Insecta Siphonaptera*, First Edition, p. 909, figs. 1344-1346; Cai *et al.*, 1997, *The Flea Fauna of Qinghai-Xizang Plateau*, p. 207, figs. 445-447; Xie *et* Zeng, 2000, *The Siphonaptera of Yunnan*, p. 298, figs. 451-453; Wu *et al.*, 2007, *Fauna Sinica Insecta Siphonaptera*, Second Edition, p. 1379, figs. 1728-1730.

鉴别特征 该种接近于歧异怪蚤、长突怪蚤和金沙江怪蚤凹亚种，但♂抱器不动突呈较宽圆锥形，前、后缘对称；第 9 腹板后臂除端部外，其余部分均匀窄细，后缘中部 1 根长鬃约达顶端；阳茎钩突形状特异（图 430）和♀第 7 腹板后缘微波形可与前两种区别。♂抱器可动突显然较窄，长约为宽的 3 倍；第 9 腹板后臂端部足底较短且内凹明显；阳茎钩突端部较尖，背缘向上外凸，阳茎中背叶腹缘较直和♀第 7 腹板后缘无较宽的圆凸背叶可与金沙江怪蚤凹亚种区别。

种的形态 头 额突小，♀约位于额缘下 1/4 处（图 428），额突至口角处有较窄深色骨化带。眼小，中央有较宽浅色区。眼鬃列 3 根鬃，2（1）根细小额鬃仅位于眼鬃的略前方。后头鬃前列仅 1 根，后列 5 根；下唇须长达前足基节末端。胸 前胸栉 20 根，其背刺显长于该背板。中胸背板略长于后胸背板，其上具鬃 3 列，前 2 列为小鬃而不完整，颈片内侧具 1 列完整假鬃，单侧为 4 根。中胸腹侧板鬃 7 根，背板侧区及稍上方具 1 长 1 短鬃。后胸背板具 5（4）根端小刺；后胸后侧片鬃 3 列 7 根，其间尚可夹杂 3（2）根微鬃。前足基节外侧鬃较少，26 根；前足股节外侧具小鬃 9 根，其中有 5 根位于亚背缘，另后亚腹缘具中长鬃 1 根。后足胫节内、外两侧各具 1 列鬃，外侧为 10 根，内侧 6 根，后足第 2 跗节端长鬃近达第 5 跗节的中部。腹 第 1 背板具鬃 2 列，第 2～7 背板具鬃 1 列，气门下前几背板具 1 根鬃。第 1～2 背板各具 1 根端小刺。基腹部上具弧形细纹区。变形节 ♂第 8 背板背缘 2 根长鬃相距较远，具长、短侧鬃 3 根。不动突近基广圆锥形（图 429A），但有变异（图 429B），前、后缘对称，末端有小鬃 4 根。抱器体腹缘略圆凸，后缘臼突上具 1 根长的基节臼鬃。柄突直而末端尖削，第 9 背

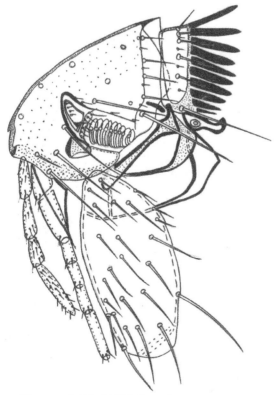

图 428 金沙江怪蚤指名亚种 *Paradoxopsyllus jinshajiangensis jinshajiangensis* Hsieh, Yang *et* Li, ♀头及前胸背板（湖北恩施）

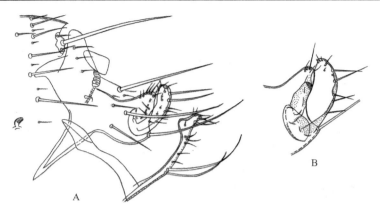

图 429　金沙江怪蚤指名亚种 *Paradoxopsyllus jinshajiangensis jinshajiangensis* Hsieh, Yang *et* Li，♂（云南德钦）（仿解宝琦等，1978）

A. 变形节（正模）；B. 抱器变异（副模）

图 430　金沙江怪蚤指名亚种 *Paradoxopsyllus jinshajiangensis jinshajiangensis* Hsieh, Yang *et* Li，♂阳茎端（正模）及钩突放大（副模，云南德钦）（仿解宝琦等，1978）

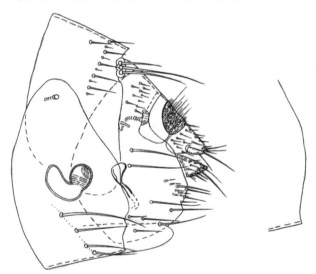

图 431　金沙江怪蚤指名亚种 *Paradoxopsyllus jinshajiangensis jinshajiangensis* Hsieh, Yang *et* Li，♀变形节及第 7 腹板后缘变异（湖北恩施）

板前内突有突出的前下角。可动突前缘中段略凸，后缘弧凸，其上具 2 根较长鬃和 4 根小鬃；可动突长约为宽的 3 倍，末端显高于不动突（图 429）。第 9 腹板前臂较宽，后臂端部呈较短倒足状，略下至近肘处窄细而略弯，近端至侧缘中部有细小鬃约 10 根，2 根长鬃位于后臂中横线略下方，其中上方 1 根鬃近达顶端。阳茎端中背叶具较尖的后下突，腹缘较直；钩突端部略尖，背缘弧凸（图 430）。♀（图 431）第 7 腹板后缘成稍后凸的微波形或略直，外侧具长鬃 1 列 4 根。第 8 背板下有 2（3）根长鬃和 1 根小鬃，空档以下具长、短鬃 8～11 根，生殖棘鬃 4 根。交配囊管骨化部分较短；受精囊头部呈圆形，尾长于并稍窄于头部。

　　观察标本　共 2♀♀，于 2000 年 11 月 9 日采自湖北西南部的恩施双河，宿主为四川短尾鼩，海拔 1400 m，生境为常绿落叶阔叶混交林。标本存于湖北医科院传染病所。

　　宿主　四川短尾鼩、黄毛鼠、大林姬鼠。

　　地理分布　湖北西南部（恩施）、云南（德钦）、西藏（林芝）。

　　分类讨论　从以上描述采集湖北西南部♀第 7 腹板后缘形态及附图看，颇似金沙江怪蚤指名亚种和长突怪蚤，但更接近于前者，归为金沙江怪蚤种团 *jinshajiangensis*-group 应无较大疑问，但长江三峡以南与云南德钦相距甚远，加上第 7 腹板侧鬃较少尤其是无附加鬃，是否为同一种尚有疑问，暂定为本种，有待获得♂做进一步研究。

九、角叶蚤科 Ceratophyllidae Dampf, 1908

Ceratophyllidae Dampf, 1908, *Schr. Pyhsökon. Ges. Konnigs*, 49, p. 19 (n. s.); Liu, 1939, *Philipp. J. Sci.*, **70**: 14; Li, 1956, *An Introduction to Fleas*, p. 21, 46; Liu *et al.*, 1986, *Fauna Sinica Insecta Siphonaptera*, First Edition, p. 989; Yu, Ye *et* Xie, 1990, *The Flea Fauna of Xinjiang*, p. 381; Chin *et* Li, 1991, *The Anoplura and Siphonaptera of Guizhou*, p. 316; Cai *et al.*, 1997, *The Flea Fauna of Qinghai-Xizang Plateau*, p. 226; Wu *et* Liu (in Zheng *et* Gui), 1999, *Insect Classi Fication*, p. 780; Lewis, 1998, *J. Med. End.* **35** (4): 397; Xie *et* Zeng, 2000, *The Siphonaptera of Yunnan*, p.309; Wu *et al.*, 2007, *Fauna Sinica Insecta Siphonaptera*, Second Edition, p. 1519; Liu, Shi *et al.*, 2009, *The Siphonaptera of Neimenggu*, p. 334.

　　鉴别特征　无颊栉；眼发达常具色素，眼鬃列 3 根鬃，上位者位于眼的前方；眼前方多无幕骨弧；触角窝前缘具中央梁；一般无角间缝，特别是♀；触角窝下端敞开，♂触角棒节达前胸腹侧板上；后胸背板及腹部前几节背板具端小刺；♂第 8 腹板狭长，或有的小而退化；♀具肛锥；♂和♀都有发达臀前鬃。

　　角叶蚤科分为 2 亚科，指形亚科 Dactylopsyllinae Jordan, 1929 和角叶蚤亚科 Ceratophylliae Dampf, 1908，世界已知 44 属 533 种（亚种），主要分布于古北界和新北界。中国仅分布角叶蚤亚科中的 20 个属 158 种（亚种），长江中、下游地区已记录 8 属 27 种（亚种），其中湖北分布 17 种（亚种）。

属 检 索 表

1. 前胸背板特长，长约为前胸背栉刺 2 倍（图 480），该背板与背刺约等于中胸背板与颈片总长，前胸背板远较后胸背板为长 ·················· **巨胸蚤属 *Megathoracipsylla***
　　前胸背板不特别长 ··· 2
2. ♂触角第 2 节长缘鬃有 1 簇长鬃，其长可超过棒节之半（图 491），甚至可达前胸及后胸；腹节气门大而圆，约为眼的 2/3；可动突宽大，其末端多具膜质叶（图 493）·············· **副角蚤属 *Paraceras***
　　♂触角第 2 节无鬃簇；腹节气门小；可动突窄不一，末端不具膜质叶 ············· 3
3. ♂抱器可动突具特长的后腹突（图 440），中段细窄，端部膨大；♀受精囊头尾分界不明显，弯曲成马蹄状；肛锥顶端具数根鬃（图 442）··································· **倍蚤属 *Amphalius***

　　♂抱器可动突无特长后腹突，如有后腹突则中段不细窄，末端不膨大；♀受精囊头尾分界明显；肛锥顶
　　　　端具 1 根长鬃 ··· 4

4. ♂第 7 腹板后缘具发达程度不一的臀前突或仅留有痕迹（图 468）；可动突后下段具 4 根刺形鬃（图 473），
　　　其中 1 根常呈亚刺形，后上角常可具 1 根长扭曲鬃或刺鬃 ················· **大锥蚤属 *Macrostylophora***

　　♂第 7 腹板后缘无臀前突；可动突后下段无或不多于 3 根刺形鬃 ·· 5

5. 前胸栉多于 24 根；后头鬃不少于 2 根；♂第 8 背板内侧有棘丛区（寄生鸟类）················· 6

　　前胸栉少于 24 根；额鬃列通常 1 列鬃；♂第 8 背板内侧无棘丛区或退化 ···························· 7

6. 各足第 5 跗节有 6 对侧蹠鬃（图 508B），其中第 3 对为腹位，位于第 4 对之间；♂可动突后缘有数根粗
　　　壮刺鬃（图 505）；♀受精囊尾部具端栓（图 509）······························· **蓬松蚤属 *Dasypsyllus***

　　各足第 5 跗节有 5 对侧蹠鬃，均为侧位；♂可动突后缘无刺鬃（图 521）；♀受精囊头部长筒形或柠檬状，
　　　显长于尾部（图 518，图 520）··· **角叶蚤属 *Ceratophyllus***

7. ♂第 8 腹板退化；第 9 腹板后臂似宽叶状，后缘具 1 个三角形狭凹（图 538）；肛腹板不长于肛背板；
　　　臀前鬃♂2、♀3 根；♀交配囊长而卷曲呈螺旋状；受精囊近圆形，尾部显长于头部（图 541）········
　　　　　　　　　　　　　　　　　　　　　　　　　　　　　　　　　　　　·········· **病蚤属 *Nosopsyllus***

　　♂第 8 腹板狭长；第 9 腹板后臂显较狭窄（图 543）；肛腹板长于肛背板；臀前鬃♂ 1 根、♀ 3 根；♀交
　　　配囊不卷曲；受精囊头部弯筒形，尾短于或等于头部长（图 545）··············· **单蚤属 *Monopsyllus***

（十三）角叶蚤亚科 Ceratophylliae Dampf, 1908

Ceratophylliae Dampf, 1908, *Schr. Pyhsökon. Ges. Konnigs*, 49, p. 19 (n. s.); Liu, 1939, *Philipp. J. Sci.*, **70**:
　　14; Li, 1956, *An Introduction to Fleas*, p. 21, 46; Liu *et al.*, 1986, *Fauna Sinica Insecta Siphonaptera*, First
　　Edition, p. 989; Chin *et* Li, 1991, *The Anoplura and Siphonaptera of Guizhou*, p. 316; Cai *et al.*, 1997, *The
　　Flea Fauna of Qinghai-Xizang Plateau*, p. 232; Xie *et* Zeng, 2000, *The Siphonaptera of Yunnan*, p. 310; Wu
　　et al., 2007, *Fauna Sinica Insecta Siphonaptera*, Second Edition, p. 1525.

　　鉴别特征　除上述科的特征外，尚具以下特征：额前缘圆，或具额突；触角棒节清晰分 9
节；角前区、角后区常无明显斜行鬃列；具前胸栉；中胸背板内侧具假鬃，后足基节内侧无刺
鬃丛；臀板背缘平直；♂第 8 背板发达，几遮盖整个抱器及阳茎端；第 8 腹板发达程度不一，
有时小或退化，但大多数呈狭长的杆状，端部常附生穗状膜或膜叶；大多数在第 8 与第 9 腹板
间具发达节间膜；Wagner 氏腺发达；♂具 1 个抱器可动突和 2 根基节臼鬃；♀具 1 个受精囊。

31. 倍蚤属 *Amphalius* Jordan, 1933

Amphalius Jordan, 1933, *Novit.*, **39**: 74.**Type species**: *Ceratophyllus runatus* (Jordan *et* Rothschild, 1923);
　　Liu, 1939, *Philipp. J. Sci.*, **70**: 37; Li, 1956, *An Introduction to Fleas*, p. 49; Liu *et al.*, 1986, *Fauna
　　Sinica Insecta Siphonaptera*, First Edition, p. 1002; Yu, Ye *et* Xie, 1990, *The Flea Fauna of Xinjiang*, p.
　　387; Cai *et al.*, 1997, *The Flea Fauna of Qinghai-Xizang Plateau*, p. 233; Xie *et* Zeng, 2000, *The
　　Siphonaptera of Yunnan*, p. 338; Wu *et al.*, 2007, *Fauna Sinica Insecta Siphonaptera*, Second Edition, p.
　　1538; Liu, Shi *et al.*, 2009, *The Siphonaptera of Neimenggu*, p. 339.

　　鉴别特征　♂抱器可动突具 1 长而形状特殊后腹突，中段细窄，端部膨大。射精管长
而卷曲。第 8 腹板狭长，端部具穗状垂膜。♀受精囊呈马蹄形，交配囊袋部和管部都宽而

长。肛锥圆柱形，端部有许多端鬃。

属的记述　额突尖锐，稍陷入额部。眼发达。下唇须达或可超过前足基节之端。眼鬃低于眼上缘。触角梗节长鬃♂达棒节 3/4，♀超过末端。前胸栉具 24～28 根刺。中、后足基节内侧由基到端着生有细长鬃。后足第 2 跗节端长鬃不达第 4 跗节之端。第 5 跗节第 1 对侧蹠鬃移至腹面。第 7 背板中部在两组臀前鬃之间略突出。♂第 8 背板大，且内侧无棘丛区。第 9 腹板后臂宽叶形或略似宽弓状。第 8 背板气门腔长而窄。抱器体较长。射精管包在 1 个长而弯曲的套内，端部向前。♂具 1 根臀前鬃和 1 根小鬃。♀具 3 根臀前鬃。第 8 背板下部侧鬃多呈放射状。肛节腹板下缘呈角状弯曲。受精囊头、尾无明显分界。交配囊从基到端近等宽。

倍蚤属是寄生于鼠兔体外特有寄生蚤，除 *A. necopinus* 分布于北美洲外，其余 3 种和 8 个不同地区亚种都分布在亚洲，是典型的古北界或高寒地区的蚤种，陕西秦岭太白山主峰至湖北西北部一带分布有 1 种 2 个不同地区亚种。

种、亚种检索表

♂可动突显窄细，前端细窄部分甚向前方突出（图 434），前缘呈均匀弯弧深凹，后缘上段具 1 根亚刺鬃；抱器后腹突中段比末段短；阳茎内突端附器卷曲约 3 圈（图 436），钩突较窄；♀第 7 腹板后缘从无凹陷到有凹陷，如有凹陷则背叶通常为腹叶宽的 3～4 倍（图 438）………………………………………………………**卷带倍蚤指名亚种 *A. spirataenius spirataenius***

♂可动突较宽，前角向前方突出较短，前缘除近端外，余均垂直或微凸（图 440），后缘无亚刺鬃；抱器后腹突中段比末段长；阳茎内突端附器卷曲呈螺旋状飘带约 4 圈，钩突较宽；♀第 7 腹板后缘背叶约为腹叶宽的 2 倍（图 442）………………………**卷带倍蚤巴东亚种 *A. spirataenius badongensis***

（91）卷带倍蚤指名亚种 *Amphalius spirataenius spirataenius* Liu, Wu *et* Wu, 1966（图 432～图 438，图版Ⅺ）

Amphalius spirataenius Liu, Wu *et* Wu, 1966, *Acta Parasit. Sin.*, **3**: 68, figs. 16-19 (male only, Gyangze, Tibet, China, from *Ochotona thibetana*); Smit, 1975, *Senckenbergiana Boil.*, **55** (4/6): 390, figs. 46-51 (female described from Nepal); Ji *et al.*, 1982, *Acta Zootaxonom. Sin.*, 287.

Amphalius spirataenius diqingensis Li, Xie *et* Yang, 1980, *Acta Acad Med. Guiyang*, **5**: 123, figs. 1-3.

Amphalius spirataenius spirataenius Liu, Wu *et* Wu: Liu *et al.*, 1986, *Fauna Sinica Insecta Siphonaptera*, First Edition, p. 1004, figs. 1494-1500; Cai *et al.*, 1997, *The Flea Fauna of Qinghai-Xizang Plateau*, p.233: Xie *et* Zeng, 2000, *The Siphonaptera of Yunnan*, p. 338, figs. 532-541; Wu *et al.*, 2007, *Fauna Sinica Insecta Siphonaptera*, Second Edition, p. 1550, figs. 1946-1952.

鉴别特征　♂可动突窄长，前端细窄部分甚向前方突出，前缘呈均匀弯弧形深凹；抱器后腹突中段比末段短；阳茎内突端附器卷曲呈螺旋状飘带约 3 圈，第 9 腹板腱和阳茎腱也相应卷曲 4～5 圈，阳茎钩突明显较窄；♀第 7 腹板后缘从无凹陷到有凹陷，如有凹陷则背叶为腹叶宽的 3～4 倍。

种的形态　头　额突尖锐，♂位于额缘下 2/5 稍下方（图 432），♀近 1/4 处。额鬃 1 列 8（7）根，♂上位 3（2）根细小。眼鬃 3 根，上位 1 根高于眼下缘。眼略呈倒梨形，中央有圆形浅色区。后头鬃 2 列，前列 2 根，后列 7～9 根；触角窝背缘具较多小鬃 15～22 根。触角梗节长鬃♂仅达棒节中部，♀达末端。下唇须 5 节，♂稍短于前足基节，♀达转节之中部。胸　前胸背板 25（26）根栉刺，栉刺端尖，其背刺显短于该背板，刺与刺之间紧密相接。中胸背板具鬃2列（图433），颈片内侧近背缘有4根假鬃。中胸腹侧板具鬃6～8根，成3列，在这些鬃前及上方，另具5（6）根小鬃。后胸后侧片具鬃3列，依序为3（4）、3（4）、1根。前足基节外侧具鬃58～68根，除近端3根长鬃外，其余仅达次位鬃长度1/3或之半。前足股节外侧中部有小鬃11～13根，后亚腹缘具长鬃1根。后足胫节外侧具鬃2列，前列10或11根，后列5～8根，后背缘具8个切刻。后足第1跗节端长鬃达第2跗节中部，第3跗节长端鬃超过第4跗节末端。各足第5跗节有5对侧蹠鬃，蹠面密生细鬃。

腹 第1～2背板具鬃3列，第3～6背板具鬃1～2列（前列不完整）。第1～5背板端小刺为4（3）、4（5）、4、2～4、0根。臀前鬃♂1、♀3根。**变形节** ♂第8背板前背缘略凹（图435），缘长鬃1列6根，侧鬃上部23根，下部4（5）根。第8腹板狭长，棒状，腹缘后段具粗长鬃1根，背缘膜附器狭尖而弯，穗状膜发达，末端分前、后2粗支，其上共有6根较长分支。可动突窄长，前端细窄部分甚向前方突出（图版XI），前缘呈均匀弯弧形深凹（图434），后缘上段长鬃下方具1根短亚刺鬃。不动突端部强度膨大（陕西秦岭太白山♂膨大处约为可动突中部宽的2倍）；前缘内凹较浅，后缘内凹显深。抱器体腹缘较凸，基节臼鬃2根着生后端背缘上。第9背板前内突近三角形，柄突发达，基段宽于端段，后缘中部稍凹。抱器后腹突中段短于末段，基段后背角具1亚刺鬃和1根普通鬃。第9腹板前臂中段背缘微凸，后臂似宽叶形，中段膨大腹缘具1根亚刺鬃，略上方狭凹处另有1根色淡弯亚刺鬃，后缘上段略具浅广凹，末端窄。阳茎钩突中段后呈略窄长指形（图436）；阳茎内突端附器卷曲呈螺旋状的飘带，约3圈；阳茎腱和第9腹板腱也相应卷曲4～5圈。♀（图438）第7腹板后缘背叶为腹叶宽3～4倍，端缘弧凸，腹叶凹陷前有较浅骨化色素区，侧鬃分为上、下2组，上组4～7根，下组2根，偶前有附加鬃1根。第8背板后缘上方具较深圆弧凹，中部显后凸，气门下有长鬃4（5）根，小鬃0～2根，下部侧鬃向后上方、后下方生长，17～23根，仅有1♀变异向前上方（8根），后上方、后下方呈放射状生长；生殖棘鬃3根。肛锥粗短，具1根端长鬃和8（7）根近端鬃。受精囊、交配囊及交配囊管形状见图437。

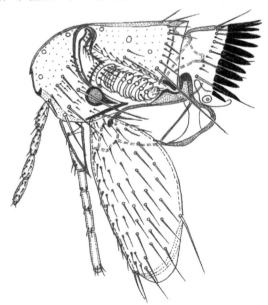

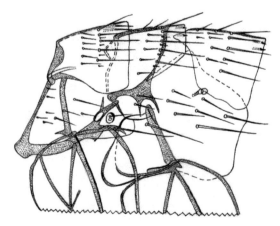

图432 卷带倍蚤指名亚种 *Amphalius spirataenius spirataenius* Liu, Wu *et* Wu，♂头及前胸（陕西太白山）

图433 卷带倍蚤指名亚种 *Amphalius spirataenius spirataenius* Liu, Wu *et* Wu，♂中、后胸及第1腹节背板（陕西太白山）

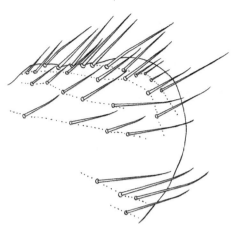

图 434　卷带倍蚤指名亚种 *Amphalius spirataenius spirataenius* Liu, Wu *et* Wu，♂变形节（陕西太白山）

图 435　卷带倍蚤指名亚种 *Amphalius spirataenius spirataenius* Liu, Wu *et* Wu，♂第 8 背板（陕西太白山）

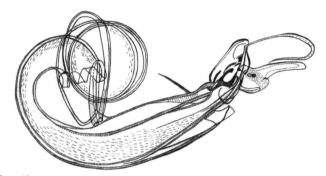

图 436　卷带倍蚤指名亚种 *Amphalius spirataenius spirataenius* Liu, Wu *et* Wu，♂阳茎及第 9 腹板腱（陕西太白山）

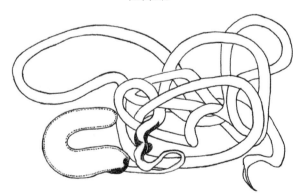

图 437　卷带倍蚤指名亚种 *Amphalius spirataenius spirataenius* Liu, Wu *et* Wu，♀受精囊、交配囊及交配囊管（云南德钦）（仿王敦清等，1986）

观察标本　共 1♂、5♀♀，于 1981 年 6 月 28 日至 7 月 7 日由张金桐采自陕西秦岭太白山（平安寺）藏鼠兔，海拔 3150 m。标本存于军医科院微流所。

宿主　藏鼠兔、间颅鼠兔、狭颅鼠兔、高原鼠兔、达乌尔鼠兔、黑唇鼠兔、红耳鼠兔，偶见中华姬鼠、北社鼠、大耳姬鼠、大足鼠、印度长尾鼩、长尾仓鼠、根田鼠、西南绒鼠、大足鼠。

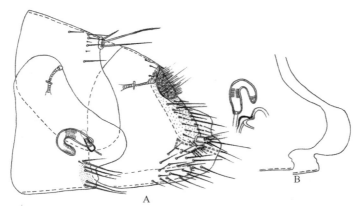

图 438　卷带倍蚤指名亚种 *Amphalius spirataenius spirataenius* Liu, Wu *et* Wu，♀（陕西太白山）
A. 变形节；B. 受精囊及第 7 腹板后缘变异

地理分布　陕西秦岭（太白山）、四川（马尔康、若尔盖、南坪）、青海（祁连山、天峻、乌兰、都兰、互助、大通、循化、湟中、河南、共和、玉树、贵南、甘德、久治）、云南（德钦、碧江、大理、剑川、福贡、香格里拉）、宁夏（六盘山）、西藏（江孜）。国外分布于尼泊尔。按我国动物地理区系，属华北区黄土高原亚区、蒙新区西部荒漠亚区、西南区西南山地亚区、青藏区青海藏南亚区和羌塘高原亚区。

（92）卷带倍蚤巴东亚种*Amphalius spirataenius badongensis* Ji, Chen *et* Wang, 1981（图 10，图 439～图 442，图版 XI）

Amphalius spirataenius badongensis Ji, Chen *et* Wang, 1981, *Acta Zootaxonom. Sin.*, **6**: 287, figs. 1-4 (Badong, Shennongjia, Hubei, China, from *Ochotona thibetana*); Liu et al., 1986, *Fauna Sinica Insecta Siphonaptera*, First Edition, p. 1007, figs. 1503-1505; Wu *et al.*, 2007, *Fauna Sinica Insecta Siphonaptera*, Second Edition, p. 1553, figs. 1953-1956.

鉴别特征　该亚种与指名亚种、宽亚种、黑水亚种和孟达亚种相近，但♂阳茎内突端附器卷曲成飘带状约 4 圈，第 9 腹板腱和阳茎腱也相应卷曲成 5～6 圈；可动突上无刺鬃或亚刺鬃；♀第 7 腹板后缘背叶宽约为腹叶宽的 2 倍可与前 3 亚种区别。♂抱器可动突略较窄，前角向前延伸部分较短；不动突端部明显膨大，且膨大宽约与可动突中段同宽可与孟达亚种区别（表 8）。

表 8　卷带倍蚤 5 亚种形态特征的比较

特征	孟达亚种 *A. s. mengdaensis*	指名亚种 *A. s. spirataenius*	宽亚种 *A. s. manosus*	巴东亚种 *A. s. badongensis*	黑水亚种 *A. s. heishuiensis*
♂可动突	粗短，前缘内凹较浅	窄长，前角甚向前方突出，前缘弯弧形内凹显较深	宽阔，前缘内凹较宽	较宽，前缘除近端外，余均垂直或略凸	粗短，前缘内凹较浅
♂不动突	狭直，末端稍膨大，且仅及可动突中部宽的 1/2	末端强度膨大，通常约与可动突中部同宽	宽阔，末端膨大，并略宽于可动突中部宽	末端膨大，且与可动突中部同宽	狭直，末端不膨大、且仅及可动突中部宽的 1/2
♂抱器后腹突基部	倒钟形	倒钟形	猪头形	猪头形	近半圆形
♂抱器后腹突中段	稍大于末段	比末段短	等于或大于末段	大于末段	大于末段
♂阳茎内突端附器及钩突	卷曲约 4 圈，钩突较宽	卷曲约 3 圈，钩突显细窄	卷曲约 2 圈，钩突较宽	卷曲约 4 圈，钩突较宽	卷曲约 2 圈，钩突较宽
♀第 7 腹板后缘	凹陷浅，背叶约为腹叶宽 2.5 倍	从无凹陷到有凹陷，如有凹陷则背叶为腹叶宽的 3～4 倍	凹陷浅，背叶约与腹叶宽近似	凹陷浅，背叶为腹叶宽的 2 倍	♀未发现

亚种形态　头　额突尖锐，♂位于额缘中点下方（图 439），♀近 1/4 处。额鬃 1 列 6 根较小，眼鬃 3 根较长；在眼鬃与额鬃之间及触角窝前缘和眼鬃后方具小鬃 12～21 根。眼中等大，其色素较深。后头鬃前列 2 根，后列 7～9 根；触角窝背方有小鬃 16～24 根；触角第 2 节长鬃♂约达棒节中部，♀具 6 根长鬃，其中有 1 或 2 根超过棒节末端。下唇须 5 节，其长近达或超过前足基节末端。胸　前胸栉 24（25）根，栉刺直而端甚尖，背刺♂略短于前方之背板，♀明显短于前方之背板；前胸背板具 1 列 7 根长鬃。中胸背板鬃 2 列，其前列之前近背缘♀有 2 根小鬃，颈片内侧具假鬃 2 根。后胸背板后缘具 2～4 根端小刺。后胸后侧片鬃 3 列，依序为 3（4）、3、1 根。前足基节外侧鬃向后、向下方排列 62～83 根，

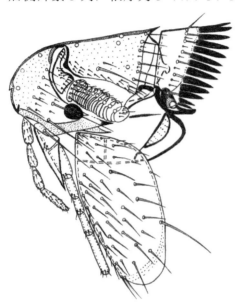

图 439　卷带倍蚤巴东亚种 *Amphalius spirataenius badongensis* Ji, Chen *et* Wang, ♂ 头及前胸（湖北神农架）

前部及后背缘的鬃较短小，近端的较长。前足股节外侧具小鬃 10～25 根，后亚腹缘具中长鬃 1 根，内侧也有 1 根略短鬃。前、中、后足胫节外侧鬃数：分别为 9（10）、13～15、15～18 根，成 2 或 3 列，后背缘具 6～8 个切刻，端切刻具 3 粗鬃。后足第 1 跗节端长鬃超过第 2 跗节之端，第 2 跗节端长鬃远不达次节中部。各足第 5 跗节有 5 对侧蹠鬃，第 1 对略向中移。腹　第 1～7 背板具鬃 1～2 列，下位 1 根平气门或略上、下方。第 1～4 背板端小刺依序为 2 或 3、3（2）、2 或 3、1 或 2 根。臀前鬃♂ 1 根，♀ 3 根。变形节　♂第 8 背板背缘宽（图 441），后端圆凸，具缘长鬃 1 列 4～6 根，短鬃 1 或 2 根，略下至腹方具长、短侧鬃 14～24 根，其中 4～6 根位于下半部。第 8 腹板狭长，基部近鞋状，后缘近端具长鬃 1 根，前缘近 1/2 段上方及顶端穗状垂膜发达。抱器不动突前、后缘略内凹，端部膨大。抱器体较宽大，后缘略向前下方倾斜，第 9 背板前内突与柄突之间具甚宽的广凹，且凹底稍呈角，柄突

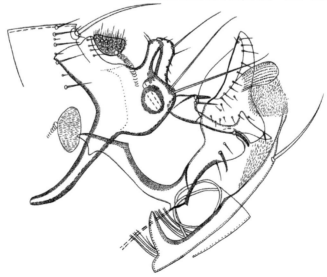

图 440　卷带倍蚤巴东亚种 *Amphalius spirataenius badongensis* Ji, Chen *et* Wang，♂变形节（湖北神农架）

狭长，中段下方稍膨扩。基节臼鬃 2 根着生在抱器后缘最突出处。可动突中部以下前、后缘近平行，等宽（图440），端部向前方弯曲，端后缘具 2 根略粗的鬃，其中上位 1 根较长；可动突前缘纵长，为中部宽的 2.72～3.15 倍。抱器后腹突基部状似猪头，中段长度大于末段（图版XI）。第 9 腹板前臂具 1 角状背突，后臂显长于前臂，中部以上近宽叶状，前偏上方和后缘中段较隆起，末端略斜尖，外侧有小鬃约 15 根。阳茎内突端附器卷曲成 4 圈；阳茎腱和第 9 腹板腱也相应卷曲 5～6 圈。阳茎内管端在第 8 和第 9 腹板节间膜上来回绕了 4（5）次。阳茎钩突背缘略凸，腹缘稍内凹，近端约 1/3 段具浅细弯弧纹，末端圆。♀第 7 腹板后缘上叶约为下叶宽的 2 倍（图442），末端钝圆，并显长于腹叶，在腹凹略骨化前方具侧鬃

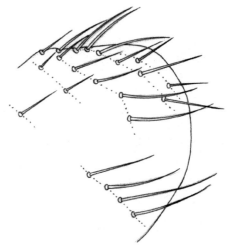

图 441　卷带倍蚤巴东亚种 *Amphalius spirataenius badongensis* Ji, Chen *et* Wang，♂第 8 背板（湖北神农架）

6～8 根。第 8 背板后缘上段略凹，气门下具 4 根较长鬃和 1 根短鬃，近腹缘有鬃 16～22 根，向后上方、后下方呈半放射状；生殖棘鬃 2～4 根。肛背板与肛腹板约同长，在该腹板上具亚刺鬃 3（4）根。交配囊管呈等宽而甚长弯延盘曲。受精囊细长而弯曲，呈马蹄形。

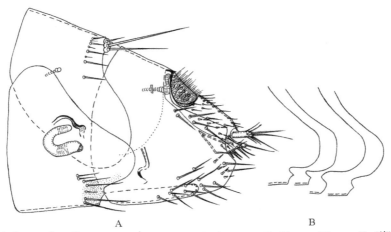

图 442　卷带倍蚤巴东亚种 *Amphalius spirataenius badongensis* Ji, Chen *et* Wang，♀（湖北神农架）

A. 变形节；B. 第 7 腹板后缘变异

观察标本　共 18♂♂、14♀♀，其中 10♂♂、9♀♀于 1965 年 5 月采自湖北长江三峡以北的巴东神农架大干河，3♂♂、3♀♀于 1989 年 9 月 15～30 日采自神农架巴东垭，另尚检视有神农架若干标本不计，宿主均为藏鼠兔，海拔 1800～2980 m，生境为落叶阔叶林至高山针叶林带，标本存于湖北医科院传染病所。3♂♂于 1982 年 5 月 30 日采自陕西秦岭南坡宁陕（平梁河）未定种鼠兔；2♂♂、2♀♀于 1982 年 4 月 30 日采自秦岭南坡柞水（营盘河）的藏鼠兔，海拔 2300～2650 m，标本存于军医科院微流所。

宿主　藏鼠兔，偶见中华姬鼠、大林姬鼠、北社鼠、黑腹绒鼠、洮州绒鼠、四川短尾鼩、多齿鼩鼱和川鼩；湖北省外尚有间颅鼠兔。

地理分布 湖北西北部神农架（巴东垭、小龙潭、大龙潭、燕子垭、酒壶坪、九冲、猴子石、野马河、刘家屋场、天门垭、次界坪、桥通沟、松柏镇、野马河、水沟、麂子沟）、巴东（大干河）、兴山（龙门河）；重庆东北部（巫山）、陕西秦岭南坡（宁陕、柞水）、四川（南坪）。按我国动物地理区系，属华中区西部山地高原亚区，它是上述区域的特有亚种。

生物学资料 在神农架主要分布于 1800 m 以上高海拔，1000 m 以下可偶尔从藏鼠兔体外检获，表明该亚种对生态环境有相对较宽的栖境幅度，然而并不是所有地点都可以采集到本亚种，如 1999 年 11 月曾在武当山五条岭公路两侧灌木林海拔 1000 m 采到多只藏鼠兔，其体外并没有采集到本亚种。另外，从 6～9 月多次在该地区海拔 2900 m 捕获的藏鼠兔 2～3 天仍可采集到多只本亚种情况看，提示该亚种在宿主死亡后，离体时间远较同一地区其他蚤类速度慢。

32. 大锥蚤属 *Macrostylophora* Ewing, 1929

Macrostylophora Ewing, 1929, *Man. External Parasit.*, 203. **Type speccies**: *Ceratophyllus hastatus* Jordan et Rothschild, 1921 (n. s.); Li, 1980, *Acta Acad. Med. Guiyang*, **5** (2): 108; Li, 1981, *Entomotaxonomia*, **3**: 291; Liu *et al.*, 1986, *Fauna Sinica Insecta Siphonaptera*, First Edition, p. 1018; Traub, Rothschild *et* Haddow, 1983, *The Roths. Colln. Fleas. The Ceratophyllidae: Key to Genera…*, p. 24, 102; Chin *et* Li, 1991, *The Anoplura and Siphonaptera of Guizhou*, p. 317; Xie *et* Zeng, 2000, *The Siponaptera of Yunnan*, p. 311; Wu *et al.*, 2007, *Fauna Sinica Insecta Siphonaptera*, Second Edition, p. 1562.

鉴别特征 ♂第 9 背板前内突发达，向前方伸出，形如柄突，与柄突间形成狭窄或甚狭窄的锐角。抱器可动突大，形状不一，后上角或后缘上端有 1 刺鬃或鬃，常变形呈刀状、扭曲状或甚粗壮，后下角不同程度向后或是向下突出，后缘下段至后下角概有刺鬃或亚刺鬃 4 根，第 2 根较小，位于内侧。柄突很大，部分种背缘常具大小不等的背隆。第 7 腹板在两组臀前鬃之间有发达程度不一的臀前突或仅留有痕迹。♀受精囊头部桶形，多长于尾部，腹缘常略凹，头尾分界明显，尾端常具乳突。

属的记述 额突小而尖锐，眼发达，眼鬃列 3 根鬃。下唇须近达或超过前足基节之端。前胸栉 17～19 根。第 5 跗节第 1 对侧蹠鬃移向腹面，少数第 3 对略向中移。腹部各背板具鬃 2 列，前列鬃多不完整。第 1～4 或 5 背板具端小刺。臀前鬃♂ 1 根、♀ 3 (2) 根。♂第 8 背板宽大，背后缘具长鬃 1 列，侧鬃多根，亚背缘具发达程度不同的带状棘丛区。第 8 腹部狭长，前方具发达背突，后方至末端背缘具程度不同膜质叶，其末端分裂成穗状。抱器体多呈心脏形，基节臼鬃 2 根。不动突长短不一，可动突形状多样，或为宽大片状，或为狭长梯形，后缘自上而下有发达程度不同的刺鬃或亚刺鬃 5 根，其大小或色泽浓淡不同。♀第 8 背板后缘具浅凹，下叶突出。第 7 腹板后缘形态不一。肛锥具长端鬃和侧鬃各 1 根。

大锥蚤属全球已知 34 种（亚种），除部分种类分布于我国周边国家及东南亚等地区外，大部分分布于中国，已记录有 25 种（亚种），是一个形态多样，部分种类较难鉴定（主要是无值大锥蚤种团，♀如不伴有♂，有的则很难区分）的大型蚤属，寄主多为松鼠类。陕西秦岭以南至长江中、下游地区有 9 种，分隶于 4 个种团，其中湖北分布有 4 种。

种团、种及亚种检索表

1. 前胸背板背缘呈弧形向背方凸出（♀蚤略突出）（图 466B）；臀前突发达；可动突后腹缘具向后伸出的矩形长突，上位刺鬃生于后缘上突起的末端；第 9 腹板后臂近基具 3 根粗爪形短刺鬃（图 465）

······顒鼠大锥蚤种团 *aërestesites*-group······顒鼠大锥蚤 *M. aërestesites*

非如上述 ··· 2

2. ♂可动突末端宽平（图444）、叶状或船帆状，上位刺鬃位于后上角或无刺鬃，下位4根刺鬃位于后下突或后缘下段，有的种类刺鬃较短小而色淡；柄突背缘无隆起；臀前突短小呈退化状，但有的种发达属例外 ······················ 微突大锥蚤种团 *microcopa*-group······ 3

♂可动突上半部呈宽窄不一锥形、塔形或矩形或弓状，顶端斜；柄突有明显背隆；臀前突退化或无，但有的发达（纤小大锥蚤种团）；其余非如上述 ··· 4

3. ♂抱器不动突仅达可动突前缘约1/4处；可动突长度显大于抱器体中横线宽度（图444）；第9腹板后臂较窄，前缘近端具1密集鬃丛；第8腹板基段弯钩状，前臂短小；♀第7腹板后缘内凹较深，其上、下方较圆钝或略成角（图446）····················· 微突大锥蚤 *M. microcopa*

♂抱器不动突约达可动突前缘1/2处；可动突长度显小于抱器体中横线宽度（图447）；第9腹板后臂宽阔，前角仅有1长鬃；第8腹板前臂很长，仅略短于后臂；♀第7腹板后缘截断形或稍内凹（图449）··················· 甘肃大锥蚤 *M. gansuensis*

4. ♂抱器可动突上半部近锥形、塔状（图458）或偶不对称弓形（图456），端缘斜向前下方，后缘垂直或偶具较长后突，后下段4根刺鬃有3根是深色粗刺鬃；不动突与可动突同高或略低；柄突长短不一；第9腹板后臂前端角有1根粗刺鬃，但也有属例外（如河北大锥蚤）；臀前突仅留有痕迹或缺如···· ······················ 无值大锥蚤种团 *euteles*-group······5

♂抱器可动突大致呈矩形（图473），端缘斜向后下方，后下角4根刺鬃较细而色淡；不动突显短于可动突，达可动突前缘3/4～4/5处；柄突显长于第9背板前内突；第9腹板后臂前缘具长鬃1根；臀前突长短不一 ················· 纤小大锥蚤种团 *exilia*-group······8

5. ♂可动突大致呈不对称弓形（图456），上半部十分窄长，下段后突宽大，在后缘三角形宽凹底部具1根粗扁刺鬃；第9腹板后臂端前缘具1特异强壮叉形刺鬃；♀第7腹板后缘背叶锥形（图457）······ ······················· 叉形大锥蚤 *M. furcata*

♂可动突上半部近塔状或锥形，后缘垂直而无后突；第9腹板后臂端段近前缘具1根粗柳叶状刺鬃（图461）或是2（1）根普通鬃；♀第7腹板后缘为斜的波形或不如上述 ····················· 6

6. ♂第8背板背缘具9～11根甚长鬃（图453）；第9腹板后臂前端仅有2根普通鬃（图452A）；第9腹板前内突显短于柄突，抱器体腹缘具1锥形突起，可动突腹缘较圆凸；阳茎钩突末端呈鸟喙状略向下弯（图452C）；♀第7腹板后缘微圆凸或斜直（图454）或近腹缘有小凹···· ······················· 河北大锥蚤 *M. hebeiensis*

♂第8背板背缘仅有3～6根较短鬃（图459）；第9腹板后臂前角具1柳叶状粗刺鬃（图458）；第9腹板前内突与柄突近等长，抱器体腹缘无锥形隆起；可动突腹缘凹；阳茎钩突分为前、后两叶；♀第7腹板后缘为斜波形 ····························· 7

7. ♂抱器可动突上段显细窄，最狭处与不动突最狭处约同宽（图458），腹缘内凹较浅；第9背板前内突窄于柄突；阳茎钩突前后叶之间具浅凹（图463B）；♀第7腹板后缘见图460 ···· 崔氏大锥蚤 *M. cuii*

♂抱器可动突上段较宽，上段最狭处倍宽于不动突最狭处宽（图461），腹缘内凹较深；第9背板前内突显宽于柄突；阳茎钩突前后叶之间具深凹（463E）；♀第7腹板后缘见图464 ··········· ························· 木鱼大锥蚤 *M. muyuensis*

8. ♂臀前突甚发达，可达第8背板约3/4处（图468）；不动突端部显向后方弯曲，后缘具深圆凹；可动突后下角显向后下方突出，顶端1根扁长扭曲刺鬃位于斜行中纵线之前；抱器体腹缘微凸；♀第7腹板后缘微圆凸（图471），受精囊尾端乳突甚发达 ················· 李氏大锥蚤 *M. liae*

♂臀前突甚短小，达臀前鬃毛杯后缘（图474）或至多超出毛杯的2倍长（图473）；不动突直而不弯，后缘内凹较浅；可动突后下角不向后下方突出，顶端 1 根扭曲刺鬃位于后端角；抱器体腹缘显向腹方凸出；♀第 7 腹板后缘近截形（图 478）或下段略呈三角形后凸（图 479），受精囊尾端乳突不如上述明显 ·· 三刺大锥蚤 *M. trispinosa*

微突大锥蚤种团 *microcopa*-group of *Macrostylophora*

Macrostylophora, *microcopa*-group Li, 1980, *Acta Acad. Med. Guiyang*, **5** (2): 108; Liu *et al.*, 1986, *Fauna Sinica Insecta Siphonaptera*, First Edition, p. 1021; Wu *et al.*, 2007, *Fauna Sinica Insecta Siphonaptera*, Second Edition, p. 1563, 1580.

鉴别特征　♂抱器可动突末端宽平（图 447A），呈船帆形、三角形或矛形，上位刺鬃位于后上角，下位 4 根刺鬃位于后下角或后缘下段，部分种类这些鬃较短小而色淡。柄突无背隆，或至多稍有痕迹。臀前突多数较短小或稍长，但个别种甚发达。

（93）微突大锥蚤 *Macrostylophora microcopa* Li, Chen *et* Wei, 1974（图 443～图 446）

Macrostylophora microcopa Li, Chen *et* Wei, 1974, *Acta Sin.*, **17**: 112, figs. 1-3 (Hishui and Tiebu, Schuan (Szechuan), China, from *Apodemus sylvaticus*, *A. agrarius* and *Tamiops swinhoei*); Liu *et al.*, 1986, *Fauna Sinica Insecta Siphonaptera*, First Edition, p. 1029, figs. 1532-1536; Wu *et al.*, 2007, *Fauna Sinica Insecta Siphonaptera*, Second Edition, p. 1580, figs. 1974-1977.

鉴别特征　微突大锥蚤据以下几个特征可与微突大锥蚤种团 *microcopa*-group 的其他成员区别：①♂抱器不动突特短小，仅达可动突前缘约 1/4 处；②抱器体腹缘仅略隆起，柄突狭长，背、腹缘平行而基本等宽；③第 9 腹板前臂端部较宽，呈倒足状，端缘略凹；④臀前突短小，约为臀板长度的 2/3；⑤♀第 7 腹板后缘具 1 弧形浅而宽的凹陷，其上、下方略突出成钝角或钝圆角。

种的形态　头　额突小，♂约位于额缘中点（图 443）。额鬃 4 根较小，眼鬃 3 根粗长。眼大，略近倒梨形，眼的长径显然小于眼后缘至颊角的距离。触角窝前缘有小鬃 13 根。后头鬃 3 列，分别为 1、2、7 根，后列下位 1 根粗长。触角窝背方有小鬃约 20 根；触角第 2 节长鬃近达棒节中部。下唇须末端超过前足基节的 4/5。**胸**　前胸背板具 1 列 6 根长鬃，两侧共有栉刺 18 根，其背刺与该背板近等长，除背方 2 根及腹缘最下方 1 根刺外，其余刺中段背、腹缘均向下方微凸。中胸背板鬃 3 列，前列为小鬃而不完整，颈片内侧假鬃两侧 8 根。中胸腹侧板鬃 3 列 7 根，另在前列之前尚有一些排列不规则短鬃，约 9 根。后胸背板端小刺 2 根，后胸后侧片鬃 3 列 7 根，另在气门下及前方各有小鬃 1 根。

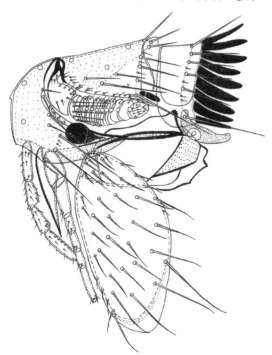

图 443　微突大锥蚤 *Macrostylophora microcopa* Li, Chen *et* Wei, ♂头及前胸（湖北神农架）

前足基节外侧鬃 30 根，缘鬃及近基小鬃约 18 根。前足股节外侧鬃 2 列，计 7 或 8 根。后足股节外侧前下部鬃少而较小，8 根。后足胫节内、外两侧各有 1 列鬃。后足第 1 跗节长约等于第 2 和第 3 跗节之和，其端长鬃可达第 3 跗节 2/3 处。**腹**　第 1 背板具鬃 3 列，第 2～7 背板具鬃 2 列，下位第 1 根平气门或略低。第 1～4 背板端小刺（单侧）为 2、3、2、2 根。基腹板前缘具较深广弧凹，背角圆钝而凸向前方，外侧有直线形细纹区。♂臀前鬃 1 根。臀前突短小，不超过臀板后缘。**变形节**　♂第 8 背板背缘圆凸，具缘长鬃 1 列 7 根，亚缘长鬃 5 根，短鬃 4 根，略下方至中部有侧鬃 9 根，下部 3 根，亚背缘具稀疏片状小棘区。第 8 腹板基部略呈弯钩状，后缘近中部处有鬃 1（2）根，穗状膜质前叶宽大，后叶近端几支较长。抱器不动突甚短小，仅达可动突前缘的 1/4 处（图 444），后缘稍凹。抱器体后缘尤臼鬃处及下方较后凸，基节臼鬃 2 根着生在一小隆起上。第 9 背板前内突倍宽于柄突，近端三角形，柄突狭长，背、腹缘平行而基本等宽，明显或远长于第 9 背板前内突。可动突船帆形，宽而高大，前缘近基略凹，端近后角具 1 小骨化角突，后缘稍成浅弧凹而向后腹角处延伸，后下角 4 根鬃，第 2 根和第 4 根亚刺状。第 9 腹板前臂端部较宽，倒足状，端缘略凹，后臂端部稍窄，前亚缘具簇鬃 22～25 根，后具缘、侧鬃至下段有鬃 23（24）根。阳茎约从新月片前方弯弧线之后，有 1 骨化略深具线纹透明骨片（可能是侧叶），将阳茎端大部分遮盖；阳茎端背叶和骨化内管端细长而弯向腹方；阳茎钩突末段呈不对称的角状（图 445），腹缘直。♀（图 446）第 7 腹板后缘具 1 浅而宽的凹陷，其上、下方向

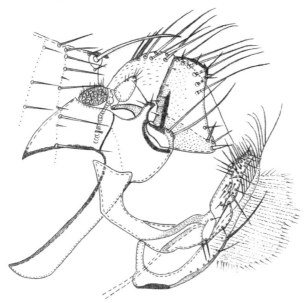

图 444　微突大锥蚤 *Macrostylophora microcopa* Li, Chen *et* Wei，♂变形节（湖北神农架）

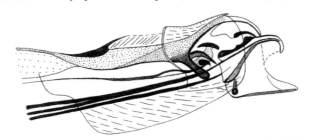

图 445　微突大锥蚤 *Macrostylophora microcopa* Li, Chen *et* Wei，♂阳茎端（湖北神农架）

后略突出成钝角或钝圆角，或下位钝圆突起的腹缘略凹，侧鬃 1 列 4～6 根。第 8 腹板后缘上段略内凹，下段较后凸，具亚缘长鬃 3 根，侧鬃 5 根或 6 根，生殖棘鬃 3 根。肛锥长约为基宽的 2.0 倍，有端长鬃及侧鬃各 1 根。交配囊管较宽短，盲管细长。受精囊头部筒形，略长于尾部。

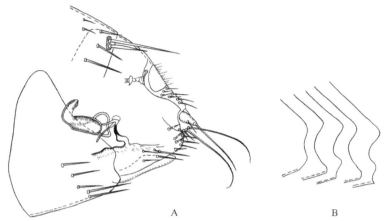

图 446　微突大锥蚤 *Macrostylophora microcopa* Li，Chen *et* Wei，♀（副模，四川黑水）（仿李贵真等，1974）

A. 变形节；B. 7 腹板后变异

观察标本　共 4♂♂、3♀♀，其中 1♂于 1998 年 11 月 11 日采自湖北神农架刘家屋场的北社鼠，海拔 1600 m，生境为落叶阔叶林，标本存于湖北医科院传染病所。另 2♂♂、2♀♀系 1960 年 8～9 月采自四川铁布的正、副模，以及同地采到的 1♂、1♀，宿主为隐纹花松鼠和小林姬鼠，标本存于军医科院微流所。

宿主　隐纹花松鼠、北社鼠、小林姬鼠。

地理分布　湖北西北部（神农架）、重庆东北部（巫山）、四川（黑水、铁布）。按我国动物地理区系，属华中区西部山地高原亚区和青藏区青海藏南亚区。本种是中国特有种。

（94）甘肃大锥蚤 *Macrostylophora gansuensis* Zhang *et* Ma, 1982（图 447～图 449）

Macrostylophora gansuensis Zhang *et* Ma, 1982, *Entomotaxonomia*, **4**: 165, figs. 1-3 (Cheng, Gansu, China, from *Eutamias sibiricus*); Liu *et al.*, 1986, *Fauna Sinica Insecta Siphonaptera*, First Edition, p.1038, figs. 1557-1559; Wu *et al.*, 2007, *Fauna Sinica Insecta Siphonaptera*, Second Edition, p. 1592, figs. 1557-1559.

鉴别特征　与从江大锥蚤接近，但♂、♀均有 1 较小臀前突。♂抱器可动突前缘、后缘内凹都较浅，后下突甚宽短，4 根鬃均为深色刺鬃，第 3 根最长，都长于从江大锥蚤；第 8 腹板前臂很长，仅略短于后臂；阳茎钩突（图 447B）显然宽短，有发达钩突桩；♀第 7 腹板后缘呈截形。

种的形态　头　额鬃较少，1 列 2～4 根，眼鬃 3 根粗长。后头鬃 3 列，分别为 1、2、6 根。触角第 2 节长鬃♂达棒节之半，♀达或超过棒节末端。下唇须 5 节，其长♂接近前足基节末端，♀个别可超过转节之端。胸　前胸背板背缘稍凸，两侧具 17（18）根栉刺，略斜向腹侧弯。中胸背板内侧假鬃 9～11 根；后胸背板有 2～4 根端小刺；后胸后侧片鬃 5～7 根。前足基节外侧鬃 20 根左右。前足股节外侧小鬃♂3（4）根，♀6（7）根，内侧小鬃♂1 根，♀4 根。后者基节内侧仅下半段有少数几根。第 5 跗节有 5 对侧蹴鬃，第 1 对为腹位。**腹**　第 1~7 背板具鬃 2 列，后几节前列鬃多不完整，主鬃列下位 1 根与该节气门平或略低。第 1~6 背板端小刺，数分别为 6、6、4、4、3、0 根。臀前突，♂者较短小，可超出臀前鬃的毛杯。♀仅有痕迹。臀前鬃♂1 根，♀3 根。**变形节**♂第 8 背板大而圆（图 448），背缘及亚缘有侧鬃 1 列 6~8 根，稍下至中部具长、短侧鬃约 7 根，内侧亚背缘有片状密集小棘区。第 8 腹板大致呈"V"形，前臂窄长，略短于后臂，后臂末端宽钝，有端长鬃 2 根，背缘的膜质叶较长，前叶不分穗，后叶分成 1短穗，两叶间有较深凹陷。不动突向后方倾斜，其端约达可动突前缘 1/2 处，后缘略凹，抱器体腹缘与柄突后缘间具倒"V"形小凹，柄突自基部至末端渐狭，显然长于第 9 背板前内突；臼鬃 2 根，甚长。可动突前缘上段略直（图 447A），下段稍凹，后缘在端角下方具长刺鬃 1 根，下部具宽突，其上有深色刺鬃 4 根，第 3 根最长。第 9 腹板前臂狭长，背缘中段有 1 小的隆起，后臂末端宽，略呈长方形，前缘有长鬃 1 鬃，侧面有小鬃

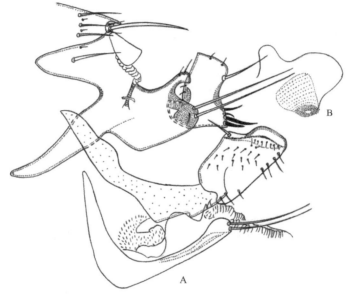

图 447　甘肃大锥蚤 *Macrostylophora gansuensis* Zhang *et* Ma，♂（正模，甘肃成县）

A. 变形节；B. 阳茎钩突（放大）（仿黄贵萍，1986）

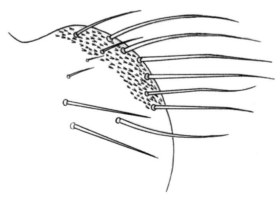

图 448　甘肃大锥蚤 *Macrostylophora gansuensis* Zhang *et* Ma，♂第 8 背板（正模，甘肃成县）（仿黄贵萍，1986）

约 25 根，后缘几根略较长，成列。♀（图 449）第 7 腹板后缘呈 1 大截形后突，侧鬃 1列 3~5 根，其前有小鬃 0~2 根。肛锥长约为基宽 2.0 倍强。受精囊背缘显弧凸，腹缘

较凹，受精囊孔位于后下角，尾部末端有发达的乳突。

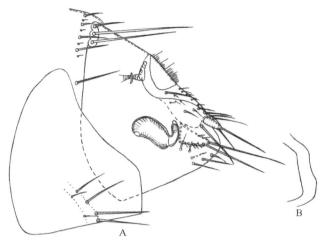

图 449　甘肃大锥蚤 *Macrostylophora gansuensis* Zhang *et* Ma，♀（副模，甘肃成县）（仿黄贵萍，1986）

A. 变形节；B. 第 7 腹板后缘变异

　　观察标本　共 2♂♂、3♀♀ (系原描述正、副模)，1979 年 8 月采自秦岭南坡的甘肃成县，自花鼠，标本存于兰州大学医学院。另文献记录 4♂♂、1♀（吴厚永等，2007），1988 年 4 月采自四川康定，自隐纹花松鼠，标本存于军医科院微流所。

　　宿主　隐纹花松鼠、花鼠。

　　地理分布　秦岭南坡的甘肃成县、四川西南部康定。按我国动物地理区划，属华北区黄土高原亚区和西南区西南山地亚区。本种是中国特有种。

无值大锥蚤种团 *euteles*-group of *Macrostylophora*

Macrostylophora, *euteles*-group, Li, 1980, *Acta Acad. Med. Guiyang*, **5** (2): 108；Liu *et al.*, 1986, *Fauna Sinica Insecta Siphonaptera*，First Edition, p. 1021；Wu *et al.*, 2007, *Fauna Sinica, Insecta Siphonaptera*, Second Edition, p. 1563, 1594.

　　鉴别特征　♂抱器可动突上半段呈锥形、塔状（图 452A）或偶弓形，端缘斜向前下方，后缘垂直或偶具较长后腹突。不动突窄长，几与可动突同高或略低。第 9 腹板后臂前缘常具 1 根粗柳叶刀形刺鬃（图 461），或偶叉形粗刺鬃，但也有少数种有例外，为 2 根或数根普通鬃。臀前突仅留有痕迹或缺如。柄突背隆发达。

（95）河北大锥蚤 *Macrostylophora hebeiensis* Liu, Wu *et* Chang, 1979（图 450～图 454，图版XII）

Macrostylophora hebeiensis Liu, Wu *et* Chang, 1979, *Entomotaxonomia*, **1**: 5, figs. 1-5 (Zhuolu, Hebei, China, from *Trogopterus xanthipes*); Liu *et al.*, 1986, *Fauna Sinica Insecta Siphonaptera*, First Edition, p. 1029, figs. 1532-1536; Wu *et al.*, 2007, *Fauna Sinica Insecta Siphonaptera*, Second Edition, p. 1599, figs. 1998-2001.

Macrostylophora hebeiensis shennongjiaensis Liu *et* Ma, 1999, *Acta Zootaxonom. Sin.*, **24**: 103, figs. 1-5.

鉴别特征　河北大锥蚤与细钩大锥蚤和阿坝州大锥蚤近缘，可称为姊妹种，它与前者的区别在于：①♂第 9 腹板后臂端段大致呈葫芦形，最宽处约在前端隆起 2 根长鬃处；②抱器体腹缘与柄突分界处具 1 锥形隆起；③第 9 背板前内突与柄突之间后 1/2 段内凹为宽三角形；④♀受精囊头部长椭圆形，头显然长于尾部。它与后者的区别在于：①♂可动突上半部呈宽塔形，前角处横宽宽于抱器不动突端部膨大处，腹缘稍弧凸；②阳茎钩突较长大，背缘有很宽的浅凹，近端呈略粗鸟喙状向下弯；③♀第 7 腹板后缘斜直或微凸，或近腹缘略凹（表 9）。

表 9　河北大锥蚤与阿坝大锥蚤及细钩大锥蚤形态特征的比较

特征	河北大锥蚤 M. hebeiensis	阿坝州大锥蚤 M. abazhouensis	细钩大锥蚤 M. angustihamula
♂可动突上半部	宽塔形，前角处横宽显宽于不动突端部膨大处，腹缘稍弧凸	窄锥形，前角处横宽窄于不动突端部膨大处，腹缘显突出	宽塔形，前角处横宽宽于不动突端部膨大处，腹缘甚突出
♂第 9 腹板前内突与柄突之间后 1/2 段内凹	宽三角形	宽三角形	狭缝
♂抱器体腹缘锥形隆起	有	有	无
♂第 9 腹板后臂	后段近葫芦形，最宽处约在前端隆起 2 根长鬃处	网球拍形，前上缘具 1 列 5 根长鬃	窄长拇指形，最宽处在前端 2 根长鬃前下方
♂阳茎钩突末端	鸟喙状，较粗钝	略呈梯形，端缘突出成角	弯钩状，细长
♀第 7 腹板后缘	斜直或微凸，或近腹缘略凹	具钝圆后上突	倾斜（折叠）
♀第 7 腹板受精囊头部	长椭圆形，长于尾	长椭圆形，与尾近等长	近圆形，略短于尾

种的形态　头　额突小，♂约位于额缘中点，♀下 1/4 处（图 450）。额鬃♂6 根，上位 2 根位于近触角窝前缘，♀ 4 根。眼鬃 1 列 3 根，眼的前方具小鬃 9 或 10 根。眼中等大，眼的长径略小于眼后缘至颊角的距离。后头鬃分别为 1、2、6 根；触角窝背缘有 18～20 根小鬃。下唇须有 1 节超过前足转节末端。胸　前胸背板具 1 列 6 根长鬃，前胸栉两侧共 17 根刺，背刺与该背板近等长。中胸背板鬃 2 列，其前列之前♂尚有 2 列不完整细小鬃。颈片内侧假鬃两侧共 8（9）根。后胸背板端小刺 2 根（图 451）。后胸后侧片鬃 3 列 7（6）根，另靠近气门下或稍后方具 1（2）根小鬃。前足基节外侧鬃 29～35 根。后足基节外侧下段有鬃约 13 根。后足胫节后背缘具 7（8）个切刻，外侧具鬃 2 列 9～13 根，内侧有鬃 1 列 4（3）根。后足第 2 跗节端长鬃不达第 3 跗节末端，第 3 跗节长端鬃稍超过

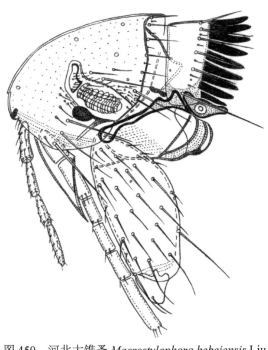

图 450　河北大锥蚤 Macrostylophora hebeiensis Liu, Wu et Chang，♀头及前胸（湖北神农架）

第 4 跗节末端。前、中、后足第 5 跗节各有 5 对侧蹠鬃，具近爪鬃 1 对。**腹**　第 1～7 背板各具 2 列鬃；第 2～6 背板气门下具 1 根鬃。第 1～4 背板端小刺（单侧）依序为 1、2、1、1 根。♂臀前突甚短小，不超过臀前鬃毛杯后缘。**变形节**　♂第 8 背板前背缘略呈峰形隆起，具缘及亚缘甚长鬃 9～11 根，略下至中部具长、短鬃 15～18 根，下部具长鬃 3 或 4 根；内侧亚背缘有稀疏小棘区。第 8 腹板有腹缘鬃 1（3）根，穗状膜质分为前、后两部分（图 452B），前叶宽可弯向腹侧，后叶近端具 7 或 8 根分支，甚长。不动突向后方倾斜，内侧近端具 1 列小鬃 4 根。可动突高于不动突，上半部略似宽塔形（图 452A），前角部位显宽于不动突膨大处，角突以下有较深凹入，后缘中段稍凹，腹缘仅稍弧凸，上段具 1 根长鬃，色淡稍扁；下段具 4 根鬃，其中 3 根呈粗刺状，第 2 根较小且位于内侧。柄突背隆与第 9 背板前内突之间间距较宽，背隆处间距约为背隆起直径宽 1.7 倍，端段削狭，显然长于第 9 背板前内突。抱器体腹缘与柄突分界处具 1 锥形隆起（正、副模及秦岭标本均有锥突，仅 1 副模左边缺如，但右边正常）（图版Ⅻ）。第 9 腹板前臂直，狭长，后臂后段略呈葫芦形，最宽处

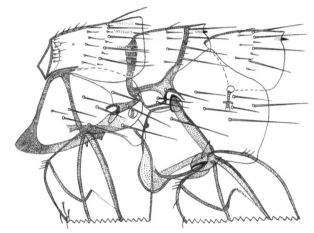

图 451　河北大锥蚤 *Macrostylophora hebeiensis* Liu, Wu *et* Chang，♀中、后胸及第 1 腹节背板（湖北神农架）

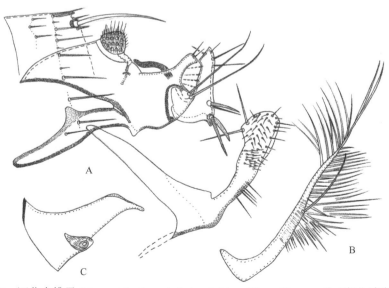

图 452　河北大锥蚤 *Macrostylophora hebeiensis* Liu，Wu *et* Chang，♂（湖北神农架）
A. 变形节；B. 第 8 腹板；C. 阳茎钩突（放大）

约在前端隆起 2 根长鬃处，后缘膜质区甚窄，具 1 列约 7 根小鬃。第 10 腹板较宽大（图 453），背缘弯弧形，呈膜质，有缘及亚缘小鬃 20 余根，腹缘略骨化。阳茎钩突较长大，背缘内凹浅宽，末端呈鸟喙状略向下弯（图 452C）。♀（图 454）第 7 腹板后缘斜直或微凸，具侧鬃 1 列 4 根。第 8 背板后缘有宽的浅凹，背角圆钝，外侧在气门下具长鬃 1 根，小鬃 2 根，下部至后缘有鬃约 10 根。交配囊管骨化部分较短小，受精囊头部较宽短，尾约为头长的 2/3，乳突小。

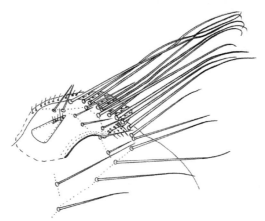

图 453 河北大锥蚤 *Macrostylophora hebeiensis* Liu, Wu *et* Chang，♂第 8 背板及肛、背腹板（湖北神农架）

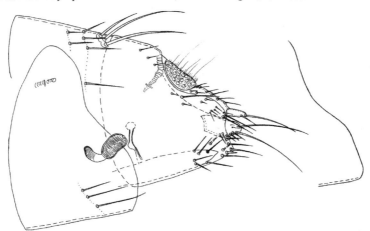

图 454 河北大锥蚤 *Macrostylophora hebeiensis* Liu, Wu *et* Chang，♀变形节及第 7 腹板后缘变异（湖北神农架）

观察标本 共 10♂♂、7♀♀，其中 1♂、1♀于 1995 年 4 月 10 日采自湖北神农架宋郎山海拔 1400 m 的复齿鼯鼠，生境为常绿落叶阔叶混交林，标本存于湖北医科院传染病所。2♂♂于 1982 年 8 月采自陕西秦岭南坡宁陕，自未定种鼯鼠；7♂♂、6♀♀系 1972 年采自河北涿鹿的正、副模，自复齿鼯鼠，标本存于军医科院微流所。

宿主 复齿鼯鼠、鼯鼠。

地理分布 湖北长江三峡以北（神农架）、陕西秦岭南坡（宁陕）、河北（围场、蔚县、涿鹿）。按我国动物地理区系，属华中区西北山地高原亚区和华北区黄土高原亚区。本种是中国特有种。

分类讨论 详查了本种正、副模和陕西秦岭南坡标本，原认为神农架标本是该地区亚种的两个重要特征：①♂抱器体腹缘与柄突分界处具 1 锥形隆起；②柄突背隆与第 9 背板前内突之间间距较宽，其背隆处间距约为背隆起直径宽 1.7 倍；均十分清晰地显示在河北大锥蚤正、副模和陕西秦岭南坡标本上，表明这两个特征是河北大锥蚤固有特征，因而神农架亚种不能成立，从现有数据资料看，本种是大锥蚤属中地理分布范围相对较广的种类之一，复齿鼯鼠可能为其特异宿主。

（96）叉形大锥蚤 *Macrostylophora furcata* Shi, Liu *et* Wu, 1985（图 455～图 457）

Macrostylophora furcata Shi, Liu *et* Wu, 1985, *Acta Zootaxonom. Sin.*, **10**: 299, figs. 1-54 (Enshi, Hubei, China, from *Dremomys rufigenis*); Wu *et al.*, 2007, *Fauna Sinica Insecta Siphonaptera*, Second Edition, p. 1604, figs. 2006, 2007.

鉴别特征　与阿坝州大锥蚤近缘，但据以下几个特征可资区别：①♂抱器可动突形状特异，上半段极窄呈弯弓形，中段后缘具三角形深凹，下段后突宽大，其后缘靠上方 3 根刺形鬃的形状迥然不同，上位者较强大而端部呈扭曲状，近中位者长刀形，下位者呈粗壮纺锤形；②第 9 腹板后臂端缘有 1 根特异的强壮叉形刺鬃，略后下方有 1 较细的刺鬃；③柄突显比第 9 背板前内突短，背隆起较小，抱器体腹缘甚短；④第 8 腹板基段略呈窄"U"形弯曲；⑤阳茎钩突略呈长方形，端略凹，前缘无大的突起；⑥♀第 7 腹板后缘背叶呈锥形。

种的形态　头　额突发达，♂位于额缘中点，♀略下方（图 455）。眼鬃列 3 根鬃。额鬃列 4～6 根鬃，在眼的前方与额突之间有微鬃 8～12 根。后头鬃 3 列，分别为 1 根、1（2）根、6 根。触角窝背缘♀有小鬃 8（11）根，♂较多，23 根。下唇须♂达前足基节 3/4 处，♀近达末端。胸　前胸栉约 18 根，刺与刺之间具清晰间隙，♀背缘刺几与背板等长，♂显短于该背板。中胸背板假鬃每侧 3 根或 4 根，后胸背板端小刺 1 根。后胸后侧片鬃 3 列 7 根。前足基节外侧鬃 38 根左右，后足基节内侧无鬃，外侧有鬃 10～12 根。后足胫节外侧有亚缘鬃 1 列，8～10 根。后足第 2 跗节长端鬃远不达第 3 跗节之末。各足第 5 跗节均有 5 对侧蹠鬃，其中第 1、3 对略向中移，但不在第 2 对之间。腹　第 1～7 背板具鬃 2 列，下位 1 根♂平气门，♀位于气门下方。♂第 1～5 背板端小刺依序为 3、4、4 或 3、2、1 根，♀单侧为 2、3、2、0 根。臀前鬃♂1 根，♀3 根。变形节　♂第 8 背板背缘圆凸，其背缘有长鬃 4 根，略下至中部有侧长鬃 5（7）根和短鬃 4 根，于近腹缘处还有 2 根较靠近的长鬃。肛腹板高度特化，较宽大，似掃状，背缘具 1 列斜行细长鬃 14～16 根，每根鬃均着生在 1 小隆起上。第 8 腹板略呈窄"U"形弯曲，从基腹缘到后缘 1 小鬃的距离显短于可动突后缘长度，其末端的膜质叶呈穗状。可动突较宽大（图 456），上半段极窄呈弯弓形，且上与下两段后缘间具三角形较深内凹，近基后腹突宽大，腹缘呈斜的浅弧凹，其后缘上方 1 根刺鬃长而扭曲，中部凹陷旁 1 根呈长柳叶刀形，略下方 1 根粗似纺锤状，近后腹突端部具 2 根刺鬃，彼此靠近，其内侧 1 根较短，与外侧 1 根着生重叠。不动突长大于基宽，后缘具浅凹。抱器体后缘中段略直，其上 2 根基节臼鬃较短小。第 9 背板前内突显宽并长于柄突，背缘略弧凸，柄突背隆起较小。第 9 腹板前臂端段十分宽大，后臂端缘大体呈圆凸状。♀（图 457）第 7 腹板后缘上段陡斜，近中略凸，下部具较宽的锥形后突，侧鬃 1 列 4 根。第 8 背板后缘凸凹不平，波形，后腹角略圆钝，具缘及亚缘鬃 7 根，生殖棘鬃 2 根。受精囊呈长椭圆形，背缘略凸。交配囊管为短的"S"状，头端较圆，盲管细而短。

观察标本　共 1♂、1♀（系原描述正模和副模），于 1981 年 10 月 3 日采自湖北恩施白果乡赤颊长吻松鼠。标本存于军医科院微流所。

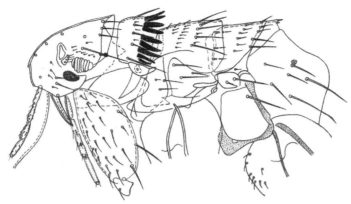

图 455　叉形大锥蚤 *Macrostylophora furcata* Shi, Liu *et* Wu，♀头及胸（副模，湖北恩施）（仿刘泉等，1985）

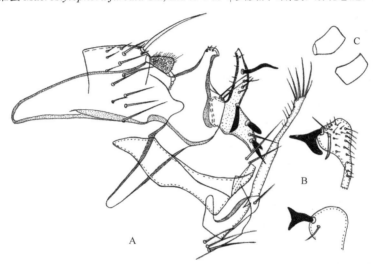

图 456　叉形大锥蚤 *Macrostylophora furcata* Shi, Liu *et* Wu，♂（正模，湖北恩施）（仿刘泉等，1985）
A. 变形节；B. 第 9 腹板后臂端段；C. 阳茎钩突变异

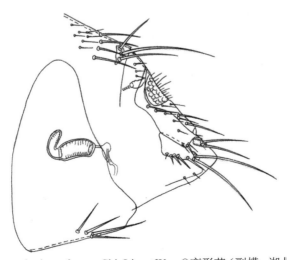

图 457　叉形大锥蚤 *Macrostylophora furcata* Shi, Liu *et* Wu，♀变形节（副模，湖北恩施）（仿刘泉等，1985）

宿主　赤颊长吻松鼠。

地理分布　湖北西南部（恩施）。按我国动物地理区系，隶属于华中区西部山地高原亚区。本种是中国特有种。

（97）崔氏大锥蚤 *Macrostylophora cuii* Liu, Wu *et* Yu, 1964（图458～图460）

Macrostylophora cuii Liu, Wu *et* Yu, 1964, *Acta Zootaxonom. Sin.*, 1: 163, figs. 1-4 (Qingyuan, Zhejiang, China, from *Hylopetes alboniger*); Wu *et al.*, 2007, *Fauna Sinica Insecta Siphonaptera*, Second Edition, p. 1602, figs. 2002-2005.

Macrostylophora cuii cuii Liu, Wu *et* Yu: Liu *et al.*, 1986, *Fauna Sinica Insecta Siphonaptera*, p. 1046, figs. 1576-1579.

鉴别特征　该种与江口大锥蚤接近，但据以下几点可资区别：①♂抱器可动突上段显较狭窄，其最狭处与不动突最狭处约同宽，前缘上段角突小而不明显，角突之下内凹很浅，腹缘内凹亦较浅；②第9背板前内突显窄于并短于柄突，而江口大锥蚤宽于柄突并与之同长；③阳茎钩突背叶短圆，后叶较长而端部膨，中间浅凹；④♀第7腹板后缘斜波形，腹叶远长于背叶。

种的形态　头　额突小而明显，额鬃1列4～6根，眼鬃列3根鬃。眼大而色深，略呈倒梨形。后头鬃3列，依序为1、2、5～7根。胸　前胸背板具17（18）根栉刺，下位1根较小，上方几根刺中段稍向下方弧凸，其背刺略长于该背板。中胸背板具假鬃7～9根，中胸腹侧板鬃7（8）根，成3列。后胸背板具2根端小刺，较小。后胸后侧片鬃5或6根，成2、2或3、1根排列。前足基节具长侧鬃22～26根；股节外侧有小鬃2～4根，内侧1根。后足胫节外侧具鬃1列，后背缘具7个切刻。后足第1跗节约等于第2、3跗节之和，第2跗节端长鬃达第3跗节2/3强。各足第5跗节有5对侧蹠鬃，第1对略向中移。腹　第1～6背板具鬃2列，第2～7背板气门下♀具1根鬃。第1～5背板端小刺数：1～3、4或5、2～4、2、0根。臀前鬃♂1根、♀3根。臀前突♂有痕迹，约达臀前鬃毛杯后缘，♀者无。变形节　♂第8背板大而圆（图459），缘鬃列5（6）根，略下方至中部具侧鬃8～10根，另近腹缘有长鬃2根，亚背缘具片状小棘区。第8腹板基段显后拱，有腹缘鬃2根，穗状膜丝分前、中、后3叶，近端1支较长大。可动突较狭长，上段最窄处约与不动突最窄处同宽（图458A），前缘角小而不明显，角突以下内凹很浅，腹缘内凹亦较浅，后上缘具1根扁而扭曲长鬃，下部具4根鬃，其中第1、3根生于内侧而呈粗刺形，第2根较细。不动突仅略低于可动突，端部膨大，后缘内凹浅宽。第9背板前内突显窄于柄突，二者大致同长，柄突背隆大而明显。第9腹板前臂狭长如刀形，后臂顶端圆钝，前角具1粗柳叶状刺鬃，稍下具1根普通鬃，后亚缘具1列中长细鬃，膜质区较窄。阳茎钩突前叶短圆，后叶较长而端部膨，中间浅凹（图458B）。♀（图460）第7腹板后缘斜波形，后下角除个别略呈弧形外，大多不同程度凸出，侧鬃1列4（3）根。第8背板大，端缘略凹，在臀板前有小鬃3根，下部具侧鬃7（8）根；生殖棘鬃3根。肛锥长为基部宽的2.4～2.6倍，具端长鬃及侧鬃各1根。交配囊袋部圆形，管部向后方弯曲，有骨化脊，盲管发达。受精囊头部为长桶形，尾部短于、细于头部，末端有乳突。

观察标本　共3♂♂、4♀♀（系原描述正模和副模），1957年11月6日自浙江庆元隆宫，宿主为黑白鼯鼠。另文献记录6♂♂、8♀♀（吴厚永等，2007）自福建古田的隐纹花松鼠；1♂、3♀♀，自黄胸鼠。标本存于军医科院微流所和贵州医科大学。

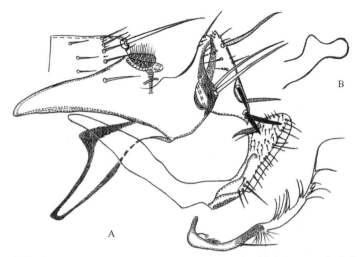

图 458　崔氏大锥蚤 *Macrostylophora cuii* Liu, Wu *et* Yu，♂（福建古田）（仿黄贵萍，1986）
A. 变形节；B. 阳茎钩突

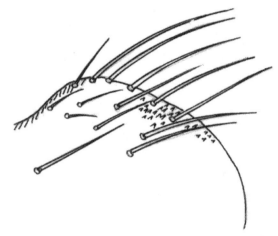

图 459　崔氏大锥蚤 *Macrostylophora cuii* Liu, Wu *et* Yu，♂第 8 背板（福建古田）（仿黄贵萍，1986）

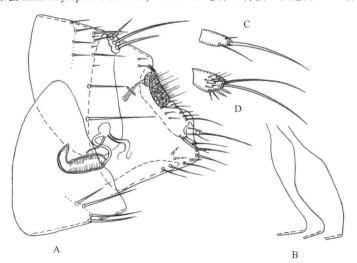

图 460　崔氏大锥蚤 *Macrostylophora cuii* Liu, Wu *et* Yu，♀（福建古田）（仿黄贵萍，1986）
A. 变形节；B. 第 7 腹板后缘变异；C. 肛锥（放大）；D. 肛腹板

宿主　黑白飞鼠、隐纹花松鼠、长吻松鼠、黄胸鼠。

地理分布　浙江（庆元）、福建（古田、武陵山、邵武）。按我国动物地理区系，属华中区东部丘陵平原亚区。本种是中国特有种。

（98）木鱼大锥蚤 *Macrostylophora muyuensis* Liu *et* Wang, 1994（图461～图464，图版XI，图版XII）

Macrostylophora muyuensis Liu *et* Wang, 1994, *Acta Zootaxonom. Sin.*, 19: 238, figs. 1-3 (Shennongjia, Hubei, China, from *Petaurista clarkei*); Wu et al., 2007, *Fauna Sinica Insecta Siphonaptera*, Second Edition, p. 1620, figs. 2026, 2027.

鉴别特征　木鱼大锥蚤与无值大锥蚤种团 *euteles*-group 各种相近，但据以下特征可资区别：①♂第 9 腹板前内突显较柄突为宽，且二者近等长；②阳茎钩突背叶粗短，后叶中部膨大，中间具深凹；③可动突上前角最宽处宽度和可动突基部最宽处宽度（从抱器遮盖处外至可动突基部最宽处）之比见表 10。

表 10　无值大锥蚤种团 *euteles*-group 7 种大锥蚤形态特征的比较

特征	无值大锥蚤 M. euteles	崔氏大锥蚤 M. cuii	江口大锥蚤 M. jiangkouensis	南丹大锥蚤 M. nandangensis	木鱼大锥蚤 M. muyuensis	福林大锥蚤 M. fulini	羽扇大锥蚤 M. lupata
♂第 9 背板前内突与柄突宽度比	显宽于柄突	显窄于柄突	宽于柄突*	等宽	显宽于柄突	窄于柄突	显宽于柄突
♂第 9 背板前内突与柄突长度比	显长于柄突	短于柄突	近等长	长于柄突	近等长	显长于柄突	短于柄突
♂可动突基宽约为上前角处宽	1.5 倍	3 倍	2.5 倍	1.5 倍	2 倍	2 倍	2 倍
♂可动突基宽约为不动突上后角处宽	3.5 倍	3 倍	3.5 倍	3.5 倍	3 倍	3 倍	3 倍
♂可动突	粗长，端段显较宽	端段窄细，与不动突最狭处约同宽	端段略较宽，且宽于不动突端部	粗短，端部显较宽，腹缘较平直	长而较窄，端段较宽	近三角形，后缘凸出	三角形，前缘下段和后缘凸出
♂可动突腹缘内凹	深凹	浅凹	较深	较浅	较深	斜截形	浅弧凹
♂第 9 腹板后臂与前臂长度比	短于前臂	短于前臂	短于前臂	近等长	短于前臂	显长于前臂	短于前臂
♂第 9 腹板后臂前角柳叶状粗刺鬃	1 根	1 根	1 根	1 根	1 根	1 根；第 8 背板背缘具 8 根成簇甚长鬃	2 根；第 8 背板背缘具 6 根成簇甚长鬃
♂阳茎钩突	手帕状，背叶狭短，后叶粗长，中间深凹（图 463A）	背叶短圆，后叶较长而端部膨，中间浅凹（图 463B）	背叶狭，后叶较粗而略长，中间深凹（图 463C）	背叶狭长，后叶粗拇指状而骨化较深，中间深凹（图 463D）	背叶粗短，后叶中部膨大，中间深凹（图 463E）	蟹钳状，背叶尖狭，后叶较长而具前角，中间深凹（图 463F）	背叶三角形而端尖，后叶指形，中间深凹（图 463G）
♀第 7 腹板后缘	斜波形	斜波形	截断形，具突出后背角	斜波形	斜波形	具较小圆锥形腹突	深圆凹，具突出的背叶和较长腹叶
地理分布	四川西南部、云南；缅甸、泰国	浙江、福建	贵州江口	广西南丹	湖北西部、重庆东部	西藏察隅	西藏隆子；尼泊尔、锡金

*依文字描述，其余 6 种大锥蚤做了标本检视

种的形态 **头** 额突较小，♂位于额缘中点，♀略下。额鬃♂4～6根，♀1～4根。眼鬃列3根鬃。后头鬃1、2（1）、5或6根。触角梗节具5～7根鬃，♀有1～2根可达棒节末端。下唇须5节，其长度两性均可达前足转节之中部或末端。**胸** 前胸背板鬃1列6根，下位1根长约达中胸后侧片前1/3处，前胸栉两侧共17根或18根，背方的刺稍长于该背板。中胸背板鬃3列，颈片内侧具4根假鬃，后胸背板端小刺1根。后胸后侧片鬃5～7根。前足基节外侧鬃22～31根。后足胫节外侧鬃1列7或8根。后足第1跗节长度大致等于第2、3跗节之和，第2跗节端长鬃略短于第3跗节之长度。前、中、后足第5跗节第1对蹠鬃为腹位，第3对亦略移向腹面。**腹** 第1～7背板各具2列鬃，中间背板主鬃列7或8根鬃，下位1根♂平气门或略低，♀位于气门下方。第1～4背板端小刺：♂1、2（3）、2（1）、1（2）根，♀1、2（3）、1（2）、1根。臀前鬃♂1、♀3（2）根。臀前突，♂者甚短，约达臀前鬃基部。**变形节** ♂第8背板背缘略向内凹（图462），棘丛区较狭长，板上具13～15根侧鬃和3～5根缘鬃，其中1～3根位于下半段。第8腹板腹缘中部有长鬃1根，穗状膜质分为前、中、后3部分。抱器不动突狭长，其末端仅略低于可动突。可动突端缘斜尖，前缘具1浅广凹，上段最狭处约为不动突最狭处的2.2倍。后缘上段具3根鬃，中位1根较粗，略扁色稍深，下段有4根鬃，第1、3、4根呈粗刺形，第2根较小，第1、3根位于内侧，第2、4根位于外侧。可动突后下角尖而向腹方延伸。第9背板前内突显宽于柄突（图版XI），二者近等长（图461），但鄂西南少量单侧或偶个别双侧变异略长于后者。第9腹板前臂较狭长，后臂末端膨大，后缘膜质部分显然较宽，前端角向前突，该处具1柳叶刀形粗刺鬃和1根普通鬃。阳茎钩突背叶粗短，后叶较粗长，中部膨大（图463E）（略有变异），中间具深凹。♀（图464）第7腹板后缘为斜波形，除个别标本后近腹缘具1凹窦或斜直外，大多数都有1个后下突（图版XII）。第8背板大，在臀板前有3～6根小鬃，后下段近腹缘有9～12根鬃，后缘具1宽内凹。肛锥长为基宽的2.0～2.4倍。受精囊头部较宽短，尾部末端有较小的乳突。交配囊袋部圆形，管稍后弯，盲管细而短。

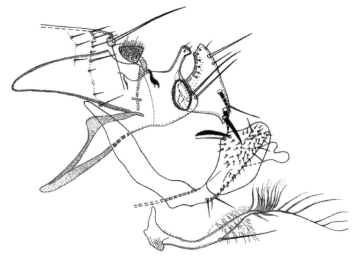

图461 木鱼大锥蚤 *Macrostylophora muyuensis* Liu *et* Wang，♂变形节（正模，湖北神农架）

观察标本 共20♂♂、43♀♀，其中正模♂和副模4♂♂、5♀♀，1989年4月24日采自神农架红坪的棕足鼯鼠窝，副模2♀♀于5月5日采自神农架高桥的岩松鼠；5♂♂、11♀♀采自同地区的燕子垭，2♂♂采自宋郎山，寄主同上；1♂采自刘家屋场，宿主为四川短尾駒，分别采自 1994 年 4 月至 1996 年 10 月；3♂♂、1♀于 2004 月 22～27 日采自长江三峡以南的五峰长坡及与湘西北石门两省交界处的壶瓶山，寄主为白腹巨鼠和赤颊长吻松鼠；1♂、1♀，1992 年 4 月采自兴山龙门河；2♂♂、9♀♀，2009 年 10 月 18～20 日采自五峰牛庄；1♂、5♀♀，2010 年 11 月 18 日采自巴东绿葱坡，宿主均为岩松鼠；12♀♀（乙醇浸泡），2012 年 11 月，恩施太山庙，自岩松鼠巢窝，海拔 1000～1700 m，生境为常绿落叶阔叶混交林和落叶阔叶林。标本分存于湖北医科院传染病所、军医科院微流所（正模）和宜昌疾控中心。

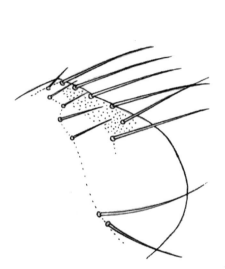

图 462　木鱼大锥蚤 Macrostylophora muyuensis Liu et Wang，♂第 8 背板（副模，湖北神农架）

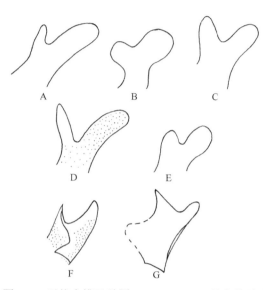

图 463　无值大锥蚤种团 euteles-group 7 种大锥蚤♂阳茎钩突形态特征比较

A. 无值大锥蚤 M. euteles；B. 崔氏大锥蚤 M. cuii；C. 江口大锥蚤 M. jiangkouensis；D. 南丹大锥蚤 M. nandanensis；E. 木鱼大锥蚤 M. muyuensis；F. 福林大锥蚤 M. fulini；G. 羽扇大锥蚤 M. lupata

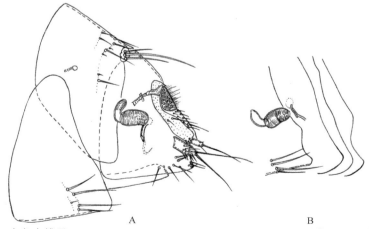

图 464　木鱼大锥蚤 Macrostylophora muyuensis Liu et Wang，♀（副模，湖北神农架）

A. 变形节；B. 受精囊及第 7 腹板后缘变异

宿主　岩松鼠、赤颊长吻松鼠、棕足鼯鼠、北社鼠、白腹巨鼠、四川短尾鼩。

地理分布　湖北西部神农架（宋郎山、高桥、红坪、木鱼、燕子垭、刘家屋场）、兴山（龙门河）、恩施（双河、泰山庙）、五峰（牛庄、长坡）、巴东（绿葱坡）；重庆东北部巫山（当阳）、湖南西北部石门（壶瓶山）。按我国动物地理区系，属华中区西部山地高原亚区。本种是中国特有种。

分类讨论　刘泉于 2007 年在《中国蚤目志》（第 2 版）大锥蚤属无值大锥蚤种团第 1019～1623 页中，将可动突顶端不特尖、柄突等或略长于第 9 背板前内突，第 9 腹板后臂前缘有大型柳叶刀状粗刺鬃者归为 9 种。然而从各地已获得的该种团数据资料和标本对比来看，除表 10 中所列 7 种形态区分明确，特征稳定，为有效种外，而李贵真等（1996）依据云南景东 1♂、3♀♀命名的景东大锥蚤 *M. jingdongensis* 和四川黑水 2♂♂、3♀♀命名的黑水大锥蚤 *M. heishuiensis*，由于这两种原始附图及描记均不是很完整，所提出的鉴别特征也不是很明确，有的特征似又与近缘种形态相同，如黑水大锥蚤♂第 9 腹板前内突与柄突近等长与木鱼大锥蚤相同，阳茎钩突也近似，加上景东大锥蚤用于区别近缘种的♂阳茎钩突的正模又明显为畸形，因此尚有较多存疑。但需指出的是，解宝琦和曾静凡（2000）在《云南蚤类志》313～315 页中收录的无值大锥蚤、李贵真于 1986 年在《中国蚤目志》（第 1 版）1044～1046 页中描记采自四川黑水的无值大锥蚤确与四川康定的无值大锥蚤标本有不同，如《云南蚤类志》及黑水标本♂柄突背隆起离抱器体距离较远，第 9 背板前内突背缘明显外凸和第 9 腹板后臂显短于前臂，也不同于李贵真等（1996）记述的景东大锥蚤及黑水大锥蚤的形态，因此上述地区是只有一个物种栖息，还是有多个近缘物种在同一地区或是生境共存，尚有待在原采集地获得更多雄性或雌性做进一步研究。

从现有资料和实物标本数据看，在上述 7 个相近种大锥蚤中，木鱼大锥蚤是最接近江口大锥蚤和南丹大锥蚤的物种之一，尤其是与前者，地理分布也较靠近，而与其他大锥蚤形态相差较远，但江口大锥蚤♂抱器可动突上段较窄，其宽度介于崔氏大锥蚤与木鱼大锥蚤之间；阳茎钩突后叶不膨大；♀第 7 腹板后缘呈截断形，具有突出后上角而不同于本种。南丹大锥蚤♂可动突明显粗短，腹缘较平直；第 9 背板前内突不宽于柄突；阳茎钩突背叶狭长，后叶粗长拇指状且骨化较深尤为特异均不同于本种。

作者认为雄蚤阳茎钩突的形状是区别无值大锥蚤种团各种的重要特征之一，另外还应参考可动突上前角宽，可动突基部最宽处宽和不动突上后角处宽度之比，以及第 9 背板前内突与柄突长宽比。

鼯鼠大锥蚤种团 *aërestesites*-group of *Macrostylophora*

Macrostylophora, aërestesites-group Li, 1980, *Acta Acad. Med. Guiyang*, **5** (2): 108; Liu *et al.*, 1986, *Fauna Sinica Insecta Siphonaptera*, First Edition, p. 1021; Wu *et al.*, 2007, *Fauna Sinica Insecta Siphonaptera*, Second Edition, p. 1562, 1572.

鉴别特征　♂第 9 腹板后臂近基部具 2～3 根粗短的爪形刺鬃（图 465A）；可动突具向后下方伸出的矩形长突，且上位刺鬃位于后缘中段；前胸背板背缘成弧形突出（♀蚤仅略突出）（图 465B）；臀前突十分发达。

（99）鼯鼠大锥蚤 *Macrostylophora aërestesites* Li, Chen *et* Wei, 1974（图 465，图 466）

Macrostylophora aërestesites Li, Chen *et* Wei, 1974, *Acta Ent. Sin.*, **17**: 114, figs. 4-6 [male only, Heishui, Sichuan (Szechuan), China, from *Tamiops swinhoei*, *Aeretes melanopterus szechuanensus* and *Apodemus sylvaticus*]; Liu *et al.*, 1986, *Fauna Sinica Insecta Siphonaptera*, p. 1204, figs. 1521-1524; Wu *et al.*, 2007, *Fauna Sinica Insecta Siphonaptera*, Second Edition, p. 1572, figs. 1963-1966.

鉴别特征　♂抱器可动突后缘具 2 个甚发达突起，上突起粗钝如指形，长约达下突起的 1/2，其间具 1 甚深近 "V" 形宽凹，上突起背缘另具 1 浅广凹，刺鬃 5 根上位 1 根着生于上突起末端，下位 4 根有 3 根较长而略弯且都着生在下突起末端；第 9 腹板后臂基段腹缘具 3 根粗而较长爪形刺鬃；第 10 腹板长而宽大，近网球拍状。♀未发现。

种的形态　**头**　额鬃 1 列 5（4）根，位于眼鬃的前方。眼鬃 3 根，上位 1 根位于眼前缘。眼发达，中央色素稍淡。在触角窝前缘有小鬃 3 根。后头鬃 3 列，依序为 1、3、5 或 6 根。♂后头沟中深，其上有微鬃。触角梗节长鬃约达棒节 2/3。下唇须 5 节，其端接近前足基节末端。**胸**　前胸背板背缘显向背方隆起（图 466B），两侧具 18（19）根栉刺，其背刺与前方背板近等长；中胸背板颈片具假鬃 9（10）根；后胸背板具 2 根端小刺。后胸后侧片鬃成 3 列，依序为 2、3、1 根。前足股节外侧具小鬃 2 或 3 根，内侧 1 根。后足第 1 跗节短于第 2、3 跗节之和。各足第 5 跗节第 1 对侧蹠鬃为腹位，蹠面密生细鬃。**腹**　第 2～7 背板具鬃 2 列，下位 1 根位于气门上方；第 1～5 背板端小刺依序为 2、4～6、2～5、2 或 3、0～2 根。臀前鬃 1 根。**变形节**　♂（图 466A）臀前突甚发达，粗、长而骨化强，长度超过臀板长径的 3 倍强。第 8 背板背缘向后上方呈峰状隆起，后缘宽弧形，具背缘及亚缘长鬃 1 列 9～11 根，其中 6 根较长，侧鬃上部 10～14 根，另近腹缘常有鬃 2 根；内侧上段具 1 斜行带状小粗棘，在带状粗棘上方还有成片极细密小棘，尤后段一直延伸到背缘。第 8 背板气门长于臀板。第 8 腹板狭长，基部弯钩状，腹缘中段具长鬃 2（1）根，或另有短鬃 1～3 根，端部穗状较粗而发达（不像其他大锥蚤那样呈膜质），末端渐窄细，背缘具 15～20 根细丝分支。不动突约为同宽杆形，前上缘稍凸，后缘略凹。抱器体腹缘略呈弧拱状，基节白鬃 2 根着生在后缘 1 小隆起末端，第 9 背板前内突近三角形，柄突显然长于第

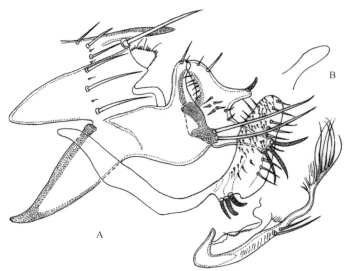

图 465　鼯鼠大锥蚤 *Macrostylophora aërestesites* Li，Chen *et* Wei，♂（正模，四川黑水）（仿黄贵萍，1986）
A. 变形节；B. 阳茎钩突

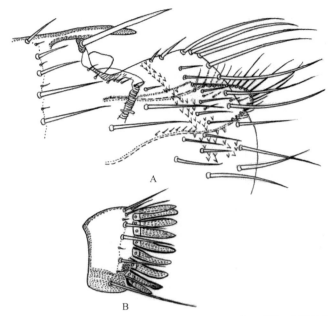

图 466　鼯鼠大锥蚤 *Macrostylophora aërestesites* Li, Chen et Wei，♂（正模，四川黑水）（仿黄贵萍，1986）
A. 第 7、8 背板及第 10 腹板；B. 前胸背板

9 背板前内突。可动突前上缘较向前倾，下方略凹，后缘具上、下 2 个突起（图 465A），上突起粗钝如指形，长约达下突起长径之半，其间具 1 甚深 "V" 形宽凹，上突起背缘另具 1 浅广凹，刺鬃 5 根上位 1 根着生于上突起末端，下位 4 根，其中有 3 较长而略弯，且都着生在下突起末端。第 9 腹板前臂窄长，后臂末端大，长椭圆形，侧面有浓密微鬃，前缘有长、短鬃 4 根，亚后缘具 1 列细长鬃 9 或 10 根，膜质区较窄，近基后缘有 3 根粗爪状深色刺鬃。第 10 腹板长而宽大，近网球拍状，沿后亚背缘至端腹缘有纤细长鬃多根。阳茎钩突狭长，中段背、腹缘稍凹。

　　检视标本　共 2♂♂（原描述正模和副模），1960 年 8 月采自四川黑水，自隐纹花松鼠和沟牙鼯鼠，标本存于军医科院微流所。文献记载（张金桐等，1982，1989）在陕西佛坪隐纹花松鼠体外采到标本，甘肃省疾病预防控制中心王世明等（2001）在甘肃陇南采集到本种，但具体获得的标本数均不详。

　　宿主　隐纹花松鼠、四川沟牙鼯鼠、小林姬鼠。

　　地理分布　秦岭南坡的陕西佛坪和甘肃陇南、四川（黑水）。按我国动物地理区系，属华中区西部山地高原亚区和青藏区青海藏南亚区。本种是中国特有种。

纤小大锥蚤种团 *exilia*-group of *Macrostylophora*

Macrostylophora, exilia-group Li, 1980, *Acta Acad. Med. Guiyang*, **5** (2): 108；　Liu *et al.*, 1986, *Fauna Sinica Insecta Siphonaptera*, First Edition, p. 1021; Wu *et al.*, 2007, *Fauna Sinica Insecta Siphonaptera*, Second Edition, p. 1562, 1623.

　　鉴别特征　♂抱器可动突大致呈矩形（图 468），端缘斜向后下方，后下角 4 根刺鬃较细，直而色淡。不动突明显短于可动突，达可动突前缘 3/4～4/5 处。柄突显长于第 9 背板前内突，背隆发达。第 9 腹板后臂前缘具长鬃 1 根。臂前突长短不一。

（100）李氏大锥蚤 *Macrostylophora liae* Wang, 1957（图467～图471）

Macrostylophora liae Wang, 1957, *Acta Ent. Sin.*, **7**: 497, figs. 3, 4 (Shunchang, Fujian, China, from *Tamiops swinhoei maritimus* and *Callosciurus erythraeus minpoensis*); Liu et al., 1986, *Fauna Sinica Insecta Siphonaptera*, p. 1050, figs. 1590-1594; Chin et Li, 1991, *The Anoplura and Siphonaptera of Guizhou*, p. 327, figs. 88, 89; Wu et al., 2007, *Fauna Sinica Insecta Siphonaptera*, Second Edition, p. 1628, figs. 2030-2032.

鉴别特征 李氏大锥蚤据以下几点特征可与三刺大锥蚤相区别：①♂臀前突甚发达，可达第8背板约3/4处；②抱器不动突端段显向后方弯曲，前上缘弧凸，后缘具较深圆凹；③可动突显较宽大，后下角甚向后下方突出，下位4根刺鬃为亚刺形，短小而淡，顶端1根扁长扭曲刺形鬃位于中纵线偏前方；④♀第7腹板后缘微圆凸或稍斜直。

种的形态 **头** 额突尖锐，♂约位于额缘近中点（图467），♀略下方。额鬃♂4～6根，♀2～4根。眼大，中央有浅色区，后头鬃1、2、5或6根，后列下位1根较长；触角窝背缘有小鬃10～16根。触角梗节长鬃♂仅达第3节之半或稍短，♂近达末端。下唇须略短于或达前足基节末端。**胸** 前胸背板具18（17～20）根栉刺，中胸背板假鬃3（4）根，后胸背板具1根端小刺，生于后缘小凹陷内。后胸后侧片鬃3列，为2、3、1根。前足股节外侧小鬃♂5～6根，♀2或3根。后足第1跗节约等于第2、3跗节之和，第2跗节端长鬃约达第3跗节4/5处。**腹** 第2～7背板各具鬃2列，气门下具1根鬃，唯♂后4节的下位1根鬃平气门或略低。第1～5背板端小刺（两侧）：依序为4～6、6、4、2～4、2根。♂臀前突甚发达，可达第8背板约3/4处。**变形节** ♂第8背板背缘圆弧形（图469），具缘及亚缘甚长鬃4～7根，略前方另有1～2根较短鬃，侧鬃上部10～12根，下部2（1）根，亚背缘有明显带形小棘区。第8腹板基段呈钩状，中段向后弯拱，后缘近中具长鬃1根，穗状膜丝发达，端膜有3～5根长分支。抱器不动突端段显向后方弯曲（图468），前上缘弧凸，后缘有较深圆凹。抱器体后缘至腹缘均匀圆凸，臼鬃2根生在后背端略隆起处。柄突长于第9背板前内突，背隆大而明显。可动突较宽大，略呈矩形，上前齿突处宽，约为不动突最狭处2.5倍，端缘斜，前缘中段以下稍凹，具较明显后上角，后下段显向后下角突出，上位1根刺鬃扁长，色淡而扭曲，位于端背缘中纵线稍前方，后缘下部4根亚刺鬃短小而色淡。第9腹板前臂狭长，后臂窄骨化相对较弱，端前缘有粗长鬃1根，下有1列小鬃约7根，后亚缘带形膜质区较窄，另中段腹缘有鬃4根。阳茎钩突（图470）基段宽，末端延伸如指形。肛腹板发达，似掃状，背缘至末端有细长鬃约8根，侧短鬃6根。♀（图471）第7腹板后缘微圆凸至较直，侧鬃1列5根，第8背板气门下具长鬃1根和短鬃2根，下部有鬃7根，生殖棘鬃4根。肛锥长约为基宽的3.5倍，具端长鬃、侧鬃及亚端鬃各1根。交配囊头端颇圆，管下段显向后弯，盲管细而短。受精囊头部为等宽筒形，显然长于尾部，尾端具发达乳突。

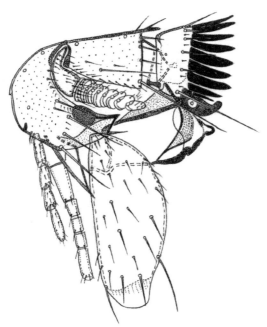

图467 李氏大锥蚤 *Macrostylophora liae* Wang, ♂ 头及前胸（福建白沙）

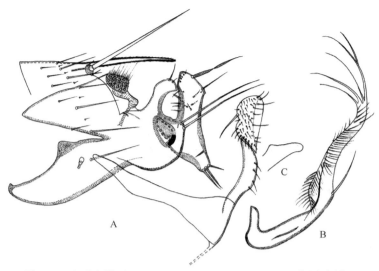

图 468　李氏大锥蚤 *Macrostylophora liae* Wang，♂（福建白沙）

A. 变形节；B. 第 8 腹板；C. 阳茎钩突

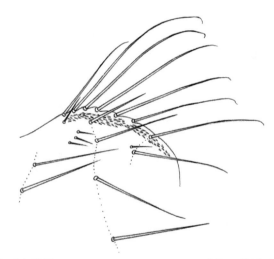

图 469　李氏大锥蚤 *Macrostylophora liae* Wang，♂第 8 背板（福建白沙）

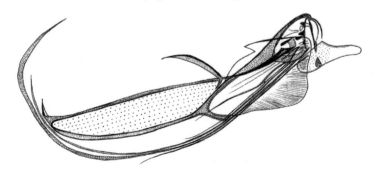

图 470　李氏大锥蚤 *Macrostylophora liae* Wang，♂阳茎（福建白沙）

观察标本　共 7♂♂、7♀♀，于 1957 年 7 月采自福建白沙，自隐纹花松鼠和赤腹松鼠。标本存于军医科院流所。

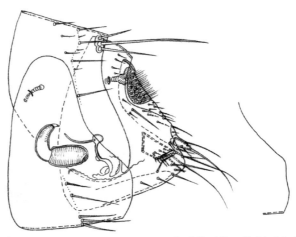

图 471　李氏大锥蚤 *Macrostylophora liae* Wang，♀变形节及第 7 腹板后缘变异（福建白沙）

宿主　隐纹花松鼠、明纹花松鼠、赤腹松鼠、赤颊长吻松鼠、黄胸鼠、针毛鼠、白腹巨鼠。

地理分布　福建（白沙、福州、顺昌、建瓯、邵武）、台湾、广东、贵州（榕江、册亨）。按我国动物地理区系，属华南区台湾亚区和华中区东部丘陵平原亚区及西部山地高原亚区。

（101）三刺大锥蚤 *Macrostylophora trispinosa* (Liu, 1939)（图 472～图 479）

Neoceratophyllus trispinosa Liu, 1939, *Philipp. J. Sci.*, **70**: 43, figs. 35, 36 (Tiannmu Mountain, Zhejiang, China, from *Calloscuirus erythraeus*).

Macrostylophora trispinosa (Liu, 1939): Li, Wang *et* Hsieh, 1964, *Acta Zool. Sin.*, **16**: 497; Liu *et al.*, 1986, *Fauna Sinica Insecta Siphonaptera*, p. 1052, figs. 1597-1600; Wu *et al.*, 2007, *Fauna Sinica Insecta Siphonaptera*, Second Edition, p. 1625, figs. 2033-2035.

Macrostylophora exilia Li, Wang *et* Hseh, 1964, *Acta Zool. Sin.*, **16**: 479, 484, 486, figs. 1-4 (Taishun, Zhejiang, China, from *Sciurus*) (synonym); Liu *et al.*, 1986, *Fauna Sinica Insecta Siphonaptera*, p. 1054, figs. 1601-1605; Wu *et al.*, 2007, *Fauna Sinica Insecta Siphonaptera*, Second Edition, p. 1628, figs. 2036-2038.

鉴别特征　该种与李刺大锥蚤略为相近，但据以下特征可资区别：①♂臀前突甚短小，仅达臀前鬃毛杯后缘或略超出至多为毛杯的 2 倍长；②抱器体显向腹缘凸出，其最凸出处与柄突间具较深倒"V"形内凹；③可动突较窄，上、下段约同宽或偶下段略宽于上半段，后下角具 3 根较粗而长的亚刺鬃，顶端 1 根扁长扭曲鬃位于后端角；④不动突直而不向后弯；⑤第 8 背板带形小棘区位于背缘，而李刺大锥蚤位于亚缘；⑥♀第 7 腹板后缘变异较大，从近截形或至下段略向后凸。

种的形态　**头**　额突明显，♂位于额缘中线，♀下约 2/5 处（图 472）。额鬃少，♂ 3 根，♀ 1 根。后头鬃 3 列，分别为 1、2、6 根。下唇须末端达、超出前足基节，或甚至达转节末端。**胸**　前胸具栉刺 16～18 根。中胸背板颈片内侧具假鬃 3（4）根。后胸背板共有端小刺 2（3）根，生于后缘小凹陷内。后胸后侧片鬃 2、3、1 根，第 2 列中间 1 根有的较细小，前足股节外侧具鬃 2 或 3 根，内侧 1 根。后者胫节外侧具鬃 1 列 7～9 根，内侧 1 列 3 根，后背缘具 7 个切刻。后足第 2 跗节约等于第 3、4 跗节之和，第 2 跗节端长鬃近达第 3 跗节的 4/5 至末端。各足第 5 跗节第 1 对侧蹠鬃显向中移，为腹位，第 4～5 对亦较纤细。**腹**　第 1～7 背板具鬃 2 列；第 2～7 背板下位 1 根鬃♂平气门，♀位于气门下方。第 1～5

背板端小刺（两侧）：依序为2~4、5或6、2~5、2~4、0~2根。臀前鬃♂1根，♀3根；臀前突♂甚短，但略有变异，达臀前鬃毛杯后缘或略超出至多为毛杯的2倍长；♀者无。**变形节**　♂第8背板背缘稍弧凸，具缘长鬃1列7（6~8）根，上部侧鬃11~13根（图475A），但泰顺标本变异为6~9根（图475B、C），下部另有2根略靠近的长鬃，靠背缘有带形刺形粗棘区。第8腹板棒状，前臂很短，后臂亚背缘具等宽深色骨化，腹缘后段有长鬃2根，背缘穗状膜发达，从背缘中部一直延伸到顶端。不动突长约中部宽的3.1倍（浙江泰顺1♂），末端约达可动突前缘3/4处。抱器体腹缘圆凸（图474），或变异稍窄钝（图473）。第9背板前内突显宽并短于柄突，柄突刀形，背隆发达。可动突较窄，上、下段约同宽（图473B），或偶变异下段略增宽（图476），上前最突处宽，约为不动突最狭处1.5倍，后缘上1根长而扁扭曲鬃位于后端角，后缘下段具4根鬃，第1、3、4根较粗长而呈亚刺状，其中上位1根位于亚后缘，而几靠近中纵线，第2根细小且位于内侧；可动突长约为上段最宽处的4.5倍（泰顺1♂），腹缘略凹。第9腹板前臂狭长，后臂基段窄细，后缘有中长鬃4根，端段似拇指状，前缘上方具长鬃1根，下方有渐短鬃11根，沿中纵线偏后方有细长鬃1列约7根，带形膜质区较窄。阳茎钩突略呈压舌板状（图477），但直或略弯同一地点有变异，基部宽于端部，腹缘尤中、后段稍向内凹，末端圆。♀（图478）第7腹板后缘变异较大，从近截形或下段略向后凸（图479），侧鬃1列5根，第8背板后背角圆钝，其下内凹较深。受精囊背缘略凸，腹缘稍凹。肛锥长约为基宽的3.0倍，具端长鬃及侧长鬃各1根。

图472　三刺大锥蚤 *Macrostylophora trispinosa* (Liu)，♀头及前胸（浙江泰顺）

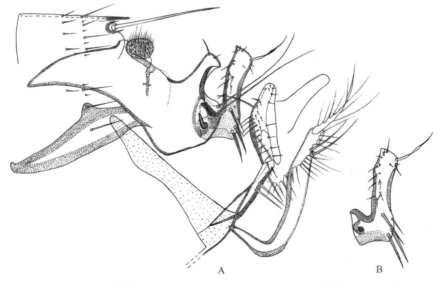

图473　三刺大锥蚤 *Macrostylophora trispinosa* (Liu)，♂（浙江泰顺）

A. 变形节；B.♂可动突

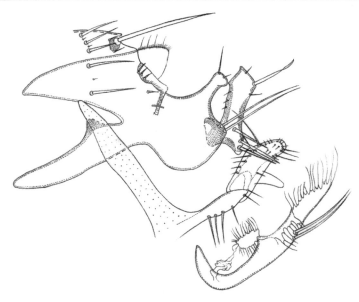

图 474　三刺大锥蚤 *Macrostylophora trispinosa* (Liu)，♂变形节（正模，浙江天目山）（仿黄贵萍，1986）

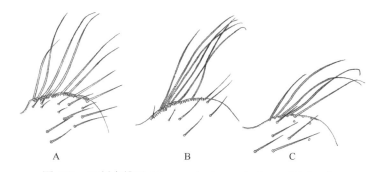

A　　　　　　　　　　B　　　　　　　　　C

图 475　三刺大锥蚤 *Macrostylophora trispinosa* (Liu)，♂

A. 第 8 背板（正模，浙江天目山）（仿黄贵萍，1986）；B、C. 第 8 背板变异（浙江泰顺）

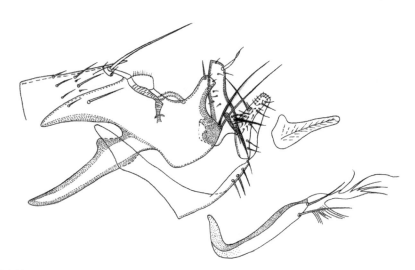

图 476　三刺大锥蚤 *Macrostylophora trispinosa* (Liu)，♂变形节，示典型变异个体（浙江泰顺）（仿黄贵萍，1986）

图 477　三刺大锥蚤 *Macrostylophora trispinosa* (Liu)，♂阳茎（浙江泰顺）

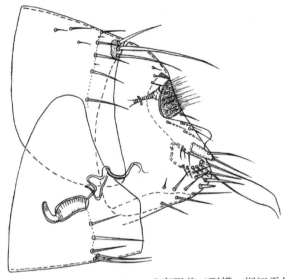

图 478　三刺大锥蚤 *Macrostylophora trispinosa* (Liu)，♀变形节（副模，浙江天目山）（仿黄贵萍，1986）

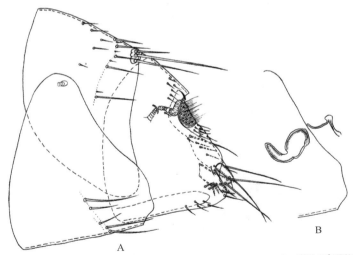

图 479　三刺大锥蚤 *Macrostylophora trispinosa* (Liu)，♀（浙江泰顺）

A. 变形节；B. 受精囊、交配囊及第 7 腹板后缘变异（仿黄贵萍，1986）

　　观察标本　共 5♂♂、5♀♀，其中 3♂♂、3♀♀系原描述正模和副模，浙江天目山，宿主为赤腹松鼠。另 2♂♂、2♀♀，其中含"纤小大锥蚤（同物异名）"正、配模 1 对，于 1958 年 1 月采自浙江泰顺的赤腹松鼠。标本存于军医科院微流所。

宿主　赤腹松鼠、隐纹花松鼠、北社鼠。

地理分布　浙江（天目山、泰顺）、福建（闽北地区）。按我国动物地理区系，属华中区东部丘陵平原亚区。本种是中国特有种。

分类讨论　本次描绘的标本（图 473A），一方面大部分特征符合三刺大锥蚤特征，如♂可动突、第 9 背板前内突与柄突长度比和第 8 腹板，以及不动突长宽比，另一方面少部分特征，如♂臀前突长度、第 8 背板缘、侧鬃和♀第 7 腹板后缘符合纤小大锥蚤特征，加上采集地都同为浙江泰顺。因此，纤小大锥蚤随标本增加原描述主要特征，已不能与三刺大锥蚤鉴别的事实，表明三刺大锥蚤尤其♂无论是不同地点，还是同一采集地均存在一定形态过渡变异，只能将纤小大锥蚤列为三刺大锥蚤的同物异名，而纤小大锥蚤原正模，只不过集中反映了三刺大锥蚤♂较典型的个体变异（图 476）。

为了更好地用数据说明上述结果，详细测定了采自浙江泰顺与纤小大锥蚤正模同一时间及地点的 1 对正常标本：①♂可动突宽度，是从下段上位第 1 根粗刺鬃往上前、后缘近等宽（图 473B），直至臼鬃基部横线以下才稍有增宽，相关文献提到泰顺标本下段有一段略增宽（图 476），且后缘呈弧凸状的情况来看，表明该种可动突尤其下段偶有变异；②第 8 腹板背缘穗状膜经细致描绘，图 473A 显示与三刺大锥蚤一样，是从中段背缘一直延伸到顶端，分析以往两地结果不一致的原因，可能与穗状膜没有完全伸展开或骨化较弱有关；③第 9 背板前内突与柄突长度比，图 473A 显示并无实质性差异；④不动突长约为中部最窄处宽 3.1 倍，既不是天目山的 3.5 倍，也不是相关文献的 2.5 倍，由此看来，这个特征长与中段宽比有变异。至此，浙江泰顺与浙江天目山两地标本分类问题得以澄清。作者认为，像浙江泰顺标本♂臀前突稍长，抱器体腹凸稍窄，随着其他一些特征的不可用，只能按不同地区或不同地点变异处理。

33. 巨胸蚤属 *Megathoracipsylla* Liu, Liu *et* Zhang, 1980

Megathoracipsylla Liu, Liu *et* Zhang, 1980, *Entmotaxonomia*, **2**: 135, figs. 1-5. **Type species**: *Megathoracipsylla pentagonia* Liu, Liu *et* Zhang, 1980; Liu, Zhang *et* Liu, 1982, *Entmotaxonomia*, **4**: 37; Liu *et al.*, 1986, *Fauna Sinica Insecta Siphonaptera*, First Edition, p. 1056; Wu *et al.*, 2007, *Fauna Sinica Insecta Siphonaptera*, Second Edition, p. 1635.

鉴别特征　前胸背板特长，其长度约为前胸栉背刺之倍，与前胸背刺的总长约等于中胸背板与颈片的总长，远较后胸背板为长。后胸背板端小刺呈假鬃状。身体各背板的鬃都纤细。

属的记述　额突小，额鬃和后头鬃都退化，眼小而色深，眼鬃列 3（4）根；下唇须 5 节，其末端超出前足转节之端。后胸背板颈片短，侧区甚小，各足第 5 跗节均具 5 对侧蹠鬃。♂第 8 背板发达如常，背缘鬃甚短，内侧无棘鬃区，第 8 腹板退化，但有端膜和穗丝，第 9 腹板前内突为宽大三角形，柄突较宽仅略长于前内突，抱器体大致与柄突基略同宽。可动突宽大，上、下有 2 根远离的刺鬃。第 9 腹板前臂细弱，后臂亦较短小，但形状特殊。♀受精囊头部椭圆形。

本属为中国特有蚤属，已知 2 种，目前仅知分布在陕西秦岭以南至湖北大巴山一带地区。

种 检 索 表

♂不动突窄三角形，长达可动突前缘 2/3 处（图 481）；可动突下位刺鬃略靠近可动突中部，该刺长约为鬃基至可动突后缘上中部钝刺鬃距离的 2/3；抱器体腹缘内凹明显；柄突除基部外，大部分近等宽；♀第 7 腹板后缘背叶宽大，腹叶狭钝而略短于叶（图 484）··························· **五角巨胸蚤** *M. pentagonia*

♂不动突呈长方形，长达可动突前缘 4/5 处（图 485）；可动突下位刺鬃位于亚后缘，刺的长径略大于鬃基至可动突后缘上中部钝刺鬃的距离；抱器体腹缘内凹轻微；柄突由基向端逐渐变窄；♀第 7 腹板后缘腹叶宽大并显长于背叶（图 487）……**郧西巨胸蚤，新名 *M. yunxiensis* Liu, Zhang *et* Liu, nom. nov.**

（102）五角巨胸蚤 *Megathoracipsylla pentagonia* Liu, Liu *et* Zhang, 1980（图 480～图 484）

Megathoracipsylla pentagonia Liu, Liu *et* Zhang, 1980, *Entmotaxonomia*, **2**: 135, figs. 1-5 (male only, Ningshan, Shaanxi, China, from *Dremomys pernyi*); Liu, Zhang *et* Liu, 1982, *Entmotaxonomia*, **4**: 37; Liu *et al.*, 1986, *Fauna Sinica Insecta Siphonaptera*, First Edition, p. 1057, figs. 1606-1608A; Liu, 2007, p. 1635-1639, figs. 2047-2052 (report femaly), In Wu *et al.*, 2007, *Fauna Sinica Insecta Siphonaptera*, Second Edition, p. 1635.

鉴别特征　♂不动突窄三角形，末端高达可动突前缘 2/3 处；基节臼裸区小，位置高；可动突下位刺鬃略靠近可动突中部，该刺长径约为鬃基至可动突后缘上中部钝刺鬃距离的 2/3；抱器体腹缘内凹明显；柄突除基部外，大部分近等宽；♀第 7 腹板后缘背叶宽大，腹叶狭钝而略短于背叶。

种的形态　**头**（图 480）　额突约位于额缘下 1/3 处。额鬃♂1，♀0（2）根，上、下远离；眼鬃 1 列♂4，♀3 根，其中下方 1 根较长；眼上沿角窝前缘和颊缘有较宽的骨化增厚带，其上或眼鬃前方可散在着生 4～6 根小鬃。眼的长径明显小于眼后缘至颊角的距离。后头除靠近颈片处有 1 列 6～8 根缘鬃外，另触角沟背缘有 3 根细小鬃，触角第 2 节无长鬃。下唇须♀有完整 1 节，♂末 1 节仅 2/3 超出前足转节之端。**胸**　前胸背刺长仅及背板长 1/2，背刺略尖，其中背方的 1～2 根刺稍圆，刺与刺之间有较宽的间隙，两侧共有刺♂ 21、♀20 根，刺的前方尚有 1 列长鬃 5～7 根。中胸背板鬃 2 列，前列鬃细小而不完整，颈片内侧具 1 列完整假鬃，两侧共 10 根。后胸背板具 2 或 3 根假鬃状端小刺。后胸后侧片鬃 3 列 4～6 根。前足基节外侧有长鬃 25 根左右，后缘及近端有小鬃约 12 根；中、后足基节外侧♀分别有鬃 7 和 14，♂13～15 及 7 根小鬃。前、中、后足胫节分别具 6、7、7 个切刻，切刻刺鬃粗，另中、后足胫节在第 5～6 切刻亚后缘之间尚具 1 根粗刺鬃；各足胫节内、外两侧各具 1 列鬃，其外侧数分别为 5、8、9 根。后足第 1 跗节端长鬃等于或略超过该节之端，第 2 跗节端长鬃♂达第 4 跗节之半。**腹**　♂第 1～6 背板，♀第 1～7 背板具鬃 3 列，中间背板主鬃列 7 根鬃，下位 1 根♂平气门或略低，♀位于气门下方。第 1～5 背板端小刺每侧♀依序为 2、3、3 或 4、4、0～2 根，♂为 3、3、3、3、1 根；气门小而端圆。基腹板后半部具弧形线纹区。臀前鬃♂2（上长下短），♀3 根。**变形节**　♂第 8 背板背缘略凸（图 482A），前部具 9（8）根短鬃丛，由前向后渐长，稍下 2 列鬃 2、4 或 5 根，前小后粗长，下部另有 2 或 3 根粗长鬃。第 8 腹板退化，略近杆形（图 482B），基段宽于端段，仅末端具较小端膜和穗丝，腹缘具细长鬃 2 根，小鬃 1 根。可动突为不规则五角形，宽大，端缘略长于前缘，前缘内凹最深处在中点以下，腹缘较平直或稍凹，后缘上中部具 1 粗钝刺鬃，下位 1 根长刺鬃略靠近可动突中部。不动突近三角形（图 481），顶端达可动突前缘的 2/3；抱器体后缘圆凸，2 根基节白鬃下位 1 根稍高于抱器体背缘。第 9 腹板弯弓形，前臂窄细，后臂端背缘内凹宽广而浅，外侧有细小鬃约 20 根，腹膨鬃 5（3）根。阳茎端中背叶的腹端角与钩突末端针锋相对，呈钳状（图 483）。♀（图 484）第 7 腹板后缘具 1 较深的"V"形窦，背叶宽大，腹叶狭钝并略短于背叶，主鬃列长鬃 4（5）根，短鬃 3 根，其间和前方夹杂 17（18）根附加鬃；在凹陷的上、下和前方与第 8 背板重叠区有较浅的骨化区。第 8 背板在臀板下有长鬃 2 根，下部至后端有 8 根长鬃或中长鬃，后端缘凸凹不平，波形，背角圆钝。生殖棘鬃 4 根。肛锥圆柱形，长为基宽的 2.0 倍，具 1 根端长鬃和 1 根长侧鬃。受精囊（已从第 7～8 背板间隙处游离出到中足跗节下方）头略偏位，交接囊管的前方有 1 深色骨化脊。

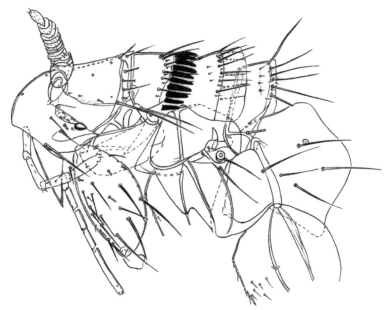

图 480　　五角巨胸蚤 *Megathoracipsylla pentagonia* Liu, Liu *et* Zhang，♂头及胸（正模，陕西宁陕）（仿柳支
英等，1980）

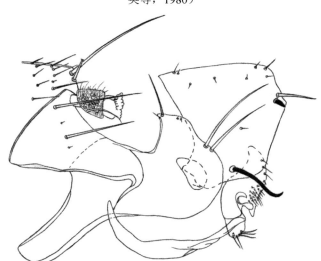

图 481　　五角巨胸蚤 *Megathoracipsylla pentagonia* Liu, Liu *et* Zhang，♂变形节（正模，陕西宁陕）（仿柳支
英等，1980）

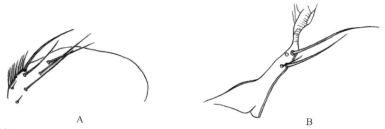

A　　　　　　　　　　　　　　　　　　　　B

图 482　　五角巨胸蚤 *Megathoracipsylla pentagonia* Liu, Liu *et* Zhang，♂（正模，陕西宁陕）（仿柳支英等，1980）

A. 第 8 背板；B. 第 8 腹板

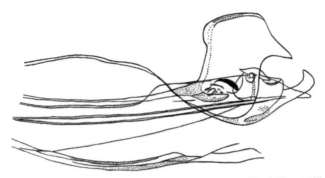

图 483　五角巨胸蚤 *Megathoracipsylla pentagonia* Liu, Liu *et* Zhang，♂阳茎端（正模，陕西宁陕）（仿柳支英等，1980）

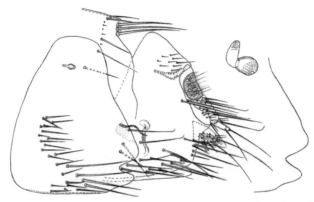

图 484　五角巨胸蚤 *Megathoracipsylla pentagonia* Liu, Liu *et* Zhang，♀变形节、受精囊及第 7 腹板后缘变异（湖北神农架）

观察标本　共 1♂、1♀，其中正模♂于 1959 年 4 月采自陕西宁陕县火地塘林区的珀氏长吻松鼠。另 1♀于 1996 年 10 月 6 日采自湖北神农架同寄主，海拔约 1500 m，生境为落叶阔叶林。标本分存于军医科院微流所和湖北医科院传染病所。

宿主　珀氏长吻松鼠。

地理分布　湖北西北部（神农架）、陕西秦岭南坡（宁陕）。按我国动物地理区系，属华中区西部山地高原亚区。本种是中国特有种。

（103）郧西巨胸蚤，新名 *Megathoracipsylla yunxiensis* **Liu, Zhang *et* Liu, nom. nov.**
（图 485～图 487）

鉴别特征　该种与五角巨胸蚤的区别是：①♂不动突呈长方形，末端高达可动突前缘 4/5 处；②可动突下位刺鬃位于亚后缘，刺的长径略大于鬃基至可动突后缘上中部钝刺鬃的距离；③基节白裸区大，位置低，2 根基节白鬃低于抱器体背缘；④抱器体腹缘内凹轻微，第 9 背板柄突由基向端逐渐变窄；⑤♀第 7 腹板后缘具宽圆的凹窦，腹叶宽大并显长于背叶。

种的形态　头　额突甚小，♂约位于额缘下 1/3 处，♀更下方。额鬃♂者 1 根，♀者 2 根（上、下远离）。眼鬃列♂ 4 根，♀ 3 根。眼小而色深，其长径显小于眼后缘至颊角的距离。后头鬃除缘鬃外，前列仅♂残留 1 根细小鬃，端缘列最下方 1 根为粗长鬃；♂后头沟不发达。下唇须 5 节，末端♂长约达前足转节之端，♀达转节 1/2 处。胸　前胸背板具 21～22 根刺，端尖，刺与刺之间具清晰间隙，最下位 2 根刺较背方的刺细而短，其背刺仅及前方背板长的 1/2；背板上具 1 列鬃 6（7）根，其下位 1 根长约达中胸腹侧板近中部处，有间鬃。中胸背板颈片内侧具 1 列完整假鬃，单侧为 4（3）根，后胸背板具 2 根端小刺，较腹板者为细。后胸后侧片鬃 3 列，依序为 1、2、1 根。前足基节外侧鬃约 25 根，近基及略下方至后缘有小鬃约 10 根。后足股节内侧具鬃 5 根。前、中、后足胫节分别具 6、7、7 个切刻，切刻刺鬃粗，中、后足胫节上中、下切刻各有 1 长刺鬃。后足胫节外侧具鬃 7～9 根。后足第 2 跗节端长鬃超过第 3 跗节。各足第 5 跗节有 5 对侧蹠鬃和 1 对亚端蹠鬃。**腹** 第 1～5 背板具鬃 3 列（3～5 背板前列不完整），中间背板下位 1 根♂平气门或略低，♀位于气门下方。第 1～5 背板端小刺依序为 2、3 或 4、3、3、1～0 根。中间腹板主鬃列 4 根鬃。臀前鬃♂者 2 根，上长下短，其下位 1 根约为上位长的 1/4，♀者 3 根，中位 1 根最长，下位 1 根略次之。**变形节** ♂第 8 背板背缘略凸，前部具短鬃丛 10 根（图 486A），外侧具长鬃 9 根，上方几根约成 2 列，而有 5 根位于下半部。第 8 腹板退化，但端膜及穗丝发达（图 486B）。可动突为不规则五角形，宽大，端缘略长于前缘，前缘内凹最深处约在可动突近中部处，前背角较突出，腹缘稍弧凸，后亚缘及腹亚缘有较弱骨化带，后缘上中部具 1 粗钝刺鬃和 1 根中长鬃，下位 1 根长刺鬃着生于亚后缘，端尖细而稍弯曲，其长径略大于鬃基至可动突后缘上中部钝刺鬃的距离。不动突呈长方形（图 485），顶端高达可动突前缘 4/5，

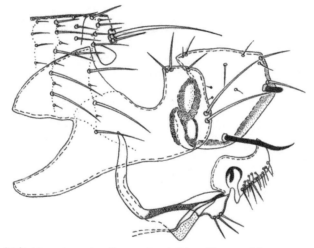

图 485　郧西巨胸蚤，新名 *Megathoracipsylla yunxiensis* Liu, Zhang *et* Liu，nom. nov.，♂变形节（选模，湖北郧西）（仿柳支英等，1982a）

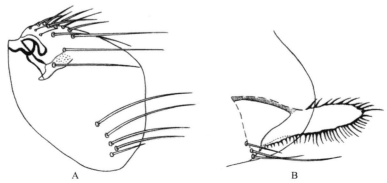

A B

图 486　郧西巨胸蚤，新名 *Megathoracipsylla yunxiensis* Liu, Zhang *et* Liu，nom. nov.，♂（选模，湖北郧西）（仿柳支英等，1982a）

A. 第 8 背板；B. 第 8 腹板

末端有鬃 2 根，端后角略圆。裸区发达，基节臼下缘与抱器体腹缘齐平。抱器体背缘在可动突前方具很深的圆凹，腹缘略内凹，后缘微弧凸；基节臼鬃 2 根着生位置低于抱器体背缘。第 9 背板前内突与柄突之间呈锐角深凹，柄突宽大，由基向端逐渐变窄，末端略长于第 9 背板前内突。第 9 腹板弯弓形，前臂窄细，后臂端背缘内凹宽广而深。外侧有细鬃 10 余根，腹膨鬃 4 根。♀（图 487）第 7 腹板后缘具 1 相当深圆的宽凹并斜向前上方，腹叶宽锥形且明显长于背叶，外侧主鬃列长鬃 4（2）根，短鬃 3 根，其间或前方具附加鬃 9～11 根。第 8 背板在臀板下具 2 根长鬃，下部有长短不一的侧鬃 16 根，后端缘微波形，背角圆钝。肛锥长为基宽 2 倍余。受精囊头部椭圆形，尾与头近等长。交配囊管头端较圆，管部中部直，近旁具 1 骨化增厚。

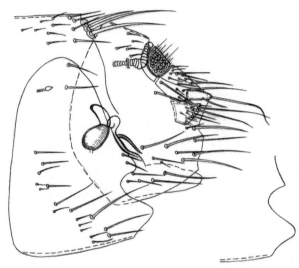

图 487　郧西巨胸蚤，新名 *Megathoracipsylla yunxiensis* Liu, Zhang *et* Liu, nom. nov.，♀变形节及第 7 腹板后缘变异（副选模，湖北郧西）（仿柳支英等，1982a）

标本记录　选模♂、副选模 1♀，于 1980 年 7 月由湖北省卫生防疫站的张狄采自湖北省西北部郧西县的赤腹松鼠。标本存于华中科技大学同济医学院。

词源　新名种名源自于采集地郧西。

宿主　赤腹松鼠。

地理分布　湖北西北部（郧西）、陕西秦岭南坡。按我国动物地理区系，属华中区西部山地高原亚区。本种是中国特有种。

分类讨论　由于本种的形态与五角巨胸蚤十分相近，柳支英等（1982）曾将其雌蚤误定为后者的配对，1996 年刘井元在湖北省西北部大巴山东部的神农架从一只珀氏长吻松鼠（*Dremomys pernyi*）体外采集到其后者正确配对后，曾提出用一个新名来命名 1982 年张狄等在湖北省郧西县采集到的巨胸蚤，2001 年福建医科大学王敦清教授在审阅该稿时，赞同这一处理意见，《昆虫学报》编辑部在受理此稿后，回函安排在 2002 年第 45 卷增刊（Supple）中发表，但到正式发表前，处于谨慎考虑等综合原因本人在回复《昆虫学报》编辑部的信中，仍放弃了发表，直到 2007 年在《中国蚤目志》（第 2 版）第 1635～1639 页中才把五角巨胸蚤的配对雌做了正式更正。但见于本种有较完善的描述和清晰插图，而本种又真实客观存在，且长期处于未定名的状态，根据《国际动物命名法规》第 3 版（1985 年）及第 4 版（2007 年）第 72 条荐则 72c (v) 和第 74 条选模- (a)、(c) 条款或规则，本种在本书中按新名来处理命名，以明确其种的分类地位，并指定 1982 年采自湖北省郧西县的雄标本为选模，雌标本为副选模，原描述的第 2 及第 3 作者（误定为另一种巨胸蚤配对雌的作者）在本种的新名命名中，仍按原署名位置排序不变。

需特别说明的是，如果本种长期不加以命名，当国外同行研究人员发现这一问题后，同样也会根据《国际动物命名法规》上述条款采用新名来命名本种巨胸蚤，并根据原误定为另一种巨胸蚤配对雌的文献来指定其选模和副选模，这样我们将会失去对该种蚤命名的优先原则和发现命名权，由此而产生的结果，将对我国蚤类研究和动物地理区系及多样性等方面产生不利的影响。

34. 副角蚤属 *Paraceras* Wagner, 1916

Paraceras Wagner, 1916, *Trmudy Mux. Tavr.Gub. Zemst.*, (1914): 4 (n. s.) .**Type species**: *Ceratophyllus melis* Curtis, 1832; Liu, 1939, *Philipp. J. Sci.*, **70**: 39; Li, 1956, *An Introduction to Fleas*, p. 49; Liu *et al.*, 1986, *Fauna Sinica Insecta Siphonaptera*, First Edition, p. 1061; Yu, Ye *et* Xie, 1990, *The Flea Fauna of Xinjiang*, p. 396; Chin *et* Li, 1991, *The Anoplura and Siphonaptera of Guizhou*, p. 331; Cai *et al.*, 1997, *The Flea Fauna of Qinghai-Xizang Plateau*, p. 238; Xie *et* Zeng, 2000, *The Siphonaptera of Yunnan*, p. 343; Wu *et al.*, 2007, *Fauna Sinica Insecta Siphonaptera*, Second Edition, p. 1643; Liu, Shi *et al.*, 2009, *The Siphonaptera of Neimenggu*, p. 342.

鉴别特征　♂触角柄节特大而略圆，梗节端鬃特长，远超过棒节末端，或甚至达中胸或后胸侧板，而♀甚短。下唇须较长，至少达或远超过前足基节末端。♂第 2 和第 3 跗节之端常有轮生长鬃或纤样长鬃。后足第 5 跗节 5 对侧蹠鬃不向中移。中胸前侧片翅基片发达，高度显大于宽度。♂抱器不动突呈长杆形或指形。可动突略呈矩形或方形，侧面具 1 列弧形排列鬃或亚刺鬃，端缘具膜质叶。柄突特长，个别种特短，端段明显膨阔，并向上翘。抱器体腹缘内凹浅宽，2 根基节臼鬃位于抱器体亚后缘。第 9 背板前臂较宽，内侧呈弯弓形，背缘具 1 小突起。肛腹板显然长于肛背板。♀第 7 腹板后缘有或无凹陷，凹陷前方无骨化区。受精囊呈"V"形，头尾界限不清，头部短筒形或近椭圆形，尾长大于或等于头长。

属的记述　体中等大，骨化浓重，呈黑或深褐色。头额圆，具额突，眼鬃 3 或 4 根。前胸栉 16～25 根，除个别种外均长于前胸背板。中胸背板颈片内侧具假鬃，后胸背板具端小刺。腹部各腹节背板气门较大，约为眼直径 2/3 或 1/2。中、后足第 2 跗节长于第 3、4 跗节之和。♂后足第 1 跗节端鬃不呈刺形；第 2、3 跗节鬃及其排列多较特殊，第 5 跗节在第 5 对侧蹠鬃之下具 1 对细鬃。第 1～5（6）背板具端小刺。♂第 8 背板内侧具小棘丛区，背缘鬃较多，多为长鬃。第 8 腹板基端退化，端膜穗丝状。♀第 7 腹板具侧鬃 1 列 5～7 根，或前方另有几根短鬃。

本属已发现有 11 种，多数寄生于食肉目动物，少数寄生于啮齿类。中国报道有 6 种，长江中、下游一带地区记录有 3 种，其中湖北分布有 2 种。

种、亚种检索表

1. ♂抱器可动突较短，近方形（图 498），腹缘仅略圆隆；后足仅第 3 跗节有几根成簇的鬃（图 501）；阳茎钩突具端齿（图 500）；♀第 7 腹板后缘具 1 宽而深的凹窦（图 502） …… **宽窦副角蚤　*P. laxisinus***

　♂抱器可动突较长，腹缘有较发达三角形隆起；后足第 2、3 跗节都有成簇纤样长鬃；阳茎钩突无端齿；♀第 7 腹板后缘无凹陷 …………………………………………………………… 2

2. 前胸栉背刺短于或等于前方背板（图 488）；♂抱器可动突前缘直或向前方倾斜，后缘略凸（图 489A）；
　　阳茎钩突背、腹缘近平行（图 489C）；后足第 2 跗节端长鬃略超过第 4 跗节之端；♀受精囊头部与尾
　　部长度约相等（图 490）·· **獾副角蚤扇形亚种 *P. melis flabellum***

　　前胸栉背刺显然长于前方背板（图 491）；♂抱器可动突前、后缘均内凹（图 493）；阳茎钩突背缘具深
　　凹（图 495）；后足第 2 跗节端长鬃达到第 5 跗节末端（图 496）；♀受精囊尾部显然长于头部（图 497）
　　·· **屈褶副角蚤 *P. crispus***

（104）獾副角蚤扇形亚种 *Paraceras melis flabellum* Wagner, 1916（图 488～图 490）

Paraceras flabellum Wagner, 1916, *Trudy. Muz. Tavr. Gub. Zemst.*, (1914): 5 (n. s.); Ioff *et* Scalon, 1954,
　　Key fleas east. Siberica···, p. 63, figs. 101, 103 (n. s.).
Paraceras sinensis Liu, 1935, *Peking Nat. Hist. Bull.*, **9**: 273, figs. 1-4.
Paraceras sinensis (Liu): Liu, 1939, *Philipp. J. Sci.*, **70**: 39, fig. 34; Li, 1956, *An Introduction to Fleas*, p. 56.
Paraceras melis flabellum (Wagner): Liu *et al.*, 1986, *Fauna Sinica Insecta Siphonaptera*, First Edition, p.
　　1071, figs. 1650-1657; Yu, Ye *et* Xie, 1990, *The Flea Fauna of Xinjiang*, p. 397, figs.435-440; Chin *et* Li,
　　1991, *The Anoplura and Siphonaptera of Guizhou*, p. 338, fig. 95; Cai *et al.*, 1997, *The Flea Fauna of
　　Qinghai-Xizang Plateau*, p. 238, figs. 511-515; Xie *et* Zeng, 2000, *The Siphonaptera of Yunnan*, p. 344,
　　figs. 545, 548-551; Wu *et al.*, 2007, *Fauna Sinica Insecta Siphonaptera*, Second Edition, p. 1655, figs.
　　2079-2084; Liu, Shi *et al.*, 2009, *The Siphonaptera of Neimenggu*, p. 342, figs. 274, 275.

　　鉴别特征　前胸栉较短，背刺不长于前方背板（图 488）；♂后足第 2 跗节纤样长鬃略超
过第 4 跗节之端；可动突后缘不凹入；♀第 7 腹板后缘具较窄锥形后凸；受精囊头、尾近等
长的综合特征可与该属除指名亚种外已知种区别。它与指名亚种 *P. melis melis*（Walker，1856）
的区别是，♂可动突后缘略后凸，指名亚种略凹或甚直；♀两亚种无明显差异。

　　亚种形态　**头**　额突尖锐，♂约位于额缘
下 2/5 处，♀略下方。额鬃♂2 或 4 根，♀2 根。
眼鬃 1 列 3 根。眼大，中央具明区。后头鬃依
次为 1、3、4 或 5 根；♂后头缘有中等发达后
头沟，其上小毛密布。触角窝背缘有 28 或 29
根小鬃。触角梗节上♂有 5 根长鬃近达中胸腹
侧板亚前缘。下唇须 5 节，末有 1 节或第 2 节
有 1/2 超过前足基节之端。**胸**　前胸栉具 21
或 22 根刺，各刺直而端尖，除背缘及腹缘 1
或 3 根刺外，刺与刺之间具较宽间隙，其背刺
等于或短于该背板（图 488），前方之背板周
边有较深骨化。中胸背板颈片内侧具 1 列完整
假鬃单侧 5 或 6 根。后胸背板具 3 或 4 根端小
刺。后胸后侧片鬃 2 或 3 列 7～9 根。前足基
节外侧包括缘鬃和基部小鬃在内，具鬃 66～
74 根。前、中、后足股节外侧近腹缘各有 1
列鬃。后足第 1 跗节等于第 2～4 跗节之和，
第 2 跗节纤样长鬃超过第 4 跗节之端而远不达
第 5 跗节末端。**腹**　♂第 1～7 背板具鬃 2 列，

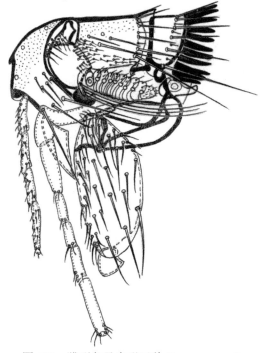

图 488　獾副角蚤扇形亚种 *Paraceras melis
flabellum* Wagner，♂头及前胸（湖北宜昌莲棚）

♀3列，但♂前列之前近背缘另有1根鬃，中间背板主鬃列6或7根鬃，气门下具1根鬃。第1～6背板端小刺（两侧）依序为：3或4、4、4、2～4、0或1及0或1根，臀前鬃3根，中位1根最长。**变形节**　♂第8背板背缘宽且略平，具缘长鬃1列5根，亚缘长鬃2根和短鬃8根，内侧有较宽小棘区从前背缘一直延伸至亚后缘。第8腹板呈弓状（图489B），端部穗状膜丝有20支较细长而弯曲。抱器不动突杆形，显低于可动突，末端有1根小端鬃。抱器体后缘圆凸，腹缘内凹浅宽，后下角尖而突向腹方，2根细长基节臼鬃生于抱器体亚后缘。柄突特长大，近基背、腹缘亚平行，约从中段向端渐增宽至达显膨阔，末端上翘并远长于第9背板前内突。可动突近炬形，长显大于宽，腹缘具角状突起，前缘直而上段较前倾，后缘略后凸（图489A），后端角具1根粗短钝刺鬃和1根较长亚刺鬃，端缘略斜且有膜附叶后伸，外侧近中具1列弧形排列鬃8根，另近前背缘下方有鬃9根，成上、下2组鬃弯弧形或略直排列。第9腹板前臂较宽，略呈"山"形，后臂端段较狭，前、后缘略平行，末端较圆，具小鬃约10根，另中部后缘具1根粗刺鬃。阳茎内突前腹缘骨化部分弯弧形；骨化内管近锚状，有较长背、腹刺突；钩突较长，背、腹缘中段稍向腹

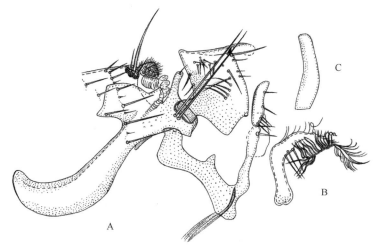

图489　獾副角蚤扇形亚种 *Paraceras melis flabellum* Wagner，♂（湖北宜昌莲棚）

A. 变形节；B. 第8腹板；C. 阳茎钩突

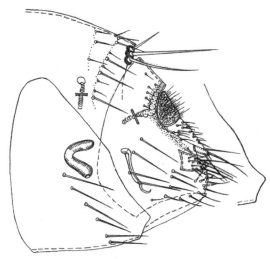

图490　獾副角蚤扇形亚种 *Paraceras melis flabellum* Wagner，♀变形节及第7腹板后缘变异（湖北宜昌莲棚）

缘弯曲（图489C），基段宽于后半段。♀第7腹板后缘中段微凸，下部具1较窄锥形后凸，具侧鬃1列6根。第8背板气门下至后端具鬃23～25根，生殖棘鬃6（5）根，肛锥圆柱状，具端鬃及侧鬃各1根。受精囊略骨化，近"V"形，头部背缘稍凸，腹缘稍凹，尾与头近等长（图490）。

观察标本　共2♂♂、6♀♀，其中1♂、1♀，1992年9月26日采自湖北西北部的神农架高桥，宿主为猪獾，海拔1500 m，生境为常绿落叶阔叶混交林。另有1♂、3♀♀，1988年4月9日采自湖北长江三峡以南的宜昌莲棚，宿主为狗獾；2♀♀，自同一日期及地点，宿主为豪猪。标本分存于湖北医科院传染病所和宜昌疾控中心。另据文献记录（柳支英等，1986；吴厚永等，2007），中国疾控中心在三峡地区尚采到标本，宿主为獾。标本存于中国疾病预防控制中心传染病预防控制所（简称中国疾控中心传染病所）。

宿主　猪獾、狗獾、豪猪；湖北省外尚有喜马拉雅旱獭、赤狐、沙狐、狐、豹、貉、大灵猫、犬、青鼬、艾鼬和鹰等。

地理分布　湖北西部（神农架、宜昌莲棚、长江三峡地区）、江西（上饶）、湖南（益阳）、重庆（巫山）、贵州（贵阳、遵义）、四川（唐克）、甘肃、云南（中甸、剑川、祥云）、河北、青海（全省大部分地区）、新疆（乌鲁木齐、乌苏、伊犁）、宁夏（海源、西吉、平罗、银川）、西藏、内蒙古（赤峰）、吉林、黑龙江（秦来）；国外分布于俄罗斯东部（后贝加尔、阿尔泰）、蒙古、哈萨克斯坦（天山地区）和日本。

（105）屈褶副角蚤 *Paraceras crispus* (Jordan *et* Rothschschild, 1911)（图491～图497）

Ceratopsyllus crispus Jordan *et* Rothschschild, 1911, *Proc. Zool. Soc. Lond.*, p. 365, figs. 106-108 (Emei Mountain, Sichuan, China, from *Sciurotamias davidianus*).

Paraceras crispus (Jordan *et* Rothschschild): Liu, 1939, *Philipp. J. Sci.*, **70**: 40, figs. 32, 33; Li, 1956, *An Introduction to Fleas*, p. 58; Liu et al., 1986, *Fauna Sinica Insecta Siphonaptera*, First Edition, p. 1074, figs. 1658-1660; Wu et al., 2007, *Fauna Sinica Insecta Siphonaptera*, Second Edition, p. 1658, figs. 2085-2089; Liu, Shi et al., 2009, *The Siphonaptera of Neimenggu*, p. 344, figs. 276-277.

鉴别特征　本种依其♂触角第2节长鬃达中胸侧板杆附近，下唇须末节超过前足基节之端，可动突相对较长与獾副角蚤扇形亚种接近，但据以下几点可资区分：①前胸栉显然长于前方背板（图491）；②♂抱器可动突前、后缘均凹入，前缘尤为明显，第9腹板后臂端段渐窄尖而微弯向后方；③后足第2跗节端长鬃达到第5跗节之端；④阳茎钩突背缘具深凹，端部较宽；⑤♀受精囊尾部长于头部。

种的形态　头　额突尖锐，♂位于额缘下约1/4处（图491），♀稍下方。额鬃1列♂7或8根，♀3根，♂上位3～5根位于触角窝前缘。眼鬃列3根鬃。眼大，略呈倒梨形。♂后头鬃3列，分别为1、3或4、5或6根，♀2列、前列为2根；触角窝背方有小鬃14～26根。♂后头沟中深，其上有小毛约10根。♂触角柄节发达，长大于宽，呈杯形，其后缘及近端有小鬃20～24根；第2节♂具长鬃5（4）根，其中有1～3根达到中胸腹侧板中部或稍后方。下唇须5节，长略短于前足转节或超过末端。胸　前胸背板鬃1列5或6根，其下位1根远超过前胸栉后缘；前胸栉19或20根，各刺端尖，其背刺显长于该背板（图491）。中胸背板鬃2或3列，颈片内侧具1列完整假鬃4或5根。中胸腹侧板鬃3列8～10根，背板侧区具1长2短鬃。后胸后侧片鬃3列7或8根鬃（图492），其间偶偶插1根小鬃。前足基节外侧鬃较稀疏，数38～51根。各足股节近后亚背缘具鬃2或3根，偶5根，腹缘另具1粗鬃。中、后足胫节外侧各具鬃2列，后背缘具8个切刻。后足第1跗节♂略短或长于、♀等于第 2～4 跗节之和，♂第 2 和第 3 跗节纤样长鬃至少有 1 根达到第 5 跗节末端（图 496）。**腹**　第 2～7 背板具鬃 2 列，气门下具 1 根鬃；第 1～6 背板端小刺数 （两侧）依序为 3、2～4、2～4、2、0～2 和 0～2 根；基腹板具纵细纹区。臀前鬃 3 根，♂上、下位者近等长。**变形节**　♂第 8 背板宽大 （图 494），背缘稍弧凸或略凹，具背缘鬃 1 列 4 或 5 根，偶 3 根，略下方至中部有长、短鬃 7～14 根，亚背缘具较宽片状小棘区一直延伸至亚后缘。第 8 腹板弓形，后缘下段有 2 根鬃，端膜叶除近端 1 支较直外，腹缘浅色膜状细丝卷曲似瀑布状。不动突杆形，显低于可动突。抱器体腹缘内凹浅宽，后缘略圆钝，柄突长大，近基约 1/3 段附近为最窄，亚前缘具深棕色骨化，端部显较膨阔，末端上翘并远长于第 9 背板前内突。可动突前缘具较深凹入（图 493），后缘中部以上略凹，腹缘三角形，

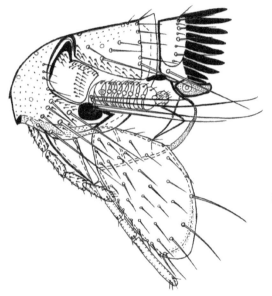

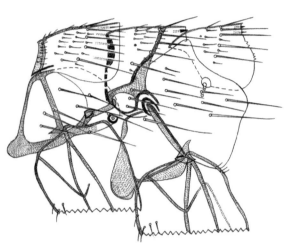

图 491　屈褶副角蚤 *Paraceras crispus* (Jordan *et* Rothschschild)，♂头及前胸（湖北神农架）

图 492　屈褶副角蚤 *Paraceras crispus* (Jordan *et* Rothschschild)，♂中、后胸及第 1 腹节背板（湖北神农架）

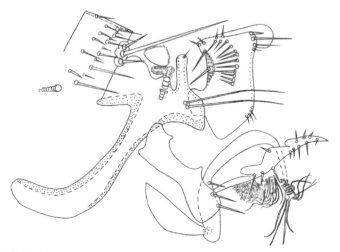

图 493　屈褶副角蚤 *Paraceras crispus* (Jordan *et* Rothschschild)，♂变形节（湖北神农架）

端缘有膜叶，后角具 1 根短刺鬃和 1 根较长亚刺鬃，外侧具鬃 8～14 根，弯弧形排列。第
9 腹板后臂基段细窄，端段渐窄尖而略弯向
后方，有侧鬃 9～14 根，另后缘中部具刺
鬃 1 根。阳茎骨化内管仅有较长前背刺突；
钩突基部近鱼尾状，端部较宽，背缘具 1
深窄凹（图 495）。♀第 7 腹板后缘上段陡
斜，下部具较窄锥形后凸，具侧长鬃 1 列
5～7 根，短鬃 0～2 根。第 8 背板后缘上段
略凹，外侧气门下至后端具长、短鬃 10～
15 根，生殖棘鬃 2 或 3 根。交配囊管头端
稍大，管部直；受精囊尾部超过头部长的
1.5 倍（图 497）。

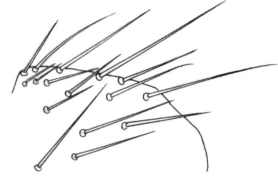

图 494　屈褶副角蚤 *Paraceras crispus* (Jordan *et*
Rothschschild)，♂第 8 背板（湖北神农架）

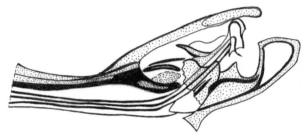

图 495　屈褶副角蚤 *Paraceras crispus* (Jordan *et* Rothschschild)，♂阳茎端（湖北神农架）

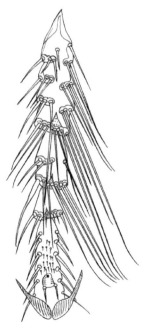

图 496　屈褶副角蚤 *Paraceras crispus*
(Jordan *et* Rothschschild)，♂后足第 2～5 跗
节（湖北神农架）

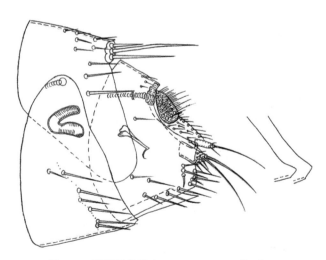

图 497　屈褶副角蚤 *Paraceras crispus* (Jordan *et*
Rothschschild)，♀变形节及第 7 腹板后缘变异（湖北神农架）

　　观察标本　共 18♂♂、20♀♀，其中 1♂、4♀♀于 1980 年 6 月采自湖北西北部神农架大

九湖，11♂♂、11♀♀于 1989～1999 年采自湖北神农架宋郎山、高桥和燕子垭一带，1♂、1♀，1996 年 5 月 24 日采自湖北兴山龙门河，其中除 2♂♂自黄鼬外，余均自岩松鼠，海拔 1200～2300 m，生境为常绿落叶阔叶混交林至针阔叶混交林。1♂、1♀，1988 年 4 月 11 日采自宜昌灵宝，宿主为獾。4♂♂、3♀♀乙醇浸泡标本，2014 年 6 月田俊华采自湖北兴山水月寺的岩松鼠和赤颊长吻松鼠。标本存于湖北医科院传染病所、军医科院微流所和宜昌疾控中心。

　　宿主　岩松鼠、黄鼬、獾、赤颊长吻松鼠；湖北省外有香鼬、乌达尔貊、复齿鼯鼠、小泡巨鼠、北社鼠、喜马拉雅旱獭、犬、刺猬。

　　地理分布　湖北神农架（宋郎山、高桥、燕子垭、大九湖）、房县、巴东（大干河）、兴山（水月寺、龙门河）、宜昌（灵宝）；重庆（巫山）、陕西（汉中）、甘肃（文县）、四川（南坪、若尔盖）、宁夏（六盘山）、山西、内蒙古（赤峰）、北京、河北（蔚县、丰宁、张家口、山海关）。按我国动物地理区系，属华中区西部山地高原亚区、青藏区青海藏南亚区和华北区黄淮平原亚区及黄土高原亚区。本种是中国特有种。

（106）宽窦副角蚤 *Paraceras laxisinus* Xie, He *et* Li, 1980（图 498～图 502）

Paraceras laxisinus Xie, He *et* Li, 1980, *Acta Acad. Med. Guiyang*, **5** (2): 137, 1-7 (Jianchuan, Yunnan, China, from *Martes flavigula* and *Vulpes*, etc.); Liu *et al.*, 1986, *Fauna Sinica Insecta Siphonaptera*, First Edition, p. 1065, figs. 1627, 1635-1640; Chin *et* Li, 1991, *The Anoplura and Siphonaptera of Guizhou*, p. 335, figs. 93, 94; Xie *et* Zeng, 2000, *The Siphonaptera of Yunnan*, p. 347, figs. 546, 552-555; Wu *et al.*, 2007, *Fauna Sinica Insecta Siphonaptera*, Second Edition, p. 1647, figs. 2064-2071.

　　鉴别特征　♂抱器可动突近正方形，后足仅第 3 跗节有 3～4 根成簇的长鬃，阳茎钩突大致呈矩形，末端有尖齿（图 500B），可与本属已知种相区别。♀与深窦副角蚤接近，但第 7 腹板后缘凹陷较宽，背叶较窄而后缘略呈角形，可与后者区分。

　　种的形态　体型较大，♂ 3.2～3.6 mm，♀ 4.6 mm。**头**　眼鬃 3 根，额鬃 2～4 根，触角窝前缘鬃，♂ 4～5 根，♀ 1～2 根。♂触角第 2 节长鬃达中胸腹侧板杆附近。后头鬃 2 或 3 列，0～1、2、6 根。下唇须达前足基节之末，或转节中部至末端。**胸**　前胸栉 18～20 根，背刺长于前胸背板。中胸背板颈片内侧假鬃♂ 5，♀ 2～4 根。后胸背板具端小刺 1～2 根。后胸前侧片鬃 1～3 根；后侧片鬃♂ 9 或 10 根，♀ 8～13 根。前足股节内侧有小鬃 1 根。后足第 1 跗节显然长于第 2 跗节，其第 2 跗节大致等于第 2、3 跗节之和，仅♂第 3 跗节有几根成簇长鬃（图 501）。**腹**　第 1 背板具鬃 2 或 3 列，第 2～7 背板具鬃 2 列，♂第 1～5（6），♀第 1～4（5）背板（单侧）各有 1 根端小刺。第 2～7 背板气门下具 1 根鬃。气门较大，约为眼直径的 1/2。**变形节**　♂第 8 背板有略圆前背角，具缘鬃和侧鬃 20 余根，内侧小棘区呈带状（图 499）。第 8 腹板基部后缘具小鬃 2 根，略上方弯曲处具鬃 1 根。可动突近方形（图 498），前端角显较前伸，前缘具较浅弧形内凹，端缘膜质叶不分叶，腹缘近中有 1 小突起，后上角处有 1 粗短亚刺鬃和普通鬃约 4 根，外侧具 1 列弧形排列亚刺鬃 12～14 根。不动突末端尖，低于可动突。抱器体在不动突前方具 1 较深窄凹，后缘端角以下斜截状，有明显下后角。柄突特长，基段稍后方渐膨阔，末端圆并向前上方翘。第 9 腹板后臂端部略窄，后缘有鬃约 9 根，略下方有刺形鬃 1 根和细鬃 2 根。阳茎内突（图 500A）前腹缘弧凸；钩突较长，背缘有内凹，末端具尖齿（图 500B）。♀第 7 腹板后缘具 1 甚深近 "V" 形不对称宽窦（图 502），背叶宽大而略呈角状，腹叶窄尖短于或约与背叶等长，外侧具长鬃 1 列 5～7 根，或其间及稍前方可有附加小鬃 2（1）根。

第 8 背板气门下有鬃 2～6 根，下至后端有鬃 9～11 根；生殖棘鬃 4（3）根。第 8 腹板窄长，末端钝。肛锥长为基宽的 3.0～4.2 倍，具端长鬃和侧鬃各 1 根。受精囊尾长于头，交配囊管不长，骨化部分很短。

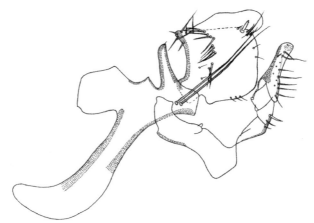

图 498 宽窦副角蚤 *Paraceras laxisinus* Xie, He *et* Li，♂变形节（正模，云南剑川）（仿解宝琦等，1980）

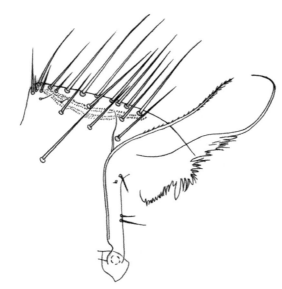

图 499 宽窦副角蚤 *Paraceras laxisinus* Xie, He *et* Li，♂第 8 背、腹板（正模，云南剑川）（仿解宝琦等，1980）

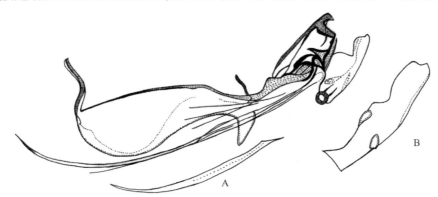

图 500 宽窦副角蚤 *Paraceras laxisinus* Xie, He *et* Li，♂（正模，云南剑川）（仿解宝琦和曾静凡，2000）
A. 阳茎；B. 阳茎钩突（放大）

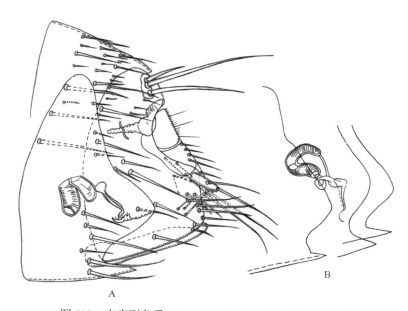

图 501　宽窦副角蚤
Paraceras laxisinus Xie, He
et Li, ♂后足跗节（云南剑
川）（仿解宝琦等，1980）

图 502　宽窦副角蚤 *Paraceras laxisinus* Xie, He *et* Li, ♀
A. 变形节（贵州绥阳）（仿李贵真等，1992）；B. 受精囊及第7腹板后缘变异（副模，
云南剑川）（仿解宝琦等，1980）

标本记录　1♂（未检视），1975 年 12 月由张本华采自湖南郴县（李贵真，1991），自
豺狼；另 1♀，1976 年 6 月贵州，自小泡巨鼠，存于贵州医科大学；1♂，5♀♀（原描述的
正、副模），1976 年 4 月至 1977 年 8 月云南（解宝琦等，1980），自赤狐和青鼬，存于云
南省地方病防治所。

宿主　豺狼、狐、花面狸、青鼬、白腹巨鼠。

地理分布　湖南（郴县）、贵州（绥阳、兴义）、云南（剑川）。按我国动物地理区
系，属华中区东部丘陵平原亚区、西部山地高原亚区和西南区西南山地亚区。

35. 蓬松蚤属 *Dasypsyllus* Baker, 1905

Dasypsyllus Baker, 1905, *U. S. Nat. Nus.*, **29**: 129. **Type species**: *Ceratophyllus perpinnatus* Baker, 1904
(from North America) (n. s.); Liu *et al.*, 1986, *Fauna Sinica Insecta Siphonaptera*, First Edition, p. 1042;
Cai *et al.*, 1997, *The Flea Fauna of Qinghai-Xizang Plateau*, p. 267; Xie *et* Zeng, 2000, *The
Siphonaptera of Yunnan*, p. 366; Wu *et al.*, 2007, *Fauna Sinica Insecta Siphonaptera*, Second Edition, p.
1777.

鉴别特征　额突小，角前区与角后区各具 3 列鬃。眼大而色深。下唇须 5 节，不达前
足基节之端。前胸背板具 30 根以上色深而端尖的栉刺。前足股节外侧具很多小鬃。中足和
后足基节内侧无细长鬃或成簇刺鬃。各足第 5 跗节均具 6 对侧蹠鬃（图 508B），其中第 3
对位于腹面，处于第 4 对的两鬃之间。臀前鬃♂、♀都只有 1 根，较短。♂第 8 腹板退化成
1 小叶并有膜质呈穗状的附叶。抱器可动突宽大，后缘自上而下有长鬃和数根深色刺鬃。♀
受精囊尾部具较大的乳突。

　　本属蚤类地理分布较为广泛，主要分布于古北界、新北界、新热带界和东洋界，已知

有 11 种（亚种），都寄生于鸟，但宿主常到地面活动，从而使在同一生境繁衍栖息的部分啮齿类偶尔染上该属蚤类。中国分布有 1 亚种。

（107）禽蓬松蚤指名亚种 *Dasypsyllus gallinulae gallinulae* (Dale, 1878)（图 503～图 509）

Ceratophyllus gallinulae Dale, 1878, *Hist. Glanville' Wootton*…, p. 291 (England, from *Aegithalos caudatus*) (n. s.).

Dasypsyllus gallinulae gallinulae (Dale): Wagner, 1927, *Konowia*, **7**: 104, 106, figs. 2, 4B (n. s.).

Dasypsyllus gallinulae gallinulae (Dale): Sakaguti, 1962, *Monogr. Siphonaptera Japan*, p. 183, figs. 283-287; Liu *et al.*, 1986, *Fauna Sinica Insecta Siphonaptera*, First Edition, p. 1143, figs. 1788-1792; Cai *et al.*, 1997, *The Flea Fauna of Qinghai-Xizang Plateau*, p. 267, figs. 573-576; Xie *et* Zeng, 2000, *The Siphonaptera of Yunnan*, p. 367, figs. 581-585; Wu *et al.*, 2007, *Fauna Sinica Insecta Siphonaptera*, Second Edition, p. 1777, figs. 2223-2227.

鉴别特征　♂第 8 背板内侧无棘丛区，第 8 腹板退化、无端鬃；抱器可动突后下角有 3 根粗壮刺鬃，上位 1 根短钝而较靠近可动突中线，最下 1 根特别粗而端部扭曲，略呈弯钩状，十分别致；♀第 7 腹板后缘具 1 深凹，背叶略圆或截断形，下叶较窄；受精囊头部背缘后段强烈圆凸，长度约为宽度之倍，并为尾长的 2 倍，尾端有骨化乳突。

种的形态　**头**　额突尖，位于额缘中点稍下方（图 503）。额鬃 2 列，前列 6 或 7 根，后列 3 或 4 根鬃，其中下方 1（2）根细小。眼鬃 1 列 3 根，上方 1 根紧贴眼前缘；眼大而色黑。后头鬃 3 列，依序为 2～5、4～7、5 或 6 根；触角窝背方具小鬃 8～17 根。♂具发达后头沟。触角第 2 节长鬃♂达棒节 2/3，♀超过末端。下唇须长约达前足基节 6/10 处。

胸　前胸栉略长于或与该背板近等长，两侧共有刺 32～36 根，尖而密；前胸背板远短于后胸背板的长度（不含前胸栉）。中胸背板近背缘处具假鬃 2 根，中胸腹侧板鬃 3 列 6～8 根。后胸背板具 1 或 2 根端小刺（图 504），较小而色淡。后胸后侧片鬃 2 或 3 列 6～11 根。前足基节外侧鬃 40 根左右，后足基节外侧下半部具鬃 11～14 根（不含前缘鬃及端鬃）。后足胫节外侧中纵线之后具鬃 2 列，内侧有鬃 1 列 3（4）根，后背缘具 6（7）切刻（图 508A），其中第 2 与第 3 切刻之间距离较远，第 4 与第 5 切刻之间有 1 浅切刻。后足第 1 跗节通常长于第 2、3 跗节之和，第 2 跗节端长鬃超过第 3 跗节的 4/5，但达不到末端；第 5 跗节有 6 对侧蹠鬃，第 3 对显向中移（图 508B），第 5 与第 6 对之间外侧边缘有 1 对间鬃。**腹**第 1～2 背板具鬃 4 列，第 3～7 背板具鬃 2～3 列，下位 1 根鬃♂平气门或略低。第 1～4 背板端小刺数（两侧），♂为 5、3 或 4、3 或 4、2 根，♀为 2、3 或 4、2、0～2 根。基腹板后半部具细纹区。臀前鬃♂、♀皆为 1 根，着生在第 7 背板后延隆起粗突上。**变形节**　♂（图 506）第 8 背板发达，遮盖上、下抱器后半部，上段具缘、侧鬃 9～11 根，下段 4～7

图 503　禽蓬松蚤指名亚种 *Dasypsyllus gallinulae gallinulae* (Dale)，♂头及前胸（湖北神农架）

根，从上至下略呈 2 列；该背板后缘中段稍凹，下段显后凸。第 8 腹板退化，后缘具 1 深窄凹，其边缘和后端有膜质覆盖。不动突较宽，末端略斜圆，仅略低于可动突；抱器体腹缘稍凸，2 根基节臼鬃着生在一小隆起上，显低于抱器体背缘。第 9 背板前内突近端三角形，稍短于柄突。可动突长大于宽（图 505），端缘斜而微凸，后缘具 1 浅广凹，后下角较钝而凸向后下方，此处具 3 根粗壮刺鬃，上位 1 根短钝，位于中纵线偏后方，下位 1 根长而扭曲并弯下腹方，另后上段具 3 根刺形鬃，其中上位 1 根较长，下方 2 根渐短。第 9 腹板前臂端段弯向背方，后臂略呈长棒形，端段后亚缘具小鬃 1 列 9～11 根，略下方具 1 很深的狭缝，其下有长、短鬃约 4 根。阳茎端侧叶的端缘呈圆弧形，腹端似鸭嘴状伸向下后方（图 507）。♀（图 509）第 7 腹板后缘具 1 深凹，背叶截形或稍圆凸，腹叶稍窄并略长于背叶，具长鬃 1 列 5 或 6 根，其前有小鬃 1～3 根。第 8 背板气门下具中长鬃 1 根和 2（1）根短鬃，近腹缘具长、短鬃 5～8 根；生殖棘鬃 3 根。肛锥长为基部宽的 2.5～2.8 倍，具端长鬃及侧鬃各 1 根。臀板杯陷数可见 20～24 个。交配囊袋部圆形，管部中等长。受精囊头部较骨化，背缘后段显圆凸，尾部具发达乳突。

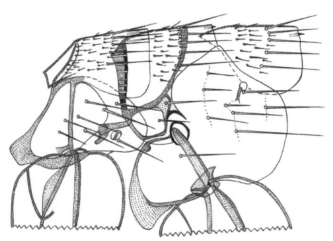

图 504 禽蓬松蚤指名亚种 *Dasypsyllus gallinulae gallinulae* (Dale)，♂中、后胸及第 1 腹节背板（湖北神农架）

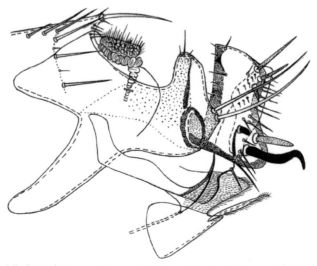

图 505 禽蓬松蚤指名亚种 *Dasypsyllus gallinulae gallinulae* (Dale)，♂变形节（湖北神农架）

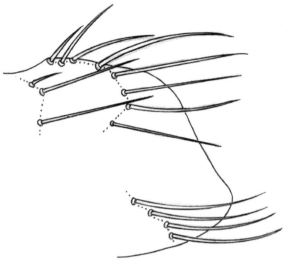

图 506　禽蓬松蚤指名亚种 *Dasypsyllus gallinulae gallinulae* (Dale)，♂第 8 背板（湖北神农架）

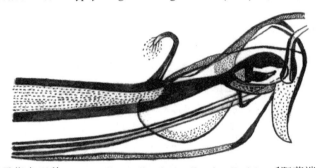

图 507　禽蓬松蚤指名亚种 *Dasypsyllus gallinulae gallinulae* (Dale)，♂阳茎端（湖北神农架）

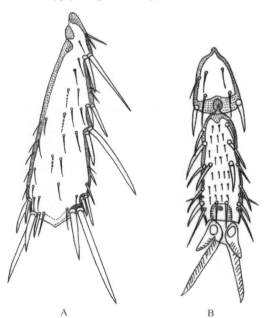

A　　　　　　　　　　　B

图 508　禽蓬松蚤指名亚种 *Dasypsyllus gallinulae gallinulae* (Dale)，♂（湖北神农架）

A. 后足胫节；B. 后足第 4、5 跗节

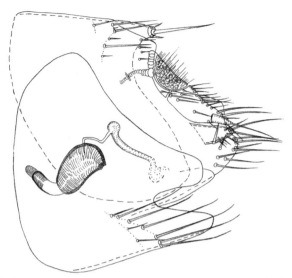

图 509　禽蓬松蚤指名亚种 *Dasypsyllus gallinulae gallinulae* (Dale)，♀变形节（湖北神农架）

观察标本　共 3♂♂、3♀♀，其中 1♂、1♀，1965 年 5 月 15 日采自长江三峡以北的巴东神农架大干河未定种鸟巢；2♂♂、1♀，1965 年 5 月 17 日采自同地区巴东谭家湾的小林姬鼠；1♀，1964 年采自巴东大干河的大林姬鼠，海拔 1800 m，生境为落叶阔叶林，标本存于湖北医科院传染病所。另文献记录（柳支英，1986）1♂、1♀，1960 年 6 月 9 日采自同地区的巴东神农架的小林姬鼠和白鹡鸰，标本存于国家疾控中心传染病所。

宿主　未定种的鸟巢、白鹡鸰、中华姬鼠、大林姬鼠、小林姬鼠、北社鼠。

地理分布　湖北西北部神农架（巴东大干河）、云南（大理）、西藏（聂拉木）；国外分布于日本、尼泊尔和欧洲各国。按我国动物地理区系，属华中区西部山地高原亚区、西南区喜马拉雅亚区和西南山地亚区。

36. 角叶蚤属 *Ceratophyllus* Curtis, 1932

Ceratophyllus Curtis, 1932, *Br. Ent.*, **9**: 417. **Type species**: *Pulex hirundimis* Curtis, 1832 (n. s.); Li, 1956, *An Introduction to Fleas*, p. 47, 57; Liu *et al.*, 1986, *Fauna Sinica Insecta Siphonaptera*, First Edition, p. 1145; Yu, Ye *et* Xie, 1990, *The Flea Fauna of Xinjiang*, p. 440; Chin *et* Li, 1991, *The Anoplura and Siphonaptera of Guizhou*, p. 341; Cai *et al.*, 1997, *The Flea Fauna of Qinghai-Xizang Plateau*, p. 268; Lewis, 1974, *J. Med. End.*, **11**: 660; Xie *et* Zeng, 2000, *The Siphonaptera of Yunnan*, p. 369; Wu *et al.*, 2007, *Fauna Sinica Insecta Siphonaptera*, Second Edition, p. 1780; Liu, Shi *et al.*, 2009, *The Siphonaptera of Neimenggu*, p. 367.

鉴别特征　前胸栉 24～36 根，排列紧密。中、后足基节内侧仅端部一半具细鬃（个别种例外）。♂第 8 背板内侧棘丛区常发达，第 8 腹板膜附器发达，多呈窄三角形至刀状。可动突后缘通常无刺鬃。第 9 腹板前臂弯弓形，后臂端段多呈棍状或棒形。臀前鬃♂1 根、♀通常 3 根；♀受精囊头部多呈细长腊肠形，头部显然比尾长，少数柠檬状，头略比尾长。受精囊管及交配囊管骨化较强；受精囊尾端常具端栓。

属的记述　眼发达，色黑。额鬃 1 列 3～7 根，后头鬃前列 1 根，后列 2 根。下唇须较短，不达或至多约达前足基节之端。前胸背板栉刺略短于或与该背板等长，后胸背板颈片通常发达，少数退化或十分退化；该背板端小刺正常或退化，或有的呈假鬃状或完全消失。

后胸后侧片鬃 3 列 4～7 根；前足基节外侧中区多少有鬃。后足股节内面具 1 列鬃，第 2 跗节端长鬃约达第 3 跗节的端部。♂第 8 背板内侧棘丛区多数种类发达。第 8 腹板端鬃发达，多数 3～5 根，个别 2 根或 10 根以上，或呈短钝亚刺状。抱器体通常宽于柄突基部，少数则相反。第 9 腹板腹膨多呈圆弧形后凸，端叶多呈棍棒状并略向后弯。阳茎钩突发达；阳茎弹丝及内突端附器部分种卷曲成圈。♀第 7 腹板后缘变异较大；受精囊管骨化部分约与触角棒节等长。

本属已记录 70 余种，大部分寄生于鸟类。在我国主要分布于古北界及高海拔地区，已报道有 22 种（亚种），长江中、下游地区分布有 5 种（亚种），其中湖北分布有 4 种（亚种）。

种、亚种检索表

1. ♂不动突显较宽，仅略低于可动突（图 511）；可动突粗短；第 9 腹板后臂腹膨窄三角形；第 8 腹板端膜穗丝大致呈三角形（图 9）；♀第 7 腹板后缘上方具弧形浅凹（图 515，图 516）…………………………………………………………………………… 吴氏角叶蚤 *C. wui*

　　♂不动突较窄，远低于可动突；可动突显较长；第 9 腹板后臂腹膨宽弧形，如腹膨呈较窄三角形，则前缘中部不向前突出；第 8 腹板端膜叶不分裂成穗状，端膜尖长或窄小，或刀形或茶壶状；♀第 7 腹板后缘后凸或中部具弧形内凹或三角形深凹………………………………… 2

2. 后胸颈片略发育，长为前胸背板 1/4～1/3（图 523），该背板端小刺退化，寄主为燕；♂可动突大致呈菱形，前缘角突强烈向前方突出（图 524），位于中点略上方；不动突较细窄；♀受精囊头部较细窄；第 7 腹板后缘变异大，从三角形凸（图 527）到三角形深凹…… 燕角叶蚤端凸亚种 *C. farreni chaoi*

　　后胸颈片正常，长为前胸背板 1/2.5～1/2，常寄生燕以外鸟类；♂可动突不如上述，前缘角突小且位于中点以下；不动突较宽；♀受精囊头部较宽；第 7 腹板后缘圆凸或具角状背突或中部具弧形内凹…3

3. ♂第 9 腹板后臂端叶向后呈角状弯曲（图 519），后缘内凹较深；柄突显长于第 9 背板前内突；第 8 腹板端膜附器近镰刀状；♀受精囊头部较长，呈均匀弯筒形；第 7 腹板后缘圆凸（图 520）…………………………………………………………… 宽圆角叶蚤天山亚种 *C. eneifdei tjanschani*

　　♂第 9 腹板后臂端叶不向后呈角状弯曲，后缘微凹；柄突等于或仅稍长于第 9 背板前内突；第 8 腹板端膜附器窄长或茶壶状；♀受精囊头部较短，呈柠檬状或短筒形；第 7 腹板后缘不如上述…………… 4

4. ♂第 8 腹板端膜附器几呈茶壶状（图 517）；不动突棒状，近基约 3/2 段前、后缘近平行；第 9 腹板后臂腹膨宽弧形；♀受精囊头部呈柠檬状（图 518）；第 7 腹板后缘随地区不同有变异，背叶宽凸，下段向前下方微斜截，但中国西部标本背叶则较小，后缘中部有或深或浅的广凹……… 粗毛角叶蚤 *C. garei*

　　♂第 8 腹板端膜附器细而尖长（图 521）；不动突近锥形；第 9 腹板后臂腹膨较窄，近三角状；♀受精囊头部短筒形（图 522）；第 7 腹板后缘背叶略成角或钝角向后凸……………………………………………………………………… 禽角叶蚤欧亚亚种 *C. gallinae tribulis*

（108）吴氏角叶蚤 *Ceratophyllus wui* Wang *et* Liu, 1996（图 9，图 11，图 23，图 24，图 510～图 516，图版XII）

Ceratophyllus wui Wang *et* Liu, 1996, *Acta Ent. Sin.*, **39**: 90, figs. 1-9 (Shennongjia, Hubei, China, from nest of *Aerodramus brevirostris innominata*); Liu, Ma *et* Zhou, 2003, *Acta Ent. Sin.*, **46**: 95; Wu *et al.*, 2007, *Fauna Sinica Insecta Siphonaptera*, Second Edition, p. 1827, figs. 2283-2285; Liu, Ma *et* Zhang, 2014, *Acta Parasitologica et Medica Ent. Sin.*, **21**: 197, figs. 1-3.

鉴别特征　该种与冥河角叶蚤灰沙燕亚种和中华角叶蚤相近，但从以下几点可与后两者区别：①♂可动突明显粗短，末端仅略高于不动突；②第 8 背板背缘宽且略平，棘丛区不发达，位于前背缘，背缘鬃 6～10 根；③第 9 腹板后臂前缘中部向前圆凸，腹膨为三角形窄凸，其上有鬃 5～7 根；④阳茎钩突宽三角形，末端圆钝；⑤♀第 7 腹板后缘上方略内凹。

种的形态　头　额突明显，♂约位于额缘中央（图 510），♀位于下缘 1/3 处。额鬃♂5～10 根，♀ 2～5 根。眼鬃多为 3 根，约 1/5 的标本具 4 根（单侧或双侧）。眼略呈倒梨形，近背缘中央处色素稍淡；眼的长径略大于眼后缘到颊角的间距，眼前无幕骨弧的痕迹。触角窝背缘丛生 18～32 根小鬃，小鬃上方具 1 或 2 根长鬃，长鬃前方具 1 根短鬃。触角梗节长鬃♂达棒节 2/3 处，♀超过棒节末端。下唇须 5 节，其长度♂接近前足基节端部，♀可达前足基节末端。胸　前胸背板两侧具 28～32 根栉刺，背刺显然短于该背板。中胸背板颈片内侧具假鬃 9～16 根。后胸背板端小刺 2～4 根。后胸后侧片鬃 3 列 5～8 根。前足基节外侧鬃 41～51 根，股节外侧具侧鬃，其后端具 1 粗鬃及 1 根长度稍超过粗鬃之半的毗连鬃。中足基节内侧具 4～10 根短鬃。后足胫节外侧具 16～28 根鬃，内侧具 6～13 根鬃，后背缘具 6 或 7 个切刻。后足第 2 跗节端长鬃超过第 3 跗节之半。各足第 5 跗节具 5 对侧蹠鬃和 1 对亚端蹠鬃，蹠面密生小鬃。腹　第 1～6 背板各具 2 列完整鬃，其前列之前尚有 1～9 根不整齐鬃。第 1～5 背板端小刺数依次为 2～4、2～4、2～4、1～4 和 0～4 根。个别♀在第 6 背板上有 1 根端小刺。臀前鬃♂1 根，♀通常为 3 根，模式标本以外采集地点约 1/3 标本♀臀前鬃为 4 根，偶 2 根。变形节　♂第 8 背板背缘宽且略平（图 513），后端圆凸，具缘鬃和亚缘鬃 6～10 根，侧鬃 7～9 根，第 8 腹板端段膜质穗丝较长、色淡，端部大致近三角形，上具端长鬃 3～6 根，一般为 4 根。抱器不动突较短（图版Ⅻ），端部较圆。可动突仅略高于不动突（图 511），粗短，其前缘略直，顶端圆，但在端缘略斜前上方有 1 色很浅小齿，后缘弧凸，其上着生有 6 根鬃，中 3 根较粗。标本中有 4 只（副模 3 只）左侧可动突呈变异的窄形（图 512），但其右边可动突正常。抱器体与柄突基部近等宽；柄突腹缘近基部处略内凹。

图 510　吴氏角叶蚤 *Ceratophyllus wui* Wang *et* Liu，♂头及前胸（副模，湖北神农架）

第 9 腹板端段前、后缘近平行，末端钝圆，前缘中部处向前突，后缘腹膨为三角形窄凸，其上有鬃 5～7 根。阳茎钩突向后延伸稍呈不等边三角形（图 514）；阳茎弹丝卷曲约 1 圈半；肘部腱卷曲也为 1 圈半。♀（图 515）第 7 腹板后缘具 1 宽弧形浅凹，背角圆钝（图 516），腹叶略长于背叶，外侧具 6～11 根长鬃和 7～14 根短鬃。第 8 背板端近背角处略内凹，下方圆凸。外侧空档以上有长、短鬃 10 余根，空档以下有侧鬃 24～34 根，内侧有生殖棘鬃 4～7 根。肛锥圆柱形，具端长鬃 1 根和 2 根侧鬃。受精囊头部弯筒形，壁较厚，尾部长约为头部的 2/3，有宽厚的乳突。

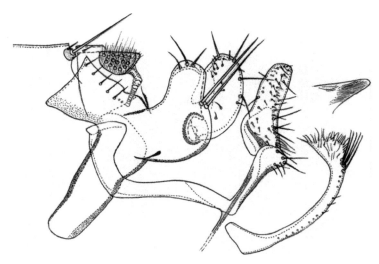

图 511　吴氏角叶蚤 Ceratophyllus wui Wang et Liu，♂变形节及阳茎钩突（正模，湖北神农架）

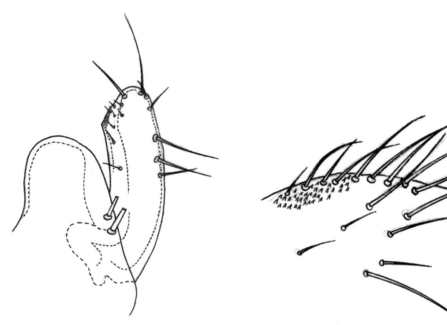

图 512　吴氏角叶蚤 Ceratophyllus wui Wang et Liu，♂抱左侧变异（副模，湖北神农架）

图 513　吴氏角叶蚤 Ceratophyllus wui Wang et Liu，♂第 8 背板（正模，湖北神农架）

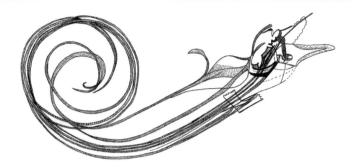

图 514　吴氏角叶蚤 Ceratophyllus wui Wang et Liu，♂阳茎及第 9 腹板腱（副模，湖北神农架）

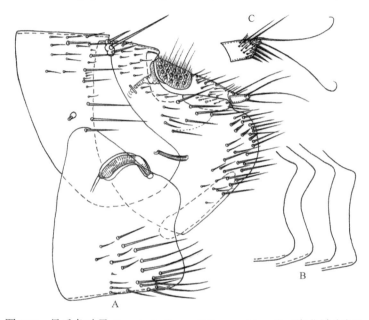

图 515　吴氏角叶蚤 Ceratophyllus wui Wang et Liu，♀（湖北神农架）

A. 变形节；B. 第 7 腹板后缘变异；C. 肛腹板

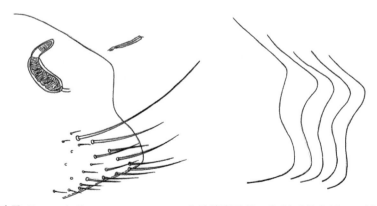

图 516　吴氏角叶蚤 Ceratophyllus wui Wang et Liu，♀受精囊及第 7 腹板后缘变异（副模，湖北神农架）

观察标本　共 406♂♂、610♀♀，其中正模♂和副模 21♂♂、22♀♀，另乙醇浸泡标本 371♂♂，574♀♀于 1992 年 4 月 12 日采自湖北神农架海拔 2300 m 的短嘴金丝燕四川亚种巢窝内；4♂♂、4♀♀，1992 年 11 月 6 日，宿主及地点同，生境为针、阔叶混交林。3♂♂、

4♀♀，1993 年 12 月至 1994 年 4 月采自神农架海拔 1700 m；6♂♂、6♀♀，2000 年 4 月 16 日采自鄂西南的五峰县与湘西北石门县壶瓶山两省交界处同寄主巢窝，海拔 1700 m，生境为落叶阔叶林带。标本存于军医科院微流所和湖北医科院传染病所。

宿主　短嘴金丝燕四川亚种。

地理分布　湖北西部（神农架、五峰）、湖南西北部（石门壶瓶山）、重庆东北部。

生物学资料　短嘴金丝燕四川亚种系我国的夏候鸟，国内分布在四川中部瓦山至重庆东北部万源，以及云南西部、西藏南部、贵州北部和湖北西部。国外分布在印度的安达曼群岛 (Andaman Islands)，缅甸的德林达依南部 (South Tenasserim)，马来西亚的雪兰莪州 (Selangor) 和泰国的西南部。从近年在湖北西部 3 个不同地点（神农架 2 个，鄂西南的五峰与湘西北的石门两省交界处 1 个）所检集的 450 个巢窝寄生蚤的情况来看，其中大部分有数量不等的跳蚤，往往集聚成片，一般不跳跃，爬行缓慢，有相当一部分正在交尾或寻找异性。在采集检取时，该蚤对光有明显的逃避性。将 11～12 月采集的该种蚤带回室内在无寄主而只保留巢窝的条件下，或完全将该种蚤置于玻璃瓶内并保持一定湿度条件下，部分成蚤可存活到次年 4 月（野外采集也证实了，上一年巢窝内该种蚤能存活到第 2 年 4 月，并重新吸食从南方飞来的燕宿主血液），能跳跃和交尾，8 月游离室内，可主动攻击人。从近年 6～9 月多次在湖北西部捕获到短嘴金丝燕四川亚种而没有采到寄生蚤的情况看，该蚤属巢窝型蚤类，繁殖季节约在春、夏两季。

（109）粗毛角叶蚤 *Ceratophyllus garei* Rothschild, 1902（图 517，图 518）

Ceratophyllus garei Rothschild, 1902, *Ent. Mon. Mag.*, **2**: 225, pl. 4, figs. 1-3 (Tring, Hertfordshire, England, from nest of *Gallinula chloropus*) (n. s.); Liu *et al.*, 1986, *Fauna Sinica Insecta Siphonaptera*, First Edition, p. 1145, figs. 1805-1807; Yu, Ye *et* Xie, 1990, *The Flea Fauna of Xinjiang*, p. 447, figs. 493, 494; Cai *et al.*, 1997, *The Flea Fauna of Qinghai-Xizang Plateau*, p. 284, figs. 611-612; Xie *et* Zeng, 2000, *The Siphonaptera of Yunnan*, p. 370, figs. 586-589, 592; Wu *et al.*, 2007, *Fauna Sinica Insecta Siphonaptera*, Second Edition, p. 1800, figs. 2249-2251; Liu, Shi *et al.*, 2009, *The Siphonaptera of Neimenggu*, p. 370, figs. 299, 300.

鉴别特征　粗毛角叶蚤与李氏角叶蚤和北方角叶蚤相近，但据以下几点特征可资区别：①♂第 8 腹板较宽，端段远不如李氏角叶蚤细长而尖削，膜附器十分高大，前缘基部指状突很长，呈茶壶状；②可动突前缘角突低，其下具较深切刻凹入至白鬃处齐平；③不动突较窄，其长度远比北方角叶蚤短，第 9 腹板后臂端段也较北方角叶蚤宽；④♀受精囊头部显长于尾部；第 7 腹板后缘背叶较宽凸，下段向前下方微斜截，但中国西部标本背叶则较小，后缘中部有或深或浅的广凹至近直。

种的形态　体色较深。**头**　额突发达，尖锐，位于额缘中点以下。额突至口角间♀略弧凸。额鬃 1 列 5～7 根，偶上方 1～3 根甚短小。眼鬃 1 列 3 根，其中上方 1 根位于眼下缘略前方。眼大而色黑，中央未见浅色区。触角窝亚前缘及眼后颊缘具带形深色骨化。后头鬃 3 列，依序为 1、2、6 或 7 根。触角窝背缘有小鬃 10～14 根。触角第 2 节长鬃近达或超过棒节末端；♀棒节较短小，亚圆或椭圆形，分节完全。下唇须长达前足基节的末端。**胸**　前胸背板具 1 列 7（6）根长鬃，有间鬃 1～3 根，两侧共有栉刺 25～29 根，栉刺直而端尖，其背刺等于或略短于前方背板。中胸背板主鬃列前方具小鬃 30～39 根，其中靠后方的大致成 1～2 列；颈片内侧假鬃纤细而长，约 6 根。中胸腹侧板鬃 12（13）根，其中后下方 1 根粗长。后胸背板与中胸背板约略同长，其上具鬃 3 列。后胸后侧片鬃 3 列，分别为 2、3、1 根。前足基节外侧鬃40～51根。前足股节外侧有小鬃14～23根，后亚腹缘具长鬃1根，内侧前下段有鬃1根。后足胫节外侧具鬃3列，约20根，内侧有鬃1列4（3）根。后足第1跗节约等于第2、3跗节之和，第2跗节端长鬃不达第3跗节末端。**腹**　第1～7背板具鬃3列，♀下位1根平气门或位于下方。第1～5背板端小刺，依序为2、2或3、2、1或2、0或1根。基腹部后半部具较密集纵行略粗线纹区。臀前鬃♂1根、♀3根。**变形节**　♂第8背板背缘宽且略平，后端角几呈直角弯向腹方，内侧棘丛区不发达，具缘或亚缘长鬃1列3～5根，略下至腹方有鬃3～5根。第8腹板基段近足状，后缘中段均匀弧凸，末端略尖，具长端鬃2或3根，其中2根似亚刺状，膜附器高大，后约1/3段密布小棘，前缘指状突很长，呈茶壶状（图517）。不动突较短而稍窄，呈棒状，基部仅稍宽于端部，末端圆钝，其上具鬃3根。抱器体十分狭窄，其宽显窄于或约等于柄突基部的1/2。柄突与第9背板前内突之间尤窦底为窄而深的三角凹，仅稍长于第9背板前内突，末端圆钝或稍窄。可动突远高于不动突，长约为最宽处的3.1倍，前缘角突以上至前端角具很浅的内凹，角突以下呈深切刻凹入，端部圆凸，后缘中段微凹，上方有中长缘鬃3或4根，其上方2根鬃之间和下位1根鬃下方各可着生1小鬃。第9腹板后臂腹膨圆凸，其上有鬃8～12根；端部较宽，前缘弯弧形，后缘在窄突上方至近端之间微凹，末端圆，外侧有小鬃50根左右，其中近前缘1根和后亚缘1列略较长。阳茎杆较短，仅卷曲约达半圈；阳茎钩突端部呈强劲的爪状。♀（图518）第7腹板后缘背叶宽凸，下段向前下方微斜截，但中国西部标本背叶则较小，后缘中部有或深或浅的广凹至近直，主鬃列4或5根，其前有小鬃6～13根。第8背板在气门下具鬃2～5根，下部有大、小侧鬃8～10根，生殖棘鬃3或4根。肛锥圆柱状，长为基部宽的2.5倍左右。受精囊头部柠檬状，显长于尾部，壁较厚，尾部末端具乳突。交配囊管骨化很浅，甚短。

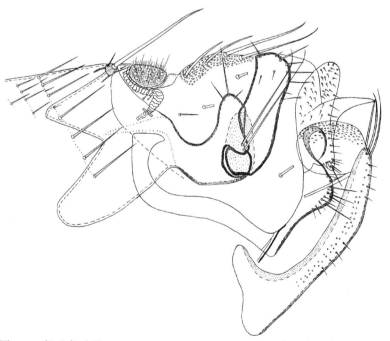

图517　粗毛角叶蚤 *Ceratophyllus garei* Rothschild，♂变形节（青海祁连）

观察标本　共3♂♂、6♀♀，其中5♀♀，1965年5月21日采自长江三峡以北巴东神农架大干河（小神农架）未定名鸟巢，标本存于湖北医科院传染病所；文献记录（柳支英等，1986），国家疾控中心传染病所1960年尚在上述地区采到标本，但具体标本数目不详，标本存于中国疾控中心传染病所。另参考3♂♂、1♀，系 1964 年 8 月 17 日和 2009 年 9 月 1 日采自青海的祁连，标本存于军医科院微流所。

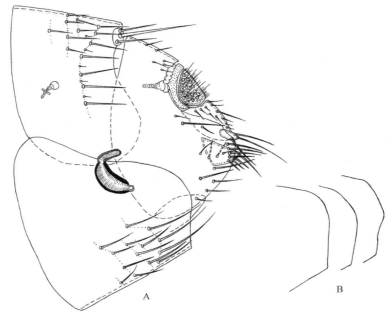

图 518　粗毛角叶蚤 *Ceratophyllus garei* Rothschild，♀（湖北神农架）

A. 变形节；B. 第 7 腹板后缘变异

宿主　未定名的鸟巢；湖北省外有普通鸸、鸫、白顶溪鸲、蒙古百灵、角百灵、岩鸽、喜鹊、赭红尾鸲、红翘悬必雀、红腹红尾鸲、金翘、灰斑鸠、灰椋鸟、雪雀、山雀、山麻雀、树麻雀、山噪鹛、野水鸭、山柳莺、花鼠、松田鼠、中华姬鼠、大耳鼠兔、长尾黄鼠、棕背䶄、喜马拉雅旱獭和田鼠（巢窝）等。

地理分布　湖北西北部神农架（巴东大干河）、四川（若尔盖）、甘肃（天祝）、青海（兴海、海曼、唐古拉、祁连、河南、循化、化隆、泽库、共和、贵南、玛沁、达日、班玛）、云南（德钦、剑川、大理、兰坪、大姚）、西藏（沱沱河、亚东、错那、隆子）、黑龙江、河北、辽宁、吉林（公主岭、安图、浑江、大石头）、内蒙古（赤峰、锡林郭勒盟、兴安盟）、新疆（玛纳斯、乌鲁木齐、博乐、乌苏、精河、温泉、奇台、乌恰）；国外分布于日本、蒙古、英国、美国、俄罗斯等，在同北界许多地区均有分布，直达北极和北美的亚北极部分。按我国动物地理区系，属华中区西部山地高原亚区、西南区西南山地亚区、青藏区青海藏南亚区和羌塘亚区、蒙新区东部草原亚区及西部荒漠亚区和东北区的长白山地亚区。

分类讨论　该种♀第 7 腹板后缘内凹在我国有从西向东、向南变浅及背叶变宽现象，其中如分布于云南和湖北神农架两地区标本形态基本一致，背叶较宽凸，下段向前下方微斜截，而新疆和青海的标本，后缘从有很宽的广凹至近截形，背叶为窄的锥形，近腹缘可有略后伸的腹角。

（110）宽圆角叶蚤天山亚种 *Ceratophyllus eneifdei tjanschani* Kunitskaya, 1968（图 519，图 520）

Ceratophyllus eneifdei tjanschani Kunitskaya, 1968, *Zool. Zhur.*, **47**: 473 (Alma Atu, Kazakhstan, from *Pica pica* and *Nucifraga caryocatactes*); Lewis, 1975, *J. Med. Ent.*, **11**: 660; Liu *et al.*, 1982, *Ins. Xizang, Siphonaptera*, **2**: 333, figs. 201, 202; Liu *et al.*, 1986, *Fauna Sinica Insecta Siphonaptera*, First Edition,

p. 1160, figs. 1810-1812; Yu, Ye *et* Xie, 1990, *The Flea Fauna of Xinjiang*, p. 452, figs. 499, 500; Cai *et al.*, 1997, *The Flea Fauna of Qinghai-Xizang Plateau*, p. 274, figs. 588, 589; Xie *et* Zeng, 2000, *The Siphonaptera of Yunnan*, p. 373, figs. 593-595; Wu *et al.*, 2007, *Fauna Sinica Insecta Siphonaptera*, Second Edition, p. 1809, figs. 2258-2260.

鉴别特征　与宽圆角叶蚤指名亚种和禽角叶蚤欧亚亚种相近,但据以下几点可资区别: ①♂第 9 腹板后臂端叶向后方弯曲呈角状,后缘具较深三角形内凹;②第 8 腹板背缘隆起明显,中段较宽,其膜附器呈刀形与禽角叶蚤欧亚亚种窄而尖不同;③基节臼鬃位置低,位于臼窝后缘水平;臼鬃基部的抱器体后上缘略内凹,而禽角叶蚤欧亚亚种呈弧形外凸;④♀虽与宽圆角叶蚤指名亚种不易区别,但第 7 腹板后缘圆凸,受精囊弯曲度大且头部较长而不同于禽角叶蚤欧亚亚种。

亚种形态　体色较深。**头**　额突发达,尖锐,位于额缘中点略下方。口角至颊缘最凸出处之间有较深弧形内凹。额鬃 1 列 3～7 根,其间及上方各可间插 1 小鬃。眼鬃列 3 根鬃,中间 1 根较小。眼略近倒梨形,大而色黑,眼的长径大于眼后缘至颊角末端的距离;颊部有较宽深色骨化带。后头鬃 3 列,依序为 1 (0)、2 (3)、6 根;触角窝背缘有 16～18 根小鬃。触角柄节具 3 列 11～14 根小鬃,♀触角梗节长鬃超过棒节末端。下唇须末节长度等于邻节长的 1.5～2.5 倍,其端近达前足基节的 5/6 处。**胸**　前胸背板具排列紧密的 24～28 根栉刺,刺端尖,其背刺与该背板近等长。中胸背板鬃♀ 3 列,其前列之前尚有排列零乱约 20 根小鬃,颈片内侧具 1 列完整假鬃 6～8 根。后胸后侧片鬃 3 列 6 根。前足基节外侧具鬃 35～45 根,近基及周边具小鬃及缘鬃 10～20 根,端鬃 2 根。后足股节亚背缘具鬃 4 或 5 根,近腹缘前段具鬃 1 根,后部具 1 长鬃和 0～4 根短鬃。后足胫节外侧鬃 20 (21) 根,略呈 3 列,后背缘具 7 个切刻。后足第 2 跗节端长鬃达第 3 跗节之末。各足第 5 跗节有 5 对侧蹠鬃,第 1 和第 3 对稍向中移。**腹**　第 1～7 背板主鬃列前方的小鬃排列较杂乱,大致成 3 列,气门下具 1 根鬃。第 1～4 背板端小刺依序为 2 (3)、3、2 (3)、2 (1) 根;基腹板前背角圆钝,背缘中段稍凸,外侧下方有线纹区。臀前鬃♂1 根,♀3 根(上、下位长度约相等)。**变性节**　♂第 8 背缘略呈弧形弯曲,棘丛区不发达,位于前背缘,具缘鬃 1 列 4～5 根,由前向后渐长,略下至近腹缘有约 3 根长鬃和 1 根短鬃。第 8 腹板似棒状,后腹缘弧凸,具长端鬃 3 (4) 根,膜附器狭长而近刀形。不动突较短,锥形,其上具端鬃 3 根。抱器体背缘在不动突前方具较深圆凹,后缘在臼鬃处上方略内凹。第 9 背板前内突为宽三角形,柄突长大,末端钝并长于第 9 背板前内突。可动突狭长,有 1/2 段超过不动突顶端,前缘角突与前端角之间有浅弧凹,后缘中段以下稍凹,端缘略凸,其上及后上缘具小鬃约 6 根,其中 1 根略长。第 9 腹板后臂宽弯板状,端叶显呈角状弯向后方(图 519),后缘具较深三角形内凹,外侧和腹膨具一些小鬃,数约 50 根。阳茎弹丝较短,仅卷曲半圈左右,阳茎钩突尤后段似舌形,基段显然宽于末端。♀(图 520)第 7 腹板后缘圆凸,外侧主鬃 1 列 4 或 5 根,其前有附加鬃 4～7 根。第 8 背板外侧近腹缘至后端具长、短侧鬃 18～23 根,生殖棘鬃 3 (4) 根。臀板杯陷数可见 23 个。肛锥圆柱形,具端长鬃 1 根和 2 (3) 根长侧鬃。受精囊头部呈均匀弯筒形,长约为尾部长的 2.0 倍;尾端有小乳突。交配囊管骨化部分较短。

观察标本　共 3♂♂、2♀♀,其中 1♀于 1965 年 5 月 9 日采自长江三峡以北巴东神农架大干河未定名的鸟巢,海拔 1800 m,生境为落叶阔叶林,标本存于湖北医科院传染病所。另参考 3♂♂、1♀系 1993 年 4 月 22 日和 2009 年 9 月 1 日采自青海祁连未定名的鸟巢,标本存于军医科院微流所。

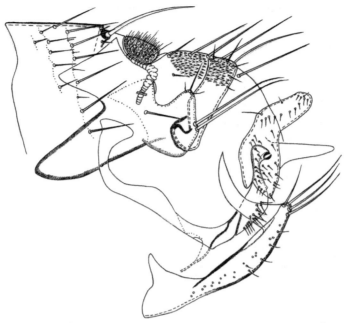

图 519　宽圆角叶蚤天山亚种 *Ceratophyllus eneifdei tjanschani* Kunitskaya，♂变形节（青海祁连）

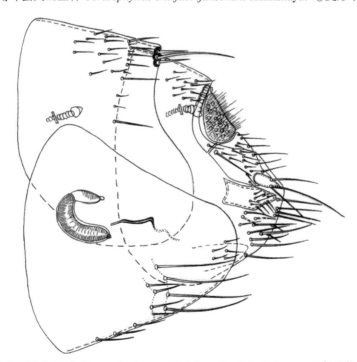

图 520　宽圆角叶蚤天山亚种 *Ceratophyllus eneifdei tjanschani* Kunitskaya，♀变形节（湖北神农架）

宿主　未定名的鸟巢；湖北省外有红尾鸲、朱雀、白顶溪鸲、灰眉岩鹀、岩鸽、藏鹀和白尾松田鼠。

地理分布　湖北西北部神农架（巴东大干河）、青海（祁连、互助、循化、河南、泽库、贵南、玛心和玉树）、甘肃（南部）、新疆（马纳斯、乌鲁木齐、呼图壁和乌苏）、宁夏（六盘山）、四川西部、西藏（亚东、错那、隆子、沱沱河）、云南（大理苍山、德钦白马雪山）；国外分布于哈萨克斯坦和尼泊尔。按我国动物区系属华中区西部山地高原亚区、西南区西南山地亚区、青藏区青海藏南亚区和羌塘亚区、蒙新区天山山地亚区和西部荒漠亚区。

（111）禽角叶蚤欧亚亚种 *Ceratophyllus gallinae tribulis* Jordan, 1926（图521，图522）

Ceratophyllus tribulis Jordan, 1926, *Novit. Zool.*, **33**: 388, fig. 5 (male only, Narankol, Alma-Atinskaya, kazakhstan, from *Gallus domesticus*) (n. s.).

Ceratophyllus tribulis Jordan: Dudolkina, 1950, *Ektoparazity*, **2**: 111, figs.1 (g), 2 (g), 3 (f), 4 (f) .

Ceratophyllus gallinae tribulis Jordan: Ioff, 1949, *Ektoparaxity*, **1**: 38.

Ceratophyllus gallinae tribulis Jordan: Liu *et al.*, 1986, *Fauna Sinica Insecta Siphonaptera*, First Edition, p. 1161, figs. 1813-1818; Yu, Ye *et* Xie, 1990, *The Flea Fauna of Xinjiang*, p. 454, figs. 501-503; Chin *et* Li, 1991, *The Anoplura and Siphonaptera of Guizhou*, p. 349, figs. 101, 102; Cai *et al.*, 1997, *The Flea Fauna of Qinghai-Xizang Plateau*, p. 275, figs. 590-592; Xie *et* Zeng, 2000, *The Siphonaptera of Yunnan*, p. 374, figs. 596-598; Wu *et al.*, 2007, *Fauna Sinica Insecta Siphonaptera*, Second Edition, p. 1811, figs. 2262-2266; Liu, Shi *et al.*, 2009, *The Siphonaptera of Neimenggu*, p. 375, figs. 305, 306.

鉴别特征　禽角叶蚤欧亚亚种与指名亚种 *C. gallinae gallinae* (Sckarank，1803) 的区别是：①♂抱器不动突末端高达可动突前缘一半以上；②可动突后缘中部的 2 根长鬃细于基节臼鬃，后端角处长鬃为最粗；③可动突相对较宽，且后缘下位 1 根鬃之下方可动突呈圆弧形外凸。

亚种形态　头　额突小，位于额缘中点下方。额鬃 1 列 4～7 根，♀者细小。眼鬃列 3 根鬃。眼大而色黑，中央有小浅色区；眼的长径略大于眼后缘至颊角的距离。后头鬃前 2 列仅残留 1 或 2 根，触角窝背缘具小鬃 13～17 根。触角第 2 节长鬃♀约达棒节的 2/3，♂远达不到棒节末端。下唇须略短于前足基节的长度。胸　前胸栉 27 根，其背刺显短于该背板。中胸背板具鬃 2 列，前列为小鬃而不完整，颈片内侧具 1 列完整假鬃 7 根。后胸后侧片鬃 5～7 根，成 3 列。前足基节外侧鬃 40～49 根；前足股节外侧中部和亚背缘有较多小鬃约 25 根，内侧近中部具小鬃 1 列 3 根，后亚腹缘具鬃 1 根。后足胫节内、外两侧偏后方各具鬃 1 列 5 或 6 根，后背缘具 6 个切刻；后足胫节末端有端齿。后足第 2 跗节端长鬃较短，远不达第 3 跗节末端。各足第 5 跗节具 5 对侧蹠鬃，但可偶变异成单侧 4 根，或双侧 4 对。腹　第 1～7 背板具鬃 2～3 列（第 3～7 背板前列鬃不完整），下位 1 根♂平气门，♀有的可位于气门下方；第 1～5 背板端小刺（两侧）依序为 4、4～6、4、2～4、0～2 根。臀前鬃♂ 1、♀ 3 根。变形节　♂第 8 背板有缘鬃 1 列 5 根，前方的鬃较短，后方的鬃可渐长，侧鬃 4～6 根，其中 3（5）根位于上半部，亚背缘有较宽片状小棘区，但远不达亚后缘。第 8 腹板狭长，中段稍向腹方弯拱，末端具长鬃 2（3）根，膜附器窄而尖长，略伸至前方。柄突宽大，末端钝，略长于第 9 背板前内突。不动突近锥形，末端高达可动突前缘一半以上，前缘在抱器体背缘具较深凹入，后缘微弧凸；抱器体略窄于柄突基部。可动突较宽短（图521），长约为宽的 3.1 倍，前缘在角突之下有深切凹，端缘稍凸，后缘中部偏上方 2 根长鬃显细于基节臼鬃，后端角的长鬃为最粗。第 9 腹板后臂腹膨明显，略呈三角形的弧凸状，其上具长、短鬃约 7 根，端段宽而末端直或后端微后伸或略弯，后亚缘具 1 列鬃 8～12 根。阳茎钩突端部窄长，背缘近直，腹缘略凹，端稍钝；阳茎弹丝卷曲略超过一圈。♀（图522）第 7 腹板后缘背叶略成角或钝角向后凸，但少数可变异圆凸，外侧主鬃列长鬃 4（5）根，其前有附加鬃 6～14 根。第 8 背板在臀板下具鬃约 5 根，其中长鬃 1～3 根，近腹缘具长、短鬃 11 根，生殖棘鬃 2（3）根。肛锥呈较窄圆锥形，长约为基部宽的 2.5 倍，具端长鬃 1 根和 1 根较长的侧鬃。受精囊头部呈较短筒状，壁较厚，尾超过头长的 1/2，末端有乳突。

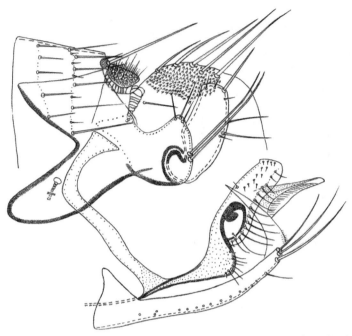

图 521　禽角叶蚤欧亚亚种 *Ceratophyllus gallinae tribulis* Jordan，♂变形节（福建古田）

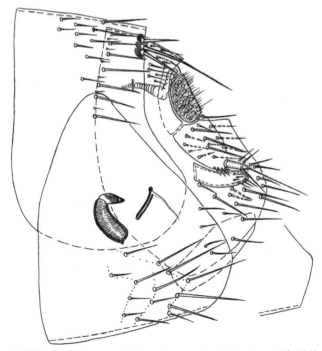

图 522　禽角叶蚤欧亚亚种 *Ceratophyllus gallinae tribulis* Jordan，♀变形节（福建古田）

观察标本　共 2♂♂、2♀♀，其中 1♂、1♀，1960 年 7 月，江苏滨海，宿主为麻雀，标本存于军医科院微流所；文献记录（窦桂兰，1985）1♀，1959 年 4 月采自湖北长江三峡一带的麻雀，窦桂兰在 1985 年《中华流行病学杂志》汇编《医学昆虫学文集》（北京）第 48～51 页的"长江三峡地区鼠类和鸟类体外寄生虫的调查"一文中对该蚤的采集时间、地点、宿主及鉴定等做了详细记录，标本存于中国疾控中心传染病所；另 1♂、1♀于 1959 年 5 月采自福建古田麻雀巢窝，标本存于湖北医学院传染病所。

　　宿主　麻雀、灰眉岩鹨、黑腹沙鸡、黄腹鹨鹩、白腹鹨鹩、鹨紫翅惊鸟、灰椋鸟、黄腹鹨鹩、金眶鸻、棕颈雪鸡、白腰雪雀、角百灵、黑啄木鸟、红耳鼠兔、喜马拉雅旱獭、达乌尔黄鼠、未定种鸟及鸟巢。

　　地理分布　湖北西部（长江三峡地区）、江苏（滨海）、福建（周宁、福安、古田）、浙江、贵州（贵阳）、四川（成都、铁布、若尔盖）、陕西（靖边、定边）、云南（大理、弥渡、巍山、永平、保山）、山东（青岛）、西藏（邦达）、吉林（浑江）、辽宁、内蒙古（乌兰察布、锡林郭勒盟、赤峰）、宁夏、河北（围场）、新疆（和田、于田、乌鲁木齐、天上山地、玛纳斯、塔城、沙湾、阿尔泰、策勒、精河、裕民、吐鲁番、克拉玛依等）、青海（祁连、湟中、互助、贵南、同仁）、甘肃（碌曲）和黑龙江（哈尔滨、秦来、虎林、牡丹江）。国外分布于蒙古、加拿大、朝鲜、日本、俄罗斯及相邻的中亚地区。

（112）燕角叶蚤端凸亚种 *Ceratophyllus farreni chaoi* Smit et Allen, 1955（图 523～图 527）

Ceratophyllus hirundinis Chao, 1947, *Biol. Bull. Fukien Christ. Univ.*, **6**: 98, figs. 1, 2 (Shaowu, Fujian, China, from *Hirundo daurica japonica*) (synonym).

Ceratophyllus farreni chaoi Smit et Allen, 1955, *Entomologist*, **88**: 41 (n. s.); Liu *et al.*, 1982, *Ins. Xitang Siphonaptera*, **2**: 334, figs. 205, 206; Liu *et al.*, 1986, *Fauna Sinica Insecta Siphonaptera*, p. 1148, figs. 1793-1795; Cai *et al.*, 1997, *The Flea Fauna of Qinghai*, p. 270, figs. 577, 578; Chin et Li, 1991, *The Anoplura and Siphonaptera of Guizhou*, p. 343, figs. 96, 97; Wu *et al.*, 2007, *Fauna Sinica Insecta Siphonaptera*, Second Edition, p. 1784, figs. 2228-2230; Liu, Shi *et al.*, 2009, *The Siphonaptera of Neimenggu*, p. 368, figs. 297, 298.

　　鉴别特征　该亚种与燕角叶蚤指名亚种和梯指角叶蚤海岛亚种接近，但其♂抱器不动突较宽大；第 9 腹板后臂端叶较宽；第 8 背板棘丛区较短可与前者区别。♂可动突前缘角突位置较高，明显位于中点上方，后缘上段十分圆凸，近中点之上具 2 根相距较近的长鬃和不动突较狭长可与后者区别。

　　亚种形态　头　额突齿形，较大，♂位于额缘中点（图 523），♀稍下方。额鬃 1 列♂4～6 根，♀ 3～6 根。眼发达，略呈倒梨形，眼的长径略大于眼后缘至颊角的间距。后头鬃 3 列，依序为 1、2 或 3、4 或 5 根，偶在最后 1 列与第 2 列之间间插 1 根鬃。下唇须长达前足基节 3/4 处至末端。胸　前胸栉多而密，28～36 根，♂背刺长于前方之背板，♀背刺略长于或与前方之背板约同长；前胸背板前具长鬃 1 列 8（7）根。中胸背板具假鬃 4～6 根；后胸背板具 2（1）根端小刺，较小而色淡，呈退化状。后胸后侧片上具 3 列 4～7 根鬃。前足基节外侧有 34～36 根长鬃或中长鬃，前、中、后足胫节后背缘分别具 6、6、7 个切刻。后足股节内侧具鬃 1 列 5～7 根，后足第 2 跗节长约等于第 3、4 节之和，其端长鬃近达第 3 跗节末端。各足第 5 跗节有 5 对侧蹠鬃，蹠面鬃少而位于近端。腹　第 1～7 背板具鬃 3 列（前列鬃有的不完整），气门下♂第 2、3 背板具 1 根鬃，余无鬃；♀均为 1 根；第 1～5 背板端小刺依序为 2～4、2 或 3、1 或 2、0 或 1、0 根。臀前鬃♂1、♀3 根。变形节　♂第 8 背板背缘稍凸（图 525），具缘鬃 1 列 9～11 根，侧鬃上部 4～6 根，内侧小棘区极不发达。

第 8 腹板发达，尤后段略向前弯，末端渐窄，具近端簇长鬃 4～5 根，膜附器小而末端甚尖细，后缘基段偶见少量穗状毛。可动突略呈长菱形，前缘角突处为最宽（图 524），尖锐而明显，并位于中点略上方，端缘通常倾斜状，具 1 小而尖锐前端角，后端角高而尖，或较圆钝，后缘中段具 2 根距离靠近的长鬃。不动突细长，末端达可动突前缘中点之上方。抱器体背缘在不动突前方具较深窄凹，基节白鬃 2 根与可动突后缘 2 根鬃略等粗。柄突长大，

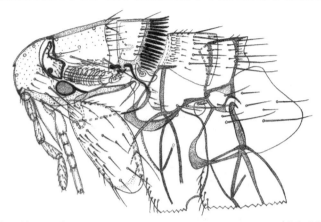

图 523　燕角叶蚤端凸亚种 *Ceratophyllus farreni chaoi* Smit *et* Allen，♂头及胸（福建邵武）

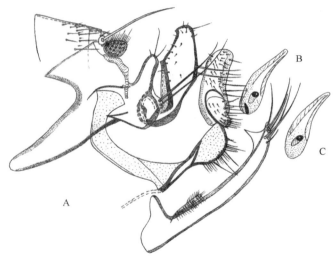

图 524　燕角叶蚤端凸亚种 *Ceratophyllus farreni chaoi* Smit *et* Allen，♂（福建邵武）

A. 变形节；B、C. 阳茎钩突变异

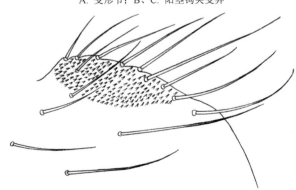

图 525　燕角叶蚤端凸亚种 *Ceratophyllus farreni chaoi* Smit *et* Allen，♂第 8 背板（福建邵武）

端段明显收缩，显长于第 9 背板前内突；柄基略宽于抱器体宽度。第 9 腹板后臂腹膨几呈半圆形凸出，上有长、短鬃 15 根左右，端叶较宽大，尤后段前、后缘几平行，末端钝，侧鬃较多而密，后亚缘的鬃较细长。阳茎弹丝卷曲稍超过 1 圈，第 9 腹板腱也相应卷曲，但略短；内突不宽，阳茎钩突发达，后伸略近爪形（图 526）。♀第 7 腹板后缘变异较大，从方形圆凸（图 527）至三角状深凹，圆凸者后腹缘常微内凹斜向前腹方，外侧主鬃 1 列 5～8 根，其前具附加鬃 8～16 根。第 8 背板近腹缘至后端有长、短鬃约 23 根，生殖棘鬃 3～5 根；肛锥圆柱形，长为基部宽的 1.8～2.3 倍。受精囊头部相对窄而短，尾部末端具较发达乳突。

图 526　燕角叶蚤端凸亚种 *Ceratophyllus farreni chaoi* Smit *et* Allen，♂阳茎及第 9 腹板腱（福建邵武）

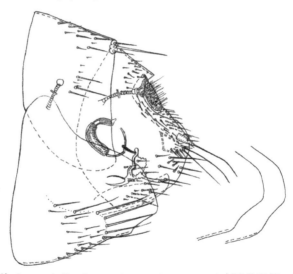

图 527　燕角叶蚤端凸亚种 *Ceratophyllus farreni chaoi* Smit *et* Allen，♀变形节及第 7 腹板后缘变异（福建邵武）

　　观察标本　共 15♂♂、17♀♀，其中 5♂♂、5♀♀，1944 年 6 月采自福建邵武，宿主为金腰燕；3♂♂、4♀♀，1958 年采自浙江泰顺，宿主同上；2♂♂、3♀♀，1963 年 4 月采自江苏苏州燕巢；3♂♂、3♀♀，1971～1979 年采自青海（玉树、湟中）金腰燕；2♂♂、2♀♀，1976 年 6 月 26 日采自山西（五台）未定种燕巢。除 1♂、1♀存于湖北医科院传染病所，其余均保存于军医科院微流所。

　　宿主　金腰燕及其巢窝、岩燕。

　　地理分布　福建（邵武）、浙江（泰顺、开化）、江苏（苏州）、甘肃（陇南）、贵州（绥阳宽阔水）、内蒙古（锡林郭勒盟、赤峰）、西藏（热振-林周）、青海（榆树、循化、大通、湟中、玛心）；国外分布于蒙古、日本和俄罗斯远东地区。按我国动物地理区系，属华中区东部丘陵平原亚区和西部山地高原亚区、青藏区青海藏南亚区和蒙新区西部荒漠亚区。

37. 病蚤属 *Nosopsyllus* Jordan, 1933

Nosopsyllus Jordan, 1933, *Novil. Zool.*, **39**: 76, 79. **Type species**: *Pulex fasciatus* Bosc, 1801 (n. s.); Lewis, 1967, *J. Med. Ent.*, **4**: 123-142; Liu *et al.*, 1986, *Fauna Sinica Insecta Siphonaptera*, First Edition, p. 1175; Yu, Ye *et* Xie, 1990, *The Flea Fauna of Xinjiang*, p. 460; Chin *et* Li, 1991, *The Anoplura and Siphonaptera of Guizhou*, p. 352; Cai *et al.*, 1997, *The Flea Fauna of Qinghai-Xizang Plateau*, p. 240; Xie *et* Zeng, 2000, *The Siphonaptera of Yunnan*, p. 376; Wu *et al.*, 2007, *Fauna Sinica Insecta Siphonaptera*, Second Edition, p. 1832; Liu, Shi *et al.*, 2009, *The Siphonaptera of Neimenggu*, p. 380.

鉴别特征　♂第 8 腹板退化或甚小，包于第 7 腹板之内，无鬃；第 9 腹板后臂端段膨大，后缘具 1 深窄凹；♀交配囊袋部长而发达，中等骨化，卷曲成螺形或环形；受精囊头部多少为圆形，尾部为较细长的筒形或腊肠形，端部向头部背后方弯曲。

属的记述　眼发达，圆形。额缘通常圆弧形，额突小而尖，额缘在略呈锥形情况下，无脱落型额突。触角第 2 节长鬃两性都短。下唇须 5 节，♂约达前足基节末端，♀可达前足基节 1/2 左右处。前胸栉 18～24 根，背刺与该背板约同长，前足股节外侧多数为小鬃，中、后足基节内侧上部无细长鬃，但在下部有少数鬃。臀前鬃♂上位者粗短，常为亚刺形，中位者发达，下位者仅残留痕迹；♀3 根都发达。♂第 8 背板无棘丛区，抱器可动突无刺鬃。不动突后缘具 2 根并列发达基节臼鬃，第 9 腹板前臂细长，直或中段略上凸，后臂端部较宽，后缘中段窄深凹以下有短鬃数根，其中 1～3 根为刺鬃或亚刺鬃。肛腹板不长于肛背板。阳茎杆长而卷曲，阳茎内突端附器发达。♀肛锥具端长鬃及侧鬃各 1 根。交配囊袋部中等骨化，常具环纹，管部细呈弓形，有骨化脊。受精囊头部背缘凸，尾部长于或甚长于头部，头尾之间有明显分界，且常略细缩。

　　本属已知有 70 余种（亚种），分隶 4 个亚属，我国有病蚤亚属和沙土属亚属 *Gerbilophilus*，其中沙土属亚属在中国主要分布于新疆、青海、内蒙古、甘肃和陕西，有 8 种（亚种），都属于古北界。病蚤亚属有 10 余种（亚种），分布于东洋界和古北界，长江中、下游一带地区分布有 3 种及亚种，湖北仅记录 1 种，属病蚤亚属。

14）病蚤亚属 *Nosopsyllus* Jordan, 1933

Cerutophyllus (*Nosopsyllus*) Ioff, 1936, *Z. Parasitenk.*, **9**: 99, 102 (n. s.).

Nosopsyllus Jordan: Lewis, 1967, *J. Med. Ent.*, **4**: 124.

Nosopsyllus (*Nosopsyllus*) Jordan: Liu *et al.*, 1986, *Fauna Sinica Insecta Siphonaptera*, First Edition, p. 1176; Yu, Ye *et* Xie, 1990, *The Flea Fauna of Xinjiang*, p. 461; Chin *et* Li, 1991, *The Anoplura and Siphonaptera of Guizhou*, p. 353; Cai *et al.*, 1997, *The Flea Fauna of Qinghai-Xizang Plateau*, p. 240; Xie *et* Zeng, 2000, *The Siphonaptera of Yunnan*, p. 377; Wu *et al.*, 2007, *Fauna Sinica Insecta Siphonaptera*, Second Edition, p. 1836.

鉴别特征　本亚属与沙土蚤亚属 *Gerbilophilus* 的区别是：后足第 2 跗节的长端鬃较短，不超过第 4 跗节末端（一般不超过第 3 跗节末端）；♀有额鬃。

种、亚种检索表

1. ♂抱器体背缘在不动突前方凹陷浅而平；第 9 腹板后臂从中段向端段渐变窄（图 529），后缘弧凸，狭而深的凹陷下方无明显刺鬃；第 9 背板前内突与柄突之间内凹较浅而宽；♀受精囊头部较大，亚圆形（图

531）……………………………………………………………… 具带病蚤 *N. (N.) fasciatus*

♂抱器体背缘在不动突前方凹陷较深（图 533）；第 9 腹板后臂除近端前缘斜行部分外，余均不渐变窄，后缘略凹，狭而深的凹陷下方具 2 根亚刺鬃；第 9 背板前内突与柄突之间内凹较深而窄；♀受精囊头部较小，圆或近圆形（图 536）…………………………………………………… 2

2. ♂阳茎钩突端部粗钝（图 540），无向背方和向后下方延伸的尖锐背角及腹角；抱器体背缘在不动突前方凹陷深而较窄（图 538）；不动突较长；♀第 7 腹板后缘呈截形后突，具明显后上角（图 541）……

……………………………………………………………… **适存病蚤 *N. (N.) nicanus***

♂阳茎钩突端部较窄（图 535），有向背方和向后下方延伸的齿形背角及腹角；抱器体背缘在不动突前方凹陷宽而较浅（图 533）；不动突较短；♀第 7 腹板后缘呈斜坡形，或后上角略后凸（图 536）…

……………………………………… **伍氏病蚤雷州亚种 *N. (N.) wualis leizhouensis***

（113）具带病蚤 *Nosopsyllus (Nosopsyllus) fasciatus* (Bose, 1801)（图 528～图 531）

Pulex fasciutus Busc, 1801, *Bull. SCi Soc. Philom*, **3**: 156 (n. s.).

Ceratophyllus fasciatus Bosc: Curtis, 1832, *Brit. Ent*., **9**: 417 (n. s.).

Nosopsyllus fasciatus Bosc: I. Fox, 1940, *Fleas East.*U.S.,: 73.

Nosopsyllus (Nosopsyllus) fasciatus: Smit (in Kenneth *et* Smith), 1973, *Insects and Other Arthropods of Medical Importance*, p. 348, figs. 157 A-D, 158A-B; Liu *et al.*, 1986, *Fauna Sinica Insecta Siphonaptera*, First Edition, p. 1177; Wu *et al.*, 2007, *Fauna Sinica Insecta Siphonaptera*, Second Edition, p. 1840, figs. 2297-2302; Liu, Shi *et al.*, 2009, *The Siphonaptera of Neimenggu*, p. 381, figs. 311, 312.

鉴别特征　在中国属外来传入种，在形态上与伍氏病蚤、适存病蚤和长形病蚤接近，但据以下特征可资区别：①♂抱器体背缘在不动突前方凹陷浅而平；②第 9 背板前内突与柄突之间的内凹较浅而宽；③第 9 腹板后臂从中段向末端渐变窄，后缘弧凸，狭而深的凹陷下方无明显刺鬃或亚刺鬃；④阳茎钩突末端较窄，呈喙状，近端无增粗或膨扩；⑤♀受精囊头部较大，亚圆形，为尾部长的 1.5～2.0 倍。此外，♀第 7 腹板后缘斜行，呈波形，无明显后突或内凹也不同于适存病蚤和长形病蚤。

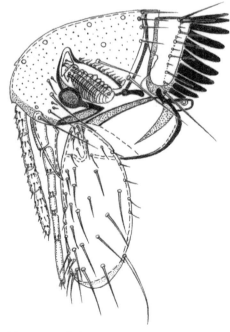

图 528　具带病蚤 *Nosopsyllus (Nosopsyllus) fasciatus* (Bose)，♀头及前胸（内蒙古呼和浩特）

种的形态　头　额突小而尖锐，♂位于额缘中点略下，♀下约 2/5 处（图 528）。额鬃♂ 4 或 5 根，♀ 1（2）根，均较细小。眼鬃 3 根，上、下位者较中位 1 根长。后头鬃♂ 1 或 2、5 根，♀ 0（1）、5 根。触角窝背缘有小鬃约 12 根，♂有明显后头沟；触角第 2 节长鬃♀达棒节末端。下唇须♂近达前足基节之端，♀可稍超出。胸　前胸栉 18～22 根，背刺与该背板约等长。中胸背板假鬃每侧 6～8 根。后胸背板端小刺 2（1）根。后胸后侧片鬃 6（7）根，成 1 或 2、2～4、1～3 排列。前足基节外侧具长、短鬃 41～52 根。股节外侧和背缘具小鬃 22～28 根，后亚腹缘具中长鬃 1（2）根，内侧小鬃 1 或 2 根。后足基节内侧仅下 1/3 段内有 1 或 2 根细鬃，或缺如。后足第 2 跗节等于或略短于第 2、3 跗节之和，其端长鬃达第 3 跗节 1/2～4/5 处。**腹** 第 2～7 背板各具 2 列鬃，最下位 1 根鬃常位于气门下方。第 1～5 背板端小刺依序为 3～6、4～6、4～6、2～5、0～2 根。臀前鬃♂2、♀3 根，♀下位 1 根仅稍短于相邻 1 根。**变性节** ♂第 8 背板具缘鬃 3 或 4 根（图 530），侧鬃 3～5 根，都集中于上半部。在第 7 腹板内可见第 8 背板退化残留的后缘圆弧形痕迹。不动突近锥形，前缘与抱器体背缘内凹浅而平（图 529），后缘略隆起，稍下具 1 较深弧凹。抱器体后缘圆突，具基节白鬃 2 根，其下位者略与可动突下缘齐平，腹缘稍凸。柄突基部显宽于中、后段，其端仅略长于第 9 背板前内突。可动突长约为最宽处 2.3 倍，前缘角突处为可动突最宽处，角突之下方略凹，端缘有 1 小而尖锐前端角，后缘上约 1/2 段有缘长鬃 2 根，其间及上、下方各有 1 根小鬃。第 9 腹板前臂狭长，后臂尤端段近宽刀状，后缘弧凸，在狭凹下方有几根小鬃，都不成明显刺状，狭凹上方有小鬃约 30 根。阳茎内突端附器卷曲成 2 圈；阳茎弹丝卷曲约 4 圈，第 9 腹板腱也相应卷曲。钩突端部较窄。肛背板略似三角形，肛腹板端部窄细，柱状，其上有长鬃 2 根和小鬃 6 根。♀（图 531）第 7 腹板后缘斜行，呈波状，无明显后凸或内凹，主鬃 1 列长鬃 4～6 根，其前有小鬃 1～3 根。第 8 背板气门下具 2（3）根长鬃，近腹缘至后方具侧鬃 10～14 根；生殖棘鬃 2 或 3 根。肛锥瓶形，长为基部宽的 2.4～3.0 倍，具端长鬃及侧鬃各 1 根。受精囊略具深棕色骨化，头部较大，亚圆形，背缘弧凸，腹缘平或稍凹，尾部腊肠状并均匀弯向上后方，至多为头长 2 倍弱。交配囊袋部长而卷曲，呈螺旋环形，但色甚浅，管部较长，弓形，骨化强。

观察标本 共 2♂♂、2♀♀，但未检视到湖北及长江中、下游地区一带标本。形态描述参考 1985 年自内蒙古呼和浩特 2♂♂、2♀♀进行，宿主为大家鼠，标本存于军医科院微流所。据伍长耀（1934）报道，在汉口、上海、江苏（苏州）、厦门、福州、浙江曾采到过本种少量个体，本种起源于欧洲，中国应是随国外船舶进入中国的内陆港口而传入，后来调查证实未形成地方种群，说明该种不适应南方湿润地区的环境。目前，中国主要见于东北一带和辽宁的大连海港港口（苑勇业等，2002）、哈尔滨太平国际机场（李明等，2001）和内蒙古等地区，宿主主要是鼠属小型啮齿动物。

宿主 褐家鼠、黑家鼠、小家鼠、姬鼠、黄鼠、家猫、家犬和人等。

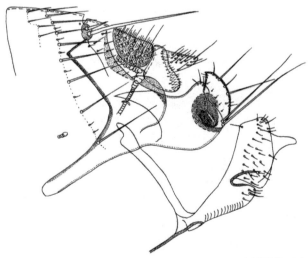

图 529　具带病蚤 *Nosopsyllus* (*Nosopsyllus*) *fasciatus* (Bose)，♂变形节（内蒙古呼和浩特）

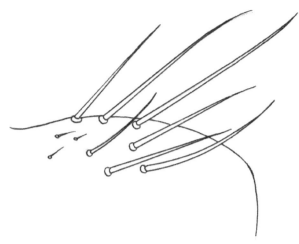

图 530　具带病蚤 Nosopsyllus (Nosopsyllus) fasciatus (Bose)，♂第 8 背板（内蒙古呼和浩特）

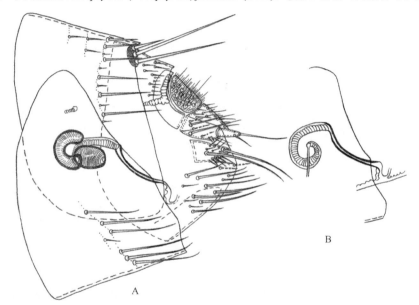

图 531　具带病蚤 Nosopsyllus (Nosopsyllus) fasciatus (Bose)，♀（内蒙古呼和浩特）

A. 变形节；B. 交配囊及第 7 腹板后缘变异

　　地理分布　湖北（汉口、宜昌）、上海、江苏（苏州）、浙江、台湾、福建（福州、厦门）、内蒙古（呼和浩特、赤峰、通辽、锡林郭勒盟）、辽宁（大连）、吉林（长春、大安、长岭）、河北（唐山）、黑龙江（哈尔滨、勃利）；国外分布于英国、挪威、意大利、日本、印度、欧洲北部、亚洲中部、亚洲北部的西伯利亚、北美洲、南美洲，大洋洲和非洲等。

　　生物学资料　在哈尔滨太平国际机场啮齿动物体外，虽然寄生个体数不是太多，但 2～10 月均有检出，宿主是褐家鼠（李明等，2001）。同时从大连港口宿主动物调查结果看，该蚤出现的季节高峰是 4～6 月，其后逐渐下降，全年仅见一个高峰（苑勇业等，2002）。

（114）伍氏病蚤雷州亚种 Nosopsyllus (Nosopsyllus) wualis leizhouensis Li, Huang et Liu, 1986（图 532～图 536）

Nosopsyllus (Nosopsyllus) wualis leizhouensis Li, Huang *et* Liu (in Liu *et al.*), 1986, *Fauna Sinica Insecta Siphonaptera*, p. 1191, figs. 1863-1866; Li *et* Xie, 1990, *J. Guiyang Med. College*, **15**: 169; Wu *et al.*,

2007, *Fauna Sinica Insecta Siphonaptera*, Second Edition, p. 1856, figs. 2336-2339.

鉴别特征　该亚种与指名亚种的区别是：♂可动突较狭长，略呈梭形，长为最宽处的 2.6～3.4 倍，后缘弧凸较小；第 8 背板背缘长鬃较少，在 1～3 根短鬃之后仅有 1 列长鬃 3～4 根。♀变异较大，但大多数第 7 腹板后缘有 1 短而略圆的背突，侧鬃数一般不多于 13 根。

亚种形态　**头**　额缘♂呈均匀圆弧形（图 532），♀尤背缘稍斜。额突小，♂位于额缘中点稍下，♀下约 2/5 处。额鬃♂1 列 3 或 4 根，♀者 1（0）根，都位于角窝前方。眼鬃 1 列 3 根，偶单侧 4 根。后头鬃前列 0～1 根，后列 3～5 根。下唇须 5 节，末端超过前足基节之端或达转节之半。**胸**　前胸背板具 1 列 6（7）根长鬃，两侧具栉刺 19～22 根。中胸背板假鬃细而长，7～9 根。后胸背板有发达端小刺，共 5～8 根。前足基节外侧鬃 18～25 根，前足股节内侧有小鬃 2（3）根。后足基节仅下半段有 2 或 3 根细长鬃。前、中、后足胫节后缘各具 6 个切刻，第 5 跗节都有 5 对侧蹠鬃和 1 对亚端蹠鬃。后足第 2 跗节约等于第 3～4 跗节之和，其端长鬃略短于或稍超过第 3 跗节末端。**腹**　第 1～7 背板具鬃 2 列，前列几根为小鬃而多排列不整齐，主鬃列下位 1 根大致平气门。第 1～4 背板端小刺依序为 3～6、4～6、3 或 4、1 或 2 根。臀前鬃♂2 根，上位 1 根粗壮，较短，呈刺形；♀3 根，中位者最长，下位 1 根略次之。**变形节**　♂（图 534）第 8 背板背缘稍凸，具缘长鬃 1 列 3 或 4 根及短鬃 1～3 根；该背板背缘在末 1 根鬃后继续向后方延伸，然后弯向腹方。抱器体较长，背缘在不动突前方具宽弧形内凹，后缘至腹方甚圆凸，基节臼鬃生于基节臼上缘。柄突直，末端钝，显长于第 9 背板前内突。第 9 背板前内突三角形，较宽大。不动突近锥形，末端有鬃 3 根，后缘在钝突下方具 1 较深内凹。可动突较狭长，略呈梭形（图 533），长为最宽处的 2.6～3.4 倍（有 1♂长为宽的 3.4 倍），仅略高于不动突，最宽处位于上段约 1/3 处，前缘角至前端角之间近直或微凹，后缘弧凸较小，有缘长鬃 2 根和短鬃 3（4）根。第 9 腹板前臂细长，中段背、腹缘略向上方弯拱，后臂似宽叶状，

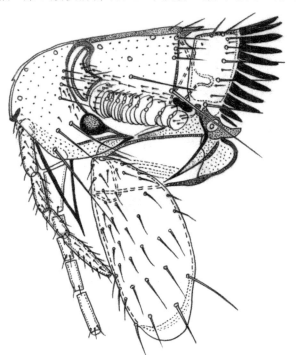

图 532　伍氏病蚤雷州亚种 *Nosopsyllus (Nosopsyllus) wualis leizhouensis* Li, Huang *et* Liu，♂头及前胸（广东湛江）

前背缘斜，后端圆钝，后缘稍凹，有小侧鬃约 40 根，狭凹下方具 2 根亚刺鬃，其上鬃略长于下位 1 根鬃，但都短于狭凹深度或略等。阳茎钩突端部具明显背、腹锐角（图 535），背角较尖而略长，钩突桩小而明显；阳茎弹丝长而卷曲，第 9 腹板腱也相应卷曲成卷；内突不宽，端附器长而末端卷曲。♀第 7 腹板后缘变异较大，与指名亚种有交叉或过渡（图 536），从斜波形至背角略向后凸或中部略向内凹，侧鬃 7～13 根，其中后列为长鬃。第 8 背板气门较小，臀板前方有鬃 13～15 根；气门下具 3（2）根长鬃，近腹缘至后端有鬃 15～18 根；生殖棘鬃 4 根。肛锥长约为基宽的 3 倍，具端长鬃和亚端鬃各 1 根。受精囊头部较小，近圆形，尾长约为头长的 3 倍。交配囊袋部卷曲约 1 圈半，交配囊管较长，具明显骨化棘。

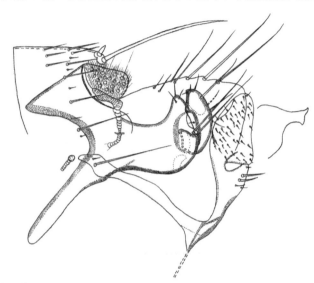

图 533　伍氏病蚤雷州亚种 Nosopsyllus (Nosopsyllus) wualis leizhouensis Li, Huang et Liu，♂变形节及阳茎钩突端部（广东湛江）

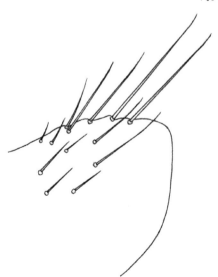

图 534　伍氏病蚤雷州亚种 Nosopsyllus (Nosopsyllus) wualis leizhouensis Li, Huang et Liu，♂第 8 背板（广东湛江）

图 535　伍氏病蚤雷州亚种 Nosopsyllus (Nosopsyllus) wualis leizhouensis Li, Huang et Liu，♂阳茎及第 9 腹板腱（广东湛江）

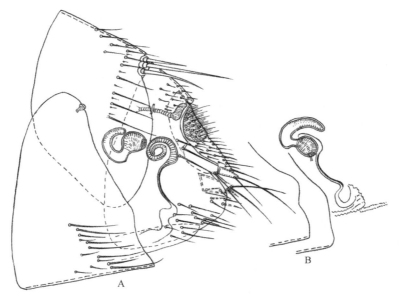

图 536　伍氏病蚤雷州亚种 *Nosopsyllus (Nosopsyllus) wualis leizhouensis* Li, Huang *et* Liu，♀（广东湛江）
A. 变形节；B. 第 7 腹板后缘变异及受精囊

观察标本　3♂♂，3♀♀，1963 年 6 月采自广东湛江，自罗赛鼠，标本存于军医科院微流所。另 1♂，2012 年采自广州白云机场的家鼠，存于广州白云机场港口检疫所。另文献记录（李贵真，1986）24♂♂、26♀♀，系原描述正模和副模，1963～1964 年采自广东湛江（海康、遂溪）和海南（海口），宿主为针毛鼠、黄毛鼠和罗赛鼠，标本存于贵州医科大学和湛江疾控中心。

宿主　针毛鼠、黄毛鼠、罗赛鼠和板齿鼠等。

地理分布　广东（湛江、海康、遂溪、普宁、陆平、潮安、朝阳、饶平、廉江、信宜、高要、和平和丰顺等地）、海南（海口）、广西（凭祥、召化、友谊关、平而）。按我国动物地理区系，隶属华中区东部丘陵平原亚区、华南区闽广沿海亚区和海南岛亚区。

（115）适存病蚤 *Nosopsyllus (Nosopsyllus) nicanus* Jordan, 1937（图 537～图 541）

Nosopsyllus nicanus Jordan, 1937, *Novit. Zool.*, **40**: 295-269, figs. 82, 83 (Longyan, China, From *Rattus norvegicus*).

Nosopsyllus (Nosopsyllus) nicanus Jordan: Liu *et al.*, 1986, *Fauna Sinica Insecta Siphonaptera*, p. 1179, figs. 1838-1841; Wu *et al.*, 2007, *Fauna Sinica Insecta Siphonaptera*, Second Edition, p. 1838, figs. 2293-2296.

鉴别特征　适存病蚤依其♂第 9 腹板后臂和抱器可动突形状，以及柄突显长于第 9 背板前内突和♀受精囊头部较小等与伍氏病蚤接近，但据以下几点可资区别：①♂阳茎钩突端部显粗钝（图 540），背缘几平直，近端无向背方及向下方延伸的尖锐背角和腹角；②抱器体背缘在不动突前方的内凹较狭而深；③第 8 背板背缘从末 1 根鬃之后呈弧形弯向腹方；④♀第 7 腹板后缘下段呈截形后突，后突后缘常有浅凹。

种的形态　头　额突♂约位于额缘中点（图 537），♀下 1/3 处。额鬃♂1 列 2～5 根，♀0～2 根；在眼的前上、下方有 6～18 根小鬃。眼鬃 3 根，中位 1 根较小。眼大，中央色素稍淡。后头鬃♂1、5（4）根，♀1、6（7）根；下位 1 根粗长鬃♂超出前胸栉之末。触角窝背缘有小鬃 14～27 根；♂有较发达的后头沟；触角♂达前胸腹侧板近中部处，♀第 2 节长鬃约达棒节中部，♂者不及。下唇须达或略超出前足基节之端。**胸** 前胸栉具 20（21）根刺，下位 1 根常窄小，除下方及背缘 2 根刺外，刺与刺之间有清晰间隙，中间刺背、腹缘稍向腹方弧凸，背缘刺约与前方背板近等长。中胸背板具鬃 2（4）列，颈片内侧具 1 列完整假鬃 5～8 根。后胸背板共有 5～7 根深色端小刺。后胸后侧片鬃依序为 3（2）、3（2）、1 根，另在气门下或后方偶有 1 小鬃。前足基节外侧具鬃 37～55 根，前足股节外侧中部有鬃 2 列 7 或 8 根，后亚腹缘具长鬃 1 根，内侧具鬃 2 或 3 根。后足胫节内侧具鬃 1 列 4 根，外侧具鬃 2 列 10～13 根，后背缘具切刻 7 个。后足第 2 跗节端长鬃近达第 3 跗节末端。各足第 5 跗节有 5 对侧蹠鬃和 1 对亚端蹠鬃。**腹** 第 1 背板具鬃 3 或 4 列，第 2～7 背板具鬃 2～3 列，主鬃列下位 1 根♂平气门，♀生于略下方。第 1～4 背板端小刺分别为 3 或 4、6 或 7、3～6、0～2 根。基腹板背缘略凸，前缘内凹浅宽，中部♀有弧形线纹区。♂臀前鬃 2 根，上位 1 根粗短刺状，♀3 根常形，上位 1 根最短。**变形节** ♂第 8 背板背缘及亚缘具鬃常为 5～6 根（图 539），少数 3 根，前方小鬃 1 或 2 根，略下至近中部有长、短侧鬃 6 或 7 根；该背板背缘从末 1 根鬃之后，呈弧形弯向腹方，或偶变异略后延，然后弯向腹方。抱器体背缘在不动突前缘内凹较窄而深（图 538），凹深等于或窄于抱器体宽度；抱器体后缘臼鬃以下至腹缘圆弧形。第 9 背板前内突三角形，柄突直棒状，端段仅略窄于基段，有 2/5～1/2 段超出第 9 背板前内突。不动突锥状，略低于可动突，其端有小鬃 3 根，后缘角突以下具较深圆凹。可动突前缘角位于中段偏上方，角突以下具较深切刻凹入，后缘最凸处位于近中部处，后缘具长鬃 2 根，上位者较粗，其间及上、下方有缘小鬃共 3 或 4 根；可动突长为最宽处的 2.3～2.6 倍；第 9 腹板前臂窄长，中段略上拱，后臂宽叶状，前背角呈钝形突出，其下方稍凹，端缘向前下方倾斜，后端圆钝，后缘稍凹，侧小鬃密布 36～51 根，后缘狭凹下方有 2 根较长亚刺鬃，近旁小鬃 1～5 根。阳茎钩突端部显粗钝（图 540），背缘几平直，近端无向背方及向下方延伸的尖锐背角和腹角，此特征十分独特；钩突桩为短棒状；阳茎弹丝卷曲 1 圈以上，内突不宽，端附器末端卷曲 1 圈以上。♀第 7 腹板后缘下段呈截形（图 541），背突圆钝，侧鬃 1 列 4～6 根，其前有附加鬃 3～10 根。第 8 背板在气门前具小鬃 6～13 根，气门下具 2（3）根粗长鬃，小鬃 1～2 根，近腹缘具长、短鬃 17～21 根；生殖棘鬃 3 根。肛锥长为基宽的 2.7～3.1 倍，具端长鬃及侧鬃各 1 根。交配囊袋部发达，卷曲约 1 圈半，管部较短，凸向前方呈弓形，骨化棘发达。受精囊头部小而圆，尾部较宽而长，长约为头部直径的 3 倍，尾与头部分界处较细窄。

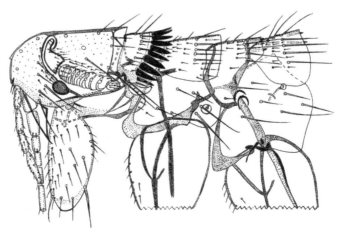

图 537 适存病蚤 *Nosopsyllus* (*Nosopsyllus*) *nicanus* Jordan，♂头、胸及第 1 腹节背板（福建福州）

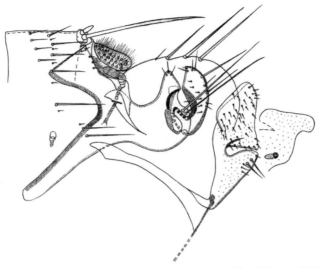

图 538　适存病蚤 *Nosopsyllus* (*Nosopsyllus*) *nicanus* Jordan，♂变形节及阳茎钩突（福建福州）

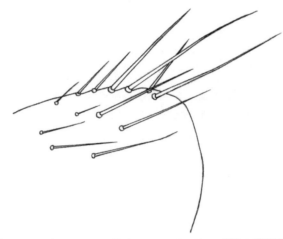

图 539　适存病蚤 *Nosopsyllus* (*Nosopsyllus*) *nicanus* Jordan，♂第 8 背板鬃变异（福建福州）

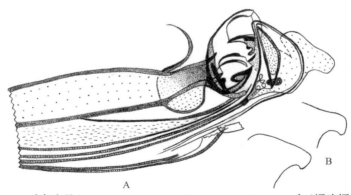

图 540　适存病蚤 *Nosopsyllus* (*Nosopsyllus*) *nicanus* Jordan，♂（福建福州）

A. 阳茎端及第 9 腹板腱；B. 阳茎钩突变异

观察标本　共 5♂♂，5♀♀，于 1954～1960 年采自福建福州、南雅和泉州，自黄毛鼠，个别宿主不详，标本存于湖北医科院寄生虫病所和军医科院微流所。另文献记录（柳支英等，1986）16♂♂，16♀♀，大部分自黄毛鼠，部分宿主不详，分别于 1940 年，1954 年 8 月采自福建福州、南雅和 1957 年 10 月采自浙江温州，标本存于贵州医科大学和福建省疾病预防控制中心。

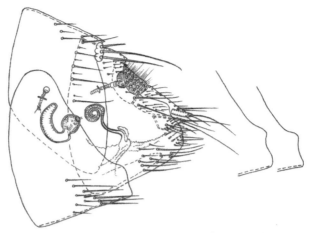

图 541　　适存病蚤 *Nosopsyllus* (*Nosopsyllus*) *nicanus* Jordan，♀变形节及第 7 腹板后缘变异（福建福州）

宿主　褐家鼠、黄毛鼠、黄胸鼠、黑线姬鼠、小家鼠、臭鼩鼱、针毛鼠、卡氏小鼠、黑腹绒鼠、白腹巨鼠、大麝鼩、北社鼠、青毛鼠和鼩类。

地理分布　福建（全省分布）、台湾、浙江（温州、文成、瑞安、乐清、永嘉、东阳、兰溪、庆元、莲都、云和、松阳、衡州、龙游、缙云）、广东（大埔、广州）；国外分布于日本（三宅岛、八丈岛和东京等）。按我国动物地理区系，属华中区东部丘陵平原亚区、华南区闽广沿海亚区和台湾亚区。

生物学资料及医学重要性　据浙江和福建调查资料，本种出现的季节主要是在 4～5 月和 10～11 月，其他月较少。石国祥等（2008）根据 10 年监测数据所获得 1025 只适存病蚤的宿主分析，在浙江该蚤主要宿主是褐家鼠、黄胸鼠和黄毛鼠，其次是黑线姬鼠和小家鼠，偶有黑腹绒鼠和白腹巨鼠。但在舟山口岸（王采典等，2007）除有黄胸鼠外，尚有臭鼩。在福建曾多次在该蚤体内分离出鼠疫菌，在该区域它对自然疫源地的鼠疫菌贮存与动物间流行起着十分重要的作用。

38. 单蚤属 *Monopsyllus* Kolenati, 1857

Monopsyllus Kolenati, 1857, *Wien. Ent. Monatschr.*, **1** (33): 65. **Type species**: *Pulex sciurirum* Schrank, 1803 (n. s.); Li, 1956, *An Introduction to Fleas*, p. 60; Liu *et al.*, 1986, *Fauna Sinica Insecta Siphonaptera*, First Edition, p. 1213; Yu, Ye *et* Xie, 1990, *The Flea Fauna of Xinjiang*, p. 480; Chin *et* Li, 1991, *The Anoplura and Siphonaptera of Guizhou*, p. 359; Cai *et al.*, 1997, *The Flea Fauna of Qinghai-Xizang Plateau*, p. 291; Xie *et* Zeng, 2000, *The Siphonaptera of Yunnan*, p. 384; Wu *et al.*, 2007, *Fauna Sinica Insecta Siphonaptera*, Second Edition, p. 1890; Liu, Shi *et al.*, 2009, *The Siphonaptera of Neimenggu*, p. 394.

Cerarophyllus (*Monopsyllus*) Kolenati: Liu, 1939, *Philipp. J. Sci.*, **70**: 20.

鉴别特征　眼发达，眼的直径大于眼边缘到颊叶末端的距离。触角第 2 节长鬃♂可达棒节之半，♀近达或稍超过之端。后头鬃除缘鬃列外不多于 2 根。前胸栉不多于 22 根。下唇须达前足基节至转节末端。前足股节外侧有小鬃多根，中、后足基节仅下半部有细长鬃。臀前鬃♂ 1 根（上、下 2 根退化呈细毛状）、♀ 3 根。♂第 8 背板内侧无棘丛区。第 8 腹板狭长，端膜发达程度不一。第 9 背板前内突与柄突连接处具圆凹。可动突狭长，有或无刺鬃。♀第7腹板后缘圆形、截状或有不同程度内凹；受精囊头尾界限明显，头常弯曲。

属的记述　额突永久型（图546），眼鬃3根，上位1根低于眼上缘，额鬃多为3（4）根。中胸背板颈片内侧具假鬃。后胸背板具端小刺。各足第5跗节第1对侧蹠鬃不向中移。后足胫节具侧鬃2列。♂不动突隆起、锥形或膨隆等，形状多样。可动突狭长，大致呈梯形或新月形，有或无刺鬃。♀肛锥具2根较长侧鬃。受精囊头部常呈弯筒形或筒形，尾端或有乳突。

单蚤属全球已记录有30余种，主要寄生于地下洞道生活的啮齿类，少数见于食虫类、食肉类动物。在中国部分尚寄生于树栖鼯鼠类动物，有的种类与医学关系密切，充当保菌媒介及中间宿主。湖北分布有2种。

种 检 索 表

♂不动突较窄且特别隆起，呈圆锥形（图543）；第9腹部前臂端部弯曲部分明显较长，后弯较大；抱器体在不动突前方背缘内凹较深；可动突前端角略高于后背端；♀第7腹板后缘之背突上翘不明显，背缘略平或斜行（图545） ·· **不等单蚤** *M. anisus*

♂不动突较宽短，似土丘状（图548）；第9腹部前臂端部弯曲部分较短，后弯较小；抱器体背缘在不动突前方内凹较浅；可动突后背端略高于前端角；♀第7腹板后缘之背突向上翘，背缘略具浅广凹（图551） ·· **冯氏单蚤** *M. fengi*

（116）不等单蚤 *Monopsyllus anisus* (Rothschild, 1907)（图542～图545）

Ceratophyllus anisus Rothschild, 1907, *Novit. Zool.*, **14**: 332 (Honshu, Japan, from *Felis* sp.) (n. s.).

Monopsyllus (*Monopsyllus*) *anisus* Rothschild: Liu, 1939, *Philipp. J. Sci*, **70**: 20, figs. 7, 8.

Monopsyllus anisus (Rothschild): Li, 1956, *An Introduction to Fleas*, p. 60, fig. 76; Smit (in Kenneth *et* Smith), 1973, *Insects and Other Arthropods of Medical Importance*, p. 168, 170, figs. 168 E, 170 B; Liu *et al.*, 1986, *Fauna Sinica Insecta Siphonaptera*, First Edition, p. 1214, figs. 1909-1916; Yu, Ye *et* Xie, 1990, *The Flea Fauna of Xinjiang*, p. 485, figs. 537, 538; Chin *et* Li, 1991, *The Anoplura and Siphonaptera of Guizhou*, p. 360, 108-110; Cai *et al.*, 1997, *The Flea Fauna of Qinghai-Xizang Plateau*, p. 291, figs. 625-627; Xie *et* Zeng, 2000, *The Siphonaptera of Yunnan*, p. 385, figs. 10, 622-625; Wu *et al.*, 2007, *Fauna Sinica Insecta Siphonaptera*, Second Edition, p. 1892, figs. 2, 2394-2401; Liu, Shi *et al.*, 2009, *The Siphonaptera of Neimenggu*, p. 395, figs. 324-326.

鉴别特征　本种据以下几点综合可与本属其他成员区别：①♂抱器不动突呈窄圆锥形，且特别隆起，末端高达可动突前缘2/3或之半；②第9腹板前臂端段弯曲部分显较长，后弯较大，后臂端叶前、后缘近平行而不膨大；③可动突不特窄；④♀第7腹板圆弧形后缘之背突不向上翘，背缘无内凹，受精囊头部呈筒状，尾长通常为头长约1/3。

种的形态　头　额突小，尖锐，♂位于额缘近中点（图542），♀下1/3处。额鬃1列♂5～7根，中间2根稍长，♀1～3根。眼鬃列3根鬃，眼大而色黑。后头鬃前列2或3根，后列5～7根，其中后列下位1根粗长，可超过前胸背板栉刺的2/3或至末端，♀该鬃后方偶具1根中长鬃。触角窝背缘♂具密集小鬃16～20根，♀者较少，10～14根。触角第2节长鬃♂达棒节的1/3略强，♀达或超过末端；触角棒节♂达前胸腹侧板近中部处。下唇须较长，其端超过前足基节的长度，但远不达转节末端。胸　前胸背板栉刺数17～19根，其下方1根较细而短小，各刺直而端尖，除背方及下位1或2根刺外，刺与刺之间具清晰间隙，背刺等于或略长于该背板。中胸背板具鬃3列，颈片内侧具1列完整假鬃4（5）根。后胸后侧片鬃3列5～7根，其气门下及中列鬃上位1根上、下方各可夹杂1根微鬃。前足基节外侧鬃 35～44 根。后足胫节外侧鬃 2 列 9～13 根，内侧 1 列 4 或 5 根，后背缘具 8 个切刻。后足第 1 跗节长约等于第 2、3 跗节之和，第 2 跗节端长鬃较短，仅达第 3 跗节的 2/3 处。各足第 5 跗节有 5 对侧蹠鬃，第 1 对略向中移。**腹**　第 1～7 背板各具 2～3 列鬃；第 1～5 背板端小刺为 2、2 或 3、2、2、0 或 1 根。基腹板前缘内凹，后背端较弧凸，外侧后半部具弧形细纹区。臀前鬃♂ 1、♀ 3 根。**变形节**♂（图 544）第 8 背板具缘长鬃 1 列 3～6 根，侧鬃 7～9 根，其中 2 或 3 根位于下半部。第 8 腹板狭长，后段略向后弯凸，近端有鬃 3（4）根，端膜叶甚小（有的甚难窥见），不分裂成穗状。不动突呈窄圆锥形（图 543），末端高达可动突前缘中点之上方，其上有鬃 3 根。抱器体背缘在不动突前方具较深宽弧凹，后腹端钝，基节臼鬃 2 根位于后缘略上方。柄突宽大，末端圆钝或稍窄，略长于第 9 背板前内突；柄基略宽于或与抱器体约同宽。可动突上 1/3 段常渐宽，前缘下约在臼鬃处具 1 斜切凹，前端角向前突，略高于后背端，后缘近端及略下方有 1 根略长鬃和 4（5）根小鬃，下段稍后凸，至上方微内凹。第 9 腹板前臂弯曲部分明显较长（长于属内多数种类），弯曲几成 90 度角，后臂狭长，端叶前缘略弧凸，末端圆，外侧近前缘有 2 根较长鬃，后缘窄凹上方至端部有 1 列小鬃

图 542　不等单蚤 *Monopsyllus anisus* (Rothschild)，
♂头及前胸（湖北武汉）

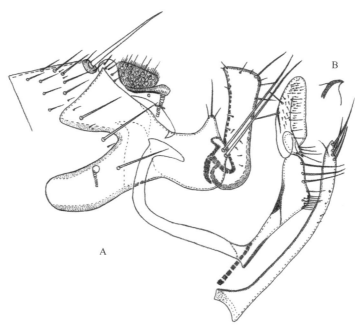

图 543　不等单蚤 *Monopsyllus anisus* (Rothschild)，♂（湖北武汉）
A. 变形节；B. 阳茎钩突端部

约 8 根，窄凹下方近后缘处有 3 根中长鬃和 2（1）根短鬃，腹膨具鬃约 10 根，近肘处上、下方至抱器体腹缘间有发达节间膜。阳茎钩突末端尖而伸向后下方。♀（图 545）第 7 腹板背缘之后凸不向上翘，后端圆或略成角，外侧主鬃 1 列 5（4）根，其前有附加鬃 10～12 根。第 8 背板后缘上段略凹，外侧气门下具 2 根长鬃和 0～2 根小鬃，下部至后端有长、短鬃 9～16 根；生殖棘鬃 3 根。肛锥长为基宽的 2.2～3.0 倍，具端长鬃 1 根和 2 根较长侧鬃。肛腹板腹缘有 4～7 根亚刺鬃，由前向后渐长。受精囊呈较均匀弯筒形，尾部通常约为头部长的 1/3，末端或有乳突。

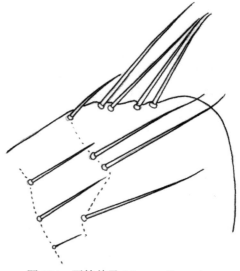

图 544　不等单蚤 *Monopsyllus anisus* (Rothschild)，♂第 8 背板（湖北武汉）

观察标本　共 44♂♂、56♀♀，其中 5♂♂、5♀♀，1952 年 12 月采自湖北武汉；1♂、1♀，1989 年 5 月 15 日采自湖北利川都亭；5♂♂、6♀♀，1952 年 1 月 20 日采自长江三峡三斗坪，3♂♂、1♀，1965 年采自湖北咸宁滨湖；1♂、3♀♀，1989 年 5 月 1～8 日采自湖北神农架百草坪；1♂、1♀，2000 年 4 月 17 日采自五峰毛坪；2♂♂、3♀♀，1988 年 6 月采自兴山榛子；26♂♂、37♀♀，1983 年 5 月 6 日至 1985 年 9 月 5 日采自宜昌三峡黄陵庙和当阳，宿主为黄胸鼠、褐家鼠、小家鼠和北社鼠等。标本保存于湖北医科院传染病所和宜昌疾控中心。

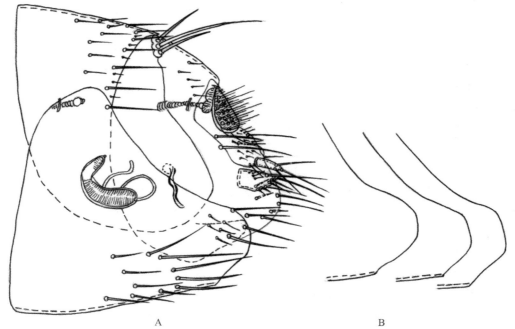

图 545　不等单蚤 *Monopsyllus anisus* (Rothschild)，♀（湖北武汉）

A. 变形节；B. 第 7 腹板后缘变异

宿主　黄胸鼠、褐家鼠、黑线姬鼠、高山姬鼠、北社鼠、小家鼠、中麝鼩、四川短尾鼩、黑腹绒鼠、黄腹鼬、黄毛鼠、大足鼠、白腹巨鼠、青毛巨鼠、针毛鼠、赤腹松鼠、花松鼠、灰麝鼩和树鼩等。

地理分布　湖北 (武汉、咸宁、神农架、五峰、京山、宜昌、当阳、秭归、钟祥、兴山、应城、荆州、松滋、利川、恩施、来凤、鹤峰)，湖北省外除西藏无分布记录外，其他各省均有分布；国外分布于俄罗斯 (东部西伯利亚)、日本和朝鲜等。寄生于家栖类啮齿动物，以褐家鼠、黄胸鼠为主。

生物学资料　多年调查表明，在湖北西部山地，仅可在居民区室内及附近环境采到，在无人居住的纯天然林，均无该种蚤的分布，由此看来，不等单蚤是一种家栖或半家栖蚤类。不等单蚤全年均可出现，繁殖季节高峰在 3～5 月，其后逐步降低，10 月在云南可见一小高峰（柳支英等，1986），在北方内蒙古季节高峰主要为 6～9 月。该蚤卵期 3～5 天，幼虫期 11～16 天，茧期 5～12 天，由卵发育到成蚤 22～26 天（胡晓玲等，2001）。

医学重要性　曾多次在我国云南、内蒙古分离出鼠疫菌，在自然疫源地为鼠疫的贮存媒介，它的媒介效能远不如印鼠客蚤和缓慢细蚤，尚能传播假结核杆菌、猪丹毒、李氏德氏菌病，与人蚤、猫栉首蚤同为犬复殖绦虫的中间宿主。

（117）冯氏单蚤 *Monopsyllus fengi* Liu, Xie et Wang, 1986（图 546～图 551）

Monopsyllus fengi Liu, Xie et Wang (in Liu et al.), 1986, *Fauna Sinica Insecta Siphonaptera*, First Edition, p. 1219, figs. 1926-1934 (Maerkang, Sichuan, China, from *Petaurista* sp.); Cai et al., 1997, *The Flea Fauna of Qinghai-Xizang Plateau*, p. 293, figs. 628-630; Wu et al., 2007, *Fauna Sinica Insecta Siphonaptera*, Second Edition, p. 1898, figs. 2411-2419.

鉴别特征　♂第 8 腹板端膜叶不分裂成穗状，第 9 腹板后臂端叶前、后缘近平行，中部不向前凸出，末端较圆除不等单蚤外，易与其他近缘种区别。但本种♂不动突隆起较宽短，低矮似土丘状；第 9 腹板前臂端部弯曲部分较短，后弯较小；可动突后背端略高于前端角；♀第 7 腹板后缘之背突较向上翘，背缘具浅广凹而可与不等单蚤相区别。

种的形态　头　额突♂位于额缘中点稍下（图 546），♀下 1/3 处。额鬃♂1 列 5～7 根，上位 2 或 3 根位于触角窝前缘，♀3～5 根。眼鬃列 3 根；眼大，中央色素稍淡，眼的长径略等于眼后缘至颊角的距离。后头鬃前列 2 根，后列 5 或 6 根，触角窝背缘有小鬃 8～11 根。触角第 2 节长鬃♂不达棒节之半，♀超出末端。下唇须达前足基节或超过转节末端。胸前胸背板具 1 列 6 或 7 根长鬃，有小间鬃；前胸栉具 18 (19) 根刺，其背刺与该背板近等长或稍长于。中胸背板具假鬃 4～7 根。后胸背板端小刺 1～4 根（图 547）。后胸后侧片鬃 3 列，依序为 2、3、1 根。前足基节外侧包括缘、短鬃在内 43～48 根。后足基节外侧下半部有长、短鬃 22～30 根。前足股节鬃，外侧 4～10 根，内侧 1～3 根。后足胫节（图 550）外侧有鬃 2 纵列，内侧具鬃 1 列。后足第 2 跗节长度接近第 3、4 跗节之和，其端长鬃达第 3 跗节 4/5 处，第 3 跗节长端鬃略超过第 4 跗节末端。腹　♀第 1～7 背板具鬃 3 列，♂第 2～7 背板具鬃 2 列，下位第 1 根♂平气门或略低，♀位于气门下方。第 1～5 背板端小刺依序为 2、2 或 3、1 或 2、1 或 2、0 或 1 根。基腹板有弧形浅细纹区。臀前鬃♂1 根，♀3 根，中位者最长。变形节　♂第 8 背板背缘略呈宽弧形（图 549），有缘或亚缘长鬃 1 列 3～6 根，侧鬃上部 3～5 根，下部 1～3 根。第 8 腹板稍呈弯棒状，狭长，前缘具较窄浅骨化，端鬃 3 (4) 根，端膜叶细长或略短，但不分裂成穗状。不动突宽短，低矮而似土丘状，如略圆隆则前方凹陷稍深（图 548）；基节臼鬃着生位置低于抱器体背缘。第 9 背板前内突宽三角形，柄突基段宽而近端较窄。可动突自基节臼之上渐增宽，末端略平或稍圆，后背端略高于前端角，后缘中段略凹，后缘近端具 1 根中长鬃和小鬃 3（2）根，前缘下约在白鬃处常有 1 小齿突，其下具 1 浅内凹。第 9 腹板前臂端段后弯部分较短，弯曲度较小，后臂端叶有小侧鬃 20～27 根；基段腹膨略呈宽三角形，其上具鬃 4～8 根，腹膨上方在平伸较好标本的前、后缘各可见 1 狭缝。阳茎钩突末端有略弯的尖突。♀第 7 腹板后背突略向上翘（图551），背缘常具浅广凹，后缘较圆，但下段多斜向前下方，主鬃列 4～6 根鬃，其前有 2～7 根附加鬃。第 8 背板后缘略凹，后腹端略圆钝，气门下具鬃 3 或 4 根，其中 1 根粗长，近腹缘有长、短鬃 12～15 根；生殖棘鬃 3 根。受精囊头部略骨化、筒状，尾长超过头长的1/2，末端有乳突。

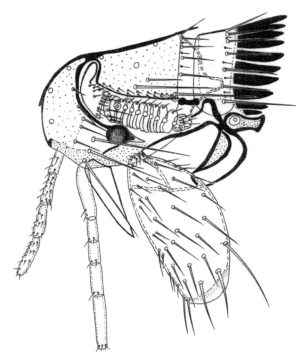

图 546　冯氏单蚤 *Monopsyllus fengi* Liu, Xie *et* Wang，♂头及前胸（湖北神农架）

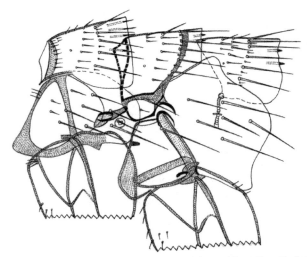

图 547　冯氏单蚤 *Monopsyllus fengi* Liu, Xie *et* Wang，♂中、后胸及第 1 腹节背板（湖北神农架）

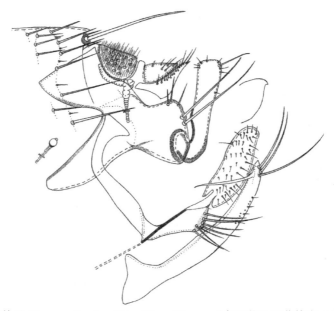

图 548　冯氏单蚤 Monopsyllus fengi Liu, Xie et Wang，♂变形节及阳茎钩突（湖北神农架）

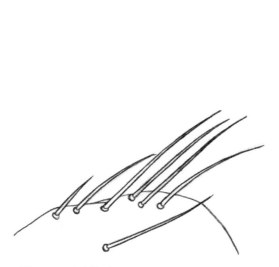

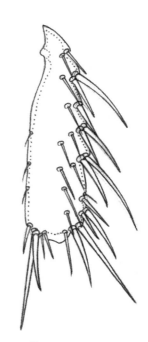

图 549　冯氏单蚤 Monopsyllus fengi Liu, Xie et Wang，♂第 8 背板（湖北神农架）

图 550　冯氏单蚤 Monopsyllus fengi Liu, Xie et Wang，♂后足胫节（湖北神农架）

观察标本　共 29♂♂、58♀♀，分别于 1980 年 9 月和 1992 年 3 月～1999 年 12 月采自湖北神农架（板仓、宋郎山、高桥、古水）、兴山（水月寺、龙门河）、保康（马桥）等地点的红白鼯鼠体外，海拔 1400～1600 m，生境为常绿落叶阔叶混交林和落叶阔叶林。3♂♂、4♀♀乙醇浸泡标本，2014 年 6 月田俊华采自湖北兴山水月寺的黑白飞鼠。标本分存于湖北医科院传染病所、军医科院微流所和宜昌疾控中心。

宿主　红白鼯鼠、黑白鼯鼠；湖北省外尚有山地鼯鼠、沟牙鼯鼠、飞鼠、花鼠。

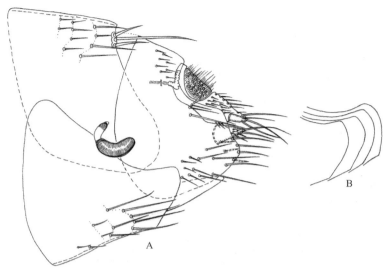

图 551 冯氏单蚤 *Monopsyllus fengi* Liu, Xie *et* Wang，♀（湖北神农架）
A. 变形节；B. 第 7 腹板后缘

地理分布 湖北西北部（神农架、保康、兴山、巴东、竹山）、重庆东北部（巫山）、四川（马尔康）、青海（祁连山、泽库、玛心、互助）。按我国动物地理区系，属华中区西部山地高原亚区和青海藏南亚区。本种是中国特有种。

生物学资料 冯氏单蚤在春季爬行速度非常快，在个体数量较少时，由于红白鼯鼠体毛长而浓密，一般不容易直接从毛丛中检获。此外，2000 年 11 月曾从长江三峡以南的五峰采花乡海拔 1200 m 捕获到多只红白鼯鼠，但体外均未采集到蚤类，据此推测红白鼯鼠体外在武陵山东部可能并不是全年都有蚤寄生。

参 考 文 献

Allen G M. 1938-1940. The Mammals of China and Mongolia, Pt. 1 xxv, 1-620, (1938); Pt. 2 xxvi, 621-1350, (1940). American Museum of Matural History, New York Press

Bai X-L, Yan L-M and Wei H. 2010. A new species of *Palaeopsylla* from Ningxia, China (Siphonaptera: Ctenophthalmidae). Acta Zootaxonomica Sinica, 35 (4): 922-934 [白学礼, 闫立民, 魏浩, 2010. 宁夏古蚤属一新种记述 (蚤目: 栉眼蚤科). 动物分类学报, 35 (4): 922-934]

Bai X-L, Ma H-R and Lu L. 2016. A new species of Liuopsylla and A new subspecies of *Vermip sylla* from China (Siphonaptera: Liuopsyllidae and Vermipsyllidae). Acta Parasitologica et Medica Entomologica Sinica, 23 (3): 169-174 [白学礼, 马汉荣, 鲁亮, 2016. 中国柳氏蚤属一新种及蠕形蚤属一新亚种 (蚤目: 柳氏蚤科, 蠕形蚤科). 寄生虫与医学昆虫学报, 23 (3): 169-174]

Beauccournu J C and Kock D. 1992. Notes sur les Ischnopsyllidae de la Region Orientale. Ⅰ. Présence du genre Nycteridopsylla Oudemans 1906 et description d'unc espèce novelle (Insecta: Siphonaptera). Senckenbergiana Biologica, 72: 329-334

Cai L-Y, Wu W-C and Liu C-Y. 1978. Notes on hitherto unknown females of four species of fleas from west China. Acta Entomologica Sinica, 21 (4): 447-452 [蔡理芸, 吴文贞, 柳支英, 1978. 我国西部地区蚤目四种未知雌性的记述. 昆虫学报, 21 (4): 447-452]

Cai L-Y, Zhan X-R, Wu W-Z and Li C. 1997. The Flea Fauna of Qinghai-Xizang Plateau. Shaanxi Science and Technology Publishing House, Xi'an. 1-364 [蔡理芸, 詹心如, 吴文贞, 李超, 1997. 青藏高原蚤目志. 西安: 陕西科技出版社. 1-364]

Chen C-S and Ku H-D. 1958. The discovery of a male specimen of the Sand flea, *Tunga caecigena* Jordan et Rothschild, 1921 with a morphological description. Acta Entomologica Sinica, 8 (2): 179-182 [陈健行, 顾宏达, 1958. 雄性盲潜蚤 (*Tunga caecigena* Jordan et Rothschild, 1921) 的发现及其形态研究. 昆虫学报, 8 (2): 179-182]

Chen N-Y, Wei S-F and Li K-C. 1979. New species of *Palaeopsylla* Wagner, 1903, from Szechuan, with a discussion of the genus (Siphonaptera: Hystrichopsyllidae). Acta Entomologica Sinica, 22 (3): 349-354 [陈宁宇, 魏书风, 李贵真, 1979. 四川省古蚤属两新种记述及其对我国古蚤属的分类探讨 (蚤目: 多毛蚤科). 昆虫学报, 22 (3): 349-354]

Chen J-X, Ji S-L and Wu H-Y. 1984. Description of a new species of *Rhadinopsylla* Jordan et Rothschild (Siphonaptera: Ctenophthalmidae). Acta Zootaxonomica Sinica, 9 (1): 82-84 [陈家贤, 纪树立, 吴厚永, 1984. 纤蚤属一新种记述 (蚤目: 多毛蚤科). 动物分类学报, 9 (1): 82-84]

Chen F-G, Min Z-L, Huang H-F, Ma Q-H and Lou Z-T. 1980. Study on the fauna and classification of mammals in the Qinling and Dabashan region, Shaanxi Province. Journal of Northwest University (Natural Edition), 1: 137-147 [陈服官, 闵芝兰, 黄洪富, 马清和, 罗志腾, 1980. 陕西省秦岭大巴山地区兽类分类和区系研究. 西北大学学报 (自然科学版), 1: 137-147]

Chin T-H and Li K-C. 1991. The Anoplura and Siphonaptera of Guizhou. Guizhou Science and Technology Publishing House, Guiyang. 154-368 [金大雄, 李贵真, 1991. 贵州吸虱类、蚤类志. 贵阳: 贵州科技出版社. 154-368]

Darskaya N F. 1949. New species Aphaniptera from north Korea. C. R. Acad. Sci. URSS, 68 (2): 429-432

Gao Y-T. 1987. Fauna Sinica Mammalia Vol. 8: Carnivora. Science Press, Beijing. 1-502 [高耀亭, 1987. 中国动物志 兽纲 第八卷 食肉目. 北京: 科学出版社. 1-502]

Gonchalov A I, Lomasheva T P, Kottn B K, Bavaakan A and Rigmaed S. 1988. Fleas illustration of Mongol People's Republic. (in Russian) Uran-Batu. 1-412

Gong Z-D and Li Z-X. 1992. A new species of *Palaeopsylla* from Mt. Nushan, Yunnan Province (Siphonaptera: Hystrichopsyllidae). Acta Zootaxonomica Sinica, 17 (2): 235-237 [龚正达, 李兆祥, 1992. 云南怒山古蚤属一新种. 动物分类学报, 17 (2): 235-237]

Gong Z-D and Feng X-G. 1997. A new species of *Palaeopsylla* from of Yunnan, China (Siphonaptera: Hystrichopsyllidae). Acta Zootaxonomica Sinica, 40 (1): 79-81 [龚正达, 冯锡光, 1997. 云南古蚤属一新种. 动物分类学报, 40 (1): 79-81]

Gong Z-D, Li Z-H and Ni J-S. 2005a. Description of the male of *Rhadinopsylla* (*Sinorhadinopsylla leii* Xie, Gong et Duan (Siphonaptera: Hystrichopsyllidae), with supplementary note of its female. Entomotaxonomica, 27 (1): 29-31 [龚正达, 李章鸿, 倪家胜, 2005a. 雷氏纤蚤雄性的记述及雌蚤的形态补充. 昆虫分类学报, 27 (1): 29-31]

Gong Z-D, Wu H-Y, Duan X-D, Feng X-G, Zhang Y-Z and Liu Q. 2001. The relationship between the geographical distribution trends of flea species diversity and the important environmental factor in the Hengduan Mountains, Yunnan. Biodiversity Science, 9 (4): 319-328 [龚正达, 吴厚永, 段兴德, 冯锡光, 张云智, 刘泉, 2001. 云南横断山区蚤类物种多样性的地理分布趋势与重要环境因素的关系. 生物多样性, 9 (4): 319-328]

Gong Z-D, Wu H-Y, Duan X-D, Feng X-G, Zhang Y-Z and Liu Q. 2005. Species richness and vertical distribution pattern of flea fauna in Hengduan Mountains of western Yunnan, China. Biodiversity Science, 13 (4): 279-289 [龚正达, 吴厚永, 段兴德, 冯锡光, 张云智, 刘泉, 2005. 云南横断山区蚤类物种丰富度与区系的垂直分布格局. 生物多样性, 13 (4): 279-289]

Gong Z-D, Zhang L-Y, Duan X-D, Feng X-G, Ge J-Q, Li D-M and Liu Q-Y. 2007. Species richness and fauna of fleas along a latitudinal gradient in the Three Parallel Rivers Landscape, China. Biodiversity Science, 15 (1): 61-69 [龚正达, 张丽云, 段兴德, 冯锡光, 葛军旗, 栗冬梅, 刘起勇, 2007. 中国"三江并流"纵谷地蚤类丰富度与区系沿纬度梯度的水平分布格局. 生物多样性, 15 (1): 61-69]

Guo T-Y, Wu H-Y and Liu Q. 1994a. A new species of genus *Frontopsylla* (Siphonaptera: Leptopsyllidae). 93-95. In: Wu H-Y. Researches on Fleas. China Science et Technology Press, Beijing. 1-120 [郭天宇, 吴厚永, 刘泉, 1994a. 额蚤属一新种 (蚤目: 细蚤科). 93-95. 见: 吴厚永主编, 蚤类研究. 北京: 中国科学技术出版社. 1-120]

Guo T-Y, Wu H-Y and Liu C-Y. 1994b. On the flea fauna of southwestern Sichuan province. 1-11. In: Wu H-Y. Researches on Fleas. China Science et Technology Press, Beijing. 1-120 [郭天宇, 吴厚永, 柳支英, 1994b. 川西南蚤类区系研究. 见: 吴厚永主编, 蚤类研究. 北京: 中国科学技术出版社. 1-120]

Guo T-Y, Wu H-Y, Xu R-M, Wang D-L and Yan G. 1997. On the flea fauna of Himalaya Mountains southern slope. Acta Parasitologica et Medica Entomologica Sinica, **4** (1): 45-51 [郭天宇, 吴厚永, 许荣满, 王达林, 严格, 1997. 喜马拉雅山南坡部分地区蚤类区系研究. 寄生虫与医学昆虫学报, **4** (1): 45-51]

Hoffmann R S. 2001. The southern boundary of the palaearctic realm in China and adjacent countries. Acta Zoologica Sinica, **47** (2): 121-131

Honacki J H, Kinman K E and Koeppl. J W. 1982. Mammal species of the World. The Association of Systematics Collections. Lewrance, Kansas. U. S. A.

Hopkins G H E and Rothschild M. 1953. An illustrated Catalogue of the Rothchild Collection of fleas (Siphonaptera) in the British Museum. Vol. ⅠXⅤ+370 pp. figs. 1-459, 45 pls. London. British Museum (Natural history)

Hopkins G H E and Rothschild M. 1956. An illustrated Catalogue of the Rothchild Collection of fleas (Siphonaptera) in the British Museum. Vol. Ⅱ: Ⅹ+445 pp. figs. 1-707, 32 pls. London. British Museum (Natural history)

Hopkins G H E and Rothschild M. 1962. An illustrated Catalogue of the Rothchild Collection of fleas (Siphonaptera) in the British Museum. Vol. Ⅲ: Ⅸ+600 pp. figs. 1-1049, 10 pls. London. British Museum (Natural history)

Hopkins G H E and Rothschild M. 1966. An illustrated Catalogue of the Rothchild Collection of fleas (Siphonaptera) in the British Museum. Vol. Ⅳ: Ⅷ+549 pp. figs. 1-842, 12 pls. London. British Museum (Natural history)

Hopkins G H E and Rothschild M. 1971. An illustrated Catalogue of the Rothchild Collection of fleas (Siphonaptera) in the British Museum. Vol. Ⅴ: Ⅷ+530 pp. figs. 1-926, 30 pls. London. British Museum (Natural history)

Humphries D A. 1967. The mating behaviour of the hen. flea, *Ceratophyllus gallinae* (Schrank) (Siphonaptera: Insecta). Anim. Behav., **5**: 82-90

Ioff I G and Scalon O I. 1954. Fleas illustration of Eastern Siberia, the Far East and adjacent areas. (in Russian) National Publishing House of Medical Literatures, Moscow. 1-273

Ioff I G and Tiflov W E. 1954. Fleas (Suctoria-Aphaniptera) illustration of South-East SSSR. (in Russian) Stavlopol Publishing House, Stavlopol. 1-198

Ioff I G, Mikulin M A and Scalon O I. 1965a. Fleas illustration of Middle Asia and Kazakhstan. (in Russian) "Medicine" Publishing House, Moscow. 1-368

Ioff I G, Mikulin M A and Scalon O I. 1965b. Handbook for the identification of the fleas of Central Asia and Kazakhstan. Medizina, Moscow. 370. (in Russian)

Jameson E W and Hsich P Y. 1966. Flea of the family Leptopsyllidae (Siphonaptera) in Taiwan. J. Med. End., **3** (3-4): 299-305

Jeu M-H, Wang D-Q and Li K-Z. 1991. A new flea of the genus *Chaetopsylla* from Glant panda. Schuan Journal of Zoology, **10** (1): 7-9 [裘明华, 王敦清, 李贵真, 1991. 大熊猫的一种新鬃蚤 (蚤目: 蠕形蚤科). 四川动物, **10** (1): 7-9]

Ji S-L. 1988. Plague. People's Medical Publishing House, Beijing. 1-414 [纪树立, 1988. 鼠疫. 北京: 人民卫生出版社. 1-414]

Ji S-L, Yu X, Chen J-X and Wang D-Q. 1981. Two new subspecies of the genus *Amphalius* (Siphonaptera: Ceratophyllidae). Acta Zootaxonomica Sinica, **6** (3): 287-300 [纪树立, 于心, 陈家贤, 王敦清, 1981. 倍蚤属二新亚种 (蚤目: 角叶蚤科). 动物分类学报, **6** (3): 287-300]

Jordan K. 1932. Siphonaptera Collected by Harold Stevens on the Kelley-Roosvelt Expedition in Yunnan and Szechuan. Novitates Zoollogicae, **38**: 267-275

Jordan K. 1948. Suctoria. 211-245. In: Smart J. A Handbook for the Identification of Insects of Medical Importance. 2nd ed. Jarrold and Sons, England. 1-295

Krasnoov B R, Hhenbrot G I, Khokhlova I S and Poulin R. 2004. Relationships between parasite abundance and the taxonomic distance among a parasite's host species: an example with fleas parasitic on small mammals. International Journal for Parasitology, **34** (11): 1289-1297

Lewis R E. 1969. A new *Stenischia* Jordan, 1932 (Siphonaptera: Hystrichopsyllidae) from the Sikkim large-clawed. J. Parasit., **55** (4): 872-876

Lewis R E. 1972. Notes on the geographical distribution and host preferences in the order Siphonaptera (Part 1.). Journal of Medical Entomology, **9** (6): 511-520

Lewis R E. 1973. Notes on geographical distribution and host preferences in the Order Siphonaptera. Part. 3. Hystrichopsyllidae. Journal of Medical Entomology, **2** (2): 147-167

Lewis R E. 1974. Notes on the geographical distribution and host preferences in the order Siphonaptera. Part 5. Ancistropsyllidae,

Chimaeropsyllidae, Ischnopsyllidae, and Macrpsyllidae. Journal of Medical Entomology, **11** (5) : 525-540

Lewis R E. 1990. The Ceratophyllidae: Currently Accepted valid taxa (Insecta: Siphonaptera) . Koenigstein Koeltz Scientific Books, Germany. 1-276

Lewis R E. 1998. Resume of the Siphonaptera (Insecta) of the world. Journal of Medical Entomology, **35** (4) : 377-389

Lewis R E and Wilson N. 1982. A new species of *Nycteridopsylla* (Siphonaptera: Ischnopsyllidae) from southwestern United States, with a key to the North American species. Journal of Medical Entomology, **19**: 605-614

Lewis R E and Lewis J H. 1985. Notes on geographical distribution and host preferences in the Order Siphonaptera. Part. 7. New taxa described 1972 and 1983. With a supraspecifie classification of the order. Journal of Medical Entomology, **22** (2) : 134-152

Li K-C. 1956. An Introduction to Fleas. People's Medical Publishing House, Beijing. 1-152 [李贵真, 1956. 蚤类概论. 北京: 人民卫生出版社. 1-152]

Li K-C. 1963. Japanese *Ctenocephalides* and its relationship with closely related species. Journal of Guiyang Medical College, **1963**: 52-56 [李贵真, 1963. 东洋猫栉首蚤 *Ctenocephalides* 及其相近种的关系. 贵阳医学院学报, **1963**: 52-56]

Li K-C. 1980. Research progress in siphonapterology: classification, morphology and parasite. Journal of Guiyang Medical College, (1) : 1-7 [李贵真, 1980. 蚤类学研究进展——分类区系、形态学和寄生物研究. 贵阳医学院学报, (1) : 1-7]

Li K-C. 1982. Overview on Ceratophyllidae: clasification, geographical distriburion, interacitons between the parasites and their hosts as well as deseases. Journal of Guiyang Medical College, **7** (1) : 1-6 [李贵真, 1982. 角叶蚤科概述——分属、地理分布、宿主关系和疾病关系等问题的探讨. 贵阳医学院学报, **7** (1) : 1-6]

Li K-C. 1986. On a new species and a new record of the genus *Lentistivalius* Traub, 1972 (Siphonaptera: Pygiopsyllidae) . Entomotaxonomica, **8** (3) : 9-12 [李贵真, 1986. 韧棒蚤属一新种及一新纪录 (蚤目: 臀蚤科) . 昆虫分类学报, **8** (3) : 9-12]

Li K-C. 1987. A new species of *Stenischia* (Siphonaptera: Hystrichopsyllidae) . Entomotaxonomica, **9** (2) : 85-89 [李贵真, 1987. 狭臀蚤属一新种记述 (蚤目: 多毛蚤科) . 昆虫分类学报, **9** (2) : 85-89]

Li K-C and Wang D-Q. 1958. The flea of the genus *Stivalius* J. et R. 1922 (Siphonaptera) from China. Acta Entomologica Sinica, **8** (1) : 67-74 [李贵真, 王敦清, 1958. 我国荷币蚤属 (Genus *Stivalius* J. et R. 1922) 的三种跳蚤. 昆虫学报, **8** (1) : 67-74]

Li K-C and Wang D-Q. 1959. The discovery of *Peromyscopsylla himalaica* (Rothschild, 1915) from China, with a comparison of its three subspecies. Acta Entomologica Sinica, **9** (6) : 548-554 [李贵真, 王敦清, 1959. *Peromyscopsylla himalaica* (Rothschild, 1915) 在我国的发现及其三个亚种的比较. 昆虫学报, **9** (6) : 548-554]

Li K-C and Chin T-H. 1961. Records of *Acropsylla girshami* Traub, 1950 in China, with a discussion on the status of the species in the genus (Siphonaptera) . Acta Entomologica Sinica, **10** (6) : 505-512 [李贵真, 金大雄, 1961. *Acropsylla girshami* Traub, 1950 (蚤目, Siphonaptera) 在我国的发现及形态探讨. 昆虫学报, **10** (6) : 505-512]

Li K-C and Huang G-P. 1979. On some new species and new records of fleas from China (Siphonaptera) . Acta Zootaxonomica Sinica, **4** (4) : 399-407 [李贵真, 黄贵萍, 1979. 我国蚤类的几个新种和新纪录 (蚤目) . 动物分类学报, **4** (4) : 399-407]

Li K-C and Huang G-P. 1980. A survey on fleas from Kuankuoshui a natural reserve in Guizhou Province. Journal of Guiyang Medical College, **5** (2) : 114-122 [李贵真, 黄贵萍, 1980. 贵州省宽阔水自然保护区蚤类简志及一新属三新种记录 (蚤目) . 贵阳医学院学报, **5** (2) : 114-122]

Li K-C, Xie B-Q and Wang D-Q. 1964. A study on the classification of the *stevensi* group of genus *Neopsylla* from China (Siphonaptera: Hystrichopsyllidae) , with descriptions of new species and subspecies. Acta Entomologica Sinica, **13** (2) : 212-230 [李贵真, 解宝琦, 王敦清, 1964. 我国新蚤属斯氏组 (*stevensi* group of *Neopsylla*) 的分类研究及新种新亚种记述 (蚤目: 多毛蚤科) . 昆虫学报, **13** (2) : 212-230]

Li K-C, Wang D-Q and Xie B-Q. 1964. A study on the genus *Macrostylophora* in China (Siphonaptera: Ceratophyllidae) . Acta Zoologica Sinica, **16** (3) : 479-486 [李贵真, 王敦清, 解宝琦, 1964. 我国大锥蚤属 (*Macrostyolphora*) 的分类研究 (Siphonaptera: Ceratophyllidae) . 动物学报, **16** (3) : 479-486]

Li K-C, Chen N-Y and Wei S-F. 1974a. On two new species of *Macrostylophora* (Siphonaptera: Ceratophyllidae) . Acta Entomologica Sinica, **17** (1) : 112-116 [李贵真, 陈宁宇, 魏书风, 1974a. 大锥蚤属两新种记述 (蚤目: 角叶蚤科) . 昆虫学报, **17** (1) : 112-116]

Li K-C, Chen N-Y and Xie B-Q. 1974b. Three new species and subspecies of *Frontopsylla* (Siphonaptera: Leptopsyllidae) . Acta Entomologica Sinica, **17** (3) : 339-346 [李贵真, 陈宁宇, 解宝琦, 1974b. 额蚤属三新种和新亚种记述 (蚤目: 细蚤科) . 昆虫学报, **17** (3) : 339-346]

Li K-C, Xie B-Q and Wang S-F. 1977. On new species of the *setosa* group of genus *Neopsylla* Wagner, from southwest China (Siphonaptera: Hystrichopsyllidae) . Acta Entomologica Sinica, **20** (4) : 455-460 [李贵真, 解宝琦, 魏书风, 1977. 我国西南地区多毛蚤组新蚤二新种记述 (蚤目: 多毛蚤科) . 昆虫学报, **20** (4) : 455-460]

Li K-C, Xie B-Q and Gong Z-D. 1981. Three new species of the family Pygiopsyllidae from China (Siphonaptera) . Acta Zootaxonomica Sinica, **6** (4) : 402-408 [李贵真, 解宝琦, 龚正达, 1981. 我国臀蚤科三新种记述 (蚤目) . 动物分类学报, **6** (4) : 402-408]

Li K-C, Zeng F-Z and Zeng Y-C. 1987. A new species of *Macrostylophora* Ewing from Guangxi (Siphonaptera: Ceratophyllidae) . Acta Zootaxonomica Sinica, **12** (4) : 415-417 [李贵真, 曾繁珍, 曾亚纯, 1987. 广西大锥蚤属一新种记述 (蚤目: 角叶蚤科) . 动物分类学报, **12** (4) : 415-417]

Li K-C, Zhang R-G and Zeng Y-C. 1987. On a new species of *Macrostylophora* Ewing from Gansu (Siphonaptera: Ceratophyllidae). Entomotaxonomica, (4): 265-268 [李贵真, 张荣广, 曾亚纯, 1987. 甘肃省大锥蚤属一新种记述 (蚤目: 角叶蚤科). 昆虫分类学报, (4): 265-268]

Li K-C, Zeng Y-C, Zeng F-Z and Pan B-H. 1996. On Three new species of *Ctenophthalmus* (Sinoctenophthalmus) with discussions of some pertinent problems (Siphonaptera: Hystrichopsyllidae). Acta Zootaxonomica Sinica, 21 (1): 110-117 [李贵真, 曾亚纯, 曾繁珍, 潘伯洪, 1996. 栉眼蚤属中华栉眼蚤亚属三新种记述及对有关问题的探讨 (蚤目: 多毛蚤科). 动物分类学报, 21 (1): 110~117]

Li Z-J, Liu Y-R, Dong M-J, Liu L-P and Tian H. 2000. The fleas in Yichuan with the delimitation of zoo-geographical regions. Chinese Journal of Vector Biology and Control, 11 (5): 361-362 [李枝金, 刘亦仁, 董美阶, 刘立屏, 田华, 2000. 宜昌市蚤类区系初步分析. 中国媒介生物学及控制杂志, 11 (5): 361-362]

Li Y-M, Xu L, Ma Y, Yang J-Y and Yang Y-H. 2003. The species richness of nonvolant mammals in Shennongjia Nature Reserve, Hubei Province, China: distribution patterns along elevational gradient. Biodiversity Science, 11 (1): 1-9 [李义明, 许龙, 马勇, 杨敬元, 杨玉慧, 2003. 神农架自然保护区非飞行哺乳动物的物种丰富度: 沿海拔梯度的分布格局. 生物多样性, 11 (1): 1-9]

Liang L-R and Yang Q-S. 1981. Handbook of Ticks and Mites. Shanghai Science et Technology Press, Shanghai. 108-119 [梁来荣, 杨庆爽, 1981. 蜱螨分科手册. 上海: 上海科学技术出版社. 108-119]

Liao T-S. 1974. Description of a new species of *Neopsylla* (Siphonaptera: Hystrichopsyllidae). Acta Entomologica Sinica, 17 (4): 495-496 [廖子书, 1974. 贵州新蚤一新种记述. 昆虫学报, 17 (4): 495-496]

Liu C Y. 1936. Catalogue of Chinese Siphonaptera. Lingnan Sci. J., 15: 379-390, 583-594

Liu C Y. 1939. The fleas of China. Order Siphonaptera. Philipp. J. Sci., 70: 1-122

Liu K-C. 1981. On the species-groups, zoogeographical divisions and host-relationships of the Chinese *Macrostylophora* Ewing, 1929 (Siphonaptera: Ceratophyllidae). Entomotaxonomica, 3 (4): 297-303 [李贵真, 1981. 中国大锥蚤属的种团划分, 地理分布和宿主关系 (蚤目: 角叶蚤科). 昆虫分类学报, 3 (4): 297-303]

Liu J-Y. 1997. A new species of *Chaetopsylla* Kohaut, 1903 from Hubei Province, China (Siphonaptera: Vermipsyllidae). Acta Entomologica Sinica, 40 (1): 82-85 [刘井元, 1997. 中国鬃蚤属一新种记述 (蚤目: 蠕形蚤科). 昆虫学报, 40 (1): 82-85]

Liu J-Y. 2010. A new species the genus *Typhlomyopsyllus* from the three Gorges area of Yangtze River of Hubei (Siphonaptera: Leptopsyllidae). Acta Zootaxonomica Sinica, 35 (3): 655-660 [刘井元, 2010. 湖北长江三峡地区盲鼠蚤属一新种及其与该属已知种类的鉴别 (蚤目: 细蚤科). 动物分类学报, 35 (3): 655-660]

Liu J-Y. 2012. A new species of the genus *Chaetopsylla* from the three Gorges area of Yangtze River of Hubei (Siphonaptera: Vermipsyllidae). Acta Zootaxonomica Sinica, 37 (4): 837-840 [刘井元, 2012. 湖北长江三峡地区鬃蚤属一新种记述 (蚤目: 蠕形蚤科). 动物分类学报, 37 (4): 837-840]

Liu C-Y and Wu H-Y. 1960. Studies on the Chinese fleas, Ⅲ. A new *Frontopsylla* from northwest China, a new *Ctenophthalmus* from southwest Chin, and a new *Stenoponia* from east China. Acta Entomologica Sinica, 10 (3): 171-175 [柳支英, 吴厚永, 1960. 中国蚤类研究之三: 西北额蚤属 (Frontopsylla) 一新种, 西南栉眼蚤属 (Ctenophthalmus) 一种及华南狭蚤属 (Stenoponia) 一新种. 昆虫学报, 10 (3): 171-175]

Liu C-Y and Wu H-Y. 1979. A preliminary discussion on the faunal distribution and phylogeny of the fleas of China. Acta Zootaxonomica Sinica, 4 (2): 99-112 [柳支英, 吴厚永, 1979. 关于我国蚤类蚤类区系分布和系统发育的初步探讨. 动物分类学报, 4 (2): 99-112]

Liu J-Y and Wang D-Q. 1994. Description of a new species of *Macrostylophora* (Siphonaptera: Ceratophyllidae). Acta Zootaxonomica Sinica, 19 (2): 238-242 [刘井元, 王敦清, 1994. 大锥蚤属一新种记述 (蚤目: 角叶蚤科). 动物分类学报, 19 (2): 238-242]

Liu J-Y and Wang D-Q. 1994. Description of the female of *Hystrichopsylla* (Hystroceras) *shaanxienis* Zhang et Yu, 1990 (Siphonaptera: Hystrichopsyllidae). Acta Zootaxonomica Sinica, 19 (4): 500-501 [刘井元, 王敦清, 1994. 陕西多毛蚤的记述 (蚤目: 多毛蚤科). 动物分类学报, 19 (4): 500-501]

Liu J-Y and Wang D-Q. 1994. A new species of the genus *Palaeopsylla* Wagner, 1903 from Hubei Province, China (Siphonaptera: Hystrichopsyllidae). Acta Zootaxonomica Sinica, 19 (3): 367-369 [刘井元, 王敦清, 1994. 古蚤属一新种记述 (蚤目: 多毛蚤科). 动物分类学报, 19 (3): 367-369]

Liu J-Y and Wang D-Q. 1995a. A new species of *Typhlomyopsyllus* Li et Huang, 1980 from Hubei Province, China (Siphonaptera: Leptopsyllidae). Acta Zootaxonomica Sinica, 20 (2): 243-245 [刘井元, 王敦清, 1995a. 盲鼠蚤属一新种记述 (蚤目: 细蚤科). 动物分类学报, 20 (2): 243-245]

Liu J-Y and Wang D-Q. 1995b. Description of the male of *Palaeopsylla anserocepsoides* and supplementary morphology of *Palaeopsylla brevifrontata* (Siphonaptera: Hystrichopsyllidae). Acta Zootaxonomica Sinica, 20 (3): 378-380 [刘井元, 王敦清, 1995b. 鹅头形古蚤雄蚤的记述及对短额古蚤形态的补充 (蚤目: 多毛蚤科). 动物分类学报, 20 (3): 378-380]

Liu J-Y and Ma L-M. 1998. Description of the female of *Doratopsylla coreana hubeiensis* Liu, Wang et Yang, 1994 (Siphonaptera: Hystrichopsyllidae). Acta Entomologica Sinica, 41 (2): 223-224 [刘井元, 马立名, 1998. 朝鲜叉蚤湖北亚种的雌蚤描述 (蚤目: 多毛蚤科). 昆虫学报, 41 (2): 223-224]

Liu J-Y and Ma L-M. 1999. Description of a new subspecies of *Macrostylophora hebeiensis* (Siphonaptera: Ceratophyllidae). Acta Zootaxonomica Sinica, 24 (4): 103-106 [刘井元, 马立名, 1999. 河北大锥蚤一新亚种 (蚤目: 角叶蚤科). 动物分类学报, 24 (4): 103-106]

Liu J-Y and Wang D-Q. 2000. A discussion on the subspecies taxonomy of *Doratopsylla coreana* Darskaya, 1949 (Siphonaptera: Hystrichopsyllidae). Acta Zootaxonomica Sinica, 43 (1): 88-93 [刘井元, 王敦清, 2000. 朝鲜叉蚤种下分类的商榷 (蚤目: 多毛蚤科). 昆虫学报, 43 (1): 88-93]

Liu J-Y and Ma L-M. 2002. The female of *Paradoxopsyllus calceiforma* Zhang et Liu, 1985 (Siphonaptera: Leptopsyllidae). Acta Entomologica Sinica, 45 (Suppl.): 121, 122 [刘井元, 马立名, 2002. 履行怪蚤的雌蚤 (蚤目: 细蚤科). 昆虫学报, 45 (Suppl.): 121, 122]

Liu J-Y and Chen S-Q. 2005. A new species of the genus *Palaeopsylla* Wagner, 1903 from Shennongjia, Northwest of Hubei Province (Siphonaptera: Ctenophthalmidae). Acta Zootaxonomica Sinica, 30 (1): 194-198 [刘井元, 陈尚全, 2005. 湖北西北部神农架古蚤属一新种 (蚤目: 栉眼蚤科). 动物分类学报, 2005, 30 (1): 194-198]

Liu J and Shi G. 2009. The Siphonaptera of Neimenggu. Neimenggu People's Publishing House, Huhehaote. 1-457 [刘俊, 石杲, 2009. 内蒙古蚤志. 呼和浩特: 内蒙古人民出版社. 1-457]

Liu C-Y, Wu H-Y and Yu J-F. 1964. On a new species of The Genus *Macrostylophora* (Siphonaptera: Ceratophyllidae). Acta Zootaxonomica Sinica, 1 (1): 163-166 [柳支英, 吴厚永, 俞九飞, 1964. 大锥蚤属一新种记述 (蚤目: 角叶蚤科). 动物分类学报, 1 (1): 163-166]

Liu C-Y, Wu H-Y and Wu F-L. 1966. Four new Ceratophyllidae, from Tibet, China. Acta Parasit. Sinica, 3 (1): 64-71 [柳支英, 吴厚永, 吴福林, 1966. 我国西藏角叶蚤科四个新种的记述. 寄生虫学报, 3 (1): 64-71]

Liu C-Y, Cai L-Y and Wu W-Z. 1974. New genus and species of Siphonaptera from Qinghai Province, west China. Acta Entomologica Sinica, 17 (1): 102-111 [柳支英, 蔡理芸, 吴文贞, 1974. 我国青海省蚤目新属和新种的记述. 昆虫学报, 17 (1): 102-111]

Liu C-Y, Wu R and Chang F-B. 1979a. On a new species of *Macrostylophora* (Siphonaptera: Ceratophyllidae). Entomotaxonomica, 1 (1): 5-8 [柳支英, 武润, 常凤嶓, 1979a. 河北省大锥蚤属一新种记述 (蚤目: 角叶蚤科). 昆虫分类学报, 1 (1): 5-8]

Liu C-Y, Zhang Z-H and Wang S-X. 1979b. Description of a new genus and species of Amphipsyllinae, Leptopsyllidae (Siphonaptera) from Kansu, China. Acta Entomologica Sinica, 22 (2): 196-199 [柳支英, 张增湖, 王士秀, 1979b. 甘肃省细蚤科双蚤亚科一新属新种的记述. 昆虫学报, 22 (2): 196-199]

Liu C-Y, Liu Y-Q and Zhang J. 1980. Description and discussion of a new genus and species of Ceratophyllidae from Shaanxi Province, China. Entomotaxonomica, 2 (2): 135-139 [柳支英, 刘永泰, 张钧, 1980. 陕西省角叶蚤科一新属新种记述. 昆虫分类学报, 2 (2): 135-139]

Liu C-Y, Zhang D and Liu Q. 1982a. Notes on *Megathoracipsylla pentagonia* Liu, Liu et Zhang, 1980 and its unknown female (Siphonaptera: Ceratophyllidae). Entomotaxonomica, 4 (2): 37-38 [柳支英, 张荻, 刘泉, 1982a. 五角巨胸蚤的补充及其未知雌性的记述. 昆虫分类学报, 4 (2): 37-38]

Liu C-Y, Wu H-Y, Liu Q and Wu F-L. 1982b. Siphonaptera. 283-340. In: Insects of Xizang II. The series of the scientific expedition to the Qinhai-Xizang plateau. Science Press, Beijing. 1-508 [柳支英, 吴厚永, 刘泉, 吴福林, 1982b. 蚤目. 283-340. 见: 中国科学院青藏高原综合科学考察队编. 西藏昆虫 第二册. 北京: 科学出版社. 1-508]

Liu Q, Shi L-C and Liu C-Y. 1985. On a new species of *Typhlomyopsyllus* (Siphonaptera: Leptopsyllidae). Acta Zootaxonomica Sinica, 10 (2): 187-188 [刘泉, 史良才, 柳支英, 1985. 盲鼠蚤属一新种记述 (蚤目: 细蚤科). 动物分类学报, 10 (2): 187-188]

Liu J-Y, Wang D-Q and Pi J-J. 1994. A description of the female *Liuopsylla conica* Zhang, Wu et Liu, 1985 and supplementary morphological characters of the genus (Siphonaptera: Hystrichopsyllidae). Acta Zootaxonomica Sinica, 19 (3): 383-384 [刘井元, 王敦清, 皮健健, 1994. 雌形锥形柳氏蚤的记述及对属征的补充. 动物分类学报, 19 (3): 383-384]

Liu J-Y, Wang D-Q and Yang Q-R. 1994. Description of new subspecies of *Doratopsylla coreana* (Siphonaptera: Hystrichopsyllidae). Acta Zootaxonomica Sinica, 19 (2): 243-245 [刘井元, 王敦清, 杨其仁, 1994. 朝鲜叉蚤一新亚种记述 (蚤目: 多毛蚤科). 动物分类学报, 19 (2): 243-245]

Liu Q, Li Z-J and Shi L-C. 1998. A new species of the genus *Aviostivallus* (Siphonaptera: Pygiopsyllidae). Acta Zootaxonomica Sinica, 23 (4): 428-431 [刘泉, 李枝金, 史良才, 1998. 远棒蚤属一新种记述 (蚤目: 臀蚤科). 动物分类学报, 23 (4): 428-431]

Liu J-Y, Hu C-H and Ma L-M, 1999. Discovery of the female of *Chaetopsylla* (*Chaetopsylla*) *wangi* and supplementary morphology of the male *Neopsylla clavella* and *Frontopsylla* (*Frontopsylla*) *megasinus* (Siphonaptera: Ceratophylloidea). Acta Entomologica Sinica, 42 (1): 108-110 [刘井元, 胡翠华, 马立名, 1999. 王氏鬃蚤雌性的发现及对两种雄蚤形态的补充和更正. 昆虫学报, 42 (1): 108-110]

Liu J-Y, Xiang X-S and Ma L-M. 2003. Primary study on four new species of chigger mites and geographical distribution of parasites *in vitro* in *Typhlomys cinereu* (Acari: Trombiculidae). Acta Zootaxonomica Sinica, 28 (1): 73-83 [刘井元, 向选森, 马立名, 2003. 恙螨四新种及对猪尾鼠体外寄生虫地理分布初探 (蜱螨亚纲: 恙螨科). 动物分类学报, 28 (1): 73-83]

Liu J-Y, Ma L-M and Zhou Y-D. 2003. Larval morphology of *Ceratophyllus wui* Wang et Liu, 1996 and a comparison with three congeneric species (Siphonaptera: Ceratophyllidae). Acta Entomologica Sinica, 46 (1): 85-89 [刘井元, 马立名, 周毅德, 2003. 吴

氏角叶蚤幼虫形态记述及其与同属另外三种的比较 (蚤目: 角叶蚤科). 昆虫学报, **46** (1) : 85-89]

Liu J-Y, Yu P-H and Wu H-Y. 2007a. Faunal composition and vertical distribution of fleas in the Eastern part of Daba Mountains, Hubei province, China. Acta Entomologica Sinica, **50** (8) : 813-825 [刘井元, 余品红, 吴厚永, 2007a. 湖北大巴山东部蚤类区系组成及垂直分布. 昆虫学报, **50** (8) : 813-825]

Liu J-Y, Ma L-M and Zhang C. 2014. Preliminary study on male and female mating structure relationship of *Ceratophyllus wui* (Siphonaptera: Ceratophyllidae). Acta Parasitologica et Medica Entomologica Sinica, **21** (3) : 197-202 [刘井元, 马立名, 张聪, 2014. 吴氏角叶蚤雌雄交尾结构关系初步研究 (蚤目: 角叶蚤科). 寄生虫与医学昆虫学报, **21** (3) : 197-202]

Liu J-Y, Yu P-H, Zhou Y-D and Dong X-R. 2011. Composition and diversity change of small mammal community in the Northwest Mountains in Hubei Province, China. Journal of Public Health and Preventive Medicine, **22** (Suppl.) : 1-5 [刘井元, 余品红, 周毅德, 董小蓉, 2011. 鄂西北山地小型兽类群落组成及多样性变化. 公共卫生与预防医学, **22** (Suppl.) : 1-5]

Liu C-Y, Wu H-Y, Li K-C, Wang D-Q, Liu Q and Xie B-Q. 1986. Fauna Sinica Insecta Siphonaptera. Science Press, Beijing. 1-1334 ［柳支英, 吴厚永, 李贵真, 王敦清, 刘泉, 解宝琦, 1986. 中国动物志 昆虫纲 蚤目. 北京: 科学出版社. 1-1334 ］

Liu J-Y, Yu P-H, Wu H-Y, Do H, Chen S-Q and Wang S-W. 2007b. Comparison of fleas fauna and the species diversity of the different sample plots and communities in the East part of Wuling Mountains, China. Acta Zootaxonomica Sinica, **32** (4) : 822-830 [刘井元, 余品红, 吴厚永, 杜红, 陈尚全, 王身文, 2007b. 武陵山东部蚤类区系及不同样地群落物种多样性比较. 动物分类学报, **32** (4) : 822-830]

Liu J-Y, Do H, Tian G-B, Yu P-H, Wang S-W and Peng H. 2008. Community structure and diversity distributions of small mammals in different sample plots in the Eastern part of Wuling Mountains. Zoological Research, **29** (6) : 637-645

Lu L and Wu H-Y. 2003. A new species and a new record of *Nycteridopsylla* Oudemans, 1906 (Siphonaptera: Ischnopsyllidae) from China. Systematic Parasitology, **56**: 57-61

Lu L and Wu H-Y. 2005. Morphlogeny of *Geusibia* Jordan, 1932 (Siphonaptera: Leptopsyllidae) and the host-parasite relationship with pikas. Systematic Parasitology, **61**: 65-78

Lu M-G, Qiu S-P, Zhang X-H and Li M-F. 1999. Description of two new subspecies of fleas of *Ctenophthalmus* (Sinoctenophthalmus) from China (Siphonaptera: Hystrichopsyllidae). Acta Zootaxonomica Sinica, **24** (3) : 355-359 [卢苗贵, 丘胜平, 张孝和, 李梅福, 1999. 中国栉眼蚤属两新亚种记述 (蚤目: 多毛蚤科). 动物分类学报, **24** (3) : 355-359]

Ma L-M. 1996. Ma Liming's Bioessays: flea biology (1957-1995). Chinese Journal of Control of Endemic Disease, **11**: 1-83 [马立名, 1996. 马立名论文集: 蚤类生物学 (1957-1995 年). 中国地方病防治杂志, **11**: 1-83]

Ma L-M and Wang L-Z. 1966. On a new species of fleas from Kansu, China (Siphonaptera: Hystrichopsyllidae). Acta Zootaxonomica Sinica, **3** (2) : 151-157 [马立名, 汪丽珍, 1966. 甘肃省猬形蚤科两新种记述. 动物分类学报, **3** (2) : 151-157]

Mardon D K. 1981. An illustrated Catalogue of the Rothchild Collection of fleas (Siphonaptera) in the British Museum. Vol. Ⅵ. 1-298. figs. 1-748. British Museum, London. (Natural history)

Qi Y-M. 1989. Fine structure of the digestive system of three flea species: Development of proventriculus. Journal of Guiyang Medical College, **14** (3) : 161-166 [漆一鸣, 1989. 三种蚤前胃的发育和细微结构. 贵阳医学院学报, **14** (3) : 161-166]

Qin L, Meng X-M, Alexei K, Vladimir K, Marina P, Yang X-Z, Wang Y-X and Jiang X-L. 2007. Species and distribution patterns of small mammals in the Pingheliang nature reserve of Qinling Mountain, Shaanxi. Zoological Research, **28** (3) : 231-242 ［秦岭, 孟祥明, Alexei K, Vladimir K, Marina P, 杨兴中, 王应祥, 蒋学龙, 2007. 陕西秦岭平河梁自然保护区小型兽类的组成与分布. 动物学研究, **28** (3) : 231-242 ］

Rybin S N. 1991. New flea species from South Kirghizia, *Nycteridopsylla singula* sp. n. (Siphonaptera: Ischnopsyllidae). Parazitologiya, **25**: 172-174 (in Russian)

Sakaguti K and Jameson Jr E W. 1962. The Siphonaptera of Japan. Pacific Insects Monograph, **3**: 1-169

Shen Z-H, Hu H-F, Zhou Y and Fang J-Y. 2004. Altitudinal patterns of plant species diversity on the southern slope of Mt. Shennongjia, Hubei, China. Biodiversity Science, **12** (1) : 99-107 [沈泽昊, 胡会峰, 周宇, 方精云, 2004. 神农架南坡植物群落多样性的海拔梯度格局. 生物多样性, **12** (1) : 99-107]

Shi L-C, Liu Q and Wu H-Y. 1985. On a new species of *Macrostylophora* (Siphonaptera: Ceratophyllidae). Acta Zootaxonomica Sinica, **10** (3) : 299-301 [史良才, 刘泉, 吴厚永, 1985. 大锥蚤属一新种记述 (蚤目: 角叶蚤科). 动物分类学报, **10** (3) : 299-301]

Shi G-X, Tang Y-K, Lu M-G, Zhang Z and Yang T-T. 2008. Study on the distribution of flea population and its parasitism in historical plague epidemic area in Zhejiang. Chinese Journal of Vector Biology and Control, **19** (3) : 213-215 [石国祥, 汤永康, 卢苗贵, 张政, 杨婷婷, 2008. 浙江历史鼠疫疫区的蚤类种群分布与寄生关系的研究. 中国媒介生物学及控制杂志, **19** (3) : 213-215]

Smit F G A M. 1957. Handbooks for the identification of British insects. Vol. Ⅰ. Part 16. Siphonaptera. Royal Entomological Society of London, London. 1-94

Smit F G A M. 1960a. Notes on the shrew-fles *Doratopsylla dasycnema* (Rothschild). Bull. Br. Mus. Nat. Hist. (Ent.), **9**: 359-367

Smit F G A M. 1960b. Notes on *Palaeopsylla*, a genus of Siphonaptera. Bull. Br. Mus. Nat. Hist. (Ent.), **9**: 369-386

Smit F G A M. 1973. Order Siphonaptera (Fleas). 325-371. In: Smith K G V. Insects and Other Arthropods of Medical Importance. figs. 151-170. British Museum, London. (Natural history)

Smit F G M. 1975. Siphonaptera collected by Dr. J. Martens in Nepal. Senckenber. Biol., **55** (4/6)：357-398

Smit F G A M and Rosicky B. 1976. Siphonaptera collected by Dr. M. Demiel in Nepal. Folia Parasit, **23** (2)：135-159

Tang Z-Y, Fang J-Y and Zhang L. 2004. Patterns of woody plant species diversity along environmental gradients on Mt. Taibai, Qinling Mountains. Biodiversity Science, **12** (1)：115-122 [唐志尧, 方精云, 张玲, 2004. 秦岭太白山木本植物物种多样性的梯度格局及环境解释. 生物多样性, **12** (1)：115-122]

Teng K-F. 1956. Notes the human flea (*Pulex irritans* Linn.) and the cat flea (*Ctenocephalides felis* Bouche). Acta Entomologica Sinica, **6** (4)：543-545 [邓国潘, 1956. 人蚤 (*Pulex irritans* Linn.) 及猫栉首蚤 (*Ctenocephalides felis* Bouche) 小志. 昆虫学报, **6** (4)：543-545]

Tiflov W E, Scalon O I and Rostigaev B A. 1977. Fleas illustration of Kavkaz. (in Russian) Stavlopol Publishing House, Stavlopol. 1-276

Traub R, 1980a. Co-evolution of fleas and mammals. XVI Internation Congress of Entomology. Abstracts. Kyolo, Japan 3-9. August, 1980

Traub R. 1980b. The zoogeography and evolution of some fleas. In: Traub R and Staroke H. Proceedings of the Internation Conference on Fleas. UK, June 21-25, 1977. 93-172

Traub R and Evans T M. 1967a. Description of new species of *Hystrichopsyllidae fleas* with notes on arch pronotal combs, convergent evolution and zoogeography (Siphonaptera). Pacific Insects, **9**: 603-677

Traub R and Nadchatram M. 1967b. Three new species of *Leptotrombidium* from Southeast Asia (Acarina: Trombiculidae). J. Med. Ent., **4** (4)：483-489

Traub R, Rothschild M and Haddow J. 1983. The Rothschild Collection of Fleas, The Ceratophyllidae: Key to genera and Host Relationship, With Notes on Their Evolution, Zoogeography, and Medical Importance. Cambridge University Academic Pressm, London. 1-288

Wang D-Q. 1957a. A new flea of the tree squirrel. Acta Entomologica Sinica, **7** (4)：497-500 [王敦清, 1957a. 一种新的松鼠蚤. 昆虫学报, **7** (4)：497-500]

Wang D-Q. 1957b. A new name *Ceratophyllus chaoi*, for a species of flea infesting swallow in Fukien, with notes and additional descriptions. Acta Entomologica Sinica, **7** (8)：361-362 ［王敦清, 1957b. 蚤 *Ceratophyllus chaoi* (nom. nov.) 的新命名及其形态上的补充描述. 昆虫学报, **7** (8)：361-362］

Wang D-Q. 1959. A new bat-flea from Fukien (Siphonaptera: Ischnopsyllidae). Acta Entomologica Sinica, **9** (3)：269-271 [王敦清, 1959. 福建一种新的蝙蝠蚤 (蚤目: 蝠蚤科). 昆虫学报, **9** (3)：269-271]

Wang D-Q. 1960. A preliminary report on Siphonaptera in Fukinen. Acta Zoologica Sinica, **12** (1)：119-126 [王敦清, 1960. 福建省蚤类的调查. 动物学报, **12** (1)：119-126]

Wang J-R. 1964. Records of the male flea of *Nearctopsylla* (*Chinopsylla*) *beklemischevi* in China. Acta Entomologica Sinica, **13** (4)：624-627 ［王家儒, 1964. 别氏新北蚤雄性在我国的发现及其形态探讨. 昆虫学报, **13** (4)：624-627］

Wang D-Q. 1974. A new species of the genus *Neopsyll* Wagner (Siphonaptera: Hystrichopsyllidae). Acta Entomologica Sinica, **17** (1)：117-119 [王敦清, 1974. 新蚤属 *Neopsylla* Wagner 一新种记述 (蚤目: 多毛蚤科). 昆虫学报, **17** (1)：117-119]

Wang D-Q. 1976. Chinese *Tunga* (Siphonaptera: Tungidae). Acta Entomologica Sinica, **19** (1)：117-118 [王敦清, 1976. 中国的潜蚤. 昆虫学报, **19** (1)：117-118]

Wang Y-X. 2003. A Complete Checklist of Mammal Species and Subspecies in China. China Forestry Publishing House, Beijing. 1-394 [王应祥, 2003. 中国哺乳动物种和亚种分类名录与分布大全. 北京: 中国林业出版社. 1-394]

Wang D-Q and Liu J-Y. 1993. A new species of the genus *Ctenophthalmus* Kolenati, 1856 (Siphonaptera: Hystrichopsyllidae). Acta Zootaxonomica Sinica, **18** (4)：490-492 [王敦清, 刘井元, 1993. 栉眼蚤属一新种记述 (蚤目: 多毛蚤科). 动物分类学报, **18** (4)：490-492]

Wang D-Q and Liu J-Y. 1994. A new family of flea, Liuopsyllidae fam. nov. (Insecta: Siphonaptera). Plate I. Acta Entomologica Sinica, **37** (3)：364-369 [王敦清, 刘井元, 1994. 蚤目一新科——柳氏蚤科. 图版 I. 昆虫学报, **37** (3)：364-369]

Wang D-Q and Liu J-Y. 1995a. Description of a new species of *Geusibia* Jordan, 1932 (Siphonapteea, Leptopsyllidae). Acta Zootaxonomica Sinica, **20** (1)：112-115 [王敦清, 刘井元, 1995a. 茸足蚤属一新种记述 (蚤目: 细蚤科). 动物分类学报, **20** (1)：112-115]

Wang D-Q and Liu J-Y. 1995b. Description of a new species *Stenischia* Jordan (Siphonaptera: Hystrichopsyllidae). Acta Zootaxonomica Sinica, **20** (3)：363-365 ［王敦清, 刘井元, 1995b. 狭臀蚤属一新种记述 (蚤目: 多毛蚤科). 动物分类学报, **20** (3)：363-365］

Wang D-Q and Liu J-Y. 1996a. A new species of *Ceratophyllus* from Hubei Province (Siphonaptera: Ceratophyllidae). Acta Entomologica Sinica, **39** (1)：90-93 [王敦清, 刘井元, 1996a. 湖北神农架角叶蚤属一新种记述 (蚤目: 角叶蚤科). 昆虫学报, **6**, **39** (1)：90-93]

Wang D-Q and Liu J-Y. 1996b. A new species of *Rhadinopsylla* from Shennongjia of Hubei Province, China (Siphonaptera: Hystrichopsyllidae). Acta Zootaxonomica Sinica, **21** (3)：371-373 [王敦清, 刘井元, 1996b. 湖北神农架纤蚤属一新种 (蚤目: 多

毛蚤科). 动物分类学报, **21** (3): 371-373]

Wang X-E, Liu Q and Liu Z-Y. 1979. A new species of *Chaetopsylla* Kohaut, 1903 from Gansu, China (Siphonaptera: Vermipsyllidae). Acta Entomologica Sinica, **22** (2): 473-476 [王心娥, 刘泉, 柳支英, 1979. 我国甘肃省鬃蚤属新种记述 (蚤目: 蠕形蚤科). 昆虫学报. **22** (2): 473-476]

Wang X-E, Wu H-Y and Liu Q. 1982. Description of a new species of *Neopsylla* (Siphonaptera: Hystrichopsyllidae). Zoological Research, **3** (Suppl.): 125-127 [王心娥, 吴厚永, 刘泉, 1982. 新蚤属一新种的记述 (蚤目: 多毛蚤科). 动物学研究, **3** (Suppl.): 125-127]

Wang Y-X, Li C-Y and Chen Z-P. 1996. Taxonomy, distribution and differentiation on *Typhlomy cinereus* (Platacanthomyidae, Mammalia). Acta Theriologica Sinica, **16** (1): 54-66 [王应祥, 李崇云, 陈志平, 1996. 猪尾鼠的分类、分布与分化. 兽类学报, **16** (1): 54-66]

Wang S-M, Guo L-M and Xi J-X. 2011. Review and prospect on the research of Siphonaptera in Gansu Province. Bull. Dis. Control Prev., (1): 83-88 [王世明, 郭丽民, 席进孝, 2011. 甘肃蚤类研究回顾与展望. 疾病预防控制通报, (1): 83-88]

Wang B, Shen Y-H, Liao Q-Y and Ma J-Z. 2013. Breeding biology and conservation strategy of himalayan swiftlet (*Aerodramus brevirostris innominata*) in Southern China. Biodiversity Science, **21** (1): 54-61 [王斌, 沈猷慧, 廖庆义, 马建章, 2013. 短嘴金丝燕繁殖生物学特征与保护对策. 生物多样性, **21** (1): 54-61]

Wen T-H, Hsu Y-C and Li M. 1962. Observations on *Echidnophaga murina* (Tiraboschi). Acta Entomologica Sinica, **11** (2): 127-134 [温廷桓, 徐荫祺, 李铭, 1962. 鼠冠蚤的观察. 昆虫学报, **11** (2): 127-134]

Wu C-Y. 1934. The study of rat flea in the ports of China. National Medical Journal of China. **20**: 575-576 [伍长耀, 1934. 中国港口鼠蚤之研究. 中华医学杂志, **20**: 575-576]

Wuhan Institute of Botany Chinese Academy of Sciences. 1980. Plants in Mountain Shennongjia. Hubei People's Press, Wuhan. 3-33 [中国科学院武汉植物研究所, 1980. 神农架植物. 武汉: 湖北人民出版社. 3-33]

Wu H-Y. 1999. Fleas. 349-396. In: Liu C-Y and Lu B-L. Medical Entomology. Chapter 14. Science Press, Beijing. 1-514 [吴厚永, 1999. 蚤类. 349-396. 见: 柳支英, 陆宝麟编, 医学昆虫学. 第十四章. 北京: 科学出版社. 1-514]

Wu J-Y and Li G-H. 1982. A report on the mammals of Ankang region, Shaanxi Province. Zoological Research, **3** (1): 61-70 [吴家炎, 李贵辉, 1982. 陕西省安康地区兽类调查报告. 动物学研究, **3** (1): 61-70]

Wu H-Y and Liu Q. 1999. Order Siphonaptera. 757-781. In: Zhang L-Y and Gui H. Insect Classification. Vol. Ⅱ. Press of Nanjing Normal University, Nanjing. 525-1070 [吴厚永, 刘泉, 1999. 蚤目. 757-781. 见: 郑乐怡, 归鸿编, 昆虫分类 (下). 南京: 南京师范大学出版社. 525-1070]

Wu H-Y and Liu J-Y. 2002. A new species of *Typhlomyopsyllus* and discovery of the male of *Typhlomyopsyllus esinus* in China (Siphonaptera: Leptopsyllidae). Acta Zootaxonomica Sinica, **27** (4): 849-853 [吴厚永, 刘井元, 2002. 盲鼠蚤属一新种及无窦盲鼠蚤雄蚤的发现 (蚤目: 细蚤科). 动物分类学报, **27** (4): 849-853]

Wu K-M and Wang G-L. 2002. A new subspecies of *Amphallus spirataenius* (Siphonaptera: Ceratophyllidae). Acta Zootaxonomica Sinica, **27** (2): 369-371 [吴克梅, 王国丽, 2002. 卷带倍蚤一新亚种 (蚤目: 角叶蚤科). 动物分类学报, **27** (2): 369-371]

Wu H-Y, Zhang R-G and Wang X-E. 1982. A new species *Ctenophthalmus* Kolenati from Gansu Province, China (Siphonaptera: Hystrichopsyllidae). Entomotaxonomica, **4** (2): 33-35 [吴厚永, 张永广, 王心娥, 1982. 栉眼蚤属一新种. 昆虫分类学报, **4** (2): 33-35]

Wu H-Y, Liu Q and Lu L. 1999. A review of the research on Siphonaptera in China since 1949. Acta Parasitologica et Medica Entomologica Sinica, **6** (3): 129-141 [吴厚永, 刘泉, 鲁亮, 1999. 新中国建国五十年来蚤类研究概况. 寄生虫与医学昆虫学报, **6** (3): 129-141]

Wu H-Y, Liu Q and Lu L. 2003. Chapter Ⅶ. Classification and identification of important fleas of China. 464-613. In: Lu B-L and Wu H-Y. Classification and Identification of Important Medical Insects of China. Henan Science and Technology Publishing House, Zhengzhou. 1-800 [吴厚永, 刘泉, 鲁亮, 2003. 中国重要医学昆虫分类与鉴别. 第七章. 464-613. 见: 陆宝麟, 吴厚永编, 中国重要医学昆虫分类与鉴别. 郑州: 河南科技出版社. 1-800]

Wu L-D, Chen Y-H, Bai L-S and Wu C-Y. 1937. Overview on pestilence. Department of Health Marine Quarantine Office, Shanghai Marine Quarantine Station. 1-122 [伍连德, 陈永汉, 伯力士, 伍长耀, 1937. 鼠疫概论. 卫生署海港检疫处, 上海海港检疫所. 1-122]

Wu H-Y, Liu Q, Gong Z-D, Wang D-Q, Yu X, Li C, Lu L and Liu J-Y. 2007. Fauna Sinica Insecta Siphonaptera. Second Edition. Science Press, Beijing. 1-2174 [吴厚永, 刘泉, 龚正达, 王敦清, 于心, 李超, 鲁亮, 刘井元, 2007. 中国动物志 昆虫纲 蚤目 (第2版). 北京: 科学出版社. 1-2174]

Xie Y-F. 1997. The Siphonaptera of Heilongjiang. Heilongjiang Science and Technology Press, Haerbin. 1-246 [谢凡音, 1997. 黑龙江蚤类. 哈尔滨: 黑龙江科技出版社. 1-246]

Xie B-Q and Yang G-R. 1982. Three new species of the genus *Palaeopsylla* from Yunnan Province, China (Siphonaptera: Hystrichopsyllidae). Entomotaxonomica, **4** (2): 33-35 [解宝琦, 杨光荣, 1982. 云南省古蚤属三新种 (蚤目: 多毛蚤科). 昆虫分类学报, **4** (2): 33-35]

Xie B-Q and Gong Z-D. 1983. Four new species of the genus *Stenischia* Jordan, 1932 from Yunnan Province, China (Siphonaptera: Hystrichopsyllidae). Acta Zootaxonomica Sinica, **8** (2): 200-208 [解宝琦, 龚正达, 1983. 云南省狭臀蚤四新种 (蚤目: 多毛蚤科). 动物分类学报, **8** (2): 200-208]

Xie B-Q and Lin J-B. 1989. Four new species of the genus *Stenischia* Jordan, 1932 from west Yunnan Province, China (Siphonaptera: Hystrichopsyllidae). Acta Zootaxonomica Sinica, **14** (2): 229-238 [解宝琦, 林家冰, 1989. 云南西部狭臀蚤四新种记述 (蚤目: 多毛蚤科). 动物分类学报, **14** (2): 229-238]

Xie B-Q and Zeng J-F. 2000. The Siphonaptera of Yunnan. Yunnan Science and Technology Press, Kunming. 1-215 [解宝琦, 曾静凡, 2000. 云南蚤类志. 昆明: 云南科技出版社. 1-215]

Xie B-Q, Yang X-S and Li K-C. 1978. Three new species the genus *Paradoxopsyllus* Miyajima & Koidzumi, 1909 (Siphonaptera: Leptopsyllidae). Acta Entomologica Sinica, **21** (1): 91-98 [解宝琦, 杨学时, 李贵真, 1978. 云南省怪蚤属三新种记述 (蚤目: 细蚤科). 昆虫学报, **21** (1): 91-98]

Xie B-Q, Hu G and Li K-C. 1979. A description of the female of *Neopsylla biseta* Li et Hsieh, 1964, with remarks on certain structures of the male. Entomotaxonomica, **1** (2): 107-110 [解宝琦, 胡贵, 李贵真, 1979. 二毫新蚤雌性的记述及其雄性形态的补充. 昆虫分类学报, **1** (2): 107-110]

Xie B-Q, He J-H and Li K-C. 1980. On two new species of *Paraceras* Wagner, from Southwest China (Siphonaptera: Ceratophyllidae). Journal of Guiyang Medical College, **5** (2): 137-139 [解宝琦, 何晋侯, 李贵真, 1980. 我国西南地区副角蚤属的两个新种 (蚤目: 角叶蚤科). 贵阳医学院学报, **5** (2): 137-139]

Xie B-Q, Gong Z-D and Duan X-D. 1990. A new subgenus and species of *Rhadinopsylla* from Yunnan, China (Siphonaptera: Hystrichopsyllidae). Acta Zootaxonomica Sinica, **15** (2): 242-245 [解宝琦, 龚正达, 段兴德, 1990. 我国纤蚤属一新亚属一新种记述 (蚤目: 多毛蚤科). 动物分类学报, **15** (2): 242-245]

Xie B-Q, Fan Z and Hu G. 1991a. A study on the classification of *Neopsylla biseta* in China (Siphonaptera: Hystrichopsyllidae). Acta Entomologica Sinica, **16** (2): 232-239 [解宝琦, 方竹, 胡贵, 1991a. 二毫新蚤的分类研究 (蚤目: 多毛蚤科). 动物分类学报, **16** (2): 232-239]

Xie B-Q, Yang G-R, Tian J and Xie S. 1991b. Descriptions of new species and subspecies of *Doratopsylla* from Yunnan Province (Siphonaptera: Hystrichopsyllidae). Acta Zootaxonomica Sinica, **16** (2): 240-247 [解宝琦, 杨光荣, 田杰, 解束, 1991b. 云南省叉蚤属新种和新亚种记述 (蚤目: 多毛蚤科). 动物分类学报, **16** (2): 240-247]

Yang X-S. 1955. Notes on a sand flea, *Tunga caecigena* Jordan and Rothschild, in foochow. Acta Entomologica Sinica, **5** (3): 257-293 [杨新史, 1955. 福州鼠耳蚤 (*Tunga caecigena* Jordan and Rothschild) 的调查研究. 昆虫学报, **5** (3): 257-293]

Yang Q-R, Dai Z-X, Sun G, He D-F, Zhang R-S and Li D-W. 1988a. The study on small mammals. I. Fauna. Journal of Central China Normal University (Natural Sciences), **22** (1): 65-70 [杨其仁, 戴忠心, 孙刚, 何定富, 张如松, 黎德武, 1988a. 神农架林区小型兽类的研究. I. 兽类区系. 华中师范大学学报 (自然科学版), **22** (1): 65-70]

Yang Q-R, Dai Z-X, Sun G, He D-F, Zhang R-S and Li D-W. 1988b. The study on small mammals. II. Vertical distribution. Journal of Central China Normal University (Natural Sciences), **22** (2): 204-209 [杨其仁, 戴忠心, 孙刚, 何定富, 张如松, 黎德武, 1988b. 神农架林区小型兽类的研究. II. 垂直分布. 华中师范大学学报 (自然科学版), **22** (2): 204-209]

Yu X, Ye R-Y and Xie X-C. 1990. The Flea Fauna of Xinjiang. Xinjiang People, s Publishing House, Wulumuqi. 1-542 [于心, 叶瑞玉, 谢杏初, 1990. 新疆蚤目志. 乌鲁木齐: 新疆人民出版社. 1-542]

Zhang R-Z. 1999. Zoogeography of China. Science Press, Beijing. 1-502 [张荣祖, 1999. 中国动物地理. 北京: 科学出版社. 1-502]

Zhang R-Z and Zhao K-T. 1978. On the zoogeographical regions of China. Acta Zoologica Sinica, **24** (2): 196-202 [张荣祖, 赵肯堂, 1978. 关于《中国动物地理区系》的修改. 动物学报, **24** (2): 196-202]

Zhang Z-H and Ma L-M. 1982. A new species of the genus Macrostylophora from Gansu Province, China. Entomotaxonomica, **4** (3): 165-166 [张增湖, 马立名, 1982. 大锥蚤属一新种. 昆虫分类学报, **4** (3): 165-166]

Zhang J-T and Liu C-Y. 1984. Studies on Siphonaptera from Qinling Mountains, China II. Descriptions of new species and subspecies of *Geusibia* (Leptopsyllidae) and a preliminary approach to the systematic evolution of the genus. Acta Zootaxonomica Sinica, **9** (4): 402-409 [张金桐, 柳支英, 1984. 秦岭山区蚤类的研究 (二). 茸足蚤属新种和新亚种的记述及对该属系统发育的探讨. 动物分类学报, **9** (4): 402-409]

Zhang J-T and Liu C-Y. 1985. Studies on Siphonaptera from Qinling Mountains, China III. Descriptions of two new species and one subspecies of Leptopsyllidae. Acta Zootaxonomica Sinica, **10** (1): 60-66 [张金桐, 柳支英, 1985. 秦岭山区蚤类的研究 (三). 细蚤科二新种和一新亚种的记述. 动物分类学报, **10** (1): 60-66]

Zhang Z-C and Yu X. 1990. A new species of the *Hystrichopsylla* Taschenberg from Shaanxi Province, China (Siphonaptera: Hystrichopsyllidae). Acta Zootaxonomica Sinica, **15** (1): 115-117 [张志戓, 于心, 1990. 多毛蚤属一新种记述 (蚤目: 多毛蚤科). 动物分类学报, **15** (1): 115-117]

Zhang Z-C and Yu X. 1991. A new species of genus *Stenoponia* Jordan et Rothschild, 1911 from Shaanxi Dabashan, China (Siphonaptera: Hystrichopsyllidae). Acta Entomologica Sinica, **14** (1): 96-98 [张志成, 于心, 1991. 狭蚤属一新种记述 (蚤目: 多毛蚤科). 动物分类学报, **14** (1): 96-98]

Zhang Z-C and Wu W-Z. 1992. A description of the female of *Peromyscopsylla scaliforma* (Siphonaptera: Leptopsyllidae) . Acta Zootaxonomica Sinica, **17** (4) : 499-500 [张志成, 吴文贞, 1992. 梯形二刺蚤雌性的发现 (蚤目: 细蚤科). 动物分类学报, **17** (4) : 499-500]

Zhang J-T, Wu H-Y and Liu C-Y. 1984. Studies on Siphonaptera from Qinling Mountains, China Ⅰ. Descriptions of three new species and subspecies of Hystrichopsyllidae. Acta Zootaxonomica Sinica, **9** (3) : 301-308 [张金桐, 吴厚永, 柳支英, 1984. 秦岭山区蚤类的研究 (一). 多毛蚤科 (Hystrichopsyllidae) 三新种和新亚种的记述. 动物分类学报, **9** (3) : 301-308]

Zhang J-T, Wu H-Y and Liu Q. 1985. Studies on Siphonaptera from Qinling Mountains, China Ⅳ. Descriptions and discussion on a new subfamily, genus and species of Hystrichopsyllidae. Acta Zootaxonomica Sinica, **10** (1) : 67-71 [张金桐, 吴厚永, 刘泉, 1985. 秦岭山区蚤类的研究 (四). 多毛蚤科一新亚科和新属新种及其讨论. 动物分类学报, **10** (1) : 67-71]

Zhang J-T, Liu C-Y and Wu H-Y. 1989. Studies of the boundary line between Palaearctic and Oriental regions in central China in relation to the zoogeography of Siphonaptera. Acta Zootaxonomica Sinica, **14** (4) : 486-495 [张金桐, 柳支英, 吴厚永, 1989. 中国蚤类区系中古北界和东洋界中段划界的进一步研究. 动物分类学报, **14** (4) : 486-495]

Zhang R-L, Ding X-L, Li B-S , Qin F-Q, Yao C-X, Wang X-E, Tang Y-Q and Chen Y-Z. 1984. On the composition and faunal analysis of Gansu Province, China. Journal of Lanzhou University (Natural Sciences) , **20** (2) : 102-117 [张荣广, 丁学良, 李宝肃, 秦风栖, 姚呈祥, 王心娥, 唐迎秋, 陈玉珍, 1984. 甘肃蚤类组成和区系分析. 兰州大学学报 (自然科学版), **20** (2) : 102-117]

Zhao Z-M and Guo Y-Q. 1990. Principle and Methods of Community Ecology. Publishing House of Scientific and Technical Documentation, Chongqing Branch, Chong qing. 1-288 [赵志模, 郭依泉, 1990. 群落生态学原理与方法. 重庆: 科学技术文献出版社重庆分社. 1-288]

Zheng S-W and Song S-Y . 2010. The Mammals Fauna of Qinling. China Forestry Publishing House, Beijing. 1-391 [郑生武, 宋世英, 2010. 秦岭兽类志. 北京: 中国林业出版社. 1-391]

Zhou S-H, Lin D-H, Chen L, Li S-Y, Wang L-L and Deng Y-Q. 2013. Faunal distribution of fleas in Fujian province. Chinese Journal of Control of Endemic Diseases, **28** (3) : 172-176 [周淑姮, 林代华, 陈亮, 李述杨, 王灵岚, 邓艳琴, 2013. 福建省蚤类区系分布. 中国地方病防治杂志, **28** (3) : 172-176]

Zhu Z-Q, Song C-S . 1999. Scientific Survey of Shennongjia Nature Reserve. China Forestry Publishing House, Beijing. 1-279 [朱兆泉, 宋朝枢, 1999. 神农架自然保护区科学考察集. 北京: 中国林业出版社. 1-279]

英 文 摘 要
Abstract

The book of *Records of Siphonaptera Found in Hubei and Its Adjacent Regions* mainly covers the known species and subspecies of Siphonaptera, which distributed in the region from the southern slope of Qinling Mountains to Hubei, Hunan, Jiangxi, Anhui, Jiangsu, Shanghai, Zhejiang, Fujian and Guangdong Province in China, namely the middle and lower reaches of the Yangtze River.

This book is comprised of two parts, i. e. overview and subchapters. The overview introduces the brief history of research, morphology and structure, bioecology, phylogeny, distribution of Siphonaptera found in Hubei and its adjacent regions, as well as the distribution characteristics and biogeographical features of Siphonaptera spread over the mountainous region in the western of Hubei Province.

This book first puts forward the idea that the Siphonaptera distributed in the two major mountains of west Hubei Province (Daba Mountain and east of Wuling Mountain) were migrated and spread through the three geographical channels with the hosts during the long evolution process.

This book also presents the relationship between Siphonaptera and diseases, survey method of Siphonaptera and some operating techniques including specimen making, specimen tabletting and preservation.

117 species or subspecies (including one new species and one nomen novum found in this book) subordinated to 9 families, 38 genera and 14 subgenera are recorded in the subchapters. 79 species or subspecies subordinated to 34 genera are distributed in Hubei Province, 38 species or subspecies distributed in adjacent regions are subordinated to the remanent 4 genera: *Tunga*, *Echidnophaga*, *Stivalius*, *Acropsylla*.

Taxonomic checklist, reference, identification character, morphological description, morphological feature map and photo plates are represented in the taxonomic category in detail.

In the description of species and subspecies, the information of geographical distribution and important host for every Siphonaptera is recorded in detail. Some species are also carefully classified and discussed, for example, taxonomic relation between Lentistivalius affinis and L. *occidentayunnanus* as well as *Macrostylophora exilia* and *M. trispinosa* is clarified. In addition, *Frontopsylla* (*Frontopsylla*) *spadix shennongjiaensis* Ji, Chen *et* Liu, 1986, *F.* (*F.*) *borealosichuana* Liu *et* Zhai, 1986 and *Vermipsylla asymmetrica gonggaensis* Bai *et* Lu, 2016 are confirmed as a distinct species based on new information and data.

Index of Chinese names, index to scientific names, fauna table of Siphonaptera found in Hubei Province and its adjacent regions, host as well as Siphonaptera checklist are supplemented at the end of this book.

This book is not only the first monograph of Siphonaptera, which distributed in the middle and lower reaches of the Yangtze River, but also a systemic and scientific research summary of Siphonaptera investigation in Hubei Province for decades. The publication of this book will significantly promote and propel the study of Siphonaptera.

Description of new specie and nomen novum

Palaeopsylla xiangxibeiensis Liu, **sp. nov.** (figs. 232~235)

Diagnosis. The new species is similar to *Palaeopsylla longidigita* Chen, Wei *et* Li, 1979. But its baseline of pronotal comb is bulged forward contrastingly, and its dorsal margin of pronotum is distinctly longer than that of *Palaeopsylla longidigita*. Besides, its combi of dorsal margin is shorter and the length is half of the dorsal margin of pronotum; the distal arm of male ninth sternite is longer; the posterior margin of female seventh sternite with a triangle posteriorly convex.

Holotype ♂ and paratypes 12♂♂、18♀♀, ex *Soriculus salenskii*, 2♂♂ ex *Niviventer niviventer* and *Apodemus chevieri* were collected from, Gongjiaya, Niuzhuang, Wufeng County; Lvcongpo, Badong County, Southwest of Hubei Province (31°15′N, 109°56′E, about 1200-1800 m) , and Shimen County, Northwest of Hunan Province on April and November in 2000-2010. Holotype ♂ and paratypes 8♂♂、10♀♀ were deposited in the Medical Entomology Collection, Institute of Microbiology and Epidemiology, AMMS. The paratype 5♂♂, 8♀♀ were deposited in the Institute of Parasitic Diseases Control, Hubei Provincial Academy of Preventive Medicine.

Etymology. The new species name is from the type locality, abbreviation of Northwest of Hunan Province.

Megathoracipsylla yunxiensis Liu, Zhang *et* Liu, **nom. nov.** (figs. 485-487)

Table. Comparison of characters of *M. yunxiensis* Liu, Zhang *et* Liu, nom. nov. and *M. pentagonia*

Characteristics	*Megathoracipsylla yunxiensis* Liu, Zhang *et* Liu, nom. nov.	*Megathoracipsylla pentagonia*
♂ immovable process	Long-square shaped, wider and longer, its apes reaching 4/5 of anterior margin of movable process	Somewhat triangular, narrower and shorter, its apex reaching 2/3 of anterior margin of movable process
♂ length and location of spiniform bristle of lower part of movable process	Longer, spiniform basal at the sub-posterior of movable process, its length slightly longer than the distance from the lower spiniform basal to blunt spiniform basal of middle pard of posterior margin of the movable process	Shorter, spiniform basal near the middle part of movable process, its length about 2/3 the distance from the lower spiniform basal to blunt spiniform basal of middle part of posterior margin of the movable process
♂ seat of acetabulum	Low, condylar zone larger	High, condylar zone smaller
♂ shape of manubrium	Becomes narrower, gradually from the basal to apex	Other part nearly equal width, except basal
♂ ventral margin of clasper	Slightly concave upward	Obvious concave upward
♀ posterior margin of st. Ⅶ	Dorsal lobe short and small, ventral lobe broad conical, much longer than dorsal lobe	Dorsal lobe broad big, ventral lobe narrow blunt, slightly shorter than dorsal lobe
host	*Callosciurus erythraeus*	*Dremomys pernyi*

Lectotype ♂ and paralectotype 1♂ collected from *Callosciurus erythraeus* from Yunxi County (30. 47°N, 110. 11°E) Northwest of Hubei Province on July, 1980. Type specimens are deposited in the Medical College Huazhong of University of Science and Technology, Wuhan, China.

Etymology. The nomen novum species name is the specimen collecting zone Yunxi County, Hubei Province.

中 名 索 引

学 名 索 引

一、湖北及邻近地区蚤类区系分布总表
(长江中、下游一带地区)

在结合中国动物地理区系（张荣祖，1978，1999）的基础上，根据湖北及邻近地区蚤类分布现状，分别将"长江中、下游一带地区蚤类"大致划分成 6 个动物地理小区，现将各动物地理小区蚤种（亚种）和所属区系成分列表如下。

种名	动物地理小区						区系成分		
	秦岭南坡至安康盆地	鄂西北山地	鄂西南山地	鄂中东部平原丘陵	湘赣皖苏沪	浙闽粤沿海	古北种	东洋种	广布种
一、蚤科 Pulicidae									
1. 潜蚤属 *Tunga*									
（1）盲潜蚤 *T. (Brevidigita) caecigena*					+	+		+	
2. 蚤属 *Pulex*									
（2）人蚤 *P. irritans*	+	+	+	+	+				+
3. 角头蚤属 *Echidnophaga*									
（3）鼠角头蚤 *E. murina*					+			+	
4. 栉首蚤属 *Ctenocephalides*									
（4）猫栉首蚤指名亚种 *C. felis felis*		+	+	+	+	+			+
（5）东洋栉首蚤 *C. orientis*					+			+	
（6）犬栉首蚤 *C. canis*							+		
5. 长胸蚤属 *Pariodontis*									
（7）豪猪长胸蚤小孔亚种 *P. riggenbachi wernecki*			+			+		+	
6. 客蚤属 *Xenopsylla*									
（8）印鼠客蚤 *X. cheopis*			+	+	+	+			+
二、蠕形蚤科 Vermipsyllidae									
7. 鬃蚤属 *Chaetopsylla*									
（9）王氏鬃蚤 *C. (Chaetopsylla) wangi*	+	+					+		
（10）近鬃蚤 *C. (Chaetopsylla) appropinquans*	+						+		
（11）文县鬃蚤 *C. (Chaetopsylla) wenxianensis*	+	+						+	
（12）马氏鬃蚤 *C. (Chaetopsylla) malimingi*		+						+	
（13）杭州鬃蚤 *C. (Chaetopsylla) hangchowensis*						+		+	
三、臀蚤科 Pygiopsyllidae									
8. 韧棒蚤属 *Lentistivalius*									
（14）滇西韧棒蚤 *L. occidentayunnanus*			+					+	
9. 微棒蚤属 *Stivalius*									
（15）无孔微棒蚤 *S. aporus*						+		+	
10. 远棒蚤属 *Aviostivalius*									
（16）无端栓远棒蚤 *A. apapillus*		+	+					+	

续表

种名	动物地理小区						区系成分		
	秦岭南坡至安康盆地	鄂西北山地	鄂西南山地	鄂中东部平原丘陵	湘赣皖苏沪	浙闽粤沿海	古北种	东洋种	广布种
（17）近端远棒蚤二刺亚种 *A. klossi bispiniformis*						+		+	
四、多毛蚤科 Hystrichopsyllidae									
11. 多毛蚤属 *Hystrichopsylla*									
（18）台湾多毛蚤秦岭亚种 *H. (Hystroceras) weida qinlingensis*	+	+						+	
（19）多刺多毛蚤 *H. (Hystroceras) multidentata*	+	+					+		
（20）田鼠多毛蚤 *H. (Hystroceras) micrti*	+						+		
（21）陕西多毛蚤 *H. (Hystroceras) shaanxiensis*		+	+				+		
五、栉眼蚤科 Ctenophthalmidae									
12. 狭蚤属 *Stenoponia*									
（22）上海狭蚤 *S. shanghaiensis*			+	+	+	+		+	
（23）大巴山狭蚤 *S. dabashanensis*		+					+		
13. 新蚤属 *Neopsylla*									
（24）无规新蚤 *N. anoma*	+	+					+		
（25）不同新蚤福建亚种 *N. dispar fukienensis*			+			+		+	
（26）二毫新蚤 *N. biseta*			+					+	
（27）绒毛新蚤 *N. villa*	+						+		
（28）狭窦新蚤 *N. stenosinuata*						+		+	
（29）特新蚤指名亚种 *N. specialis specialis*	+	+							+
（30）特新蚤贵州亚种 *N. specialis kweichowensis*			+					+	
（31）特新蚤闽北亚种 *N. specialis minpiensis*				+	+	+		+	
（32）棒形新蚤 *N. clavelia*	+	+	+				+		
14. 新北蚤属 *Nearctopsylla*									
（33）刺短新北蚤 *N. (Chinopsylla) beklemischevi*	+	+					+		
15. 狭臀蚤属 *Stenischia*									
（34）奇异狭臀蚤 *S. mirabilis*		+						+	
（35）低地狭臀蚤 *S. humilis*		+	+	+	+	+		+	
16. 纤蚤属 *Rhadinopsylla*									
（36）雷氏纤蚤 *R. (Sinorhadinopsylla) leii*			+					+	
（37）壮纤蚤 *R. (Actenophthalmus) valenti*				+	+	+		+	
（38）绒鼠纤蚤 *R. (Actenophthalmus) eothenomus*	+	+					+		
（39）双凹纤蚤 *R. (Actenophthalmus) biconcava*		+					+		
（40）五侧纤蚤指名亚种 *R. (Actenophthalmus) dahurica dahurica*	+						+		
17. 叉蚤属 *Doratopsylla*									
（41）湖北叉蚤 *D. hubeiensis*		+					+		
（42）尼泊尔叉蚤 *D. araea*		+					+		
18. 古蚤属 *Palaeopsylla*									

续表

种名	动物地理小区						区系成分		
	秦岭南坡至安康盆地	鄂西北山地	鄂西南山地	鄂中东部平原丘陵	湘赣皖苏沪	浙闽粤沿海	古北种	东洋种	广布种
（43）马氏古蚤 *P. mai*		+					+		
（44）巫山古蚤 *P. wushanensis*		+					+		
（45）长指古蚤 *P. longidigita*	+	+	+						+
（46）湘北古蚤 *P. xiangxibeiensis*			+					+	
（47）支英古蚤 *P. chiyingi*		+	+					+	
（48）偏远古蚤 *P. remota*	+	+	+					+	
（49）短额古蚤 *P. brevifrontata*	+	+					+		
（50）鹅头形古蚤 *P. anserocepsoides*	+	+					+		
（51）怒山古蚤 *P. nushanensis*			+					+	
19. 栉眼蚤属 *Ctenophthalmus*									
（52）纯栉眼蚤指名亚种 *C. (Euctenophthalmus) pisticuc pisticuc*	+						+		
（53）鄂西栉眼蚤 *C. (Sinoctenophthalmus) exiensis*		+					+		
（54）短突栉眼蚤指名亚种 *C. (Sinoctenophthalmus) breviprojiciens breviprojiciens*			+					+	
（55）短突栉眼蚤永嘉亚种 *Ctenophthalmus (Sinoctenophthalmus) breviprojiciens yongjiaensis*						+		+	
（56）甘肃栉眼蚤 *C. (Sinoctenophthalmus) gansuensis*	+						+		
（57）台湾栉眼蚤大陆亚种 *C. (Sinoctenophthalmus) taiwanus terrestus*	+	+						+	
（58）台湾栉眼蚤浙江亚种 *C. (Sinoctenophthalmus) taiwanus zhejiangensis*						+		+	
（59）绩溪栉眼蚤 *C. (Sinoctenophthalmus) jixiensis*					+	+		+	
（60）绒鼠栉眼蚤 *C. (Sinoctenophthalmus) eothenomus*			+					+	
六、柳氏蚤科 Liuopsyllidae									
20. 柳氏蚤属 *Liuopsylla*									
（61）锥形柳氏蚤 *L. conica*	+	+	+					+	
七、蝠蚤科 Ischnopsyllidae									
21. 夜蝠蚤属 *Nycteridopsylla*									
（62）四刺夜蝠蚤 *N. quadrispina*		+						+	
（63）南蝠夜蝠蚤 *N. iae*		+						+	
（64）双髁夜蝠蚤 *N. dicondylata*						+		+	
（65）小夜蝠蚤 *N. galba*					+	+		+	
22. 蝠蚤属 *Ischnopsyllus*									
（66）李氏蝠蚤 *I. (Ischnopsyllus) liae*						+		+	
（67）弯鬃蝠蚤 *I. (Ischnopsyllus) needhami*						+	+		
（68）印度蝠蚤 *I. (Hexactenopsylla) indicus*			+	+	+	+			+
（69）长鬃蝠蚤 *I. (Hexactenopsylla) comans*				+	+	+	+		
八、细蚤科 Leptopsyllidae									

续表

种名	动物地理小区						区系成分		
	秦岭南坡至安康盆地	鄂西北山地	鄂西南山地	鄂中东部平原丘陵	湘赣皖苏沪	浙闽粤沿海	古北种	东洋种	广布种
23. 二刺蚤属 Peromyscopsylla									
（70）喜山二刺蚤陕南亚种 P. himalaica australishaanxia	+	+						+	
（71）喜山二刺蚤中华亚种 P. himalaica sinica				+		+		+	
（72）梯形二刺蚤 P. scaliforma	+	+					+		
24. 细蚤属 Leptopsylla									
（73）缓慢细蚤 L. (Leptopsylla) segnis		+	+	+	+	+			+
25. 盲鼠蚤属 Typhlomyopsyllus									
（74）巴山盲鼠蚤 T. bashanensis		+						+	
（75）无窦盲鼠蚤 T. esinus			+					+	
（76）刘氏盲鼠蚤 T. liui			+					+	
（77）洞居盲鼠蚤 T. cavaticus						+		+	
（78）巫峡盲鼠蚤 T. wuxiaensis			+					+	
26. 小栉蚤属 Minyctenopsyllus									
（79）三角小栉蚤 M. triangularus		+					+		
27. 端蚤属 Acropsylla									
（80）穗缘端蚤中缅亚种 A. episema girshami						+		+	
28. 茸足蚤属 Geusibia									
（81）李氏茸足蚤 G. (Geusibia) liae		+					+		
（82）长尾茸足蚤 G. (Geusibia) longihilla	+						+		
（83）微突茸足蚤指名亚种 G. (Geusibia) minutiprominula minutiprominula	+						+		
（84）微突茸足蚤宁陕亚种 G. (Geusibia) minutiprominula ningshanensis	+						+		
29. 额蚤属 Frontopsylla									
（85）神农架额蚤 F. (Frontopsylla) shennongjiaensis		+	+				+		
（86）巨凹额蚤 F. (Frontopsylla) megasinus	+	+					+		
（87）窄板额蚤华北亚种 F. (Frontopsylla) nakagawai borealosinica	+						+		
30. 怪蚤属 Paradoxopsyllus									
（88）履形怪蚤 P. calceiforma	+	+						+	
（89）曲鬃怪蚤 P. curvispinus					+		+		
（90）金沙江怪蚤指名亚种 P. jinshajiangensis jinshajiangensis			+					+	
九、角叶蚤科 Ceratophyllidae									
31. 倍蚤属 Amphalius									
（91）卷带倍蚤指名亚种 A. spirataenius spirataenius	+						+		
（92）卷带倍蚤巴东亚种 A. spirataenius badongensis	+	+					+		
32. 大锥蚤属 Macrostylophora									
（93）微突大锥蚤 M. microcopa		+					+		

种名	动物地理小区						区系成分		
	秦岭南坡至安康盆地	鄂西北山地	鄂西南山地	鄂中东部平原丘陵	湘赣皖苏沪	浙闽粤沿海	古北种	东洋种	广布种
（94）甘肃大锥蚤 *M. gansuensis*	+						+		
（95）河北大锥蚤 *M. hebeiensis*	+	+					+		
（96）叉形大锥蚤 *M. furcata*			+					+	
（97）崔氏大锥蚤 *M. cuii*						+		+	
（98）木鱼大锥蚤 *M. muyuensis*		+	+					+	
（99）鼹鼠大锥蚤 *M. aërestesites*	+						+		
（100）李氏大锥蚤 *M. liae*						+		+	
（101）三刺大锥蚤 *M. trispinosa*						+		+	
33. 巨胸蚤属 *Megathoracipsylla*									
（102）五角巨胸蚤 *M. pentagonia*	+	+						+	
（103）郧西巨胸蚤 *M. yunxiensis*		+						+	
34. 副角蚤属 *Paraceras*									
（104）獾副角蚤扇形亚种 *P. melis flabellum*		+	+		+		+		
（105）屈褶副角蚤 *P. crispus*		+						+	
（106）宽窦副角蚤 *P. laxisinus*					+			+	
35. 蓬松蚤属 *Dasypsyllus*									
（107）禽蓬松蚤指名亚种 *D. gallinulae gallinulae*		+					+		
36. 角叶蚤属 *Ceratophyllus*									
（108）吴氏角叶蚤 *C. wui*		+					+		
（109）粗毛角叶蚤 *C. garei*		+					+		
（110）宽圆角叶蚤天山亚种 *C. eneifdei tjanschani*		+					+		
（111）禽角叶蚤欧亚亚种 *C. gallinae tribulis*			+		+	+	+		
（112）燕角叶蚤端凸亚种 *C. farreni chaoi*					+	+	+		
37. 病蚤属 *Nosopsyllus*									
（113）具带病蚤 *N. (Nosopsyllus) fasciatus*				+	+	+			+
（114）伍氏病蚤雷州亚种 *N. (Nosopsyllus) wualis leizhouensis*						+		+	
（115）适存病蚤 *N. (Nosopsyllus) nicanus*						+		+	
38. 单蚤属 *Monopsyllus*									
（116）不等单蚤 *M. anisus*	+	+	+	+	+	+			+
（117）冯氏单蚤 *M. fengi*		+					+		
各动物地理小区和不同地理区系成分蚤种数	38	55	34	13	22	38	49	59	9

二、湖北及邻近地区蚤类宿主及寄生蚤拉丁学名 与中文名名称对照
CLASS MAMMALIA 哺乳纲

Order Insectivora 食虫目

Family Soricidae 鼩鼱科

***Anourosorex squamipes* 四川短尾鼩**

Acropsylla episema girshami 穗缘端蚤中缅亚种

Amphalius spirataenius badongensis 卷带倍蚤巴东亚种

Aviostivalius klossi bispiniformis 近端远棒蚤二刺亚种

Ctenophthalmus (Sinoctenophthalmus) taiwanus terrestus 台湾栉眼蚤大陆亚种

Ctenophthalmus (Sinoctenophthalmus) exiensis 鄂西栉眼蚤

Ctenophthalmus (Sinoctenophthalmus) eothenomus 绒鼠栉眼蚤

Ctenophthalmus (Sinoctenophthalmus) gansuensis 甘肃栉眼蚤

Ctenophthalmus (Sinoctenophthalmus) breviprojiciens breviprojiciens 短突栉眼蚤指名亚种

Doratopsylla hubeiensis 湖北叉蚤

Doratopsylla araea 尼泊尔叉蚤

Frontopsylla (Frontopsylla) shennongjiaensis 神农架额蚤

Frontopsylla (Frontopsylla) megasinus 巨凹额蚤

Geusibia (Geusibia) liae 李氏茸足蚤

Hystrichopsylla (Hystroceras) weida qinlingensis 台湾多毛蚤秦岭亚种

Hystrichopsylla (Hystroceras) shaanxiensis 陕西多毛蚤

Geusibia (Geusibia) liae 李氏茸足蚤

Lentistivalius occidentayunnanus 滇西韧棒蚤

Leptopsylla (Leptopsylla) segnis 缓慢细蚤

Liuopsylla conica 锥形柳氏蚤

Macrostylophora muyuensis 木鱼大锥蚤

Monopsyllus anisus 不等单蚤

Neopsylla anoma 无规新蚤

Neopsylla clavelia 棒形新蚤

Neopsylla specialis specialis 特新蚤指名亚种

Neopsylla specialis kweichowensis 特新蚤贵州亚种

Neopsylla biseta 二毫新蚤

Palaeopsylla longidigita 长指古蚤

Palaeopsylla mai 马氏古蚤

Palaeopsylla wushanensis 巫山古蚤

Palaeopsylla chiyingi 支英古蚤

Palaeopsylla brevifrontata 短额古蚤

Palaeopsylla anserocepsoides 鹅头形古蚤

Palaeopsylla nushanensis 怒山古蚤

Palaeopsylla remota 偏远古蚤

Paradoxopsyllus jinshajiangensis 金沙江怪蚤指名亚种

Paradoxopsyllus calceiforma 履形怪蚤

Peromyscopsylla himalaica australishaanxia 喜山二刺蚤陕南亚种

Peromyscopsylla scaliforma 梯形二刺蚤

Rhadinopsylla (Actenophthalmus) eothenomus 绒鼠纤蚤

Rhadinopsylla (Actenophthalmus) biconcava 双凹纤蚤

Stenoponia dabashanensis 大巴山狭蚤

Stenischia mirabilis 奇异狭臀蚤

Stenischia humilis 低地狭臀蚤

Typhlomyopsyllus bashanensis 巴山盲鼠蚤

***Chodsigoa hypsibius* 川西缺齿长尾鼩 （川西长尾鼩）**

Palaeopsylla remota 偏远古蚤

***Blarinella quadraticauda* 川鼩**

Amphalius spirataenius badongensis 卷带倍蚤巴东亚种

Ctenophthalmus (Sinoctenophthalmus) exiensis 鄂西栉眼蚤

Ctenophthalmus (Sinoctenophthalmus) eothenomus 绒鼠栉眼蚤

Ctenophthalmus (Sinoctenophthalmus) breviprojiciens breviprojiciens 短突栉眼蚤指名亚种

Doratopsylla hubeiensis 湖北叉蚤

Frontopsylla (Frontopsylla) shennongjiaensis 神农架额蚤

Hystrichopsylla (Hystroceras) shaanxiensis 陕西多毛蚤

Hystrichopsylla (Hystroceras) weida qinlingensis 台湾多毛蚤秦岭亚种

Liuopsylla conica 锥形柳氏蚤

Palaeopsylla longidigita 长指古蚤

Palaeopsylla xiangxibeiensis 湘北古蚤

Palaeopsylla wushanensis 巫山古蚤

Palaeopsylla brevifrontata 短额古蚤

Palaeopsylla anserocepsoides 鹅头形古蚤

Palaeopsylla remota 偏远古蚤

Palaeopsylla chiyingi 支英古蚤

Paradoxopsyllus calceiforma 履形怪蚤

Peromyscopsylla himalaica australishaanxia 喜山二刺蚤陕南亚种

Stenischia mirabilis 奇异狭臀蚤

Stenischia humilis 低地狭臀蚤

Stenoponia shanghaiensis 上海狭蚤

Chimarrogale himalayica 喜马拉雅水麝鼩

Palaeopsylla chiyingi 支英古蚤

Palaeopsylla remota 偏远古蚤

Crocidura attenuata 灰麝鼩

Ctenophthalmus (Sinoctenophthalmus) exiensis 鄂西栉眼蚤

Ctenophthalmus (Sinoctenophthalmus) eothenomus 绒鼠栉眼蚤

Ctenophthalmus (Sinoctenophthalmus) breviprojiciens breviprojiciens 短突栉眼蚤指名亚种

Lentistivalius occidentayunnanus 滇西韧棒蚤

Monopsyllus anisus 不等单蚤

Neopsylla specialis specialis 特新蚤指名亚种

Neopsylla specialis minpiensis 特新蚤闽北亚种

Neopsylla biseta 二毫新蚤

Neopsylla dispar fukiensis 不同新蚤福建亚种

Palaeopsylla longidigita 长指古蚤

Palaeopsylla chiyingi 支英古蚤

Peromyscopsylla himalaica sinica 喜山二刺蚤中华亚种

Peromyscopsylla himalaica sinica 喜山二刺蚤中华亚种

Stenischia humilis 低地狭臀蚤

Crocidiura suaveolens 北小麝鼩

Doratopsylla araea 尼泊尔叉蚤

Sorex araneus 普通鼩鼱

Palaeopsylla xiangxibeiensis 湘北古蚤

Sorex cylindricauda 背纹鼩鼱

Ctenophthalmus (Sinoctenophthalmus) taiwanus terrestus 台湾栉眼蚤大陆亚种

Ctenophthalmus (Sinoctenophthalmus) exiensis 鄂西栉眼蚤

Doratopsylla hubeiensis 湖北叉蚤

Doratopsylla araea 尼泊尔叉蚤

Frontopsylla (Frontopsylla) shennongjiaensis 神农架额蚤

Liuopsylla conica 锥形柳氏蚤

Neopsylla clavelia 棒形新蚤

Neopsylla specialis specialis 特新蚤指名亚种

Palaeopsylla longidigita 长指古蚤

Palaeopsylla wushanensis 巫山古蚤

Palaeopsylla remota 偏远古蚤

Rhadinopsylla (Actenophthalmus) biconcava 双凹纤蚤

Stenischia humilis 低地狭臀蚤

Sorex cacutiens 中鼩鼱

Monopsyllus anisus 不等单蚤

Leptopsylla (Leptopsylla) segnis 缓慢细蚤

Sorex sp. 麝鼩

    Leptopsylla (Leptopsylla) segnis 缓慢细蚤

Sorex sp. 鼩鼱

    Ctenophthalmus (Sinoctenophthalmus) gansuensis 甘肃栉眼蚤

    Frontopsylla (Frontopsylla) nakagawai borealosinica 窄板额蚤华北亚种

    Lentistivalius occidentayunnanus 滇西韧棒蚤

    Neopsylla specialis kweichowensis 特新蚤贵州亚种

    Palaeopsylla chiyingi 支英古蚤

    Palaeopsylla remota 偏远古蚤

Chodsigoa salenskii 大缺齿长尾鼩（大长尾鼩）

    Ctenophthalmus (Sinoctenophthalmus) exiensis 鄂西栉眼蚤

    Ctenophthalmus (Sinoctenophthalmus) eothenomus 绒鼠栉眼蚤

    Frontopsylla (Frontopsylla) megasinus 巨凹额蚤

    Hystrichopsylla (Hystroceras) weida qinlingensis 台湾多毛蚤秦岭亚种

    Hystrichopsylla (Hystroceras) shaanxiensis 陕西多毛蚤

    Liuopsylla conica 锥形柳氏蚤

    Neopsylla specialis specialis 特新蚤指名亚种

    Neopsylla biseta 二毫新蚤

    Palaeopsylla longidigita 长指古蚤

    Palaeopsylla xiangxibeiensis 湘北古蚤

    Palaeopsylla chiyingi 支英古蚤

    Palaeopsylla brevifrontata 短额古蚤

    Palaeopsylla remota 偏远古蚤

    Palaeopsylla wushanensis 巫山古蚤

    Stenischia humilis 低地狭臀蚤

    Stenischia mirabilis 奇异狭臀蚤

    Stenischia humilis 低地狭臀蚤

Suncus murinus 臭鼩（大臭鼩）

    Lentistivalius occidentayunnanus 滇西韧棒蚤

    Leptopsylla (Leptopsylla) segnis 缓慢细蚤

    Nosopsyllus (Nosopsyllus) nicanus 适存病蚤

    Peromyscopsylla himalaica sinica 喜山二刺蚤中

    华亚种

    Stenischia humilis 低地狭臀蚤

    Stenoponia shanghaiensis 上海狭蚤

    Tunga (Brevidigita) caecigena 盲潜蚤

    Xenopsylla cheopis 印鼠客蚤

Family Talpidae 鼹科

Scapanulus oweni 甘肃鼹

    Ctenophthalmus (Sinoctenophthalmus) breviprojiciens breviprojiciens 短突栉眼蚤指名亚种

    Liuopsylla conica 锥形柳氏蚤

    Palaeopsylla longidigita 长指古蚤

    Palaeopsylla brevifrontata 短额古蚤

    Palaeopsylla remota 偏远古蚤

Talpa longirostris 长尾鼩鼹（长吻鼹，针尾鼹）

    Neopsylla specialis specialis 特新蚤指名亚种

Uropsilus soricipes 多齿鼩鼹

    Amphalius spirataenius badongensis 卷带倍蚤巴东亚种

    Aviostivalius apapillus 无端栓远棒蚤

    Ctenophthalmus (Sinoctenophthalmus) taiwanus terrestus 台湾栉眼蚤大陆亚种

    Ctenophthalmus (Sinoctenophthalmus) breviprojiciens breviprojiciens 短突栉眼蚤指名亚种

    Ctenophthalmus (Sinoctenophthalmus) exiensis 鄂西栉眼蚤

    Ctenophthalmus (Sinoctenophthalmus) eothenomus 绒鼠栉眼蚤

    Doratopsylla hubeiensis 湖北叉蚤

    Doratopsylla araea 尼泊尔叉蚤

    Frontopsylla (Frontopsylla) shennongjiaensis 神农架额蚤

    Hystrichopsylla (Hystroceras) weida qinlingensis 台湾多毛蚤秦岭亚种

    Hystrichopsylla (Hystroceras) shaanxiensis 陕西多毛蚤

    Liuopsylla conica 锥形柳氏蚤

Neopsylla anoma 无规新蚤

Neopsylla clavelia 棒形新蚤

Neopsylla specialis specialis 特新蚤指名亚种

Palaeopsylla longidigita 长指古蚤

Palaeopsylla wushanensis 巫山古蚤

Palaeopsylla brevifrontata 短额古蚤

Palaeopsylla anserocepsoides 鹅头形古蚤

Palaeopsylla nushanensis 怒山古蚤

Palaeopsylla remota 偏远古蚤

Stenoponia dabashanensis 大巴山狭蚤

Rhadinopsylla (Actenophthalmus) eothenomus 绒鼠纤蚤

Order Scandentia 树鼩目

Family Tupaioidae 树鼩科

Tupaia belangeri 树鼩（普通树鼩）

Aviostivalius klossi bispiniformis 近端远棒蚤二刺亚种

Monopsyllus anisus 不等单蚤

Order Chiroptera 翼手目

Family Vespertilionidae 蝙蝠科

Ia ia 南蝠

Nycteridopsylla iae 南蝠夜蝠蚤

Nycteridopsylla quadrispina 四刺夜蝠蚤

Plecotus auritus 大耳蝠（褐长耳蝠）

Ischnopsyllus (Ischnopsyllus) liae 李氏蝠蚤

Ischnopsyllus (Hexactenopsylla) indicus 印度蝠蚤

Pipistrellus pipistrellus 伏翼

Ischnopsyllus (Ischnopsyllus) liae 李氏蝠蚤

Ischnopsyllus (Hexactenopsylla) indicus 印度蝠蚤

Pipistrellus abramus 东亚伏翼（小家蝠）

Ischnopsyllus (Hexactenopsylla) indicus 印度蝠蚤

Plecotus auritus 大耳蝠

Ischnopsyllus (Ischnopsyllus) liae 李氏蝠蚤

Ischnopsyllus (Hexactenopsylla) indicus 印度蝠蚤

Vespertilio murinus 普通蝙蝠

Ischnopsyllus (Hexactenopsylla) indicus 印度蝠蚤

Barbastella leucomelas 宽耳蝠

Ischnopsyllus (Hexactenopsylla) indicus 印度蝠蚤

Myotis sp. 鼠耳蝠

Ischnopsyllus (Hexactenopsylla) indicus 印度蝠蚤

Nyctalus noctula 褐山蝠

Ischnopsyllus (Ischnopsyllus) liae 李氏蝠蚤

Ischnopsyllus (Hexactenopsylla) indicus 印度蝠蚤

Miniopterus sp. 普通长翼蝠

Ischnopsyllus (Hexactenopsylla) indicus 印度蝠蚤

Bat 未定种蝙蝠

Ischnopsyllus (Ischnopsyllus) liae 李氏蝠蚤

Ischnopsyllus (Ischnopsyllus) needhami 弯鬃蝠蚤

Ischnopsyllus (Hexactenopsylla) indicus 印度蝠蚤

Ischnopsyllus (Hexactenopsylla) comans 长鬃蝠蚤

Nycteridopsylla dicondylata 双髁夜蝠蚤

Nycteridopsylla galba 小夜蝠蚤

Family Hipposideridae 叶口蝠科

Hipposideros terasensis 台湾鼻蝠

Ischnopsyllus (Hexactenopsylla) comans 长鬃蝠蚤

Family Rhinolophidae 菊头蝠科

Rhinolophus rouxii 鲁氏菊头蝠

Ischnopsyllus (Hexactenopsylla) comans 长鬃蝠蚤

Rhinolophus sp. 菊头蝠

Ischnopsyllus (Hexactenopsylla) indicus 印度蝠蚤

Order Lagomorpha 兔形目

Family Ochotonidae　鼠兔科

Ochotona thibetana 藏鼠兔

Amphalius spirataenius spirataenius 卷带倍蚤指名亚种

Amphalius spirataenius badongensis 卷带倍蚤巴东亚种

Ctenophthalmus (*Sinoctenophthalmus*) *taiwanus terrestus* 台湾栉眼蚤大陆亚种

Ctenophthalmus (*Sinoctenophthalmus*) *exiensis* 鄂西栉眼蚤

Ctenophthalmus (*Sinoctenophthalmus*) *gansuensis* 甘肃栉眼蚤

Frontopsylla (*Frontopsylla*) *shennongjiaensis* 神农架额蚤

Frontopsylla (*Frontopsylla*) *nakagawai borealosinica* 窄板额蚤华北亚种

Frontopsylla (*Frontopsylla*) *megasinus* 巨凹额蚤

Geusibia (*Geusibia*) *minutiprominula minutiprominula* 微突茸足蚤指名亚种

Geusibia (*Geusibia*) *minutiprominula ningshanensis* 微突茸足蚤宁陕亚种

Geusibia (*Geusibia*) *longihilla* 长尾茸足蚤

Geusibia (*Geusibia*) *liae* 李氏茸足蚤

Hystrichopsylla (*Hystroceras*) *weida qinlingensis* 台湾多毛蚤秦岭亚种

Hystrichopsylla (*Hystroceras*) *multidentata* 多刺多毛蚤

Hystrichopsylla (*Hystroceras*) *shaanxiensis* 陕西多毛蚤

Liuopsylla conica 锥形柳氏蚤

Neopsylla clavelia 棒形新蚤

Neopsylla specialis specialis 特新蚤指名亚种

Palaeopsylla wushanensis 巫山古蚤

Palaeopsylla anserocepsoides 鹅头形古蚤

Palaeopsylla remota 偏远古蚤

Peromyscopsylla himalaica australishaanxia 喜山二刺蚤陕南亚种

Peromyscopsylla scaliforma 梯形二刺蚤

Pulex irritans 人蚤

Rhadinopsylla (*Actenophthalmus*) *eothenomus* 绒鼠纤蚤

Rhadinopsylla (*Actenophthalmus*) *biconcava* 双凹纤蚤

Rhadinopsylla (*Actenophthalmus*) *dahurica dahurica* 五侧纤蚤指名亚种

Stenischia humilis 低地狭臀蚤

Family Leporidae　兔科

Lepus　家兔

Aviostivalius klossi bispiniformis 近端远棒蚤二刺亚种

Xenopsylla cheopis 印鼠客蚤

Order Rodentia　啮齿目

Family Sciuridae　松鼠科

Dremomys pernyi 珀氏长吻松鼠

Aviostivalius klossi bispiniformis 近端远棒蚤二刺亚种

Megathoracipsylla pentagonia 五角巨胸蚤

Dremomys rufigenis 红颊长吻松鼠

Macrostylophora furcata 叉形大锥蚤

Macrostylophora muyuensis 木鱼大锥蚤

Macrostylophora liae 李氏大锥蚤

Paraceras crispus 屈褶副角蚤

Dremomys sp. 长吻松鼠

Macrostylophora cuii 崔氏大锥蚤

Callosciurus erythraeus 赤腹松鼠

Macrostylophora liae 李氏大锥蚤

Macrostylophora trispinosa 三刺大锥蚤

Megathoracipsylla yunxiensis 郧西巨胸蚤

Monopsyllus anisus 不等单蚤

Xenopsylla cheopis 印鼠客蚤

Sciurotamias davidianus 岩松鼠

　　Macrostylophora muyuensis 木鱼大锥蚤

　　Nearctopsylla (Chinopsylla) beklemischevi 刺短新
　　　北蚤

　　Neopsylla villa 绒毛新蚤

　　Neopsylla dispar fukienensis 不同新蚤福建亚种

　　Paraceras crispus 屈褶副角蚤

Tamiops swinhoei 隐纹花松鼠

　　Macrostylophora microcopa 微突大锥蚤

　　Macrostylophora gansuensis 甘肃大锥蚤

　　Macrostylophora aërestesites 鼯鼠大锥蚤

　　Macrostylophora cuii 崔氏大锥蚤

　　Macrostylophora liae 李氏大锥蚤

　　Macrostylophora trispinosa 三刺大锥蚤

Eutamias sibiricus 花鼠

　　Ctenophthalmus (Euctenophthalmus) pisticuc
　　　pisticuc 纯栉眼蚤指名亚种

　　Hystrichopsylla (Hystroceras) micrti 田鼠多毛蚤

　　Macrostylophora gansuensis 甘肃大锥蚤

　　Paradoxopsyllus curvispinus 曲鬃怪蚤

Family Petauristidae 鼯鼠科

Petaurista elegans clarkei 小鼯鼠

　　Frontopsylla (Frontopsylla) shennongjiaensis 神农
　　　架额蚤

　　Macrostylophora muyuensis 木鱼大锥蚤

Petaurista alborufus 红白鼯鼠

　　Monopsyllus fengi 冯氏单蚤

　　Rhadinopsylla (Sinorhadinopsylla) leii 雷氏纤蚤

Trogopterus xanthipes 复齿鼯鼠

　　Macrostylophora hebeiensis 河北大锥蚤

Aeretes melanopterus 沟牙鼯鼠

　　Macrostylophora aërestesites 鼯鼠大锥蚤

Hylopetes alboniger 黑白飞鼠

　　Macrostylophora cuii 崔氏大锥蚤

　　Monopsyllus fengi 冯氏单蚤

Trogopterus sp. 鼯鼠

　　Macrostylophora hebeiensis 河北大锥蚤

Family Cricetidae 仓鼠科

Clethrionomys rutilus 棕背䶄

　　Ctenophthalmus (Sinoctenophthalmus) taiwanus
　　　terrestus 台湾栉眼蚤大陆亚种

　　Ctenophthalmus (Sinoctenophthalmus) exiensis 鄂
　　　西栉眼蚤

　　Hystrichopsylla (Hystroceras) shaanxiensis 陕西
　　　多毛蚤

　　Hystrichopsylla (Hystroceras) micrti 田鼠多毛蚤

　　Neopsylla clavelia 棒形新蚤

　　Neopsylla specialis specialis 特新蚤指名亚种

　　Palaeopsylla longidigita 长指古蚤

　　Palaeopsylla remota 偏远古蚤

　　Peromyscopsylla himalaica australishaanxia 喜山
　　　二刺蚤陕南亚种

Cricetulus barabensis 黑线仓鼠

　　Xenopsylla cheopis 印鼠客蚤

Cricetulus longicaudatus 长尾仓鼠

　　Stenischia humilis 低地狭臀蚤

Cricetulus triton 大仓鼠

　　Leptopsylla (Leptopsylla) segnis 缓慢细蚤

　　Paradoxopsyllus curvispinus 曲鬃怪蚤

　　Neopsylla specialis minpiensis 特新蚤闽北亚种

　　Rhadinopsylla (Actenophthalmus) valenti 壮纤蚤

　　Stenischia humilis 低地狭臀蚤

Cricetulus sp. 仓鼠

　　Ctenocephalides felis felis 猫栉首蚤指名亚种

Frontopsylla (Frontopsylla) nakagawai
　　borealosinica 窄板额蚤华北亚种

Citellus sp. 黄鼠未定种

Nosopsyllus (Nosopsyllus) fasciatus 具带病蚤

Microtus fortis 东方田鼠（沼泽田鼠）

Paradoxopsyllus curvispinus 曲鬃怪蚤

Caryomys inez 岢岚绒䶄

Amphalius spirataenius badongensis 卷带倍蚤巴
　　东亚种

Ctenophthalmus (Sinoctenophthalmus) exiensis 鄂
　　西栉眼蚤

*Ctenophthalmus (Sinoctenophthalmus) taiwanus
　　terrestus* 台湾栉眼蚤大陆亚种

Ctenophthalmus (Sinoctenophthalmus) gansuensis
　　甘肃栉眼蚤

Frontopsylla (Frontopsylla) shennongjiaensis 神农
　　架额蚤

Geusibia (Geusibia) liae 李氏茸足蚤

Palaeopsylla remota 偏远古蚤

Eothenomys eleusis 滇绒鼠

Peromyscopsylla himalaica sinica 喜山二刺蚤中
　　华亚种

Caryomys eva 洮州绒䶄

Amphalius spirataenius badongensis 卷带倍蚤巴
　　东亚种

*Ctenophthalmus (Sinoctenophthalmus) taiwanus
　　terrestus* 台湾栉眼蚤大陆亚种

*Ctenophthalmus (Sinoctenophthalmus) breviprojiciens
　　breviprojiciens* 短突栉眼蚤指名亚种

Ctenophthalmus (Sinoctenophthalmus) exiensis 鄂
　　西栉眼蚤

Ctenophthalmus (Sinoctenophthalmus) eothenomus
　　绒鼠栉眼蚤

Ctenophthalmus (Sinoctenophthalmus) gansuensis
　　甘肃栉眼蚤

Frontopsylla (Frontopsylla) shennongjiaensis 神农
　　架额蚤

Frontopsylla (Frontopsylla) megasinus 巨凹额蚤

Geusibia (Geusibia) liae 李氏茸足蚤

Hystrichopsylla (Hystroceras) shaanxiensis 陕西
　　多毛蚤

Hystrichopsylla (Hystroceras) weida qinlingensis
　　台湾多毛蚤秦岭亚种

Lentistivalius occidentayunnanus 滇西韧棒蚤

Liuopsylla conica 锥形柳氏蚤

Neopsylla clavelia 棒形新蚤

Neopsylla specialis specialis 特新蚤指名亚种

Neopsylla specialis kweichowensis 特新蚤贵州亚种

Neopsylla biseta 二毫新蚤

Palaeopsylla longidigita 长指古蚤

Palaeopsylla chiyingi 支英古蚤

Palaeopsylla brevifrontata 短额古蚤

Palaeopsylla remota 偏远古蚤

Palaeopsylla wushanensis 巫山古蚤

Paradoxopsyllus calceiforma 履形怪蚤

Peromyscopsylla scaliforma 梯形二刺蚤

Rhadinopsylla (Actenophthalmus) eothenomus 绒
　　鼠纤蚤

Rhadinopsylla (Actenophthalmus) biconcava 双凹
　　纤蚤

Stenoponia dabashanensis 大巴山狭蚤

Stenischia humilis 低地狭臀蚤

Typhlomyopsyllus bashanensis 巴山盲鼠蚤

Eothenomys melanogaster 黑腹绒鼠

Amphalius spirataenius badongensis 卷带倍蚤巴
　　东亚种

*Ctenophthalmus (Sinoctenophthalmus) taiwanus
　　terrestus* 台湾栉眼蚤大陆亚种

Ctenophthalmus (Sinoctenophthalmus) exiensis 鄂
　　西栉眼蚤

Ctenophthalmus (Sinoctenophthalmus) eothenomus 绒
　　鼠栉眼蚤

*Ctenophthalmus (Sinoctenophthalmus) breviprojiciens
　　breviprojiciens* 短突栉眼蚤指名亚种

Ctenophthalmus (Sinoctenophthalmus) jixiensis 绩
　　溪栉眼蚤

Ctenophthalmus (Sinoctenophthalmus) gansuensis 甘肃栉眼蚤

Frontopsylla (Frontopsylla) shennongjiaensis 神农架额蚤

Hystrichopsylla (Hystroceras) weida Qinlingensis 台湾多毛蚤秦岭亚种

Hystrichopsylla (Hystroceras) shaanxiensis 陕西多毛蚤

Lentistivalius occidentayunnanus 滇西韧棒蚤
　Monopsyllus anisus 不等单蚤

Neopsylla anoma 无规新蚤

Neopsylla clavelia 棒形新蚤

Neopsylla specialis specialis 特新蚤指名亚种

Nosopsyllus (Nosopsyllus) nicanus 适存病蚤

Palaeopsylla anserocepsoides 鹅头形古蚤

Palaeopsylla longidigita 长指古蚤

Palaeopsylla wushanensis 巫山古蚤

Palaeopsylla brevifrontata 短额古蚤

Palaeopsylla remota 偏远古蚤

Peromyscopsylla himalaica sinica 喜山二刺蚤中华亚种

Peromyscopsylla scaliforma 梯形二刺蚤

Rhadinopsylla (Actenophthalmus) eothenomus 绒鼠纤蚤

Rhadinopsylla (Actenophthalmus) biconcava 双凹纤蚤

Stenoponia dabashanensis 大巴山狭蚤

Stenischia humilis 低地狭臀蚤

Eothenomys miletus 大绒鼠

Ctenophthalmus (Sinoctenophthalmus) eothenomus 绒鼠栉眼蚤

Peromyscopsylla himalaica sinica 喜山二刺蚤中华亚种

Xenopsylla cheopis 印鼠客蚤

Microtus fortis 东方田鼠

Peromyscopsylla himalaica sinica 喜山二刺蚤中华亚种

Microtus mandarinus 棕色田鼠

Rhadinopsylla (Actenophthalmus) valenti 壮纤蚤

Family Spalacidae 鼢鼠科

Myospalax rothschildi 罗氏鼢鼠

Frontopsylla (Frontopsylla) shennongjiaensis 神农架额蚤

Minyctenopsyllus triangularus 三角小栉蚤

Neopsylla anoma 无规新蚤

Stenischia mirabilis 奇异狭臀蚤

Family Muridae 鼠科

Apodemus agrarius 黑线姬鼠

Acropsylla episema girshami 穗缘端蚤中亚种

Aviostivalius klossi bispiniformis 近端远棒蚤二刺亚种

Ctenophthalmus (Sinoctenophthalmus) taiwanus terrestus 台湾栉眼蚤大陆亚种

Ctenophthalmus (Sinoctenophthalmus) gansuensis 甘肃栉眼蚤

Ctenophthalmus (Sinoctenophthalmus) exiensis 鄂西栉眼蚤

Ctenophthalmus (Sinoctenophthalmus) breviprojiciens breviprojiciens 短突栉眼蚤指名亚种

Ctenophthalmus (Sinoctenophthalmus) breviprojiciens yongjiaensis 短突栉眼蚤永嘉亚种

Frontopsylla (Frontopsylla) shennongjiaensis 神农架额蚤

Frontopsylla (Frontopsylla) nakagawai borealosinica 窄板额蚤华北亚种

Leptopsylla (Leptopsylla) segnis 缓慢细蚤

Monopsyllus anisus 不等单蚤

Neopsylla clavelia 棒形新蚤

Neopsylla specialis specialis 特新蚤指名亚种

Neopsylla specialis minpiensis 特新蚤闽北亚种

Neopsylla specialis kweichowensis 特新蚤贵州亚种

Neopsylla biseta 二毫新蚤

Nosopsyllus (*Nosopsyllus*) *nicanus* 适存病蚤

Palaeopsylla longidigita 长指古蚤

Palaeopsylla remota 偏远古蚤

Peromyscopsylla himalaica australishaanxia 喜山
　二刺蚤陕南亚种

Peromyscopsylla himalaica sinica 喜山二刺蚤中
　华亚种

Rhadinopsylla (*Actenophthalmus*) *valenti* 壮纤蚤

Stenischia mirabilis 奇异狭臀蚤

Stenoponia shanghaiensis 上海狭蚤

Stenischia humilis 低地狭臀蚤

Xenopsylla cheopis 印鼠客蚤

Apodemus chevieri 高山姬鼠 (齐氏姬鼠，西南姬鼠)

Aviostivalius apapillus 无端栓远棒蚤

Ctenophthalmus (*Sinoctenophthalmus*) *taiwanus
　terrestus* 台湾栉眼蚤大陆亚种

Ctenophthalmus (*Sinoctenophthalmus*) *exiensis* 鄂
　西栉眼蚤

Ctenophthalmus (*Sinoctenophthalmus*) *gansuensis*
　甘肃栉眼蚤

Ctenophthalmus (*Sinoctenophthalmus*) *eothenomus*
　绒鼠栉眼蚤

Frontopsylla (*Frontopsylla*) *shennongjiaensis* 神农
　架额蚤

Leptopsylla (*Leptopsylla*) *segnis* 缓慢细蚤

Monopsyllus anisus 不等单蚤

Neopsylla clavelia 棒形新蚤

Neopsylla specialis specialis 特新蚤指名亚种

Neopsylla specialis kweichowensis 特新蚤贵州亚种

Neopsylla biseta 二毫新蚤

Palaeopsylla longidigita 长指古蚤

Palaeopsylla xiangxibeiensis 湘北古蚤

Palaeopsylla remota 偏远古蚤

Peromyscopsylla himalaica australishaanxia 喜山
　二刺蚤陕南亚种

Rhadinopsylla (*Actenophthalmus*) *biconcava* 双凹
　纤蚤

Stenischia mirabilis 奇异狭臀蚤

Stenischia humilis 低地狭臀蚤

Xenopsylla cheopis 印鼠客蚤

Apodemus draco 中华姬鼠 (龙姬鼠)

Acropsylla episema girshami 穗缘端蚤中缅亚种

Amphalius spirataenius badongensis 卷带倍蚤巴
　东亚种

Aviostivalius apapillus 无端栓远棒蚤

Ctenophthalmus (*Sinoctenophthalmus*) *taiwanus
　terrestus* 台湾栉眼蚤大陆亚种

Ctenophthalmus (*Sinoctenophthalmus*) *exiensis* 鄂
　西栉眼蚤

Ctenophthalmus (*Sinoctenophthalmus*) *eothenomus*
　绒鼠栉眼蚤

Ctenophthalmus (*Sinoctenophthalmus*) *breviprojiciens
　breviprojiciens* 短突栉眼蚤指名亚种

Ctenophthalmus (*Sinoctenophthalmus*) *jixiensis* 绩
　溪栉眼蚤

Dasypsyllus gallinulae gallinulae 禽蓬松蚤指名
　亚种

Frontopsylla (*Frontopsylla*) *shennongjiaensis* 神农
　架额蚤

Frontopsylla (*Frontopsylla*) *megasinus* 巨凹额蚤

Geusibia (*Geusibia*) *liae* 李氏茸足蚤

Hystrichopsylla (*Hystroceras*) *weida qinlingensis*
　台湾多毛蚤秦岭亚种

Hystrichopsylla (*Hystroceras*) *multidentata* 多刺
　多毛蚤

Hystrichopsylla (*Hystroceras*) *shaanxiensis* 陕西
　多毛蚤

Leptopsylla (*Leptopsylla*) *segnis* 缓慢细蚤

Liuopsylla conica 锥形柳氏蚤

Neopsylla clavelia 棒形新蚤

Neopsylla specialis specialis 特新蚤指名亚种

Neopsylla specialis kweichowensis 特新蚤贵州亚种

Neopsylla anoma 无规新蚤

Neopsylla biseta 二毫新蚤

Palaeopsylla longidigita 长指古蚤

Palaeopsylla wushanensis 巫山古蚤

Palaeopsylla remota 偏远古蚤

Peromyscopsylla himalaica australishaanxia 喜山
　二刺蚤陕南亚种

Peromyscopsylla himalaica sinica 喜山二刺蚤中
　华亚种

Peromyscopsylla scaliforma 梯形二刺蚤

Palaeopsylla anserocepsoides 鹅头形古蚤

Palaeopsylla longidigita 长指古蚤

Rhadinopsylla (Actenophthalmus) eothenomus 绒鼠纤蚤

Rhadinopsylla (Actenophthalmus) biconcava 双凹纤蚤

Stenoponia dabashanensis 大巴山狭蚤

Stenischia humilis 低地狭臀蚤

Apodemus peninsulae 大林姬鼠

Amphalius spirataenius badongensis 卷带倍蚤巴东亚种

Ctenophthalmus (Sinoctenophthalmus) taiwanus terrestus 台湾栉眼蚤大陆亚种

Ctenophthalmus (Sinoctenophthalmus) exiensis 鄂西栉眼蚤

Ctenophthalmus (Sinoctenophthalmus) breviprojiciens breviprojiciens 短突栉眼蚤指名亚种

Ctenophthalmus (Sinoctenophthalmus) eothenomus 绒鼠栉眼蚤

Dasypsyllus gallinulae gallinulae 禽蓬松蚤指名亚种

Doratopsylla araea 尼泊尔叉蚤

Frontopsylla (Frontopsylla) shennongjiaensis 神农架额蚤

Frontopsylla (Frontopsylla) megasinus 巨凹额蚤

Frontopsylla (Frontopsylla) nakagawai borealosinica 窄板额蚤华北亚种

Geusibia (Geusibia) liae 李氏茸足蚤

Hystrichopsylla (Hystroceras) weida qinlingensis 台湾多毛蚤秦岭亚种

Hystrichopsylla (Hystroceras) multidentata 多刺多毛蚤

Hystrichopsylla (Hystroceras) shaanxiensis 陕西多毛蚤

Hystrichopsylla (Hystroceras) micrti 田鼠多毛蚤

Liuopsylla conica 锥形柳氏蚤

Neopsylla clavelia 棒形新蚤

Neopsylla specialis specialis 特新蚤指名亚种

Neopsylla anoma 无规新蚤

Neopsylla biseta 二毫新蚤

Palaeopsylla longidigita 长指古蚤

Palaeopsylla wushanensis 巫山古蚤

Palaeopsylla brevifrontata 短额古蚤

Palaeopsylla anserocepsoides 鹅头形古蚤

Palaeopsylla remota 偏远古蚤

Paradoxopsyllus jinshajiangensis 金沙江怪蚤指名亚种

Peromyscopsylla himalaica australishaanxia 喜山二刺蚤陕南亚种

Peromyscopsylla himalaica sinica 喜山二刺蚤中华亚种

Peromyscopsylla scaliforma 梯形二刺蚤

Rhadinopsylla (Actenophthalmus) biconcava 双凹纤蚤

Stenoponia dabashanensis 大巴山狭蚤

Stenischia mirabilis 奇异狭臀蚤

Stenischia humilis 低地狭臀蚤

Apodemus sylvaticus 小林姬鼠

Acropsylla episema girshami 穗缘端蚤中缅亚种

Dasypsyllus gallinulae gallinulae 禽蓬松蚤指名亚种

Ctenophthalmus (Sinoctenophthalmus) gansuensis 甘肃栉眼蚤

Frontopsylla (Frontopsylla) shennongjiaensis 神农架额蚤

Frontopsylla (Frontopsylla) nakagawai borealosinica 窄板额蚤华北亚种

Macrostylophora aërestesites 鼯鼠大锥蚤

Macrostylophora microcopa 微突大锥蚤

Peromyscopsylla himalaica sinica 喜山二刺蚤中华亚种

Apodemus sp. 姬鼠未定种

Nosopsyllus (Nosopsyllus) fasciatus 具带病蚤

Bandicota indica 板齿鼠

Nosopsyllus (Nosopsyllus) wualis leizhouensis 伍氏病蚤雷州亚种

Stivalius aporus 无孔微棒蚤

Berylmys bowersi 青毛巨鼠

Ctenophthalmus (Sinoctenophthalmus) taiwanus zhejiangensis 台湾栉眼蚤浙江亚种

Monopsyllus anisus 不等单蚤

Neopsylla dispar fukienensis 不同新蚤福建亚种

Nosopsyllus (Nosopsyllus) nicanus 适存病蚤

Stivalius aporus 无孔微棒蚤

Mus caroli 卡氏小鼠

Aviostivalius klossi bispiniformis 近端远棒蚤二刺亚种

Nosopsyllus (Nosopsyllus) nicanus 适存病蚤

Stivalius aporus 无孔微棒蚤

Mus musculus 小家鼠

Ctenophthalmus (Sinoctenophthalmus) eothenomus 绒鼠栉眼蚤

Leptopsylla (Leptopsylla) segnis 缓慢细蚤

Monopsyllus anisus 不等单蚤

Nosopsyllus (Nosopsyllus) nicanus 适存病蚤

Nosopsyllus (Nosopsyllus) fasciatus 具带病蚤

Neopsylla specialis specialis 特新蚤指名亚种

Tunga (Brevidigita) caecigena 盲潜蚤

Xenopsylla cheopis 印鼠客蚤

Micromys minutus 巢鼠

Peromyscopsylla himalaica sinica 喜山二刺蚤中华亚种

Mus pahari 锡金小鼠 (田小鼠)

Acropsylla episema girshami 穗缘端蚤中缅亚种

Aviostivalius klossi bispiniformis 近端远棒蚤二刺亚种

Lentistivalius occidentayunnanus 滇西韧棒蚤

Leptopsylla (Leptopsylla) segnis 缓慢细蚤

Stivalius aporus 无孔微棒蚤

Tunga (Brevidigita) caecigena 盲潜蚤

Xenopsylla cheopis 印鼠客蚤

Rattus flavipectus 黄胸鼠

Acropsylla episema girshami 穗缘端蚤中缅亚种

Aviostivalius klossi bispiniformis 近端远棒蚤二刺亚种

Ctenophthalmus (Sinoctenophthalmus) exiensis 鄂西栉眼蚤

Ctenocephalides felis felis 猫栉首蚤指名亚种

Frontopsylla (Frontopsylla) shennongjiaensis 神农架额蚤

Lentistivalius occidentayunnanus 滇西韧棒蚤

Leptopsylla (Leptopsylla) segnis 缓慢细蚤

Macrostylophora liae 李氏大锥蚤

Macrostylophora cuii 崔氏大锥蚤

Monopsyllus anisus 不等单蚤

Neopsylla specialis specialis 特新蚤指名亚种

Neopsylla specialis minpiensis 特新蚤闽北亚种

Neopsylla dispar fukienensis 不同新蚤福建亚种

Neopsylla biseta 二毫新蚤

Nosopsyllus (Nosopsyllus) nicanus 适存病蚤

Palaeopsylla longidigita 长指古蚤

Palaeopsylla remota 偏远古蚤

Paradoxopsyllus curvispinus 曲鬃怪蚤

Peromyscopsylla himalaica sinica 喜山二刺蚤中华亚种

Pulex irritans 人蚤

Rhadinopsylla (Actenophthalmus) valenti 壮纤蚤

Stenischia mirabilis 奇异狭臀蚤

Stenischia humilis 低地狭臀蚤

Stenoponia shanghaiensis 上海狭蚤

Tunga (Brevidigita) caecigena 盲潜蚤

Xenopsylla cheopis 印鼠客蚤

Rattus losea 黄毛鼠

Acropsylla episema girshami 穗缘端蚤中缅亚种

Ctenophthalmus (Sinoctenophthalmus) taiwanus zhejiangensis 台湾栉眼蚤浙江亚种

Ctenocephalides felis felis 猫栉首蚤指名亚种

Leptopsylla (Leptopsylla) segnis 缓慢细蚤

Monopsyllus anisus 不等单蚤

Nosopsyllus (Nosopsyllus) nicanus 适存病蚤

Nosopsyllus (Nosopsyllus) wualis leizhouensis 伍氏病蚤雷州亚种

Paradoxopsyllus jinshajiangensis 金沙江怪蚤指名亚种

Paradoxopsyllus curvispinus 曲鬃怪蚤

Peromyscopsylla himalaica sinica 喜山二刺蚤中华亚种

Stenoponia shanghaiensis 上海狭蚤

Stivalius aporus 无孔微棒蚤

Tunga (Brevidigita) caecigena 盲潜蚤

Xenopsylla cheopis 印鼠客蚤

Rattus nitidus 大足鼠

Acropsylla episema girshami 穗缘端蚤中缅亚种

Frontopsylla (Frontopsylla) shennongjiaensis 神农架额蚤

Leptopsylla (Leptopsylla) segnis 缓慢细蚤

Monopsyllus anisus 不等单蚤

Neopsylla specialis specialis 特新蚤指名亚种

Palaeopsylla remota 偏远古蚤

Peromyscopsylla himalaica sinica 喜山二刺蚤中华亚种

Stenischia humilis 低地狭臀蚤

Xenopsylla cheopis 印鼠客蚤

Rattus norvegicus 褐家鼠

Acropsylla episema girshami 穗缘端蚤中缅亚种

Chaetopsylla (Chaetopsylla) wenxianensis 文县鬃蚤

Ctenophthalmus (Sinoctenophthalmus) exiensis 鄂西栉眼蚤

Ctenophthalmus (Sinoctenophthalmus) taiwanus zhejiangensis 台湾栉眼蚤浙江亚种

Frontopsylla (Frontopsylla) shennongjiaensis 神农架额蚤

Leptopsylla (Leptopsylla) segnis 缓慢细蚤

Monopsyllus anisus 不等单蚤

Neopsylla specialis specialis 特新蚤指名亚种

Neopsylla specialis minpiensis 特新蚤闽北亚种

Neopsylla specialis kweichowensis 特新蚤贵州亚种

Neopsylla biseta 二毫新蚤

Nosopsyllus (Nosopsyllus) nicanus 适存病蚤

Nosopsyllus (Nosopsyllus) fasciatus 具带病蚤

Palaeopsylla remota 偏远古蚤

Paradoxopsyllus curvispinus 曲鬃怪蚤

Peromyscopsylla himalaica australishaanxia 喜山二刺蚤陕南亚种

Pulex irritans 人蚤

Stenischia humilis 低地狭臀蚤

Stenoponia shanghaiensis 上海狭蚤

Tunga (Brevidigita) caecigena 盲潜蚤

Xenopsylla cheopis 印鼠客蚤

Rattus rattus 黑家鼠

Aviostivalius klossi bispiniformis 近端远棒蚤二刺亚种

Echidnophaga murina 鼠角头蚤

Nosopsyllus (Nosopsyllus) fasciatus 具带病蚤

Rattus coxingi 白腹鼠

Amphalius spirataenius badongensis 卷带倍蚤巴东亚种

Ctenophthalmus (Sinoctenophthalmus) exiensis 鄂西栉眼蚤

Ctenophthalmus (Sinoctenophthalmus) eothenomus 绒鼠栉眼蚤

Frontopsylla (Frontopsylla) shennongjiaensis 神农架额蚤

Frontopsylla (Frontopsylla) megasinus 巨凹额蚤

Hystrichopsylla (Hystroceras) shaanxiensis 陕西多毛蚤

Leptopsylla (Leptopsylla) segnis 缓慢细蚤

Rattus brunneusculus sladeni 东亚屋顶鼠华南亚种（斯氏家鼠）

Xenopsylla cheopis 印鼠客蚤

Leopoldamys edwardsi 白腹巨鼠（小泡巨鼠、大山鼠）

Acropsylla episema girshami 穗缘端蚤中缅亚种

Ctenophthalmus (Sinoctenophthalmus) eothenomus 绒鼠栉眼蚤

Macrostylophora muyuensis 木鱼大锥蚤

Monopsyllus anisus 不等单蚤

Neopsylla clavelia 棒形新蚤

Neopsylla specialis minpiensis 特新蚤闽北亚种

Neopsylla specialis kweichowensis 特新蚤贵州亚种

Neopsylla stenosinuata 狭窦新蚤

Neopsylla dispar fukienensis 不同新蚤福建亚种

Neopsylla biseta 二毫新蚤

Nosopsyllus (Nosopsyllus) nicanus 适存病蚤

Macrostylophora liae 李氏大锥蚤

Palaeopsylla remota 偏远古蚤

Palaeopsylla chiyingi 支英古蚤

Paraceras laxisinus 宽窦副角蚤

Paradoxopsyllus calceiforma 履形怪蚤

Peromyscopsylla himalaica sinica 喜山二刺蚤中华亚种

Stenischia humilis 低地狭臀蚤

Stivalius aporus 无孔微棒蚤

Monopsyllus anisus 不等单蚤

Neopsylla specialis specialis 特新蚤指名亚种

Neopsylla clavelia 棒形新蚤

Neopsylla biseta 二毫新蚤

Paradoxopsyllus calceiforma 履形怪蚤

Palaeopsylla remota 偏远古蚤

Peromyscopsylla himalaica sinica 喜山二刺蚤中华亚种

Rhadinopsylla (Actenophthalmus) eothenomus 绒鼠纤蚤

Stenischia humilis 低地狭臀蚤

Stivalius aporus 无孔微棒蚤

Rattus fulvescens 针毛鼠

Acropsylla episema girshami 穗缘端蚤中缅亚种

Ctenophthalmus (Sinoctenophthalmus) eothenomus 绒鼠栉眼蚤

Frontopsylla (Frontopsylla) shennongjiaensis 神农架额蚤

Leptopsylla (Leptopsylla) segnis 缓慢细蚤

Macrostylophora liae 李氏大锥蚤

Monopsyllus anisus 不等单蚤

Neopsylla specialis specialis 特新蚤指名亚种

Neopsylla specialis kweichowensis 特新蚤贵州亚种

Neopsylla specialis minpiensis 特新蚤闽北亚种

Neopsylla dispar fukienensis 不同新蚤福建亚种

Nosopsyllus (Nosopsyllus) nicanus 适存病蚤

Nosopsyllus (Nosopsyllus) wualis leizhouensis 伍氏病蚤雷州亚种

Peromyscopsylla himalaica sinica 喜山二刺蚤中华亚种

Stenischia humilis 低地狭臀蚤

Typhlomyopsyllus cavaticus 洞居盲鼠蚤

Xenopsylla cheopis 印鼠客蚤

Rattus niviventer 北社鼠

Acropsylla episema girshami 穗缘端蚤中缅亚种

Amphalius spirataenius badongensis 卷带倍蚤巴东亚种

Ctenophthalmus (Sinoctenophthalmus) taiwanus terrestus 台湾栉眼蚤大陆亚种

Ctenophthalmus (Sinoctenophthalmus) exiensis 鄂西栉眼蚤

Ctenophthalmus (Sinoctenophthalmus) breviprojiciens breviprojiciens 短突栉眼蚤指名亚种

Ctenophthalmus (Sinoctenophthalmus) eothenomus 绒鼠栉眼蚤

Dasypsyllus gallinulae gallinulae 禽蓬松蚤指名亚种

Frontopsylla (Frontopsylla) shennongjiaensis 神农架额蚤

Geusibia (Geusibia) liae 李氏茸足蚤

Hystrichopsylla (Hystroceras) weida qinlingensis 台湾多毛蚤秦岭亚种

Hystrichopsylla (Hystroceras) shaanxiensis 陕西多毛蚤

Lentistivalius occidentayunnanus 滇西韧棒蚤

Leptopsylla (Leptopsylla) segnis 缓慢细蚤

Macrostylophora microcopa 微突大锥蚤

Macrostylophora trispinosa 三刺大锥蚤

Macrostylophora muyuensis 木鱼大锥蚤

Monopsyllus anisus 不等单蚤

Neopsylla clavelia 棒形新蚤

Neopsylla specialis specialis 特新蚤指名亚种

Neopsylla specialis minpiensis 特新蚤闽北亚种

Neopsylla biseta 二毫新蚤

Nosopsyllus (Nosopsyllus) nicanus 适存病蚤

Palaeopsylla longidigita 长指古蚤

Palaeopsylla xiangxibeiensis 湘北古蚤

Palaeopsylla remota 偏远古蚤

Paradoxopsyllus calceiforma 履形怪蚤

Paradoxopsyllus curvispinus 曲鬃怪蚤

Peromyscopsylla himalaica australishaanxia 喜山二刺蚤陕南亚种

Peromyscopsylla himalaica sinica 喜山二刺蚤中华亚种

Peromyscopsylla scaliforma 梯形二刺蚤

Rhadinopsylla (Actenophthalmus) eothenomus 绒鼠纤蚤

Rhadinopsylla (Actenophthalmus) biconcava 双凹纤蚤

Stenoponia dabashanensis 大巴山狭蚤

Stenischia mirabilis 奇异狭臀蚤

Stenischia humilis 低地狭臀蚤

Xenopsylla cheopis 印鼠客蚤

Family Platacanthomyidae 刺山鼠科

Typhlomys cinereus 猪尾鼠

Ctenophthalmus (Sinoctenophthalmus) eothenomus 绒鼠栉眼蚤

Frontopsylla (Frontopsylla) shennongjiaensis 神农架额蚤

Neopsylla clavelia 棒形新蚤

Neopsylla specialis specialis 特新蚤指名亚种

Neopsylla specialis kweichowensis 特新蚤贵州亚种

Neopsylla biseta 二毫新蚤

Palaeopsylla longidigita 长指古蚤

Palaeopsylla remota 偏远古蚤

Typhlomyopsyllus bashanensis 巴山盲鼠蚤

Typhlomyopsyllus esinus 无窦盲鼠蚤

Typhlomyopsyllus liui 刘氏盲鼠蚤

Typhlomyopsyllus cavaticus 洞居盲鼠蚤

Typhlomyopsyllus wuxiaensis 巫峡盲鼠蚤

Family Hystricidae 豪猪科

Hystrix hodgsoni 豪猪

Paraceras melis flabellum 獾副角蚤扇形亚种

Pariodontis riggenbachi wernecki 豪猪长胸蚤小孔亚种

Hystrix indica 冠豪猪

Pariodontis riggenbachi wernecki 豪猪长胸蚤小孔亚种

Order Artiodactyla 偶蹄目

Family Suidae 猪科

Sue scrofa 野猪

Pulex irritans 人蚤

Sus scrofa domestica 家猪

Pulex irritans 人蚤

Order Carnivora 食肉目

Family Canidae 犬科

Canis 家犬

Ctenocephalides canis 犬栉首蚤

Ctenocephalides felis felis 猫栉首蚤指名亚种

Ctenocephalides orientis 东洋栉首蚤

Leptopsylla (Leptopsylla) segnis 缓慢细蚤

Nosopsyllus (Nosopsyllus) fasciatus 具带病蚤

Pulex irritans 人蚤

Xenopsylla cheopis 印鼠客蚤

Canis lupus 狼

Pulex irritans 人蚤

Cuon alpinus 豺

Pariodontis riggenbachi wernecki 豪猪长胸蚤小孔亚种

Paraceras laxisinus 宽窦副角蚤
Pulex irritans 人蚤

Vulpes vulpes 赤狐

Chaetopsylla (Chaetopsylla) wangi 王氏鬃蚤
Chaetopsylla (Chaetopsylla) appropinquans 近鬃蚤
Ctenocephalides canis 犬栉首蚤
Paraceras laxisinus 宽窦副角蚤
Pulex irritans 人蚤

Family Mustelidae 鼬科

Arctonyx collaris 猪獾

Chaetopsylla (Chaetopsylla) wangi 王氏鬃蚤
Chaetopsylla (Chaetopsylla) appropinquans 近鬃蚤
Paraceras melis flabellum 獾副角蚤扇形亚种
Paraceras crispus 屈褶副角蚤

Meles meles　狗獾

Paraceras melis flabellum 獾副角蚤扇形亚种

Mustela kathiah 黄腹鼬

Hystrichopsylla (Hystroceras) weida qinlingensis 台湾多毛蚤秦岭亚种
Monopsyllus anisus 不等单蚤
Paraceras crispus 屈褶副角蚤

Mustela nivalis 伶鼬

Ctenophthalmus (Sinoctenophthalmus) taiwanus terrestus 台湾栉眼蚤大陆亚种
Frontopsylla (Frontopsylla) megasinus 巨凹额蚤
Frontopsylla (Frontopsylla) shennongjiaensis 神农架额蚤
Palaeopsylla remota 偏远古蚤

Mustels sibirica 黄鼬

Chaetopsylla (Chaetopsylla) appropinquans 近鬃蚤
Chaetopsylla (Chaetopsylla) hangchowensis 杭州鬃蚤
Chaetopsylla (Chaetopsylla) wenxianensis 文县鬃蚤
Ctenocephalides felis felis 猫栉首蚤指名亚种
Nosopsyllus (Nosopsyllus) nicanus 适存病蚤

Pulex irritans 人蚤
Xenopsylla cheopis 印鼠客蚤

Mustels sp. 鼬

Frontopsylla (Frontopsylla) shennongjiaensis 神农架额蚤
Frontopsylla (Frontopsylla) megasinus 巨凹额蚤
Palaeopsylla remota 偏远古蚤

Martes flavigula 青鼬

Paraceras laxisinus 宽窦副角蚤

Family Viverridae　灵猫科

Paguma larvata 果子狸

Chaetopsylla (Chaetopsylla) wenxianensis 文县鬃蚤
Chaetopsylla (Chaetopsylla) malimingi 马氏鬃蚤
Paraceras laxisinus 宽窦副角蚤
Pulex irritans 人蚤

Viverra zibetha 大灵猫 (九节狸)

Paraceras melis flabellum 獾副角蚤扇形亚种

Family Felidae　猫科

Felis bengalensis 豹猫

Ctenocephalides orientis 东洋栉首蚤
Ctenocephalides felis felis 猫栉首蚤指名亚种
Pulex irritans 人蚤

Felis 家猫

Ctenocephalides felis felis 猫栉首蚤指名亚种
Ctenocephalides orientis 东洋栉首蚤
Ctenocephalides canis 犬栉首蚤
Nosopsyllus (Nosopsyllus) fasciatus 具带病蚤
Xenopsylla cheopis 印鼠客蚤

CLASS AVES 鸟纲

Orde Apodiformes 雨燕目

Family Apodidae 雨燕科

Aerodramus brevirostris innominata 短嘴金丝燕四川亚种
  Ceratophyllus wui 吴氏角叶蚤

Orde Anseriformes 雁形目

Family Anatidae 鸭科

Cygnus columbianus 小天鹅
  Pulex irritans 人蚤

Order Passeriformes 雀形目

Family Turdidae 鸫科

Chaimarrornis leucocephalus 白顶溪鸲
  Ceratophyllus eneifdei tjanschani 宽圆角叶蚤天山亚种

Family Motacillidae 鹡鸰科

Motacilla alba 白鹡鸰
  Dasypsyllus gallinulae gallinulae 禽蓬松蚤指名亚种

Family alaudidae 百灵科

Eremophila alpestris 角百灵
  Ceratophyllus garei 粗毛角叶蚤

Melanocorypha mongolica 蒙古百灵
  Ceratophyllus garei 粗毛角叶蚤

Family Paridae 山雀科

Passer rutilans 山麻雀
  Ceratophyllus garei 粗毛角叶蚤

Passer domesticus 家麻雀
  Ceratophyllus garei 粗毛角叶蚤

Passer montanus 麻雀
  Ceratophyllus gallinae tribulis 禽角叶蚤欧亚亚种

Family Hirundinidae 燕科

Hirundo daurica 金腰燕
  Ceratophyllus farreni chaoi 燕角叶蚤端凸亚种

Ptyonoprogne rupestris 岩燕
  Ceratophyllus farreni chaoi 燕角叶蚤端凸亚种

图版 I

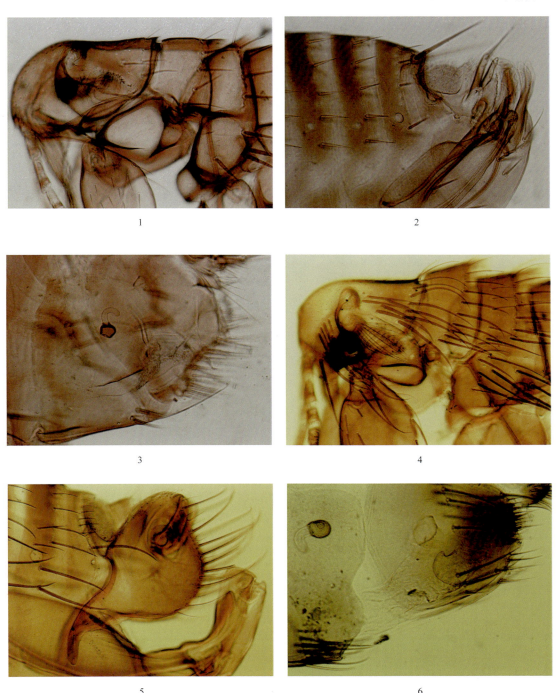

1～3. 豪猪长胸蚤小孔亚种*Pariodontis riggenbachi wernecki* Costa Lima（♂头及胸，♂变形节，♀受精囊及交配囊）（宜昌莲棚）；4～6. 王氏鬃蚤*Chaetopsylla (Chaetopsylla) wangi* Liu（♂头及胸，♂变形节，♀变形节）（湖北神农架）

图版 Ⅱ

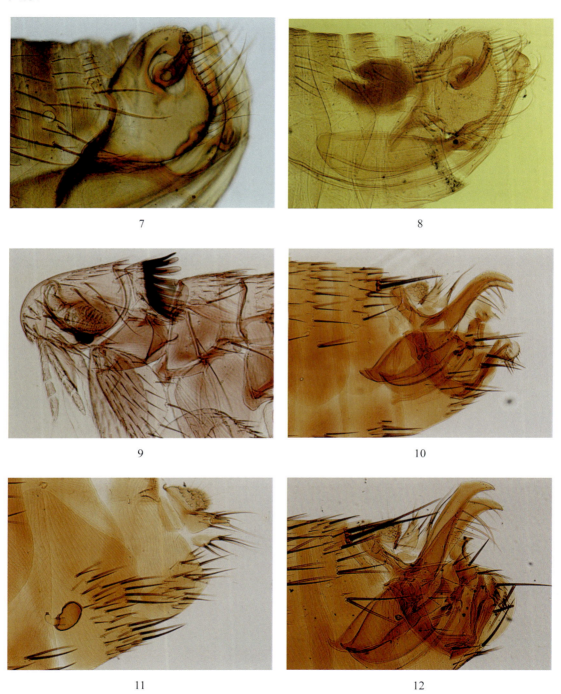

7. 近鬃蚤*Chaetopsylla (Chaetopsylla) appropinquans* (Wagner) （♂变形节） （甘肃文县）；8. 马氏鬃蚤
Chaetopsylla (Chaetopsylla) malimingi Liu （♂变形节） （湖北兴山）；9～11. 滇西韧棒蚤*Lentistivalius
occidentayunnanus* Li，Xie *et* Gong （♂头及胸，♂变形节，♀变形节） （湖北利川）；12. 无端栓远棒蚤
Aviostivalius apapillus Liu, Li *et* Shi （♂变形节） （湖北巴东绿葱坡）

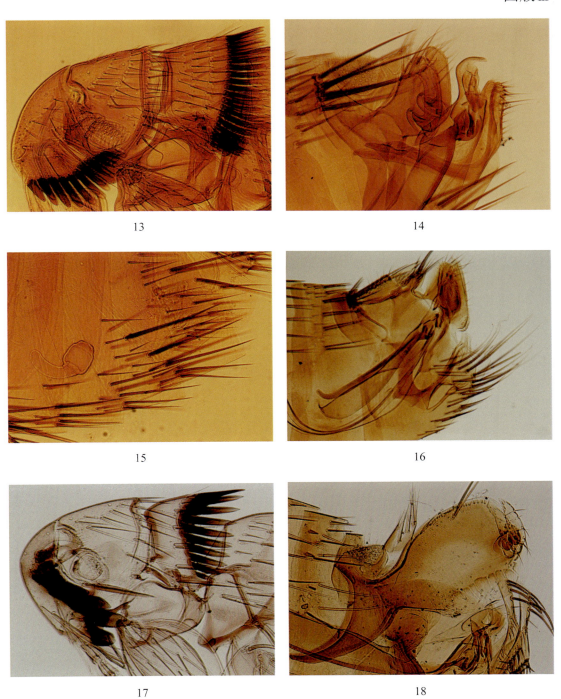

13～15. 大巴山狭蚤 *Stenoponia dabashanensis* Zhang *et* Yu（♂头及胸，♂变形节，♀受精囊及第7腹板后缘）
（湖北神农架）；16. 棒形新蚤 *Neopsylla clavelia* Li *et* Wei（♂变形节）（湖北神农架）；17～18. 刺短新
北蚤 *Nearctopsylla (Chinopsylla) beklemischevi* Ioff（♂头及胸，♂变形节）（湖北神农架）

图版 IV

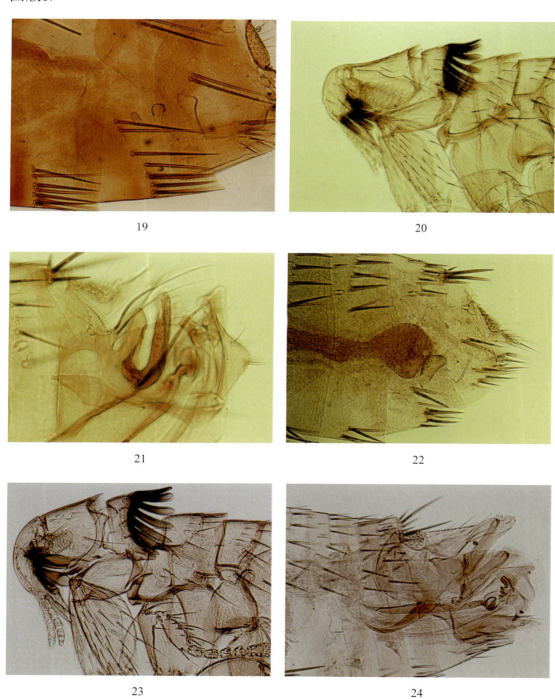

19

20

21

22

23

24

19. 刺短新北蚤*Nearctopsylla (Chinopsylla) beklemischevi* Ioff（♀受精囊及第7腹板后缘）（湖北神农架）；
20～22. 湖北叉蚤*Doratopsylla hubeiensis* Liu, Wang *et* Yang（♂头及胸，♂变形节，♀变形节）（湖北神农架）；23～24. 巫山古蚤*Palaeopsylla wushanensis* Liu *et* Wang（♀头及胸，♂变形节）（湖北神农架）

图版 V

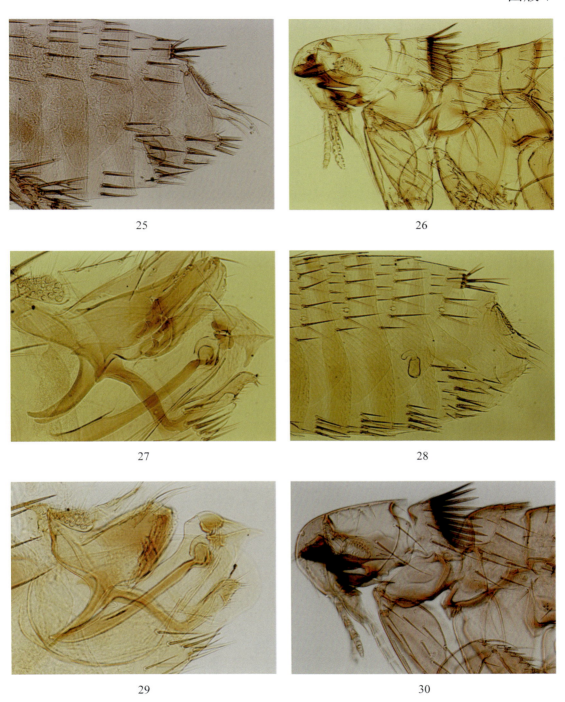

25. 巫山古蚤*Palaeopsylla wushanensis* Liu *et* Wang（♀变形节）（湖北神农架）；26～28. 鹅头形古蚤
Palaeopsylla anserocepsoides Zhang, Wu *et* Liu（♂头及胸，♂变形节，♀变形节）（湖北巴东绿葱坡）；
29. 短额古蚤*Palaeopsylla brevifrontata* Zhang, Wu *et* Liu（♂变形节）（湖北神农架）；30. 怒山古蚤
Palaeopsylla nushanensis Gong *et* Li（♀头及胸）（湖北巴东）

图版Ⅵ

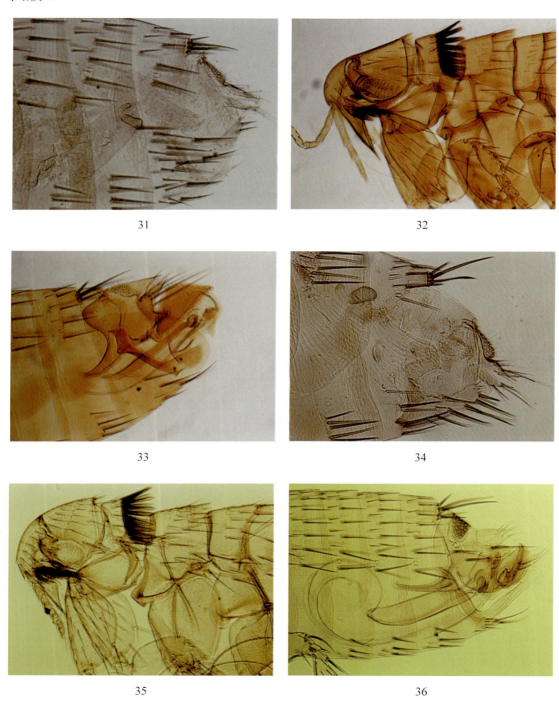

31

32

33

34

35

36

31. 怒山古蚤*Palaeopsylla nushanensis* Gong *et* Li（♀变形节）（湖北巴东）；32～34. 鄂西栉眼蚤 *Ctenophthalmus (Sinoctenophthalmus) exiensis* Wang *et* Liu（♂头及胸，♂变形节，♀变形节）（湖北神农架）；35～36. 锥形柳氏蚤*Liuopsylla conica* Zhang, Wu *et* Liu（♀头及胸，♂变形节）（湖北神农架）

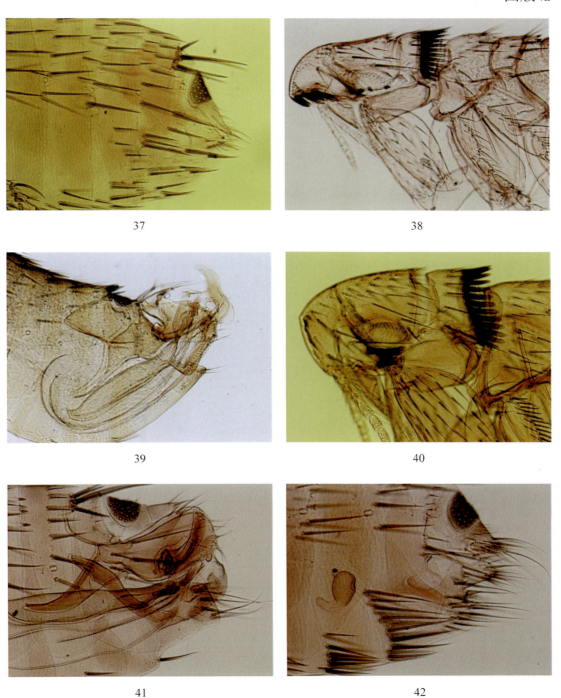

37. 锥形柳氏蚤*Liuopsylla conica* Zhang, Wu *et* Liu（♀变形节）（湖北神农架）；38～39. 南蝠夜蝠蚤
Nycteridopsylla iae Beaucournu *et* Kock（♂头及胸，♂变形节）（湖北巴东）；40～42. 梯形二刺蚤
Peromyscopsylla scaliforma Zhang *et* Liu（♀头及胸，♂变形节，♀变形节）（湖北神农架）

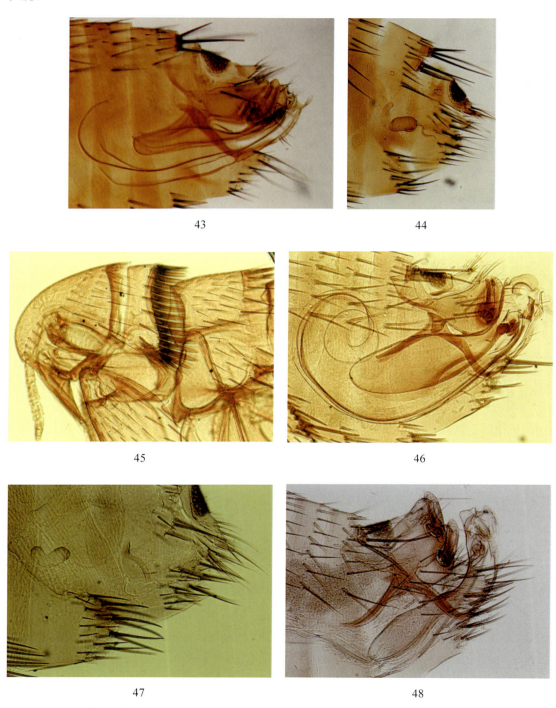

43～44. 喜山二刺蚤陕南亚种*Peromyscopsylla himalaica australishaanxia* Zhang *et* Liu （♂变形节，♀变形节）
（湖北神农架）；45～47. 无窦盲鼠蚤*Typhlomyopsyllus esinus* Liu, Shi *et* Liu （♀头及胸，♂变形节，♀变形节）
（湖北五峰牛庄）；48. 巴山盲鼠蚤*Typhlomyopsyllus bashanensis* Liu *et* Wang （♂变形节） （湖北神农架）

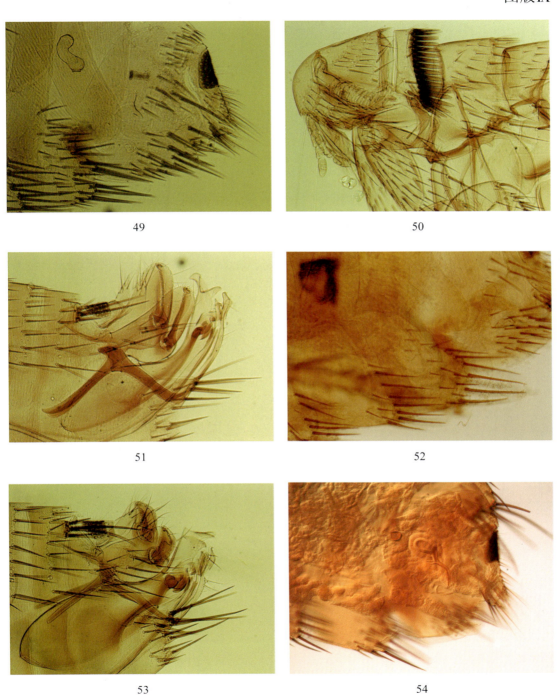

49. 巴山盲鼠蚤*Typhlomyopsyllus bashanensis* Liu *et* Wang（♀变形节）（湖北神农架）；50～51. 刘氏盲鼠蚤
Typhlomyopsyllus liui Wu *et* Liu（♂头及胸，♂变形节）（湖北五峰后河）；52. 洞居盲鼠蚤*Typhlomyopsyllus*
cavaticus Li *et* Huang（♀第7腹板后缘）（福建崇安）；53～54. 巫峡盲鼠蚤*Typhlomyopsyllus wuxiaensis* Liu
（♂变形节，♀交配囊袋部）（湖北巴东）

图版 X

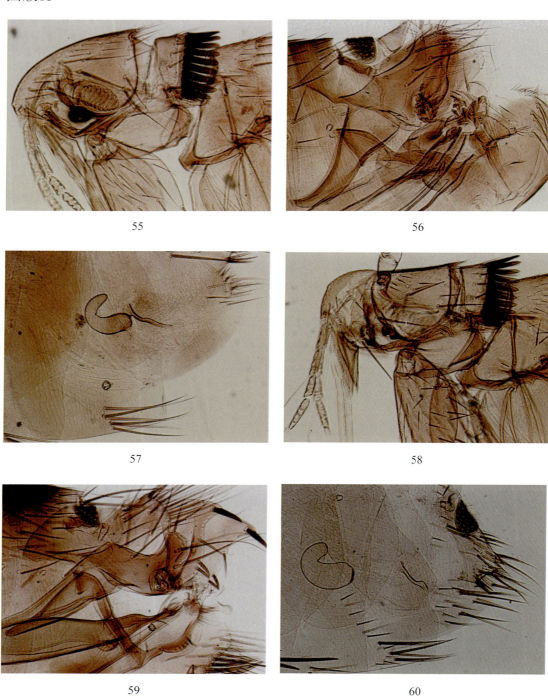

55

56

57

58

59

60

55~57. 李氏茸足蚤 *Geusibia (Geusibia) liae* Wang *et* Liu (♀头及胸，♂变形节，♀变形节) （湖北神农架）；
58~60. 神农架额蚤 *Frontopsylla (Frontopsylla) shennongjiaensis* Ji, Chen *et* Liu (♂头及胸，♂变形节，
♀变形节) （湖北五峰）

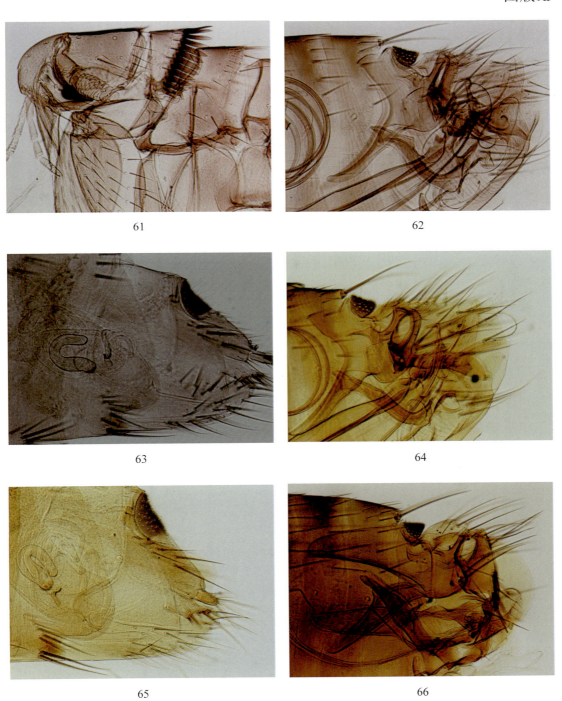

61～63. 卷带倍蚤巴东亚种 *Amphalius spirataenius badongensis* Ji, Chen *et* Wang（♂头及胸，♂变形节，♀变形节）（湖北神农架）；64～65. 卷带倍蚤指名亚种 *Amphalius spirataenius spirataenius* Liu, Wu *et* Wu（♂变形节，♀变形节）（秦岭太白山）；66. 木鱼大锥蚤 *Macrostylophora muyuensis* Liu *et* Wang（♂变形节）（湖北神农架）

图版XII

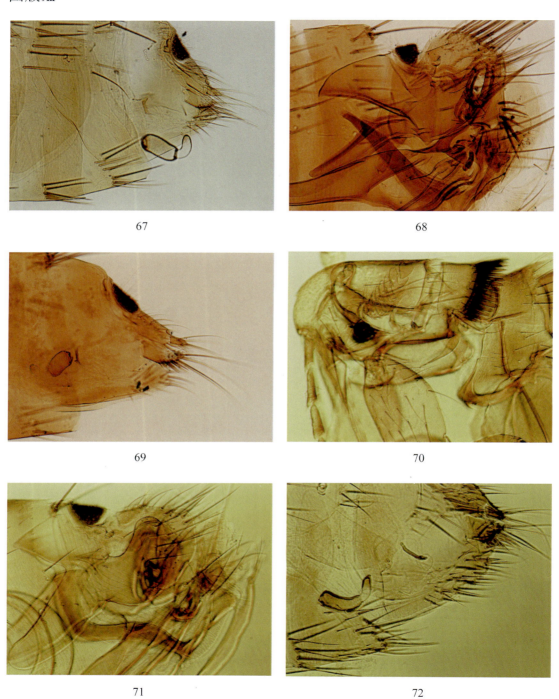

67. 木鱼大锥蚤 *Macrostylophora muyuensis* Liu *et* Wang（♀变形节）（湖北神农架）；68～69. 河北大锥蚤 *Macrostylophora hebeiensis* Liu Wu *et* Chang（♂变形节，♀变形节）（湖北神农架）；70～72. 吴氏角叶蚤 *Ceratophyllus wui* Wang *et* Liu（♂头及胸，♂变形节，♀变形节）（湖北神农架）